Nr. 7 1953

S. 961—1120 18. Februar

Chemisches Zentralblatt

Vollständiges Repertorium für alle Zweige der reinen und angewandten Chemie

Im Auftrage der Deutschen Akademie der Wissenschaften zu Berlin, der Akademie der Wissenschaften zu Göttingen und der Gesellschaft Deutscher Chemiker
herausgegeben von
Prof. Dr. **Maximilian Pflücke**

Chefredakteure: Dr. Eugen Klever und Prof. Dr. Maximilian Pflücke

124. Jahrgang

1953

Akademie-Verlag GmbH., Berlin — Verlag Chemie, GmbH., Weinheim/Bergstr.

Inhalt

Namenregister

Chemisches Zentralblatt

1953 Nr. 7 18. Februar

Geschichte. Unterricht.

A. I. Ansselm, *Jakow Iljitsch Frenkel.* Nachruf auf den am 23/1. 1952 verstorbenen Physiker, dessen weites Arbeitsgebiet die Struktur der Festkörper u. Fll. u. die Kristallphysik sowie die Elektronentheorie der Metalle umfaßte. (Успехи Физических Наук [Fortschr. physik. Wiss.] **47.** 470—76. Juli 1952.) KIRSCHSTEIN. 1

I. I. Schafranowski und **G. B. Boki,** *Einige vergessene Arbeiten von Je. Ss. Fedorow.* Anläßlich des bevorstehenden 100. Geburtstages von FEDOROW im Jahre 1953 werden bisher in der Literatur nicht behandelte Aufsätze FEDOROWs für die 7. Ausgabe des Enzyklopäd. Wörterbuches der Gebrüder GRANAT besprochen, die in den Jahren 1914—1917 geschrieben wurden. (Записки Всесоюзного Минералогического Общества [Schr. Allunions mineralog. Ges.] [2] **81.** 193—98. 1952.) LEBTAG. 1

—, *Zum 40. Todestag von P. N. Lebedew.* **T. P. Krawetz,** *P. N. Lebedew und der Lichtdruck.* — **A. K. Timirjasew,** *Aus den Erinnerungen an Petr Nikolajewitsch Lebedew.* — **N. A. Kapzow,** *Erinnerungen an Petr Nikolajewitsch Lebedew.* — Bild. (Успехи Физических Наук [Fortschr. physik. Wiss.] **46.** 306—30. März 1952.) KIRSCHSTEIN. 1

I. I. Jakobsson, *W. A. Borodowski und L. Ss. Kolowrat-Tscherwinski.* (*Aus der Geschichte der ersten radioaktiven Untersuchungen in Rußland.*) Kurzer Abriß der wissenschaftlichen Tätigkeit von BORODOWSKI (20/2. 1878 bis 28/1. 1914) u. von KOLOWRAT-TSCHERWINSKI (4/12. 1884 bis 24/1. 1921), die die Radioaktivität von Mineralien u. bes. Ra u. Rn betraf. (Успехи Физических Наук [Fortschr. physik. Wiss.] **47.** 115—20. Mai 1952.) KIRSCHSTEIN. 2

Duncan Stewart jr., *Bemerkungen über die Geschichte der Kristallographie.* Kurzer Überblick über die geschichtliche Entw. der Kristallographie, beginnend mit GEORG BAUER (1494—1555), genannt AGRICOLA, bis heute. (Rocks and Minerals **27.** 238—39. Mai/Juni 1952.) GOTTFRIED. 2

G. G. Lemmlein, *Über die Priorität von G. W. Wulf über die strukturelle Erklärung der Erscheinungen der orientierten Kristallisation und über die Deutung der Muskovitstruktur.* Es werden Einzelheiten aus einer 1926 veröffentlichten, aber schon 1918 beendeten Arbeit wiedergegeben, aus der hervorgeht, daß WULF die schichtartige Silicatstruktur richtig gedeutet hat. (Известия Академии Наук СССР, Серия Физическая [Nachr. Akad. Wiss. UdSSR, physik. Ser.] **15.** 505—08. Juli/Aug. 1951. Inst. für Kristallographie der Akad. der Wiss. der UdSSR.) KIRSCHSTEIN. 2

Ju. Sch. Moschkowski, *Die Theorie des photographischen Prozesses von Wl. Wl. Lermantow (1845—1919).* Vf. beschreibt die einfachen elektrochem. Verss., die der damalige Assistent des Physikal. Instituts der Petersburger Univ. LERMANTOW 1877 zur Aufklärung des photograph. Prozesses durchführte u. die ihn zu der jetzt wieder als richtig erkannten Tatsache führten, daß es sich bei der Belichtung bereits in der unentwickelten damaligen Naßplatte um die Ausscheidung von metall. Ag handelt. (Успехи Химии [Fortschr. Chem.] **21.** 360—62. März 1952.) v. WILPERT. 2

Charles A. Brown und **E. G. Rochow,** *Versuche über Radioaktivität im ersten chemischen Hochschulsemester.* Aufzählung der für das Laboratoriumspraktikum von Studenten geeigneten Nachweisapparaturen, wie Nebelkammer, Elektroskop u. GEIGER-Zähler. Entfernungs-, Abschirmungs- u. Absorptionsmessungen können mit β- u. γ-Strahlen an Al- u. Pb-Absorbern durchgeführt werden. Für Übungszwecke wird die Trennung des *Th* von *U* sowie die Best. der Halbwertszeit von ^{128}J empfohlen. (J. chem. Educat. **28.** 521—23. Okt. 1951. Cambridge, Mass., Harvard Univ.) G. SCHMIDT. 6

F. Feigl und **G. B. Heisig,** *Einige neue Fluorescenzdemonstrationsversuche.* Während *8-Oxychinolin* (Oxin) selbst (auch ionisiert) nicht fluoresciert, zeigen seine Metall- u. Säuresalze (fest u. undissoziiert gelöst) lebhafte Fluorescenzen im UV-Licht. Verss. mit Oxinaten aus Lsgg., Schmelzen u. durch Aufdampfen (Adsorption) von Oxin auf Metalloxyde; Unterscheidung von reinem u. aschehaltigem Papier durch Oxinatbldg.; Auslöschung durch Dissoziation; Herst. von fluorescierenden Hydro- u. Aerosolen von Oxinaten. (J. chem. Educat. **29.** 192—94. April 1952. Rio de Janeiro, Min. of Agric., Central Labor. of Miner. Prod.) BLUMRICH. 6

John H. Wolfenden, *Bemerkung über die kinetischen Salzeffekte.* Einfache Erklärung der Änderungen des Aktivitätskoeff. mit der Gesamtionenkonz. (prim. u. sek. Salzeffekt nach BRØNSTED) für den Unterricht aus elektrostat. Vorstellungen. (J. chem. Educat. **29.** 167. April 1952. Hanover, New Hamps., Dortmouth Coll.) BLUMRICH. 6

W. I. Lewaschow, *Ein vervollkommneter Spiritusbrenner für chemische Schulversuche.* Ein kleiner Spiritusbrenner (mit Baumwolldocht) bekommt einen Rohraufsatz aus Messing (Bronze oder Cu, nicht Fe) mit Löchern für den Luftzutritt. Ein Schlitzaufsatz ermöglicht die Umwandlung zum Flachbrenner. Die Verbrennung ist vollständiger, die Flamme größer, die Temp. höher als beim gewöhnlichen Brenner. (Химия в Школе [Chem. Schule] **1952.** Nr. 2. 59—63. März/April. Siedlung Tschernomorski, Gebiet Krasnodar.) V. WILPERT. 6

Dard Hunter, Papermaking in pioneer America. Philadelphia: Univ. of Pa. Press. (versch. S. m. Abb.) $ 6,50.

A. Allgemeine und physikalische Chemie.

Antonio Carrelli, *Moderne Anschauungen der Physik.* Überblick über die Hauptprobleme der neueren Forschung u. ihre Grundlagen. (Ricerca sci. **21.** 2093—101. Dez. 1951. Neapel.) R. K. MÜLLER. 10

J. Rekveld, *Elementare Ableitung der Äquivalenz von Energie und Masse.* Für die Gleichung $E = m \cdot c^2$ werden 2 verschied. Ableitungen gegeben. (Nederl. Tijdschr. Natuurkunde **18.** 71—72. März 1952.) WESLY. 10

P. J. Durrant, General and inorganic chemistry. 2nd ed. London: Longmans. 1952. (671 S. m. Abb.) 21 s.

F. W. van Name jr., Modern physics; developments of the twentieth century. New York: Prentice Hall. 1952. (367 S. m. Abb. u. Diagr.) $ 7,35.

L. Pauling, Chimica generale. Milano: Longanesi. 1952. (758 S. m. 138 Fig. u. 6 Taf.) L. 4000,—.

Mariano Pierucci e Antonio Pignedoli, Guida teorico pratica alle esercitazioni di fisica. Modena: Ed. Tarantola. 1952. (639 S. m. Abb.) 8°.

A_1. Kernphysik und Kernchemie.

Viscount Samuel, *Das Problem eines Äthers.* Vortrag. (Advancement of Sci. **9.** 3—8. Juni 1952.) G. SCHMIDT. 80

L. Infeld, *Gibt es einen Äther?* (Vgl. DIRAC, C. **1952.** 5037.) Vf. zweifelt den DIRACschen Schluß auf die Existenz eines Äthers an. — In seiner Erwiderung weist **P. A. M. Dirac** darauf hin, daß die für die Quantisierung notwendige HAMILTON-Formulierung der Feldgleichungen eine Geschwindigkeit des Äthers erfordert. (Nature [London] **169.** 702. 26/4. 1952. Warschau, Univ., Inst. for Theoret. Phys.) KIRSCHSTEIN. 80

M. Avramy Melvin, *Phänomenologische Quantenelektrodynamik mit Magnetpolen.* (Sitzungsbericht.) Entw. einer Elektrodynamik mit gewissen Verallgemeinerungen in Abweichung sowohl von der DIRACschen als auch von JAUCH-WATSON-Behandlung. (Physic. Rev. [2] **86.** 640. 15/5. 1952. Eastsound, Wash.) G. SCHMIDT. 80

F. J. Dyson, *Heisenberg-Operatoren in der Quantenelektrodynamik.* 1. Mitt. Beschreibung eines neuen analyt. Kontinuitätsprinzips, durch welches die Berechnung der Matrixelemente der HEISENBERG-Operatoren in der Theorie eines beliebig gequantelten Feldes wesentlich vereinfacht wird. Die analyt. Kontinuität erfolgt durch Variation der charakterist. Massen der Felder durch reelle Werte. Auf diese Weise wird ein HEISENBERG-Operator mit den physikal. auftretenden Massen aus einem Operator abgeleitet, der mit sehr großen fiktiven Massen berechnet worden ist. (Physic. Rev. [2] **82.** 428—39. 1/5. 1951. Princeton, N. J., Inst. for Adv. Stud.) G. SCHMIDT. 80

F. J. Dyson, *Heisenberg-Operatoren in der Quantenelektrodynamik.* 2. Mitt. (1. vgl. vorst. Ref.) Die Bewegungsgleichungen der Quantenelektrodynamik werden in der Wechselwirkungsdarst. aufgestellt, wobei ein GUPTA-Formalismus verwendet wird. Diese Darst. liefert eine vollständige u. divergenzfreie Formulierung der Quantenelektrodynamik mit einer divergenzfreien SCHRÖDINGER-Gleichung, die exakt das Verh. jedes physikal. Syst. beschreibt. Das mathemat. Verf. wird entwickelt, das die Eliminierung der Divergenzen aus der SCHRÖDINGER-Gleichung ermöglicht. Aus Vereinfachungsgründen wird das Verf. vorerst auf die Analyse der elektromagnet. Potentialoperatoren angewandt. (Physic. Rev. [2] **83.** 608—27. 1/8. 1951.) G. SCHMIDT. 80

S. B. Treiman, *Analyse der Nucleonenkomponente aus Breitenschwankungen der Neutronen.* (Sitzungsbericht.) Es wird eine Funktion $S_A(N, x)$ definiert, die die Erzeugungsgröße von Neutronen je g Luft in einer Tiefe x durch einen vertikalen Fluß prim. Höhenstrahlteilchen des At.-Gew. A u. des Verhältnisses N von Impuls zu Ladung wiedergibt. Es wird gezeigt, daß unter gewissen Annahmen diese Funktion für alle A von der Energie der prim. Nucleonen zwischen 4 u. 12,7 · 10^9 eV u. in Tiefen zwischen 20 u. 600 g/cm² unabhängig ist. (Physic. Rev. [2] **85.** 720. 15/2. 1952; Bull. Amer. physic. Soc. **26.** Nr. 6. 24. 24/10. 1951. Univ. of Chicago.) Wiedemann. 85

Robert Hofstadter und **Alvin M. Hudson,** *Energieverlust von Höhenstrahl-μ-Mesonen.* (Sitzungsbericht.) Mittels dreier NaJ(Tl-)Kristalle wurde der Energieverlust der μ-Mesonen auf Seehöhe bestimmt. Zur Eichung dienten die Linien des $^{12}C^*$ (4,4 MeV) u. des ThC-Spektrums. Das Energiespektr. zeigt einen scharfen Gipfel bei 27,5 MeV. Die experimentelle Kurve ist etwas schmaler als die theoretische. (Physic. Rev. [2] **85.** 773. 15/2. 1952; Bull. Amer. physic. Soc. **26.** Nr. 8. 25. 27/12. 1951. Stanford Univ., Dep. of Phys., u. Microwave Labor.) Wiedemann. 85

Ju. B. Rumer, *Wirkung als Raumkoordinate.* 6. Mitt. (5. vgl. Журнал Экспериментальной и Теоретической Физики [J. exp. theoret. Physik] **21.** [1951.] 1403.) Die Entw. der relativist. Theorie der skalaren u. vektoriellen Mesonen wird so durchgeführt, daß sie mit der Maxwellschen Elektrodynamik zu einer einheitlichen fünfdimensionalen Maxwellschen Theorie verschmolzen wird. (Журнал Экспериментальной и Теоретической Физики [J. exp. theoret. Physik] **22.** 742—54. Juni 1952.) Kirschstein. 90

M. H. Johnson, *Vernichtungsstrahlung von μ^+-Mesonen.* (Sitzungsbericht.) Die Vernichtung der μ^+ verläuft nach $\mu^+ + e^- \rightarrow A \rightarrow 2\gamma$ über den Zwischenzustand A, für den die drei Möglichkeiten $e^+ + e^-$, $\mu^+ + \mu^-$, π^0 existieren. Die obere Grenze für die Vernichtungsgeschwindigkeit liegt in allen drei Fällen für eine Elektronendichte von 10^{24}/cm³ bei 10^{-7}/Sek., während die beobachtete Zerfallskonstante 10^6/Sek. beträgt. (Physic. Rev. [2] **85.** 719. 15/2. 1952; Bull. Amer. physic. Soc. **26.** Nr. 6. 23. 24/10.1951.) Wiedemann. 90

Frank L. Adelman, *Schnelle Protonen aus dem Einfang von π^--Mesonen in photographischen Emulsionen.* In Ilford G5-Emulsionen wurden 992, in C2-Emulsionen 639 π^--Mesonen-Absorptionen untersucht. In (16,1 ± 1,8)% sind sie von Protonen mit > 20 MeV, in (9,5 ± 1,3) % von solchen mit > 30 MeV begleitet. Das Energiespektr. der Protonen zeigt eine flache Abnahme der Anzahl zwischen 30 u. 70 MeV. In den Sternen sind mehr Zacken der Richtung des schnellen Protons entgegengerichtet als bei Annahme einer Verdampfung des Rückstoßkerns anzunehmen wäre. Wahrscheinlich findet beim π^--Einfang Wechselwrkg. zwischen einer kleinen Anzahl von Nucleonen statt, die den Rückstoßimpuls aufnehmen. (Physic. Rev. [2] **85.** 249—53. 15/1. 1952. Berkeley, Calif., Univ., Dep. of Phys., Radiat. Labor.) Wiedemann. 90

M. F. Kaplon, *Elektromagnetische Interferenzeffekte bei der Streuung geladener Mesonen an Protonen.* (Vgl. Bethe u. Wilson, C. **1952.** 4253.) Bei der Mesonstreuung läßt sich die Interferenz zwischen Kern- u. elektromagnet. Streuung benutzen, um die Amplitude der Kernstreuung für eine gegebene Mesonladung dem Vorzeichen nach zu bestimmen. Es wird die pseudoskalare Mesontheorie u. schwache Kopplung angenommen. Für den Prozeß $\pi^+ + p \rightarrow \pi^+ + p$ werden für drei verschied. Mesonenergien von 20, 50 u. 100 MeV die differentiellen Streuquerschnitte im Syst. des Massenschwerpunktes berechnet. Geringere Kopplungskonstanten verschieben das Minimum zu höheren Winkeln. (Physic. Rev. [2] **85.** 1059—60. 15/3. 1952. Rochester, N. Y., Univ.) Wiedemann. 90

R. L. Martin, H. L. Anderson und **G. Yodh,** *Kernwirkungsquerschnitte für negative Pionen mit Energien von 109 und 133 MeV.* Durch Beschuß von *Be* mit 450 MeV-Protonen werden Mesonen erzeugt. Durch magnet. Ablenkung wird ein π^--Bündel mit Energien von 122 u. 145 MeV ausgeblendet. Die Absorption der in *C, Al, Cu, Cd, Sn* u. *Pb* auf 109 u. 133 MeV verlangsamten Pionen wird mit Zweifach- u. Vierfachkoinzidenzen zwischen Terphenylkristallen untersucht. Die experimentellen Wirkungsquerschnitte sowie die daraus berechneten für Absorption u. unelast. Streuung sind wiedergegeben. Sie stimmen innerhalb der Fehlergrenze von 15% mit den geometr. überein. Mit Ausnahme von C ist keine Abhängigkeit von der Pionen-Energie (85—133 MeV) festzustellen. (Physic. Rev. [2] **85.** 486—87. 1/2. 1952. Chicago, Ill., Univ., Inst. for Nucl. Stud.) Wiedemann. 90

H. Byfield, J. Kessler und **L. Lederman,** *Wechselwirkung von π-Mesonen in Kohlenstoff.* (Sitzungsbericht.) Die Streuung u. Absorption von 62 ± 10 MeV-π-Mesonen in C wurde in einer Nebelkammer beobachtet. Durch π^+ u. π^- wurden insgesamt ca. 500 Kern-Rkk., elast. u. unelast. Streuung sowie Sterne mit bis zu 2 Zacken hervorgerufen. Die Winkelverteilung der elast. Streuung der π^- zeigt ein Maximum in Vorwärtsrichtung, der totale Querschnitt von 10—180° beträgt 204 ± 18 mbarn. Die unelast. Streuung hat eine Senke bei 90°, der totale Wirkungsquerschnitt beträgt 39 ± 8 mbarn. Schnelle Protonen werden in 11% der Sterne beobachtet. (Physic. Rev. [2] **85.** 718. 15/2. 1952; Bull. Amer. physic. Soc. **26.** Nr. 6. 22. 24/10. 1951. Columbia Univ.) Wiedemann. 90

L. Lederman, H. Byfield und **J. Kessler,** *Lebensdauer des π-Mesons.* (Vgl. C. **1952.** 959; 3279 u. vorst. Ref.) (Sitzungsbericht.) Aus dem Zerfall positiver π-Mesonen von 62 MeV im Flug in einer im Magnetfeld befindlichen Nebelkammer wurde in ähnlicher Weise wie bei π^- die Lebensdauer bestimmt. Für das Verhältnis der Lebensdauern ergibt sich $\tau^+/\tau^- = 1{,}01 \pm 0{,}11$. (Physic. Rev. [2] **85.** 719. 15/2. 1952; Bull. Amer. physic. Soc. **26.** Nr. 6. 23. 24/10. 1951. Columbia Univ.) WIEDEMANN. 90

I. S. Fischer, *Besonderheiten der Schwankungen der Teilchenzahl in einem System mit Coulombscher Wechselwirkung.* Vf. leitet Abschätzungen der Schwankungen der Teilchenzahl u. Beziehungen zwischen diesen Schwankungen in einem Syst. geladener Teilchen ab. In nicht zu kleinen Bereichen unterscheiden sich diese Schwankungen der Teilchenzahl von denen in einem idealen Gas, unabhängig von dessen Druck. (Журнал Экспериментальной и Теоретической Физики [J. exp. theoret. Physik] **22.** 520—23. Mai 1952. Weißruss. Univ.) AMBERGER. 90

Paul Molmud, *Über die Größenordnung des Signalradius des Elektrons.* (Sitzungsbericht.) Aus den Berechnungen kann gefolgert werden, daß das gyromagnet. Verhältnis des Elektrons nur den genauen Wert besitzt, wenn der Signalradius $^2/_3$ des klass. elektron. Radius ist. (Physic. Rev. [2] **86.** 639—40. 15/5. 1952. Clarkson, Coll. of Technol.) G. SCHMIDT. 90

H. Olsen und **H. Wergeland,** *Der Strahlungsverlust von Elektronen im Synchrotron.* Durch Berücksichtigung auch der höheren Quantenzahlen wird bei der quantenmechan. Berechnung der Energieabstrahlung eines im Magnetfeld kreisenden Elektrons im Gegensatz zu PARZEN (C. **1952.** 3933) gefunden, daß der Energieverlust nicht geringer als der auf klass. Wege errechnete ist. (Physic. Rev. [2] **86.** 123—24. 1/4. 1952. Trondheim, Norges Tekniske Høgskole, Fys. Inst.) H. HAUSWALD. 90

D. K. Bewley, *Photographische Darstellung der durch Radium-γ-Strahlen ausgelösten Sekundärelektronen.* Vf. zeigt an photograph. Aufnahmen anschaulich die Wrkg. der durch γ-Quanten in Filtern verschied. At.-Gew. ausgelösten Sekundärelektronen auf die Emulsion eines KODAK-Filmes. Die aus Ionisationsmessungen bekannten Erscheinungen (Zahl der Sekundärelektronen in Strahlausbreitungsrichtung) werden durch Schwärzung nachgewiesen. Die Einfügung von dünnen Folien aus Celluloid, Cellophan oder Perspex in den Strahlengang der sek. Elektronen zeigt die Abnahme des Ionisierungsvermögens entlang der Bahn des Elektrons. (Brit. J. Radiol. **24.** 521—22. Sept. 1951. London, Hammersmith Hosp., Physics Dep.) REUSSE. 90

H. Messel und **H. S. Green,** *Die Winkelverteilung gestreuter Nucleonen bei Kernzusammenstößen hoher Energie.* Es wird die Theorie des mittleren Winkelquadrates der Nucleonenemission aus Nucleon-Kernzusammenstößen hoher Energie entwickelt. Die mittlere quadrat. Winkelabweichung energiereicher Nucleonen der Energie U besitzt ein Maximum für einen spezif. Wert der Primärenergie U_0. Diese quadrat. Winkelabweichung hat bei gegebener prim. u. sek. Energie für schwere u. leichte Kerne einen verschied. Verlauf. (Proc. physic. Soc., Sect. A **65.** 245—49. 1/4. 1952. Adelaide, South Australia, Univ.) CONRAD. 90

H. H. Barschall, *Gesetzmäßigkeiten bei den totalen Wirkungsquerschnitten für schnelle Neutronen.* Die totalen Wirkungsquerschnitte schwerer Elemente (von *Mn* aufwärts) gegenüber Neutronen im Energiebereich von 0,1—3 MeV werden gemessen. Die Reliefdarst. der Wirkungsquerschnitte in Abhängigkeit von der Neutronenenergie u. dem At.-Gew. zeigt für benachbarte Elemente einen ähnlichen Verlauf des Querschnitts in Abhängigkeit von der Energie. Das Maximum um *Sr* für niedrige Neutronenenergien scheint sich mit wachsendem At.-Gew. nach höheren Energien hin zu verschieben. Ein Minimum tritt für schwerere Elemente als *Ir* bei ca. 1 MeV auf. Dieses Verh. steht im Widerspruch zur Theorie von WEISSKOPF. (Physic. Rev. [2] **86.** 431. 1/5. 1952. Madison, Wis., Univ.; Los Alamos, N. Mex., Sci. Labor.) WERNER SCHULZ. 95.

A. E. Taylor, T. G. Pickavance, J. M. Cassels und **T. C. Randle,** *Totale Wirkungsquerschnitte der Elemente für 156 MeV-Neutronen.* In Fortsetzung der Verss. (C. **1951.** II. 2833) mit Neutronen von 156 ± 3 MeV wurden *D, Be, O, Al, Fe, Cu, Ba* u. *Pb* untersucht. An Hand von Diagrammen (Wirkungsquerschnitt als Funktion des Kernradius) werden die Ergebnisse mit den theoret. Erwartungen verglichen. (Philos. Mag. [7] **42.** 751—55. Juli 1951. Harwell, Atomic Energy Res. Establ.) H. HAUSWALD. 95

B. H. Flowers, *j—j-Kopplung in Kernen.* Berechnung der Quantenzahlen der niedrigsten Energieniveaus der doppeltgeraden Kerne u. der Kerne mit $A < 50$. (Physic. Rev. [2] **86.** 254—55. 15/4. 1952. Edgbaston, Birmingham, Univ., Dep. of Math. Phys.) KIRSCHSTEIN. 95

Harold Walchli, Ralph Livingston und **William J. Martin,** *Das magnetische Kernmoment von ^{99}Tc.* Mit dem Kerninduktionsapp. nach PROCTOR (C. **1951.** II. 4) wurde in einer wss. Lsg. von NH_4TcO_4 Kernresonanz von ^{99}Tc gefunden. Aus ν (^{99}Tc)/ν (D) = 1,46628 ± 0,0001 wurde für das Kernmoment von ^{99}Tc der Wert + (5,6805 ± 0,0004) Kernmagnetonen errechnet. (Physic. Rev. [2] **85.** 479. 1/2. 1952. Oak Ridge, Tenn., Nat. Labor.) H. HAUSWALD. 95

W. A. Krawzow, *Tabellen der Bindungsenergie und die Energiefläche der schweren Kerne.* Fortschrittsbericht. Für Z > 78 sind die Atommassen, die Gesamtbindungsenergien u. die Bindungsenergien des letzten Protons, des letzten Neutrons u. der letzten Nucleonenpaare zusammengestellt. Aus der Form der Energiefläche werden gewisse Schlüsse auf die Stabilität einzelner Isotope gezogen. (Успехи Физических Наук [Fortschr. physik. Wiss.] **47.** 341—97. Juli 1952.) KIRSCHSTEIN. 100

Seishi Kikuchi, *Die Photodissoziation des Heliumkerns durch energiereiche γ-Strahlen.* Die Protonen, die von γ-Strahlen mit Energien bis zu 320 MeV aus He-Kernen herausgeschlagen wurden, wurden in Photoemulsionen untersucht. Die Ergebnisse scheinen darauf hinzudeuten, daß zumindest bei Protonen-Emissionswinkeln von 45° das γ-Quant nicht mit dem ganzen He-Kern, sondern nur mit 2 Nucleonen in Wechselwrkg. tritt. (Physic. Rev. [2] **86.** 126—27. 1/4. 1952. Berkeley, Calif., Univ., Dep. of Phys., Radiat. Labor.) KIRSCHSTEIN. 103

G. B. Arfken, E. D. Klema und **F. K. McGowan,** *γ—γ-Winkelkorrelation in ^{106}Pd.* Die Winkelkorrelation von ^{106}Pd-γ-Strahlen wird mit NaJ-Scintillationszählern in Koinzidenzschaltung bestimmt. Für die 513 u. 624 keV-γ-Kaskade im Winkelbereich 90—180° ergibt sich ein den (0—2—0)-Spinzuordnungen von BRADY u. DEUTSCH (C. **1951.** I. 821) entsprechender Kurvenverlauf. Die korr. Werte für die Kaskaden 1045 bis 513 u. 624—513 keV werden ermittelt. Das Verhältnis der Koinzidenzgrößen für 180 u. 90° ergibt sich zu 1,91 ± 2%. (Physic. Rev. [2] **86.** 413—14. 1/5. 1952. Oak Ridge, Tenn., Oak Ridge Nat. Labor.) WERNER SCHULZ. 103

Lin-sheng Cheng, G. John und **J. D. Kurbatov,** *β-Spektren von ^{144}Ce und ^{144}Pr.* Durch Fällung von Ce(IV) bei p_H 3,5 wurden zwei Quellen, eine trägerfreie u. eine mit einigen mg Ce, hergestellt u. mittels eines Solenoidspektrometers die β-Spektren von ^{144}Ce im Gleichgewicht mit ^{144}Pr aufgenommen. Es wurden γ-Linien von 54,7 ± 0,5, 79,4 ± 0,8, 134 ± 1 u. 231 ± 2 keV festgestellt, das K/L-Verhältnis beträgt bei den letzten drei 6,3 ± 0,7, 8,3 ± 0,6 bzw. 1,7 ± 0,3. Durch FERMI-Darst. wurden folgende Endpunkte von β-Teilspektren erhalten: 3,00 ± 0,06 MeV, 1,30 MeV, 605 keV, 446 keV u. 307 keV. (Physic. Rev. [2] **85.** 487—89. 1/2.; **86.** 632—33. 15/5; Bull. Amer. physic. Soc. **27.** Nr. 1. 57—58. 31/1. 1952. Columbus, O., State Univ.) WIEDEMANN. 103

J. M. Cork, J. M. Le Blanc, F. B. Stumpf und **W. H. Nester,** *Die Radioaktivität in neutronenaktiviertem Platin.* (Vgl. C. **1951.** I. 290.) Neuunters. der durch Neutronenbeschuß von Pt hervorgerufenen Radioaktivität. Unter den 22 Elektronenlinien, die früher ausschließlich dem 3,4 Tage-^{199}*Au* zugeschrieben wurden, finden sich einige, die vom 17,4 Std.-^{197}Pt stammen sowie einige von anderen Pt-Isotopen. ^{193}Pt besitzt wahrscheinlich keine 4,4 Tage-Aktivität. Vff. schreiben sie einem isomeren Zustand von ^{195}Pt zu. Es werden folgende γ-Energien angegeben: 3,4 Tage-^{199}Au: 49,8, 158,5 u. 208,3 keV; 17,4 Std.-^{197}Pt: 77,4 u. 191,2 keV; 4,4 Tage-^{195m}Pt: 99,1 u. 129,8 keV. Ferner wird je ein Kernenergieschema von ^{195}Pt, ^{197}Au u. ^{199}*Hg* vorgeschlagen. (Physic. Rev. [2] **86.** 415—16. 1/5. 1952. Ann Arbor, Mich., Univ., Dep. of Phys.) SPEER. 103

J. M. Cork, D. W. Martin, J. M. Le Blanc und **C. E. Branyan,** *Der radioaktive Zerfall von ^{197}Hg und ^{203}Hg.* Vff. untersuchen die Strahlung von mittels Neutronenbeschuß im D_2O-Reaktor hergestelltem ^{197}Hg (I) u. ^{203}Hg (II) mit Hilfe eines β-Spektrometers. Für I wurden insgesamt 23 Konversionselektronenlinien im Energiebereich von 50,9—275,6 keV gefunden, die den K- u. L-Spektren des *Au*, Hg u. *Tl* zugeordnet werden u. 7 γ-Quanten von 66,9, 68,7, 77,6, 134,3, 165,4, 191,4 u. 279,5 keV entsprechen. II zeigt eine Halbwertszeit von 47,9 ± 0,2 Tagen u. emittiert ein γ-Quant von 279,5 keV. Das Zerfallsschema für I wird aufgestellt. (Physic. Rev. [2] **85.** 386—87. 15/1. 1952. Ann Arbor, Mich., Univ., Dep. of Phys.) WEIGEL. 103

G. H. Higgins und **K. Street jr.,** *Die Strahlungscharakteristiken von ^{240}Cm und ^{24}·Cm.* Bei dem Beschuß von ^{239}Pu mit α-Teilchen wurde neben den α-Aktivitäten von 27 u. 162 Tagen Halbwertszeit (^{240}Cm u. ^{242}Cm) auch eine solche mit 35 Tagen Halbwertszeit u. 5,89 MeV α-Energie gefunden. Aus dem Zerfall einer Probe mit höherem ^{240}Cm-Geh. konnte nach Abtrennen der Am-Fraktion festgestellt werden, daß höchstens 0,5% des ^{240}Cm durch Elektroneneinfang zerfällt. Bei der 35 Tage-Aktivität, die wahrscheinlich ^{24} Cm zuzuordnen ist, liegt das Verhältnis der Zahl der Elektroneneinfangprozesse zur Zahl der α-Zerfallsprozesse zwischen 360 u. 460. Neben der α-Gruppe von 5,89 MeV müßte noch eine energiereichere (ca. 6,10 MeV) vorhanden sein, die jedoch nicht gefunden wurde. (Physic. Rev. [2] **86.** 252—53. 15/4. 1952. Berkeley, Calif., Univ., Radiat. Labor. u. Dep. of Chem.) KIRSCHSTEIN. 103

Emilio Segrè, *Spontane Spaltung.* Zusammenfassender Bericht über die Arbeiten an der spontanen Spaltung bis zum 1/1. 1946. Das experimentelle Verf. zum Nachw. der spontanen Spaltung bei den schweren α-akt. Elementen wird beschrieben, die Zerfallskonstanten für die spontane Spaltung bei einer Anzahl von Substanzen mit Massenzahlen von 226—241 werden tabellar. angeführt. Für die Anzahl der pro Spaltung von ^{238}U emittierten Neutronen wird der Wert von 2,2 ± 0,3 erhalten. (Physic. Rev. [2] **86.** 21—28. 1/4. 1952. Los Alamos, N. Mex., Univ. of California, Sci. Labor.) G. Schmidt. 103

Robert S. Livingston, *Das 86 in.-Cyclotron von Oak Ridge.* (Sitzungsbericht.) Es werden Einzelheiten der Konstruktion des 86 in.-Cyclotrons angegeben, mit dem Protonen von 20 MeV u. mehreren Hundert μA erreicht wurden. (Physic. Rev. [2] **85.** 713. 15/2. 1952; Bull. Amer. physic. Soc. **26.** Nr. 6. 17. 24/10. 1951. Oak Ridge Nat. Labor.) H. Hauswald. 112

M. Labitt, R. J. Debs, I. Halpern und **P. T. Demos**, *Betriebsstrom und Energie der M.I.T.-Linear-Elektronenbeschleuniger.* (Sitzungsbericht.) Mit dem 21 Fuß langen, mit stehenden Wellen arbeitenden Linearbeschleuniger für Elektronen wurden Energien von 17 MeV u. Stromstärken von mehreren μA erreicht. (Physic. Rev. [2] **85.** 713. 15/2. 1952; Bull. Amer. physic. Soc. **26.** Nr. 6. 17. 24/10. 1951. M. I. T.) H. Hauswald. 112

J. D. Lawson, *Strahlungsintensität von Beschleunigern für hohe Energien.* Die Vorwärtsintensität der Strahlung von Elektronenbeschleunigern über 5 MeV wird für Targetdicken bis zu 0,1 Strahlungslängen berechnet u. für dickere Targets mit 15% Genauigkeit abgeschätzt. Die Messung der Vorwärtsstrahlung eines Linearbeschleunigers mit einem dicken Cu-Target bei 7,3 MeV mittels einer dickwandigen Ionisationskammer stimmt mit der Theorie überein. (Brit. J. appl. Physics **3.** 214—16. Juli 1952. Harwell, A. E. Res. Establ.) H. Hauswald. 112

L. W. Seagondollar, R. K. Smith, W. R. Alexander und **J. W. Teener**, *Der Van de Graaff-Generator der Universität von Kansas.* (Sitzungsbericht.) Es wurde ein von einem Stahldrucktank umschlossener elektrostat. Generator nach Herb für ein Labor. n. Größe aufgestellt. (Physic. Rev. [2] **85.** 713. 15/2. 1952; Bull. Amer. physic. Soc. **26.** Nr. 6. 17. 24/10. 1951.) H. Hauswald. 112

T. Duerden und **B. D. Hyams**, *Ein Selektor für schwere Teilchen.* Vff. beschreiben eine Anordnung von Geiger-Zählern u. einem Čerenkov-Lichtdetektor, der nur auf langsame Höhenstrahlteilchen schwerer als 550 M_e anspricht. Zwischen den Zählrohren u. den Bleiabsorberschichten befindet sich ein mit dest. W. gefülltes Metallgefäß, in das ein Photomultiplier ragt. Die Zählgröße steht im Einklang mit dem Protonenstrom in Seehöhe. Nebelkammeraufnahmen zeigen, daß mindestens 80% der Ausschläge von Protonen mit einer Reichweite < 170 g/cm² Pb herrühren. (Philos. Mag. [7] **43.** 717—23. Juli 1952. Manchester, Univ., Phys. Labors.) H. Hauswald. 112

A. W. Schardt und **William Bernstein**, *Leistung von 5819-Photomultipliern in Scintillationsspektrometern.* (Sitzungsbericht.) In einem Scintillationszähler mit einem NaJ(Tl)-Kristall u. verschied. 5819-Photomultipliern betrug das Auflösungsvermögen für die 670 keV-Photolinie 9—16% (volle Breite am halben Maximum) u. für die 22 keV-Linie 35—60%. (Physic. Rev. [2] **85.** 712. 15/2. 1952; Bull. Amer. physic. Soc. **26.** Nr. 6. 16. 24/10. 1951. Brookhaven Nat. Labor.) H. Hauswald. 112

S. G. Cohen und **Y. Feige**, *Die natürlichen Scintillationen von Uranylnitratkristallen.* Vor die Photokathode eines E.M.I.-Photomultipliers gebrachte Uranylnitratkristalle lieferten vom U-Zerfall herrührende kurzzeitige Impulse, die sich von dem Rauschuntergrund der Röhre gerade noch trennen ließen. (Physic. Rev. [2] **85.** 1049—50. 15/3. 1952. Jerusalem, Hebrew Univ., Dep. of Phys.) H. Hauswald. 112

R. A. Allen, L. E. Beghian und **J. M. Calvert**, *Das Ansprechen organischer Scintillatoren auf (d—d)-Neutronen.* Vff. messen die Impulshöhenverteilung der von Neutronen in *Anthracen, trans-Stilben* u. *Diphenylacetylen* erzeugten Rückstoßprotonen mit 14stufigem Photomultiplier, Verstärker u. Einfachkanal-Stoßanalysator. Die Neutronen stammten aus der (d—d)-Rk. bei 150 keV Deuteronenenergie. Die organ. Kristalle wurden in Form runder, von Al eingefaßter Scheibchen von 1,5 cm Durchmesser u. 5 mm Dicke angewandt. Die graph. wiedergegebenen Impulshöhenspektren zeigen für Stilben Proportionalität der Impulshöhe mit der Scintillationsenergie, während bei Anthracen die Impulshöhe eine schneller wachsende Funktion der Energie ist. Die maximalen Impulshöhen bei Anthracen, Stilben u. Diphenylacetylen verhalten sich wie 1 : 0,6 : 0,2. (Proc. physic. Soc., Sect. A **65.** 295—96. 1/4. 1952. Oxford, Clarendon Labor.) Conrad. 112

Theodore Bowen und **Francis X. Roser**, *Das Ansprechen von Anthracen-Scintillationskristallen auf μ-Mesonen hoher Energie.* Das Ansprechen eines Scintillationszählers mit Anthracenkristall auf μ-Mesonen der Höhenstrahlung in Seehöhe wurde unter Verwendung

einer Zählrohr-Koinzidenzanordnung u. Pb-Absorbern bei Energien von 29—1000 MeV untersucht. Wegen der Streuung des Ionisationsverlustes unterlag die Lichtausbeute für Mesonen derselben Anfangsenergie einer beträchtlichen Schwankung. Die Scintillationsausbeute des Phosphors nahm mit wachsender spezif. Ionisation ab. Das Ansprechen des Kristalls nahm bei relativist. Mesonenergien um weniger als 2% zu in Übereinstimmung mit Berechnungen der Reduzierung des Ionisationsverlustes durch den Dichteeffekt. (Physic. Rev. [2] **85.** 992—97. 15/3. 1952. Chicago, Ill., Univ., Dep. of Phys.)
H. HAUSWALD. 112

M. Ageno und **G. Cortellessa,** *Über die durch α-Teilchen in Stilben erzeugte Fluorescenz.* (Rend. Ist. super. Sanità **15.** 159—61. 1952. Rom, Ist. super. di Sanità, Labor. di Fis.)
GOUBEAU. 112

L. R. Stieff und **T. W. Stern,** *Vorbereitung von Kernplatten und stripping-Filmen zur Untersuchung von radioaktiven Mineralien.* Beschreibung der Arbeitstechnik für 2 Untersuchungsmethoden: 1. Feingepulvertes Mineral wird auf eine vorgequollene Kernplatte sedimentiert. 2. Ein Dünnschliff wird mit einem „stripping"-Film bedeckt. Die letzte Meth. liefert einen genauen Aufschluß über die räumliche Verteilung der Aktivität. (Amer. Mineralogist **37.** 184—96. März/April 1952. Washington, D. C., U. S. Geolog. Surv.)
EICHHOFF. 112

Bruno Benedetto Rossi, High-energy particles. New York: Prentice-Hall. 1952. (581 S. m. Abb. u. Diagr.) $ 12,50.

A_2. Optisches Verhalten der Materie.

A. A. Nikitin, *Über das Auftreten von Heliumabsorptionslinien im Sonnenspektrum.* Die im Spektr. der Sonnenscheibe auftretende Absorptionslinie 10830 Å des neutralen He ist nach Vf. durch eine Anhäufung von He-Atomen im metastabilen 2 ^{3}S-Zustand infolge einer Rekombination auf alle Triplettniveaus bedingt. Die nach den Angaben von MELNIKOW u. PEREPELKIN berechnete äquivalente Breite der Linie 10830 Å liefert einen um eine Größenordnung höheren Wert, was Vf. auf die zeitliche Änderung der Intensitäten der He-Linien im Chromosphärenspektr. zurückführt. Die Besetzung der 2 ^{1}S-Niveaus verringert sich mit einer Zunahme der Elektronentemp., die der 2 ^{3}S-Niveaus nimmt zu. (Астрономический Журнал [Astronom. J.] **29.** 463—71. Juli/Aug. 1952. Leningrad, Shdanow-Univ.)
AMBERGER. 113

L. Vegard, *Doppler-Verschiebung von Nordlicht-Wasserstofflinien und ihre Bedeutung für die Theorie des Nordlichts und der magnetischen Störungen.* Vf. gibt einen Überblick über die Arbeiten, die die Messung der DOPPLER-Verschiebung an H_β im Nordlichtspektr. behandeln. Die wiedergegebenen Photometerkurven zeigen eine merkliche Verbreiterung nach kurzen u. langen Wellenlängen. Es wird angenommen, daß neutralisierte Bündel (Protonen u. Elektronen) sowie positive Ionen (Protonen) oder Elektronen allein spektral verschied. Anregungen bzw. spektrale Verschiebungen hervorrufen. Bes. lassen sich durch neutralisierte Bündel eine Reihe von Erscheinungen erklären, die durch die Theorie von BIRKELAND u. STÖRMER nicht deutbar waren. (Geofysiske Publ. norske Vidensk.-Akad. Oslo **18.** Nr. 5. 1—14. 1952. Oslo, Univ., Phys. Inst.)
D. HAHN. 113

Bipin Kumar Agarwal, *Nomenklatur von Röntgenlinien.* Zur vollständigen Bezeichnung von Röntgenspektrallinien schlägt Vf. die Verwendung von folgenden 4 Kennzeichen vor: 1. die Serienbezeichnung (K, L, M usw.) gibt die Schale des Anfangszustands an; 2. der „Schalenindex" (tiefgestelltes α, β usw.) bezeichnet die Schale des Endzustands; 3. der hochgestellte „Anfangsindex" (1, 2 usw.) gibt das SOMMERFELDsche Energieniveau des Anfangszustands u. 4. der tiefgestellte „Härteindex" (1, 2 usw.) das SOMMERFELDsche Energieniveau des Endzustands an u. ist damit zugleich ein Anhalt für die Härte der Linie. Beispiele: $K_{\beta_3}^1$ bezeichnet einen Übergang K—M_{III}, $L_{\alpha_4}^2$ einen Übergang L_{II}—M_{IV}. (Sci. and Cult. **17.** 479—80. Mai 1952. Allahabad, Univ., Physics [X-Ray] Dep.)
B. REUTER. 116

Richard H. Stokes, *Messungen an Elektronenpaaren zur Bestimmung eines 65-MeV-Röntgenspektrums.* Mit einer Nebelkammer im Magnetfeld, deren Auslösung mit den Röntgenimpulsen eines 65-MeV-Synchrotrons synchronisiert war, wurden die von der Röntgenstrahlung erzeugten Elektronenpaare aufgenommen. Aus der Energieverteilung der Elektronenpaare u. dem Wirkungsquerschnitt für Paarbldg. für die verschied. Energiebereiche, wie er der Theorie von BETHE u. HEITLER entnommen werden kann, wurde das Röntgenenergiespektr. ermittelt. Das beobachtete Spektr. stimmt mit dem theoret. erwarteten überein. Die Werte für den Quantenstrom u. für den Energiestrom sind in Einheiten einer VICTOREEN-Fingerhut-Ionisationskammer angegeben. (Physic. Rev. [2] **84.** 991—93. 1/12. 1951. Ames, Iowa, Iowa State Coll.)
POLLERMANN. 116

Lewis M. Branscomb, *Das Infrarotspektrum von aktivem Stickstoff.* (Vgl. C. **1952**. 10.) (Sitzungsbericht.) Die Theorie des Wiedervereinigungsleuchtens von N_2 kann erst abgeschlossen werden, wenn die Dissoziationskonstante von N_2 bekannt ist. Aus Beobachtungen von Kaplan folgt $D(N_2) = 7{,}383$ V. Verss., die Dissoziationsenergie aus dem Infrarotspektr. der „dunklen N_2-Modifikation" zu bestimmen, ergaben keinerlei Bevorzugung der Niveaus $v' = 0$ gegenüber $v' = 1$, 2 oder 3, so daß die Annahme $D(N_2) = 7{,}383$ V weder bestätigt noch widerlegt werden konnte. (Physic. Rev. [2] **82**. 338. 15/4.; Bull. Amer. physic. Soc. **26**. Nr. 1. 51. 1/2. 1951. Harvard Univ.) Stahl. 120

W. H. Eberhardt und **T. G. Burke**, *Eine Absorptionsbande von NOCl bei 30 μ.* Im Verlaufe von Unterss. an NO_2Cl konnten Vff. das Spektr. von NOCl, welches darin als Verunreinigung enthalten war, im Bereich von 1—40 μ genauestens nachprüfen. Sie bestätigen die Existenz einer starken Bande bei 329 cm^{-1} für $NO^{35}Cl$ u. bei 325 cm^{-1} für $NO^{37}Cl$. In einer Figur u. einer Tabelle ist die Feinstruktur der ν_3-Bande von NOCl angegeben. Vff. geben noch die Kraftkonstanten u. die Isotopieverschiebung der ν_3-Bande von NOCl an. (J. chem. Physics **20**. 529—30. März 1952. Atlanta, Gea., Georgia Inst. of Technol., School of Chem.; Oak Ridge, Tenn., Carbide and Carbon Chemicals Comp., K-25 Labors.) D. Hahn. 120

D. H. Rank und **William M. Baldwin**, *Molekülkonstanten des Grundzustands des J_2-Moleküls.* (Vgl. J. opt. Soc. America **36**. [1946.] 239.) Mittels eines verbesserten App. vermaßen Vff. bis zu $V = 22$ die Resonanzdubletts des *Jods* mit einer Genauigkeit von $>1/_{1000}$ Å u. zeigen, daß die Beziehung zwischen den Rotationskonstanten des Grundzustandes u. der Aufspaltung des Resonanzdubletts durch die Formel $R(J_r - 1) - P(J_r + 1) = (4 J_r + 2)[B_e - \frac{1}{2}\alpha - (2 J_r^2 + 2 J_r + 2) D_e - \alpha V]$ mit der Rotationsquantenzahl des angeregten Zustands $J_r = 34$ wiedergegeben wird, während der numer. Wert für D_e aus B_e^3/ω_e^2 zu $4{,}55 \cdot 10^{-9} \cdot cm^{-1}$ erhalten wird. Die neuen Messungen ergaben für die Mol.-Konstanten die Werte: $B_e = 0{,}037364 \pm 0{,}000003$, $\alpha = 0{,}0001206 \pm 0{,}0000003$, $\omega_e = 214{,}248$, $X_e\,\omega_e = 0{,}6074$, $Y_e\,\omega_e = 0{,}00130$, $Z_e\,\omega_e = 0{,}00000525$ u. $T_e\,\omega_e = 0{,}00000016\ cm^{-1}$. (J. chem. Physics **19**. 1210—11. Sept. 1951. State College, Pa., Pennsylvania State Coll., Phys. Dep.) Zimmer. 120

H. T. Minden und **B. P. Dailey**, *Behinderte Rotation in CH_3CF_3 und CH_3SiF_3.* (Sitzungsbericht.) Die Frequenzen niedrig liegender Vibrationsübergänge, die im infraroten u. Raman-Spektr. nicht auftreten, können aus Intensitätsmessungen an der Vibrationsfeinstruktur im Mikrowellenbereich bestimmt werden. Die Torsionsschwingungen der Moll. CH_3CF_3 u. CH_3SiF_3 ergaben die Wellenzahlen 234 ± 40 bzw. $141 \pm 30\ cm^{-1}$; für die Rotationswärme folgt 3480 bzw. 1200 cal/Mol. Letzterer Wert ist wahrscheinlich durch einen größeren Abstand der in Wechselwrkg. stehenden Atomgruppen bedingt u. steht mit indirekt berechneten Angaben in guter Übereinstimmung. Die Änderung der Rotationskonstante zwischen dem Grund- u. angeregten Zustand erwies sich für CH_3SiF_3 kleiner als für CH_3CF_3. (Physic. Rev. [2] **82**. 338. 15/4.; Bull. Amer. physic. Soc. **26**. Nr. 1. 51. 1/2. 1951. Columbia Univ.) Stahl. 121

S. Chandrasekhar, *Das optische Rotationsvermögen von Quarz und seine Änderung mit der Temperatur.* Es wird gezeigt, daß die Formeln verschied. Vff. für die Abnahme des Rotationsvermögens von Quarz mit der Wellenlänge, die im allg. aus mehreren, teils positiven, teils negativen Termen, hauptsächlich vom Drude-Typ, bestehen, physikal. nicht haltbar sind. Die vom Vf. vorgeschlagene Formel $\varrho = k\,\lambda^2/(\lambda^2 - \lambda_0^2)^2 = a\,\nu^2/(\nu^2 - \nu_0^2)^2$ mit $k = 7{,}186$ u. $\lambda_0 = 0{,}0926283\ \mu$ gibt die im Bereich 6000—1525 Å gefundenen Meßwerte sehr gut wieder. Unter der Annahme, daß ν_0 in gleicher Weise temperaturabhängig ist, wie sich aus der Temperaturabhängigkeit des Brechungsindex ergibt, u. a temperaturunabhängig, wird mit Hilfe dieser Formel auch die Temperaturabhängigkeit der Rotationsdispersion quantitativ wiedergegeben. (Proc. Indian Acad. Sci., Sect. A **35**. 103—13. März 1952. Bangalore, Raman Res. Inst.) Lindberg. 122

T. Radhakrishnan, *Die optischen Eigenschaften von Titandioxyd.* Unter Benutzung von Meßergebnissen der Dispersion von Schröder (1928) sowie der Wärmeausdehnungskoeffizienten von Fizeau (1866) u. Schrauff (1884) werden Dispersionsformeln u. Formeln für die Änderung der Dispersion mit der Temp. für *Rutil, Anatas* u. *Brookit* im sichtbaren Bereich aufgestellt. Die berechneten Dispersionswerte stimmen sehr gut mit den gemessenen überein, die d n/d t zeigen den gleichen Verlauf wie die mit einiger Unsicherheit gemessenen Werte. Die Berechnung von $\bar{n}$ u. Doppelbrechung von Rutil nach der Braggschen Theorie ergibt gute Übereinstimmung mit den Messungen. (Proc. Indian Acad. Sci., Sect. A **35**. 117—25. März 1952. Bangalore, Indian Inst. of Sci., Dep. of Phys.) Lindberg. 122

D. C. Cronemeyer und **M. A. Gilleo**, *Optische Absorption und Photoleitfähigkeit von Rutil.* Unters. der opt. D. eines n. TiO_2-Einkristalls u. eines in geringem Grade red.

Kristalls im Wellenlängenbereich von 0,4—8 μ. Die Absorptionskante bei 0,4 μ entspricht der Gitterabsorption bei 3,6 eV; aus Leitfähigkeitsmessungen bei hohen Tempp. (350 bis 850°) ergibt sich 3,05 eV. Wiedergabe des teils gemessenen, teils aus Reflexions- u. Durchlässigkeitsmessungen berechneten Brechungsindex für senkrecht u. parallel polarisiertes Licht. Vgl. der aus opt. Absorption u. Photoleitfähigkeit beobachteten Ionisationsenergie für die Störstellen mit den berechneten zeigt gute Übereinstimmung. (Physic. Rev. [2] **82.** 975. 15/6. 1951. Cambridge, Mass., Massachusetts Inst. of Technol., Labor. for Insulat. Res.) Lindberg. 122

L. Holland, C. Moutou und **K. Hacking,** *Die charakteristischen optischen Daten von dünnen, aufgedampften Eisenoxydschichten.* Fe_2O_3-Schichten werden durch Verdampfen bei verschied. kleinen Drucken u. Verdampfungsgeschwindigkeiten hergestellt sowie Absorptions- u. Reflexionsvermögen bestimmt. Die bei Verdampfung von Fe_2O_3 unter bestem Vakuum üblicherweise auftretenden Redd. lassen sich vermeiden, wenn die Verdampfung bei etwas größerem Druck p (10^{-5} bis 10^{-4} Torr) erfolgt. Es können so Schichten gewünschter Farbe hergestellt werden. Der Brechungsindex u. der Extinktionskoeff. werden für eine Schicht als Funktion von p gemessen. Das relativ hohe Reflexionsvermögen R der Schichten (ca. 35%) läßt sich durch Aufdampfen einer MgF_2-Schicht herabsetzen. Auch durch Verdampfen von Gemischen des Fe_2O_3 mit durchsichtigen anderen Oxyden, wie TiO_2 oder $CaSiO_3$, lassen sich gefärbte Schichten mit geringem R herstellen. (Rev. Opt. théor. instrument. **31.** 209—17. Mai 1952. London, W. Edwards Ltd., Res. Labor.) Rudolph. 122

Robert G. Jahn, *Photoelastische Spannungsanalyse einer auf Stoß beanspruchten Struktur.* (Sitzungsbericht.) Zur Unters. der Form u. der Intensität der Spannungsverteilungen innerhalb eines Objektes, das einer Stoßwelle ausgesetzt war, wurde ein festes Modell von photoelast. Bakelit in der Stoßröhre untergebracht u. das Fortschreiten der Spannung mit einem gewöhnlichen zirkularen Polariskop untersucht. (Physic. Rev. [2] **84.** 612. 1/11. 1951. Princeton Univ.) Gottfried. 122

C. Riparbelle, H. Hitch und **G. Boehler,** *Photoelastische Spannungsanalyse einer auf Stoß beanspruchten Struktur.* (Vgl. vorst. Ref.) (Sitzungsbericht.) Kinematograph. (4000 Bilder pro Sek.) wurde das Fortschreiten der Spannung in festen Körpern mit nichtkonstantem Querschnitt untersucht. Zur Unters. gelangten Gelatineproben, die ihren Stoß durch einen Hammer mit verschied. Geschwindigkeiten (0—30 Fuß/Sek.) erhielten. Die Fortpflanzungsgeschwindigkeit der elast. Wellen in den Proben betrug ca. 15 Fuß/Sekunde. (Physic. Rev. [2] **84.** 614. 1/11. 1951. Cornell Univ.) Gottfried. 122

S. Grand, F. C. Collins und **G. E. Kimball,** *Fluorescenzlöschung in flüssiger Lösung.* (Sitzungsbericht.) Aus der Lichtstreuung von Lsgg. wurden bei neu aufgestellten Grenzbedingungen Bestimmungsgleichungen für die Abklingkonstante als Funktion der Konz. u. der Diffusionskonstante abgeleitet. Durch Vgl. mit gemessenen Löschungskonstanten folgt hieraus die mittlere Halbwertszeit des angeregten Zustandes, ausgedrückt in „virtuellen Löschungsradien", welcher Ausdruck mit dem tatsächlichen durch die Löschungswahrscheinlichkeiten u. die mittleren Diffusionssprunglängen zusammenhängt. Die Übereinstimmung mit früheren Angaben ist ausgezeichnet. τ_0 wurde für verschied. Fluorescenzkörper, z. B. *Fluorescein,* berechnet. (Physic. Rev. [2] **82.** 338. 15/4.; Bull. Amer. physic. Soc. **26.** Nr. 1. 51. 1/2. 1951. Brooklyn, Polytechn. Inst. u. Columbia Univ.) Stahl. 125

W. W. Antonow-Romanowski, *Über die ausleuchtende und tilgende Wirkung des erregenden Lichtes auf Kristallphosphore.* Zusammenfassung u. Ergänzung früherer Arbeiten (Известия Академии Наук СССР, Серия Физическая [Nachr. Akad. Wiss. UdSSR, physik. Ser.] **13.** [1949.] 91). Messung (durchgeführt von **Anikina**) der ausleuchtenden Wrkg. verschied. erregender Wellenlängen eines maximal erregten *SrS·CaS–Ce, Sm-Phosphors.* Nach Vf. sind alle auf einer vollständigen oder bedeutenden Besetzung der Anlagerungsstellen beruhenden Theorien, bes. die Vorstellungen von Randall u. Wilkins (Proc. Roy. Soc. [London], Ser. A **184.** [1945.] 390 u. früher), Adirowitsch (Журнал Экспериментальной и Теоретической Физики [J. exp. theoret. Physik] **18.** [1948.] 58 u. früher) unrichtig. — Die Vorstellungen des Vf. werden in der anschließenden Diskussion von **Adirowitsch** angegriffen u. vom Vf. aufrechterhalten. (Известия Академии Наук СССР, Серия Физическая [Nachr. Akad. Wiss. UdSSR, physik. Ser.] **15.** 637—50. Sept./Okt. 1951. Physikal. Lebedew-Inst. der Akad. der Wiss. der UdSSR.) Amberger. 125

A. N. Saidel und **G. P. Malachowa,** *Über die Fluorescenz von Samarium und Gadolinium in Borax.* Bei 1 Std. Exposition, Spaltbreite 50 μ u. 7 A wurden die Fluorescenzspektren von 0,001—0,57% Sm in Borax aufgenommen. Beobachtet wurde eine rote Bande bei 647 mμ, ein oranges Dublett bei 60 mμ u. ein grünes Dublett. Bei der 0,001% ig. Konz. von Sm trat nur die rote Bande auf. Enthielt der Borax 0,37% Gd u. 0,001% Sm, dann wurde bei 2 Std. Exposition u. Spaltbreite 250 μ nur die dem Fluorescenzspektr. von Sm entsprechende schwache rote Bande beobachtet. Reines Gd-Präp. (0,4%) zeigte selbst bei 3,5 Std., 7 A u. Spaltbreite 250 μ ebenfalls nur die schwache rote Bande von Sm. Es genügt also eine Verunreinigung von ca. 0,1% Sm, damit die Fluorsecenz von Sm auftritt. Vf. schließt aus den Ergebnissen, daß das von Haitinger (S.-B. Akad. Wiss. Wien, math.-naturwiss. Kl., Abt. IIa **142.** [1933.] 339) beobachtete Leuchten der Gd-haltigen Boraxperle von Sm (vielleicht auch Eu) ausgeht, daß Gd selbst im sichtbaren Spektr. keine Fluorescenz aufweist. (Доклады Академии Наук СССР [Ber. Akad. Wiss. UdSSR] [N. S.] **85.** 591—93. 21/7. 1952. Leningrad, Shdanow-Univ., Physikal. Inst.) Lebtag. 125

F. A. Kröger, H. J. Vink und **J. van den Boomgaard,** *Absorption und Fluorescenz fester Lösung von MgO–NiO.* NiO wird in ein opt. indifferentes Grundgitter von MgO eingebaut. Es wurde je nach Konz. ein dunkles bis sehr helles Grün, jedoch kein Gelb beobachtet, so daß nach Ansicht der Vff. das von Le Blanc u. Sachse (Z. Elektrochem. angew. physik. Chem. **32.** [1926.] 58. 204) untersuchte Prod. bas. Carbonat war. Die einzelnen Banden mit Unterbanden werden aufgeführt. Sie rühren von Elektronenübergängen im Ni^{2+}-Ion her u. sind durch Schwingungen verbreitert. Der von Ewles u. Curry (C. **1951.** I. 561) bei MgO–Bi gefundenen Feinstruktur ähneln sie, doch sind die Frequenzdifferenzen der Unterbanden verschieden. Die Spaltung der Terme rührt aus örtlichen Schwingungen des Aktivatorions u. seiner nächsten Umgebung her. Die Auffassung von Williams (C. **1951.** II. 3271) scheint bis zu einem gewissen Grad berechtigt. (Physica **18.** 77—82. Febr. 1952. Eindhoven, N. V. Philips Gloeilampenfabrieken, Natuurkundig Labor.) F. Wolf. 125

A_3. Elektrizität. Magnetismus. Elektrochemie.

Rita C. Callahan, S. C. Coroniti, A. J. Parziale und **R. Patten,** *Die elektrische Leitfähigkeit der Luft in der Troposphäre.* Ausgedehnte Versuchsflüge in Höhen bis zu 10 km zeigten, daß wesentliche tägliche oder jahreszeitliche Schwankungen der elektr. Leitfähigkeit der Luft nicht auftreten. Auch war oberhalb einer bestimmten Mindesthöhe der Absolutwert der Leitfähigkeit völlig ortsunabhängig, u. die gemessenen Werte standen in guter Übereinstimmung mit den errechneten. (J. geophys. Res. **56.** 545—51. Dez. 1951. Cambridge, Mass., Geophys. Res. Div., Air Force Cambridge Res. Center.) Pieplow. 131

Ali A. K. Ibrahim, *Ein Korrekturfaktor zu Grays Theorie der Ionisation.* Vf. bringt eine Modifikation der von Gray (Brit. J. Radiol. **22.** [1949.] 364) entwickelten Formel für die Energieabsorption, die in der Ionisationsgleichung von Gray auftritt. (Proc. physic. Soc., Sect. A **64.** 509—10. 1/5. 1951. London, Westminster Hosp., Phys. Dep.) Gottfried. 131

John H. Reynolds, *Die Oberflächenionisation von Lanthan.* (Sitzungsbericht.) Beschreibung einer modifizierten Ionenquelle vom Oberflächentyp, bei der die ionisierende Oberfläche ein leerer W-Streifen ist, der 1,5% des neutralen Dampfes von einem sek. W-Streifen, der mit der zu verdampfenden Probe (La_2O_3) bedeckt ist, auffängt. Die beschleunigten Ionen werden in einem 60°-Massenspektrometer analysiert. Die Ionenemission ist eine reproduzierbare Funktion der Ionisierungsspannung über Perioden von mehreren Stunden. Bei Drucken von 10^{-7} mm Hg weicht der Charakter der Ionenemission insofern von dem der üblichen Ionenquellen ab, als eine starke La^+-Komponente auftritt. (Physic. Rev. [2] **85.** 770. 15/2. 1952; Bull. Amer. physic. Soc. **26.** Nr. 8. 22. 27/12. 1951. Berkeley, Calif., Univ.) Conrad. 131

J. A. Barker, *Konformale Lösungstheorie und Dipolwechselwirkung.* Für eine Lsg. von symm. Dipolmoll. in einem unpolaren Lösungsm. werden auf Grund der von Longuet-Higgins (Proc. Roy. Soc. [London], Ser. A **205.** [1951.] 247) angegebenen Rechenmeth. unter Berücksichtigung der Dipolwechselwrkg. allg. Ausdrücke für die Helmholtzsche u. die Gibbssche freie Energie abgeleitet. (J. chem. Physics **19.** 1430. Nov. 1951. Melbourne, Commonwealth Sci. and Ind. Res. Organizat., Div. of Ind. Chem.) Fuchs. 132

Henry C. Thacher jr., *Die dielektrischen Eigenschaften von dispergierten Flüssigkeiten.* 1. Mitt. *Die Theorie der Dielektrizitätskonstante.* Ausgehend von der Tatsache, daß die DK. u. die dielektr. Absorption von Emulsionen u. Aerosolen noch verhältnismäßig wenig Beachtung gefunden haben, entwickelt Vf. eine Theorie für die Konzentrationsabhängigkeit der DK. von verd. homogenen Dispersionen einer Fl. in einem Medium geringerer Dissoziationskonstante. Diese gibt die Grundlage für schnelle u. kontinuierliche Messungen der Volumkonz. der dispergierten Phase. Mit dem Mikrowellenrefraktometer sollten auf dieser Grundlage an Aerosolen großer DK. Konzentrationsbestimmungen bis herunter zu 2 Teilen auf hundert Millionen möglich sein. Ergänzend wird die Frage der

Abhängigkeit der DK. von der Feldstärke kurz erörtert. (J. physic. Chem. **56.** 795—97. Juni 1952. Bloomington, Ind., Univ., Dep. of Chem.) K. L. WOLF. 132

A. Carrelli und L. Rescigno, *Messungen der Dielektrizitätskonstante wässeriger Salzlösungen bei Hochfrequenz.* Mit wss. Lsgg. von KCl, Na_2SO_4, KH_2PO_4, $K_4Fe(CN)_6$ u. CH_3COOH in $^1/_{100}$—$^1/_{1000}$-mol. Konz. werden bei Hochfrequenz ($\omega = 4{,}39 \cdot 10^7$) Messungen der DK. durchgeführt. Diese nimmt mit der Elektrolytkonz. zunächst etwas ab, dann schwach zu. Das Minimum liegt in der Größenordnung von ca. $5 \cdot 10^{-3}$-mol. Konzentration. (Nuovo Cimento [9] **9.** 1—4. 1/1. 1952. Neapel, Univ., Ist. di Fisica.) R. K. MÜLLER. 132

C. G. Koops, *Über die Dispersion des Widerstandes und der dielektrischen Konstanten einiger Halbleiter bei Tonfrequenzen.* Unters. der Frequenzabhängigkeit des elektr. Widerstandes u. der DK. von halbleitendem $Ni_{0,4}Zn_{0,6}Fe_2O_4$ (nach verschied. Präparierung) im Tonfrequenzgebiet. Die Dispersion kann mit Hilfe eines einfachen Modells erklärt werden: gut leitende Bezirke werden durch Schichten geringer Leitfähigkeit getrennt. Gute Übereinstimmung zwischen der Dispersionsformel u. den Beobachtungen. (Physic. Rev. [2] **83.** 121—24. 1/7. 1951. Eindhoven, Philips Res. Labor.) SPEER. 135

A. I. Gubanow, *Zur Theorie der Halbleiter mit gemischter Leitfähigkeit.* Bei der Aufstellung der Bewegungsgleichung der Elektronen u. Löcher wird im Gegensatz zu früheren Arbeiten die Raumladung u. die Ausbiegung der Bänder sowie die Wahrscheinlichkeit der Rekombination der Stromträger als Funktion der Konz. berücksichtigt. Unter diesen Voraussetzungen sind die Diffusionsgleichungen von 2. Ordnung. (Журнал Экспериментальной и Теоретической Физики [J. exp. theoret. Physik] **21.** 79—87. Jan. 1951. Leningrad, Physikal.-Techn. Inst. der Akad. der Wiss. der UdSSR.) KIRSCHSTEIN. 135

W. Je. Laschkarew, *Diffusion der Stromträger in Halbleitern mit gemischter Leitfähigkeit.* Vf. behandelt theoret. die stationären Diffusionsprozesse der Stromträger, wenn die Übergänge zwischen den verschied. Niveaus nur therm. Art sind. Die Berechnung ergibt in linearer Näherung, daß die Störung des therm. Gleichgewichts durch einen Strom zu einem Gleichrichtereffekt besonderer Art führt. Für einige spezielle Fälle von Niveauverteilungen ist die Leitfähigkeit berechnet. (Известия Академии Наук СССР, Серия Физическая [Nachr. Akad. Wiss. UdSSR, physik. Ser.] **16.** 186—201. März/April 1952. Inst. für Physik der Akad. der Wiss. der UkrSSR.) KIRSCHSTEIN. 135

L. I. Iwanow, W. I. Prushinina-Granowskaja und **I. W. Tschernina,** *Über einige elektrische Eigenschaften von Siliciumcarbid.* Es werden Messungen der nichtlinearen Stromspannungs-Charakteristik von Carborundumpulvern angestellt. Der Widerstand der Sperrschichten in Abhängigkeit von Feldstärke u. Temp. bei verschied. Carborundsorten wurde bei Gleichstrom u. bis zu Frequenzen von $39 \cdot 10^6$ Hz gemessen. Eine proportionale Abhängigkeit zwischen dem Widerstand der Sperrschicht u. dem des SiC wurde nicht beobachtet. Die Größe des Nichtlinearitätskoeff. hängt anscheinend von der Konz. der Stromträger ab. Die Verteilungskurve der Durchschlagsspannung eines jeden Pulvers weist ein scharfes Maximum auf, dessen Lage sich mit dem Anstieg des Widerstandes der Sperrschicht in Richtung der ansteigenden Spannungen verlagert. (Журнал Технической Физики [J. techn. Physik] **21.** 1050—60. Sept. 1951.) A. KUNZE. 135

R. G. Breckenridge und **W. R. Hosler,** *Elektrische Eigenschaften von Titandioxydhalbleitern.* (Sitzungsbericht.) TiO_2 wurde durch Red. in H_2 bei verschied. Tempp. u. für verschied. Zeitdauern halbleitend gemacht u. auf den HALL-Koeff. u. Leitfähigkeit untersucht. Es handelt sich um einen Überschußhalbleiter. Die D. der Leitfähigkeitselektronen beträgt bei -190^0 10^{17}—$10^{18}/cm^3$ u. wächst bei Erwärmung auf 500^0 um den Faktor 100. Die Leitfähigkeit ändert sich im gleichen Temperaturbereich nur schwach u. durchschreitet gewöhnlich ein breites Maximum. Die Abhängigkeit von der Orientierung der Einkristalle ist ebenfalls nur schwach. Die Elektronenbeweglichkeit ist in allen Fällen klein. (Physic. Rev. [2] **83.** 227—28. 1/7; Bull. Amer. physic. Soc. **26.** Nr. 3. 36—37. 26/4. 1951. Nat. Bureau of Standards.) SPEER. 135

W. Je. Laschkarew, *Photoelektromotorische Kräfte in Halbleitern.* Vf. berichtet zusammenfassend über eigene Arbeiten u. über die anderer russ. Autoren, die bis 1948 vorlagen. (Известия Академии Наук СССР, Серия Физическая [Nachr. Akad. Wiss. UdSSR, physik. Ser.] **16.** 18—33. Jan./Febr. 1952. Inst. für Physik der Akad. der Wiss. der UkrSSR.) KIRSCHSTEIN. 135

W. J. Pietenpol, *p—n-Übergangsgleichrichter und Photozelle.* Es werden einige Charakteristiken von p-n-Übergangsgleichrichtern aus Ge-Einkristallen graph. wiedergegeben. Im Sperrbereich beträgt bei 25^0 der Gleichstromwiderstand 117 MΩ bei 1000 V, im Durchlaßbereich 237 Ω bei 1 Volt. Der Sättigungsstrom steigt um den Faktor 10, wenn die Temp. auf 60^0 erhöht wird. Weiter wird die Zellencharakteristik einer p-n-Übergangs-Ge-Photozelle als Funktion der Lichtintensität gegeben. Die Quantenausbeute beträgt 1 bis zu Wellenlängen von 1,9 μ. Die Empfindlichkeit für eine Lichtquelle der Farbtemp. 2900° K ist ca. 0,01 mA/mLu. Die Dunkelimpedanz ist in der Größenordnung von Megohms. (Physic. Rev. [2] **82**. 120—21. 1/4. 1951. Murray Hill, N. J., Bell Telephone Labors.) W. E. REICHARDT. 135

A. R. Moore und **F. Herman**, *Erzeugung von Leitfähigkeit in Germaniumkontaktspitzen-Gleichrichtern durch Elektronenbeschuß.* Ausführliche Mitt. zu der C. **1952**. 1283 referierten Arbeit. (Physic. Rev. [2] **81**. 472—73. 1/2. 1951. Princeton, N. J., R. C. A.) W. E. REICHARDT. 135

A. D. Misener und **L. G. D. Thompson**, *Der Druckkoeffizient des Widerstandes von Thermistoren.* Prüfung der Verwendbarkeit von Halbleiterwiderständen mit großem negativem Temperaturkoeff. (Thermistoren) zur Temperaturmessung bei Ggw. hoher Drucke. Es wurde ein kommerzieller Thermistor (WESTERN ELECTRIC, Typ 12 A) bei 0,25 u. 50° bis zu Drucken von 2000 lbs./in.² untersucht. Der Druckkoeff. des Widerstandes fällt von $-3{,}0 \cdot 10^{-6}$ bei 1 at auf $-1{,}5 \cdot 10^{-6}$ in.²/lb. bei 1000 lbs./in.² u. prakt. auf Null bei 2000 lbs./in.². Bei Temperaturmessungen bis zur Genauigkeit $\pm 0{,}1°$ kann der Druckeffekt vernachlässigt werden. Auch für genauere Temperaturbestimmungen besteht die Notwendigkeit zu Druckkorrekturen nur in der Umgebung von 0°. (Canad. J. Technol. **30**. 89—94. April 1952. London, Ontario, Can., Univ., Dep. of Phys.) SPEER. 135

E. J. Huibregtse, **D. B. Barker** und **G. C. Danielson**, *Elektrische Eigenschaften von Natriumwolframbronze.* Gekürzte Wiedergabe der C. **1952**. 3939 referierten Arbeit. (Physic. Rev. [2] **82**. 770. 1/6.; Bull. Amer. physic. Soc. **26**. Nr. 2. 14. 8/3. 1951. Iowa State Coll.) GOTTFRIED. 135

Hellmut J. Juretschke, *Elektrische Eigenschaften der Natriumwolframbronzen.* Vf. nimmt an, daß in den *Natriumwolframbronzen* Na_xWO_3 (**I**) die Eigg. des metall. Na wirksam sind, entsprechend dem Vol., das Na in **I** einnimmt. Mit $r_{O^{--}} = 1{,}37$ Å u. einer linearen Ausdehnung des Gitters mit x^6 erhält Vf. für das Atomvol. von Na $v = 19{,}6/x + 2{,}9$ Å³. Dabei entspricht der Wert von v für $x = 0{,}55$ dem des metall. Na. In **I** mit $x > 0{,}55$ muß Na dementsprechend als unter hohem Druck stehend angesehen werden. Die an **I** gemessenen Werte für den elektr. Widerstand, für die Temperaturabhängigkeit des Widerstandes, den HALL-Koeff. u. für die magnet. Susceptibilität werden auf die tatsächliche D. von Na in $Na_{0,55}WO_3$ umgerechnet. Es ergibt sich eine befriedigende Übereinstimmung mit den Werten für metall. Na. (Physic. Rev. [2] **86**. 124—25. 1/4. 1952. Brooklyn, N. Y., Polytechn. Inst.) SARRY. 135

K. Compaan, *Isotopeneffekt in Supraleitern.* Die Richtigkeit der Beziehung $M^{1/2}T_0$ = constant zwischen der Kernmasse M u. der Sprungtemp. T_0 eines Metalls wird am Beispiel von Hg-Isotopen nachgewiesen. (Nederl. Tijdschr. Natuurkunde **18**. 69—70. März 1952. Amsterdam.) WESLY. 136

J. J. Donoghue und **W. P. Eatherly**, *Eine neue Methode zur genauen Messung des Hall- und Magnetowiderstandskoeffizienten.* Ein Meßkreis für Wechselstrompotentiale bis 1000 μV bei einer Genauigkeit von 0,01 μV dient zur Best. der galvanomagnet. Koeffizienten von Halbleitern u. Metallen nach einer Gleichgewichtsmethode. Die Messung ist stromunabhängig. Meßwerte an homogenem künstlichem *Graphit* u. über die Änderungen der HALL- u. Magnetwiderstandskoeffizienten während der Hochtemperaturgraphitierung von handelsüblichem *Kohlenstoff* („index rod") zeigen die hohe Genauigkeit der Meth. (Fehlergrenze ca. $^1/_4$%). (Rev. sci. Instruments **22**. 513—16. Juli 1951. Downey, Calif., North American Aviation, Inc., Atomic Energy Res. Dep.) KÖHN. 137

Harvey Kaplan, *Die Bestimmung der Wandenergie eines ferromagnetischen Elementarbereiches.* Die Berechnung der Wandenergie ferromagnet. Elementarbereiche nach WILLIAMS u. SHOCKLEY (C. **1949**. E. 367) wird durch Einführen der Konstanten K_2 bei der Kristallanisotropie u. durch Berücksichtigung der Wanddeformation um den Bilderrahmeneinkristall verfeinert. Die Berücksichtigung von K_2 stellt nur eine Korrektur von 2—3% dar. Die Wand ist um den Kristall bis auf 3% gleichmäßig deformiert. (Physic. Rev. [2] **81**. 885—86. 1/3. 1951. Berkeley, Calif., Univ., Dep. of Phys.) FAHLENBRACH. 137

Harvey Kaplan, *Eine Spinwellenbehandlung der Sättigungsmagnetisierung von Ferriten.* Die halbklass. Theorie der Spinwellen (HERRING u. KITTEL, C. **1952**. 7291) wird auf Ferrite mit 2 Arten paramagnet. Atome in Tetraeder- u. Oktaederstellen angewandt, die Temperaturabhängigkeit der Sättigungsmagnetisierung bestimmt u. mit Ergebnissen von NÉEL (C. **1949**. I. 767), HULTHÉN (Proc. Roy. Acad. [Amsterdam] **39**. [1936.] 190) u. ANDERSON verglichen. (Physic. Rev. [2] **86**. 121. 1/4. 1952. Berkeley, Calif., Univ. of California, Dep. of Phys.) KÖHN 137

A. Serres, *Magnetische Untersuchung von Lanthan-Mangan-Legierungen.* Die zur Konstitutionsbest. durchgeführte Unters. der Magnetisierungskoeffizienten paramagnet.

Legierungen als Funktion von Temp. u. Konz. an La–Mn-Schmelzen zwischen Raumtemp. u. 500° bestätigen das Ergebnis der metallograph. Prüfung (vgl. auch ROLLA u. IANDELLI, Ber. dtsch. Chem. Ges. **75.** [1942.] 2091): es wird keine bestimmte Verb., sondern stets werden 2 unlösl. Phasen der einen in der anderen Komponente beobachtet. Zwischen 38 u. 74% Mn-Geh. besteht im fl. Zustand sogar eine Mischungslücke. (J. Physique Radium **13.** 46—47. Jan. 1952. Strasbourg, Inst. de Phys.) KÖHN. 137

J. W. McClure und **J. A. Marcus,** *Die magnetische Suszeptibilität von Zink bei Temperaturen des flüssigen Stickstoffs.* Von MARCUS (Physic. Rev. [2] **71.** [1947.] 559) war festgestellt worden, daß $\chi_{\|}$ von Zn-Einkristallen bei Tempp. des fl. H_2 den DE HAAS-VAN ALPHEN-Effekt zeigt, während $\chi_{\perp}$ unabhängig von der Feldstärke ist. Die Feldstärkenabhängigkeit wurde bis zu 64° absol. nachgewiesen. Durch Best. von $\Delta\chi = \chi_{\|} - \chi_{\perp}$ mit einer Torsionswaage in Feldern bis 9 Kilogauß konnte die Feldstärkenabhängigkeit noch bei 85° absol. deutlich nachgewiesen werden. Sie beträgt dann $\sim 0{,}01 \cdot 10^{-6}$, während sie bei 20° 0,05 u. bei 4° $0{,}25 \cdot 10^{-6}$ beträgt. Der Absolutwert von $\chi_{\|}$ ändert sich zwischen 4 u. 63° kaum ($-0{,}180 \cdot 10^{-6}$), er steigt dann eine Kleinigkeit an ($-0{,}189 \cdot 10^{-6}$ bei 85°). Ein Zusatz von 0,016% Cu änderte die Effekte nicht wesentlich. (Physic. Rev. [2] **84.** 787—88. 15/11. 1951. Evanston, Ill., Northwestern Univ., Dep. of Phys.) KLEMM. 137

Ss. A. Altschuler, W. Ja. Kurenew und **Ss. G. Ssalichow,** *Paramagnetische Resonanzabsorption in Metallen.* Vff. untersuchen mit der früheren Meth. (vgl. SSALICHOW, C. **1948.** II. 695) u. $\nu = 2{,}38 \cdot 10^8$ Hz die paramagnet. Resonanzabsorption der sorgfältig von ferromagnet. Verunreinigungen befreiten Metalle 1. *Ti, V, Cr, Mn, Nb, La, Ce, W*; 2. *Na, Mg, Al, Cu, Zn, As, Se, Ag, Cd, Sn, Hg, Bi.* Nur für die Metalle der 1. Gruppe konnte ein deutliches Maximum der paramagnet. Absorption als Funktion der magnet. Feldstärke H nachgewiesen werden, u. zwar beziehentlich bei 76, 76, 90, 90, 100, 90, 67, 60 Oe. Die aus $g\mu H_m = h\nu$ erhaltenen g-Werte zeigen Abweichungen von 2—30%, was Vff. auf nicht zu vernachlässigende Wechselwrkg. der Spin- u. Bahnmomente zurückführen (vgl. C. **1950.** II. 1437). Für die Metalle der 2. Gruppe konnten Vff. wohl infolge ungenügender Empfindlichkeit ihrer Anordnung kein Maximum nachweisen. (Доклады Академии Наук СССР [Ber. Akad. Wiss. UdSSR] [N. S.] **84.** 677—79. 1/6. 1952. Physikal.-Techn. Inst. der Kasaner Zweigstelle der Akad. der Wiss. der UdSSR.) AMBERGER. 137

E. K. Weise und **H. Katz,** *Ein magnetischer Effekt in Magnesiumtitanat.* Es wurde die Temperaturabhängigkeit des elektr. Widerstandes R u. die paramagnet. Susceptibilität von drei verschied. Mg-Titanaten untersucht. Alle drei Titanate wurden bei 1450° in O_2 vorgesintert, diese Temp. wurde weder bei der folgenden Reduktionsbehandlung noch bei den Messungen überschritten, die Red. wurde in einem W-Ofen in H_2 bei verschied. Tempp. von 850° aufwärts durchgeführt. Die Widerstandsmessung ergab für alle Proben für log R als $f(1/T_{abs})$ gerade Linien ohne irgendwelche Besonderheiten. Die Susceptibilität wurde bei Zimmertemp. in Abhängigkeit vom %-Geh. des O-Defizits untersucht. Die Werte für $MgTiO_3$ u. Mg_2TiO_4 nehmen schwach mit Abnahme des O-Geh. zu. Die dritte Verb. $MgTi_2O_5$ zeigte jedoch eine merkliche Spitze zwischen 0,15 u. 0,25%, deren genaue Höhe aber nicht bestimmt werden konnte. Die Proben mit ca. 0,20% waren so stark magnet., daß sie von einem gewöhnlichen Spielzeugmagneten angezogen wurden. Von 0—2000 Gauß wurde keine Feldabhängigkeit der Susceptibilität gefunden, so daß ein ferromagnet. Effekt ausgeschlossen ist. (Physic. Rev. [2] **86.** 1046—47. 15/6. 1952. Urbana, Ill., Univ. of Illinois, Electr. Engng. Res. Labor.) v. HARLEM. 137

A. Je. Glauberman und **I. R. Juchnowski,** *Zur statistischen Theorie konzentrierter Lösungen starker Elektrolyte.* 1. Mitt. Unter Berücksichtigung der DK. der Lsgg. u. unter Einführung eines Wechselwirkungspotentials der Ionen wird eine qualitative Berechnung der statist. bin. Verteilungsfunktion für starke Elektrolyte durchgeführt. Die Berechnungen bestätigen das früher (C. **1952.** 486) aufgestellte Schema für die höheren Näherungen der bin. Verteilungsfunktion. Es werden die nullte u. erste Näherung bestimmt u. die nullte Näherung für die bin. Funktion in Abhängigkeit von der Konz. der Lsg. untersucht. (Журнал Экспериментальной и Теоретической Физики [J. exp. theoret. Physik] **22.** 562—71. Mai 1952. Lwow, Univ.) LEBTAG. 138

A. Je. Glauberman und **I. R. Juchnowski,** *Zur statistischen Theorie konzentrierter Lösungen starker Elektrolyte.* 2. Mitt. (1. vgl. vorst. Ref.) Aus statist. Überlegungen leiten Vff. Formeln für den Aktivitätskoeff. ab. Bei sehr geringen Konzz. erhält man die bekannte Formel von DEBYE. Mit den experimentellen Werten für *LiOH, NaOH, NaBr, HCl* stimmt die Theorie bis zu den Konzz. 0,5—0,6 Mol/Liter (für HCl bis 0,15 Mol/Liter) gut überein. (Журнал Экспериментальной и Теоретической Физики [J. exp. theoret. Physik] **22.** 572—78. Mai 1952.) LEBTAG. 138

F. A. F. Vermast, *Die Anwendung der Theorie von Brönsted auf die Berechnung der Hydroniumionen-Konzentration in Salzlösungen.* Die H_3O^+-Konzz. in Salzlsgg., die 2 voneinander unabhängige Säure–Basen-Paare in einem amphiprot. Lösungsm. oder 2 voneinander abhängige Säure–Basen-Paare enthalten, werden mit Hilfe der BRÖNSTED-Theorie berechnet. (Madjalah Ilmu Alam Untuk Indonesia [Indones. J. natur. Sci.] **108.** 19–24. Jan./April 1952. Bandung, Univ., Fac. van Wiskunde en Natuurwetenschap.) WESLY. 138

Douglas H. Everett, *Probleme bei Säure–Base-Gleichgewichten.* Vf. gibt einen allg. Überblick über die Probleme des Dissoziationsgleichgewichtes von Säuren u. Basen in Lösung. Dabei wird in erster Linie der Einfl. der Struktur des Lösungsm. wie auch der Mol.-Struktur der Säure selbst auf den Ionisationsgrad einer Säure diskutiert. Eigene experimentelle Unterss. über die Stärke der n. u. verzweigten Fettsäuren bis zu C_6 werden unter Berücksichtigung der genannten Faktoren interpretiert, dabei werden die thermodynam. Funktionen für die Dissoziation in W. bei 25° angegeben; diese Größen sind auch für Alkylammoniumionen, Diamine u. dibas. Säuren aufgeführt. (Ind. chim. belge **16.** 647–58. 1951.) NIEMITZ. 138

Ernst Raub, *Der Aufbau der galvanischen Legierungsniederschläge.* 7. Mitt. *Die Kupfer–Wismut- und die Kupfer–Antimon-Legierungen.* Die Unterss. an elektrolyt. abgeschiedenen Cu–Bi- u. Cu–Sb-Legierungen bestätigen die bisher gewonnenen Ergebnisse über die Zusammenhänge zwischen dem Aufbau der Legierungen u. dem Verlauf der Kathodenpotential–Stromdichtekurven. Im Perchloratbade scheidet sich Bi mit Cu erst nach Überschreiten der Grenzstromdichte der Cu-Abscheidung ab. In den elektrolyt. hergestellten Legierungen tritt in Übereinstimmung mit dem Zustandsdiagramm weder meßbare Mischkristallbldg. noch eine intermediäre Phase auf. Die Härte der Cu–Bi-Ndd. ist dementsprechend gering. Cu u. Sb scheiden sich hingegen schon lange vor Erreichen der Grenzstromdichte des edleren Metalles ab, so daß ein Grenzstromgebiet in den Kathodenpotential–Stromdichtekurven der Legierungs-Ndd. nicht auftritt. Bei der Bldg. von Cu–Sb-Legierungen durch gleichzeitige Entladung beider Metalle in dem ammoniakal. Tartrat- oder dem Cyanid–Tartrat-Bade kristallisieren daher nicht die reinen Metalle getrennt voneinander, sondern das Cu löst bis ca. 13 Gew.-% Sb auf. Neben kub. flächenzentrierten, Cu-reichen Mischkristallen u. dem rhomboedr. Gitter des Sb wurden noch zwei intermediäre Phasen festgestellt, die strukturell mit der ε- u. der ζ-Phase des Diagramms übereinstimmen. (Z. Erzbergbau Metallhüttenwes. **5.** 153–60. April 1952. Schwäbisch Gmünd, Forschungsinst. für Edelmetalle.) MARKHOFF. 141

G. Trümpler und **Hch. Meyer,** *Studien zum anodischen Verhalten des Nickels.* 1. Mitt. Die Unters. des anod. Verh. von Ni in einer 0,2n $NiSO_4$ enthaltenden 0,5n H_2SO_4-Lsg. in einem zylindr. Meßgefäß aus Rein-Ni als Kathode u. einem Reinst-Ni-Stab als Anode (Verhältnis Kathoden- zur Anodenfläche 13000:1) ergab, daß es durch Vermeidung von Kathodenpolarisation u. von Spannungsabfällen im Belastungskreis möglich ist, den Übergang von einem akt. Zustand zu einem stark gehemmten u. zurück zu verfolgen. Es wurde ein „krit." Potential gefunden, das einem Zwischenzustand der Elektrode entsprach, dessen Überschreiten nach (+) zur Passivierung u. nach (–) zur Aktivierung führte, wobei für genügend kleine Potentialverschiebungen der Übergang in die beiden Endzustände sehr langsam erfolgte. Das krit. Potential spricht deutlich auf H^+ u. bes. stark auf Cl^- mit einer Verschiebung nach (+) an. (Helv. chim. Acta **35.** **1304–10.** 16/6. 1952. Zürich, ETH, Labor. für phys. Chem. u. Elektrochem.) KLEVER. 142

John Ettore Ricci, Hydrogen ion concentration; new concepts in a systematic treatment. Princeton, N.J.: Princeton. 1952. (496 S. m. Diagr.) $ 10,—.

A$_4$. Thermodynamik. Thermochemie.

Otto Halpern, *Das Kondensationsphänomen eines idealen Bose-Einstein-Gases.* Vf. berichtet über Berechnungen, die zu einem anderen Verteilungsgesetz über die verschied. Impulszustände führen, als es LONDON (Physic. Rev. [2] **54.** [1938.] 947) erhalten hatte. Die wichtigste Folgerung ist, daß von den beiden Phasen, in die sich das BOSE-EINSTEIN-Gas unterhalb der Kondensationstemp. teilt, im Gravitationsfeld nur eine das zur Verfügung stehende Vol. völlig ausfüllt, während die kondensierte Phase sich in einer dünnen Schicht sammelt, deren D. von der Größenordnung 10^2 g/cm^3 sein muß. (Physic. Rev. [2] **86.** 126. 1/4. 1952. Los Angeles, Calif., Univ. of South. California.) KIRSCHSTEIN. 149

H. W. Brough, W. G. Schlinger und **B. H. Sage,** *Ermittlung der Konstanten einer Zustandsgleichung mit Hilfe von Ziffern-Rechenmaschinen.* Das Verh. von Mischungen mehrerer leichter KW-stoffe hinsichtlich Vol. u. Phase wird durch Zustandsgleichungen beschrieben, die für die Petroleumindustrie wichtig sind. RAOULTs Gesetz ist bei hohen Drucken ungenau, die Annahme einer Additivität der Voll. der Komponenten ebenso. Genauer ist die BENEDICTsche Gleichung. Deren sieben Konstanten werden zweckmäßig mit Lochkarten-Elektronenrechenmaschinen bestimmt. (Ind. Engng. Chem. **43.** 2442—46. Nov. 1951. Torrance, Calif., Shell Chem. Corp.; Pasadena, Calif., California Inst. of Technol.) PAULI. 149

J. H. Irving und **Robert W. Zwanzig**, *Die statistisch-mechanische Theorie der Transportprozesse. 5. Mitt. Quantenhydrodynamik.* (Vgl. KIRKWOOD, BUFF, GREEN C. **1950.** II. 1550.) Vff. leiten die hydrodynam. Gleichungen aus der quantenstatist. Mechanik ab u. erhalten mkr. korrekte Ausdrücke für den Spannungstensor u. die Wärmestromdichte einer Quantenflüssigkeit. Die Theorie benutzt eine Analogie zwischen der klass. Mechanik u. der quantenstatist. Mechanik, unter Heranziehung der WIGNER-Verteilungsfunktion, mittels welcher Mittelwerte der dynam. Variablen in der Quantenmechanik durch Integrationen im Phasenraum berechnet werden. BORN u. GREEN erhielten ähnliche Ausdrücke; indessen war es diesen Forschern noch nicht möglich, diese auf das fl. *He II* anzuwenden. (J. chem. Physics **19.** 1173—80. Sept. 1951. Pasadena, Calif., California Inst. of Technol.) FALKENHAGEN. 149

D. Ss. Ziklis, *Die Löslichkeit des flüssigen Ammoniaks in komprimiertem Stickstoff bei Drucken bis 4000 at.* Bei der Unters. der Löslichkeit des fl. NH_3 in komprimiertem N_2 in der Nähe des doppelthomogenen Punktes bei 75 u. 80° zwischen 100 u. 4000 at ergaben sich Aufschlüsse über die homogenen Punkte u. die Wendepunkte der Gleichgewichtskurven u. damit ein gesamtes Bild des Diagramms. Der Extrempunkt auf der Löslichkeitskurve des NH_3 in N_2 geht bei Annäherung der Temp. an die Temp. des bin. homogenen Punktes in einen Umkehrpunkt über, welcher bei weiterer Annäherung an den Umkehrpunkt des anderen Astes mit diesem zum bin. homogenen Punkt zusammenfließt. Die Tatsache, daß die Löslichkeit der Fl. im Gas ein Extremum aufweist u. die Löslichkeit des Gases in der Fl. ein Maximum besitzt, weist darauf hin, daß ein solches Syst. ein Gebiet begrenzter gegenseitiger Löslichkeit der Gase haben muß. (Доклады Академии Наук СССР [Ber. Akad. Wiss. UdSSR] [N. S.] **83.** 585—87. 1/4. 1952.) ADOLPHI. 149

N. Ss. Jenikolopjan und **A. B. Nalbandjan**, *Über periodische Entzündungen in Gemischen von Kohlenoxyd mit Sauerstoff.* Beim Einströmen von H_2 aus einem Überdruckgefäß durch eine poröse Membran in ein $CO-O_2$-Gemisch (2:1, 6,9 mm Hg) bei T = 498° erfolgen period. Entzündungen, deren Abstand mit steigendem H_2-Überdruck, also zunehmender Einströmgeschwindigkeit des H_2 abnimmt, aber auch mit der Zahl der vorausgegangenen Entzündungen sich verkürzt. Dies kann durch den Einfl. des bei früheren Entzündungen gebildeten Wasserdampfes oder durch die Verminderung des verfügbaren CO verursacht werden, was durch weitere Verss. geklärt werden soll. Es werden Gleichungen für die Abhängigkeit der Periodizität vom H_2-Überdruck u. für den Reaktionsmechanismus abgeleitet. Danach läßt sich errechnen, daß bei einer Entzündung nur ca. 0,4% des CO verbrennen. (Доклады Академии Наук СССР [Ber. Akad. Wiss. UdSSR] [N. S.] **85.** 1309—12. 21/8. 1952.) R. K. MÜLLER. 157

N. Thomas, A. G. Gaydon und **L. Brewer**, *Cyanflammen und die Dissoziationsenergie von N_2.* Mit C_2N_2 lassen sich wegen der großen Stabilität der Flammenprodd. hohe Gleichgewichtstempp. erreichen. Vff. untersuchen spektrograph. vier verschied. Flammenarten: a) Flammen, bei denen C_2N_2 mit Luft vorgemischt war, b) bei denen C_2N_2 mit O_2 vorgemischt war, c) Diffusionsflammen, bei denen aus dem inneren Rohr C_2N_2 trat, aus dem konzentr. äußeren Luft, d) Diffusionsflammen, die statt Luft O_2 enthielten. Bei a) ergab sich als Reaktionszone ein deutlich abgegrenzter innerer Konus, das Spektr. glich dem von c) u. d), war aber viel intensiver u. zeigte schwache C_2-Banden. Bei b) ergaben sich schmale Flammen mit hell weißem innerem Konus, neben der C_2-Bande traten die Banden 4315-CH, 3360-NH, 3064- u. 2811-OH auf. Außer NO- u. N_2O-Banden wurde eine bisher nicht identifizierte Bande bei 3020 Å beobachtet. Die C_2N_2-Banden waren bei b) weniger intensiv als bei a). Bei c) ergab sich keine Andeutung einer C_2-Bldg., das Spektr. zeigte das starke CN-Violett u. CN-Rot, ferner NH. d) zeigte viel Ähnlichkeit mit b), lieferte ein sehr helles, kompaktes Spektr., aber etwas weniger intensiv. Im Gegensatz zu KW-stoffflammen wurde die Bldg. von C_2 nicht beobachtet. Wurde C_2N_2 vor der Verbrennung über P_2O_5 getrocknet, verminderte sich die Intensität der CH-, NH- u. OH-Banden. Wurde bei a) oder b) Wasserdampf beigegeben, nahm die Intensität der C_2-Bande ab u. die des CN-Syst. nahm zu. Ähnliche Effekte ergaben sich bei Zugabe von SO_3. *Eisencarbonyl* bewirkte das Auftreten anomaler Fe-Linien. Mit F_2 entzündete sich C_2N_2 nicht spontan. Vff. untersuchen auch die Verhältnisse bei Vorkühlung der zu verbrennenden Gase. Die sowohl an der Reaktionszone wie am Flammenmantel durchgeführten spektroskop. Unterss. zeigten auf Grund der Rotations- u. Schwingungstemperaturmessungen des CN-Syst., daß die Reaktionszone nicht im therm. Gleichgewicht steht, wohl aber der Mantel. Vff. ermittelten die Flammentemp. zu 4800 ± 200° K im stöchiometr. $C_2N_2-O_2$-Verhältnis. Als Dissoziationsenergie des N_2 ermittelten sie daraus 9,764 ± 0,005 eV, für CN 8,2 ± 0,2 eV, Ergebnisse, die mit denen von anderen Autoren in Einklang stehen. (J. chem. Physics **20.**

369—74. März 1952. London, Imp. Coll., Chem. Engng. Dep.; Berkeley, Calif., Univ., Dep. of Chem. and Chem. Engng.) Roeder. 157

Kathryn A. McCarthy und **Stanley S. Ballard**, *Neue Daten über die Wärmeleitfähigkeit optischer Kristalle.* Best. der Wärmeleitfähigkeit mit verbesserter App., bei der therm. Kontakt durch Vakuumpumpenöl gewährleistet wird. Es können zylindr. u. quaderförmige Kristalle bis zu 15 mm Durchmesser u. 4—10 mm Dicke untersucht werden. Die Wärmeleitfähigkeit der kub. Kristalle *AgBr*, *TlBr*, *TlCl* ergab sich zu 14, 17, $18 \cdot 10^{-4}$ bei ca. 40 u. 70°, für *CsBr* wurde 22 bzw. $26 \cdot 10^{-4}$ für 45 u. 65° gemessen. Die Werte für BaF_2 u. *Spinell* liegen ca. 10mal höher u. sind stark temperaturabhängig. Für die nichtkub. Kristalle KH_2PO_4 u. $NH_4H_2PO_4$ wurden dagegen ähnliche Werte gefunden. Für *Rutil* parallel zur opt. Achse $300 \cdot 10^{-4}$ bei 36°, $330 \cdot 10^{-4}$ bei 68°, senkrecht zur opt. Achse $210 \cdot 10^{-4}$ bei 44°, $170 \cdot 10^{-4}$ bei 67°, für *Sapphir* entsprechend $600 \cdot 10^{-4}$ bei 26°, $410 \cdot 10^{-4}$ bei 70° u. $550 \cdot 10^{-4}$ bei 23°, $400 \cdot 10^{-4}$ bei 77°. Der App. ist geeignet für Messungen im Bereich von $10—600 \cdot 10^{-4}$. (J. opt. Soc. America **41**. 1062—63. Dez. 1951. Medfort, Mass., Tufts Coll., Dep. of Phys.) Lindberg. 158

A_5. Grenzschichtforschung. Kolloidchemie.

Frank P. Buff, *Einige Betrachtungen zur Oberflächenspannung.* Es wird auf einige nützliche Folgerungen hingewiesen, wie sie sich aus der phänomenolog. Theorie nach Gibbs ergeben. Die Theorie kann mit Hilfe der statist. Mechanik noch weiter unterstützt werden. (Z. Elektrochem., Ber. Bunsenges. physik. Chem. **56**. 311—13. 1952. Rochester, N. Y., Univ.) Hentschel. 166

S. M. Nelson und **R. C. Pink**, *Lösungen von Metallseifen in organischen Lösungsmitteln.* 3. Mitt. *Die Aggregatbildung von Metallseifen in Toluol, Isobutylalkohol und Pyridin.* (2. vgl. C. **1952**. 1615.) Mit Hilfe eines ebullioskop. Verf. wird die Aggregation einer Reihe von Metallseifen (der *Laurate* von *Zn*, *Mg*, *Ca*, *Mn*, *Ni*, *Cu*, *Cd*, *Hg*, *Ag*, *Pb*, soweit in den betreffenden Lösungsmitteln lösl. u. *Zn-Octanoat*, *-Decanoat*, *-Myristat*, *-Stearat*, *-Oleat*) in Toluol, Isobutylalkohol u. Pyridin untersucht. In Toluol ist die Aggregatbldg. weitgehend durch die Länge der KW-stoffkette u. die Polarität der Seife bestimmt. Die stärker polaren Seifen bilden größere Micellen oder sind ganz unlösl., während eine Zunahme der Kettenlänge bei Seifen des gleichen Metalls zu einer Abnahme der Aggregatbldg. führt. Bei den polaren Lösungsmitteln in Butanol u. Pyridin ist der assoziierende Einfl. der Seifendipole geschwächt, u. bei sehr niedrigen Konzz. erhält man sogar Lsgg. der einfachen Moleküle. Die Stabilität der Seifenmicellen ist auf die Wechselwrkg. der Dipole u. die Verminderung der Grenzflächenenergie infolge der Aggregation zurückzuführen. (J. chem. Soc. [London] **1952**. 1744—50. Mai. Belfast, Queen's Univ.) Hentschel. 166

J. J. Bikerman, *Mechanische Zerstörung frischer und gealterter Schaumfilme.* Unter Benutzung einer einfachen Vorr., ähnlich derjenigen zur Reinigung von Hg, werden einzelne Schaumfilme mit einem Durchmesser von 1,0—3,5 cm einem Schauer feinster Hg-Tröpfchen ausgesetzt u. die bis zur Zerstörung des Films erforderliche Zeit gemessen. Andererseits wird die Zahl der Einstiche mit einer Glasnadel bis zur Zerstörung des Films bestimmt. Die Filme bestanden aus den wss. Lsgg. von *Dinatrium-α-tocopherylphosphatmonohydrat*, *Na-Laurat*, saurem Na-Laurat, *Benzalkoniumchlorid* u. *Bier*. Frische — ca. 5 Sek. alte — Filme waren in dem Hg-Schauer beständiger als alte, u. ebenso vertrugen die Benzalkoniumchloridfilme in frischem Zustand mehr Einstiche. Dieses Ergebnis bestätigt die Schaumtheorie von Rayleigh u. zeigt, daß mechan. Vorrichtungen zur Schaumzerstörung um so weniger wirksam sind, je frischer der Schaum ist. Die Lebensdauer unberührter Filme ist für die größeren Filme kürzer u. in mehreren Fällen zur Filmfläche umgekehrt proportional. Ein wasserreicher Schaum ist widerstandsfähiger als ein wasserarmer. (J. physic. Chem. **56**. 164—65. Febr. 1952. Rahway, N. J., Merck u. Co., Res. Labors.) Hentschel. 166

Philip B. Lorenz, *Die Phänomenologie von Elektroosmose und Strömungspotential.* Alle elektrokinet. Vorgänge in einem porösen Material lassen sich summar. durch 2 Gleichungen mit den 4 Variablen Stromstärke, Strömungsgeschwindigkeit, Druck u. Potentialdifferenz beschreiben. Dazu sind nur 3 Parameter erforderlich, nämlich elektr. Leitfähigkeit, Permeabilität u. der neue Begriff der *Elektropermeabilität*. Letzterer läßt sich auf Grund des ζ-Potentials ausdrücken, besitzt für die Elektrokinetik jedoch fraglichen Wert. Diese 3 Parameter sind nicht völlig unabhängig voneinander, sondern unterliegen der Einschränkung, daß ein bestimmter Quotient $Q < 1$ sein muß, Q ist auch ein expliziter Ausdruck für den elektroviscosen Effekt u. einen analogen elektroosmot. Leitfähigkeitseffekt. Die elektr. Leitfähigkeit u. die Permeabilität sind etwas veränderlich, u. die Oberflächenleitfähigkeit kann, je nach den Meßbedingungen, sehr verschied. Werte aufweisen. (J. physic. Chem. **56**. 775—78. Juni 1952. Bartlesville, Okla., Bur. of Mines.) Hentschel. 169

N. W. Tjabin, *Fließen eines viscos-plastischen flüssigen dispersen Systems im Diffuseur und das Eintauchen eines Keiles in ein disperses System.* Ausgehend von der vom Vf. früher (C. **1951.** II. 1099) aufgestellten rheolog. Gleichung für ein fl. viscos-plast. Medium $\varrho(F-W)-\triangle p+\eta_{pl}\triangle V+\triangle\theta=0$, $\triangle V=0$ (ϱ = Dichte, F = äußere Kraft, W = Beschleunigung, p = Druck, η_{pl} = plast. Viscosität, V = Geschwindigkeit, θ = Tensor der Grenzspannungen), entwickelt Vf. Gleichungen für die Fließgeschwindigkeit für den Fall, daß ein Keil in das disperse Syst. getaucht wird. (Доклады Академии Наук СССР [Ber. Akad. Wiss. UdSSR] [N. S.] **84.** 943—46. 11/6. 1952.) LEBTAG. 173

Arthur Rose, R. J. Lombardo und **Theodore J. Williams,** *Berechnungen der selektiven Adsorption mit Zahlenrechenmaschinen.* Nach Ableitung der Gleichungen wird der gesamte Rechnungsgang an Hand von 5 Kurvenblättern u. 2 Tabellen geschildert. Die Fraktionierung eines bin. Gemisches wurde berechnet u. experimentell geprüft; Vorschläge zur Behandlung des tern. Falles werden gegeben. (Ind. Engng. Chem. **43.** 2454—59. Nov. 1951. State College, Pa., Pennsylvania State Coll.) PAULI. 176

R. Suhrmann, *Über den Adsorptionszustand von Fremdmolekeln an leitenden Oberflächen.* In der Unters. der Beeinflussung der Elektronenemission durch adsorbierte Fremdmoll. besitzt man ein vorzügliches Mittel, um die Veränderung der Fremdmoll. durch die Adsorption am metall. Katalysator zu untersuchen. Da bei der Glühelektrodenemission meist sehr hohe Tempp. erforderlich sind, ist für die Unters. der Veränderung adsorbierter Moll. die Photoelektronenemission geeigneter. Nach Beschreibung der benutzten Photozellen sowie Zellen zur Messung des elektr. Leitvermögens des Katalysators wird über die damit erhaltenen Ergebnisse bei der Sorption von H_2 an *Ni-* u. *Pt*-Oberflächen berichtet, wobei sich bes. der Zerfall des aufgenommenen H_2 in Atome nachweisen läßt. Ebenso läßt sich der Zerfall des O_2 an Ni u. Pt mit zunehmender Temp. bes. durch Widerstandsmessungen an dünnen aufgedampften Metallschichten nachweisen. Als weitere Beispiele werden die Kurven für die Änderung der lichtlektr. Empfindlichkeit bei N_2 u. NH_3 an Pt- u. *Fe*-Oberflächen, sowie für H_2O u. N_2O an Pt-Oberflächen behandelt. Aus dem Vorhandensein der verschieden großen Elektronenaustrittsarbeit der Kristallflächen eines krist. Katalysators ergibt sich, daß die reagierenden verschiedenartigen Partner am gleichen Katalysator adsorbiert u. aktiviert werden können. Die Rk. kann an den Berührungsstellen verschiedenartiger Kristallflächen vor sich gehen. (Z. Elektrochem., Ber. Bunsenges. physik. Chem. **56.** 351—60. 1952. Braunschweig, TH.) HENTSCHEL. 176

H. Deuel und **G. Huber,** *Organische Derivate von Tonmineralien.* 2. Mitt. *Alkoxy-, Alkyl- und Arylderivate des Montmorillonits.* (1. vgl. C. **1951.** I. 2698.) Es wird die Herst. von Methoxy-, Äthoxy-, Äthyl- u. Phenylmontmorillonit durch Behandlung von Montmorillonitchlorid mit Methanol, Äthanol, Äthylmagnesiumjodid bzw. Bzl. u. $AlCl_3$ beschrieben. Die erhaltenen Verbb. sind alle hydrophob. Das Chlorid des Montmorillonits wird durch Umsetzung von Na-Montmorillonit mit $SOCl_2$ erhalten. Der als Ausgangsmaterial verwendete Na-Montmorillonit (Wyoming-Bentonit) hat im lufttrockenen Zustand die Zus. SiO_2 56,80%, Al_2O_3 19,40%, Fe_2O_3 4,30%, CaO 1,08%, TiO_2 0,24% u. Spuren MgO. Die Austauschkapazität für Kationen der einzelnen Verbb. wird bestimmt u. ergibt, daß bei Montmorillonit dieselbe bei der Bldg. organ. Derivv. stark abnimmt. (Helv. chim. Acta **34.** 1697—1701. 15/10. 1951. Zürich, ETH, Agrikulturchem. Inst.) GEDSCHOLD. 176

A₆. Strukturforschung.

Cécile Stora, *Über den theoretischen Einfluß der Absorption im Präparat und der experimentellen Bedingungen auf die Homogenität der Debye-Scherrer-Linien bei divergentem Bündel.* Es werden die Bedingungen untersucht, unter denen durch Beugung von der Rückseite des Präp. Satelliten neben den DEBYE-SCHERRER-Linien auftreten. (C. R. hebd. Séances Acad. Sci. **232.** 222—24. 15/1. 1951.) FAESSLER. 181

F. Regler, *Über den Einfluß inhomogener Intensitätsverteilung innerhalb des Primärstrahlbündels bei Röntgenrückstrahlaufnahmen.* Ausführliche Darst. der C. **1952.** 1783 referierten Arbeit. (Acta physica austriaca **5.** 80—88. 1951. Wien, TH, Inst. für Experimentalphys.) GOTTFRIED. 181

B. D. Cullity, *Ein- und zweidimensionale Röntgenbeugung.* Es werden die Beugungsvorgänge an Kristallen beschrieben, die in einigen Richtungen so klein sind, daß man sie im wesentlichen als ein- oder zweidimensionale Kristalle ansehen kann. Ausgehend von der EWALDschen Beugungstheorie für den Fall eines dreidimensionalen Kristalls wurde sie auf Kristalle erweitert, die nur aus einer Ebene von Atomen bestehen, die eine Schicht dick ist, oder die nur aus einer linearen Kette von Atomen bestehen. Nach den theoret. Unterss. wurden einige Beispiele von ein- u. zweidimensionalen Kristallen gegeben, die in Schichtgittern, faserigen Materialien u. übersättigten metall. festen Lsgg. gefunden worden sind. (Amer. J. Physics **19.** 500—06. Dez. 1951. Notre Dame, Ind., Univ., Dep. of Metallurgy.) Gottfried. 181

W. A. Wooster, *Röntgenogramme von Pulvern. Die „Fingerabdrücke" kristalliner Stoffe.* Kurze Aufzählung der wichtigsten Aufnahmemethoden für Kristallpulver u. ihrer Anwendungen. (Chem. Age **66.** 621—26. 26/4. 1952. Cambridge, Engl., Dep. of Mineral. and Petrol.) Teltow. 181

B. Jerslev, *Kristallorientierung auf dem Weißenberg-Goniometer.* Es wird kurz eine Abänderung der Meth. von Bunn (Chemical Crystallography. Oxford: Clarendon Press, 1945) zur Orientierung von Kristallen auf dem Weissenberg-Goniometer beschrieben. (Acta crystallogr. [London] **4.** 472—73. Sept. 1951. Kopenhagen, Royal Danish School of Pharm.) Gottfried. 181

Cecil J. Schneer, *Koordinationsmodelle.* Die Herst. von Koordinationsmodellen wird beschrieben, u. zwar derart, daß das Gitter als ein Zusammenschluß von einzelnen Koordinationspolyedern dargestellt wird, deren Ecken die Anionen u. deren Mittelpunkt das Kation repräsentieren. Im einzelnen werden Anleitungen zum Bau von TiO_2-, *Diopsid-* u. *Tridymit*-Modellen gegeben. (Amer. Mineralogist **37.** 223—29. März/April 1952. Clinton, N. Y., Hamilton Coll.) Levi. 181

Edward Fisher, *Die Coulomb-Energie komplexer Kristalle.* Es wird gezeigt, wie man mit Hilfe einer Meth. der Abschätzung der Madelung-Konstanten die elektrostat. Energie komplexer Ionenkristalle bestimmen kann. (J. chem. Physics **19.** 1284—85. Okt. 1951. Rolla, Mo., Univ., School of Mines and Metallurgy, Dep. of Phys.) Gottfried. 182

Georges Thomaes, *Über die Dispersionskräfte in mehratomigen kugelförmigen Molekülen.* Selbst für einfache mehratomige Kugelmoll., wie CF_4 u. SF_6, läßt sich die Energie der van der Waalsschen Wechselwrkg. auf Entfernungen von der Größenordnung der Molekülabmessungen nicht aus den Kraftgesetzen für Kugelsymmetrie berechnen. Vf. zeigt, daß es erforderlich ist, die Stellung der Atome u. die Lokalisierung der für die Dispersionskräfte verantwortlichen Zentren zu berücksichtigen. Auf diese Weise kommt man zu einer befriedigenden Übereinstimmung mit den aus Messungen des zweiten Virialkoeff. erhaltenen Werten. (J. Chim. physique Physico-Chim. biol. **49.** 323—26. Mai 1952. Brüssel, Univ. Libre, Fac. des Sci.) Forche. 182

L. H. Ahrens, *Die Benutzung von Ionisationspotentialen.* 1. Mitt. *Ionenradien der Elemente.* Regelmäßige Beziehungen zwischen Radius, Ionisationspotential u. Ladung zeigen deutlich, daß in den n. Reihen isoelektron. Ionen den „univalenten Radien" von Pauling der Vorzug zu geben ist gegenüber denen, die völlig auf Messungen des Ionenabstands beruhen. Diskrepanzen können entweder durch einen Fehler des für den Radius von O^{2-} angenommenen Werts, veränderliche Polarisation u. infolgedessen Abnahme des Radius von O^{2-} u. anderen Anionen, oder aber gelegentlich durch mangelhafte Genauigkeit der Ionenabstandsmessungen verursacht sein. Vf. ermittelt die bisher unbekannten Radien von Ag^{2+} (0,89), At^{7+} (0,62), Au^{3+} (0,85), Br^{5+} (0,47), Cl^{5+} (0,34), Cu^{2+} (0,72), Fr^{+} (1,80), Ge^{2+} (0,73), J^{5+} (0,62), N^{3+} (0,16), Np^{7+} (0,71), P^{3+} (0,44), Pa^{5+} (0,89), Pd^{2+} (0,80), Pt^{2+} (0,80), Re^{7+} (0,56), S^{4+} (0,37), Se^{4+} (0,50), Sn^{2+} (0,93), Tc^{7+} (0,56), U^{6+} (0,80) u. V^{2+} (0,88) u. unterzieht alle bisher bestimmten Radien auf Grund der genannten Beziehungen u. verfügbarer Ionenabstandsmessungen einer Revision (vgl. Original). Der Wert von 1,40 Å für O^{2-} wird außer für den Fall deutlicher Polarisation bestätigt. (Geochim. cosmochim. Acta [London] **2.** 155—69. 1952. Massachusetts Inst. of Technol., Dep. of Geol.) B. Reuter. 182

V. H. Dibeler, E. J. Wells jr. und R. M. Reese, *Massenspektren von $^{13}CO_2$ und ^{13}CO.* (Sitzungsbericht.) CO_2 wurde mit H_2SO_4 aus $BaCO_3$, das 54 Atom-% ^{13}C enthielt, entwickelt. Ein Teil des CO_2 wurde durch Zn vollständig zu CO reduziert. Die Spitzen für die ^{12}C u. ^{13}C enthaltenden Ionen waren annähernd gleich groß, so daß die Massenspektren für die isotopen Moll. gleichzeitig erhalten werden konnten. Für CO_2 ergab sich das Verhältnis der Ionen $^{13}C/^{13}CO_2$ zu 0,0542 gegenüber $^{12}C/^{12}CO_2$ = 0,0564. Das Verhältnis $^{13}CO/^{13}CO_2$ war 0,0824 gegenüber $^{12}CO/^{12}CO_2$ = 0,0868. Für CO ist das Verhältnis $^{13}C/^{13}CO$ = 0,0514 gegenüber $^{12}C/^{12}CO$ = 0,0540. Die Häufigkeit für das Aufbrechen der ($^{12}C—^{16}O$)-Bindung ist annähernd 5% größer als die für die ($^{13}C—^{16}O$)-Bindung in Übereinstimmung mit dem Isotopeneffekt von Thode beim Abbau der Oxalsäure. Eine ähnlich große, aber weniger genau bestimmte Differenz wurde auch bei den ($^{12}C—^{16}O$)- u. ($^{14}C—^{16}O$)-Bindungen in CO_2, das 4 Atom-% ^{14}C enthielt, gefunden. (Physic Rev. [2] **79.** 223. 1/7.; Bull. Amer. physic. Soc. **25.** Nr. 3. 32. 27/4. 1950.) v. Harlem. 182

Jan Kutina, *Bemerkungen über den Einfluß des Mediums auf die Bildung der Kristallformen.* Unterss. an *Miargyrit* zeigen, daß die Unterschiede der maximalen u. minimalen Häufigkeitswerte bei den morpholog. wichtigeren Formen geringer sind, daß also diese Formen weniger dem Einfl. des Mediums unterliegen. Bei *Calcit* aus verschied.

Vorkk. ist auffällig, daß an Kristallen des skalenoedr. Typs {0 0 0 1} zurücktritt u. nur bei 1 von 52 Kristallen gefunden wird. (Записки Всесоюзного Минералогического Общества [Schr. Allunions mineralog. Ges.] [2] **81.** 96—99. 1952. Prag, Karls-Univ., Mineralog. Inst.) R. K. MÜLLER. 190

W. W. Doliwo-Dobrowolski, *Über einige Eigenschaften der Hauptrichtung in Zwillingen.* Wenn die Hauptrichtung von Zwillingskristallen mit der Achse des Mikroskops zusammenfällt, hat sie den gleichen Effekt wie die Zwillingsachse. In diesem Falle ist es leicht, die Koordinaten der Hauptrichtung zu bestimmen. Im andern Falle ist darauf zu achten, daß die Hauptrichtung u. die Zwillingsachse nicht verwechselt werden. Ist die Orientierung der Hauptrichtung bekannt, dann läßt sich auch die Größe des Winkels der opt. Achsen bestimmen. (Записки Всесоюзного Минералогического Общества [Schr. Allunions mineralog. Ges.] [2] **81.** 89—95. 1952.) R. K. MÜLLER. 190

A. J. Goss, *Orientierung von Kristallen mit zylindrischer Form.* Kristallgeometr. Betrachtung. (Research **4.** 292—93. Juni 1951. Southampton, Univ., Coll., Dep. of Phys.) GOTTFRIED. 190

L. Ss. Palatnik, *Das kristallgeometrische Korrespondenzprinzip und seine Anwendung.* Es werden die Möglichkeiten systemat. Verwachsungen zwischen zwei Kristallen der gleichen Art aufgezählt u. ihre Spezialisierung vermöge Eigensymmetrie des Kristalles diskutiert. Multikristalle u. sogar Texturen in Polykristallen können nach dem Typus des gemeinsamen Elements klassifiziert werden: Nullte Art, gemeinsamer Raum, Einkristall; erste Art, gemeinsame Ebene, Zwilling; zweite Art, gemeinsame Achse, Zwilling; dritte Art, gemeinsamer Punkt, Sphärolith. (Доклады Академии Наук СССР [Ber. Akad. Wiss. UdSSR] [N. S.] **82.** 905—08. 21/2. 1952. Charkow, Gorki-Univ.) SCHUBERT. 190

Karl Plieth und **Christine Wurster,** *Zur Struktur der Metaphosphate. Röntgenographische Untersuchung eines faserigen Natriummetaphosphats — $(NaPO_3)_x$ (Kurrolsches Salz).* Vff. untersuchen das in asbestartigen Fasern kristallisierende KURROLsche Salz röntgenograph. mit Hilfe von Drehkristall- u. WEISSENBERG-Aufnahmen. Es krist. monoklin in der Raumgruppe B $2_1/c$ mit $a_1 = 23{,}76$, $a_2 = 6{,}09$, $a_3 = 14{,}07$ Å, $\beta = 90{,}8^0$. Pyknometr. u. nach der Schwebemeth. ergibt sich eine D. von 2,50 u. 2,54, röntgenograph. für Z = 16 $NaPO_3$ 2,60. Die nach (1 0 0) verzwillingten Kristalle sind weitgehend pseudorhombisch. Mit rohen Intensitätsdaten durchgeführte PATTERSON- u. FOURIER-Projektionen zeigen, daß das KURROLsche Salz unendliche Ketten von PO_4-Tetraedern, ähnlich den SiO_4-Tetraederketten im Enstatit, enthält. (Z. anorg. allg. Chem. **267.** 49—61. Dez. 1951. Berlin-Dahlem, Dtsch. Forschungshochschule, KWI für physikal. Chem. u. Elektrochem.; Berlin-Charlottenburg, Techn. Univ., Inst. für physikal. Chem. u. Elektrochem.) B. REUTER. 195

Hans Bode und **Günter Teufer,** *Die Kristallstruktur des Thalliumhexafluorophosphats.* $TlPF_6$, das aus NH_4PF_6 oder KPF_6 durch Umsetzen mit TlOH gewonnen werden kann, krist. kub. mit a = 7,94 Å u. Z = 4. Die Diskussion der beobachteten Intensitäten zeigt, daß die Struktur des $TlPF_6$, obwohl nur Linien mit ungemischten Indices auftreten, dem KPF_6-Typ mit einer primitiven Elementarzelle der Raumgruppe T_h^6 — P a 3 angehört. (Z. anorg. allg. Chem. **268.** 129—32. Mai 1952. Hamburg, Chem. Staatsinst.) B. REUTER. 195

Hans Bode, *Die Kristallstruktur des Silberhexafluoroantimonats(V).* $AgSbF_6$ krist. im $KSbF_6$-Typ (Raumgruppe T_h^7) mit a = 9,85 Å, Z = 8, $D._{pykn.}$ 4,75 ± 0,1, $D._{röntg}$ 4,75. Atomlagen: 8 Sb in (a): 0 0 0; 8 Ag in (b): $^1/_4\,^1/_4\,^1/_4$; 48 F in (e): x y z mit x = 0,095, y = 0,136, z = —0,068. Die Form des SbF_6-Komplexes entspricht dem im $KbSF_6$. Das Ag-Ion ist von 6 F-Atomen im Abstand von 2,62 Å umgeben. (Z. anorg. allg. Chem. **267.** 62—64. Dez. 1951. Hamburg, Chem. Staatsinst.) B. REUTER. 195

Richard Bøgvad und **A. H. Nielsen,** *Untersuchung von zwei Alkalimonofluorochromaten.* Vff. stellen $KCrO_3F$ (I) u. NH_4CrO_3F (II) durch Behandeln von $K_2Cr_2O_7$ bzw. $(NH_4)_2Cr_2O_7$ mit heißer verd. HF dar. I krist. tetragonal in roten bis orangeroten Kristallen, D. 2,66. Brechungsindices $\varepsilon = 1{,}644$, $\omega = 1{,}622$, opt.-positiv. II krist. orthorhomb. in rubinroten Kristallen, D. 2,22, Brechungsindices $\alpha = 1{,}623 \pm 0{,}002$, $\gamma = 1{,}639 \pm 0{,}002$, $2\,V = 64 \pm 2^0$, opt.-positiv. (Acta crystallogr. [London] **4.** 77. Jan. 1951. Kopenhagen, Kryolitselskabet Øresund A/S, Mineral. Labors.) B. REUTER. 195

J. N. van Niekerk und **F. R. L. Schoening,** *Die Kristallstruktur von trans-Kaliumdioxalatodiaquochromiat $K[Cr(C_2O_4)_2(H_2O)_2]\cdot 3\,H_2O$.* Mit Hilfe von doppelten FOURIER-Reihen werden die Projektionen der Elektronendichte im trans-$K[Cr(C_2O_4)_2(H_2O)_2]\cdot 3\,H_2O$ auf zwei axialen Ebenen bestimmt u. die Parameter der Struktur ermittelt. Der Kristall ist monoklin, Raumgruppe P 2/c — C_{2h}^4. Die Elementarzelle hat die Dimensionen a = 7,85, b = 5,72, c = 13,88 Å, $\beta = 109^0\,30'$. Mit der durch Flotation ermittelten D. 1,98 ergibt sich Z = 2 u. $D._{röntg}$ 2,02. In dem Komplexion $[Cr(C_2O_4)_2(H_2O)_2]^-$ liegen die beiden Oxalatogruppen in der gleichen Ebene, während die beiden Aquogruppen senkrecht auf dieser Ebene stehen. Die Dimensionen des Komplexions sind angegeben. Danach ist das Cr von 6 O-Atomen oktaedr. umgeben, u. zwar von den beiden O der Aquogruppen u. je 2 O der beiden Oxalatogruppen. Dabei beträgt der Abstand zwischen Cr u. den O der Aquogruppen 2,02 Å, während der zwischen Cr u. den beiden nächsten O-Atomen jeder Oxalatogruppe bei 1,92—1,93 Å liegt. Der Winkel O—Cr—O zwischen den beiden O einer Oxalatogruppe beträgt 83°. Die Packung der beiden Moll. in der Elementarzelle wird diskutiert. Die Struktur wird sowohl durch Ionenbindungen als auch durch Wasserstoffbindungen zusammengehalten. Die Bindungsverhältnisse werden im einzelnen erörtert. (Acta crystallogr. [London] **4.** 35—41. Jan. 1951. Pretoria, Süd-Afrika, Council for Sci. and Ind. Res., Nat. Phys. Labor.) B. REUTER. 195

L. Lorne Campbell, Joseph M. Keller und **Ernest Koenigsberg,** *Elektrostatische Felder in dichtest gepackten Kristallen.* Untersucht wurden die elektrostat. Felder von Metallen in hexagonal dichtest gepackten u. kub. flächenzentrierten Kristallen. Bei hexagonalen Kristallen treten Kugelfunktionen vom 2. u. 3. Grad u. auch von höheren Graden auf. Um die Größen der Kugelfunktionen bis zum 4. Grad zu bestimmen, wurde ein Metall als eine Sammlung von positiven Punktladungen der Größe q an den Ionenpunktlagen approximiert, überlagert auf eine gleichförmige negative Ladung der Dichte ϱ. (Physic. Rev. [2] **84.** 1256—57. 15/12. 1951. Ames, Iowa, State Coll., Inst. for Atomic Res., u. Dep. of Phys.) GOTTFRIED. 197

Erich Gebhardt und **Manfred Becker,** *Über die innere Reibung flüssiger Gold–Silber-Legierungen.* Die innere Reibung der Au-, Ag- u. Au–Ag-Schmelzen wird nach einem Verf., das auf dem Prinzip des Drehschwingungen ausführenden Flüssigkeitscylinders aufgebaut ist, bis zu hohen Tempp. u. unter Luftabschluß gemessen. Bei sämtlichen Schmelzen zeigte sich eine mit der Temp. abfallende Viscosität. Au wies bei 1200° einen Reibungswert von 4,63 cP auf, der um ca. 1,8 cP höher als derjenige von Ag liegt. Die Genauigkeit der Befunde wird im wesentlichen durch die Messung der Dämpfung bestimmt. Fehlergrenze bei hohen Tempp. ca. ±2—3%, bei niedrigen Tempp. höchstens 1%. (Z. Metallkunde **42.** 111—17. April 1951. Stuttgart, Max-Planck-Inst. für Metallforsch.) BLUTH. 200

Doris Kuhlmann, *Über die Theorie der plastischen Verformung.* Für die Vorgänge der plast. Verformung in nicht ausgehärteten u. nicht kaltverformten, also weichen Metallen wird eine Theorie entwickelt, die auf zwei Annahmen beruht: Die erste Annahme besagt, daß es in jedem Kristall eines solchen Metalls eine Anzahl von Bezirken gibt, die als „Quellen" für Versetzungen gleichen Typs (Stufenversetzungen) u. gleichen Vorzeichens wirken. Die zweite Annahme setzt voraus, daß es in jeder akt. Gleitebene eine erheblich größere Zahl von Hindernissen gibt, die die Bewegung der Versetzungen hemmen, als „Quellen" vorhanden sind, wobei zur Bewegung einer Versetzung über diese Hindernisse hinweg eine größere Spannung erforderlich ist als zur Bldg. einer Versetzung. Aus den beiden Annahmen kann eine Beziehung zwischen der Schubspannung in einer Gleitebene u. der Anzahl der durch ihren Einfl. gebundenen Versetzungen abgeleitet werden. Ferner ergeben sie, daß von an einem Hindernis gebundenen Versetzungen eine hohe Spannung in der Nähe des Hindernisses hervorgerufen wird u. daß in den Gleitebenen eines Gleitpaketes Versetzungen gleichen Vorzeichens zu erwarten sind. — Die mit den beiden Annahmen u. den genannten Folgerungen entwickelte Theorie erklärt teils quantitativ, teils qualitativ die wesentlichen Vorgänge bei der plast. Verformung. Bes. liefert die gute Übereinstimmung der experimentellen Ergebnisse bei Kriechvorgängen mit der theoret. Ableitung eine gute Stütze für die Theorie. (Proc. physic. Soc., Sect. A. **64.** 140—55. 1/2. 1951. Bristol, Univ., H. H. Wills Phys. Labor.) KRISEMENT. 200

Fritz Röhm und **Werner Sautter,** *Experimenteller Nachweis zweier Arten von Verfestigung bei der plastischen Verformung von Kristallen.* 2. Mitt. *Erholung von zugverformten und schubverformten langen Kristallen.* (1. vgl. C. **1951.** I. 3465.) Es werden die Erholungsisothermen für zugverformte *Al*-Einkristalle hohen Reinheitsgrades bestimmt. Dabei zeigt sich, daß die Gleitverfestigung, die ca. 50% der Gesamtverfestigung beträgt, erholungsfähig ist, die Spannungsverfestigung nicht. Ferner wurde festgestellt, daß die Erholung von schubverspannten Kristallen ca. 90% beträgt, so daß also bei der Schubverformung langer Kristalle fast nur Gleitverfestigung auftritt. (Z. Metallkunde **42.** 289—93. Okt. 1951. Stuttgart, TH, Inst. für theoret. u. angew. Phys., u. Max-Planck-Inst. für Metallforsch.) BLUTH. 200

J. Chapelle, *Bestimmung der elastischen Konstanten des Ammoniumdihydrogenorthoarsenats.* $NH_4H_2AsO_4$ (I) krist. isomorph dem $NH_4H_2PO_4$ nach der Raumgruppe $\bar{4}2$ m. Zur Best. seiner Elastizitätskonstanten wurde eine Versuchsanordnung benutzt, bei der verschieden orientierte Kristallplatten als Impedanz in einen Wechselstromkreis eingeschaltet werden. Bei Resonanzlage der Frequenz des Wechselstromes mit der piezoelektr. angeregten Eigenfrequenz der Kristallplatte wird die Impedanz ein Minimum. Aus der Resonanzfrequenz kann dann mit Hilfe bekannter Konstanten die betreffende Elastizitätskonstante berechnet werden. Nach dieser Meth. ergaben sich die Elastizitätskonstanten von **I** zu $s_{11} = 1{,}69 \cdot 10^{-12}$, $s_{12} = 1{,}73 \cdot 10^{-12}$, $s_{13} = -1{,}11 \cdot 10^{-12}$, $s_{33} = 4{,}45 \cdot 10^{-12}$, $s_{44} = 15{,}29 \cdot 10^{-12}$, $s_{66} = 12{,}4 \cdot 10^{-12}$, wobei $s_{11} = s_{22}$, $s_{44} = s_{55}$, $s_{13} = s_{23}$ gilt. Durch Vgl. mit den Elastizitätskonstanten anderer Phosphate u. Berücksichtigung der Temperaturabhängigkeit ergibt sich einiger Aufschluß darüber, wie die Elastizitätskonstanten von den Komponenten der Verb. abhängen. (Bull. Soc. franç. Minéralog. Cristallogr. **74**. 214—22. April/Juni 1951. Nancy, Fac. des Sci.) KRISEMENT. 200

A₇. Gleichgewichte. Kinetik.

I. G. Ryss, *Über den Einfluß der Bildung von Kristallsolvaten auf die Stabilität von Komplexverbindungen.* Vf. stellt eine thermodynam. Gleichung für die Stabilisierung der Komplexverbb. bei der Bldg. von Kristallsolvaten auf. Danach ist die Stabilisierung um so größer, je geringer der Dampfdruck des die Komplexverb. solvatierenden Addenden S u. je größer die Zahl der Moll. im Kristallsolvat ist. Die abgeleitete Gleichung kann in Beziehung zu der früher (Журнал Физической Химии [J. physik. Chem.] **14**. [1939.] 547) abgeleiteten Beziehung zwischen Dissoziationsspannung der Komplexverbb. u. Löslichkeit dieser Verbb. u. ihrer Dissoziationsprodd. gebracht werden. Es werden die Fälle behandelt, daß S völlig vom Dissoziationsprod. gebunden wird, daß das Dissoziationsprod. kein stabiles Kristallsolvat bildet, daß bei der Dissoziation eine an Salz gesätt. Lsg. u. ein Gas entsteht u. daß schließlich das Kristallsolvat nur von einem Stoff gebildet wird u. der Zerfall des 2. Stoffes in Ggw. von S-Dämpfen erfolgt. Mit abnehmender Größe u. zunehmender Ladung des Anions nimmt die Solvatation des Kations ab u. damit die Stabilität des Komplexions zu. Der Einfl. des Zerfalls des Komplexanions auf die Stabilität der Kristallsolvate wird am Kristallwassergeh. von *Tetrafluoboraten*, *Hexafluorsilicaten* u. *Metallfluoriden* gezeigt. (Журнал Физической Химии [J. physik. Chem.] **25**. 1152—59. Okt. 1951. Dnepropetrowsk, Metallurg. Stalin-Inst.) LEBTAG. 223

N. R. Davies und **F. P. Dwyer**, *Kinetik der Racemisierung optisch-aktiver Komplexionen der Elemente der 8. Gruppe.* 1. Mitt. *Das Tris-[1.10-phenanthrolin]-nickelion.* Die Racemisierung des (d)-$Ni(phen)_3^{++}$ (**I**) ist unimolekular. Die Geschwindigkeitskonstante der Rk. von **I**-Jodid in wss. Lsg. ist bei 20,6° $k = 1{,}81 \cdot 10^{-4}$ sec^{-1} u. bei 30,6° $k = 7{,}34 \cdot 10^{-4}$, die Aktivierungsenergie beträgt 24,9 kcal; log PZ ist 13,4. Nach Zusatz von Salzen u. Säuren zu wss. Lsgg. von (d)-$Ni(phen)_3X_2$ (X = Cl, J, ClO_4) wurde eine Verzögerung u. nach Zusatz von OH-Ionen eine Beschleunigung der Racemisierung beobachtet. Die dabei anwachsende Aktivierungsenergie bei gleichbleibendem PZ wird mit dem Einfl. der Fremdionen auf die Metall–Ligand-Bindung des Komplexkations in Beziehung gebracht. Die Vorstellungen von WERNER [1912] u. THOMAS [1921] über Racemisierungs-Rkk. bei entsprechenden Komplexen werden diskutiert u. als nicht zutreffend erachtet. (Trans. Faraday Soc. **48**. 244—47. März 1952. Sidney, Univ., Dep. of Chem.) PLUST. 225

Jannik Bjerrum und **Knud Georg Poulsen**, *Reaktionsgeschwindigkeiten und Aktivierungsenergien einiger „Augenblicks"-Komplexionen-Reaktionen.* Verschied. Komplexsysteme stark farbiger Komplexe werden visuell in 0,05—0,001 mol. methanol. Lsgg. bei Tempp. von —75 u. —100° untersucht. Vff. stellen folgende Ergebnisse zusammen: Fe^{3+} reagiert meßbar mit Thiosulfat wie auch mit Phenolen unter Bldg. eines stabilen violetten Komplexes bei —75°. Die Farb-Rk. mit *Sulfosalicylsäure* geht verschiedene Male schneller vor sich als mit *Salicylsäure*, wahrscheinlich infolge des elektronegativen Einfl. der Sulfogruppe. Ni^{2+} reagiert mit *Dimethylglyoxim*, *Pyridin* (**I**) u. *Äthylendiamin* (**II**) bei —75° langsam, während Cu^{2+} mit **II** bei —100° in wenigen Sek., mit NH_3 u. **I** dagegen augenblicklich reagiert. SCN^- (**III**) gibt mit $PdCl_4^{2-}$, $AuCl_4^-$, $PtCl_6^{2-}$, Fe^{3+} bei —75° verzögerte Rkk., wobei die Reaktionsgeschwindigkeiten in der aufgeführten Reihenfolge zunehmen. Co^{2+} reagiert bei —100° mit **III** ebenso, während Cu^{2+} bei dieser Temp. sofort reagiert. *Dithizon* (**IV**) gibt mit Hg^{2+}, Co^{2+} u. Ni^{2+} bei —75° verzögerte Rkk., mit Fe^{2+} reagiert es fast augenblicklich, u. Fe^{3+} gibt sofort eine grüne Farbe, welche nach kurzer Zeit nach Rot umschlägt. Bei —100° geben Ag^+ u. Pb^{2+} mit **IV** etwas verzögerte Rkk., während Cu^{2+} sofort u. Mn^{2+} u. Zn^{2+} fast augenblicklich mit **IV** reagieren. Vff. diskutieren auf Grund der Unterss., daß ein Zusammenhang zwischen Komplex-Bildungsgeschwindigkeiten, Valenz u. Elektronenkonfiguration der Metalle in den Übergangsreihen, wie folgt, besteht: Für Ionen mit derselben Elektronenkonfiguration, z. B. Fe^{3+}, Mn^{2+}, entspricht eine höhere Valenz einer niedrigeren Reaktionsgeschwindigkeit u. höheren Komplexizität. In Fällen gleicher Valenz zeigen Ionen mit halb vollständigen, vollständigen oder fast kompletten Elektronenschalen eine viel höhere Komplex-Bildungsgeschwindigkeit als die übrigen

Ionen in den Übergangsreihen (vgl. z. B. Fe^{3+} mit Cr^{3+}, Co^{3+}; Mn^{2+}, Cu^{2+}, Zn^{2+} mit Fe^{2+}, Co^{2+}, Ni^{2+}). Dies steht im Gegensatz zu der Komplex-Affinität, welche mehr oder weniger gleichmäßig mit der Ordnungszahl in den Reihen Cr^{3+}, Fe^{3+}, Co^{3+} u. von Mn^{2+} zu Cu^{2+} ansteigt, bevor sie zum Zn^{2+} fällt. Aktivierungsenergie E_A u. Häufigkeitsfaktor A der ARRHENIUSschen Gleichung werden berechnet. Für folgende Systeme wird E_A angegeben (Werte in kcal/Mol in Klammern): Ni–I (~17), Co–III (~15), Fe^{3+}–III (~12,7), Cr^{3+}–III (25,2 ± 0,2). Die entsprechenden Temperaturangaben, Werte für A u. Lösungsmittelionenstärken vgl. Original. (Nature [London] **169**. 463—64. 15/3. 1952. Kopenhagen, Danish Univ. of Technol., Chem. Dep. A.) SPARMANN. 225

J. Slater, *Wirkung von Strahlungen auf Stoffe*. Übersetzung der C. **1952**. 7771 referierten Arbeit. (Успехи Физических Наук [Fortschr. physik. Wiss.] **47**. 51—94. Mai 1952.) KIRSCHSTEIN. 226

M. Haissinsky, M. Lefort und **H. Le Bail**, *Rolle der sauerstoffhaltigen Radikale bei den durch ionisierende Strahlungen hervorgebrachten Oxydationen und Reduktionen*. 1. Mitt. *Untersuchung des Systems Cer(III)–Cer(IV)*. Die Einw. von Röntgenstrahlung der Wellenlänge 0,9 Å u. der Radon-γ-Strahlung auf das Syst. Ce(III)–Ce(IV) mit Konzz. zwischen 1/10 u. 1/5000 mol. wurde untersucht. Ce(IV)-Salze wurden volumetr. durch die Oxydation von $FeSO_4$ mit o-Phenanthrolin als Indicator, Ce(III)-Salze durch Oxydation mit $K_3Fe(CN)_6$ nachgewiesen. In saurer Lsg., 0,8n H_2SO_4, werden Ce(IV)-Salze vollständig red., in Carbonatlsg. Ce(III)-Salze vollständig oxydiert, ein Gleichgewicht stellt sich nicht ein. Die Ausbeuten betragen bei der Red. 5,2 Moll./100 eV für Röntgenstrahlen u. 3,6 für α-Strahlen, bei der Oxydation sind die Zahlen 1,7—1,9 bzw. 3—3,5. Bei —196° ist die Red. stark verringert. Bei der Red. wird die Ausbeute durch H_2 auf 4,5 erniedrigt, durch O_2 auf 6,2 für Röntgenstrahlen erhöht. Vff. nehmen zur Erklärung der Befunde an, daß die Redd. nicht durch H, sondern im wesentlichen durch sauerstoffhaltige Radikale OH u. OH_2 hervorgerufen werden. Auf einen Parallelismus zwischen dem Potential verschied. Systeme u. der Ausbeute bei den Redd. wird hingewiesen. (J. Chim. physique Physico-Chim. biol. **48**. 208—12. März/April 1951.) WIEDEMANN. 226

E. Broda und **H. Muller**, *Schutzeffekte in den Szilard-Chalmers-Reaktionen*. Die Ausbeute an radioakt. As^{III} aus As^{V} durch den SZILARD-CHALMERS-Effekt sinkt bei Bestrahlung der Lsg. mit γ-Strahlung vor oder während der Neutronenbestrahlung. Die Oxydation erfolgt wahrscheinlich durch die Prodd. der Ionisationswrkg. auf das Wasser. Bei P^{V}/P^{III} tritt dieser Effekt nicht ein. Eine Schutzwrkg. übt inakt. As^{III} aus, Sättigung wird bereits bei einer Konz. von 10^{-3} mol. erreicht. Auch Glycerin wirkt schützend. Die Möglichkeiten, auf diese Weise geringe Konzz. an Schutzstoffen oder die Dosis ionisierender Strahlung zu bestimmen, werden erwähnt. (J. Chim. physique Physico-Chim. biol. **48**. 206. März/April 1951. Wien, Univ., II. Physik. Inst., u. I. Chem. Inst.) WIEDEMANN. 226

S. S. Penner, *Die Wirkung von Silicagel auf die Zersetzung von Wasserstoffperoxyd*. Vf. untersucht die therm. Zers. von H_2O_2 in bas. *Silicagelen*, die durch Zusatz von *Na-Silicat* zu H_2SO_4 gebildet werden. Die Bldg. dieser Gele beeinflußt die Stabilität des H_2O_2 bei Raumtemp. nicht. Bei der therm. Zers. finden Ketten-Rkk. statt; es wurden Wand-Rkk. festgestellt u. ferner beobachtet, daß die Quantenausbeute bei der photochem. Zers. merklich größer als 1 ist. Die Kinetik der H_2O_2-Zers. in Ggw. von Cl^-–Cl_2 ist in Silicasol u. Silicagel dieselbe. Die Quantenausbeute bei der photochem. Zers. mit Licht einer Wellenlänge von ca. $\lambda = 3600$ ist bei Silicagel u. -sol von der gleichen Größenordnung. FELLS u. FIRTH (Proc. Roy. Soc. [London], Ser. A **114**. [1927.] 517) beobachteten für Lsgg. in HCl, Vf. für Lsgg. in H_2SO_4 eine augenscheinliche Wechselwrkg. zwischen dem Ende einer Induktionsperiode für die Zers. des H_2O_2 u. dem Gelieren der Lösung. Aus den experimentellen Ergebnissen wird geschlossen, daß diese Wechselwrkg. nicht durch physikal.-chem. Zustandsänderungen, die mit dem Gelieren zusammenhängen, bestimmt wird. (J. Amer. chem. Soc. **74**. 2754—57. 5/6. 1952. Pasadena, Calif., California Inst. of Technol., u. Univ. of Wisconsin.) J. MATTNER. 227

C. A. Bunton und **D. R. Llewellyn**, *Zersetzung von Wasserstoffperoxyd in mit schwerem Sauerstoff angereichertem Wasser*. Vff. untersuchten die Zers. von H_2O_2 zu O_2 in ^{18}O enthaltendem W. in Ggw. von Katalysatoren u. solchen Stoffen, die mit H_2O_2 chem. reagieren, u. zwar *Pt, Ag, MnO_2, Fe^{2+}, Fe^{3+}, Ce^{4+}, MnO_4^-, $Cr_2O_7^{2-}$, H_5JO_6, HBr, Br_2* u. *HClO*. Stets stammt der gesamte entwickelte O_2 aus dem H_2O_2. Es findet also in dieser wss. Lsg. kein Isotopenaustausch zwischen H_2O_2 u. H_2O statt. Das gleiche stellen Vff. für eine Lsg. fest, die an $HClO_4$ 60—70%ig. war. Daher betrachten sie in solchen Lsgg. die Existenz des $-OH^+$-Ions als unwahrscheinlich u. schließen Rkk. der Form $H_3O_2^+ \rightleftharpoons H_2O + -OH^+$ aus. Diese allg. Meth. läßt sich auf die Bldg. von H_2SO_5 aus H_2O_2 u. H_2SO_4 u. auf die Hydrolyse der CAROschen Säure anwenden. In keinem Falle wird dabei die O–O-Bindung gesprengt. — Im allg. wird aus H_2O_2 mit ^{16}O u. ^{18}O das leichtere Isotop schneller abgespalten, wie Unterss. in gewöhnlichem W. zeigten. Mit Fe^{2+}, Fe^{3+} u. Pd ist dieser Effekt ausgeprägter als z. B. mit $KMnO_4$. Die Unterss. der Vff. stimmen mit denen von TAYLOR u. GOULD (J. Amer. chem. Soc. **56.** [1934.] 1823) überein. Diese kinet. Isotopenfraktionierung kann nicht auf die verschied. M. der Kerne zurückgeführt werden, sondern ist die Folge zweier verschied. Mechanismen. 1. Übertragung eines Elektrons: $HO-OH + -OH = HO_2- + H_2O$, $HO_2- + HO-OH = O_2 + HO- + H_2O$. In diesem Falle ist die schnellere Entw. des ^{16}O auf die leichtere Abspaltbarkeit eines H-Atoms von ^{16}O als von ^{18}O zurückzuführen. 2. Es werden 2 Elektronen von dem H_2O_2 oder vom HOO^--Ion an das zersetzende Reagens abgegeben. In diesem Falle ist der Effekt der Isotopenfraktionierung geringer. Es ist wahrscheinlich, daß die Rk. $H_2O_2-KMnO_4$ nicht durch Übertragung nur jeweils eines Elektrons von einem H_2O_2 zum Metallion verläuft, sondern daß 2 Elektronen übertragen werden, wofür Vff. folgenden Mechanismus angeben: $H-O-O-H + Mn^{4+} = H-O-O + Mn^{3+} + H^+$, $H-O-O-Mn^{3+} = H^+ + O_2 + Mn^{2+}$. (Research **5.** 142—43. März 1952. London, Univ., Sir William Ramsey and Ralph Forster Labors.) J. MATTNER. 227

B. Anorganische Chemie.

André Gilliot, *Untersuchung der Gleichgewichte für das reziproke System $Cl^--SO_4^{2-}-K^+-Na^+$ in wässeriger ammoniakalischer Lösung.* Vf. untersucht bei —15, 0 u. +20° die Löslichkeitsgleichgewichte der Verbb. *NaCl, KCl,* Na_2SO_4 u. K_2SO_4, der Salzpaare NaCl–KCl, NaCl-Na_2SO_4, KCl-K_2SO_4, Na_2SO_4-K_2SO_4 sowie des quaternären reziproken Syst. $2NaCl + K_2SO_4 \rightleftharpoons 2KCl + Na_2SO_4$ in Lsgg. mit 0—35 g NH_3/100 g Wasser. Die Ergebnisse werden in isothermen bzw. isoammoniakalen Diagrammen mitgeteilt. Der Einfl. der Temp. u. des NH_3-Geh. auf die Existenzbereiche von Na_2SO_4, $Na_2SO_4 \cdot 10H_2O$ u. *Glaserit*, $3K_2SO_4 \cdot Na_2SO_4$, werden eingehend diskutiert. (Bull. Soc. chim. France, Mém. [5] **18.** 992—1002. Nov./Dez. 1951. Paris, Fac. des Sci., Labor. du Prof. A. Chrétien.) WEITBRECHT. 275

Lyman J. Wood und **L. J. Breithaupt jr.,** *Reaktionen zwischen trockenen anorganischen Salzen.* 8. Mitt. *Eine Untersuchung des Brechungsindex fester Lösungen in dem reziproken System RbCl + KBr ⇌ RbBr + KCl.* (7. vgl. C. **1952.** 7461.) In einigen Gebieten des Zusammensetzungsdiagramms für das reziproke Syst. RbCl + KBr ⇌ RbBr + KCl ist es nicht möglich, das für eine tern. feste Lsg. u. das für ein nebeneinander existierendes Paar von bin. festen Lsgg. zu erwartende Röntgendiagramm voneinander zu unterscheiden. Vff. untersuchen die Brechungsindices der in dem Syst. auftretenden festen Lsgg., um sie in solchen Fällen zu Hilfe zu nehmen. RbCl u. KBr zeigen sehr verschied. Brechungsindices, dagegen sehr ähnliche Einheitszellendimensionen, während bei den Paaren RbCl–KCl u. RbBr–KBr die Verhältnisse umgekehrt liegen. Die Brechungsindices sind additiv. Wenn man die auf dieser Grundlage für bin. u. tern. Lsgg. berechneten Brechungsindices mit den beobachteten vergleicht, so ergibt sich in jedem Falle das Vorliegen einer tern. Lsg., so daß also für jede Mischung eine feste Lsg. existiert, die alle in dem untersuchten Syst. vorkommenden Ionen enthält. Vff. finden für die reinen Komponenten des Syst. von den Literaturabgaben abweichende FF.: KBr 731°, RbCl 720°, RbBr 689°. (J. Amer. chem. Soc. **74.** 2355—59. 5/5. 1952. St. Louis, Mo., Univ., Chem. Dep.) LEVI. 276

I. I. Jamsin, *Synthetische Glimmer.* Übersicht über die Verss. zur Glimmersynth. in Deutschland u. USA. (Записки Всесоюзного Минералогического Общества [Schr. Allunions mineralog. Ges.] [2] **81.** 224—31. 1952. Inst. für Kristallogr. der Akad. der Wiss. der UdSSR.) LEBTAG. 282

W. Klemm und **K. Wahl,** *Notiz über das Magnesiumtellurid.* Vff. stellen sehr reines MgTe her, indem sie in einer H_2-Atmosphäre ein Mg-Te-Gemisch im Atomverhältnis 1:1,1—1,2 umsetzen u. dann das überschüssige Te im Hochvakuum abdestillieren. Das Prod. ist in der Hitze gelb, nach dem Erkalten weiß bis grau u. außerordentlich feuchtigkeitsempfindlich. Alle Präpp. zeigen Wurtzitstruktur mit $a = 4,53 \pm 0,01$ u. $c = 7,38 \pm 0,02$ Å, woraus sich eine D. von 3,85 errechnet. Pyknometr. ergibt sich in guter Übereinstimmung hiermit unter Berücksichtigung eines geringen Geh. der Präpp. an Mg u. MgO eine D. von 3,80. Ein Anhalt für eine zweite Modifikation des MgTe, die den abweichenden Dichtewert von 4,63 von BILTZ u. WEIBKE (Dissert. Hannover 1930) erklären würde, wird nicht gefunden. (Z. anorg. allg. Chem. **266.** 289—92. Nov. 1951. Münster u. Kiel, Univ., Anorgan.-chem. Inst.) B. REUTER. 282

Walter C. Schumb und **Howard H. Rogers,** *Jodide von Aluminium niedrigerer Wertigkeit.* Durch elektrodenlose Entladung bei niedrigen Drucken im Dampf von reinem AlJ_3 bei Tempp. unter 50° u. Kondensation des gebildeten Jods in einer Falle mit Trockeneis erhalten Vff. an den Wänden des Entladungsrohres einen festen Körper, aus dem durch erschöpfende Extraktion mit wasserfreiem Bzl. u. anschließende Vakuumtrocknung ein braungelber Körper isoliert wird, dessen chem. u. Röntgenanalyse zeigt, daß er aus einem Gemisch von metall. Al u. einem Monojodid $(AlJ)_n$ besteht. Durch das Nichtauftreten flüchtiger Prodd. beim 2std. Erhitzen im Vakuum auf 200° kann nachgewiesen werden, daß das Prod. frei von elementarem Jod oder unverändertem AlJ_3 ist. (J. Amer. chem. Soc. **73.** 5806—08. Dez. 1951. Cambridge, Mass., Massachusetts Inst. of Technol., Dep. of Chem.) B. Reuter. 294

A. G. Sharpe, *Thalliumtrijodid und verwandte Verbindungen.* Die Darst. des TlJ_3 erfolgte aus in einer Lsg. von J_2 in konz. HJ gelöstem TlJ. Anschließend erfolgte im Vakuum bei Raumtemp. Eindunstung der Lsg. bis zur Gewichtskonstanz. Bei der therm. Zers. des TlJ_3 bei 60° im Vakuum entsteht Tl_3J_4. TlJ tritt, wie durch Debye-Aufnahmen festgestellt wurde, nicht auf. Der Dissoziationsdruck verschied. Jodide wurde verglichen, u. es ergab sich die Reihe $Tl_3J_4 < CsJ_3 < RbJ_3 < TlJ_3 < KJ_3$. Die freie Energie des $TlJ_4{}^-{}_{(aq)}$ wurde aus $TlJ_{(f)} + J_3{}^-{}_{(aq)} \rightleftharpoons TlJ_4{}^-{}_{(aq)}$ u. $Tl^{3+}{}_{(aq)} + 4\,J^-{}_{(aq)} \rightleftharpoons TlJ_4{}^-{}_{(aq)}$ zu -40340 cal errechnet. Die Oxydation des Tl^+ zu Tl^{3+} durch J_2 u. OH^- wird diskutiert: $2TlJ_3 + 6OH^- \rightleftharpoons Tl_2O_3 + 6J^- + 3H_2O$, wobei wahrscheinlich die Stufen $TlJ_3 \rightleftharpoons Tl^+ + J_3$; $J_3 + 2OH^- \rightleftharpoons OJ^- + 2J^- + H_2O$; $Tl^+ + OH^- + OJ^- + H_2O \rightleftharpoons Tl(OH)_3 + J^-$; $2Tl(OH)_3 \rightleftharpoons Tl_2O_3 + 3H_2O$ zu unterscheiden sind. (J. chem. Soc. [London] **1952.** 2165—67. Juni. Cambridge, Univ., Chem. Labor.) Plust. 297

David Hill Roethel und **John G. Surak,** *Einige neue Koordinationsverbindungen von Thallium.* In Fortsetzung der Unters. von Gewecke (Liebigs Ann. Chem. **366.** [1909.] 220) über die Ähnlichkeit zwischen 3wertigem Tl u. Au, die beide Doppelsalze der allg. Zus. $2TlCl_3 \cdot MCl_2 \cdot xH_2O$ bilden, stellten Vff. analoge Verbb. mit $BaCl_2$ u. $HgCl_2$ her. 15 ml einer mit HCl angesäuerten wss. Lsg. von 4 g $TlCl_3$ u. 3,497 g $HgCl_2$ oder $BaCl_2$ wurde unter Umrühren, zuletzt im Vakuum über H_2SO_4, während 24 Std. eingetrocknet. Die erhaltenen Salze waren sehr hygroskopisch. Das Doppelsalz mit $BaCl_2$ entspricht der Formel $2TlCl_3 \cdot BaCl_2 \cdot 6H_2O$. Es ist weiß u. bildet monokline Kristalle. Ebenso tritt das weiße $2TlCl_3 \cdot HgCl_2 \cdot 12H_2O$ in monoklinen Kristallen auf. (Science [Washington] **115.** 268—69. 7/3. 1952. Milwaukee, Wis., Marquette Univ., Chem. Dep.) Plust. 297

Jacques de Villelume, *Einwirkung des Wasserdampfes auf Lanthancarbid.* (Vgl. C. **1952.** 4739.) Bei der Einw. von Wasserdampf auf Lanthancarbid entstehen bei 20—200° 13,7% Acetylen-KW-stoff (**I**), 4,7% Äthylen-KW-stoff (**II**) u. 32% gesätt. KW-stoffe (**III**). **I** nimmt mit steigender Temp. des Wasserdampfs stetig ab u. erreicht bei 500° 9,6%, ebenso verhält sich **II**, welches auf 3,3% abnimmt, während **III** konstant bleibt. Das bei 200° entstandene Gas enthielt 23% CH_4, 7% C_2H_6, 1,6% C_3H_8, 5% $C_2H_2 + C_2H_4$ u. 13% höhere Acetylene u. Äthylene. Der bei 200° erhaltene Rückstand besteht aus La–C-Verbb. mit La_2O_3 u. enthält noch 50% des gebundenen C. (C. R. hebd. Séances Acad. Sci. **232.** 235—36. 15/1. 1951.) Ensslin. 301

G. Bouissières und **S. Odiot,** *Über die Beständigkeit des Protaktiniumoxalatkomplexes.* Pa-Hydroxyd bildet mit überschüssiger Oxalsäure einen lösl. Komplex, der durch NH_3 bei p_H 5—6 wieder das Hydroxyd ausscheidet u. sich in genügend konz. Mineralsäuren ($>$0,5 n) in wenig lösl. Oxalat umwandelt. Die Eigg. des Pa-Oxalatkomplexes werden im Vgl. zu denen des entsprechenden Th-Komplexes diskutiert. (Bull. Soc. chim. France, Mém. [5] **18.** 918—19. Nov./Dez. 1951. Paris, Inst. du Radium, Labor. Curie.) B. Reuter. 333

B. Ss. Chrisstoforow, L. I. Grossman und **Ss. N. Kalaschnikowa,** *Gewinnung von synthetischem Powellit.* Beim Erhitzen der heißen Lsgg. von $(NH_4)_2MoO_4$ u. $CaCl_2$ zum Sieden fällt ein weißer Nd. von $CaMoO_4$ aus, der nach der Trocknung im Verhältnis 1:1 mit getrocknetem NaCl gemischt u. im Silitofen innerhalb 1 Std. auf 1250° erhitzt wird. Nach 2 Std. wird innerhalb 2—3 Std. langsam abgekühlt u. am nächsten Tag nach Auslaugung mit heißem W. synthet. *Powellit* (**I**) als farblose u. halbdurchsichtige Kristalle bis zu 2—3 mm Größe erhalten. Synthet. **I** enthält 28,16—28,40% CaO u. 71,43—92,92% MoO_3, ist opt.-akt., Brechungsexponent $>$1,786. Die Kristalle bilden meistens Zwillinge. (Записки Всесоюзного Минералогического Общества [Schr. Allunions mineralog. Ges.] [2] **81.** 205—07. 1952.) Lebtag. 336

L. B. Asprey, S. E. Stephanou und **R. A. Penneman,** *Sechswertiges Americium.* Vff. gelangen von Am(III) u. Am(V) zu Am der formalen Oxydationsstufe $+6$ in saurer Lsg. durch Oxydation mit $(NH_4)_2S_2O_8$, Silberoxyd u. Ce(IV)-Salz [nur bei Am(V) wirksam], durch anod. Oxydation u. Disproportionierung von Am(V) in Am(III) u. Am(VI). Das Potential der Rk. $Am^{3+} + 2H_2O = AmO_2{}^{2+} + 4H^+ + 3e^-$ schätzen Vff. zu $-1,8 \pm 0,15$ V. Am(VI) wird durch Überführung in $NaAmO_2(OOCCH_3)_3$ (**I**) identifiziert, das citronengelbe isotrope Kristalle von tetraedr. Habitus bildet, die bis auf die Farbe denen der entsprechenden U- u. Pu-Verbb. ähneln. Auch der Brechungsindex von **I** paßt mit $1,528 \pm 0,02$ gut in die Reihe dieser Verbindungen. Röntgenaufnahmen ergaben für **I** eine kub. Struktur mit $a_0 = 10{,}6$ Å wie bei den entsprechenden U-, Np- u. Pu-Verbindungen. Auch durch Ermittlung des Reduktionsvermögens wird die Sechswertigkeit des Am in I bestätigt. Mit Ae. läßt sich Am(VI) extrahieren, mit Methylisobutylketon ist die Extraktion dagegen infolge Red. unvollständig. Das Absorptionsspektr. von Am(VI) zeigt ein scharfes Maximum bei 992 mμ, ein schwächeres bei 666 mμ u. allg. Absorption im UV. Das Maximum bei 992 mμ gehorcht dem BEERschen Gesetz u. läßt sich daher erfolgreich zur quantitativen Best. von Am(VI) verwenden. Die Red. von Am(VI) zu Am(V) in 0,1 mol. Säure verläuft nach der nullten Ordnung in bezug auf das Am(VI) u. nach der ersten Ordnung in bezug auf das gesamte Am. In 1 mol. $HClO_4$ werden ca. 5% Am(VI) pro Std. reduziert. Mit HF wird Am(VI) im Gegensatz zu Am(III) nicht gefällt. Die Rk. eignet sich daher zur Trennung von Am(VI) u. Am(III). Mit NH_3 oder KOH wird Am(VI) unter intermediärer Bldg. eines dunklen Nd. zu Am(V) reduziert. Durch Zugabe einer verd. sauren Lsg. von Am(VI) zu überschüssigem Na_2CO_3 bei 0° entsteht die intensiv rotbraune Lsg. eines Am(VI)-Carbonatkomplexes. Beim Stehen wird daraus unter Entfärbung Am(V) gefällt. (J. Amer. chem. Soc. **73**. 5715—17. Dez. 1951. Los Alamos, N. Mex., Univ. of California, Los Alamos Sci. Labor.) B. REUTER. 344

J. Laurence Kulp, Purfield Kent und **Paul F. Kerr**, *Thermische Untersuchung an Ca–Mg–Fe-Carbonat-Mineralien. Calcit* (I), *Siderit* (II), *Magnesit* (III), *Dolomit* (IV), *Ankerit* (V) u. natürliche Mischungen von I—V verschied. Herkunft wurden durch chem. Analyse, DEBYE-SCHERRER-Aufnahmen u. therm. Differentialanalyse untersucht. Außerdem wurden an Hand von I der Einfl. der Teilchengröße, des Mischungsverhältnisses mit Tonerde u. der Ggw. oxydierender Substanzen auf den Zersetzungsbeginn u. die Lage bzw. Größe des Maximums bzw. Minimums der Kurven der therm. Differentialanalyse untersucht. Die einzelnen Mineralien zeigten folgende Kurvenverläufe: Bei I steigt die Grundkurve nach dem der Zers. zu CaO entsprechenden Minimum bei 980° etwas an, was der verschied. spezif. Wärme von I u. CaO zugeschrieben wird. Reiner II hat ein Minimum bei 550° u. zwei Maxima bei 600—650° bzw. bei 830°, die der endothermen Zers. von II zu FeO, dessen Oxydation zu α- u. γ-Fe_2O_3 u. der Umwandlung von γ- zu α-Fe_2O_3 entsprechen. Das Verhältnis von α- zu γ-Fe_2O_3 u. damit der Kurvenhöhe ist abhängig von dem Oxydationsgrad u. dem Grad der Substitution im II-Gitter. Bei II-Proben verschied. Herkunft bewegt sich der Zersetzungsbeginn zwischen 380 u. 600°, abhängig von der Kristallgröße u. dem Maß der Substitution von Fe durch Mn u. Mg. Durch Mg-Substitution erhöht sich die Zersetzungstemp. stärker als durch Mn, es bildet sich im wesentlichen α-Fe_2O_3 u. *Periklas* (VI) u. die Fläche unter den Maxima nimmt ab. Reiner grobkristalliner III zers. sich bei 650—700° u. ergibt VI. Die Ggw. von Ca als I u. Fe-Gehh. sind erkennbar. Reiner IV ergibt 2 Minima bei ca. 790 u. 940° u. reiner V 3 Minima bei 700, 830 u. 910°. Das 1. Minimum für IV u. V ist auf die Zers. des an Mg^{2+} gebundenen CO_3^{2-} zurückzuführen. Enthalten sind dann noch I, MgO u. γ-Fe_2O_3. Das 2. IV- u. 3. V-Minimum entspricht der Zers. des an Ca^{2+} gebundenen CO_3^{2-}. Das 2. V-Minimum entsteht durch die Bldg. von $Fe_2O_3 \cdot CaCO_3$, es nimmt mit der Konz. des Mg^{2+} substituierenden Fe^{2+} ab. Ein höherer Fe^{2+}-Geh. macht sich durch die Bldg. eines Maximums bemerkbar. Fe^{2+} tritt nur an Mg^{2+}-Gitterplätze. Weiterhin werden die Kurven von 30 I—V enthaltenden Mineralien gegeben u. diskutiert. Sämtliche untersuchten Carbonate wurden in ein Ca–Fe–Mg-Dreieckskoordinaten-Diagramm eingetragen. Die Diskontinuität zwischen den Mineralien des I- u. V-Typs wird offensichtlich. Mg^{2+} kann beliebig durch Fe^{2+} im Gitter ersetzt werden, desgleichen Ca^{2+} durch Mn^{2+}, während der Ersatz von Ca^{2+} durch Mg^{2+} oder Fe^{2+} höchstens 10% im I-Gitter betragen kann. Vollständige Substitution von Fe^{2+} u. Mg^{2+} durch Mn^{2+} erscheint möglich. (Amer. Mineralogist **36**. 643—70. Sept./Okt. 1951. New York, N. Y., Columbia Univ.) MOSLÉ. 354

Emile Carrière, Henri Guiter und **Henri Barberousse**, *Wirkung von Quecksilber auf Kupfer(II)-chloridlösungen.* Da die unter Niederschlagsbldg. verlaufende Entfärbung von $CuCl_2$-Lsgg. durch Hg von störendem Einfl. bei polarograph. Unterss. ist, wird diese Rk. von Vff. näher untersucht. Durch gravimetr. Best. der Cu-, Hg- u. Cl-Gehh. von Nd. u. Filtrat stellen sie fest, daß der Nd. ein Gemisch von Hg_2Cl_2, Cu_2Cl_2 u. feinverteiltem *Hg* darstellt u. das Filtrat ein komplexes, farbloses Salz der Zus. $HgCl_2 \cdot 4CuCl_2$ enthält. Der Reaktionsverlauf ist wahrscheinlich folgender: $8Hg + 8CuCl_2 \rightarrow 4Hg_2Cl_2\downarrow + 4Cu_2Cl_2\downarrow$; $Hg_2Cl_2 + 4CuCl_2 \rightarrow HgCl_2 \cdot 4CuCl_2 + Hg\downarrow$. Er führt bis zu einem Titer von n/128 herab zur Entfärbung der Lösung. $CuSO_4$- u. $Cu(NO_3)_2$-Lsgg. werden nicht entfärbt. (Bull. Soc. chim. France, Mém. [5] **18**. 508—10. Juli/Aug. 1951. Montpellier, Fac. des Sci., Inst. de Chimie.) GERTRUD WOLFF. 358

D. T. Hurd, An introduction to the chemistry of the hydrides. London: Chapman & H. 1952. (VII + 231 S.) 44 s.

J. Jodogne en **A. Dessart**, Leerboek der scheikunde. In het Nederlands vrij bewerkt door S. Cardon en J. Geys. Deel I: Metalloïden. 2e druk. Brussel: A. De Boeck. 1952. (277 S. m. Abb. u. Diagr.) fr. 100,—

C. Mineralogische und geologische Chemie.

Günter Viete, *Zum Problem der absoluten geologischen Altersbestimmung.* Zusammenfassender Bericht über die geolog. Altersbest. durch radioakt. Elemente, vorwiegend mit ^{14}C. (Bergakademie [Freiberg] **4.** 297—301. Aug. 1952. Freiberg, Inst. für Brennstoffgeol.) HILLER. 378

R. W. van Bemmelen, *Die endogene Energie der Erde.* Die Quelle der endogenen Energie der Erde kann in therm. Vorgängen gesucht werden oder in chemischen. Therm. Ursachen können geophysikal. Natur sein oder mit Konvektionsströmungen in Zusammenhang stehen. Jenseits der chem. Betrachtungsweise u. der Berücksichtigung der Radioaktivität liegt noch eine weitere Möglichkeit, eine Quelle der endogenen Erdenergie zu finden. Da geolog. Beobachtungen lehren, daß chem. Prozesse eng mit starken geotekton. Vorgängen verbunden sind, könnte hier das Abschleudern des Mondes, sein Herausreißen aus dem Sial, herangezogen werden. Durch die Mondabschleuderung wurde das chem. Gleichgewicht in der äußeren Erdkruste gestört; der Silicatmantel ist bemüht, das chem.-physikal. Gleichgewicht wieder herzustellen, wodurch Energie freigemacht wird. (Amer. J. Sci. **250.** 104—17. Febr. 1952. Utrecht, Univ., Geol. Inst.) ZEDLITZ. 378

W. N. Sweschnikowa, *Löslichkeit von dolomitisierten Kalksteinen und Dolomiten in Wasser bei 25° und 1 at CO_2-Druck.* Alle Carbonatgesteine der beiden untersuchten Vorkk. bei Kuibyschew mit über 15% *Dolomit* (I) weisen 2 therm. Effekte auf: I-Zerfall bei 736—754°, *Calcit* (II)-Dissoziation bei 880—908°. Aus der bei 25° u. 1 at CO_2 untersuchten Löslichkeit von I u. dolomitisiertem *Kalkstein* (III) in W. ergibt sich je ein Löslichkeitszweig von *Magnesit* (IV), I u. II. Die Punkte der gemeinsamen Kristallisation entsprechen den Gemischen I + II, I + IV. Die Paragenese im Gleichgewichtszustand IV + II ist unmöglich. Trotz des verschied. Verhältnisses von I zu II in III ist die III-Löslichkeit prakt. konstant. Es bestätigt sich die Erhöhung der I-Löslichkeit durch Anhydrit u. NaCl. Die Gesteinsarten mit dem höchsten I-Geh. enthalten auch mehr Beimengungen. Die Löslichkeit von kalkhaltigem I u. III ist unabhängig vom Verhältnis I/II u. entspricht der gemeinsamen Kristallisation von I + II. (Доклады Академии Наук СССР [Ber. Akad. Wiss. UdSSR] [N. S.] **85.** 357—60. 11/7. 1952.) LEBTAG. 378

Allan F. Wilson, *Metamorphose von Granitgesteinen durch Olivin–Dolerit in Zentral-Australien.* Petrograph. Beschreibung eines Olivin–Dolerit-*Granit*-Kontaktes, der ca. 2 m Tiefenwrkg. erreichte. Die auffallenden Umsetzungen u. Neuentstehungen von gesteinsbildenden Kontaktmineralien beruhen nicht nur auf therm. Wirkung. An Hand der Gesteinsanalysen wird versucht, sie stofflich zu erfassen. (Geol. Mag. **89.** 73—86. März/April 1952. Nedlands, Australia, Univ., Dep. of Geol.) ZEDLITZ. 378

H. F. Harwood, *Die Greenockit-Fundstätte bei Bishopton, Schottland.* Die Greenockit-Kristalle wurden in einem Eisenbahntunnel nahe dem Dorf Bishopton in ca. 60 Fuß unterhalb der Oberfläche eines Weidefeldes gefunden. Der Tunnel durchschneidet eine Reihe von geneigten Lavaströmen, in denen der Greenockit auftritt. Bei dem Gestein handelt es sich um einen amygdaloidalen Labradoritporphyr mit Prehnit. (Amer. Mineralogist **36.** 630. Juli/Aug. 1951. Deganwy, North Wales.) GOTTFRIED. 380

Paul F. Kerr und **H. D. Holland**, *Differentielle thermische Analysen von Davidit.* Es wurde mittels differentialtherm. Analyse u. röntgenograph. Davidit von Mavuzi, Mozambique untersucht. Härte des Minerals ~6, D. nahe 4,48; aus goniometr. Unterss. von anderer Seite folgt hexagonal-ditrigonal-pyramidale Symmetrie. Prim. ist das Mineral als ein Oxyd von Ti, Fe u. U anzusprechen; spektrograph. sind Nb, Bi, Pb, Al, Sc u. Nd nachweisbar. — Ohne vorheriges Erhitzen liefert der Kristall kein Röntgendiagramm; ein gut auswertbares Diagramm wurde nach Erhitzen auf 1000° erhalten. Die therm. Analyse zeigte exotherme Maxima bei ca. 680°, die wahrscheinlich auf Oxydation zurückzuführen sind; außerdem scheint in der Nähe von 900° eine Rk. stattzufinden. Aus den Abkühlungskurven ist zu ersehen, daß die Rkk. irreversibel sind. Aus den Unterss. folgt, daß das untersuchte Mineral ident. ist mit dem von MAWSON (Trans. Proc. Roy. Soc. South Australia **40.** [1916.] 262) beschriebenen Davidit von Olary, Südaustralien. (Amer. Mineralogist **36.** 563—72. Juli/Aug. 1951. New York, N. Y., Columbia Univ.) GOTTFRIED. 380

G. N. Wertuschkow, *Messelit aus dem Kustanai-Gebiet.* Der zwischen den produktiven mesozoischen Kohleablagerungen vorkommende *Messelit* (I) ist farblos, ohne Pleochroismus, zweiachsig, opt. Achsenwinkel 5—10°, n'_g 1,674, n'_p 1,649, positiv. Mkr. sind farblose Einschlüsse von Carbonat, kohlehaltiger Substanz u. einem nicht näher bestimmten grünen schwach pleochroit. Mineral feststellbar. In verd. HCl, HNO_3 u. Essigsäure ist I völlig lösl., in W. u. Laugen unlöslich. 40% des W. entweichen bei 100—250°, der Rest bei 900°. Aus der chem. Analyse ergibt sich die empir. Formel $48CaO \cdot 26FeO \cdot 27P_2O_5 \cdot 72H_2O$. Von dem sehr ähnlichen Anapait unterscheidet sich I durch den geringeren

Wassergeh. u. die größere D. u. den höheren Brechungsexponenten. (Записки Всесоюзного Минералогического Общества [Schr. Allunions mineralog. Ges.] [2] **81.** 207—08. 1952. Swerdlowsk, Wachruschew-Inst. für Bergbau.) LEBTAG. 380

Hans Schneiderhöhn, *Genetische Lagerstättengliederung auf geotektonischer Grundlage.* (Fortsetzung von C. **1952.** 6826.) Besprechung der regenerierten Lagerstätten, welche durch Verfrachtung varisk. Lagerstätten in höhere Erdrindenteile gelangten u. in diesen selektiv niedergeschlagen wurden. Die Lagerstätten der metamorphen Abfolge in den präkambr. Schilden, welche vor dem algonk. Umbruch gebildet wurden, werden behandelt. (Neues Jb. Mineralog., Mh. **1952.** 65—89. März. Freiburg/Br.) ENSSLIN. 384

J. A. Staargaard, *Über Eruptiv- und metamorphe Gesteine und damit verbundene Mangan-Eisenerze in Holländisch-St. Martin (Kleine Antillen).* Die pyrometasomat.-hydrothermalen Mn-Lager der Insel St. Martin sind eng an pluton. Intrusionen gemischter Zus. gebunden. Die Mn-Erze entstanden bei etwas niedrigerer Temp. als die begleitenden Hornfelsmineralien u. der Magnetit. Sowohl die verschied. Gesteinsarten wie die Mineralien, bes. die Mn- u. Fe-Erze, werden aufgezählt u. in den Entstehungsrhythmus eingereiht. (Proc., Kon. nederl. Akad. Wetensch., Ser. B **55.** 37—50. Jan./Febr. 1952. Amsterdam, Univ., Geol. Inst.) ZEDLITZ. 384

N. W. Tagejewa und **M. M. Tichomirowa,** *Zur Geochemie natürlicher Wässer des Usboi-Gebiets.* Im Usboi-Tal wurden 3 Haupttypen der natürlichen Wässer festgestellt: 1. Schwachmineralisierte Grundwässer, die hauptsächlich mit den quartären Lehm/Sandablagerungen zusammenhängen. 2. Schichtförmige Chlorid/Erdalkali/Na-Sole, gek. durch den Geh. an $CaCl_2$, $SrCl_2$, Li, B, Br, J. Das Verhältnis Br/Cl entspricht dem von Ozeanwasser. 3. Sulfat/Chlorid/Mg/Na-Mischsole. Das Vork. der Wässer vom Typ 2 läßt ein Erdölvork. in diesem Gebiet vermuten. (Доклады Академии Наук СССР [Ber. Akad. Wiss. UdSSR] [N. S.] **84.** 1201—02. 21/6. 1952. Aral-Kasp. Komplex-Exped. des Rates zur Erforsch. der Produktivkräfte der Akad. der Wiss. der UdSSR.) LEBTAG. 393

G. Boato, G. Careri und **G. G. Volpi,** *Wasserstoffisotope in natürlichen Dampfquellen.* Vff. untersuchen den Wasserdampf der Soffionen von Larderello sowie den diesen Quellen entströmenden elementaren H_2 (Menge $< 1:1000$) massenspektrometr. auf ihren D-Gehalt. Zur Best. des D-Geh. des Dampfes werden die durch Kondensation erhaltenen H_2O-Proben durch metall. Zn bei 350° vollständig zu H_2 reduziert. Synthet. hergestellte u. durch Zusatz von 10^{-4} D angereicherte Proben werden zur Prüfung der Analysenmeth. verwendet. Der Anreicherungsfaktor für D im Dampf ergibt sich sowohl für die Einzelquelle als auch für den Durchschnitt aller Quellen zu $1 \pm 0{,}1$ (definiert als [D]:[H] in der Probe/[D]:[H] in Leitungswasser); der D-Geh. des Dampfes ist demnach derselbe wie der in Leitungswasser. Auch die Anreicherungsfaktoren für den aus verschied. Quellen stammenden H liegen so nahe bei einander, daß ein für alle Quellen gültiger Mittelwert von $0{,}79 \pm 0{,}05$ angegeben werden kann; der D-Geh. des elementaren H_2 ist danach sicherlich wesentlich geringer als der des aus Leitungswasser stammenden H. Als Erklärung dafür kann einerseits eine im Erdinnern durch poröses Material verursachte Diffusionstrennung des Gases, andererseits eine mögliche Austausch-Rk. $H_2O + HD = HDO + H_2$, die im Erdinnern katalysiert werden kann, dienen. Da die Gleichgewichtskonstante dieser Rk. >1 ist, müßte sich das D im H_2O anreichern u. das H einen geringeren D-Geh. aufweisen. Infolge des äußerst geringen H-Geh. der Quellen ist die Anreicherung im H_2O nicht festzustellen. (Nuovo Cimento [9] **9.** 539—40. 1/6. 1952. Rom, Centro di Studio per la Fisica Nucleare del C. N. R., Univ., Ist. di Fisica, u. Ist. di Chim.) GEDSCHOLD. 394

Erich Regener, *Über Schwankungen des Ozons in der Troposphäre und Stratosphäre.* Vf. berichtet über Messungen der O_3-Konz. in Bodennähe u. in größeren Höhen in Abhängigkeit von der Tageszeit, der Temp. u. dem Druck. Während der Erdboden eine zerstörende Wrkg. auf O_3 ausübt, ist in der Troposphäre die Advektion der wesentliche Faktor für die Schwankungen im O_3-Gehalt. In der Stratosphäre dagegen müssen zur Erklärung für die verschied. O_3-Gehh. in vertikaler Richtung großräumige horizontale u. vertikale Luftbewegungen herangezogen werden. (J. atmospheric terrestr. Physics **2.** 173—82. 1952. Stuttgart u. Weißenau.) WEITBRECHT. 396

H. K. Paetzold, *Erfassung der vertikalen Ozonverteilung in verschiedenen geographischen Breiten bei Mondfinsternissen.* Wie Vf. theoret. ableitet, läßt sich aus der Helligkeitsverteilung bei 6000 Å auf dem verfinsterten Mond senkrecht zur Schattengrenze infolge zusätzlicher Lichtschwächung im Maximum der CAPPUIS-Banden für O_3 seine vertikale Verteilung in der Atmosphäre bestimmen. Hierzu genügen Farbfilteraufnahmen bei 6000 Å u. zur Eliminierung zusätzlicher Einflüsse bei 5000 u. 4000 Å. Die Brauchbarkeit der Meth. wird an 4 in verschied. geograph. Breiten erhaltenen Messungen gezeigt. Die Ergebnisse stimmen mit den bei Ballonaufstiegen erhaltenen Werten überein. (J. atmospheric terrestr. Physics **2.** 183—88. 1952. Weißenau, Forschungsstelle.) WEITBRECHT. 396

D. Organische Chemie.

D_1. Allgemeine und theoretische organische Chemie.

Ju. Ss. Rosum, *Absorptionsspektrum von Adrenalin im Ultraviolett.* Um festzustellen, wie sich das Absorptionsspektr. von *Adrenochrom* (**I**) aus den Spektren von *Brenzcatechin* (**II**), *Adrenalin* (**III**), *Adrenalon* (**IV**), *Chloracetobrenzcatechin* (**V**) u. *Ephedrin* entwickelt, wurden die Absorptionsspektren dieser Stoffe sowie von oxydiertem **III**, oxydiertem **II**, rotem u. grünem Eluat (gewonnen aus oxydiertem **III**) im UV u. sichtbaren Bereich untersucht. Im Spektr. von **III** wurde eine für **II** charakterist. Absorption u. nur ein sehr geringer Einfl. der Methylaminogruppe in der Seitenkette auf die Absorption festgestellt. In den Spektren von **IV** u. **V** war der Einfl. der in Konjugation mit dem aromat. Ring stehenden Carbonylgruppe der Seitenkette sehr stark. Das Fehlen der Orthochinoidgruppierung im Mol. von **I** nach MASON (Experentia **4.** [1948.] 307) wurde bestätigt. Die auch im Spektr. von Indol u. Tryptophan vorkommende u. im äußersten UV von **I** beobachtete intensive Bande wird mit der Umwandlung der Seitenkette von **III** in einen Indolring erklärt. (Биохимия [Biochemie] **17.** 476—79. Juli/Aug. 1952. Kiew, Pädagog. Gorki-Inst., Lehrstuhl für Chemie.) LEBTAG. D 118

J. M. Hearn, R. A. Morton und **J. C. E. Simpson**, *Ultraviolettabsorptionsspektren einiger Derivate des Chinolins, Chinazolins und Cinnolins.* Die Absorptionsspektren der 4-Oxy-, 4-Amino- u. 4-Amino-6-nitro-Derivv. des Chinolins, Chinazolins u. Cinnolins wurden von 450—200 mμ gemessen u. in Kurven dargestellt. Um zu entscheiden, in welcher der möglichen tautomeren Formen die Moll. vorliegen (z. B. 2- bzw. 4-Oxychinolin oder -Chinolon), wurden die Absorptionskurven mit denen der entsprechenden Verbb. verglichen, deren H-Atom in den fraglichen Stellungen durch CH_3- oder C_6H_5- ersetzt ist (z. B. Oxychinolin mit Methoxychinolin u. N-Methylchinolon). Es konnte gezeigt werden, daß die Chinolon-, Chinazolon- u. Cinnolon-Strukturen meist im Gleichgewicht vorherrschen oder zumindest eine wesentliche Rolle spielen. Die Schlüsse, die aus den Absorptionsspektren auf die Gleichgewichtslage der tautomeren Verbb. gezogen werden, werden mit den chem. Eigg. verglichen. — Absorptionskurven u. Maximatabellen von: *4-Oxychinolin, 1-Methyl-4-chinolon, 4-Methoxychinolin, 4-Oxy-6-nitrochinolin, 1-Methyl-6-nitro-4-chinolon, 4-Methoxy-6-nitrochinolin, 6-Nitro-4-phenoxychinolin, 4-Oxychinolin-3-carbonsäure, 4-Oxy-6-methoxychinolin-3-carbonsäure, 4-, 5-* u. *6-Aminochinolin, 4-Acetamidochinolin, 4-Anilinochinolin, 4-Amino-, 4-Acetamido-, 4-Anilino-* u. *4-Chlor-6-nitrochinolin. 4-Oxychinazolin, 1-* u. *3-Methyl-4-chinazolon, 4-Methoxy-* u. *4-Phenoxychinazolin, 4-Oxy-6-nitrochinazolin, 1-Methyl-6-nitro-4-chinazolon, 3-Methyl-6-nitro-4-chinazolon, 4-Methoxy-6-nitrochinazolin, 6-Nitro-4-phenoxychinazolin, 4-Amino-, 4-Acetamido-* u. *4-Anilinochinazolin, 4-Amino-, 4-Acetamido-* u. *4-Anilino-6-nitrochinazolin, 4-Oxycinnolin, 1-Methyl-4-cinnolon, 4-Methoxycinnolin, 4-Phenoxycinnolin, 4-Äthoxycinnolin, 4-Oxy-6-nitrocinnolin, 1-Methyl-6-nitro-4-cinnolon, 4-Methoxy-6-nitrocinnolin, 6-Nitro-4-phenoxycinnolin, 4-Oxy-3-methylcinnolin, 3-Äthyl-4-oxycinnolin, 4-Oxy-6.7-dimethylcinnolin, 4-Oxy-3-methyl-6-nitrocinnolin, 4-Oxycinnolin-3-carbonsäure, 4-Oxy-6-methoxycinnolin-3-carbonsäure* u. *4-Oxy-6.7-methylendioxycinnolin.* (J. chem. Soc. [London] **1951.** 3318—29. Dez. Liverpool, Univ., Dep. of Biochem., u. Manchester, Univ., Dep. of Organ. Chem.) D. BRÜCK. D 118

R. E. Kagarise und **D. H. Rank**, *Rotationsisomerie des symmetrischen Tetrachlor- und Tetrabromäthans.* Es wird das RAMAN-Spektr. von *1.1.2.2-Tetrachlor-* u. *1.1.2.2-Tetrabromäthan* bei verschied. Tempp. mit geschätzten Intensitäten, Depolarisationsfaktoren u. teilweise mit sehr großer Dispersion (Gitterspektrograph 3,8 Å/mm) aufgenommen. Außerdem wird das Ultrarotspektr. der beiden Verbb. von 500—3500 cm^{-1} fest u. fl. gemessen. Die große Dispersion erlaubt die Beobachtung der Aufspaltung dreier Linien der Bromverb., so daß die vollständige Analogie der Schwingungsspektren beider Verbb. erreicht wurde. Außerdem konnte der durch die Chlorisotope bedingte Feinstruktureffekt einzelner Linien festgestellt werden. Aus den Daten wird geschlossen, daß in beiden Verbb. zwei Rotationsisomere vorliegen, in denen die CHX_2-Gruppen „auf Lücke“ stehen (staggered-Form). Von beiden ist die niedersymm. (C_2, gauche-Form) die stabilere u. die höhersymm. (C_{2h}, trans-Form) die weniger stabile. Dieser Befund stützt sich auf theoret. Überlegungen, auf die Isotopenfeinstruktur der Linien u. auf die Auswahlregeln. Die Umwandlungswärme gauche $\rightarrow$ trans wird aus der Temperaturabhängigkeit der Intensitäten der RAMAN-Linien für $C_2H_2Cl_4$ zu 1060 u. für $C_2H_2Br_4$ zu 910 $\pm$ 50 cal/Mol bestimmt. (Trans. Faraday Soc. **48.** 394—400. Mai 1952. Pennsylvania State Coll., Dep. Phys.) GOUBEAU. D 120

Roger Marignan und **Lucette Bardet**, *Das Spektrum der inneren Schwingungen von kristallisierter Oxalsäure.* Es wurde das RAMAN-Spektr. eines Einkristalls von *Oxalsäure-Dihydrat* mit natürlichem u. polarisiertem Licht in den 6 möglichen Richtungen aufgenommen u. mit Intensitäten, Depolarisationsgraden u. Zuordnung zu den Symmetrieklassen mitgeteilt. Gegenüber der wss. Lsg. (vgl. C. **1952.** 4428) ergibt sich im Kristall eine Erniedrigung der Symmetrie von C_{2h} nach C_i (Sesselform). Es liegen eindeutig Doppelbindungen vor, so daß die vier O-Atome nicht ident. sein können. (C. R. hebd. Séances Acad. Sci. **234.** 714—16. 11/2. 1952.) GOUBEAU. D 120

S. N. Ghosh, Ralph Trambarulo und **Walter Gordy**, *Mikrowellenspektrum und Molekularstrukturen von Fluoroform, Chloroform und Methylchloroform.* Untersucht wurden die Mikrowellenspektren von $^{13}CHF_3$ (**I**); $^{12}CDF_3$ (**II**); $^{12}CH^{37}Cl_3$ (**III**) u. $^{12}CH_3{}^{12}C^{35}Cl_3$ (**IV**). Die beobachteten Rotationsabsorptionsfrequenzen sind: **I** Übergang $J = 1 \rightarrow 2$; 41287 ± 0,40 MHz; **II** Übergang $J = 0 \rightarrow 1$; 19842,69 ± 0,40 MHz; **III** Übergang $J = 5 \rightarrow 6$; 37554,11 ± 0,40 MHz u. **IV** Übergang $J = 7 \rightarrow 8$; 37955,88 ± 0,40 MHz. Hieraus ergaben sich die Spektralkonstanten B_0 (MHz) u. J_b ($\cdot 10^{-40}$ g/cm²): **I** 10422,00; 81,2741; **II** 9921,35; 84,5561; **III** 3129,51; 268,065 u. **IV** 2372,6; 353,58. Es werden die folgenden Abstände u. Winkel angegeben: CHF_3:C—H = 1,098 Å; C—F = 1,332 Å; ∢ F—C—F 108°48'; $CHCl_3$:C—H = 1,073 Å; C—Cl = 1,767; ∢ Cl—C—Cl = 110°24'; CH_3CCl_3:C—C = 1,55 Å. — Aus der Tatsache, daß der Abstand C—H in CHF_3 nahe denen für CH_4 liegt, schließen die Vff., daß diese Bindung hauptsächlich mit einer sp^3-hybridisierten Bahn des C gebildet wird. Obgleich der Abstand C—F beträchtlich kürzer ist als die Summe der kovalenten Radien, sind die 3 C-Bahnen, die Bindungen zu F bilden, auch in der Hauptsache sp^3-Hybriden. Die Abstands- u. Winkelverhältnisse in CHF_3 u. $CHCl_3$ werden verglichen. (J. chem. Physics **20.** 605—07. April 1952. Durham, N. C., Duke Univ., Dep. of Phys.) GOTTFRIED. D 121

Thomas E. Smith und **Robert F. Bonner**, *Brechungsindex-Temperatur-Daten für wasserfreien Äthylalkohol.* Der Brechungsindex n von reinem wasserfreiem A. (0,03 Gew.-% H_2O, Kp. 78,32° bei 760 mm Hg) wurde zwischen 10 u. 30° von 5 zu 5° gemessen. Der Einfl. des H_2O-Anteils auf n ist mit 0,00001 innerhalb der Meßgenauigkeit. Die Messungen wurden mit dem BAUSCH u. LOMB-Eintauchrefraktometer durchgeführt bei einer Temperaturkonstanz von 0,025°. Es ergab sich n_D = 1,369 29—0,000400 t. (Analytic. Chem. **24.** 517—18. März 1952. Baltimore, Md., U. S. Industrial Chemicals.) LINDBERG. D 122

A. Ciccone, *Die Luminescenz von Lösungen unter Einwirkung von γ-Strahlen nach Aufnahmen mit einem Photomultiplier 931 A.* Im Vgl. mit der Luminescenz von Kristallen [*Anthracen, Naphthalin* (**I**), *Acenaphthen* (**II**)] wird diejenige von Lsgg. von **I** u. **II** in reinem Xylol (0,18 g/cm³) untersucht. Der Luminescenzstrom beträgt bei diesen 0,107 u. 0,138, wenn er bei Anthracen gleich 1 gesetzt wird, während er bei den Komponenten nur 0,013 (Xylol) bzw. 0,066 (**I**) u. 0,071 (**II**) ist. Das Intensitätsmaximum der Luminescenz der **II**-Lsg. wird schon bei kleinen Konzz. (0,03 g/cm³) erreicht. Bei der **I**-Lsg. bleibt die Intensität der Luminescenz bei Konzz. über 1,5% prakt. konstant. Ob die Luminescenz von den gelösten Moll. oder von angeregten Moll. des Lösungsm. ausgeht, bleibt offen. (Nuovo Cimento [9] **9.** 36—43. 1/1. 1952. Pisa, Univ., Ist. di Fisica.) R. K. MÜLLER. D 125

Arnim Henglein, *Einige Beobachtungen über die Dissoziationsspektren von Ionen.* Vf. setzt seine Unterss. über die Dissoziation von Ionen an *Propan, Allylen* u. höheren KW-stoffen fort (vgl. EWALD u. HENGLEIN, C. **1952.** 1283 u. C. **1952.** 7608) u. bestimmt die sek. Dissoziationsprodd. u. -häufigkeiten. Daraus wird versucht, auf die Struktur der Mutterionen u. die Art des prim. Dissoziationsvorganges zu schließen. Auch in der C_3-Serie können isomere Ionen nachgewiesen werden; so unterscheiden sich grundlegend die prim. aus Propan u. Allylen gebildeten isomeren Ionen bei ihrer sek. Dissoziation. Die Unters. doppelt geladener Ionen ergibt, daß Ionen mit gerader H-Atomzahl häufiger als solche mit ungerader auftreten. Dies deutet darauf hin, daß die prim. Dissoziation bevorzugt so erfolgt, daß die H-Atome paarweise abdissoziieren; Ausnahmen bilden die Molekülionen. Ähnlich wie bei der C_2-Serie werden auch bei höheren KW-stoffen keine doppelt geladenen Ionen beobachtet, die weniger als 2 H-Atome tragen. Am häufigsten erfolgt die Dissoziation doppelt geladener Ionen in ein einfach geladenes Ion unter Abdissoziation von H u. H^+, weniger häufig unter Brechen der Kohlenstoffbindung. (Z. Naturforsch. **7a.** 208—09. Febr. 1952. Mainz, Max-Planck-Inst. für Chemie.) G. WINKLER. D 131

J. S. Dryden und **R. J. Meakins**, *Dielektrische Absorption im Niederfrequenzgebiet und Gleichstromleitfähigkeit in Hydrochinon.* Vff. zeigen, daß *Hydrochinon* (**I**) entgegen den auf seine Struktur gegründeten Erwartungen (H-Bindungen bilden reguläre Sechsecke) eine beträchtliche dielektr. Absorption (A) im Niederfrequenzgebiet aufweist, u. zwar sowohl bei aus W. als auch aus A. u. CH_3OH krist. Proben. A nimmt bei Zimmertemp. allmählich ab. Wahrscheinlich ist sie auf äußere, ursprünglich im Kristall nicht vorhandene H-Bindungsketten zurückzuführen, die durch die für die Messung notwendige Vorbehandlung (hoher Druck auf die gemahlene Substanz) entstehen, bei der ein teilweiser Zusammenbruch der eigentlichen Kristallstruktur erfolgt. Jedoch ist die H-Bindungskettenstruktur verhältnismäßig instabil, wie aus dem allmählichen Abfall der A auf den theoret. Wert 0 hervorgeht. Bei allen 3 Proben von I ist die A begleitet von einer erheblichen Gleichstromleitfähigkeit, wobei die der aus CH_3OH krist. Probe zu Beginn der Messung etwa 5000 größer ist als die der beiden anderen Proben. Das hängt damit zusammen, daß hier die Struktur weniger kompakt ist u. das Kristallgitter eine Anzahl von CH_3OH-Moll. eingeschlossen enthält, die bei der Vorbehandlung entweichen. Diese CH_3OH-Moll. wirken vermutlich mit bei der H-Bindungskettenbildung. (Nature [London] **168.** 1121—22. 29/12. 1951. Australia, Commonwealth Sci. and Ind. Res. Organizat., Div. of Electrotechn.) NIEMITZ. D 132

G. Berthier, M. Mayot, A. Pullman und **B. Pullman,** *Quantenberechnung der diamagnetischen Anisotropie organischer Moleküle.* 3. Mitt. *Aromatische Kohlenwasserstoffkomplexe.* Die theoret. Unters. der diamagnet. Anisotropie nach der Molekülbahnmeth. wird auf kondensierte KW-stoffe mit wenigstens 4 aromat. Kernen (*Naphthacen, 1.2-Benzanthracen, 3.4-Benzophenanthren, Chrysen, Triphenylen, Pentacen, 1.2; 7.8-, 1.2; 5.6-* u. *1.2; 3.4-Dibenzanthracen, Pyren, Perylen, Fluoranthen, Coronen, 1.2; 4.5-Dibenzopentalen, α.α-* u. *β.β-Dinaphthyläthylen*) u. auf *Porphyrin* u. *Phthalocyanin* ausgedehnt. Die Ergebnisse werden mit Versuchsdaten verglichen. Zwischen der diamagnet. Anisotropie u. der Resonanzenergie besteht keine einfache Beziehung. In gewissen Fällen erzeugt die Wanderung der beweglichen Elektronen selbst eine Abnahme der diamagnet. Susceptibilität längs der zur Molekülebene senkrechten Achse. Der absol. Wert des Beitrages der π-Elektronen zur diamagnet. Susceptibilität senkrecht zur Ebene eines kondensierten Mol. wird gegeben. (J. Physique Radium **13.** 15—20. Jan. 1952. Inst. du Radium, u. Inst. d'Astrophys.) KÖHN. D 137

A. Vallance Jones und **H. N. Parton,** *Die thermodynamische Dissoziationskonstante der Benzoesäure und die Entropie des Benzoations.* Mit Hilfe der Kette Pt, Chinhydron/ C_6H_5COOH, C_6H_5COONa, NaCl/AgCl, Ag wurde die Dissoziationskonstante der Benzoesäure bestimmt. Die Werte sind: K $(\cdot 10^5)$ = 6,237 (20°); 6,295 (25°); 6,266 (30°); 6,237 (35°). Die Entropie des Benzoations ergibt sich hieraus unter Zuhilfenahme bekannter Daten zu 27,9 cal/Mol·Grad. (Trans. Faraday Soc. **48.** 8—11. Jan. 1952. Christchurch, N. Z., Canterbury Univ. Coll., Chem. Dep.) v. BOGDANDY. D 139

P. Rüetschi und **G. Trümpler,** *Mehrstufige Polarogramme.* 2. Mitt. (1. vgl. C. **1952.** 7453.) Die Theorie der H-Ionenverarmung bei der Polarographie von organ. Stoffen in ungenügend gepufferter Lsg. (l. c.) wird näher begründet u. durch weitere Experimente an *Azobenzol* bestätigt. Die Theorie gestattet, mehrstufige Polarogramme zu berechnen, welche mit den experimentell gefundenen übereinstimmen. Sie gibt die Kurvenform, ihre Abhängigkeit vom p_H u. den Einfl. der Dissoziationskonstanten der vorhandenen Puffersäuren in richtiger Weise wieder. Ferner wird eine Meth. beschrieben, welche die polarograph. Best. von an sich unreduzierbaren sauren Substanzen gestattet. Diese Meth. beruht auf der Verschiebung eines der Konz. der sauren Substanz entsprechenden Teils der Azobenzolstufe nach positiverem Potential. Diese Verschiebung ist um so stärker, je saurer die Substanz ist, wie am Beispiel der Verbb. *Phenol, o-Chlorphenol, 2.4-Dichlorphenol* u. *2.4.6-Trichlorphenol* gezeigt wird. Diese Meth. ist also auch für Stoffe mit sehr kleinen Dissoziationskonstanten ($K = 10^{-7}$ bis 10^{-8}) anwendbar. Damit zwei saure Substanzen in getrennten Stufen erscheinen können, müssen ihre Dissoziationskonstanten mindestens 5 Zehnerpotenzen auseinanderliegen. (Helv. chim. Acta **35.** 1486—94. 1/8. 1952. Zürich, ETH, Phys. u. Elektrochem. Labor.) NIEMITZ. D 142

Fred Schulman und **W. A. Zisman,** *Thermische Eigenschaften der Oberfläche von Feststoffen, die mit einem Monofilm von Perfluordecansäure überzogen sind.* Bei Messung des Endwinkels einer Anzahl organ. Fll. auf einer Pt-, Cu- u. Glasoberfläche, die mit einem monomol. Film von *Perfluordecansäure* (I) überzogen war, zeigte sich, daß die CF_3-Endgruppe eigenartige Oberflächenerscheinungen hervorruft; so wurden folgende auffallend großen Kontaktwinkel gemessen: *Hexadecan* 72°; *Octan* 56°; *Bzl.* 58°; *Äthylenglykol* 81°; *Perfluortributylamin* 26°; *Hexachlorbutadien* 77°; heptadekameres *Polymethylsiloxan* 62°; *CS_2* 59°; *W.* 102°; *Hg* 152°. Eine Fl. mit dem Kontaktwinkel 0 konnte nicht gefunden werden, die freie Energie eines Oberflächenfilms von I muß < 25 erg/cm^2 sein. Die Regel, daß nichtpolare Fll. auf nichtpolaren Festkörpern gespreitet werden können, besitzt viele Ausnahmen. (J. Amer. chem. Soc. **74.** 2123—24. 20/4. 1952. Washington, D. C., Georgetown Univ., u. Naval Res. Labor.) HENTSCHEL. D 166

B. A. Arbusow und **W. Ss. Winogradowa,** *Viscosität und Struktur dialkylphosphoriger Säuren.* Die Best. der Viscosität verd. Lsgg. von *dibutyl-, dicyclohexyl-, dihexyl-, dioctyl-, dinonyl-, didecyl-* u. *dicetylphosphoriger Säure* in CCl_4 oder Bzl. ergab, daß sie als Monomere gelöst sind. Außerdem wurden *di-β-phenyläthyl-, hexyläthyl-* u. *octyläthylphosphorige Säure* hergestellt; von diesen liegen keine viscosimetr. Bestimmungen vor.

Versuche: *Dialkylphosphorige Säuren* $(RO)_2POH$. a) Aus PCl_3 u. den entsprechenden Alkoholen: R = *Butyl*, Kp.$_{10}$ 115°; D.$^{20}{}_0$ 0,9888; n_D^{20} 1,4240. R = *Hexyl*, Kp.$_2$ 145—146°; D.$^{20}{}_0$ 0,9486; n_D^{20} 1,4335. R = *Octyl*, Kp.$_2$ 185—187°; D.$^{20}{}_0$ 0,9286; n_D^{20} 1,4422. R = *Cyclohexyl*, Kp.$_2$ 155—155,2°; D.$^{20}{}_0$ 1,0815; n_D^{20} 1,4778. b) Aus diäthylphosphoriger Säure (I): Die Umesterungen von I wurden in Ggw. von 1—2 Tropfen konz. H_3PO_4 durchgeführt; nach Abdest. des A. wurde im Vakuum fraktioniert. R = *Hexyl*; aus 7 g I u. 14 g Hexylalkohol; n_D^{20} 1,4332; 6 g (Ausbeute). R = *Octyl*, Kp.$_{4,5}$ 191=192°; aus I u. Octylalkohol. R = *Nonyl*, $C_{18}H_{39}O_3P$, Kp.$_5$ 211—212°, Kp.$_{0,04}$ 174,5—175,5°; aus I u. Nonylalkohol; D.$^{20}{}_0$ 0,9212; n_D^{20} 1,4458. R = *n-Decyl*, $C_{20}H_{43}O_3P$, Kp.$_{0,04}$ 190—191°; D.$^{20}{}_0$ 0,9157; n_D^{18} 1,4502. R = *β-Phenyläthyl*, $C_{16}H_{19}O_3P$, Kp.$_{0,05}$ 183,5—185,5°; D.$^{20}{}_0$ 1,1333; n_D^{21} 1,5465; zeigt violette Fluorescenz. R = *Cetyl*, $C_{32}H_{67}O_3P$, F. 51—52°; aus 4,5 g I u. 15 g Cetylalkohol; man dest. flüchtige Prodd. im Hochvakuum bis 200° ab u. krist. den Rückstand aus Hexan; 11 g. *Hexyläthylphosphorige Säure*, $C_8H_{19}O_3P$, Kp.$_{3,5}$ 104—105°; aus 14 g I u. 10 g Hexylalkohol; D.$^{20}{}_0$ 0,9883; n_D^{20} 1,4268; 6 g. *Octyläthylphosphorige Säure*, $C_{10}H_{23}O_3P$, Kp.$_{4,5}$ 126—128,5°; aus 15 g I u. 14 g Octylalkohol; D.$^{20}{}_0$ 0,9779; n_D^{20} 1,4312. Wird bei der Dest. teilweise in *dioctylphosphorige Säure* u. I übergeführt. (Известия Академии Наук СССР, Отделение Химических Наук [Nachr. Akad. Wiss. UdSSR, Abt. chem. Wiss.] **1952**. 507—11. Mai/Juni. Kasan, Uljanow-Lenin-Univ., Wiss. Chem. Butlerow-Forschungsinst.) WÖRFFEL. D 172

William W. Wood und **Verner Schomaker**, *Die Molekularstruktur von 1.2-Dichlorpropan.* Deutung der Elektronenbeugungsaufnahmen von *1.2-Dichlorpropan* lieferte unter der Annahme von $V(\varphi) = V_0[1 - \cos(\varphi - \varphi_0)]/2$ für das Potential der Rotationshinderung die folgenden Ergebnisse: Abstand C—Cl = 1,79 ± 0,035 Å; C...Cl = 2,715 ± 0,025 Å; C—C = 1,56 Å; C—C—Cl = 108 ± 4°; $|\varphi_0| \leq 30°$ mit einem kleinen positiven Wert von φ_0; $V_0 \geq 4$ kcal/Mol. Der beste Wert für V_0 erstreckt sich von 10 kcal/Mol. für $\varphi_0 = 0°$ bis 20—40 kcal/Mol. für $\varphi_0 = 25°$. Das Beugungsdiagramm läßt sich deuten mit einem Anteil bis zu 50% eines „schiefen Isomeren" (skew-isomer) mit $\varphi_0 \sim 120°$ u. einem genügend niedrigen Wert von V_0. Die Dipolmomentdaten führen auf einen Anteil von ca. 20% mit einer oberen Grenze von ca. 30% an schiefen Isomeren. (J. chem. Physics **20**. 555—60. April 1952. Pasadena, Calif., Inst. of Technol., Gates and Crellin Labor. of Chem.) GOTTFRIED. D 182

Jean Jaffray, *Über die Umwandlungspunkte von bas. Berylliumacetat-Kristallen.* Die therm. Analyse von $Be_4O(OOCCH_3)_6$ ergibt, daß außer dem bereits bekannten Umwandlungspunkt bei 40° noch zwei weitere bei 75 u. 125° existieren. Die drei Umwandlungspunkte zeigen Anomalien in der spezif. Wärme, jedoch keine latenten Wärmen. (C. R. hebd. Séances Acad. Sci. **234**. 1539—40. 5/4. 1952.) v. BOGDANDY. D 190

B. Dawson und **A. McL. Mathieson**, *Die Kristallstrukturen einiger α-Aminosäuren. Eine vorläufige Röntgenuntersuchung.* Es wurden die folgenden Säuren röntgenograph. untersucht: *dl-α-Amino-n-buttersäure* (**I**), *dl-β-Norvalin* (**II**), *dl-α-Norleucin* (**III**), *dl-β-Norleucin* (**IV**), *dl-α-Methionin* (**V**), *dl-β-Methionin* (**VI**), *dl-Valin* (**VII**), *dl-Isoleucin* (**VIII**), *dl-Leucin* (**IX**), *dl-Asparaginsäure* (**X**), *dl-Asparaginsäurehydrochloridhemihydrat* (**XI**), *dl-Glutaminsäurehydrochlorid* (**XII**), *dl-Glutaminsäurehydrobromid* (**XIII**), *dl-Cu-Prolindihydrat* (**XIV**) u. *dl-Tryptophandihydrochlorid* (**XV**), Ergebnisse: **I** monoklin; a = 9,87 Å; b = 4,80 Å; c = 12,10 Å; β = 101°; Z = 4; Raumgruppe P 2_1/a; **II** monoklin; a = 9,93 Å; b = 4,78 Å; c = 30,04 Å; β = 100°; Z = 8; Raumgruppe I 2/a; **III** monoklin; a = 9,84 Å; b = 4,74 Å; c = 16,56 Å; β = 104,5°; Z = 4; Raumgruppe P 2_1/a; **IV** monoklin, a = 0,84 Å; b = 4,74 Å; c = 66,24 Å; β = 104,5°; Z = 16; **V** monoklin; a = 9,76 Å; b = 4,70 Å, c = 16,70 Å; β = 102°; Z = 4; Raumgruppe P 2_1/a; **VI** monoklin; a = 9,94 Å; b = 4,70 Å; c = 33,40Å; β = 106,6°; Z = 8; Raumgruppe I 2/a; **VII** triklin; a = 5,25 Å; b = 5,43 Å; c = 11,05 Å; α = 91°; β = 92,4°; γ = 109,4°; Z = 2; Raumgruppen P 1 oder P $\bar{1}$; **VIII** triklin, a = 5,30 Å; b = 5,36 Å; c = 13,16 Å; α = 96,1°; β = 89,9°; γ = 108,9°; Z = 2; Raumgruppen P 1 oder P $\bar{1}$; **IX** triklin; a = 5,18 Å; b = 5,39 Å; c = 14,6 Å; α = 96°; β = 103°; γ = 111,5°; Z = 2; Raumgruppe P 1; **X** monoklin; a = 9,15 Å; b = 7,5 Å; c = 15,8 Å; β = 96°; Z = 8; Raumgruppen I a oder I 2/a; **XI** monoklin; a = 9,95 Å; b = 6,42 Å; c = 13,05 Å; β = 120°; Z = 4; Raumgruppe P 2_1/c; **XII** rhomb.; a = 5,05 Å; b = 12,00 Å; c = 13,35 Å; Z = 4; Raumgruppe P 2_1 2_1 2_1; **XIII** rhomb.; a = 5,30 Å; b = 11,90 Å; c = 13,65 Å; Z = 4; Raumgruppe P 2_1 2_1 2_1; **XIV** monoklin; a = 5,62 Å; b = 17,85 Å; c = 7,13 Å; β = 1 06,5°; Z = 2; Raumgruppe P 2_1/n u. **XV** triklin; a = 5,30 Å; b = 8,61 Å; c= 16,20 Å; α = 103°; β = 107°; γ = 98°; Z = 2; Raumgruppen P 1 oder P $\bar{1}$. (Acta crystallogr. [London] **4**. 475—77. Sept. 1951. Melbourne, Commonwealth Sci. and. Res. Org., Div. of Ind. Chem., Chem. Phys. Sect.) GOTTFRIED. D 195

L. C. Browning und **P. H. Emmett**, *Gleichgewichtsmessungen in den Systemen* Ni_3C-Ni-CH_4-H_2 *und* Co_2C-Co-CH_4-H_2. Vff. untersuchen die Gleichgewichte der Rkk. $3\,Ni + CH_4 = Ni_3C + 2\,H_2$ u. $2\,Co + CH_4 = Co_2C + 2\,H_2$ im Temperaturbereich 226 bis 285° bzw. 190—444° u. bestimmen die Gleichgewichtskonstanten $K = (H_2)^2/CH_4$. Um das Zusammensintern zu vermeiden bzw. das Aufkohlen zu erleichtern, enthalten die Bodenkörper ca. 5% ThO_2. Die Analyse der CH_4–H_2-Mischungen erfolgt durch Messung der therm. Leitfähigkeit. Die Versuchsergebnisse werden tabellar. u. graph. mitgeteilt. Daraus berechnen sich die freien Bildungsenergien ΔF^0 für Ni_3C zu 7,127 kcal (500° K) bzw. 4,653 kcal (600° K), während für Co_2C $\Delta F^0 = 2{,}400$ kcal (500° K) beträgt. Die thermodynam. Möglichkeit der Bldg. gesätt. KW-stoffe bzw. n. Monoolefine durch direkte Red. von Ni_3C bzw. Co_2C werden diskutiert, die Mengen an diesen Verbb. sollten bei Ni_3C bei 500° K groß sein u. mit dem Mol.-Gew. der KW-stoffe ansteigen, bei 600° K dagegen klein. Bei Co_2C sollten die Gleichgewichtsmengen an Paraffinen mit mehr als 6 C-Atomen u. an Monoolefinen bei 500° wie 600° K gering bleiben. (J. Amer. chem. Soc. **74.** 1680—82. 5/4. 1952. Pittsburgh, Pa., Mellon Inst., Gulf Res. and Development Co.)
WEITBRECHT. D 221

Robert C. Axtmann, *Die Kinetik der Äthylalkohol–Essigsäureanhydrid-Reaktion unter Verwendung einer Dielektrizitätskonstantenmethode.* Die Geschwindigkeit der Veresterung von *A.* durch *Essigsäureanhydrid* wird in ca. 0,1 mol. CCl_4-Lsgg. durch halbautomat. Messung der Änderung der DK. der Lsgg. mit fortschreitender Rk. gemessen. Die Meth., die an anderer Stelle beschrieben werden soll, ist allg. anwendbar auf Rkk. polarer Moll. in nichtpolaren Lösungsmitteln. Für die Geschwindigkeitskonstante in $Mol^{-1}\,sec^{-1}$ ergeben sich die Werte $k^{49,9^0} = 2{,}60 \cdot 10^{-4}$ u. $k^{55,0^0} = 4{,}34 \cdot 10^{-4}$. Die Daten werden mit Messungen von SOPER u. WILLIAMS (C. **1931.** II. 2981) u. MOELWYN-HUGHES u. HINSHELWOOD (C. **1932.** I. 1869) verglichen. In Übereinstimmung mit SOPER u. WILLIAMS wird mit fortschreitender Rk. (Umsatz ca. 50% bei gleicher Ausgangskonz. von A. u. Anhydrid) ein Absinken der bimol. Geschwindigkeitskonstanten um einige % beobachtet. (J. Amer. chem. Soc. **73.** 5367—69. Nov. 1951. Baltimore, Md., Johns Hopkins Univ., Dep. of Chem.)
REITZ. D 225

László Beregi, *Hydrierung von Oximen mittels Raney-Nickel. Mechanismus der Bildung sekundärer Amine.* Die nach PAUL durchgeführte Hydrierung von Oximen ist sowohl bei Zimmertemp. unter atmosphär. Druck als auch bei 100° unter Druck ein sehr langsamer Vorgang, was den Neben-Rkk., welche zu sek. Aminen führen, zuzuschreiben ist. Vf. hydriert Oxime in hochsd. indifferenten Lösungsmitteln in Ggw. von RANEY-Ni bei Tempp., bei denen das gebildete prim. Amin abdest., u. erhält so aus 0,1 Mol Oxim in 10—15 Min. quantitativ prim. Amine. Nach Besprechung der verschied. Theorien folgert Vf. auf Grund seiner Verss., daß die gebildeten prim. Amine wahrscheinlich mit den bei der Hydrierung entstandenen Aldiminen reagieren. Der die Reaktionsgeschwindigkeit bestimmende Vorgang ist die Hydrierung der verschied., durch Kondensation gebildeten Verbb. (Hydramide, SCHIFFsche Basen usw.), nicht aber die Bldg. der prim. Amine. Weiter wird festgestellt, daß der prim. Vorgang die Hydrierung der Oxime ist. Die Bldg. der Säureamide u. der in außergewöhnlichen Fällen entstehenden Ni-Komplexe sind sek. u. tert. Vorgänge. (Magyar Kémiai Folyóirat [Ung. Z. Chem.] **56.** 257—59. Juli 1950. Grenoble.)
PLANK. D 225

Frank R. Mayo und **William B. Hardy**, *Die Bromierung von Naphthalin.* Die Bromierung von *Naphthalin* (I) wird in CCl_4, Gemischen von 25% CCl_4 u. Bzl., Toluol, Essigsäure u. Nitrobenzol u. in reinem Toluol bei Zimmertemp. untersucht. Der Reaktionsverlauf wurde durch jodometr. Best. des verbrauchten Br_2 verfolgt, das Ausmaß der Substitution durch die Menge des entwickelten HBr u. das der Addition als Differenz bestimmt. Als Standard-Rk. wurde die Bromierung von I in CCl_4 bei Zimmertemp. unter Licht- u. Luftausschluß benutzt. 15% der Gesamtmenge Br_2 werden durch Addition verbraucht, Licht fördert die Addition stark. Ferner erfolgt relativ mehr Addition bei geringen Anfangskonzz. an I u. Br_2 sowie während des ersten Drittels der Reaktion. Gelöste HBr u. Luft wirken verzögernd auf beide Rkk., Luft um 25—40%. Vergrößerung der Oberfläche beschleunigt die Rkk. nicht reproduzierbar um 20—200%. Isoamylnitrit u. Ascaridol beeinflussen im wesentlichen nur die Addition. Die Substitutionsgeschwindigkeit steigt mit der DK. des Lösungsm., doch wird auch die Addition etwas beschleunigt. Als Reaktionsprodd. entstehen durch Addition hauptsächlich *Naphthalintetrabromid* (II, $C_{10}H_8Br_4$, F. unter Zers. 111—112°) u. eine Mischung von *Naphthalindibromiden*, durch Substitution *α-Bromnaphthalin*. Bei den Rkk. in Toluol wird dieses im Dunkeln nicht angegriffen, während im Licht u. mit Ascaridol Seitenkettensubstitution erfolgt. — Wie die Br_2-Addition an I, verläuft auch die Substitution von Toluol radikal., aber nach einem anderen Reaktionsmechanismus, sie erfolgt schnell u. vollständig, die Bromanlagerung an I nicht. Durch Zusatz von I zu Toluol wird dessen Seitenkettensubstitution stark verzögert, u. zwar stärker, als es nach der Konz. an **I** u. der Rk. von Br_2 mit **I** der Fall sein müßte. — Vff. nehmen auf Grund dieser Ergebnisse 2 Mechanismen der Substitution an, 1. einen polaren, analog zur Bromierung von Bzl., 2. einen radikal., bei dem Anlagerung von Br_2 an **I** u. dann Abspaltung von HBr bei Rk. dieses Radikals mit Br_2 erfolgt. Ferner existieren 2 Mechanismen der Addition: 3. ebenfalls ein polarer u. 4. ein radikal., der über das gleiche Intermediärprod. verläuft wie 2. — Die Bromabspaltung aus **II** mit W., 4%ig. NaOH, $AgNO_3$ bzw. KJ in Methanol bzw. A. wurde untersucht. (J. Amer. chem. Soc. **74.** 911—17. 20/2. 1952. Schenectady, N. Y., Univ. of Chicago, Herbert Jones Labor., u. United States Rubber Co., Gen. Labors.) KLEINWÄCHTER. D 225

George S. Hammond, James T Rudesill und **Frank J. Modic,** *Aromatische Substitution durch freie Radikale.* 1. Mitt. *Die Spaltung von Benzoylperoxyd durch Triphenylmethylradikale.* (Vgl. WIELAND, Liebigs Ann. Chem. **532.** [1937.] 166.) Die Rk. zwischen *Triphenylmethyl* (**I**) u. *Benzoylperoxyd* (**II**) in Benzollsg. wurde von Vff. quantitativ unter N_2 verfolgt. Es wurden übereinstimmend mit WIELAND als Reaktionsprodd. nur *Tetraphenylmethan, Benzoesäure* (**III**) u. *Benzoesäuretritylester* (**IV**) isoliert, wobei vollständige Umsetzung von **II** stattfand. Abwesenheit von Diphenyl u. Phenylbenzoat wurde bewiesen. CO_2-Entw. findet auch bei 54° nicht statt. Es wird als Reaktionsmechanismus angenommen (T = Trityl, Bz = C_6H_5CO): $T\cdot + (BzO)_2 \rightarrow BzOT + BzO\cdot$; $BzO\cdot + T\cdot \rightarrow BzOT$; $BzO\cdot + ArH \rightarrow BzOH + Ar\cdot$; $Ar\cdot + T\cdot \rightarrow ArT$; die letzten beiden Reaktionsstufen könnten auch in Form einer trimol. Rk. ablaufen: $T\cdot + ArH + BzO\cdot \rightarrow BzOH + ArT$; in diesem Fall wäre das unterschiedliche Verh. der BzO·-Radikale aus der therm. Zers. von **II** (größtenteils Decarboxylierung) u. bei der Rk. mit **I** (alleinige Rkk. mit **I** u. dem Lösungsm. Bzl.) verständlich. Jedoch müßten dann die Relativausbeuten von **III** u. **IV** konstant sein; Verss. über einen größeren Konzentrationsbereich zeigten aber, daß die Relativausbeuten an **III** in verd. Lsgg. größer sind als in konzentrierten. — Als andere, mögliche Erklärungen für dieses anomale Verh. diskutieren Vff. eine verschieden lange Lebensdauer der unterschiedlich erzeugten Radikale (kurz bei Rk. mit **I**, lang bei der therm. Zers.) sowie die Wrkg. eines „Nähe-Effektes" bei der letzten Reaktion. Die dabei auftretende „paarweise" Rk. mit dem Lösungsm. kann auch bei vielen anderen aromat. Substitutions-Rkk. mit Radikalen vermutet werden. (J. Amer. chem. Soc. **73.** 3929—31. Aug. 1951. Ames, Iowa, Iowa State Coll., Chem. Labor.) FAASS. D 225

M H J. Wijnen und **E. W. R Steacie,** *Die Reaktion von Äthylradikalen mit Deuterium.* Der Reaktionsmechanismus der Photolyse von *Diäthylketon* (**I**) in Ggw. von *Deuterium* wird vorwiegend durch nachst. Gleichungen wiedergegeben: $C_2H_5COC_2H_5 + h\nu = 2\,C_2H_5 + CO$; $C_2H_5 + C_2H_5 = C_4H_{10}$; $C_2H_5 + C_2H_5 = C_2H_6 + C_2H_4$; $C_2H_5 + C_2H_5COC_2H_5 = C_2H_6 + C_2H_4COC_2H_5$ (1); $C_2H_5 + D_2 = C_2H_5D + D$ (2); $D + C_2H_5COC_2H_5 = HD + C_2H_4COC_2H_5$ u. $C_2H_4COC_2H_5 = C_2H_4 + CO + C_2H_5$. Durch Änderungen in der Bestrahlungsintensität u. des Verhältnisses $[I]/[D_2]$, sowie durch Analyse der entstandenen Prodd. konnten vorst. Gleichungen wahrscheinlich gemacht werden. Trägt man $([I]/[D_2])\cdot(\log. v_{C_2H_5D}/v_{C_2H_6-C_2H_4}) = k_2/k_1$ gegen 1/T auf (v = Bildungsgeschwindigkeit), u. nimmt für Rk. (1) eine Aktivierungsenergie von 7,4 kcal an, so läßt sich die Aktivierungsenergie von Rk. (2) zu $13{,}3 \pm 0{,}5$ kcal ermitteln; für die entsprechende Rk. mit H_2 kann man den Wert $11{,}5 \pm 1$ kcal abschätzen. — D_2 wurde in das Reaktionsgefäß durch ein heißes Pd-Fenster eingeführt; die Reaktionsprodd. wurden bei —175° abgepumpt, an Silicagel adsorbiert u. anschließend massenspektroskop. bestimmt. (J. chem. Physics **20.** 205—07. Febr. 1952. Ottawa, Can., Nat. Res. Council, Div. of Chem.) ZIMMER. D 226

A. F. Plate und **G. A. Tarassowa,** *Mechanismus der Kontaktumwandlungen der Kohlenwasserstoffe am Vanadiumkatalysator.* 7. Mitt. *Vergleich des Verhaltens von binären Gemischen aus Heptan, Hepten und Toluol.* (6. vgl. C. **1952.** 4750.) Bei der Aromatisierung eines *Heptan* (**I**)–*Hepten-(1)* (**II**)-Gemisches an Vanadiumoxyd auf Al_2O_3 nimmt die Menge des gebildeten *Toluols* (**III**) proportional dem **II**-Geh. des Ausgangsgemisches zu. **I** u. **II** werden also proportional ihrer Konz. aromatisiert. Ebenso liefert die Aromatisierung eines Gemisches von **I** u. 22,7 Mol-% *2-Methylbuten-(2)* (**IV**) **III** u. **II** proportional dem **I**-Gehalt. **IV** wird teilweise zu *Isopentan* hydriert. Bei der Aromatisierung eines **I**–**III**-Gemisches (10—90% **III**) ist der Geh. an neu gebildetem **III** direkt proportional dem **I**-Geh. des Ausgangsgemisches, während bei der Aromatisierung eines **II**–**III**-Gemisches (11,8 bis 95% **III**) die gebildete Menge **III** mit abnehmendem **II**-Geh. steigt. Daraus muß geschlossen werden, daß **I** u. **II** an verschied. akt. Zentren des Kontaktes aromatisiert werden u. **II** nicht notwendigerweise ein Zwischenprod. der Aromatisierung von **I** ist.

V e r s u c h e : Der Katalysator wurde vor jeder Versuchsserie durch Luft regeneriert u. mit H_2 reduziert. Seine Aktivität änderte sich nicht. Die Gemische der KW-stoffe wurden jeweils 30 Min. bei 480° über den Kontakt geleitet. Darauf wurden die Reste des Katalysats durch H_2 vom Kontakt verdrängt. Der Geh. an ungesätt. KW-stoffen wurde durch die Bromzahl, an III mittels der Meth. der spezif. u. relativen Dispersionen bestimmt. (Журнал Общей Химии [J. allg. Chem.] **22.** (**84.**) 765—70. Mai 1952. Inst. für organ. Chem. der Akad. der Wiss. der UdSSR.) Wörffel. D 227

D$_2$. Präparative organische Chemie. Naturstoffe.

J. Colonge und **J. Berthoux,** *Über die Darstellung einiger reiner Kohlenwasserstoffe.* Vff. berichten über Darst. u. Eigg. einiger für die Unters. von Azeotropen mit Anilin benötigter reiner KW-stoffe.

Versuche: *n-Heptan,* durch Hydrierung von 190 g Heptin-(1) an Pt-Schwarz, Feinfraktionierung u. Dest. über Na; Kp.$_{760}$ 98,4—98,5°, n_D^{20} 1,3878—1,3879; 95 g (Ausbeute). — *n-Decan* [Kp.$_{760}$ 174° (korr.), n_D^{20} 1,4119], *n-Undecan* [Kp.$_{760}$ 197° (korr.), n_D^{20} 1,4173°], *n-Dodecan* [I; Kp.$_{760}$ 216,5° (korr.), n_D^{20} 1,4217] u. *n-Tridecan* [Kp.$_{760}$ 234° (korr.), n_D^{20} 1,4258] wurden isoliert aus den von 180—190° bzw. von 190—230° sd. Fraktionen von Merckwiller-Rohöl über die nach Zimmerschied u. Mitarbeiter (C. **1951.** I. 2562) hergestellten *Harnstoffaddukte* u. Feinfraktionierung bei hohem Rücklaufverhältnis. — Zur Synth. von I wurde *Dodecanol-(1)* (Laurinalkohol, F. 23,6°, Kp.$_{16,5}$ 144—146°) mit 47%ig. HBr u. konz. H_2SO_4 in *1-Bromdodecan* (Kp.$_{18,5}$ 150—152°; 77%) übergeführt, daraus *Dodecyl-MgBr* u. Zers. desselben mit HCl + Eis zu (noch olefin. KW-stoffe enthaltendem) I; 84%. I wurde ferner aus n-Hexanol (Kp. 153—154,5°) durch Überführung in *1-Bromhexan* (Kp.$_{745}$ 151—152°; 79%) mit 47%ig. HBr u. konz. H_2SO_4 u. anschließende Wurtzsche Synth. mit Na dargestellt; 67%. Reinigung von I in beiden Fällen durch azeotrope Dest. mit Anilin; Kp.$_{760}$ 216,5°, n_D^{20} 1,4216, $D.^{20}_4$ 0,7488. — *Caprylsäureäthylester,* aus A. u. Caprylsäure in Bzl. durch Veresterung mit konz. H_2SO_4; Kp.$_{20}$ 97,5—100°; 91%. — *3-Äthyldecanol-(3),* aus vorst. Verb. u. C_2H_5MgBr; Kp.$_3$ 88—91°; 95%. — *3-Äthyldecen,* durch Dehydratisierung vorst. Verb. durch Dest. bei n. Druck in Ggw. von Spuren von J_2 u. Redest. über Na; Kp.$_{745}$ 207—210°. — *3-Äthyldecan,* durch Hydrierung vorst. Verb. in A. an Raney-Ni u. azeotrope Dest. mit Anilin; Kp.$_{760}$ 208,7—209°, n_D^{20} 1,4246. — *Methylcyclohexen* (Gemisch der Isomeren), durch Dehydratisierung von 1-Methylcyclohexanol-(2) mit 85%ig. H_3PO_4 bei 170°; Kp. 103—107°; 76%. — *Methylcyclohexan,* durch Hydrierung vorst. Verb. in A. an Raney-Ni; Kp.$_{760}$ 100,8—100,9°, n_D^{20} 1,4231; 89%. — *1-Methyl-2-n-amylcyclohexanol-(2),* aus n-Amyl-MgBr u. o-Methylcyclohexanon in absol. Ae. bei −5° bis +5°; Kp.$_3$ 89—93°; 66%. — *1-Methyl-2-n-amylcyclohexen* (Gemisch der Isomeren) durch Dehydratisierung vorst. Verb. durch Dest. bei n. Druck in Ggw. von Spuren J_2 u. Redest. über Na; Kp.$_{30}$ 112,5—114,5°; 92%. — *1-Methyl-2-n-amylcyclohexan,* durch Hydrierung vorst. Verb. in absol. A. an Raney-Ni bei 20° u. 100 at (Hydrierung bei n. Druck führt sowohl an Raney-Ni als auch an Pt-Schwarz nur zu 40% Ausbeute) u. azeotroper Dest. des (noch 15% olefin. KW-stoffe enthaltenden) Rohprod. mit Anilin; Kp.$_{760}$ 216—218,5°, n_D^{20} 1,4489, $D.^{20}_4$ 0,8144. (Bull. Soc. chim. France, Mém. [5] **19.** 211—13. Jan./Febr. 1952. Lyon, École de Chim. Ind., u. Fac. des Sci.) Klasske. 510

A. P. Meschtscherjakow und **L. W. Petrowa,** *Synthese ungesättigter Ketone aus Di- und Triisobutylen nach der Reaktion von Kondakow.* Aus 1.1-Dineopentyläthylen (I) u. Acetanhydrid in Ggw. von $ZnCl_2$ wurde *4-Neopentyl-6.6-dimethylhepten-(3)-on-(2)* (**II**) erhalten. Das von Petrow u. Kaplan (vgl. C. **1948.** II. 1059) unter gleichen Bedingungen aus Triisobutylen (**III**) hergestellte Keton ist von **II** verschieden. Da **III** ein Gemisch von hauptsächlich **I**, weniger 2.2.4.6.6-Pentamethylhepten-(3), 2.4.4.6.6-Pentamethylhepten-(1) u. -(2) (vgl. C. **1951.** II. 357) darstellt, wird angenommen, daß auch das aus **III** gewonnene Keton ein Isomerengemisch ist. **I** wurde durch selektive Oxydation der anderen Komponenten von **III** nach Bartlett, Fraiser u. Woodward (vgl. C. **1941.** II. 599) rein gewonnen. Bei der $KMnO_4$-Oxydation von **II** entstand *Brenztraubensäure,* in Übereinstimmung mit der Struktur. Analog **II** wurden aus **I** u. Isobuttersäureanhydrid (**IV**) *5-Neopentyl-2.7.7-trimethylocten-(4)-on-(3)* u. aus Diisobutylen (**V**) u. **IV** *2.5.7.7-Tetramethylocten-(4)-on-(3)* dargestellt. Aus **I** u. Trimethylacetanhydrid gelang es nicht, das entsprechende Keton zu erhalten.

Versuche: *4-Neopentyl-6.6-dimethylhepten-(3)-on-(2)* (**II**), $C_{14}H_{26}O$, Kp. 233—235°. Man fügt 45 g $ZnCl_2$ innerhalb 3 Std. zu einem Gemisch von 76,16 g **I** u. 89,6 g Acetanhydrid hinzu, läßt 24 Std. einwirken, rührt noch 6 Std. u. zers. mit W.; fruchtartig riechende Fl.; $D.^{20}_4$ 0,8513; n_D^{20} 1,4505; Mol.-Refr. ([MR]$_D$) 66,44; 29 g (Ausbeute). *Semicarbazon,* $C_{15}H_{29}ON_3$, F. 178—179,5°. — *5-Neopentyl-2.7.7-trimethylocten-(4)-on-(3),* $C_{16}H_{30}O$, Kp. 253 bis 256°; aus **I** u. **IV** in Ggw. von $ZnCl_2$, anfangs bei Zimmertemp., dann 8 Std. bei 70—80° u. 2 Std. bei 100°; erdbeerartig riechende Fl., $D.^{20}_4$ 0,8510; n_D^{20} 1,4551; [MR]$_D$ 76,25; 14,45 g aus 70,2 g **I**. *2.4-Dinitrophenylhydrazon,* $C_{22}H_{34}O_4N_4$, F. 112—113°. — *2.5.7.7-Tetramethylocten-(4)-on-(3),* Kp. 216—220°, analog Vorst. aus **V** u. **IV**; fruchtartig riechende Fl.; $D.^{20}{}_4$ 0,8346; $n_D{}^{20}$ 1,4535, $[MR]_D$ 58,7; 9,8%. *2.4-Dinitrophenylhydrazon*, $C_{18}H_{26}O_4N_4$, F. 78—80°. (Известия Академии Наук СССР, Отделение Химических Наук [Nachr. Akad. Wiss. UdSSR, Abt. chem. Wiss.] **1951.** 576—81. Sept./Okt. Inst. für organ. Chem. der Akad. der Wiss. der UdSSR.) QUECK. 710

James G. Traynham, *Stereochemie der Bildung und Hydrolyse von Perfluorsäureestern.* Die Veresterung von opt.-akt. *Octanol-(2)* (**I**) mit *Trifluoressigsäure* (**II**; $Kp._{726}$ 69,8°) u. mit *Perfluorbuttersäure* (**III**; Kp. 120°) gelingt mit guten Ausbeuten durch Kochen von **I** mit einem geringen Überschuß der Säuren. Die so entstandenen Ester weisen die gleiche opt. Drehung auf wie die aus den Säurechloriden dargestellten Ester; ihre Hydrolyse mit wss. Alkali liefert **I** zurück. Demnach ist weder bei der Veresterung noch bei der Verseifung eine Änderung der Konfiguration von **I** eingetreten.

Versuche: **I**, $Kp._{11}$ 75°; $D.^{25}{}_4$ 0,817; $n_D{}^{25}$ 1,4241; $[\alpha]_D{}^{25}$ —3,85°. — *Trifluoressigsäure-sek.-octylester*, $C_{10}H_{17}O_2F_3$, $Kp._{20}$ 78,5—79,0°, durch Zutropfen von **II** im Laufe von 20 Min. zu Benzoylchlorid, Erhitzen des Gemisches zum Sieden u. Einleiten des gebildeten Trifluoracetylchlorids in **I**; 71% (Ausbeute); oder durch 12std. Kochen von **I** mit **II**; 66%; $D.^{25}{}_4$ 1,000, $n_D{}^{25}$ 1,3744, $[\alpha]_D{}^{25}$ —0,10°. — *Perfluorbutyrylchlorid*, durch tropfenweises Einrühren von **III** in PCl_3 im Laufe von 50 Min.; 73%. — *Perfluorbuttersäure-sek.-octylester*, $C_{12}H_{17}O_2F_7$, $Kp._{10}$ 80,4—81,6°, durch Eintropfen des vorst. Säurechlorids in eine Lsg. von **I** in PAe.; 93%; oder durch 11std. Kochen von **I** mit **III**; 83%; $D.^{25}{}_4$ 1,171, $n_D{}^{25}$ 1,3551, $[\alpha]_D{}^{25}$ —2,23°. (J. Amer. chem. Soc. **74.** 4277—78. 5/9. 1952. Granville, O., Denison Univ., Dep. of Chem.) FORCHE. 810

B. M. Craig, W. O. Lundberg und **W. F. Geddes,** *Über die Synthese symmetrischer Triglyceride.* Vff. beschreiben Methoden, nach denen *symm. Di-* u. *symm. gemischte Triglyceride* u. die zu ihrer Synth. nötigen Fettsäurechloride in wesentlich erhöhten Ausbeuten hergestellt werden können.

Versuche: Nach bekannten Verff., aber durch verbesserte Reinigung u. schnellere Dest. wurden aus den Säuren erhalten: *Stearinsäurechlorid* (mit PCl_5), $Kp._4$ 192°; 97,8% (Ausbeute). — *Palmitinsäurechlorid* (PCl_5), $Kp._4$ 180°; 98,5%. — *Ölsäurechlorid* ($[COCl]_2$), $Kp._4$ 193°; 94,7%; mit PCl_3, $Kp._3$ 188°; 89,2%. — Durch Rk. der Säurechloride mit α-Tritylglycerin in Chlf. + Pyridin u. hydrolyt. Abtrennung des Tritylrestes (vgl. DAUBERT u. LUTTON, C. **1948.** II. 178) wurden *1.3-Distearin*, F. 79°; 87%; *1.3-Diolein*; 90%, u. *1.3-Dipalmitin*, F. 72°, hergestellt. — Durch Rk. vorst. Verbb. mit Fettsäurechloriden wurden folgende symm. gemischten Triglyceride erhalten (Ausbeuten um 91%): *Oleodistearin*, F. 38,5 → 42,5°. — *Oleodipalmitin*, F. 35,5°. — *Stearodiolein*, F. 23,5°. — *Palmitodistearin*, F. 67,7°. — *Stearodipalmitin*, F. 67,7°. (J. Amer. Oil Chemists' Soc. **29.** 169—70. Mai 1952. Austin, Minn., Univ., Div. of Agricult. Biochem., u. Hormel Inst.) SCHULENBURG. 810

S. Venkataramaraj Urs und **Edwin S. Gould,** *Saures Verhalten des Methylborats gegenüber Aminen. Methylborat* bildet farblose feste Additionsverbb. mit *Dimethylamin, Diäthylamin, Di-n-propylamin, Di-n-butylamin, Di-n-amylamin, Triäthylamin, Tributylamin, Äthylendiamin, Piperidin, Methylamin* u. *tert.-Butylamin.* Die Additionsprodd. der letzten 4 Amine sind so stabil, daß sie durch Sublimation im Vakuum gereinigt werden können. Schwächere Basen, wie Pyridin u. Chinolin, reagieren nicht. Die Rk. wird durch niedrige aliphat. Alkohole katalysiert. *Äthylborat* scheint keine festen Additionsprodd. mit Aminen zu bilden, es tritt aber bei der Vermischung ein Wärmeeffekt auf, der bei den höheren Estern (*n-Butyl-, n-Amylborat*) jedoch auch nicht mehr beobachtet wird. Offenbar hängt die Stabilität der Komplexe von ster. Faktoren ab.

Versuche: *Additionsprod. mit Äthylendiamin*, $C_5H_{17}O_3N_2B$, F. 81—82°. — *Piperidinaddukt*, $C_8H_{20}O_3NB$, F. 75°. — *Methylaminaddukt*, $C_4H_{14}O_3NB$, F. 67°. — *tert.-Butylaminaddukt*, $C_7H_{20}O_3NB$, F. 67—70°. (J. Amer. chem. Soc. **74.** 2948. 5/6. 1952. Brooklyn, N. Y., Polytechn. Inst., Dep. of Chem.) ULRICH. 910

M. J. Egerton, G. I. Gregory und **T. Malkin,** *Über das Sphingolipoidgebiet.* 2. Mitt. *Eine verbesserte Synthese von racemischem 2-Aminooctadecandiol-(1.3) und Röntgenstrahlenuntersuchung seiner Derivate.* (1. vgl. C. **1952.** 4119.) Bei der Kondensation von Hexadecanal mit 2-Nitroäthanol in Ggw. von $NaOCH_3$ entsteht in wenigen Stunden das *Na-Salz* von *aci-2-Nitrooctadecandiol-(1.3)* in 78%ig. Ausbeute. Die anschließende Red. erfolgt mittels ADAMS-Katalysator. Gesamtausbeute 44% gegenüber 10,5% nach der Meth. von GROB, JENNY u. UTZINGER (Helv. chim. Acta **34.** [1951.] 2249). Es werden einige *Acetyl-* u. *Benzoylderivv.* dargestellt u. ihre FF. u. Röntgenstrukturen mit denen des Dihydrosphingosins verglichen.

Versuche: *Hexadecanal*, $Kp._1$ 142—145°, F. 36°, durch Erhitzen einer Mischung von Xylol, Hexadecanoylchlorid, $Pd/BaCO_3$ u. etwas Chinolin-Schwefelgift (J. chem. Soc.

[London] **1934.** 669) unter Rühren u. Einleiten von H_2 im Ölbad auf 150° (ROSEMUND-Rk.) bis zur Beendigung der HCl-Bldg. u. Dest. nach Filtration; 86% (Ausbeute). — *Na-Salz* von *aci-2-Nitrooctadecandiol-(1.3)*, durch langsames Zufügen einer Lsg. von $NaOCH_3$ in CH_3OH unter Rühren zu vorst. Verb. u. 2-Nitroäthanol in Methanol u. 2std. Rühren; 78%. — *rac.-2-Aminooctadecandiol-(1.3)*, $C_{18}H_{39}O_2N$, F. 82—85° (Hexan), durch 4std. Red. vorst. Salzes in Eisessig mittels PtO_2 bei Zimmertemp., Filtrieren, Einengen, Zufügen von Ae. u. Hydrolysieren des Acetylderiv. durch Schütteln mit 2n NaOH; 71%. (Mit Pd-Schwarz ist Red. nicht vollständig.) *Sulfat*, $C_{36}H_{80}O_8N_2S$, F. 228—232° (Essigsäure). *N-Acetylderiv.*, F. 124—125°; Rosetten aus Aceton. *Triacetylderiv*; F. 94—96°; Kristalle aus Aceton. *Tribenzoylderiv*, F. 147—148°, Nadeln aus Aceton. — *Dihydrosphingosin*, aus Sphingolipoidgemischen nach CARTER u. Mitarbeiter (J. biol. Chemistry **170.** [1947.] 269). *N-Acetylderiv.*, F. 125—126°; $[\alpha]_D^{20}$ +9,5°. *Triacetylderiv.*, F. 102—103°; $[\alpha]_D^{20}$ +16,2°. *Tribenzoylderiv.*, F. 144—145°, $[\alpha]_D^{20}$ —28,8°. (J. chem. Soc. [London] **1952.** 2272—74. Juni. Bristol, Univ.) LEHWALD. 920

G. W. Kenner und **R. J. Stedman**, *Verbindungen von Alkylaminen mit Estern von Azodicarbonsäuren.* In Ergänzung der Arbeiten von DIELS u. Mitarbeitern (u. a. Liebigs Ann. Chem. **429.** [1922.] 1) stellten Vff. aus Dimethyl- bzw. Benzylmethylamin u. Diäthyl- bzw. Dibenzylazodicarboxylat nachst. Triazanderivv. dar: *1.1-Dimethyltriazandicarbonsäure-(2.3)-diäthylester* (**I**) u. *-dibenzylester* (**II**) u. *1-Benzyl-1-methyltriazandicarbonsäure-(2.3)-diäthylester* (**III**) u. *-dibenzylester* (**IV**). Analog stellten sie aus Trimethyl- bzw. Benzyldimethylamin u. vorst. Dicarbonsäureestern *N-[Benzylmethylaminomethyl]-hydrazin-N.N'-dicarbonsäuredibenzylester* (**V**) u. *N-[Dimethylaminomethyl]-hydrazin-N.N'-dicarbonsäurediäthylester* (**VI**) dar. Zum Konstitutionsbeweis führen Vff. zunächst die Ergebnisse der Hydrolyse der Verbb. in 2n H_2SO_4 an. Hierbei kann das Proton einmal an das aus dem Amin stammende N-Atom angreifen u. es entstehen dann wieder die Ausgangsstoffe; bei der Hydrolyse von **I** konnten Vff. in der Reaktionslsg. ein sek. Amin nachweisen. Andererseits kann das Proton am zentralen N-Atom ($N_{(2)}$) angreifen; es entstehen dann *Hydrazindicarbonsäureester, Amine* u. *Aldehyde.* Im Falle eines zur Synth. verwendeten Benzylmethylamins kann hier sowohl *Benzaldehyd* als auch *Formaldehyd* entstehen. So lieferte die Hydrolyse von **III** u. **IV** beide Aldehyde nebeneinander, Hydrolyse von **II** u. **V** lieferte keinen Benzaldehyd, dagegen lieferte die von **V** u. **VI** in großen Mengen *Formaldehyd* (ebenfalls das Addukt von Dimethylanilin mit Azodicarbonsäurediäthylester). Als weitere Konstitutionsbeweise führen Vff. an: In jeder Verb. ist eine NH-Gruppierung, das akt. H-Atom konnte in **I, IV** u. **V** bestimmt werden. Infrarotspektren von **I** u. **VI** zeigten typ. NH-Maxima bei 3,10 u. 6,58 bzw. 3,04 u. 6,62 μ. **I** zeigte eine CO-Doppelbande bei 5,70 u. 5,92 μ u. **VI** eine breite Bande bei 5,80 μ. Pyrolyse in sd. Toluol lieferte aus **I** *Dimethylamin* u. den *Hydrazindicarbonsäureester*, aus **VI** in geringen Mengen *Dimethylcarbaminsäureäthylester.* — Weiter sei erwähnt, das Vff. die *Azodicarbonsäureester* durch Oxydation der Hydrazindicarbonsäureester mit Br_2 in wss. Essigsäure gewinnen. *Azodicarbonsäure-di-[p-nitrobenzyl]-ester* ließ sich nur in geringer Ausbeute darstellen, da schon die vorhergehende Rk. zwischen p-Nitrobenzylchlorformiat u. Hydrazin infolge Redox-Rk. zwischen den Komponenten unbefriedigend verlief. Hydrazindicarbonsäurediarylester ließen sich so nicht darstellen, da bei Rk. von Arylchlorformiat mit Hydrazin das Phenol in Freiheit gesetzt wurde.

Versuche (FF. korr.): *Azodicarbonsäurediäthylester*, $Kp._{0,1}$ 60—70°, durch Zufügen von Br_2 zu einer eisgekühlten Mischung von Hydrazin-N.N'-dicarbonsäurediäthylester in W., Ausäthern u. Rektifikation des orangefarbenen Öls; 63% (Ausbeute). — *Hydrazin-N.N'-dicarbonsäuredibenzylester*, $C_{16}H_{16}O_4N_2$, F. 106—106,5° (bei schnellem Erhitzen tritt vorübergehend bei 85° Verflüssigung ein), durch vorsichtiges Vermischen von Hydrazinsulfat u. KOH in W., Zufügen von A., Abfiltrieren des anfallenden K_2SO_4, Zufügen von Benzylchlorformiat (75% rein), 3½ std. Sieden unter Abdest. eines Teils des Lösungsm. u. Gießen in W.; Prismen aus Bzl. u. dann W.; 70% (roh). — *Azodicarbonsäure-dibenzylester*, $C_{16}H_{14}O_4N_2$, F. 46,5—47°, durch 3std. Schütteln vorst. Verb. mit Br_2 in 50%ig. Essigsäure; orangefarbene Plättchen aus Aceton; 69%. — *Hydrazin-N.N'-dicarbonsäure-di-[p-nitrobenzyl]-ester*, $C_{16}H_{14}O_8N_4$, F. 170,5—172,5°, durch ½ std. Stehen von Hydrazinhydrat u. p-Nitrobenzylchlorformiat in Dioxan u. Zufügen von W.; lange Prismen aus A.; 37%. — *Azodicarbonsäure-di-[p-nitrobenzyl]-ester*, $C_{16}H_{12}O_8N_4$, F. 146,5—147,5°, analog vorst. Verb.; schwachgelbe Prismen aus Aceton; 80%. — *1.1-Dimethyltriazandicarbonsäure-(2.3)-diäthylester* (**I**), $C_8H_{17}O_4N_3$, F. 92—93° (Ae.), nach DIELS u. PAQUIN [1913]. *Dibenzylester* (**II**), $C_{18}H_{21}O_4N_3$, F. 98° (Zers.), durch Zufügen einer alkoh. Lsg. von Dimethylamin zu Dibenzylazodicarboxylat in sd. Ae., 1½ std. Stehen u. Abdampfen; Plättchen aus Ae. + Petroläther. — *[Dimethylaminomethyl]-hydrazin-N.N'-dicarbonsäurediäthylester* (**VI**), $C_9H_{19}O_4N_3$, $Kp._{0,5}$ 110—115°, aus Trimethylamin analog vorst. Verb. u. Rektifikation; daneben etwas *Hydrazin-N.N'-dicarbonsäurediäthylester*, F. 132—133°. — *1-Benzyl-1-methyl-*

triazandicarbonsäure-(2.3)-diäthylester (**III**), $C_{14}H_{21}O_4N_3$, F. 42—48°, aus Benzylmethylamin wie vorst.; gelbe M.; zers. sich leicht unter Abspaltung von Benzaldehyd. *Dibenzylester* (**IV**), $C_{24}H_{25}O_4N_3$, F. 93—94°; Nadeln aus Ae. + PAe.; 31%. — *N-[Benzylmethylaminomethyl]-hydrazin-N.N'-dicarbonsäuredibenzylester* (**V**), $C_{25}H_{27}O_4N_3$, F. 84—85,5°, aus 2,7 g Benzyldimethylamin u. 5,96 g Azodicarboxylat; ca. 1,13 g (roh). — *N-[Methylanilinomethyl]-hydrazin-N.N'-dicarbonsäurediäthylester*, $C_{14}H_{21}O_4N_3$, F. 75—76°; hydrolysiert in 2n H_2SO_4 zu 97% der theoret. Menge Formaldehyd. — Hydrolyse der Addukte u. Best. des Formaldehyds: $^1/_4$ std. Stehen des Addukts in 2n H_2SO_4, Dampfdest., Auffüllen des Destillats auf 50 bzw. 100 cm³, Zufügen von 10 cm³ SCHIFFschem Reagens (aus 5,15 g Na-Metabisulfit, 17 cm³ 6n HCl u. Lsg. von 0,5 g Magenta in 500 cm³ W.) zu 10 cm³ der Formaldehydlsg. + 2,4 cm³ 75%ig. H_2SO_4, nach 4 std. Stehen Messen im SPEKKER-Photometer (Ergebnisse vgl. Original). — Adduktthydrolyse u. Best. des Benzaldehyds: 1½ std. Sieden von 0,12 g Addukt in 10 cm³ W. mit 0,5 cm³ konz. H_2SO_4 u. Zufügen von 2.4-Dinitrophenylhydrazin + konz. H_2SO_4 u. Trennung der Dinitrophenylhydrazone durch Chromatographie (Ergebnisse vgl. Original). — Pyrolyse von **I**: 3 std. Sieden von 2 g **I** in Toluol im N_2-Strom ergibt *Hydrazin-N.N'-dicarbonsäurediäthylester* (F. 130—132°; 0,33 g), als flüchtige Bestandteile *CO* (nachgewiesen durch Oxydation ammoniakal. $AgNO_3$) u. *Dimethylamin* (als *Pikrat*, F. 159°; 0,37 g). — Pyrolyse von **VI**: Durch Erhitzen von 11,5 g **VI** entsteht nach Rektifikation *Dimethylcarbaminsäureäthylester*, $C_5H_{11}O_2N$, Kp.₁ 147,5°; $n_D^{.5}$ 1,4171; 1,53 g (roh). (J. chem. Soc. [London] **1952**. 2089—94. Juni. Cambridge, Univ., Chem. Dep.) LEHWALD. 950

Jean P. Picard und **R. H. Meen**, *Darstellung von Polynitroäthylenaminen.* Durch Kondensation von Äthylendiamin u. Polyäthylenaminen mit Acetoncyanhydrin (**I**) entstehen nach $H_2N[CH_2\cdot CH_2\cdot NH]_n\cdot CH_2\cdot CH_2\cdot NH_2 + 2(CH_3)_2C(CN)OH \rightarrow (CH_3)_2C(CN)\cdot NH[CH_2\cdot CH_2\cdot NH]_n\cdot C(CN)(CH_3)_2 + 2H_2O$ sek. Amine, in denen die Basizität der Aminogruppen durch den Einfl. der Nitrilgruppen geschwächt ist, u. die sich daher leichter als die prim. Ausgangsamine nitrieren lassen, trotzdem sind die Ausbeuten bei der Nitrierung ohne Katalysator unbefriedigend; sie werden sehr viel besser in Ggw. eines Chloridkatalysators, der in Form von CH_3COCl, HCl oder $ZnCl_2$ zugefügt werden kann u. sich erübrigt, wenn von den Hydrochloriden der Amine ausgegangen wird.

Versuche (FF. korr.): *2.7-Dicyan-2.7-dimethyl-3.6-diazaoctan* (**II**), $C_{10}H_{18}N_4$, F. 54,5—56°, durch Zutropfen von Äthylendiamin (Kp. 110°, n_D^{25} 1,4536) zu **I** während 30 Min. <60°, Abkühlen auf 0° u. Absaugen; aus n-Butyläther Kristalle; 94% (Ausbeute). — *2.13-Dicyan-2.13-dimethyl-3.6.9.12-tetraazatetradecan*, $C_{14}H_{28}N_6$, F. 104—105°, analog aus Triäthylentetramin (Kp.₁ 112—113°, n_D^{25} 1,4951); 89%. — *2.10-Dicyan-2.10-dimethyl-3.6.9-triazaundecantrihydrochlorid* (**III**), $C_{12}H_{23}N_5\cdot 3HCl$, F. 68—72°, durch Zugabe von Diäthylentriamin (Kp.₂₀ 97—100°, n_D^{25} 1,4810) zu **I** bei 45—50° unter Rühren, weiteres Rühren bei Raumtemp. während 45 Min., Aufnehmen in Ae. u. Einleiten von HCl unter Kühlung; 55%. — *2.16-Dicyan-2.16-dimethyl-3.6.9.12.15-pentaazaheptadecanpentahydrochlorid*, $C_{16}H_{33}N_7\cdot 5HCl$, F. 75—82°, analog aus Tetraäthylenpentamin (Kp.₁ 151 bis 152°, n_D^{25} 1,5015); 58%. — *3.6-Dinitro-2.7-dicyan-2.7-dimethyl-3.6-diazaoctan*, $C_{10}H_{16}O_4N_6$, F. 212—212,5° (Zers.), durch Eintragen von **II** in eine Mischung von 100%ig. HNO_3 mit CH_3COCl u. Acetanhydrid bei 5°, 10 Min. Stehen bei 0° u. 24 Std. bei 25° u. Eingießen in Eis u. W.; aus Nitromethan–Ae. oder Aceton–W. feine Kristalle, λ_{max} zwischen 235 u. 240 mμ in A.; 60%. — *3.6.9.12-Tetranitro-2.13-dicyan-2.13-dimethyl-3.6.9.12-tetraazaheptadecan*, $C_{14}H_{24}O_8N_{10}$, F. 200—200,5°, analog; 65%. — *3.6.9-Trinitro-2.10-dicyan-2.10-dimethyl-3.6.9-triazaundecan*, $C_{12}H_{20}O_6N_8$, F. 162,5—163°, aus **III** wie vorst., aber ohne CH_3COCl; λ_{max} zwischen 235 u. 240 mμ in A.; 70%. — *3.6.9.12.15-Pentanitro-2.16-dicyan-2.16-dimethyl-3.6.9.12.15-pentaazaheptadecan*, $C_{16}H_{28}O_{10}N_{12}$, F. 172°, analog; 67%. (Canad. J. Chem. **30**. 102—07. Febr. 1952. Valcartier, Quebec, Canad. Armament Res. and Developm. Establishm., Organ. Sect.) SPAETH. 950

Gilm Kamai und **Je. I. Schugurowa**, *Amide der Dialkylphosphoncarbonsäuren und ihre Derivate.* Durch Einw. von wss. oder alkoh. NH_3 auf Dialkylphosphoncarbonsäureester wurden die entsprechenden Amide erhalten. Einige *Amide von Dialkylphosphonessigsäuren* wurden aus Trialkylphosphiten mit Chloracetamid dargestellt. Die Amide der *Dialkylphosphonameisensäuren* u. der *Dialkylphosphonessigsäuren* bilden glänzende Nadeln. Durch Einw. von Anilin oder p-Toluidin auf Dialkylphosphoncarbonsäureester bei erhöhter Temp. wurden die entsprechenden *Arylamide*, die glänzende Kristalle bilden, erhalten. Auf diesem Wege konnten auch einige *Bis-arylamide* von *Dialkylphosphonmalonsäure* gewonnen werden. Bei analoger Rk. mit NH_3 in A. erfolgte Spaltung der P–C-Bindung u. Bldg. von *Malondiamid*. — *Amide* von *Dialkylphosphonameisensäuren* $(RO)_2P(:O)CONH_2$. $R = CH_3$, F. 99,5°. $R = C_2H_5$, F. 134°. $R =$ *iso*-C_3H_7, F. 163°. $R =$ *n*-C_3H_7, F. 178°. $R =$ *iso*-C_4H_9, F. 181°. $R =$ *n*-C_4H_9, F. 192°. $R =$ *iso*-C_5H_{11}, F. 198,5°. — *Amide* von *Dialkylphosphon-*

essigsäuren $(RO)_2P(:O)CH_2CONH_2$. $R = CH_3$, F. 46°. $R = C_2H_5$, F. 78°. $R = iso\text{-}C_3H_7$, F. 81°. $R = n\text{-}C_3H_7$, F. 87°. $R = iso\text{-}C_4H_9$, F. 97°. $R = n\text{-}C_4H_9$, F. 106°. $R = iso\text{-}C_5H_{11}$, F. 114,5°. — *Anilide* von *Dialkylphosphonessigsäuren* $(RO)_2P(:O)CH_2CONHC_6H_5$. $R = CH_3$, F. 174°. $R = iso\text{-}C_3H_7$, F. 155°. $R = n\text{-}C_3H_7$, F. 136°. $R = iso\text{-}C_4H_9$, F. 143°. $R = n\text{-}C_4H_9$, F. 122°. $R = iso\text{-}C_5H_{11}$, F. 117°. — *Anilide* von *α-Dialkylphosphonpropionsäuren* $(RO)_2P(:O)CH(CH_3)CONHC_6H_5$. $R = iso\text{-}C_3H_7$, F. 214°. $R = iso\text{-}C_4H_9$, F. 217°. — *p-Tolylamide* von *Dialkylphosphonessigsäuren* $(RO)_2P(:O)CH_2CONHC_7H_7$. $R = CH_3$, F. 216°. $R = iso\text{-}C_3H_7$, F. 178°. $R = n\text{-}C_3H_7$, F. 162°. $R = iso\text{-}C_4H_9$, F. 167,5°. $R = n\text{-}C_4H_9$, F. 151°. $R = iso\text{-}C_5H_{11}$, F. 156°. — *p-Tolylamide* von *α-Dialkylphosphonpropionsäuren* $(RO)_2P(:O)CH(CH_3)CONHC_7H_7$. $R = iso\text{-}C_3H_7$, F. 172°. $R = iso\text{-}C_4H_9$, F. 178°. (Доклады Академии Наук СССР [Ber. Akad. Wiss. UdSSR] [N. S.] **79.** 605—07. 1/8. 1951. Kasan, Chem.-Technolog. Kirow-Inst.) WÖRFFEL. 980

A. Je. Arbusow und **P. I. Alimow**, *Kondensationsprodukte von Estern der pyrophosphorigen Säure mit Aldehyden.* Bei der Rk. von Pyrophosphorigsäuretetraäthylester (I) mit Acetaldehyd in Ggw. von wenig konz. H_2SO_4 (oder auch ohne diese) entsteht *Diäthyl-[α-diäthylphosphonäthyl]-phosphit* (**II**), $(C_2H_5O)_2P(:O)\cdot CH(CH_3)\cdot O\cdot P(OC_2H_5)_2$. Bei der Hydrolyse zerfällt **II** in *α-Oxyäthylphosphonsäure*, H_3PO_3 u. C_2H_5OH. Mit *Cu(I)-Halogeniden* entstehen *Komplexe*, die annähernd dem Verhältnis 1:1 der Komponenten entsprechen, als nicht kristallisierende Öle. Bei der Einw. von C_2H_5J auf **II** erfolgt ARBUSOWsche Umlagerung unter Bldg. von *Äthyl-[α-diäthylphosphonäthyl]-äthylphosphonat*, $[(C_2H_5O)_2P(:O)CH(CH_3)]\cdot OP(:O)(C_2H_5)OC_2H_5$. Analog verlaufen die Rkk. von I mit Butyraldehyd, Furfurol, Benzaldehyd u. p-Toluylaldehyd u. die weiteren Umwandlungen. Mit Chloral reagiert I anders. Unter Spaltung von I erfolgt Bldg. von *Phosphorigsäurediäthylesterchlorid* u. *Diäthylphosphondichloracetaldehyd* (**III**). Zur Sicherstellung der Konst. wurde **III** aus Triäthylphosphit u. Chloral synthetisiert (ARBUSOWsche Umlagerung). I reagiert nicht mit **III** oder Ketonen.

V e r s u c h e: *Diäthylester* der *[α-diäthylphosphonalkyl]-phosphorigen Säure*, $(C_2H_5O)_2\cdot P(:O).CH(R).O.P(OC_2H_5)_2$. R = CH_3 (**II**), $C_{10}H_{24}O_6P_2$, Kp.$_{1,5}$ 109—110°; aus I (14,1 g) u. Acetaldehyd (4 g) durch 1 std. Erhitzen auf 110° im Einschlußrohr; bewegliche, geruchlose Fl.; D.^{20} 1,0910; n_D^{20} 1,4383; Mol.-Refr. 72,71; lösl. in W., A., Ae. u. Bzl.; 8,2 g (Ausbeute). Von den bei der Hydrolyse (6 std. Kochen mit 10%ig. HCl) entstehenden Prodd. wurde H_3PO_3 quantitativ zu 95,26% bestimmt. R = $CH_3(CH_2)_2$, $C_{12}H_{28}O_6P_2$, Kp.$_3$ 134—135°; aus I (6,2 g), Butyraldehyd (1,73 g) u. 1 Tropfen konz. H_2SO_4, 10 Min. bei 100°; D^{20}_4 1,0678; n_D^{20} 1,4395; 3 g. R = *Furyl-(2)*, $C_{13}H_{24}O_7P_2$, Kp.$_{1,5}$ 146—148°; aus I (7,4 g) u. Furfurol (2,75 g), 40 Min. bei 120°; dickes Öl; D^{20}_4 1,1666; n_D^{20} 1,4697; 1,3 g. R = C_6H_5 (**IV**), $C_{15}H_{26}O_6P_2$, Kp.$_1$ 149—150°; aus I (7,5 g) u. Benzaldehyd (3,1 g), 1 Std. bei 120°; Öl; D^{20}_4 1,1315; n_D^{20} 1,4885; 4,7 g. Hieraus durch Verseifen mit 10%ig. HCl H_3PO_3 (96,42%) u. *α-Oxybenzylphosphonsäure* (F. 172—173°). R = $p\text{-}CH_3C_6H_4$, $C_{16}H_{28}O_6P_2$, Kp.$_1$ 159—160°; aus I (7,4 g) u. p-Toluylaldehyd (3,44 g), 1 Std. bei 100—110°; D^{20}_4 1,1158; n_D^{20} 1,4890; 3,5 g. — *Phosphorigsäurediäthylesterchlorid*, $C_4H_{10}O_2ClP$, Kp.$_{13}$ 41—43°; aus I (7,3 g) u. Chloral (2,8 ml), 10 Min. bei 100—120°; D^{20}_4 1,0816; n_D^{20} 1,4349; 2,5 g, neben *Diäthylphosphondichloracetaldehyd* (**III**), $C_6H_{11}O_4Cl_2P$, Kp.$_{12}$ 127—128°; D^{20}_4 1,2981; n_D^{20} 1,4489; 3,5 g; diese Verb. auch aus Chloral (6,6 g) bei tropfenweiser Zugabe von Triäthylphosphit (7,4 g), danach 10 Min. bei 100—140°; 7,2 g, neben *Äthylchlorid*. — *Äthyl-[α-diäthylphosphonäthyl]-äthylphosphonat*, $C_{10}H_{24}O_6P_2$, Kp.$_2$ 132—133°; aus **II** (5,1 g) durch 4 std. Erhitzen mit C_2H_5J (1 ml) im Einschmelzrohr auf 130—140°; D^{20}_4 1,1296; n_D^{20} 1,4390; Mol.-Refr. 70,32; 3 g. *Äthyl-[α-diäthylphosphonbenzyl]-äthylphosphonat*, $C_{15}H_{26}O_6P_2$, Kp.$_{0,5}$ 176—177°; aus **IV** u. C_2H_5J analog Vorst., 2 Std. bei 120—145°; D^{20}_4 1,1624; n_D^{20} 1,4894; fast quantitativ. Die 2 vorst. Verbb. sind dicke, geruchlose Öle, lösl. in organ. Lösungsmitteln u. Wasser. (Известия Академии Наук СССР, Отделение Химических Наук [Nachr. Akad. Wiss. UdSSR, Abt. chem. Wiss.] **1951.** 530—35. Sept./Okt. Kasan, Chem. Arbusow-Inst. der Zweigstelle der Akad. der Wiss. der UdSSR.) WÖRFFEL. 980

B. A. Arbusow und **W. Ss. Winogradowa,** *Herstellung von Estern der stibinigen Säure durch Umesterung.* Nachst. *Ester* $(RO)_3Sb$ der *stibinigen Säure* wurden durch Umesterung aus Stibinigsäuretriäthylester mit geringem Überschuß des entsprechenden Alkohols unter Abdest. der theoret. Menge A. gewonnen. (Die Siedepunktangaben sind korr.) R = *n-Butyl*, Kp.$_{5,5}$ 138,5—139,5°; D^{20}_0 1,2804; 75% (Ausbeute). R = *n-Hexyl*, $C_{18}H_{39}\cdot O_3Sb$, Kp.$_3$ 188—188,3°; D^{20}_0 1,1386; bewegliche Fl.; 85%. R = *n-Octyl*, $C_{24}H_{51}O_3Sb$, Kp.$_2$ 225°; D^{20}_0 1,0804; bewegliche Fl.; 97%. R = *n-Nonyl*, $C_{27}H_{57}O_3Sb$, Kp.$_5$ 260,5 bis 261°; D^{20}_0 1,0636; bewegliche Fl.; 93%. R = *n-Decyl*, $C_{30}H_{63}O_3Sb$, Kp.$_4$ 286—288°; D^{20}_0 1,0528; krist. beim Aufbewahren; 89%. R = *Benzyl*, $C_{21}H_{21}O_3Sb$, Kp.$_{3,5}$ 258—259°; Öl; D^{20}_0 1,4234; 7 g aus 6 g Triäthylester. R = *β-Phenyläthyl*, $C_{24}H_{27}O_3Sb$, Kp.$_{2,5}$ 277 bis 278°; Öl; D^{20}_0 1,3513; 87%. R = *Cyclohexyl*, $C_{18}H_{33}O_3Sb$, F. 41—45°, Kp.$_{5,5}$ 210 bis

210,5°; D.$^{50}{}_0$ 1,2728; 80%. — Die Ester werden bei zunehmender Länge von R mit wachsender Leichtigkeit verseift. (Известия Академии Наук СССР, Отделение Химических Наук [Nachr. Akad. Wiss. UdSSR, Abt. chem. Wiss.] **1951**. 551—53. Sept./Okt. Kasan, Uljanow-Lenin-Univ., Chem. Wiss. Butlerow-Forschungsinst.) WÖRFFEL. 980

Marjorie Anchel, *Identifizierung von Drosophilin A als p-Methoxytetrachlorphenol.* Vf. identifizierte das Antibioticum *Drosophilin A* als *p-Methoxytetrachlorphenol* (I), $C_7H_4\cdot O_2Cl_4$, F. 116°. Demethylierung mit sd. 70%ig. HJ ergibt *Tetrachlorhydrochinon*, F. 232°. Methylierung von I mit CH_2N_2 führt zu *1.4-Dimethoxytetrachlorbenzol*, F. 160°, welches mit warmer konz. H_2SO_4 zu I partiell entmethyliert wurde, F. 114°. (J. Amer. chem. Soc. **74**. 2943. 5/6. 1952. New York, N. Y., Botan. Garden, Bronx Park.) ULRICH. 1060

N. W. Schorygina, *Zur Kondensation von Äthylenoxyd mit Benzolhomologen.* Toluol u. andere Benzolhomologe reagieren mit Äthylenoxyd (I) in Ggw. von $AlCl_3$ unter Bldg. von *β-Aryläthylalkoholen.* Die Rk. mit Toluol verläuft bei 5—15° zufriedenstellend; die mit dem Gemisch der isomeren Xylole liefert dagegen höhersd. Kondensationsprodd. (u. a. Diphenyl) u. nur 30% an Alkoholen. Mit Chlorbenzol ist die Ausbeute gering, mit o- u. p-Dichlorbenzol-Gemisch tritt keine Rk. ein.

Versuche: *β-p-Tolyläthylalkohol*, Kp.$_4$ 105°. In 150 g Toluol + 50 g $AlCl_3$ werden unter Kühlung u. Durchsaugen von Luft in 4—5 Std. 75 g I eingeleitet; Fl. von ziemlich angenehmem Geruch; D.^{19} 0,997; n_D^{21} 1,5275; 40—45% (Ausbeute, auf verbrauchtes Toluol bezogen). Liefert bei Oxydation mit verd. HNO_3 *p-Toluylsäure*, F. 181°. — *β-[2.3-Dimethylphenyl]-äthylalkohol* (II), Kp.$_2$ 110—112°; D.^{19} 0,9915; n_D^{21} 1,5310, u. *β-[3.5-Dimethylphenyl]-äthylalkohol* (III), Kp.$_2$ 115—117°; D.^{19} 0,993; n_D^{21} 1,5290; aus I u. Xylolgemisch (Kp. 137—145°) analog Vorst., doch nicht oberhalb 5°. Öle von ziemlich angenehmem Blütengeruch. Bei der Oxydation *2.3-Dimethylbenzolcarbonsäure-(1)*, F. 144°, u. *Hemimellitsäure*, F. 197°, aus II, u. *3.5-Dimethylbenzolcarbonsäure-(1)*, F. 166°, aus III. (Журнал Общей Химии [J. allg. Chem.] **21**. (**83**.) 1273—76. Juli 1951. Wiss. Frunse-Forschungsinst. für plast. Massen.) G. FROELICH. 1070

Ernest L. Jackson, *Einige N-monosubstituierte Derivate des Bis-[p-aminophenyl]-sulfons.* Einige Derivv. des *Bis-[p-aminophenyl]-sulfons* (III), von denen eine antituberkulare Wrkg. erwartet wurde, wurden dargestellt. *[p-Aminophenyl]-[p'-(γ-oxypropyl)-amino-phenyl]-sulfon* wurde durch Rk. von 3-Brompropanol-(1) mit [p-Nitrophenyl]-[p'-aminophenyl]-sulfon u. Red. des Reaktionsprod. erhalten. [p-Aminophenyl]-[p'-(β-bromäthyl-amino)-phenyl]-sulfon (I) reagierte mit Äthanthiol u. Na-Äthylat unter Bldg. von *[p-Aminophenyl]-[p'-(β-äthylmercaptoäthyl-amino)-phenyl]-sulfon* u. mit Na-Methylat in CH_3OH zu *[p-Aminophenyl]-[p'-(äthylenimino)-phenyl]-sulfon* (II). II lieferte mit HCl in CH_3OH *[p-Aminophenyl]-[p'-(β-chloräthyl-amino)-phenyl]-sulfon,* das auch durch Kochen von I mit A. u. HCl oder durch Red. von [p-Nitrophenyl]-[p'-(β-chloräthyl-amino)-phenyl]-sulfon mit $SnCl_2$ erhalten wurde. Einw. von Essigsäureanhydrid auf I lieferte *[p-Acetyl-aminophenyl]-[p'-(β-bromäthyl-amino)-phenyl]-sulfon.* Es gelang nicht, durch Rk. von I mit Na-Methylat u. L-Tyrosin- bzw. N-Acetyltyrosinmethylester einen krist. Äther zu erhalten. *β-[3-(p-Sulfanilylphenylazo)-4-oxyphenyl]-L-* u. *-D-alanin* wurden durch Diazotierung von III u. Kupplung mit L- bzw. D-Tyrosin bei p_H 8 dargestellt.

Versuche: *[p-Nitrophenyl]-[p'-(γ-oxypropyl-amino)-phenyl]-sulfon*, $C_{15}H_{16}O_5N_2S$, F. 156—157°, durch Zugabe von W., 3-Brompropanol-(1) u. $CaCO_3$ zu [p-Nitrophenyl]-[p'-aminophenyl]-sulfon in Cellosolve, 80std. Kochen auf dem Dampfbad, Zugabe von weiterem 3-Brompropanol-(1) u. $CaCO_3$, 75std. Kochen, Filtration, Entfernung des Lösungsm. im Vakuum u. Mischen mit W., orangefarbene Prismen aus A. u. dann CH_3OH. — *[p-Aminophenyl]-[p'-(γ-oxypropyl-amino)-phenyl]-sulfon,* $C_{15}H_{18}O_3N_2S$, F. 150—151°, aus vorst. Verb. in A. mit H_2 + RANEY-Ni bei Raumtemp. u. Normaldruck, Einengen des Filtrats u. Verdünnen mit W., Prismen aus A. u. W.; 75% (Ausbeute); leichtlösl. in Aceton, lösl. in A. u. CH_3OH, wenig lösl. in kaltem Wasser. — *[p-Aminophenyl]-[p'-(β-äthylmercapto-äthyl-amino)-phenyl]-sulfon,* $C_{16}H_{20}O_2N_2S_2$, F. 100—101°, aus Äthanthiol, I u. Na-Äthylat, 2std. Kochen, Neutralisation mit HCl, Eindampfen im Vakuum u. Extraktion mit absol. A., gelbe Prismen aus A.; 82%. — *[p-Aminophenyl]-[p'-(äthylenimino)-phenyl]-sulfon* (II), $C_{14}H_{14}O_2N_2S$, F. 186—187°, durch Zugabe von 53,6 cm³ 0,1034n-Na-Methylat zu 2 g I in CH_3OH, 21std. Kochen, Entfernung des Lösungsm., Platten aus A.; 1,2 g. — *[p-Aminophenyl]-[p'-(β-chloräthyl-amino)-phenyl]-sulfon,* $C_{14}H_{15}O_2N_2ClS$, F. 162—163°, a) durch Einleiten von HCl in die Lsg. von 0,25 g II in CH_3OH, 22std. Stehen, Entfernung des Lösungsm. bei Raumtemp., Aufnehmen in wenig W., Neutralisation, leicht braune Kristalle aus CH_3OH u. CH_3OH–PAe.; 60%; b) durch Zugabe von 7 cm³ 38%ig. HCl zu 1 g I in 95%ig. A., 3½std. Kochen, Neutralisation, Eindampfen des Filtrats im Vakuum u. Ausziehen mit wenig W.; 90%; c) durch Mischen von 0,2 g $SnCl_2\cdot 2H_2O$ in 2 cm³ 38%ig. HCl mit 0,1 g [p-Nitrophenyl]-[p'-(β-chloräthyl-amino)-phenyl]-sulfon in absol. A., 2std. Kochen,

Neutralisation, Behandlung mit H_2S u. Neutralisation der wss. Suspension. — *[p-Acetylaminophenyl]-[p'-(β-bromäthyl-amino)-phenyl]-sulfon*, $C_{16}H_{17}O_3N_2BrS$, F. 175—176°, durch Rk. von 5 g I in W. mit Essigsäureanhydrid unter 70°, leicht braune Prismen aus CH_3OH; 4,6 g. — *β-[3-(p-Sulfanilylphenylazo)-4-oxyphenyl)-L-alanin*, $C_{21}H_{20}O_5N_4S$, schm. nicht bis 320°, durch Diazotierung von 5 g III in 13 % ig. HCl, Zugabe von 3,7 g L-Tyrosin, 55 g wasserfreier Soda, 20,4 cm³ n-NaOH u. 200 cm³ W. unter Eiskühlung (p_H 8), Ausziehen des Nd. mit heißem W., dem wenig n-NaOH zugefügt wurde, Stehen bei 5°, Einengen des Filtrats, Ansäuern mit CH_3COOH (p_H 4,5), Aufnehmen der Säure in Pyridin, Zugabe von CH_3OH u. Extraktion mit kaltem Aceton; wenig lösl. in W., verd. HCl u. den üblichen organ. Lösungsmitteln. Nach 3 std. Kochen mit $SnCl_2 \cdot 2H_2O$ in 38 % ig. HCl, Verdünnen mit Eisessig, ½ std. Erhitzen, Konz. im Vakuum, Erhitzen auf dem Dampfbad, Zugabe von HCl u. Behandlung mit H_2S wurde ein Drehwinkel von $[\alpha]_D$ —0,17° (4 dm Rohr) gemessen. — *β-[3-(p-Sulfanilylphenylazo)-4-oxyphenyl]-D-alanin*, Darst. analog vorst. Verbindung. (J. org. Chemistry **16**. 1899—1903. Dez. 1951. Bethesda, Md., Nat.Inst. of Health.)

HILDEGARD BAGANZ. 1090

Heinrich Rheinboldt und **Ernesto Giesbrecht**, *Selenenylthiolate*. Durch Umsetzung von Sulfenylhaliden mit Selenomercaptanen bzw. Selenophenolen oder besser umgekehrt aus Selenenylhaliden u. Mercaptanen oder Thiophenolen entstehen „*Sulfidselenide*" R·S·Se·R', die am besten als *Selenenylthiolate* bezeichnet werden, da sie bei der alkal. Hydrolyse nach folgendem Schema gespalten werden: R·Se·S·R' + H_2O → RSeOH + R'SH; 3 RSeOH → RSe·SeR + $RSeO_2H$ + H_2O. Die symm. Selenenylthiolate RSeSR bilden ununterbrochene Mischkristallreihen mit den entsprechenden Disulfiden u. Diseleniden, die unsymm. Verbb. RSeSR' auch mit den gemischten Disulfiden (gemischte Diselenide sind noch nicht bekannt); ebenso bilden die Isomerenpaare RSeSR' u. R'SeSR miteinander in allen Verhältnissen Mischkristalle. Die Selenenylthiolate zeigen in geschmolzenem Zustand u. in Lsg. Thermochromieerscheinungen, durch Br_2 werden sie nach RSeSR' + Br_2 → RSeBr + BrSR' bzw. RSeSR' + 2 Br_2 → $RSeBr_3$ + BrSR' gespalten. Mit $HgCl_2$ werden keine isolierbaren Additionsprodd. gebildet; nach längerem Kochen mit alkoh. $HgCl_2$-Lsg. tritt Spaltung in Diselenid u. Disulfid ein. Bei der Oxydation bilden sich je nach den Bedingungen unter Spaltung der Se–S-Bindung verschied. Produkte.

Versuche: *Benzolselenenylthiophenolat* (**I**), $C_{12}H_{10}SSe$, F. 57,3—58°, a) durch Verreiben von Benzolselenenylbromid (**III**; F. 61—62°) mit Thiophenol (**X**) u. Verrühren mit 5 % ig. Sodalsg.; aus CH_3OH hellgelbe Nadeln; 90,2 % (Rohausbeute); b) durch Eintropfen von Benzolsulfenylchlorid (Kp.₁₀ 78—80°) in Ae. in die äther. Lsg. von Phenylseleno-MgBr (aus Mg, Brombenzol u. grauem Se) unter Kühlung, ½ std. Kochen, Gießen auf Eis, Ansäuern mit konz. HCl u. Ausäthern; 82,7 %. Geschmolzenes **I** färbt sich beim Erhitzen auf höhere Tempp. über orange tiefrot, beim Abkühlen kehrt die ursprüngliche Farbe zurück; ebenso färbt sich die Lsg. in Xylol beim Erwärmen zunehmend tiefer. **I** ist unlösl. in W., wenig lösl. in kaltem, gut in heißem CH_3OH, lösl. in kaltem Ae., A., Aceton, Chlf., CCl_4, PAe., Bzl., Eisessig u. Essigester. Aus **I** in Chlf. entsteht mit Br_2 unter Kühlung ein braunroter Nd., aus dem *Phenylselentribromid* (**VI**; F. 105—106°; 97,4 %) isoliert wurde; das im Filtrat vorhandene, leicht zersetzliche *Benzolsulfenylbromid* wurde mit A. versetzt, wobei sich *Diphenyldisulfid* (**II**; F. 60—61°; 91,7 %) bildete. **I** bildet mit **II** oder Diphenyldiselenid ununterbrochene Mischkristallreihen, deren Auftaupunkte u. FF. angegeben werden. — *o-Nitrobenzolselenenyl-o-nitrothiophenolat*, $C_{12}H_8O_4N_2SSe$, F. 197,3—198,2°, analog **I** a) aus o-Nitrobenzolselenenylbromid (**VIII**; F. 64—65°) u. o-Nitrothiophenol (**IV**; F. 58—59°); aus Essigester glänzende grünlichgelbe, stäbchenförmige Kristalle; 99 %. — *Benzolselenenyl-o-nitrothiophenolat* (**XIII**), $C_{12}H_9O_2NSSe$, F. 58,0—58,8°, a) aus **III** u. **IV**; aus PAe. hellgelbe Nadeln; 95 %; b) aus o-Nitrobenzolsulfenylchlorid oder -bromid (**VII**; F. 84—85°) u. Selenophenol (**V**) in Chlf. während 24 Std. bei Raumtemp.; 96,5 %; c) aus o-Nitrobenzolsulfenylrhodanid (F. 92,2—93,2°) u. **V** in Chlf. während 2 Std. bei Raumtemp.; 96,8 %; d) aus o-Nitrobenzolsulfenylselenocyanat u. **V** in Chlf. während 8 Std. bei Raumtemp., wobei nach 2 Std. filtriert wurde; 83,5 %; gibt bei der Spaltung mit Br_2 in Chlf. wie oben **VI** (96,1 %) u. **VII** (98,3 %). — *Benzolselenenyl-α-thionaphtholat*, $C_{16}H_{12}SSe$, F. 59,5—60,5°, durch Zutropfen von äther. **III**-Lsg. zur Lsg. von α-Naphthylmercapto-MgBr (aus Mg, α-Bromnaphthalin u. S) bei 20°, ½ std. Kochen, Gießen auf Eis u. Ausäthern; aus PAe. hellgelbe Nadeln; 71 %. — *o-Nitrobenzolselenenyl-n-hexadecan-1-thiolat*, $C_{22}H_{37}O_2NSSe$, F. 51—52°, durch langsame Zugabe von n-Hexadecylmercaptan (Kp.₁₀ 186—188°, F. 18—19°) in Ae. zur Lsg. von **VIII** in Ae. unter Umschütteln u. 5 std. Stehen bei Raumtemp.; aus A. gelbe Blättchen; 95,4 %. — *o-Nitrobenzolselenenylcholesten-3-thiolat*, $C_{33}H_{49}O_2NSSe$, F. 123,6—124,7°, durch 12 std. Stehen von Cholesterylbleimercaptid mit **VIII** in Bzl., Filtration u. Eindampfen; aus Eisessig mikrokrist. Pulver; 97,2 %. — *o-Nitrobenzolselenenylphenylmethanthiolat*, $C_{13}H_{11}O_2NSSe$, F. 53,8—54,6°, durch Verreiben von **VIII** mit Benzylmercaptan; aus CH_3OH tiefgelbe Blättchen; 91%. — *o-Nitrobenzolselenenylthiophenolat* (**IX**), $C_{12}H_9O_2NSSe$, F. 54—55°, a) durch Verreiben von **VIII** mit **X**; aus CH_3OH gelbe Nadeln; 97,4%; b) aus **VIII** u. der Na-Verb. von **X** in Bzl.; 93,8%; c) aus **VIII** u. der Ag-Verb. von **X** in Bzl.; 93,8%. Verseifung von **IX** mit 6%ig. wss.-alkoh. KOH unter Rückfluß u. Ansäuern mit verd. HCl lieferte **X** (Kp. 160—161°; 90,8%), *o.o'-Dinitrodiphenyldiselenid* (**XI**; F. 210—211°; 97,8%) u. *o-Nitrobenzolseleninsäure* (**XII**; F. 183—184°; 87,2%). Während 15%ig. alkoh. $HgCl_2$-Lsg. bei Raumtemp. ohne Einw. auf **IX** blieb, wurden nach 4std. Kochen **XI** (69,7%) u. ein Gemenge von **II** u. unverändertem **IX** erhalten. Oxydation von **IX** in Eisessig mit 30%ig. H_2O_2 auf dem Wasserbad ergab **II**, **XI**, **XII** (91,9%) u. *Benzolsulfonsäure* (91,7%), in Aceton bei Raumtemp. *o.o'-Dinitrodiphenyldiselenoxyd* [besser als *Selenolselenonsäureester* zu bezeichnen, $C_{12}H_8O_6N_2Se_2$, F. 158,5—160° (Zers.), aus Xylol tieforangefarbene Nadeln; wird mit KJ zu **XI** red.], **XI** u. *Benzolsulfinsäure*. Die Auftaupunkte der Mischkristalle aus **IX** u. dem isomeren **XIII** werden angegeben. — *o-Nitrobenzolselenenyl-p-thiokresolat*, $C_{13}H_{11}O_2NSSe$, F. 86—87°, a) durch Verreiben von **VIII** u. p-Thiokresol; aus CH_3OH dottergelbe Nadeln; 95,6%; b) aus **VIII** u. Pb-Thiokresolat in Bzl. während 3 Std. bei Raumtemp.; 95,9%; die Auftaupunkte u. FF. der Mischkristalle mit o-Nitro-p'-methyldiphenyldisulfid (F. 73,0—73,8°) werden angegeben. — *o-Nitrobenzolselenenyl-α-thionaphtholat*, $C_{16}H_{11}O_2NSSe$, F. 110,5 bis 111,5°, durch Verreiben von **VIII** mit α-Thionaphthol; aus Isopropanol orangegelbe Plättchen; 97,5%. — *o-Nitrobenzolselenyl-β-thionaphtholat*, F. 87,0—87,8°, aus **VIII** u. β-Thionaphthol in Chlf., Eindampfen nach 24 Std.; aus A. gelbes, mikrokrist. Pulver; 95,8%. — *o-Nitro-p-chlorbenzolselenyl-2-methylbutan-2-thiolat*, $C_{11}H_{14}O_2NClSSe$, F. 31,7—32,7°, durch Verreiben von o-Nitro-p-chlorbenzolselenenylbromid (**XIV**; F. 102,5—103,5°) mit tert.-Amylmercaptan; aus CH_3OH hellorangefarbene, stäbchenförmige Kristalle; 87,2%. — *o-Nitro-p-chlorbenzolselenenyl-n-dodecan-1-thiolat*, $C_{18}H_{28}O_2NClSSe$, F. 56,8—57,5°, aus **XIV** u. n-Dodecylmercaptan ($Kp._{28}$ 158—159°), aus $CCl_4 + CH_3OH$ gelbe Nadeln; 94,8%. — *Bis-[o-nitro-p-chlorbenzolselenenyl]-äthan-1.2-dithiolat*, $C_{14}H_{10}O_4N_2Cl_2S_2Se_2$, F. 201—202°, aus **XIV** u. Äthylenmercaptan; aus Xylol schwachgelbe Nadeln; 87,5%. — *Bis-[o-nitro-p-chlorbenzolselenenyl]-propan-1.3-dithiolat*, $C_{15}H_{12}O_4N_2Cl_2S_2Se_2$, F. 147,7 bis 148,6°, aus **XIV** u. Trimethylenmercaptan in Bzl. während 2 Std. beim Kp. u. 2 Std. bei Raumtemp.; aus Chlf. orangegelbe Nadeln; 90,2%. — *o-Nitro-p-brombenzolselenenyltrimethylmethanthiolat*, $C_{10}H_{12}O_2NBrSSe$, F. 56,5—57,3°, aus o-Nitro-p-brombenzolselenenylbromid (F. 115—116°) u. tert.-Butylmercaptan (**XV**); aus CH_3OH kleine gelbe Spieße; 83%. — *o-Nitro-p-brombenzolselenenylphenylmethanthiolat*, $C_{13}H_{10}O_2NBrSSe$, F. 70,1 bis 71,2°, analog; aus A. gelbe Nadeln; 91,75%. — *o-Nitro-p-brombenzolselenenyl-p-thiokresolat*, $C_{13}H_{10}O_2NBrSSe$, F. 99,0—99,7°, aus A. gelbe Nadeln; 96,7%. — *o-Nitro-p-methylbenzolselenenyl-n-octadecan-1-thiolat*, $C_{25}H_{43}O_2NSSe$, F. 66,5—67,3°, durch Verreiben von o-Nitro-p-methylbenzolselenenylbromid (F. 85—86°) mit n-Octadecylmercaptan (F. 33 bis 35°); aus $CCl_4 + CH_3OH$, dann A. kanariengelbe Blättchen; 94,3%. — *o-Nitro-p-methylbenzolselenenylcyclohexanthiolat*, $C_{13}H_{17}O_2NSSe$, F. 62,5—63,0°, wie vorst. aus Cyclohexanthiol; aus CH_3OH orangegelbe Nadeln; 89,3%. — *o-Nitro-p-methylbenzolselenenylthiophenolat*, $C_{13}H_{11}O_2NSSe$, F. 76,5—77,5°, wie vorst. aus **X**; aus CH_3OH gelborangefarbene Nadeln; 97%. — *p-Nitrobenzolselenenyltrimethylmethanthiolat*, $C_{10}H_{13}O_2$·NSSe, F. 74,5—75,5°, durch 12std. Stehen von p-Nitrobenzolselenenylbromid u. **XV** in Bzl.; aus CH_3OH schwachgelbe Nadeln; 79%; daneben entsteht *p.p'-Dinitrodiphenylselenid*, F. 178—179°. — *2.4-Dinitrobenzolselenenylmethanthiolat*, $C_7H_6O_4N_2SSe$, F. 105,5 bis 106,5°, durch Einleiten von Methylmercaptan in die Suspension von 2.4-Dinitrobenzolselenenylbromid (F. 117—118°) in Bzl. unter Ausschluß der Luftfeuchtigkeit, Stehen über Nacht u. Eindampfen; aus A. tieforangefarbene Nadeln; 87,6%. — *2.4-Dinitrobenzolselenenyläthanthiolat*, $C_8H_8O_4N_2SSe$, F. 104,2—105,0°, wie vorst. mit Äthylmercaptan in Bzl.; aus Dioxan + CH_3OH orangegelbe Nadeln; 96,5%. — *2.4-Dinitrobenzolselenenyldimethylmethanthiolat*, $C_9H_{10}O_4N_2SSe$, F. 76—77°, wie vorst. mit Isopropylmercaptan; aus CH_3OH gelbe Blättchen; 86%. — *4-Biphenylselenenylbromid*, F. 165—166°, durch Zutropfen von Br_2 zur Suspension von 4.4'-Dibiphenyldiselenid (F. 181—183,5°) in Chlf. unter Umschütteln u. 2std. Stehen bei Raumtemp.; aus Chlf. braune Blättchen; 73,8%. — *4-Biphenylselenenyltrimethylmethanthiolat*, $C_{16}H_{18}SSe$, F. 68,5—69,5°, aus vorst. Verb. u. **XV** in Bzl.; aus A. gelbstichige Blättchen; 75,2%. — *4-Biphenylselenenyltriphenylmethanthiolat*, $C_{31}H_{24}SSe$, F. 121,5—122,5°, wie vorst. aus Triphenylmethylmercaptan; aus PAe. mkr. gelbliche Nadeln. — *α-Naphthalinselenenyl-o-nitro-p-chlorthiophenolat*, $C_{16}H_{10}O_2NCl$·SSe, F. 142,5—143,5°, durch Verreiben von o-Nitro-p-chlorbenzolsulfenylbromid u. α-Selenonaphthol; aus Dioxan + CH_3OH gelbe Nadeln; 95,4%. (Liebigs Ann. Chem. **568**. 198 bis 217. 10/6. 1950. São Paulo, Brasilien, Univ., Philosoph. Fak., Chem. Inst.) SPAETH. 1090

Kenneth N. Campbell, Paul F. Hopper und **Barbara K. Campbell**, *Die Darstellung von Methylendioxymethoxybenzaldehyden.* Auf der Suche nach geeigneten Verff. zur Darst.

von *Methylendioxymethoxybenzaldehyden* wurde als Vorvers. die Methylenierung von *Brenzcatechin* untersucht. Als beste Meth. erwies sich die Behandlung mit CH_2Br_2 in methanol. KOH in Ggw. von Cu-Bronze-Katalysator unter Druck. Die Darst. von *Myristicinaldehyd* erfolgte durch Bromierung von Vanillin, Überführung in Methoxydioxybenzaldehyd u. Methylenierung mit CH_2Br_2. Die Ausbeuten unterschieden sich in allen Stufen von denen, die BAKER (J. chem. Soc. [London] **1932.** 1281) angegeben hat. Durch Methylenierung von Pyrogallol-1-methyläther (I) u. anschließende GATTERMANN-Rk. wurde *Croweacinaldehyd*, jedoch mit nicht sehr guten Ausbeuten, erhalten. Verss., ADAMS Butyl-Li/N-Methylformanilid synthet. anzuwenden, führten zu keinem Erfolg. Wurde I jedoch zunächst nach GATTERMANN umgesetzt u. dann methyleniert, so wurde *2.3-Methylendioxy-4-methoxybenzaldehyd* isoliert. Die Darst. von *2-Methoxy-4.5-methylendioxybenzaldehyd* gelang durch Nitrierung von Piperonal, Red. der Nitroverb., Diazotierung, Verkochen zur Oxyverb. u. Methylierung.

Versuche: 0,1 Mol Brenzcatechin in CH_3OH, 3 g TOBIN-Bronze-Späne (60% Cu, 38% Zn, 1,5% Sn, 0,2% Fe, 0,3% Pb) u. 0,12 Mol CH_2Cl_2 wurden in ein Bombenrohr gefüllt, CH_3OH u. dann 0,2 Mol KOH in W. ohne Vermischen unter Eiskühlung zugegeben u. das geschlossene Rohr 18 Std. auf 105—115° unter Schütteln erhitzt. Nach Wasserdampfdest. u. Dest. des Reaktionsprod. im Vakuum wurde *Methylendioxybenzol*, $Kp._{755}$ 172—175°, isoliert; 51% (Ausbeute). CH_2Br_2 lieferte unter gleichen Bedingungen 53%, CH_2J_2 69% u. CH_2SO_4 12%. Verss., CH_2SO_4 in Aceton unter Druck umzusetzen, führten zum Zerplatzen des Bombenrohres. Es gelang nicht, die Verss. von RAO u. SESHARDI (Proc. Indian Acad. Sci. Sect. A **23.** [1946.] 147) nachzuarbeiten. — *Myristicinaldehyd*, $C_9H_8O_4$, F. 131—132°, durch Bromierung von Vanillin nach DAKIN (1909) (97% Ausbeute), Überführung nach BRADLEY (J. Chem. Soc. [London] **1930.** 793) in *3-Methoxy-4.5-dioxybenzaldehyd* (F. 130—131°, 75%), Methylenierung mit CH_2Br_2 wie vorst. u. Wasserdampfdest.; 35%. *p-Nitrophenylhydrazon*, F. 209—210° (A.). *Semicarbazon*, F. 202—204°. — *3-Methoxy-4.5-methylendioxybenzoesäure*, F. 211—212°. — *2.3-Methylendioxy-4-methoxybenzaldehyd*, $C_9H_8O_4$, F. 81—82°, durch Zugabe von I in trockenem Bzl. zu $AlCl_3$ in Bzl. bei 0°, Hinzudestillieren von HCN bei 0°, 8std. Einleiten von HCl (2 Std. bei 0—5°, dann 15—20°), Abgießen des Lösungsm. nach Stehen über Nacht, Gießen des Rückstands auf Eis, Wasserdampfdest., Extraktion des Rückstands mit Ae., Isolierung des *2.3-Dioxy-4-methoxybenzaldehyds* (F. 117—118°, 39%) u. Rk. mit CH_2Cl_2 in methanol. KOH; 20%; unlösl. in verd. wss. Alkali. *p-Nitrophenylhydrazon*, F. 223—224°. *Semicarbazon*, F. 219 bis 220°. — *2.3-Methylendioxy-4-methoxybenzoesäure*, F. 255—256°, durch Oxydation mit alkal. $KMnO_4$. — *3.4-Methylendioxy-2-methoxybenzaldehyd* (*Croweacinaldehyd*), F. 104°, durch Überführung von I mit CH_2Cl_2 in *Methylendioxymethoxybenzol* (F. 41°, 62%) u. anschließende GATTERMANN-Rk.; 20%. *p-Nitrophenylhydrazon*, F. 240—242°, rote Nadeln. *Semicarbazon*, F. 235°. — *2-Methoxy-3.4-methylendioxybenzoesäure*, F. 152—153°. — *6-Nitropiperonal*, durch Nitrierung von Piperonal mit HNO_3 (D. 1,38) nach EKELEY u. KLEMMS (J. Amer. chem. Soc. **50.** [1928.] 2711); 75%; nach BOGERT u. ELDER (J. Amer. chem. Soc. **51.** [1929.] 532) mit HNO_3 (D. 1,42) 40—60%. —*6-Aminopiperonal*, F. 107—108°, durch Zugabe von wss. $FeSO_4$ zu der vorst. Verb. in 50%ig. A., Aufkochen, Zugabe von konz. NH_4OH, 5—10 Min. langes Kochen, Zentrifugieren im heißen Zustand u. Kühlen der Lsg.; gelbe Nadeln aus W.; 70—75%. Die Red. gelang nicht durch Hydrierung in Ggw. von Pt oder RANEY-Ni oder Einw. von Na-Hydrosulfit oder Fe in $CH_3 \cdot COOH$. — *3.4-Methylendioxy-6-oxybenzaldehyd*, F. 125—126°, durch Diazotierung der vorst. Verb. in H_2SO_4, Erwärmen auf Raumtemp., Zugabe der gleichen Menge W., Eingießen in sd. $CuSO_4$-Lsg., 8std. Wasserdampfdest. u. Ausziehen des Destillats mit Ae.; 60%. — *3.4-Methylendioxy-6-methoxybenzaldehyd*, $C_9H_8O_4$, F. 111,5—112°, durch Zugabe von CH_3HSO_4 zu der vorst. Verb. u. wasserfreiem K_2CO_3 in Bzl., 48std. Kochen u. Entfernung des Lösungsm. aus dem Filtrat; aus W.; 92—95%. *p-Nitrophenylhydrazon*, F. 249 bis 251°. *Semicarbazon*, F. 220,5—222°. — *3.4-Methylendioxy-6-methoxybenzoesäure*, F. 147—147,5°. (J. org. Chemistry **16.** 1736—41. Nov. 1951. Notre Dame, Ind., Univ. of Notre Dame, Dep. of Chem.) HORST BAGANZ. 1140

D. W. Ssokolski und **L. N. Nikolenko,** *Reaktion von Diazoniumsalzen mit Acetylenkupfer.* In vorliegender Arbeit wird die Einw. von C_2Cu_2 (I) auf substituierte Benzoldiazoniumsalze untersucht. Läßt man bei Zimmertemp. auf eine wss. Lsg. von o-Diazobenzoesäure (II) die äquivalente Menge I einwirken, so entwickeln sich 50% des Diazo-N u. Spuren C_2H_2. Aus der wss. Lsg. ließ sich nach Ansäuern mit HCl *Salicylsäure*, 1,15 g aus 3,3 g **II**, extrahieren. Nach Fällung des Cu durch H_2S u. Eindampfen des Filtrats wurden 0,85 g eines ungesätt. Prod., unlösl. in A. u. Ae., lösl. in W., erhalten. Durch Oxydation mit H_2O_2 entstand hieraus *Diphthalyl*, F. 333°. Hieraus wird geschlossen, daß das Primärprod. ein *Tolanderiv.* darstellt. Aus I u. p-Diazobenzolsulfonsäure oder ihrem K-Salz entstand ein Prod., das bei der Oxydation mit H_2O_2 *p-Sulfobenzoe-*

säure, F. 259°, gab; 25% (Ausbeute). Aus **I** u. p-Nitrobenzoldiazoniumsulfat (**III**) wurden *p-Nitrophenol* u. *Cu-p-Nitrophenylacetylenid* (**IV**) erhalten; durch Oxydation hieraus *p-Nitrobenzoesäure*, 14%. Die Rkk. verlaufen in 2 Stufen. Zunächst wird das Cu-Salz des Phenylacetylenderiv. gebildet, das sich dann mit **I** zum Tolanderiv. umsetzt. Bei **III** bleibt die Rk. infolge der Schwerlöslichkeit von **IV** auf der 1. Stufe stehen. Bei **II** verläuft die Rk. weiter, da das Reaktionsprod. der 1. Stufe infolge innerer Komplexbldg. lösl. ist. (Доклады Академии Наук СССР [Ber. Akad. Wiss. UdSSR] [N. S.] **82**. 923—25. 21/2. 1952. Kasach. Kirow-Univ.) QUECK. 1410

Vernon A. Slabey und **Paul H. Wise**, *Die Dehydrierung von Methylalkylcyclopropylcarbinolen. Isolierung und Reinigung von 2-Cyclopropylalkenen.* Vff. synthetisieren *Dimethylcyclopropylcarbinol* (**II**), *Methyläthylcyclopropylcarbinol* (**III**), *Methylpropylcyclopropylcarbinol* (**IV**) u. *Methyl-n-butylcyclopropylcarbinol* (**V**) aus Methylcyclopropylketon (**I**) u. dem entsprechenden Alkyl-MgBr u. dehydratisieren die von Halogenverbb. gereinigten Carbinole zu den entsprechenden *2-Cyclopropylalkenen*. Die Dehydratisierung erfolgt sowohl an Al_2O_3 bei 200—250° als auch durch geringe Mengen konz. H_2SO_4. In beiden Fällen entstehen die isomeren 1- u. 2-Olefine mit jeweils gleicher oder nahezu gleicher Gesamtausbeute nebeneinander, jedoch in unterschiedlichem Verhältnis. Im allg. gibt Al_2O_3 etwas größere 1-Olefin-, H_2SO_4 sehr viel höhere 2-Olefinausbeuten. **II** gibt bei der Dehydratisierung durch H_2SO_4 nur *2-Cyclopropylpropen* (**VI**), während an Al_2O_3 außerdem noch *Methylpentadiene* u. *2.2-Dimethyltetrahydrofuran* erhalten wurden. Die erhaltenen 2-Cyclopropylalkene werden durch Feinfraktionierung in die geometr. Isomeren getrennt u. diese durch mehrmalige azeotrope Fraktionierung in PODBIELNIAK-Kolonne gereinigt. Die Struktur der Olefine wird durch Ozonisierung bestimmt. Bei der Reinigung der 2-Alkene wird eine merkliche Neigung zur Selbstoxydation festgestellt. Bei der Reinigung des rohen **III** werden im Destillationsrückstand als Nebenprod. ca. 5 Gew.-% einer *Verb.* $C_7H_{13}Br$ [*1-Brom-4-methylhexen-(3)?*] gefunden.

Versuche: Allg. Darst. der *Methylalkylcyclopropylcarbinole* aus **I** u. Alkyl-MgBr in absol. Ae. (vgl. VAN VOLKENBURGH u. Mitarbeiter, C. **1950**. I. 2224); Entfernung der durch Dest. nicht vollständig abtrennbaren Halogenverbb. durch mehrstd. Kochen über alkoh. NaOH, Waschen, Trocknen u. Redest. bei 60 mm. — *Dimethylcyclopropylcarbinol* (**II**), $Kp._{760}$ 123,7°; n_D^{20} 1,4335; $D.^{20}_4$ 0,8789; 64% (Ausbeute). — *Methyläthylcyclopropylcarbinol* (**III**), $Kp._{760}$ 142,3°; n_D^{20} 1,4412; $D.^{20}_4$ 0,88068; 77%. — *Methylpropylcyclopropylcarbinol* (**IV**), $Kp._{760}$ 163,5°; n_D^{20} 1,4438; $D.^{20}_4$ 0,87632; 51%. — *Methylbutylcyclopropylcarbinol* (**V**), $Kp._{760}$ 183,7°; n_D^{20} 1,4466; $D.^{20}_4$ 0,77348; 52%. — Bei der Dest. des rohen **III** bleiben ca. 5% *Verb.* $C_7H_{13}Br$ [*1-Brom-4-methylhexen-(3)* ?] als Rückstand; $Kp._{54}$ 91—92°; n_D^{20} 1,4775; $D.^{20}_4$ 1,1873; Infrarotabsorption bei 6,03 μ mittelstark, zwischen 9,5 u. 10 μ schwach (demnach kein Cyclopropanderiv.) u. zwischen 11,6 u. 12,2 μ stark (olefin. Doppelbindung). — *2-Cyclopropylpropen* (**VI**), durch Dehydratisierung von **II** in Toluol an Al_2O_3 (85%ig. Umsetzung) bei 200—250°, trocknen u. fraktionieren; F. —102,34°; $Kp._{760}$ 70,33°; n_D^{20} 1,4255; $D.^{20}_4$ 0,75153; Verbrennungswärme (VW.) 865; 57%. Daneben noch ca. 10% Diolefine (*Methylpentadiene ?*) u. *2.2-Dimethyltetrahydrofuran* (beide nur durch Infrarotabsorption in der bei 70—93° sd. Fraktion nachgewiesen). Bei der Dehydratisierung von **II** durch sehr wenig konz. H_2SO_4 wird nur **VI** erhalten; 69%. Ozonisierung von **VI** führt zu *Formaldehyd* (**VII**) u. **I**. — **I**-*2.4-Dinitrophenylhydrazon* (*DNP.*), F. 148,6—149,2°. — *2-Cyclopropylbuten-(1)* (**VIII**), F. —119,55° (daneben zweite Modifikation mit F. —121,94°), $Kp._{760}$ 98,57°, n_D^{20} 1,4319, $D.^{20}_4$ 0,76820, VW. 1025, 32%, u. *2-Cyclopropylbuten-(2)* (**IX**), niedrigsd., F. —97,83°, $Kp._{760}$ 106,55°, n_D^{20} 1,4428, $D.^{20}_4$ 0,78100, VW. 1020, hochsd., F. —74,07°, $Kp._{760}$ 107,46, n_D^{20} 1,4474, $D.^{20}_4$ 0,78745, zusammen 47%, durch Dehydratisierung von reinem **III** (ohne Lösungsm.) an Al_2O_3 bei 200—250°. Dehydratisierung von **III** durch konz. H_2SO_4 führt zu 23% **VIII** u. 56% **IX** (niedrigsd. + hochsd.). Reinigung von **VIII** u. den beiden **IX** jeweils durch Feinfraktionierung u. nachfolgende mehrfache azeotrope Dest. mit A. in PODBIELNIAK-Kolonne. Ozonisierung von **VIII** führt zu **VII** u. *Äthylcyclopropylketon*, $Kp._{760}$ 130°; n_D^{20} 1,4284; 39%. *DNP.*, $C_{12}H_{14}O_4N_4$, F. 160,4—160,5°. Ozonisierung von niedrigsd. **IX** gibt *Acetaldehyd* (**X**), 34%, u. **I**, 40%. Ozonisierung von hochsd. **IX** gibt 33% **X** u. 40% **I**. — *2-Cyclopropylpenten-(1)* (**XI**), F. —113,87°, $Kp._{760}$ 123,94°, n_D^{20} 1,4362, $D.^{20}_4$ 0,77660, VW. 1150, 39%, u. *2-Cyclopropylpenten-(2)* (**XII**), niedrigsd., F. —113,65°, $Kp._{760}$ 128,61°, n_D^{20} 1,4458; $D.^{20}_4$ 0,78402, VW. 1155, hochsd., F. —107,61°, $Kp._{760}$ 129,98°, n_D^{20} 1,4502, $D.^{20}_4$ 0,79077; zusammen 38%, durch Dehydratisierung von **IV** an Al_2O_3 bei 225—250°. Dehydratisierung von **IV** durch konz. H_2SO_4 führt zu 19% **XI** u. 56% **XII** (niedrigsd. + hochsd.). Reinigung von **XI** durch mehrfache Redest. u. nachfolgende Feinfraktionierung; Reinigung von beiden **XII** durch Feinfraktionierung u. nachfolgende mehrfache azeotrope Dest. mit Propanol in PODBIELNIAK-Kolonne. Ozonisierung von **XI** führt zu **VII** u. *Propylcyclopropylketon*, $Kp._{760}$ 148°, n_D^{20} 1,4324, $D.^{20}_4$ 0,8795, 43%. *DNP.*, $C_{13}H_{16}O_4N_4$, F. 165,0 bis 165,5°. Ozonisierung von niedrigsd. **XII** führt zu *Propionaldehyd* (**XIII**), 17%, u. **I**, 43%. Ozonisierung von hochsd. **XII** gibt 60% **XIII** u. 73% **I**. — *2-Cyclopropylhexen-(1)* (**XIV**), F. —106,16°, Kp.$_{760}$ 148,89°, n_D^{20} 1,4403, D.$^{20}_4$ 0,78447, VW. 1320, 41%, u. *2-Cyclopropylhexen-(2)* (**XV**), niedrigsd., erstarrt glasig, Kp.$_{760}$ 152,08°, n_D^{20} 1,4486, D.$^{20}_4$ 0,79051, hochsd., F. —97,40°, Kp.$_{760}$ 153,08°, n_D^{20} 1,4529, D.$^{20}_4$ 0,79666, VW. 1305, zusammen 37%, durch Dehydratisierung von **V** an Al_2O_3 bei 225—250°. Dehydratisierung durch konz. H_2SO_4 führt zu 21% **XIV** u. 57% **XV**. Reinigung von **XIV** durch azeotrope Dest. mit Cellosolve (**XVI**); Reinigung von beiden **XV** durch mehrfache azeotrope Dest. mit **XVI** in PODBIELNIAK-Kolonne. Ozonisierung von **XIV** führt zu **VII** u. *Butylcyclopropylketon*, Kp.$_{760}$ 170—171°, n_D^{20} 1,4369, D.$^{20}_4$ 0,8805, 75%. *DNP.*, $C_{14}H_{18}O_4N_4$, F. 114,5 bis 115°. Ozonisierung von niedrigsd. **XV** führt zu *Butyraldehyd* (**XVII**) u. 49% **I**. Ozonisierung von hochsd. **XV** gibt **XVII** u. 77% **I**. (J. Amer. chem. Soc. **74**. 1473—76. 20/3. 1952. Cleveland, O., Nat. Advis. Committee for Aëronautics, Lewis Flight Propulsion Labor.)

KLASSKE. 1810

Hans Heinrich Schlubach und **Volker Franzen**, *Über Polyacetylene.* 3. Mitt. *Über das Diphenylpentaacetylen und das Monophenyldiacetylen.* (2. vgl. C. **1951**. II. 2309.) *1.10-Diphenyldecatetrain-(1.4.6.9)-diol-(3.8)* wurde durch Rk. von Phenylpropargylaldehyd mit der Di-MgBr-Verb. des Diacetylens dargestellt u. mit $SOCl_2$ unter Ausschaltung ionisierender Lösungsmittel in das Dichlorid übergeführt. Dieses wurde sofort mit alkoh. Kali behandelt u. nach chromatograph. Absorption *Diphenylpentaacetylen* (**II**) rein erhalten. Sämtliche Rkk. wurden bei rotem Licht durchgeführt, da alle Zwischenprodd. wesentlich instabiler als **II** sind. Hydrierung von **II** führte zu *1.10-Diphenyldecan*, Bromierung in Chlf. zu einem *Bromid* $C_{22}H_{10}Br_{12}$. — Das für die bereits früher beschriebene Synth. des Diphenyltetraacetylens benötigte *Monophenyldiacetylen* (**I**) wurde durch Enthalogenierung des Tetrabromids des Phenylbutadiens mit $NaNH_2$ in fl. NH_3 u. Zers. der gebildeten Na-Verb. mit NH_4Cl mit 15% Ausbeute erhalten. **I** ist im Gegensatz zu **II** sehr unbeständig u. polymerisiert spontan bei der Destillation. Hydrierung in Ggw. von PtO_2 in A. führte zu *1-Phenylbutan*. Ammoniakal. CuCl-Lsg. u. $AgNO_3$ liefern gelbgefärbte Verbindungen. Bromierung in Chlf. lieferte ein Gemisch von Bromiden, aus dem die *Verb.* $C_{10}H_6Br_4$ isoliert werden konnte. *Diphenyltetraacetylen* konnte besser durch Rk. der Di-MgBr-Verb. des Acetylens mit Phenylpropargylaldehyd, Umsetzung des *1.8-Diphenyloctatriin-(1.4.7)-diols-(3.6)* mit $SOCl_2$ u. Behandlung des Dichlorids mit alkoh. KOH dargestellt werden. Auf Grund der bisherigen Verss. sind die substituierten Polyacetylenverbb. beständiger als die monosubstituierten. Na-Verbb. der Acetylene zeigen im allg. keine Neigung zur Polymerisation.

V e r s u c h e : *Diphenylpentaacetylen* (**II**), durch 1std. Erwärmen der Di-MgBr-Verb. des Diacetylens auf 35°, Zutropfen von Phenylpropargylaldehyd in Ae. bei —15°, 12std. Stehen bei Raumtemp., Zers. mit gesätt. NH_4Cl-Lsg., Einengen der äther. Lsg., Ausziehen des Rückstands mit Bzl., Umsetzung des Reaktionsprod. mit $SOCl_2$ bei —10°, Absaugen des überschüssigen $SOCl_2$ nach 12std. Stehen, Aufnehmen in A.–Ae. (1:1), Zugabe der Lsg. zu K in A. unter N_2, Entfernung des A. im Vakuum, Ausziehen des Rückstands mit Bzn.–Bzl. (4:1), Adsorption des Filtrats an Al_2O_3, Durchwaschen mit Bzn.–Bzl. (1:1), Eindampfen des Eluats im Vakuum, Aufnehmen mit Bzn.–Bzl. (9:1), erneute Chromatographie, Durchwaschen mit PAe. u. Einengen (sämtliche Rkk. bei rotem Licht), gelbe Nadeln, 7% (Ausbeute). — *Diphenyldecan*, $C_{22}H_{30}$, F. 17°, durch Hydrierung von **II** in CH_3OH in Ggw. von PtO_2 u. Zugabe von W. zum Filtrat, Kristalle nach 3tägigem Stehen bei 0°. — *Verb.* $C_{22}H_{10}Br_{12}$, durch Bromierung von **II** mit Br_2 in Chlf., Zers. bei 140°, Blättchen aus Essigester; unlösl. in den meisten organ. Lösungsmitteln. — *Monophenyldiacetylen* (**I**), durch Rk. von 30 g Na in 1,5 Liter fl. NH_3 in Ggw. von $Co(NO_3)_2$, Zugabe von 100 g Phenylbutadientetrabromid, 1std. Rühren bei —78°, 3std. Stehen bei —33°, 1std. Rühren mit 30 g NH_4Cl, Verdampfen des NH_3, Zugabe von Ae. sowie etwas W. u. verd. H_2SO_4, Filtration, Eindampfen der äther. Schicht, Vakuumdest. in kleinen Portionen bei höchstens 70° Badtemp. unter Kühlung der Vorlage mit Kohlensäure–Aceton, lange Nadeln; 3,2 g. — *1-Phenylbutan*, Kp.$_{760}$ 180°, durch Hydrierung von **I** in CH_3OH in Ggw. von PtO_2 u. fraktionierte Dest., n_D^{20} 1,4960. — *Verb.* $C_{10}H_6Br_4$, F. 165°, durch Bromierung von **I** in Chlf. bis zur bleibenden Braunfärbung u. Verdunsten des Chlf., Kristalle aus Eisessig. — *1.8-Diphenyloctatriin-(1.4.7)-diol-(3.6)*, $C_{20}H_{14}O_2$, F. 142°, durch Zugabe von Phenylpropargylaldehyd in Ae. zu der DiMgBr-Verb. des Acetylens unter Eiskühlung u. Rühren, 6std. Rühren, 12std. Stehen, Zers. mit verd. H_2SO_4 u. Aufarbeitung der Ätherlsg., aus Bzl. Nadeln; 28%. — *Diphenyltetraacetylen*, F. 114°, durch Rk. von 4 cm³ $SOCl_2$ mit 5 g der vorst. Verb. unter Eiskühlung, Entfernung des überschüssigen $SOCl_2$ im Vakuum nach 12std. Stehen, Aufnehmen in Ae., Zutropfen zu 3 g K in A. unter N_2, Eindampfen im Vakuum, Aufnehmen in Bzl.–PAe. (1:1), Einengen auf die Hälfte, Chromatographie an Al_2O_3 u. Abtrennen der gelben Zone, feine Nadeln aus A.; 0,5 g. (Liebigs Ann. Chem. **573.** 105—09. 1951. Hamburg, Univ., Chem. Staatsinst.) HILDEGARD BAGANZ. 2210

Hans Heinrich Schlubach und **Volker Franzen,** *Über Polyacetylene.* 4. Mitt. *Über die Absorptionsspektren von Diphenylpolyacetylenen.* (3. vgl. vorst. Ref.) Die Spektren der bisher bekannten *Diphenylpolyacetylene* wurden in Bzl. u. CH_3OH gemessen. In Bzl. absorbieren die Verbb. langwelliger; der Unterschied der ersten Banden in beiden Lösungsmitteln beträgt 50—60 Å. Durch die Anhäufung der konjugierten Acetylengruppen findet eine stärkere Aufspaltung der Banden u. Verschiebung ins Sichtbare statt. Dies wird auch aus der Farbvertiefung vom *Diphenyl-tri-* bis *Diphenyl-pentaacetylen* (**I**) ersichtlich, die mit einer gesteigerten Lichtempfindlichkeit parallel geht. Während die niederen Glieder der Reihe kurzwelliger absorbieren als die entsprechenden Polyene, kehren sich bei **I** die Verhältnisse um. Da die Gleichung $\lambda^2 = 4\pi^2 C^2 \cdot m/k \cdot n = f \cdot n$ nicht nur für Polyene, sondern auch für Diphenylpolyacetylene gilt, kann die Lage der ersten Banden im allg. im Voraus errechnet werden. Die Struktur der Spektren der Diphenylpolyacetylene ist wesentlich komplizierter als die der entsprechenden Polyene. Im allg. wurden kleinere Extinktionskoeffizienten beobachtet. Durch Vgl. der Spektren der Diphenylpolyacetylene konnte festgestellt werden, daß zwei verschied. Bandengruppen vorliegen, nämlich solche, die im langwelligen liegen u. eine geringe Extinktion zeigen u. solche, die im kurzwelligen liegen mit hoher Extinktion. (Liebigs Ann. Chem. **573.** 110—15. 1951.)

HILDEGARD BAGANZ. 2210

Hans Heinrich Schlubach und **Volker Franzen,** *Über Polyacetylene.* 5. Mitt. *Über das Monojod-diacetylen.* (4. vgl. vorst. Ref.) Im Gegensatz zu GRIGNARD u. TSCHÉOUFAKI (C. R. hebd. Séances Acad. Sci. **188.** [1929.] 357) erhielten Vff. bei der Einw. von 1 Mol J_2 auf 1 Mol DiMgBr-Acetylen (**II**) in der Hauptsache *Dijodacetylen* (**IV**) neben *Diacetylen* (**V**) u. wenig *Tetrajodäthylen.* Daneben wurden schwarze Massen erhalten, die durch fortschreitende Verkettung von Acetylenresten u. Polymerisation entstanden waren. Dies konnte dadurch bewiesen werden, daß nach Zusatz von CuCl oder $CoCl_2$ mehr Polymerisat auf Kosten des (**V**) gebildet wurde. Es gelang, das von GRIGNARD angeblich dargestellte *Monojoddiacetylen* (**I**) auf anderem Wege zu erhalten. Es wurde beobachtet, daß das durch Einw. von J_2 auf **II** entstandene Monobrommagnesiumjodacetylen disproportioniert zu **II** u. **IV**. Das sich dabei einstellende Gleichgewicht ist stark nach rechts verschoben. Durch Umkehrung der Rk. wurde nach Einw. von **II** auf **IV** u. Methylierung des Reaktionsprod. nur eine geringe Menge *Methyljodacetylen* erhalten. Da sich ein analoges Gleichgewicht auch bei der Einw. der *Diacetylen-di-MgBr-Verb.* (**III**) auf **IV** oder bei der Jodierung von **III** einstellt, gelang es auf diesem Wege, **I** als stechend riechende, explosive Fl. darzustellen, die sich bei Zimmertemp. an der Luft sofort polymerisiert. Hydrierung lieferte neben Polymerisat *n-Butyljodid.* Es wird angenommen, daß sein Kp. über 100° liegt, da es erst bei 30° flüchtig wird. Die Rk. von **I** mit GRIGNARD-Verbb. monosubstituierter Acetylene konnte geklärt werden. Umsetzung von **I** mit n-Propylacetylen–MgBr lieferte **V** (nachgewiesen als Hexabromid), *n-Propylacetylen* u. *n-Propyljodacetylen* jedoch keine Triacetylenverb., wie von anderen Vff. angegeben. Es wird angenommen, daß das von GRIGNARD (l. c.) früher charakterisierte Monojodtriacetylen (F. 52°) in Analogie zu den labilen Eigg. von **I** nicht existenzfähig ist.

V e r s u c h e: Durch Zugabe von 1,5 Mol J_2 in Ae. zu der aus 6 g Mg dargestellten Acetylen-di-MgBr-Verb. (**II**), $^1/_4$std. Kochen, Hydrolyse mit verd. H_2SO_4, Abtrennen der dunkelbraunen Massen, Waschen der äther. Schicht mit Soda- u. Hydrogensulfitlsg. u. Einengen wurde ein Destillat erhalten, in dem mit ammoniakal. CuCl Acetylen nachgewiesen werden konnte. Durch Abkühlen der eingeengten Lsg. auf —78° wurde *Dijodacetylen* (**IV**) als Ätheraddukt abgeschieden. Bei der Dest. der restlichen Ätherlsg. wurde zwischen 35—75° wenig Destillat erhalten; danach sublimierte **V** über, das als Ag-Salz, C_4Ag_2, abgetrennt wurde. Durch Überschichten der wss. Suspension des Ag-Salzes mit Toluol, Zugabe von konz. KCN-Lsg., Abtrennen u. Erwärmen der Toluollsg. auf 80° u. Einleiten von N_2 wurde in der vorgelegten ammoniakal. CuCl-Lsg. rotviolettes **V**-Cu erhalten. Die Menge des bei der Rk. auftretenden Polymerisates wurde durch Anwesenheit von CuCl oder $CoCl_2$ erhöht, durch Kühlung auf —15° erniedrigt. — Durch Zugabe von 8,5 g **IV** in Ae. zu **II**, dargestellt aus 4,8 g Mg, 2std. Kochen, Zutropfen von $^2/_5$ Mol Dimethylsulfat, 12std. Kochen, Hydrolyse, Verdampfen des Ae. u. Dest. wurde eine Fraktion $Kp._{0,1}$ 15 bis 20° erhalten. Bei erneuter Dest. wurde neben der Hauptmenge vom $Kp._{760}$ 75° 1,3 g *Methyljodacetylen,* Kp. 108—110° isoliert; gibt eine Cu-Verb. u. ein *Jodaddukt,* $C_3H_3J_3$, F. 71,5°. — *Monojoddiacetylen* (**I**), durch Darst. von **III** aus 9 g Mg u. 9 g **V**, Zugabe von 23 g J_2 in Ae., 12std. Stehen, Hydrolyse, Entfernung eines Teils Ae. bei 36°, Entfernung des Restes bei 0° im Vakuum u. Verdampfen bei 20° im Vakuum in eine auf —78° gekühlte Vorlage; gibt mit ammoniakal. CuCl-Lsg. einen rotvioletten Niederschlag. Aus dem zuerst abdest. Ae. konnte **V** isoliert u. als Hexabromid, F. 182°, charakterisiert werden. —

n-Butyljodid, Kp. 130°, durch Hydrierung von **I** in CH_3OH in Ggw. von PtO_2 im Dunkeln, n_D^{20} 1,5000. Durch Rk. einer GRIGNARD-Lsg. aus 2,4 g Mg u. 6,8 g n-Propylacetylen in Ae. mit 3 cm^3 **I** wurden nach Abdestillieren des Ae. **V** u. 4,5 g *n-Propyljodacetylen*, $Kp._{15}$ 50°, erhalten. (Liebigs Ann. Chem. **573.** 115—20. 1951.)

HILDEGARD BAGANZ. 2210

G. W. Gray, J. B. Hartley und Brynmor Jones, *Eine verbesserte Synthese von 4-Brom-4'-oxydiphenyl.* Da die direkte Bromierung der Ester von 4-Oxy-diphenyl zu 4'-Bromderivv. nach HAZLET (J. Amer. chem. Soc. **59.** [1937.] 1087; **61.** [1939.] 1447) zu schlechte Ausbeuten ergab, wurde 4-Brom-4'-oxydiphenyl von 4-Brom-4'-nitrodiphenyl(**II**) ausgehend dargestellt.

Versuche (FF. korr.): *4-Amino-4'-bromdiphenyl* (**I**), F. 145,5°, durch Red. von **II** mit Fe-Staub u. konz. HCl in 90%ig. A.; graues Pulver; 94% (Ausbeute). — *4-Brom-4'-oxydiphenyl*, F. 166—167°, durch Diazotieren von **I** in Eisessig + 40%ig. H_2SO_4 bei 0° mit wss. $NaNO_2$-Lsg., Entfernung des Nitritüberschusses durch Harnstoff, Gießen der eiskalten Diazoniumlsg. in sd. 40%ig. H_2SO_4, 15 Min. Kochen, Verdünnen mit W., Digerieren des Nd. mit heißer n-NaOH u. Ansäuern der orangefarbenen Lsg.; 85%; 12,2% bezogen auf Diphenyl. (J. chem. Soc. [London] **1952.** 1959—60. Mai. Hull, Univ., Coll.)

GROH. 2260

Janine Chauvelier und Françoise Bardone, *Einfluß der sterischen Hinderung auf das Additionsvermögen der aktivierten Dreifachbindung.* Aus der Mg-Verb. des Brommesitylens u. Äthanal entsteht *Methylmesitylcarbinol*, das sich leicht zu *Mesityläthylen* (**I**) dehydratisieren läßt. Das **I**-*Dibromid* (**Ia**) ist fl. u. spaltet mit alkoh. KOH oder $NaOC_2H_5$ nur ein HBr zu einem festen *Bromvinylmesitylen* ab, mit KOH in Glykol entsteht aus **Ia** dagegen das gewünschte *Mesitylacetylen* (**II**), dessen GRIGNARD-Verb. mit Äthylformiat *Bis-[mesityläthinyl]-carbinol* liefert, das zum *Bis-[mesityläthinyl]-keton* (**III**) oxydiert wird. Bei der Rk. von **III** mit Aminen macht sich die ster. Hinderung durch die Methylgruppen im Vgl. zum Bis-[phenyläthinyl]-keton bemerkbar; mit abnehmender Basizität der Amine sind zur Bldg. der Additionsverbb. **IV** höhere Tempp. erforderlich, ebenso zeigt sich die ster. Hinderung bei der Fähigkeit der Verbb. **IV**, sich zu den *Pyridonen* **V** zu cyclisieren. Aus **III** u. Piperidin bildet sich die Additionsverb. **VI** verhältnismäßig leicht.

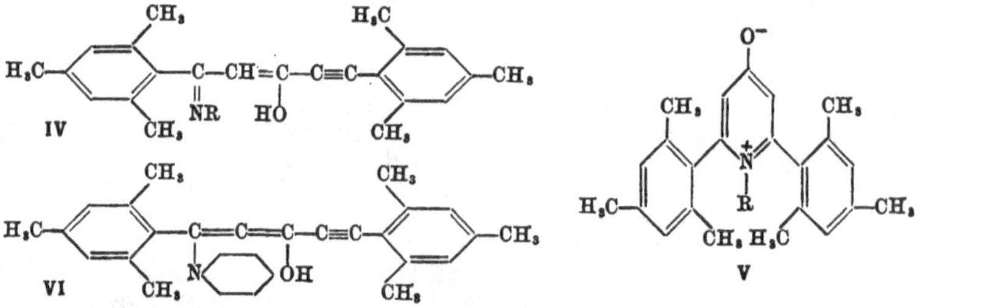

Versuche: *Methylmesitylcarbinol*, F. 71° (Bzl.-PAe.), durch Überführung von Brommesitylen in die GRIGNARD-Verb. in der Kälte u. längeres Erwärmen nach Zugabe von Äthanal. — *Mesityläthylen* (**I**), $Kp._{14}$ 92°, durch Erwärmen des Carbinols mit $NaHSO_4$ unter n. Druck; n_D^{17} 1,5296, $D.^{20}_4$ 0,9057. — *Mesityläthylendibromid* (**Ia**), durch Anlagerung von Br_2 an **I**; gibt mit alkoh. KOH oder $NaOC_2H_5$ *α-* oder *β-Bromvinylmesitylen*, F. 53°. — *Mesitylacetylen* (**II**), $Kp._{30}$ 105°, durch Kochen von **Ia** mit KOH in Glykol; n_D^{18} 1,5435, $D.^{20}_4$ 0,940. — *Bis-[mesityläthinyl]-carbinol*, $C_{23}H_{24}O$, F. 154°, aus der GRIGNARD-Verb. von **II** u. Ameisensäureäthylester. — *Bis-[mesityläthinyl]-keton* (**III**), $C_{23}H_{22}O$, F. 194° (Eisessig), durch Oxydation vorst. Verb. mit CrO_3–CH_3COOH in Aceton bei 0°. — **IV**, *R* = *H*, $C_{23}H_{25}ON$, F. 170°, aus **III** mit NH_3 im Rohr. — **IV**, *R* = CH_3, $C_{24}H_{27}ON$, F. 127°, aus **III** u. Methylamin durch längeres Erwärmen auf 60°; therm. Isomerisierung liefert **V**, *R* = CH_3, F. 343°. — **IV**, *R* = $(CH_3)_2CH$, $C_{26}H_{31}ON$, F. 108—110° (Zers.), aus **III** u. Isopropylamin durch längeres Erwärmen auf 60°; der Vers. der therm. Isomerisierung zum entsprechenden **V**-Deriv. gelang nicht. — **IV**, *R* = C_6H_5, $C_{29}H_{29}ON$, F. 121° (Zers.), durch 10std. Kochen von **III** u. Anilin in A.; die therm. Isomerisierung gelingt nur schwer; **V**, *R* = C_6H_5, F. 350°. — **VI**, $C_{28}H_{33}ON$, F. 129,5°. — Die RAMAN-Spektren von **I** u. **II** werden angegeben. (Bull. Soc. chim. France, Mém. [5] **19.** 386—88. März/April 1952. Paris, Fac. des Sci., Labor. de Chim. Organ. II.)

SPAETH. 2360

M. Kopp und B. Tchoubar, *Über die 1-Cyclohexylcyclohexancarbonsäure und einige ihrer Derivate, die spasmolytische Eigenschaften besitzen. 1-Cyclohexylcyclohexancarbonsäure* (**I**) u. eine Anzahl ihrer *Ester*, *Thioester* u. *Amide* wurden dargestellt. Die Verbb. besitzen sowohl neurotrop. wie muskulotrop. Eigenschaften.

V e r s u c h e: *1-Chlordicyclohexylketon*, $C_{13}H_{21}OCl$, $Kp._6$ 139—140°, durch Zugabe von 20 g Dicyclohexylketon zu 15 g SO_2Cl_2 unter Kühlen, 1 std. Stehen, 1—2 std. Erwärmen auf 50°, Gießen in W. u. Extraktion mit Ae., F. 40°; 20 g (Ausbeute). — *1-Cyclohexylcyclohexancarbonsäure* (I), $Kp._{0,01-0,03}$ 135—140°, durch 4—5 std. Kochen von 30 g der vorst. Verb. in wasserfreiem Dioxan mit 30 g KOH, Eingießen in W., Ausziehen mit Ae. u. Ansäuern der wss. Schicht mit 10%ig. H_2SO_4, F. 119—120° (Cyclohexan–PAe. oder A.); 13 g. *Säurechlorid* (II), $C_{13}H_{21}OCl$, $Kp._{18}$ 162—165°, mit $SOCl_2$; 90—95%; setzt sich langsam mit NH_4OH, konz. NH_4OH u. NH_3 in Ae. um. — *1-Cyclohexylcyclohexancarbonamid*, $C_{13}H_{23}ON$, F. 134° (MAQUENNE-Block), durch 4 std. Schütteln von 10 g der vorst. Verb. mit 20%ig. NH_4OH u. wenig Ae., F. 130° (Säurebad), Kristalle aus Cyclohexan oder Bzl.–PAe.; 7,5 g. — *1-Cyclohexylcyclohexancarbonsäure-β-diäthylaminoäthylester*, $Kp._{16}$ 205—207°, a) durch Rk. von 3 g I mit 8 cm^3 2 n alkoh. KOH, kurzes Kochen mit 3 g β-Chloräthyldiäthylamin, Gießen in W. u. Extraktion mit Ae.; 2,5 g. *Hydrochlorid*, $C_{19}H_{36}O_2NCl$, F. 171—172° (Säurebad), durch Einleiten von HCl in die gesätt. äther. Lsg., aus absol. A.–Äther. b) Durch 2 std. Kochen von 5 g II in Toluol mit 5 g Diäthylaminoäthanol, Gießen in angesäuertes W., Ausziehen mit Ae., Zugabe von 10%ig. Soda zur wss. Lsg. u. Extraktion mit Ae.; 3,5 g. — *β-Piperidinoäthyl-1-cyclohexylcyclohexancarboxylathydrochlorid*, $C_{20}H_{36}O_2NCl$, F. 175° (MAQUENNE-Block), F. 200° (Säurebad), aus II u. N-[β-Oxyäthyl]-piperidin oder I-K-Salz u. N-[β-Chloräthyl]-piperidin. — *β-[Diäthylamino]-äthyl-1-cyclohexylcyclohexancarbothiolathydrochlorid*, $C_{19}H_{36}ONClS$, F. 137—138° (Säurebad), aus 7,7 g II in Bzl. u. 4,5 g β-[Diäthylamino]-äthanthiol, Kristalle aus Essigester, 9 g. — *1-Cyclohexylcyclohexancarbonsäure-[β-(diäthylamino)-äthyl]-amidhydrochlorid*, $C_{19}H_{37}ON_2Cl$, F. 198—200° (absol. A.–Ae.), aus 2,5 g II in Bzl. u. 1,1 g β-[Diäthylamino]-äthylamin; 2,5 g. — *1-Cyclohexylcyclohexancarbonsäure-[β-piperidinoäthyl]-amidhydrochlorid*, $C_{20}H_{37}ON_2Cl$, F. 185° (MAQUENNE-Block; Dioxan–CH_3OH), aus 1 g II in Toluol u. 0,5 g β-Piperidinoäthylamin; 1,2 g. (Bull. Soc. chim. France, Mém. [5] **19.** 84—86. Jan./Febr. 1952.) HILDEGARD BAGANZ. 2410

A. S. Bailey und **R. S. Staunton**, *Die Darstellung substituierter Homophthalsäuren.* Analog den Rkk. in einer früheren Mitt. (C. **1951.** I. 2731) wird eine Anzahl substituierter 3-Phenacylphthalide mittels HCN in die entsprechenden *α-[2-Carboxyphenyl]-β-benzoylpropionitrile* übergeführt, diese werden durch Erhitzen oder Mineralsäuren in die *Lactone* von *3-[2-Carboxyphenyl]-5-phenyl-2-oxypyrrolen* verwandelt u. hieraus durch Hydrolyse *α-[2-Carboxyphenyl]-β-benzoylpropionsäuren* erhalten. Nach dieser Meth., die sich als allg. anwendbar erweist, werden 3-Phenacylphtalid (I) u. Derivv. von I mit nachst. Substituenten zur Rk. gebracht: 6.7.4'-Trimethoxy, 6.7-Dimethoxy-4'-methyl u. 6.7-Dimethoxy.

V e r s u c h e: *6.7-Dimethoxy-3-[4-methoxyphenacyl]-phthalid* (II), $C_{19}H_{18}O_6$, F. 146 bis 147°, durch 24 std. Stehen einer Lsg. von 16,5 g p-Methoxyacetophenon, 21 g Opiansäure u. 40 cm^3 Methanol in 10%ig. NaOH u. Ansäuern mit HCl; Nadeln aus verd. Essigsäure; 29,5 g (Ausbeute). — *6.7-Dimethoxy-3-[4-methylphenacyl]-phthalid* (III), $C_{19}H_{18}O_5$, F. 142—143°, aus p-Methylacetophenon wie vorst.; Nadeln aus Essigsäure. — *6.7-Dimethoxy-3-phenacylphthalid* u. I analog vorst. Verb.; Kristalle aus Essigsäure (aus A. ergibt instabile Verbb.). — *α-[2-Carboxy-3.4-dimethoxyphenyl]-β-[p-methoxybenzoyl]-propionitril* (IV), $C_{20}H_{19}O_6N$, schm. bei 120—122° zu einer gelben M. unter Gasentw. u. dann bei 244—246°; durch Zufügen von Na-Acetat zu einer sd. Lsg. von II in 2-Methoxyäthanol, Zugabe von KCN in W., Ansäuern mit 2n HCl u. Digerieren des gummiähnlichen Nd. mit 50%ig. warmer Essigsäure; Nadeln aus PAe. + Essigester; ca. 70%; Erhitzen in konz. NH_3 ergibt Grünfärbung. *Methylester*, $C_{21}H_{21}O_6N$, F. 90—91°; Stäbchen aus Alkohol. — *α-[2-Carboxy-3.4-dimethoxyphenyl]-β-[p-methylbenzoyl]-propionitril*, $C_{20}H_{19}O_5N$, wird bei 114° gelb, schm. unter Zers. bei 132—133° zu einer orangefarbenen M., die bei 256—257° schm.; analog vorst. Verb. aus III; Rhomben aus Bzl.; Lsg. in konz. NH_3 wird bei Erhitzen grün. — *β-Benzoyl-α-[o-carboxyphenyl]-propionitril*, $C_{17}H_{13}O_3N$, F. 270—280° (Zers.; bei 110° gelbfärbend ohne zu schm.); analog aus I, Stäbchen aus Methanol oder Essigester; Erhitzen einer konz. NH_3-Lsg. ergibt Blaufärbung. — *β-Benzoyl-α-[2-carboxy-3.4-dimethoxyphenyl]-propionitril*, $C_{19}H_{17}O_5N$, Rhomben aus Bzl., schm. bei 122—125° zu gelber M., die bei 282—284° schm.; analog; NH_3-Lsg. blau in der Wärme. *Methylester*, $C_{20}H_{19}O_5N$, Prismen aus A., F. 115—116°. — *Lacton von 3-[2-Carboxy-3.4-dimethoxyphenyl]-2-oxy-5-[p-methoxyphenyl]-pyrrol* (*7.8-Dimethoxy-5'-[p-methoxyphenyl]-pyrrolo-[2'.3':3.4]-isocumarin*, V), $C_{20}H_{17}O_5N$, F. 247—248°, aus 5 g rohem IV durch Auflösen in sd. Essigsäure, Zufügen von 1 cm^3 konz. HCl u. Erwärmen auf dem Wasserbad; orangefarbene Nadeln aus Nitrobenzol; 3,4 g. — *Lacton von 3-[2-Carboxy-3.4-dimethoxyphenyl]-2-oxy-5-[p-tolyl]-pyrrol*, $C_{20}H_{17}O_4N$, F. 256—257°; analog vorst. Verb.; orangefarbene Nadeln aus Dioxan; 90%. — *Lacton von 3-[2-Carboxyphenyl]-2-oxy-5-phenylpyrrol*, $C_{17}H_{11}O_2N$, F. 278—280° (Zers.), wie vorst.; gelbe Nadeln aus 2-Äthoxyäthanol. — *Lacton von 3-[2-Carb-*

oxy-3.4-dimethoxyphenyl]-2-oxy-5-phenylpyrrol (**VI**), $C_{19}H_{15}O_4N$, F. 287—288°; a) durch Einw. von konz. HCl auf die Essigsäurelsg. des Nitrils; b) durch Erhitzen des Nitrils auf 140—150°; gelbe Nadeln aus Nitrobenzol. — *α-[2-Carboxy-3.4-dimethoxyphenyl]-β-[p-methoxybenzoyl]-propionsäure*, $C_{18}H_{18}O_4(COOH)_2$, F. 179—180° (Zers.), durch 1½ std. Erwärmen von 5 g **V** in 10%ig. NaOH auf dem Wasserbad, dann Sieden bis zur Beendigung der NH_3-Entw. u. Ansäuern; Rhomben aus 50%ig. Essigsäure; 4,9 g (roh). *Anhydrid*, $C_{20}H_{18}O_7$, F. 170—171°, durch Erhitzen mit Acetanhydrid; Rhomben aus Bzl.; löst sich in 2n Sodalsg. gelb. — *α-[2-Carboxy-3.4-dimethoxyphenyl]-β-[p-toluyl]-propionsäure*, $C_{18}H_{18}O_3\cdot(COOH)_2$, F. 210—211° (Zers.), analog vorst. Verb.; Stäbchen aus 70%ig. Essigsäure. *Anhydrid*, $C_{20}H_{18}O_6$, F. 161—162°; Plättchen aus Benzol. — *β-Benzoyl-α-[o-carboxyphenyl]-propionsäure*, $C_{15}H_{12}O(COOH)_2$, F. 181—183° (Zers.); halbmondförmige Platten aus verd. Essigsäure. *Anhydrid*, $C_{17}H_{12}O_4$, F. 156—157°, Nadeln aus Essigester. — *β-Benzoyl-α-[2-carboxy-3.4-dimethoxyphenyl]-propionsäure*, $C_{17}H_{16}O_3(COOH)_2$, F. 172—174° (Zers.); analog aus **VI**, Nadeln aus verd. Essigsäure. *Anhydrid*, $C_{19}H_{16}O_6$, F. 150—151°, Rhomben aus Bzl.; durch Erhitzen der gelben Lsg. in 2n Sodalsg. u. Ansäuern wird die Säure zurückgebildet. — *α-[Carbomethoxy-3.4-dimethoxyphenyl]-β-[3.4-dimethoxybenzoyl]-propionitril*, $C_{22}H_{23}O_7N$, F. 149—150°; durch Veresterung mit Diazomethan; Stäbchen aus Essigester. (J. chem. Soc. [London] **1952**. 2153—56. Juni. Oxford, Univ., Dyson Perrin Labor.) Lehwald. 2470

Wilson Baker, J. F. W. McOmie und **T. L. V. Ulbricht**, *Einige Reaktionen von Indanol-(4)*. Die reaktionsfähigen Stellen beim *Indanol-(4)* (**I**) sind die 5- u. die 7-Stellung. Die Nitrierung liefert im wesentlichen *5-Nitroindanol-(4)* neben wenig *7-Nitroindanol-(4)*, die Kupplung mit p-Nitrobenzoldiazoniumchlorid erfolgt in 7-Stellung u. nur zu < 1% in 5-Stellung, u. die Formylierung nach Duff u. Bills (J. chem. Soc. [London] **1932**. 1987, **1934**. 1305) führt zu *5.7-Diformylindanol-(4)*. Die Persulfatoxydation nach Elbs ergab *Indandiol-(4.7)* (**V**), das mit $FeCl_3$ zum Chinon (**II**) oxydiert werden kann, dessen Acetylierung nach Thiele *4.5.7-Triacetoxyindan* liefert. Die Friessche Verschiebung von *4-Acetoxyindan* (**VII**) ergab eine Mischung von *5-* (**VIII**) u. *7-Acetylindanol-(4)* (**IX**), von denen **IX** bei der Dakin-Oxydation mit H_2O_2 in **V** überging. Die Oxydation von **VIII** zu *Indandiol-(4.5)* (**III**) gelang nur in Ggw. von Tetramethylammoniumhydroxyd als Alkali. Die Claisen-Umlagerung von *4-Allyloxyindan* (**VI**) verlief unter Bldg. von *5-Allylindanol-(4)*. — Die Bromierung von 4-Methoxyindan lieferte das für die Synth. von Steroiden wichtige *7-Brom-4-methoxyindan*. — Nach diesen Ergebnissen ist eine bevorzugte Lage der Doppelbindungen im Indan infolge des angegliederten 5-Rings nicht wahrscheinlich.

Versuche: *5-Nitroindanol-(4)*, $C_9H_9O_3N$, F. 56—57°, durch Nitrieren von **I** in Eisessig mit HNO_3 (D. 1,42) bei Zimmertemp., nach der Wasserdampfdest. im Destillat; aus wss. Methanol gelbe Nadeln. *7-Nitroindanol-(4)*, $C_9H_9O_3N$, F. 152—153°, aus dem Rückstand; aus W. hellbraune Nadeln. — *7-[p-Nitrophenylazo]-indanol-(4)* (**IV**), $C_{15}H_{13}\cdot O_3N_3$, F. 189—190° (Zers.), durch Kuppeln von **I** mit p-Nitrobenzoldiazoniumchlorid in verd. NaOH u. Chromatographieren des ausgefällten Farbstoffs in A. an Al_2O_3 als braune Bande; aus wss. A. u. wss. Dioxan rotes kristallines Pulver. *5-[p-Nitrophenylazo]-indanol-(4)*, $C_{15}H_{13}O_3N_3$, F. 165°, als gelbe Bande; 0,25%. **IV** liefert bei der Red. mit $Na_2S_2O_4$ *7-Aminoindanol-(4)*, das bei der $FeCl_3$-Oxydation **II** ergab. — *5.7-Diformylindanol-(4)*, $C_{11}H_{10}O_3$, F. 124—125°, aus **I** u. Hexamin in Essigsäure auf dem Wasserbad (6 Std.), nach HCl-Zugabe Wasserdampfdest.; aus Methanol u. durch Sublimation im Hochvakuum bei 110—120° Nadeln. — *Indandiol-(4.7)* (**V**), $C_9H_{10}O_2$, F. 183—184°, aus 1 Mol **I** in 5 Mol 2nNaOH mit einer gesätt. Lsg. von 1 Mol K-Persulfat bei 20° oder aus **IX** in 0,1nNaOH mit 3%ig. H_2O_2 bei Zimmertemp.; nach der Vakuumsublimation des Rohphenols bei 160—180° aus Methyläthylketon + Bzn. Prismen. *Diacetat*, $C_{13}H_{14}O_4$, F. 143—144,5°, mit Essigsäureanhydrid in Pyridin, aus Methanol Nadeln. — *Indanchinon-(4.7)* (**II**), F. 42—43°, aus **V** in W. + Bzl. mit $FeCl_3$ u. HCl; aus der benzol. Lsg. nach der Sublimation goldgelbe Prismen. — *4.5.7-Triacetoxyindan*, $C_{15}H_{16}O_6$, F. 92—93°, aus **II** in Essigsäureanhydrid mit konz. H_2SO_4; aus Bzl. + Bzn. Prismen. — *4-Acetoxyindan* (**VII**), F. 31—32°, aus **I** in wss. NaOH mit Essigsäureanhydrid; aus wss. Methanol Prismen. — *5-Acetylindanol-(4)* (**VIII**), $C_{11}H_{12}O_2$, F. 47°, aus **VII** mit 1 Mol $AlCl_3$ auf dem Wasserbad (5 Std.) oder bei 140—150° oder in Nitrobenzol bei Zimmertemp. (48 Std.), nach der sauren Wasserdampfdest. als Destillat; aus wss. A. Tafeln; 60, 57 bzw. 22%. Purpurrote $FeCl_3$-Reaktion. — *7-Acetylindanol-(4)* (**IX**), $C_{11}H_{12}O_2$, F. 185°, aus dem Rückstand; aus Methanol u. durch Sublimation bei 170—180°/30 mm prismat. Nadeln; 32, 20 bzw. 48%. Hellgelbe $FeCl_3$-Reaktion. — *4.5-Diacetoxyindan*, $C_{13}H_{14}O_4$, F. 79—80°, aus **VIII** in einer 10%ig. Lsg. von 2,5 Mol Tetramethylammoniumhydroxyd mit 1,25 Mol H_2O_2 (6%ig) in exothermer Rk. → 40° (unter N_2) u. Acetylieren des extrahierten **III** mit Essigsäureanhydrid (+ H_2SO_4); Kp.$_{20}$ 80—100°, aus wss. A. u. nach der Sublimation

Prismen. — *4-Allyloxyindan* (**VI**), $C_{12}H_{14}O$, Kp.$_{14}$ 122—125°, aus **I** mit Allyljodid in sd. Methyläthylketon in Ggw. von K_2CO_3 (24 Std.). — *5-Allylindanol-(4)*, $C_{12}H_{14}O$, Kp.$_{0,7-0,8}$ 101—102°, aus **VI** bei 220° (2 Std.) u. Umlösen über das Na-Salz. *α-Naphthylurethan*, F. 70—80° u. F. 126—128° (dimorph). — *7-Brom-4-methoxyindan*, F. 66° (PAe.), durch Methylieren von **I** mit Dimethylsulfat bei 50° u. Bromieren des rohen 4-Methoxyindans in Eisessig mit Br_2 unter Kühlen mit W. zunächst als Öl; 81%. (J. chem. Soc. [London] **1952**. 1825—29. Mai. Bristol, Univ.) GOLD. 2650

Robert M. Herbst und **Philip Johnson**, *Synthese einiger tertiärer Naphthoxyäthylamine.* Mit dem Ziel, die anästhet. Wrkg. zu prüfen, werden eine Anzahl α- u. *β-Naphthoxyäthylamine* aus sek. Aminen u. *2-Haloäthylnaphthyläthern* synthetisiert. Letztere entstanden durch Rk. von Benzolsulfonsäure-[2-chloräthyl]-ester mit den entsprechenden Naphtholen nach CLEMO u. PERKIN (J. chem. Soc. [London] **121**. [1922.] 542), nachdem eine Meth. von MARVEL u. TANNENBAUM (Org. Syntheses, Coll. Vol. I, 2nd Ed. [1941.] 435) sich als wenig ergiebig erwies. Die Kondensation mit den sek. Aminen erfolgte in sd. Bzl., gegebenenfalls unter Druck. Die Kondensationsprodd. wurden als *freie Basen*, *Hydrochloride* u. *Methojodide* charakterisiert. In ihrem pharmakol. Effekt zeigen alle Verbb. eine dem Cocain oder Procain vergleichbare Wirksamkeit. Antihistaminolog. haben sie nur wenig Bedeutung.

Versuche: *Benzolsulfonsäure-[2-chloräthyl]-ester*, Kp.$_2$ 155—157°, Kp.$_{16,5}$ 186 bis 189°, a) durch 6std. Sieden von Benzolsulfonylchlorid mit Äthylenchlorhydrin (5 : 2), Abdampfen, Auswaschen mit Alkali u. Dest.; 60% (Ausbeute); b) durch 5std. Zufügen von 2,5 (Mol) NaOH in W. zu einer gekühlten, turbinierten Mischung wie vorst. (1 : 2); n_D^{15} 1,5283; $D.^{25}_4$ 1,3422; 91%. — *2-Chloräthyl-α-naphthyläther*, Kp.$_{16,5}$184—185°, durch Zufügen von Alkali in W. zu einer Mischung aus vorst. Verb. u. α-Naphthol, nach 1std. Erwärmen Aufnehmen in Bzl. u. Dest.; 88%. — *2-Chloräthyl-β-naphthyläther*, F. 81 bis 82° (A.), analog vorst. Verb.; 88%. — *2-Bromäthyl-α-naphthyläther* (**I**), Kp.$_5$ 168—170°, F. 33—34°, durch langsames Zufügen von 1,4 (Mol) NaOH in W. zu einer Mischung aus 1,4 α-Naphthol u. 2,1 Äthylenbromid u. 4,5std. Sieden; 45%. — *2-Bromäthyl-β-naphthyläther*, F. 92°, analog vorst. Verb.; 51%. — *1-{2-[Naphthoxy-(1)]-äthyl}-piperidin*, $C_{17}H_{21}ON$, Kp.$_5$ 185—186°, durch 4std. Sieden von **I** u. Piperidin in Toluol u. Reinigen über das Hydrochlorid; 94%. *Hydrochlorid*, F. 180—180,5° (CH_3OH + Ae.). *Methojodid*, $C_{18}H_{24}ONJ$, F. 133,5—134,5°. — *1-{2-[Naphthoxy-(2)]-äthyl}-piperidin*, $C_{17}H_{21}ON$, F. 48—49°, wie vorst.; 91%. *Hydrochlorid*, F. 209—210°. *Methojodid*, $C_{18}H_{24}ONJ$, F. 151—153°. — *4-{2-[Naphthoxy-(1)]-äthyl}-morpholin*, $C_{16}H_{19}O_2N$, Kp.$_3$ 199—201°, F. 37° (CH_3OH), aus Morpholin wie vorst.; 88%. *Hydrochlorid*, F. 199—200°. *Methojodid*, $C_{17}H_{22}O_2NJ$, F. 158 bis 159°. — *4-{2-[Naphthoxy-(2)]-äthyl}-morpholin*, $C_{16}H_{19}O_2N$, F. 79° (A.); 85%. *Hydrochlorid*, F. 212—213°. *Methojodid*, $C_{17}H_{22}O_2NJ$, F. 163,5—164,5°. — *N.N-Dimethyl-2-[naphthoxy-(1)]-äthylamin*, $C_{14}H_{17}ON$, Kp.$_2$ 145—147°; 84%. *Hydrochlorid*, F. 218 bis 218,5°. *Methojodid*, $C_{15}H_{20}ONJ$, F. 178,5—179,5°. — *N.N-Dimethyl-2-[naphthoxy-(2)]-äthylamin*, $C_{14}H_{17}ON$, Kp.$_2$ 153°; 86%. *Hydrochlorid*, F. 192—193°. *Methojodid*, $C_{15}H_{20}ONJ$, F. 235°. — *N.N-Diäthyl-2-[naphthoxy-(1)]-äthylamin*, $C_{16}H_{21}ON$, Kp.$_9$ 175°; 84%. *Hydrochlorid*, F. 162,5—163,5°. *Methojodid*, $C_{17}H_{24}ONJ$, F. 126—127°. — *N.N-Diäthyl-2-[naphthoxy-(2)]-äthylamin*, $C_{16}H_{21}ON$, Kp.$_{12}$ 195°; 82%. *Hydrochlorid*, F. 136—138°. *Methojodid*, $C_{17}H_{24}ONJ$, F. 109—111°. (J. org. Chemistry **17**. 693—97. Mai 1952. East Lansing, Mich., State Coll., Kedzie Chem. Labor.) LEHWALD. 2700

G. M. Badger, **J. W. Cook** und **A. R. M. Gibb**, *Die Reaktion von Diazoessigsäureäthylester mit Anthracen, 1.2-Benzanthracen und Pyren.* Diazoessigsäureäthylester (**I**) vereinigt sich mit Anthracen (**II**), 1.2-Benzanthracen (**III**) u. Pyren (**IV**) zu den Cyclopropanderivv. *1.2-Dihydroanthrylen-(1.2)-essigsäure* (**V**), *3.4-Dihydro-1.2-benzanthrylen-(3.4)-essigsäure* (**VI**) u. *1.2-Dihydropyrenylen-(1.2)-essigsäure* (**VII**). Es wird auf die Gleichartigkeit dieser Additions-Rkk. mit denen des OsO_4 hingewiesen.

Versuche: *1.2-Dihydroanthrylen-(1.2)-essigsäure* (**V**), $C_{16}H_{12}O_2$, F. 282—284° (Zers. ab 240°), aus 9,5 g **I** u. 59 g **II** in Dekalin bei 160°, Kühlen, Filtrieren u. Dampfdest.; beide Rückstände mit alkoh. NaOH gekocht, A. abdest. u. Rest dampfdest.: 54—55 g **II** zurückerhalten; Filtrat angesäuert, Nd. mit Bzl. gewaschen u. mit A. angerieben; aus CH_3COOH 2,2 g krist. Pulver; nahm über Pd-Kohle 3,1 Mol H_2 auf; blieb bei 5std. Erhitzen mit NaOH in $(CH_2OH)_2$ auf 160° unverändert. *Methylester* (**Vm**), $C_{17}H_{14}O_2$, F. 123—124°, mit CH_2N_2, Tafeln aus CH_3OH. — *symm.-Oktahydroanthrylen-(1.2)-essigsäuremethylester*, $C_{17}H_{20}O_2$, F. 79—80°, durch Hydrierung (PtO_2) von **Vm** in CH_3COOH, Einengen im Vakuum, Fällen mit W. u. Rk. des Nd. mit CH_2N_2, Polyeder aus CH_3OH. *Freie Säure*, $C_{16}H_{18}O_2$, F. 192—193°, aus Bzn. Tafeln. — *3(4)-Brom-1.2-dihydroanthrylen-(1.2)-essigsäuremethylester*, $C_{17}H_{13}O_2Br$, F. 202—204°, aus **V** mit 1,1 Mol Br_2 in CH_3COOH u. Verestern mit CH_2N_2; aus Bzn. Nadeln. Aus **Vm** u. 1,1 Mol Br_2 in CS_2 entstand ein unreines *Dibromid*, $C_{17}H_{14}O_2Br_2$, Zers. 145°, gelbes Pulver aus CH_3OH. — *3.4-Dihydro-1.2-benzanthrylen-(3.4)-essigsäure* (**VI**), $C_{20}H_{14}O_2$, F. 290—291° (Zers.), aus 26 g **III** analog **V**; Rohprod. (0,8 g) aus CH_3COOH umkrist.; blieb bei 5std. Kochen mit NaOH in $(CH_2OH)_2$ unverändert; wurde durch längere Rk. mit $KMnO_4$ in Aceton oder Br_2 in CH_3COOH nur wenig angegriffen. *Methylester*, $C_{21}H_{16}O_2$, F. 149—150° (CH_3OH). — *3.4-Dihydro-1.2-benzanthrachinon-(9.10)-ylen-(3.4)-essigsäure*, $C_{20}H_{12}O_4$, F. 278—280°, durch Eintropfen von $Na_2Cr_2O_7$ in 80%ig. CH_3COOH in die sd. CH_3COOH-Lsg. von **VI** u. ½std. Kochen; Konz. im Vakuum u. Zugabe von W., orangefarbene Mikropolyeder aus Bzl.; Zn-Staub u. verd. NH_4OH gab intensive Rotfärbung. — *3-[o-Carboxyphenyl]-cyclopropan-1.2-dicarbonsäure*, F. 272—274°, durch Zugabe von H_2O_2 zur warmen Lsg. vorst. Verb. in verd. NaOH bis zur Entfärbung, 10 Min. Kochen, Ansäuern, Sättigen mit NaCl u. Ausziehen mit Ae. u. Essigester; Eindampfrückstand bei 5 mm sublimiert; Fraktion 240—280° resublimiert. — *1.2-Dihydropyrenylen-(1.2)-essigsäure* (**VII**), $C_{18}H_{12}O_2$, F. 267—268°, aus 40 g **IV** u. 7,5 g **I** analog **V**; 37 g **IV** zurückerhalten; Rohprod. mit Ae. gekocht u. filtriert (Rückstand **A**); Eindampfrückstand bei 0° mit A. angerieben, Nadeln aus CH_3COOH; 0,7 g; unverändert nach 5std. Kochen mit NaOH in $(CH_2OH)_2$. *Methylester*, $C_{19}H_{14}O_2$, F. 142—143° (CH_3OH). — *Methylester*, F. 280—282°, aus 4 Rückständen **A** durch 2malige Rk. mit CH_2N_2 in Ae. über Nacht; Eindampfrückstand in Toluol durch Al_2O_3-Säule gegossen u. Eluat verdampft; 150 mg gelbe Nadeln aus Toluol. *Freie Säure* (isomer mit **VII**), F. > 340° (Zers.), gelb, nur lösl. in sd. $C_6H_5NO_2$. — 0,4 g **VII** in CH_3COOH wurden mit CrO_3 in 80%ig. CH_3COOH ½ Std. gekocht, konz. u. mit W. verd.: 95 mg (**B**), F. 300—320° (Zers.), tiefrote Mikronadeln, konnten nicht Cr-frei erhalten werden; o-Phenylendiamin gab ein neutrales gelbes, amorphes Produkt. — *4.5-Dicarboxy-9.10-dihydrophenanthrylen-(9.10)-essigsäure*, F. 274—278°, aus 50 mg **B** in verd. Sodalsg. u. H_2O_2 bis zur Entfärbung, 10 Min. Kochen u. Ansäuern; 45 mg. *Trimethylester*, $C_{21}H_{18}O_6$, F. 175—176°, aus PAe. etwas verfärbte Polyeder. (J. chem. Soc. [London] **1951**. 3456—59. Dez. Glasgow, Univ.) LEHMSTEDT. 2950

D. D. Libman, D. L. Pain und **R. Slack**, *Einige bis-quarternäre Salze.* Vff. stellen für pharmakol. Unterss. eine Reihe bis-quarternärer Salze dar, in denen 2 heterocycl. Ringe über ihre quartären N-Atome durch Polymethylenketten verknüpft sind. Einige der Verbb. besitzen beträchtliche Wrkg. auf autonome Ganglien; Verbb. mit ungesätt. heterocycl. Ringen erwiesen sich als weniger akt. als ihre gesätt. Analogen. Darstellungsmethoden: Die N-CH_3 oder N-C_2H_5 gesätt. [**A**] oder ungesätt. [**B**] heterocycl. Basen wurden in A. mit weniger als 0,5 Mol Polymethylendihalogenid erhitzt. In einigen Fällen war es vorteilhafter, die Base in Acetonlsg. mit dem Dibromid in Ggw. der äquivalenten Menge NaJ zu erhitzen u. das quartäre Dijodid zu isolieren; oder 2 Mol der gesätt. Ringverbb. wurden kondensiert mit einem Polymethylendibromid u. die dabei entstehende 2-säurige Base mit CH_3- bzw. C_2H_5J umgesetzt [**C**]. Im Falle des Piperazins wurde ein N-Atom durch eine Carbäthoxygruppe geschützt, die hernach durch saure Hydrolyse abgespalten wurde. Bei Meth. **D** wurde ein Diamidin kondensiert mit Acetylaceton in Pyridin u. das dabei entstandene Polymethylen-bis-pyrimidin mit CH_3J umgesetzt. Kondensation von Hexamethylendiamin (**I**) mit Tetramethylendibromid (**II**) lieferte *1.6-Dipyrrolidino-n-hexan* u. *6-Pyrrolidino-n-hexylamin* (**III**) (Trennung durch Dest.), dann Umsetzung mit CH_3J [**E**]; dieses Verf. umgeht die Verwendung des schwer zugänglichen Pyrrolidins.

V e r s u c h e: *1.4-Dimethylpiperidin*, $C_7H_{15}N$, Kp. 125°, aus 4-Methylpiperidin u. 98%ig. HCOOH (Kühlung), Gemisch mit 40%ig. wss. HCHO 12 Std. auf dem Dampfbad erhitzen, HCl im Überschuß zusetzen u. einengen, Paste mit Überschuß 50%ig. KOH versetzen u. Base abdest.; Öl. — *1.6-Dimorpholinohexan* (**V**), $C_{14}H_{28}O_2N_2$, F. 41°, Kp.$_{11}$ 190°, aus 1.6-Dibromhexan u. Morpholin in absol. Bzl. bei 16std. Kochen, in überschüssige 2n HCl gießen, mit Bzl. waschen, wss. Lsg. stark alkal. stellen u. ausäthern; Prismen; 52% (Ausbeute). — *Hexamethylen-bis-1-[4-carbäthoxypiperazin]* (**IV**), $C_{20}H_{38}O_4N_4$, F. 75°, analog **V**; aus PAe. Nadeln. — Aus 0,1 Mol **I**, 0,2 Mol K_2CO_3 in 100 cm³ absol. A. (erhitzen), dann 0,2 Mol **II** in 1 Std. zutropfen, entstanden nach 6std. Erhitzen 2 g *6-Pyrrolidino-n-hexylamin* (**III**), $C_{10}H_{22}N_2$, Kp.$_{12}$ 127—129°, u. 3,4 g *1.6-Dipyrrolidino-n-hexan*, $C_{14}H_{28}N_2$, Kp.$_{12}$ 148—151°. — *1-[6'-Dimethylamino-n-hexyl]-pyrrolidindimethojodid*, $C_{14}H_{32}N_2J_2$, F. 199°, aus **III** u. CH_3J mit einer Lsg. von NaOH in Methanol bei 4std. Kochen, Einengen, Salz mit Ae., dann mit heißem Aceton extrahieren, dann aus absol. A. umlösen; Nadeln; 30%. — *Polymethylen-bis-diamidindihydrochloride*, aus Polymethylendicyanid in absol. A./Ae. durch Sättigen mit HCl-Gas, dann 12std. Stehen, Nd. sammeln, unter absol. Ae. pulvern, Ae. dekantieren u. Nd. in eiskaltes alkoh. NH_3 einrühren, 1 Tag bei 40° stehenlassen, dann 1 Std. kochen, Fällung aus der filtrirerten Lsg. mit absol. Äther. — *Hexamethylen-bis-2-[4.6-dimethylpyrimidin]*, $C_{18}H_{26}N_4 \cdot 1½\, H_2O$, F. 81°, aus Suberodiamidindihydrochlorid u. Acetylaceton durch 3std. Kochen in Pyridin in Ggw. von Piperidin, Dampfdest. u. Abkühlen des Rückstands; flache Nadeln aus Bzl./PAe.; 70%. —

Analog wurden dargestellt: *Oktamethylen-bis-2-[4.6-dimethylpyrimidin]*, $C_{20}H_{30}N_4$, Kp.$_{0,2}$ 172°. — *Dekamethylen-bis-2-[4.6-dimethylpyrimidin]*, Kp.$_{0,05}$ 170°. — *Quaternäre Salze.* Die vorst. Polymethylen-bis-pyrimidine wurden bei 100° mit CH_3J in A. umgesetzt, desgl. **IV**, das im Einschlußrohr mit konz. HCl (6 Std., 100°) verseift wurde. Dipiperidinohexan u. **V** wurden in Aceton mit CH_3J behandelt (stark exotherme Rk.). In allen andern Fällen wurde die tert. Base mit Dihalogenid in A. oder Aceton im geschlossenen Rohr auf 100° erhitzt (bei Verwendung des Dibromids ist Zusatz der äquivalenten Menge NaJ vorteilhaft). Umlösen der Salze aus A., in einigen Fällen mit Wasser- oder Ae.-Zusatz. Folgende bis-quaternäre Salze der Formel $X(A[CH_2]_nA)X$ wurden dargestellt (bei den Imidazol- u. Triazolderivv. ist nicht bekannt, welches N quaternär ist): [*A* =] [*1.4.6-Trimethylpyrimidyl-(2)]-*; *X* = *J*; *n* = *6*, $C_{20}H_{32}N_4J_2$, F. 240° (Zers.), [Darstellungsmeth.] **D.** *n* = *8*, $C_{22}H_{36}N_4J_2$, F. 243° (Zers.), **D.** *n* = *10*, $C_{24}H_{40}N_4J_2$, F. 198° (Zers.), **D.** — *1.4-Dimethylglyoxalino-*, *X* = *Pikrat*; *n* = *4*, $C_{26}H_{28}O_{14}N_{10}$, F. 187°, **B.** *n* = *5*, $C_{27}H_{30}O_{14}N_{10}$, F. 149°, **B.** *X* = *Br*; *n* = *6*, $C_{16}H_{28}N_4Br_2$, F. 227°, **B.** — *1-Äthyl-2-methylbenzimidazolo-*; *X* = *Br*; *n* = *4*, $C_{24}H_{32}N_4Br_2$, F. 312°, **B.** *n* = *6*, $C_{26}H_{36}N_4Br_2$, F. 298°, **B.** — *1-Methylbenzotriazolo-*; *X* = *Br*; *n* = *3*, $C_{17}H_{20}N_6Br_2$, F. 194—195°, **B.** *n* = *4*, $C_{18}H_{22}N_6Br_2$, F. 231° (Zers.), **B.** *n* = *5*, $C_{19}H_{24}N_6Br_2$, F. 213° (Zers.), **B.** *n* = *6*, $C_{20}H_{26}N_6Br_2$, F. 228° (Zers.), **B.** *X* = *J*; *n* = *10*, $C_{24}H_{34}N_6J_2$, F. 170° (Zers.), **B.** — *2-Methylbenzotriazolo-*; *X* = *Pikrat*; *n* = *5*, $C_{31}H_{28}O_{14}N_{12}$, F. 154°, **B.** — *Thiazolo-*; *X* = *Br*; *n* = *6*, $C_{12}H_{18} \cdot N_2Br_2S_2$, F. 226°, **B.** — *Benzothiazolo-*; *X* = *Br*; *n* = *6*, $C_{20}H_{22}N_2Br_2S_2$, F. 232°, **B.** — *1-Methylpiperidino-*; *X* = *J*; *n* = *1*, $C_{13}H_{28}N_2J_2 \cdot 0{,}5\,H_2O$, F. 338° (Zers.), **C.** *n* = *2*, $C_{14}H_{30}N_2J_2$, F. 275°, **C.** *n* = *3*, $C_{15}H_{32}N_2J_2$, F. 266°, **A.** *n* = *4*, $C_{16}H_{34}N_2J_2$, F. 265°, **A.** *X* = *Br*; *n* = *5*, $C_{17}H_{36}N_2Br_2 \cdot 0{,}5\,H_2O$, F. 270° (verliert vorher H_2O), **A.** *n* = *6*, $C_{18}H_{38} \cdot N_2Br_2 \cdot 0{,}5\,H_2O$, F. 255° (Zers.), **A.** *X* = *J*; *n* = *7*, $C_{19}H_{40}N_2J_2$, F. 235°, **A.** — *1-Äthylpiperidino-*; *X* = *Br*; *n* = *3*, $C_{17}H_{36}N_2Br_2$, F. 282°, **A.** *n* = *10*, $C_{24}H_{50}N_2Br_2$, F. 238°, **A.** — *1.2-Dimethylpiperidino-*; *X* = *J*; *n* = *5*, $C_{19}H_{40}N_2J_2$, F. 290°, **A.** *X* = *Br*; *n* = *6*, $C_{20}H_{42} \cdot N_2Br_2$, F. 265°, **A.** — *1.3-Dimethylpiperidino-*; *X* = *J*; *n* = *5*, $C_{19}H_{40}N_2J_2$, F. 256°, **A.** *n* = *6*, $C_{20}H_{42}N_2J_2$, F. 245°, **A.** — *1.4-Dimethylpiperidino-*; *X* = *J*; *n* = *5*, $C_{19}H_{40}N_2J_2$, F. 245°, **A.** *n* = *6*, $C_{20}H_{42}N_2J_2 \cdot 0{,}5\,H_2O$, F. 255° (verliert vorher H_2O), **A.** — *1-Methylpyrrolidino-*; *X* = *J*; *n* = *3*, $C_{13}H_{28}N_2J_2 \cdot 0{,}5\,H_2O$, F. 286° (Zers.), **A.** *n* = *4*, $C_{14}H_{30}N_2J_2$, F. 276°, **A.** *n* = *5*, $C_{15}H_{32}N_2J_2 \cdot 0{,}5\,H_2O$, F. 292°, **A.** *n* = *6*, $C_{16}H_{34}N_2J_2$, F. 179°, **C.** *X* = *Br*; *n* = *6*, $C_{16}H_{34}N_2Br_2$, F. 232°. *X* = *Tartrat*; *n* = *6*, $C_{24}H_{44}O_{12}N_2 \cdot 0{,}5\,H_2O$, F. 196°. *X* = *J*; *n* = *12*, $C_{22}H_{46}N_2J_2$, F. 188°, **A.** *n* = *14*, $C_{24}H_{50}N_2J_2$, F. 150°, **A.** — *1-Äthylpyrrolidino-*; *X* = *Br*; *n* = *6*, $C_{18}H_{38}N_2Br_2$, F. 287°, **A.** — *4-Methylmorpholino-*; *X* = *Br*; *n* = *4*, $C_{14}H_{30} \cdot O_2N_2Br_2$, F. 250°, **A.** *n* = *5*, $C_{15}H_{32}O_2N_2Br_2$, F. 240°, **A.** *X* = *J*; *n* = *6*, $C_{16}H_{34}O_2N_2J_2$, F. 217°, **C.** *n* = *7*, $C_{17}H_{36}O_2N_2J_2$, F. 204°, **A.** *X* = *Br*; *n* = *7*, $C_{17}H_{36}O_2N_2Br_2$, F. 236°, **A.** *X* = *J*; *n* = *9*, $C_{19}H_{40}O_2N_2J_2$, F. 197°, **A.** *n* = *12*, $C_{22}H_{46}O_2N_2J_2$, F. 173°, **A.** — *4-Äthylmorpholino-*; *X* = *J*; *n* = *6*, $C_{18}H_{38}O_2N_2J_2$, F. 249° (Zers.), **C.** — *4-Carbäthoxy-1-methylpiperazino-*; *X* = *J*; *n* = *6*, $C_{22}H_{44}O_4N_4J_2$, F. 213° (Zers.), **C.** — *1-Methylpiperazino-*; *X* = *J·2 HCl*; *n* = *6*, $C_{16}H_{38}N_4Cl_2J_2$, F. 200°. (J. chem. Soc. [London] **1952**. 2305—07. Juni. Dagenham, Essex, May & Baker Ltd., Res. Labors.) GOEBEL. 3000

Edmund Baertich, *Die Aminosäuren.* 2. Mitt. *Prolin und Oxyprolin.* (1. vgl. C. **1952**. 4290.) Übersicht über verschied. Synthesen, über Vork., Nachweismethoden, physikal. u. chem. Konstanten u. über den Abbau der beiden Aminosäuren im Organismus. — 95 Literaturangaben. (Pharmaz. Ind. **14**. 113—16. Mai 1952. Hamburg-Bergedorf.) FALENSKI. 3061

Frederick Leonard, *Antispasmodica.* 1. Mitt. *2-Diäthylaminoäthylester von α-substituierten Thienyl-(2)-essig- und β-[Thienyl-(2)]-propionsäuren.* Zur Darst. der Hydrochloride der genannten Ester wurde Thenyl-(2)-chlorid (**I**) mit NaCN in *Thienyl-(2)-acetonitril* übergeführt, das bei der Alkoholyse *Thienyl-(2)-essigsäureäthylester* lieferte; daraus entsteht mit Diäthylcarbonat (**II**) *Thienyl-(2)-malonsäurediäthylester* (**IV**), der sich in A. mit Cycloalken-(2)-yl-(1)-halogeniden bzw. Alkenylhalogeniden, in **II** als Reaktionsmedium mit Alkylhalogeniden alkylieren ließ. Die erhaltenen disubstituierten Malonester wurden verseift, decarboxyliert u. die disubstituierten Essigsäuren mit 2-Diäthylaminoäthylchlorid (**III**) verestert. Andererseits wurde Malonester mit **I** alkyliert u. die Na-Verb. des erhaltenen *Thenyl-(2)-malonsäurediäthylesters* mit Cycloalken-(2)-yl-(1)-halogeniden umgesetzt; nach Verseifung u. Decarboxylierung wurden die *α-[Cycloalken-(2)-yl-(1)]-β-[thienyl-(2)]-propionsäuren* ebenfalls mit **III** verestert. Von den dargestellten Verbb. zeigten *α-[Cyclopenten-(2)-yl-(1)]-* u. *α-[Cyclohexen-(2)-yl-(1)]-thienyl-(2)-essigsäure-2-diäthylaminoäthylesterhydrochlorid* gute spasmolyt. Eigg., die Wrkg. der entsprechenden Propionsäurederivv. war wesentlich geringer.

Versuche: *n-Propyl-*, *n-Butyl-*, *Isobutyl-*, *n-Amyl-*, *n-Hexyl-*, *Allyl-*, *Cyclopentyl-*, *Cyclohexyl-* u. *Cyclohexen-(2)-yl-(1)-bromid* sowie *Methallyl-* u. *Cyclopenten-(2)-yl-(1)-chlorid* waren nach bekannten Methoden oder als Handelspräpp. zugänglich. —

Thienyl-(2)-essigsäureäthylester, $Kp._{6-7}$ 100—106°, durch vorsichtiges Erwärmen von Thienyl-(2)-acetonitril (aus I) mit konz. H_2SO_4 u. A., 6std. Kochen nach Beendigung der Anfangs-Rk., Versetzen mit W., Extraktion mit Toluol u. Dest. der organ. Schicht; n_D^{20} 1,5106; 67,8% (Ausbeute). — *Thienyl-(2)-malonsäurediäthylester* (**IV**), aus vorst. Verb. mit **II** in Ggw. von CH_3ONa; 70—80%. — *Thenyl-(2)-malonsäurediäthylester*, aus Malonsäurediäthylester u. **I**. — *[Cyclopenten-(2)-yl-(1)]-thienyl-(2)-malonsäurediäthylester* (**VII**), $Kp._{5,5}$ 175—185°, durch Zugabe von **IV** zur Lsg. von Na in A. bei 50°, Aufkochen, Eintropfen von Cyclopenten-(2)-yl-(1)-chlorid in Toluol bei 0° unter Rühren, ½std. Rühren bei 0° u. 4 Std. bei Raumtemp., 1³/₄std. Kochen nach Stehen über Nacht, Entfernen des A. im Vakuum am nächsten Tag, Zugabe von W. u. Dest. der organ. Schicht; n_D^{20} 1,5200; 76,4%. — *[Cyclohexen-(2)-yl-(1)]-thienyl-(2)-malonsäurediäthylester* (**V**), $Kp._4$ 174—178°, wie vorst., aber Zugabe des Halogenids bei 50° u. unmittelbar darauffolgendes 2std. Kochen; n_D^{20} 1,5239; 82%. — *Cyclopentyl-[thienyl-(2)]-malonsäurediäthylester* (**VI**), $Kp._3$ 160—167°, durch tropfenweises Versetzen der sd. Lsg. von **IV** in **II** mit Na in A. unter Abdest. des A., dann Zugabe von Cyclopentylbromid u. 20std. Kochen; n_D^{20} 1,5128; 65,5%. — Analog nachst. substituierte [T h i e n y l - (2)] - m a l o n s ä u r e d i ä t h y l e s t e r: *n-Propyl-*, $Kp._4$ 138—144°, wie **VI** (27 Std. Kochen); n_D^{20} 1,4928; 74%. — *n-Butyl-*, $Kp._4$ 149—150°, wie **VI** (27 Std.); n_D^{20} 1,4909; 70%. — *Isobutyl-*, $Kp._{3,5}$ 141—147°, wie **VI** (45 Std.); n_D^{20} 1,5918; 37%. — *n-Amyl-*, $Kp._3$ 145 bis 147°, wie **VI** (30 Std.); n_D^{20} 1,4897; 77%. — *n-Hexyl-*, $Kp._3$ 163—165°, wie **VI** (45 Std.); 45%. — *Allyl-*, $Kp._{3,5}$ 130—137°, wie **V** (13 Std.); n_D^{20} 1,5026; 78%. — *Methallyl-*, $Kp._3$ 139—144°, wie **V** (24 Std.); n_D^{20} 1,5041; 53%. — *Cyclohexyl-*, F. 63—66°, wie **VI** (60 Std.); $Kp._4$ 168—178°; 51%. — *[Cyclopenten-(2)-yl-(1)]-thenyl-(2)-malonsäurediäthylester*, $Kp._5$ 163—170°, wie **V** (3 Std.); n_D^{20} 1,5142; 54%. — *[Cyclohexen-(2)-yl-(1)]-thenyl-(2)-malonsäurediäthylester*, $Kp._5$ 189—191°, wie **V** (1,5 Std.); n_D^{20} 1,5181; 79%. — *α-[Cyclopenten-(2)-yl-(1)]-thienyl-(2)-essigsäure* (**VIII**), F. 60—65°, durch 20std. Kochen von **VII** mit 85%ig. KOH in W. u. A., Aufnehmen des nach Eindampfen erhaltenen Salzes in W., Ausschütteln mit Ae., Überschichten der alkal. Lsg. mit Ae., Ansäuern mit konz. HCl, Eindampfen der organ. Lsg. u. Vervollständigung der Decarboxylierung bei 180°; $Kp._3$ 161—166°; 83,2%. — Analog nachst. α-substituierte T h i e n y l - (2) - e s s i g s ä u r e n: *n-Propyl-*, $Kp._4$ 137—140°; 68%. — *n-Butyl-*, $Kp._{4,5}$ 148—151°; 79%. — *Isobutyl-*, $Kp._4$ 142—144°; 67%. — *n-Amyl-*, $Kp._4$ 153—155°; 71%. — *n-Hexyl-*, $Kp._5$ 168—172°; 82%. — *Allyl-*, $Kp._5$ 136—140°; 64%. — *Methallyl-*, $Kp._4$ 142—146°; 72%. — *Cyclopentyl-*, F. 73—75°, $Kp._3$ 159—160°; 82%. — *Cyclohexyl-*, F. 129—130°; 70%. — *Cyclohexen-(2)-yl-(1)-*, F. 101—103°, $Kp._{3,5}$ 172—173°; 73%. — *α-[Cyclopenten-(2)-yl-(1)]-β-[thienyl-(2)]-propionsäure*, $Kp._6$ 178—180°; 78%. — *α-[Cyclohexen-(2)-yl-(1)]-β-[thienyl-(2)]-propionsäure*, zers. sich bei Verss. zur Dest. bei 4 oder 0,02 mm u. wurde daher roh weiter verarbeitet; 79%. — *α-[Cyclopenten-(2)-yl-(1)]-thienyl-(2)-essigsäure-2-diäthylaminoäthylesterhydrochlorid*, $C_{17}H_{26}O_2NClS$, F. 130—132° (Isopropanol–Ae.), durch 24std. Kochen von **VIII** u. **III** in Isopropanol, Eindampfen im Vakuum u. Zugabe von Ae.; 48%. — Analog nachst. α-substituierte T h i e n y l - (2) - e s s i g s ä u r e - 2 - d i ä t h y l a m i n o ä t h y l e s t e r h y d r o c h l o r i d e: *n-Propyl-*, $C_{15}H_{26}O_2NClS$, F. 95—96° (Aceton–Ae.); 67%. — *n-Butyl-*, $C_{16}H_{28}O_2NClS$, F. 79—81° (Aceton–Ae.); 56%. — *Isobutyl-*, $C_{16}H_{28}O_2NClS$, F. 110—111° (Bzl.–Ae.); 67%. — *n-Amyl-*, $C_{17}H_{30}O_2 \cdot NClS$, amorph, aus A. gefällt mit Ae.; 73%. — *n-Hexyl-*, $C_{18}H_{32}O_2NClS$, amorph, aus A. gefällt mit Ae.; 75%. — *Allyl-*, $C_{15}H_{24}O_2NClS$, F. 81—83° (Aceton–Ae.); 60%. — *Cyclopentyl-*, $C_{17}H_{28}O_2NClS$, F. 122—123° (Aceton–Ae.); 47%. — *Cyclohexyl-*, $C_{18}H_{30}O_2NClS$, F. 143—144° (Isopropanol–Ae.); 45%. — *Cyclohexen-(2)-yl-(1)-*, $C_{18}H_{28}O_2NClS$, F. 151 bis 153° (Methyläthylketon–Ae.); 65%. — *α-[Cyclopenten-(2)-yl-(1)]-β-[thienyl-(2)]-propionsäure-2-diäthylaminoäthylesterhydrochlorid*, $C_{18}H_{28}O_2NClS$, F. 117—118° (Isopropanol–Ae.); 29%. — *α-[Cyclohexen-(2)-yl-(1)]-β-[thienyl-(2)]-propionsäure-2-diäthylaminoäthylesterhydrochlorid*, $C_{19}H_{30}O_2NClS$, F. 136—137° (Isopropanol–Ae.); 67%. (J. Amer. chem. Soc. **74**. 2915—18. 5/6. 1952. New York, N. Y., Warner Inst. for Therapeut. Res.) SPAETH. 3071

Henry R. Henze und **Cecil Winston Gayler**, *Darstellung von Hydantoinen mit einem Cycloalkylsubstituenten.* Ausgehend von Cyclopropancarbonitril wird durch GRIGNARD-Rk. *Cyclopropylphenylketon* u. *Cyclopropylisoamylketon* dargestellt u. diese in die entsprechenden *5-Cyclopropyl-5-phenyl-* u. *-5-isoamylhydantoine* verwandelt. In analoger Rk. ergibt Cyclobutylphenylketon *5-Cyclobutyl-5-phenylhydantoin*, das katalyt. zu *5-Cyclobutyl-5-cyclohexylhydantoin* hydriert wird. Schließlich werden Methyl-2-methylcyclopentyl-keton (**I**) u. Methyl-2.3-dimethylcyclopentylketon (**II**) in *5.5-disubstituierte Hydantoine* übergeführt. Hierbei tritt eine *cis-* u. eine *trans-Form* von *5-Methyl-5-[2-methylcyclopentyl]-hydantoin* auf. Im Falle des *5-[2.3-Dimethylcyclopentyl]-5-methylhydantoins*, das 4 asymm. C-Atome besitzt, konnten keine reinen Stereoisomeren isoliert werden.

V e r s u c h e (FF. korr.): *Cyclopropylphenylketon*, Kp.$_{20}$ 125°, durch Verwandlung von Trimethylenbromid in *γ-Brombutyronitril* (Kp.$_5$ 75°, Kp. 208°; n_D^{25} 1,4752; D.^{25} 1,4810; Mol.-Refr. 28,18; 56% [Ausbeute]), Überführung in *Cyclopropancarbonitril* (Kp$_{20}$ 35 bis 39°; Kp. 133—135°; n_D^{25} 1,4208; D.$^{25}_4$ 0,9131; Mol.-Refr. 18,21; 77%), Rk. mit Phenyl-MgBr in Ae., Hydrolysieren mit verd. HCl u. Rektifikation; n_D^{20} 1,5525; D.$^{25}_4$ 1,0456; Mol.-Refr. 43,87; 99%. — *Cyclopropylisoamylketon*, Kp.$_4$ 69—70°; wie vorst. unter Verwendung von Isoamyl-MgBr; n_D^{20} 1,4395; D.$^{20}_4$ 0,8790; Mol.-Refr. 42,29; 68%. — *Cyclobutylphenylketon*, Kp.$_8$ 122—125°, Kp. 260—262°, durch Rk. von Malonsäureäthylester u. Trimethylendibromid in Ggw. von Na-Äthylat zu *Cyclobutandicarbonsäure-(1.1)-diäthylester* (Kp.$_{10}$ 106—107°; n_D^{20} 1,4335; D.$^{20}_4$ 1,0350; Mol.-Refr. 50,22; 44%), Verseifen u. Erhitzen der entstandenen freien Dicarbonsäure unter CO_2-Abspaltung zu *Cyclobutancarbonsäure* (Kp.$_8$ 88—90°, Kp. 190°; n_D^{20} 1,4400; D.$^{20}_4$ 1,0470; Mol.-Refr. 25,36; 68%), Verwandlung mittels $SOCl_2$ in das *Säurechlorid* (Kp. 137°; 85%) u. FRIEDEL-CRAFTS-Rk. mit Bzl. + $AlCl_3$; n_D^{20} 1,5415; D.$^{20}_4$ 1,0467; Mol.-Refr. 48,51; 55%. — Nachst. *5-disubstituierte Hydantoine*, durch 20std. Erhitzen von 0,14—0,3 (Mol) KCN in etwas W., 100 g Acetamid, 0,1—0,2 des entsprechenden vorst. Ketons u. 0,3 bis 0,6 $(NH_4)_2CO_3$ in einer Bombe auf 110—125°, Aufnehmen in W. u. Ansäuern (FF. korr.): *5-Cyclopropyl-5-phenyl-*, F. 211,5°; 56%. — *5-Cyclopropyl-5-isoamyl-*, F. 176—177°; 15%. — *5-Cyclobutyl-5-phenyl-*, F. 234,5—235,5°; 85%. — *5-Cyclobutyl-5-cyclohexyl-*, F. 254—255° (A.), durch 12std. Hydrieren vorst. Verb. in A. bei 900 mm Druck mit ADAMS-Katalysator bei Ggw. von etwas konz. HCl; 70%. — *5-[2-Methylcyclopentyl]-5-methyl-, cis-Verb.*, F. 176—177°, durch Rk. von I mit Acetamid, Ammoncarbonat u. KCN wie vorst. u. fraktionierte Kristallisation aus Aceton; Nadeln; 34%. *trans-Verb.*, F. 225—230°; Plättchen; 17%. — *5-[2.3-Dimethylcyclopentyl]-5-methyl-*, in *2 Modifikationen* vom F. 145—150° u. F. 220—225°, durch 21std. Erwärmen von II mit KCN u. $(NH_4)_2CO_3$ in 50%ig. A. auf 60° u. fraktionierte Kristallisation aus Aceton; 7 Fraktionen zwischen F. 145—150° u. F. 220—225°. (J. Amer. chem. Soc. **74.** 3615—17. 20/7. 1952. Austin, Tex., Univ., Dep. of Chem.) LEHWALD. 3122

Robert C. Elderfield, und **Franklin W. Short,** *Einige Beobachtungen über berichtete Synthesen von Benzothiazolderivaten.* Das bei der Rhodanierung von o-Nitroanilin (**II**) entstehende Prod. ist nicht, wie von BLOMQUIST u. DIUGUID (C. **1947.** E. 357) angegeben, 2-Amino-4-nitrobenzothiazol, sondern *4-Amino-3-nitrophenylthiocyanat* (**I**), ident. mit dem von CHALLENGER u. PETERS (J. chem. Soc. [London] **1928.** 1364) dargestellten **I**, ebenso sind die N-Acetylderivv. identisch. Die Struktur von **I** wurde jetzt auch durch Überführung in *m-Nitrophenylthiocyanat* bewiesen. Die NCS-Gruppe tritt also bei **II** nicht in die für den Thiazolringschluß erforderliche o-, sondern wie auch sonst in die freie p-Stellung ein. Die aus **I** durch Diazotierung u. SANDMEYER-Rk. erhältliche Cl-Verb. liefert mit CH_3ONa ein Gemisch von Verbb., aus dem *4-Chlor-3-nitrothioanisol* isoliert wurde, was in Übereinstimmung mit ihrer Formulierung als *4-Chlor-3-nitrophenylthiocyanat* u. nicht als 2-Chlor-4-nitrobenzothiazol steht. — Ebenso muß die Angabe von BLOMQUIST u. DIUGUID (l. c.) berichtigt werden, daß aus N-Benzoyl-o-phenylendiaminsulfat (**IV**) u. NaSCN in Chlorbenzol mit nachfolgendem Ringschluß mit SO_2Cl_2 2-Amino-4-benzamidobenzothiazol entstehe; das entstandene Prod. ist S-frei u. tatsächlich *2-Phenylbenzimidazol* (**III**), das unter den Bedingungen der SANDMEYER-Rk. nicht 2-Chlor-4-benzamidobenzothiazol, sondern **III**-*Hydrochlorid* (**IIIa**) liefert. Einw. von P + HJ auf **IIIa**, die nach BLOMQUIST u. DIUGUID (l. c.) zu 4-Benzamidobenzothiazol führen sollte, gibt **III** zurück.

V e r s u c h e (FF. korr.): *4-Amino-3-nitrophenylthiocyanat* (**I**), $C_7H_5O_2N_3S$, F. 114 bis 115°, durch Zufügen von Br_2 in Eisessig zu **II** u. NH_4SCN in 95%ig. CH_3COOH während 2 Std., 16std. Stehen, Erwärmen auf 85°, Verdünnen mit heißem W., Abfiltrieren eines $>$250° schm. braunen Prod. u. Alkalisieren des Filtrats mit gesätt. Sodalsg.; aus wss. A. orangegelbe Platten; 60,5% (Ausbeute). — *4-Chlor-3-nitrophenylthiocyanat*, $C_7H_3O_2N_2ClS$, F. 57,5—59°, aus **I** nach BLOMQUIST u. DIUGUID (l. c.); aus CH_3OH gelbe Nadeln; 42,7%. — *4-Chlor-3-nitrothioanisol*, $C_7H_6O_2NClS$, F. 70—72° (CH_3OH), durch 3std. Kochen vorst. Verb. mit einer Lsg. von Na in CH_3OH, Eingießen in kaltes W. u. Extrahieren des gelben Nd. mit heißem CH_3OH; die unlösl. Prodd. wurden nicht weiter untersucht. — *4-Brom-3-nitrophenylthiocyanat*, $C_7H_3O_2N_2BrS$, F. 85—85,5°, durch Eintropfen von Br_2 in die Mischung von **I** u. 48%ig. HBr bei —9°, tropfenweise Zugabe von wss. $NaNO_2$-Lsg. während 45 Min. $<$0°, 1std. Rühren unter Kühlung, Eintropfen von wss. NaOH $<$20°, Anwärmen auf Raumtemp., Abdekantieren der wss.-alkal. Lsg., Behandeln des roten festen Prod. mit CH_3OH (Gasentw.), Erwärmen u. Filtration; aus Bzl. u. dann Bzl.–Hexan bräunliche Nadeln; 42%. — *2-Phenylbenzimidazol* (**III**), $C_{13}H_{10}N_2$, F. u. Misch-F. 295—297°, aus **IV** u. NH_4SCN in der von BLOMQUIST u. DIUGUIT (l. c.) beschriebenen Weise; aus wss. A. Platten; ~ 100%. *Hydrochlorid* (**IIIa**), F. 330 bis 332°, aus **III** unter den Bedingungen der SANDMEYER-Rk.; 97%. **IIIa** gibt bei der Behandlung mit rotem P, KJ u. 85%ig. H_3PO_4 (6 Std. Kochen) wieder **III**; 52%. (J. org. Chemistry **17**. 758—63. Mai 1952. New York, N. Y., Columbia Univ., Dep. of Chem.) SPAETH. 3142

John H. Billman und **Carl M. Smith**, *Die Reaktion von Kohlensuboxyd mit Grignard-Verbindungen.* Vff. erhielten bei der Rk. von CH_3MgJ (**I**) mit *Kohlensuboxyd* (**II**) neben

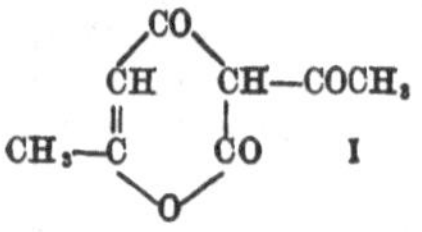

I

2.4.6-Triacetylphloroglucin (vgl. C. **1939**. I. 4760) *Dehydracetsäure* (**I**), die wahrscheinlich aus dem prim. Addukt $CH_3C(OMgJ)=C=C=O$ durch Hydrolyse zu Acetylketen, $CH_3C(OH)=C=C=O$ u. Kondensation entsteht. — Bei der Behandlung von **II** mit *Cyclohexylmagnesiumbromid* (**III**) entstand *2.4.6-Trihexahydrobenzoylphloroglucin.* — *Methyllithium* reagiert nicht analog **I**.

Versuche: *Dehydracetsäure* (**I**), F. 108—110° (Bzn.), aus 10,7 g **II** u. **I** (aus 28 g CH_3J u. 4,7 g Mg) in Ae. nach Hydrolyse, Ausziehen mit $NaHCO_3$-Lsg. (3,4 g *2.4.6-Triacetylphloroglucin* im Rückstand) u. Ansäuern der Bicarbonatlsg.; 1,5 g Rohausbeute. *Monoanilid*, F. 119—120°. — *2.4.6-Trihexahydrobenzoylphloroglucin*, $C_{27}H_{36}O_6$, F. 195 bis 196° (Bzl.), aus 25 g **II** u. **III** (85 cm³ Cyclohexylbromid u. 10 g Mg); 12,4 g. (J. Amer. chem. Soc. **74**. 3174. 20/6. 1952. Urbana, Ill., Univ., Dep. of Chem., u. Bloomington, Ind., Indiana Univ., Dep. of Chem.) ULRICH. 3211

A. H. Berrie, G. T. Newbold und **F. S. Spring**, *Einige Reaktionen substituierter 2-Brompyridine.* Vff. haben im Verlauf von Verss. zur Darst. von Lysergsäure *3-Amino-5-brompicolinamid* dargestellt. Zu diesem Zweck wurden die Rkk. von *3-Nitro-* (**I**) u. *3-Amino-2-brompyridin* (**II**) u. der entsprechenden 5-Chlor- u. 5-Bromderivv. mit $(CuCN)_2$ u. mit HCl untersucht. Der Ersatz von Br durch CN in 2-Brompyridin mit Hilfe von $(CuCN)_2$ wird nicht beeinflußt durch in 3- oder 3- u. 5-Stellung stehende Substituenten, jedoch tritt bei Umsetzung mit HCl eine Wrkg. dieser Substituenten auf. **I** liefert mit konz. HCl die *2-Oxyverb.* (**XI**), während aus **II** *3-Amino-2-chlorpyridin* entsteht.

Versuche: *2-Brom-3-nitropyridin* (**I**), $C_5H_3O_2N_2Br$, F. 125°, aus 14 g **XI** mit 50 g PBr_3 + 16 g Br_2 durch 5std. Erhitzen auf 100°; aus A./W. Prismen; 10 g (Ausbeute). — *2-Brom-5-chlor-3-nitropyridin* (**III**), $C_5H_2O_2N_2ClBr$, F. 75° (A./W.)., aus 5-Chlor-2-oxy-3-nitropyridin (**XII**) wie vorst.; 59%. — Ebenso aus 5-Brom-2-oxy-3-nitropyridin (**XIII**) *2.5-Dibrom-3-nitropyridin* (**IV**), $C_5H_2O_2N_2Br_2$, F. 93°, aus PAe. kurze Nadeln; 80%. — *2-Oxy-3-nitropyridin* (**XI**), F. 224°, aus 1 g **I** bei 3std. Kochen mit je 10 cm³ konz. HCl/Eisessig; hellgelbe Nadeln aus Methanol; 0,5 g. — **XII**, F. 235°, analog aus **III**; aus A. gelbe Prismen; 54%. — **XIII**, $C_5H_3O_3N_2Br$, F. 242° (Zers.), aus **IV** mit HCl/Eisessig; 64%; oder aus 10 g 2-Amino-5-brom-3-nitropyridin (**XIV**) in H_2SO_4 mit $NaNO_2$ (Zers. bei 0°); 6,05 g; hellgelbe Nadeln aus Essigester. — *2-Chlor-3-nitropyridin* (**V**), F. 101°, aus 0,7 g **XI** mit 2 g PCl_5 u. 1,5 cm³ $POCl_3$ durch 2std. Erhitzen auf 100°; Prismen aus A./W.; 0,2 g. — *2.5-Dichlor-3-nitropyridin* (**VII**), $C_5H_2O_2N_2Cl_2$, F. 43°, wie vorst. aus **XII**; 52%; oder aus 1,74 g 2-Amino-5-chlor-3-nitropyridin in HCl (D. 1,19) bei —10° mit $NaNO_2$-Lsg., Gemisch unter Kühlung mit 30%ig. NaOH neutral stellen; 1,3 g; aus A./W. Prismen. — *5-Brom-2-chlor-3-nitropyridin*, $C_5H_2O_2N_2ClBr$, F. 68°, aus **XIII** mit $PCl_5/POCl_3$; 45%; oder aus **XIV**; 51%; aus A./W. Prismen. — *3-Nitropicolinnitril*, $C_6H_3O_2N_3$, F. 78°, aus 0,75 g **I** u. 0,7 g $(CuCN)_2$ bei 150° (heftige Rk.; Druck auf 1 mm vermindern); Prismen aus PAe./Bzl.; 0,3 g. — *5-Chlor-3-nitropicolinnitril*, $C_6H_2O_2N_3Cl$, F. 98°, wie vorst. aus **III**; Nadeln aus Bzl./PAe.; 30%. — *5-Brom-3-nitropicolinnitril*, $C_6H_2O_2N_3Br$, F. 102°, aus **IV**; aus Bzl./PAe. Nadeln; 66%. — *3-Aminopicolinnitril* (**VI**), $C_6H_5N_3$, F. 149°, aus **II**; aus Bzl. Nadeln; 32%. — *3-Amino-5-chlorpicolinnitril*, $C_6H_4N_3Cl$, F. 175°, aus 3-Amino-2-brom-5-chlorpyridin (**VIII**), aus Bzl. Nadeln; 20%. — *3-Amino-5-brompicolinnitril*, $C_6H_4N_3Br$, F. 175°, aus 3-Amino-2.5-dibrompyridin (**IX**); aus Bzl. Nadeln; 25%. — *3-Nitropicolinamid*, $C_6H_5O_3N_3$, F. 211°, aus dem Nitril (100 mg) u. 0,2 cm³ H_2SO_4 (D. 1,84), 2 Std. bei 100°, dann mit W. verdünnen; Nadeln aus W./Aceton; 50 mg. — *5-Chlor-3-nitropicolinamid*, $C_6H_4O_3N_3Cl$, F. 230°, analog; Nadeln; 55%. — *5-Brom-3-nitropicolinamid* (**XV**), $C_6H_4O_3N_3Br$, F. 232—233° (Zers.), analog; aus W. Nadeln; 56%. — *3-Amino-2-brompyridin* (**II**), $C_5H_5N_2Nr$, F. 79°, aus 1,45 g **I** in Eisessig mit Fe-Spänen bei 2std. Erhitzen auf 100°, mit W. verdünnen, mit 30%ig. NaOH unter Kühlen alkal. stellen u. mit Chlf. ausschütteln; aus Methanol/W. Nadeln; 0,8 g. — *3-Amino-2-chlorpyridin*, F. 79—80°, aus 1,1 g **V** wie vorst.; 0,1 g; oder aus 1 g **II** mit HCl (D. 1,19) bei 3std. Kochen; 0,5 g; aus wss. Aceton, Platten. — *3-Aminopicolinamid*, $C_6H_7ON_3$, F. 175—177°, sublimiert bei 100°/10^{-5} mm, aus 20 mg Nitroamid mit Fe/Eisessig; 10 mg; oder aus 120 mg **VI** mit H_2SO_4 (D. 1,84), 2 Std. bei 100°; 10 mg; aus W. Nadeln. — *3-Amino-5-chlorpicolinamid*, $C_6H_6ON_3Cl$, F. 168°, wie vorst.; 67% bzw. 11%; aus wss. Aceton Nadeln. — *3-Amino-5-brompicolinamid*, $C_6H_6ON_3Br$, F. 168°, wie vorst.; 72% bzw. 18%; aus Bzl./PAe. Nadeln. — **VIII**, $C_5H_4N_2ClBr$, F. 142°, aus **III**; Nadeln aus wss. Aceton; 81%; λ_{max} 2520 u. 3140 Å (ε = 11500 bzw. 5700; A.). — **IX**, $C_5H_4N_2Br_2$, F. 153°, aus **IV**; aus W./Aceton Nadeln; 84%. — *3-Amino-2.5-dichlorpyridin*, $C_5H_4N_2Cl_2$, F. 129°, aus **VII** mit Fe/Essigsäure; 87%; oder aus 0,5 g **VIII** mit HCl bei 2std. Kochen; 0,2 g; aus W./Aceton Nadeln. — *3-Amino-5-brom-2-chlorpyridin* (**X**), $C_5H_4N_2ClBr$, F. 131°, durch Red. der Nitroverb. mit Fe/Eisessig; Nadeln aus wss. Aceton; 85%; λ_{max} 2510 u. 3140 Å (ε = 7200 bzw. 4700; A.); oder aus **IX** beim Kochen mit HCl; 35%; aus oder 2,82 g **IV** mit HCl/Sn beim Kochen; 0,2 g. — *2.3-Diamino-5-brom-4(6)-chlorpyridin*, $C_5H_5N_3ClBr$, F. 164°, aus **XIV** mit Sn/HCl; aus W. lange Nadeln; 21%. *Chinoxalinderiv.* $C_{19}H_9N_3ClBr$, F. 270—272°, aus 100 mg der vorst. Verb. mit Phenanthrenchinon in Eisessig (15 Min. 100°); orangefarbene Nadeln; 70 mg. — *5-Brom-2.3-dichlorpyridin*, $C_5H_2N\cdot Cl_2Br$, F. 30—31°, aus 0,3 g **X** in HCl (D. 1,19) bei 0° mit 0,55 g $NaNO_2$ in W., dann 1 Std. mit 1,1 g Cu-Pulver schütteln u. mit 30%ig. NaOH neutral stellen; Nd. mit heißem Aceton ausziehen, Extrakt eindampfen, mit PAe. extrahieren u. PAe. abdampfen; Nadeln aus wss. Aceton; 100 mg. — *2.5-Dibrom-3-oxypyridin*, $C_5H_3ONBr_2$, F. 195—197°, aus 1,26 g **IX** in 8 cm³ H_2SO_4 (D. 1,84) mit 0,35 g $NaNO_2$ bei 20°, mit W. verdünnen u. auf 100° erhitzen, bis Gasentw. zu Ende; mit 11 g NaOH in 20 cm³ W. versetzen u. getrockneten Nd. mit Aceton extrahieren; Nadeln aus wss. Methanol; 0,6 g. — **XIV**, F. 205°, aus 12,1 g **XV** mit KOBr (aus 9 g Br_2 u. 35 g KOH in 500 cm³ W.) bei 0°, dann 3 Std. 20°, 30 Min. 70° u. 16 Std. 0°; gelbe Nadeln aus Essigester; 7,0 g. (J. chem. Soc. [London] **1952**. 2042—46. Juni. Glasgow, Royal Techn. Coll.) GOEBEL. 3231

Alfred Burger, James R. Rector und **A. Chandler Schmalz**, *Pyridyl-(4)-aceton.* Nach der früher angegebenen Meth. (C. **1951**. I. 720) wird die Darst. von *Pyridyl-(4)-aceton* aus Pyridyl-(4)-essigsäure (I) beschrieben. Das für die Darst. von I benötigte *Pyridyl-(4)-thioacetmorpholid* (**II**; im Original *4-Picolylthiomorpholid*) lieferte bei Entschwefelung nach KORNFELD (J. org. Chemistry **16**. [1951.] 131) *1-[Pyridyl-(4)]-2-morpholinoäthan.*

V e r s u c h e (FF. korr.): *Pyridyl-(4)-aceton*, C_8H_9ON, Kp.$_{0,5}$ 76,5—78°, aus 0,23 Mol I-Hydrochlorid, 3,8 Mol wasserfreiem Na-Acetat u. 0,52 Mol Acetanhydrid durch 18std. Kochen, Verdünnen mit W., dann alkal. stellen u. ausäthern; hellgelbes Öl; 50% (Ausbeute). *Semicarbazon*, $C_9H_{12}ON_4$, F. 188—189°. — *Pyridyl-(4)-essigsäure* (**I**), *Methylester*, Kp.$_{2-3}$ 103—105°; mit CH_2N_2 in Ae./Methanol; Öl. *Amid*, $C_7H_8ON_2$, F. 143,5—145° (Dioxan); aus dem Methylester; 97%. — *1-[Pyridyl-(4)]-2-morpholinoäthan*, Kp.$_{0,7}$ 128 bis 130°; aus 10 g **II** in absol. A. mit 70 g RANEY-Ni beim Kochen unter N_2; 41%. *Dihydrochlorid*, $C_{11}H_{18}ON_2Cl_2$, F. 215,5—217° (Methanol/Essigester). *Dipikrat*, $C_{23}H_{22}O_{15}N_8$, F. 190—192° (W.). (J. Amer. chem. Soc. **74**. 3175. 20/6. 1952. Charlottesville, Va., Univ. of Virginia, Cobb Chem. Labor.) GOEBEL. 3231

Henry Gilman, Irving Zarember und **John A. Beel**, *Reaktionen einiger Amine mit heterocyclischen Äthern.* Vff. haben eine Spaltungs-Rk. von *2-Benzyloxychinolin* (**I**) mit Aminen sowie Amiden untersucht. *Anilin, N-Methylanilin, Diphenylamin* (**IV**), *Carbazol* (**V**) u. *Phenthiazin* (**VI**) reagieren mit Alkoxychinolin bei verhältnismäßig hoher Temp. wie saure Reagentien unter Bldg. von *2-Oxychinolin* (**II**) u. *alkyliertem Amin*; *Piperidin* u. *Morpholin* (**VIII**) ergeben die entsprechenden Spaltprodd. schon bei niedrigerer Temp. (Kp. der Amine), daneben spalten diese cycl. Amine auch zwischen Chinolinring u. dem O-Atom unter Bldg. von *Benzylalkohol* u. dem entsprechenden *2-Aminochinolin*. *Dibenzylamin, Pyrrol, Acetanilid* u. *N-Benzylbenzolsulfonamid* bewirken keine der vorst. Spaltungsreaktionen. **I** ist bei Spaltung mit **IV** oder Morpholin reaktionsfähiger als *2-Äthoxychinolin*; 2-Benzyloxybenzothiazol reagiert bei 115—125° nicht mit **IV**. Aus **I** entstand mit Phenthiazin **II** u. *N-Benzylphenthiazin* (**III**), dessen von DESAI (J. Indian Inst. Sci. **7** [1924.] 235) beschriebene Darst. durch Schmelzen von N-Benzyldiphenylamin mit S Vff. nicht gelang. Ebenso verlief ein Darstellungsvers. aus N-Lithiumphenthiazin u. $C_6H_5CH_2Cl$ erfolglos. Das von FINZI (Gazz. chim. ital. **62**. [1932.] 175) aus Phenthiazin u. Benzylchlorid dargestellte Prod. mit F. 132—134° ist nicht ident. mit **III**.

V e r s u c h e: Die meisten Verss. wurden durchgeführt durch 48std. Rühren der Komponenten unter N_2 bei 170—180° Badtemp. (falls nicht anders angegeben); das erkaltete Gemisch wurde ausgeäthert (dabei fiel die Hauptmenge **II** aus) u. dann der Ae.-Extrakt mit 5%ig. wss. NaOH gewaschen. Folgende Spaltungen wurden durchgeführt an *2-Benzyloxychinolin* (**I**): Mit 20%ig. wss. NaOH, 7 Std. (Rückfluß): unverändertes **I**, F. 50°. — Mit 6nHCl, 7 Std.: *2-Oxychinolin* (**II**), F. 199°; 90% [Ausbeute], u. $C_6H_5CH_2Cl$, 46%. — Mit Anilin: **II**, 14%, u. *N-Benzylanilin*, 8%. — Mit N-Methylanilin, 40 Std.: **II**, 76%, u. *N-Methyl-N-benzylanilin*, 41%. *Pikrat*, F. 127—128°. — Mit **IV**, 40 Std. 170—180°: **II**, 84%, u. *N-Benzyldiphenylamin*, F. 83,5—86,5°, 58%; 48 Std. bei 100° oder 49 Std. 140° in Xylol keine Spaltung. — Mit **V**, 48 Std. 200—220°: **II**, 9,5% (Pyrolyse). 48 Std., 140° in Xylol: keine Spaltung. 48 Std., 165° in Mesitylen: **II**, 16%, u.

N-Benzylcarbazol, F. 117—119°, 7%. — Mit **VI**, 48 Std. 170—210°: **II**, 24%. 48 Std. >153° in Cumol: **II**, 90%, u. *N-Benzylphenthiazin* (**III**), $C_{19}H_{15}NS$, F. 91—92°, 34% (?). — Mit Di-n-butylamin: **II**, 5%. — Mit Piperidin, a) 46 Std.: **II**, 15%, u. *N-Benzylpiperidin* (**VII**), 22%. *Hydrochlorid*, F. 171—175°, *Pikrat*, F. 181. b) 53 Std.: **II**, 35%, **VII**, 18%, u. *2-[N-Piperidino]-chinolin*, 2,5%. *Pikrat*, F. 174°. — Mit **VIII**, 53 Std.: **II**, 35%, *N-Benzylmorpholin*, 19% [Hydrochlorid, F. 244—245°; *Pikrat*, F. 189—190°], *Benzylalkohol*, 28% [*α-Naphthylurethan*, F. 132—133°] u. *2-[N-Morpholino]-chinolin* (**IX**), F. 91 bis 92°, 65%. — Spaltung von 2-Äthoxychinolin mit **VIII**, 48 Std.: **IX**, 3,4%. Mit **IV** trat keine Spaltung ein. — *N-Benzylbenzolsulfonamid*, F. 87—89°; Darst. modifiziert nach HINSBERG (1891) aus Benzolsulfonylchlorid u. $C_6H_5CH_2NH_2$ mit NaOH bei 2tägigem Stehen, dann mit HCl fällen; 70%; lieferte beim Umlösen aus W./A. braungefärbtes Prod., F. ca. 80°. (J. Amer. chem. Soc. **74**. 3177—79. 20/6. 1952. Ames, Iowa, State Coll., Dep. of Chem.) GOEBEL. 3231

D. G. Easterby, L. Hough und **J. K. N. Jones,** *Tosylhydrazone von Pentosezuckern unter besonderer Berücksichtigung der Charakterisierung und Bestimmung von Ribose. Tosylhydrazone* von *L-Arabinose, D-Ribose, D-Xylose, D-Lyxose* u. *L-Fucose* wurden in guter Ausbeute hergestellt. Die Bldg. von *D-Ribosetosylhydrazon* verläuft unter bestimmten Bedingungen quantitativ u. kann zur gravimetr. Best. der Ribose mit ±1% Fehler dienen. Die gleichzeitige Ggw. der anderen Pentosen stört die Bestimmung. Die opt. Drehung u. Mutarotation der Aldosetosylhydrazone in gereinigtem trockenem, feuchten u. angesäuertem Pyridin wird gemessen.

Versuche: *Aldosetosylhydrazone*, aus der Aldose in CH_3OH durch ½std. Erhitzen mit Tosylhydrazid in CH_3OH; nach 20 Std. Eiskühlung Kristalle. — *D-Ribosetosylhydrazon*, $C_{12}H_{18}O_6N_2S$, F. 164°; $[\alpha]_D$ +23°, c = 0,7, Pyridin) → +14° (16 Std.); $[\alpha]_D$ +42° (c = 1,4 in feuchtem Pyridin) → +14° (17 Std.); $[\alpha]_D$ +13° (c = 1,4, Pyridin–HCl) → +9° (24 Std.); $[\alpha]_D$ +55° (c = 0,86, Handelspyridin) → +20° (24 Std.); Ausbeute quantitativ; wenig lösl. in sd. CH_3OH, A. u. Wasser. — *L-Fucosetosylhydrazon*, $C_{13}H_{20}O_6N_2S$, F. 169°; Nadeln aus eiskaltem CH_3OH; $[\alpha]_D$ —19° (10 Min., c = 2,2, Pyridin); 70% (Ausbeute). — *L-Arabinosetosylhydrazon*, $C_{12}H_{18}O_6N_2S$, F. 153—154° (CH_3OH); $[\alpha]_D$ +3° (c = 2,8 in Pyridin, konstant); $[\alpha]_D$ +2° (c = 2,1 in feuchtem Pyridin, konstant); $[\alpha]_D$ —7° (c = 0,89 in Pyridin + HCl) → —13,5 (24 Std.); 78%. — *D-Xylosetosylhydrazon*, $C_{12}H_{18}O_6N_2S$, F. 149°, Nadeln aus CH_3OH; $[\alpha]_D$ —36° (c = 1,8 in Pyridin, konstant); $[\alpha]_D$ —36° (c = 1,3 in feuchtem Pyridin, konstant); $[\alpha]_D$ —14° (c = 1,8 in Pyridin + HCl, konstant); $[\alpha]_D$ —14° (c = 1,9 in Handelspyridin) → —1° (24 Std.); 0,2450 g aus 0,2338 g D-Xylose. — *D-Lyxosetosylhydrazon*, $C_{12}H_{18}O_6N_2S$, F. 141° (CH_3·OH). — Galaktose, Rhamnose u. Fructose geben unter den angegebenen Bedingungen keine Derivate. (J. chem. Soc. [London] **1951**. 3416—18. Dez. Bristol, Univ.) ROSSOW. 3400

Marietta Martos-Bárczai und **Ferenc Kőrösy,** *Darstellung von Acetobromzuckern.* Vff. geben zur Darst. von Acetobromzuckern eine neue Meth., welche dad. gek. ist, daß die Bromierung des Zuckers unmittelbar in Essigsäureanhydrid in Ggw. von $HClO_4$ als Katalysator u. überschüssigem roten P mit Br_2 in kurzer Zeit mit guter Ausbeute durchgeführt wird.

Versuche: *Acetobromglucose*, F. 87—88°; zu 400 cm³ $(CH_3CO)_2O$ u. 2,4 cm³ $HClO_4$ werden bei 30—40° 100 g d-Glucose, danach 30 g roten P u. unter Kühlung in ½ Std. 180 g Br_2 hinzugegeben; man gibt dann unter öfterem Umschütteln 36 g W. hinzu, wobei die Temp. 20° nicht übersteigen soll, läßt im verschlossenen Kolben 2 Std. bei Zimmertemp. stehen, gibt 300 cm³ Chlf. hinzu u. gießt auf 800—1000 cm³ Eiswasser; die Chloroformschicht wird eingedampft, der Rückstand in Ae. gelöst u. mit PAe. gefällt; [α] +198,7° (in Chlf.); 85% (Ausbeute). — *Acetobromgalaktose* (*1-Brom-2.3.4.6-tetraacetyl-α-d-galaktose*), F. 81—82°, aus Galaktose, [α] +283,3° (in Chlf.); 83%. — *Acetobromarabinose*, F. 137°; [α] +289,7° (in Chlf.); 53%. — *Acetobromlactose*, F. 139°; [α] +106,4° (in Chlf.); 85%. — *Acetobrommaltose*, F. 78°; [α] +173,7° (in Chlf.); 61%. — *Acetobromcellobiose*, F. 179°; aus Oktaacetylcellobiose bei 20—25°; [α] +95,8° (in Chlf.); 85%. — *Acetobromrhamnose* wird auf diesem Wege nicht erhalten. (Magyar Kémiai Folyóirat [Ung. Z. Chem.] **56**. 161—64. April 1950. Budapest, Pharmazeut. Labor. „Kőrösy".) PLANK. 3400

Géza Zemplén und **László Mester,** *Über die Struktur des Acaciins.* In den Blättern der Robinia Pseudacacia L. fand SHIBATA ein gallertartiges Glykosid, das *Acaciin*, welches HATTORI (Acta Phitochimica **2**. [1925.] 99) kristallin darstellte u. als Acacetin-7-dirhamnosid identifizierte. Zur Klärung anderer Angaben, daß Acaciin nicht 2 Mol. Rhamnose enthalten sollte, untersuchten Vff. die Zus. der Zuckerkomponente. Aus 10 kg trockenen Blättern der Akazie wurden 3 g krist. Acaciin erhalten. Das spez. Drehvermögen nach saurer Hydrolyse des Glykosids zeigt die Ggw. von 1 Mol Rhamnose u. 1 Mol Glucose im Glykosid, womit die TOLLENSsche Rhamnosebest. bestätigt wurde.

Ferner wurden von beiden Zuckerkomponenten die Osazone erhalten. Methylierung mit Dimethylsulfat in der Kälte u. nachfolgende saure Hydrolyse führten zu *5-Methylacacetin*, womit die Haftstelle des Disaccharids am Hydroxyl in 9-Stellung des Acacetins bewiesen wurde. Ein Vgl. der physikal. Konstanten mit denen des Linarins zeigte Verschiedenheit. Bei der Reindarst. des Acaciins wurde ein amorphes Glykosid abgesondert, welches aus wss. Pyridin umkrist. u. bei 235° schmilzt. Es besitzt eine dem krist. Acaciin analoge Zus. u. wurde in Analogie zum dimorphen Neolinarin u. Pektolinarin *Pektacaciin* genannt. (Magyar Kémiai Folyóirat [Ung. Z. Chem.] **56.** 2—7. 1950. Budapest, Techn. Univ., Organ.-Chem. Inst.) PLANK. 3450

Robert Robinson und **J. E. Saxton,** *Versuche zur Synthese des Ringsystems von Strychnin und verwandter Alkaloide.* 2. Mitt. (1. vgl. J. chem. Soc. [London] **1950. 3136.**) *1.5.8-Trimethyl-2.3-benzopyrrocolin* (**I**) liefert mit C_2H_5J das gleiche quartäre *Jodid* (**III**) wie *1-Äthyl-5.8-dimethyl-2.3-benzopyrrocolin* (**Ia**) mit CH_3J; **III** ist demnach als ein durch Alkylierung am β-C-Atom des Indolkerns entstandenes *7'-Äthyl-3.6.7'-trimethyl-1.2-[benzylen-(2'.7')]-pyridiniumjodid* zu formulieren. Die **I**-Salze absorbieren im UV ganz ähnlich wie **III**, so daß ihnen die Konst. **II** zugeschrieben werden muß. Analog der Synth. von **I** (l. c.) erhält man aus Skatol u. Lävulinaldehyd (in Form seines Dimethylacetals) *1.8-Dimethyl-2.3-benzopyrrocolin*, dessen „Chlormethylat" (**IV**) durch $K_3Fe(CN)_6$ in alkal. Lsg. zu dem Pyridon **V** oxydiert wird, welches den Chromophor der sogenannten farblosen Benzalderivv. der Strychninreihe u. des Dehydrostrychninolons besitzt (vgl. PRELOG u. Mitarbeiter, C. **1950.** I. 71). Bei der Kondensation mit 3-Äthylindol kann der Lävulinaldehyd durch 2-Methylfuran ersetzt werden. — Indol kondensiert sich mit Acetonylaceton zu *1.4-Dimethylcarbazol*, mit Lävulinaldehyddimethylacetal zu *1-Methylcarbazol*, mit Phenacylaceton zu *4-Methyl-1-phenylcarbazol.*

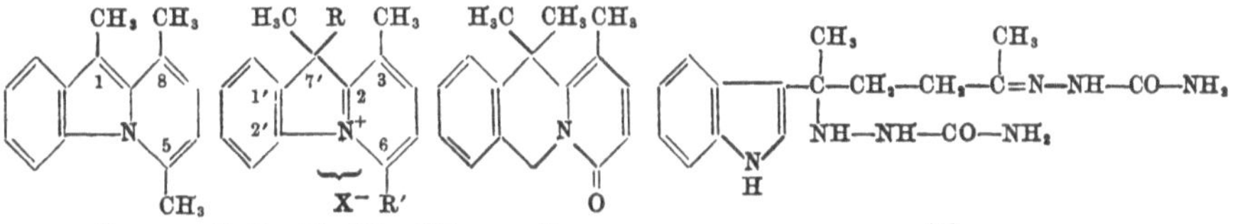

I II R = H, R' = CH_3 V VI

III R = C_2H_5, R' = CH_3

IV R = CH_3, R' = H

Versuche: *1.4-Dimethylcarbazol*, $C_{14}H_{13}N$, F. 97—98°, a) aus Cyclohexanon durch Erhitzen mit p-Xylylhydrazin, Kochen des Hydrazons mit 10%ig. H_2SO_4 u. Dehydrierung des gebildeten *1.4-Dimethyl-5.6.7.8-tetrahydrocarbazols* (F. 86—88; vgl. ANDERSON u. CAMPBELL, C. **1952.** 3158) mit Chloranil in sd. Xylol; b) aus Indol durch Kondensation mit Acetonylaceton unter den in der 1. Mitt. beschriebenen Bedingungen; *Pikrat*, $C_{14}H_{13}N \cdot C_6H_3O_7N_3$, rot, F. 151—152° (Zers.); nach b) entsteht als Nebenprod. nach Umsetzung mit Semicarbazid eine *Verb.* $C_{18}H_{33}O_4N_{13}$, Zers. bei 242°, die mit verd. Oxalsäure in *5-[Indolyl-(3')]-5-semicarbazidohexanon-(2)-semicarbazon* (**VI**), $C_{16}H_{23}O_3N_7$, F. 240°, übergeht u. demnach einen Komplex von **VI** mit 2 Mol. Semicarbazid darstellt. — **III**, $C_{17}H_{20}NJ$, blaßgelb, F. 247—249° (Zers.), a) aus **I** u. C_2H_5J, b) aus **Ia** u. CH_3J bei 100°. — *3.6.7'.7'-Tetramethyl-1.2-[benzylen-(2'.7')]-pyridiniumjodid*, $C_{16}H_{18}NJ$, F. 239—241° (Zers.), aus **I** u. CH_3J, kondensiert sich mit p-Dimethylaminobenzaldehyd in A. + Spur Piperidin zu rotem *3.7'.7'-Trimethyl-6-[p-dimethylaminostyryl]-1.2-[benzylen-(2'.7')]-pyridiniumjodid*, $C_{25}H_{27} \cdot N_2J$ + 0,5 C_2H_5OH, Zers. bei 209—210°, mit p-Nitrosodimethylanilin unter den gleichen Bedingungen zu einem entsprechenden roten, im krist. Zustand grünschwarz-metallglänzenden *Farbstoff*, F. 215—216°, der durch Erhitzen mit $NH_2OH \cdot HCl$ in Pyridin zers. wird. — *1.8-Dimethyl-2.3-benzopyrrocolin*, $C_{14}H_{13}N$, gelb, F. 86—87°, aus Skatol u. Lävulinaldehyddimethylacetal in alkoh. HCl bei 0°; *Perchlorat*, $C_{14}H_{13}N \cdot HClO_4$, F. 173—176°. — *3.7'.7'-Trimethyl-1.2-[benzylen-(2'.7')]-pyridiniumjodid* (**IV**), $C_{15}H_{16}NJ$, blaßgelb, F. 252° (Zers.), aus vorst. Verb. u. CH_3J, bildet mit p-Dimethylaminobenzaldehyd keinen Farbstoff. — *1-Äthyl-8-methyl-2.3-benzopyrrocolin*, $C_{15}H_{15}N$, goldgelb, F. 71—73°, aus 3-Äthylindol u. 2-Methylfuran in alkoh. HCl; *Perchlorat*, $C_{15}H_{15}N \cdot HClO_4$, F. 166—168°. — *7'-Äthyl-3.7'-dimethyl-1.2-[benzylen-(2'.7')]-pyridiniumjodid*, $C_{16}H_{18}NJ$, blaßgelb, F. 219—221°, aus vorst. Verb. u. CH_3J, bildet mit p-Dimethylaminobenzaldehyd keinen Farbstoff. — *1-Methyl-2.3-benzopyrrocolin*, $C_{13}H_{11}N$, goldgelb, F. 67—68°, aus Succindialdoxim u. Skatol in alkoh. HCl. — *3.7'.7'-Trimethyl-1.2-[benzylen-(2'.7')]-pyridon-(6)* (**V**), $C_{15}H_{15}ON$ F. 82—83°, aus **IV** durch Erhitzen mit AgCl in W. u. Oxydation des gebildeten Chlorids mit $K_3Fe(CN)_6$ in verd. NaOH; *Perchlorat*, $(C_{15}H_{15}ON)_2 \cdot HClO_4$, F. 202—204°. — *N-Chloracetyl-3-methylindol*, $C_{11}H_{10}ONCl$, F. 105°, aus Skatol durch Umsetzung mit C_2H_5MgBr

u. nachfolgend mit Chloracetylchlorid in Ae., gibt magentafarbene EHRLICH-Rk. u. Tiefbraunfärbung mit $H_2SO_4 + Na_2Cr_2O_7$. — *1-Methylcarbazol*, F. 121°, aus Indol u. Lävulinaldehyddimethylacetal in alkoh. HCl bei 0°; *Pikrat*, $C_{13}H_{11}N \cdot C_6H_3O_7N_3$, rot, F. 151—153°. — *4-Methyl-1-phenylcarbazol*, $C_{19}H_{15}N$, F. 114—115°, aus Indol u. Phenacylaceton in alkoh. HCl; *Pikrat*, $C_{19}H_{15}N \cdot C_6H_3O_7N_3$, rot, F. 148°. — 1.2-Dibenzoyläthan wird durch alkoh. HCl zu *Diphenylfuran*, $C_{16}H_{12}O$, F. 89°, dehydratisiert. — Aus Skatol u. Bernsteinsäuredinitril in alkoh. HCl werden Bernsteinsäurediäthylester u. *Diskatolhydrochlorid*, $C_{18}H_{18}N_2 \cdot HCl$, F. 180°, erhalten. (J. chem. Soc. [London] **1952.** 976—82. März. Oxford, Univ., Dyson Perrins Labor.) BOIT. 3500

F. Bader und **H. Schwarz,** *Zur Konstitution des Serpentins.* Die von SCHLITTLER u. SCHWARZ (C. **1951.** I. 1449) für *Serpentin* (I) vorgeschlagene Formel wird in **Ia** abgeändert, da **I** eine C—CH_3-Gruppe enthält, die unter Berücksichtigung der Dehydrierung zu Alstyrin nur am Ring E haften kann. Analog dem um 2 H-Atome ärmeren Alstonin wird **I** mit PtO_2 in methanol. KOH (p_H 10) zu *Py-Tetrahydroserpentin* (**II**; $C_{21}H_{26}O_3N_2 + H_2O$, F. 249—250°, $[\alpha]_D^{22}$ —35° [CH_3OH]; *Hydrochlorid*, $C_{21}H_{26}O_3N_2 \cdot HCl$, F. 276—277° Zers.) hydriert, das sich durch sd. alkoh. KOH zu *Py-Tetrahydroserpentinsäure* (*Hydrochlorid*, $C_{20}H_{24} \cdot O_3N_2 \cdot HCl \cdot 0{,}5\,H_2O$, F. 224—225°) verseifen läßt. Das UV-Spektr. von **II** stimmt bis auf ein Minimum bei 262 mμ mit dem des Py-Tetrahydroalstonins überein. Sein Infrarotspektr. unterscheidet sich von dem des **I** durch das Auftreten einer NH-Bande u. durch das Fehlen der Bande der C—N-Doppelbindung. (Helv. chim. Acta **35.** 1594—98. 1/8. 1952. Basel, Univ., Organ.-chem. Inst.) BOIT. 3500

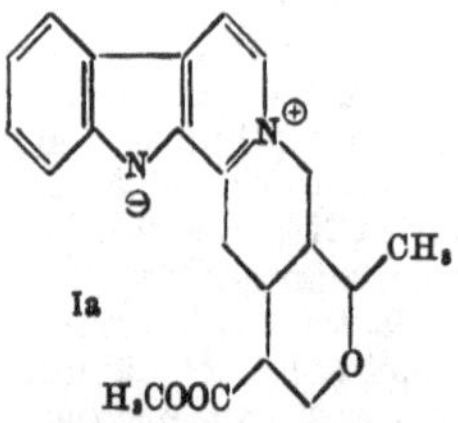

Ia

L. Bateman, J. I. Cunneen und **E. S. Waight,** *Geraniolene. Zersetzung des 2.6-Dimethylhepten-(5)-ols-(2) und einiger Derivate davon.* Bei der Dehydratisierung von 2.6-Dimethylhepten-(5)-ol-(2) (**I**) mit verschied. Dehydratationsmitteln entstehen Gemische, die außer *2.6-Dimethylheptadien-(2.5)* (**III**) u. *2.6-Dimethylheptadien-(2.6)* (**IV**) noch eine O-haltige Verb. enthalten, die auf Grund ihres IR-(Infrarot) Spektr. als *2.2.6.6-Tetramethyltetrahydropyran* (**V**) identifiziert wurde; der Anteil an **V** ist bes. hoch bei der Dehydratisierung mit J_2; mit Oxalsäure entstand mitunter an Stelle von **V** *Cyclogeraniolen* (wahrscheinlich Gemisch der α- u. β-Form). Bei der Pyrolyse von Geraniumsäure bildete sich fast nur **IV**, **I**-Acetat ergab ein Gemisch von **III** u. **IV**, das auch bei der Halogenwasserstoffabspaltung aus 6-Chlor- oder 6-Brom-2.6-dimethylhepten-(2) erhalten wurde. Fraktionierung ergab reines **III** u. **IV**, von dem die IR-Spektren aufgenommen wurden. Beim Erwärmen von **III** mit KOH in CH_3OH tritt Isomerisierung zu *2.6-Dimethylheptadien-(2.4)* (**II**) ein, das nicht durch Dehydratisierung von 2.6-Dimethylhepten-(2)-ol-(4) erhalten werden konnte, da sich hierbei *2.6-Dimethylheptadien(1.3)* bildet. **IV, V** sowie etwa vorhandene cycl. Monoolefine bleiben unter den Bedingungen der Isomerisierung von **III** unverändert. Der Anteil an **III** in Gemischen von **III** u. **IV** läßt sich aus dem Wert für n_D^{20}, bei Ggw. von **V** auch aus der Isomerisierung zu **II** (Spektr.) bestimmen.

Versuche: *Tetrahydro-2.2.6.6-tetramethylpyran* (**V**; „Methylcinen"), $C_9H_{18}O$, Kp.$_{762}$ 143°, nach RUPE u. SCHLOCHOFF (1905); n_D^{20} 1,4287. Der Anteil an **V** in den Dehydratationsprodd. von 2.6-Dimethylhepten-(5)-ol-(2) (**I**; $C_9H_{18}O$, Kp.$_{12}$ 75°, n_D^{20} 1,4492) betrug bei der Dehydratisierung bei 140° mit $NaHSO_4$ 11%, mit $CuSO_4$ 16%, mit Acetanhydrid–$ZnCl_2$ 3%, mit J_2 53% (neben ~20% **III**, ~10% **IV** u. —20% **II**), mit Borsäure bei 180° 5%; der Geh. an **IV** betrug durchschnittlich 50%. Mit Oxalsäure wurden bei einem Vers. 11% **V** gebildet, bei der Wiederholung entstand kein **V**, aber *Cyclogeraniolen* (Kp.$_{765}$ 136—137°, n_D^{20} 1,4457), das auch aus **IV** (4% **III** enthaltend) durch 8std. Schütteln mit H_2SO_4 entsteht. — Pyrolyse von 2.6-Dimethylhepten-(5)-yl-(2)-acetat (Kp.$_{13}$ 89 bis 91°, n_D^{20} 1,4382) bei 480° ergab hauptsächlich **IV** (77% ig.), ebenso lieferte die Decarboxylierung von Geraniumsäure (Kp.$_{0,1}$ 108°, n_D^{20} 1,4886) **IV** mit 4% **III**. — *2.6-Dimethylheptadien-(2.6)* (**IV**), C_9H_{16}, Kp.$_{756}$ 141—142°, n_D^{20} 1,4388, u. *2.6-Dimethylheptadien-(2.5)* (**III**), Kp.$_{758}$ 150—151°, n_D^{20} 1,4490, durch 20std. Erwärmen von 6-Chlor-2.6-dimethylhepten-(2) ($C_9H_{17}Cl$, Kp.$_{15}$ 71—72°, n_D^{20} 1,4493) mit Pyridin auf 140°, Dest. über Na u. Fraktionierung über eine 40-Bödenkolonne; **III** u. **IV** wurden auch ebenso aus 6-Brom-2.6-dimethylhepten-(2) ($C_9H_{17}Br$, Kp.$_{11}$ 76—77°, n_D^{20} 1,4711) erhalten. — *2.6-Dimethylheptadien-(2.4)* (**II**), durch Erwärmen von **III** mit methanol. KOH auf 165°; n_D^{20} 1,4650, λ_{max} 2370 Å (ε = 26100). — *2.6-Dimethylheptadien-(1.3)*, Kp.$_{13}$ 66°, durch Dehydratisierung von 2.6-Dimethylhepten-(2)-ol-(4) ($C_9H_{18}O$, Kp.$_{12}$ 74—76°, aus β-Methylcrotonaldehyd u. Isobutyl–MgBr; n_D^{20} 1,4410) mit $NaHSO_4$ bei 140°; n_D^{20} 1,4569, λ_{max} 2300 Å (ε = 23000), IR-Absorption bei 888 u. 961 cm^{-1}. (J. chem. Soc. [London] **1952.** 1714—18. Mai. Welwyn Garden City.) SPAETH. 3600

Erich Mosettig und **Irving Scheer**, *Steroide mit einem aromatischen B-Ring.* Die aus $\Delta^{5,7}$-Steroiden durch Photooxydation erhaltenen *Bis-*$\Delta^{5,8,9}$*-diene* werden durch Kochen in Diäthylenglykolmonoäthyläther in die Derivv. mit aromat. B-Ring übergeführt. Für die Photooxydation werden Fluorescenzlampen verwendet; die Ausbeute wird gesteigert durch Verwendung von Tetrahydrofuran statt Bzl. als Lösungsm.; Fluoresceinsensibilisatoren steigern die Ausbeute nicht. Bisergostatrienol (I) wird mit RANEY-Ni zu *Dihydroepineoergosterin* hydriert. *Neoergosteron* wird neben *Epineoergosterin* durch Oxydation von Neoergosterin (IV) mit RANEY-Ni als Katalysator dargestellt.

Versuche (FF. korr.; [α] in Chlf. in 1%ig. Lsg.; UV-Spektren in A.): *Bisergostatrienol* (I), F. 201—203° (Zers.), aus Ergosterin in Ggw. von Eosin in Tetrahydrofuran u. A. nach 48 std. UV-Bestrahlung unter N_2; feine seidige Nadeln nach Fällung mit A., $[\alpha]_D^{20}$ —172°; 75—80% (Ausbeute). — *Bis-[methyl-3β-acetoxybisnorcholadienat]* (II), $C_{50}H_{70}O_8$, F. 206,5° (Zers.), aus Methyl-3β-acetoxy-$\Delta^{5,7}$-bisnorcholadienat wie I nach 90 Std.; seidige Nadeln aus Tetrahydrofuran–A. u. Chlf.–A., $[\alpha]_D^{20}$ —162,5°; allg. Absorption im UV; 64%. — *Bis-[3β-acetoxy-22-isospirostadien]* (III), $C_{58}H_{82}O_8$, F. 212° (Zers.), aus 3β-Acetoxy-$\Delta^{5,7}$-22-isospirostadien wie I nach 168 Std.; Nadeln aus Bzl.–A., $[\alpha]_D^{20}$ —176,6°; allg. Absorption im UV; 70%. — *Neoergosterin* (IV), F. 152—154°, aus I in Diäthylenglykolmonoäthyläther (Carbitol) während 5 Min. am Rückfluß unter N_2; Nadeln aus Methanol; 77%. — *Dihydroepineoergosterin*, F. 168—170° (A.), a) aus I mit RANEY-Ni in A. u. H_2 bei 150° unter 2400 lbs./sq.in.; 43%; b) aus IV wie unter a); 62%. — *Neoergosteron* [$\Delta^{5,7,9,10,22}$*-19-norergostatetraenon-(3)*], $C_{27}H_{38}O$, F. 116—118°, aus IV mit RANEY-Ni in Cyclohexanon u. Toluol während 48 Std. am Rückfluß unter Rühren; Nadeln aus Aceton–Methanol nach Chromatographie, $[\alpha]_D^{20}$ +23,3°, λ_{max} 269,5 mμ ($\log \varepsilon =$ 2,78); 26,5%; gibt in alkoh. Lsg. mit alkoh. NaOH starke Blaufärbung, die beim Ansäuern in Orange umschlägt. *Semicarbazon*, $C_{28}H_{41}ON_3$, Zers. bei 200°, schm. nicht bis 300°. — *Epineoergosterin*, F. 173—178°, als Nebenprod. bei vorst. Rk. in den späteren Eluaten. — *Methyl-α-[3β-acetoxyöstratrien-(5.7.9)-yl-(17)]-propionat*, $C_{24}H_{32}O_4$, F. 161 bis 163°, aus II wie IV; Tafeln aus Methanol, $[\alpha]_D^{20}$ +2,5°, λ_{max} 269 mμ ($\log \varepsilon = 2,63$); 96%. — *α-[3β-Oxyöstratrien-(5.7.9)-yl-(17)]-propionsäure*, $C_{21}H_{28}O_3 \cdot H_2O$, F. 209—211° (Bzl.), aus vorst. Verb. in A. mit 28%ig. wss. NaOH während 9 Std. am Rückfluß unter N_2; Nadeln aus Aceton, $[\alpha]_D^{20}$ —5,9° (A.), λ_{max} 269 mμ ($\log \varepsilon = 2,75$); 86%. Verliert beim Trocknen 1 Mol Kristallwasser. *Acetylderiv.*, $C_{23}H_{30}O_4$, F. 215—217° (Bzl.), $[\alpha]_D^{20}$ —4,4°, λ_{max} 269 mμ, $\log \varepsilon = 2,60$. *Methylester*, $C_{22}H_{30}O_3$, F. 174,5—177°, $[\alpha]_D^{20}$ —0,25°, λ_{max} 269 mμ ($\log \varepsilon =$ 2,64). — *3β-Acetoxy-*$\Delta^{5,7,9,10}$*-22-iso-19-norspirostatrien*, $C_{28}H_{38}O_4$, F. 141—143°, aus III wie IV; Nadeln aus A., $[\alpha]_D^{20}$ —52°, λ_{max} 270 mμ ($\log \varepsilon = 2,61$); 99%. Gibt bei alkal. Hydrolyse *3β-Oxy-*$\Delta^{5,7,9,10}$*-22-iso-19-norspirostatrien*, $C_{26}H_{36}O_3$, F. 180—181°, $[\alpha]_D^{20}$ —55,8 λ_{max} 269,5 mμ ($\log \varepsilon = 2,62$). — Es werden ferner die Absorptiosmaxima der Infrarotspektren in CS_2 angegeben. (J. org. Chemistry **17**. 764—69. Mai 1952. Bethesda, Md., Nat. Inst. of Health.) H.-J. KOCH. 3700

Lewis H. Sarett, Robert M. Lukes, George I. Poos, James M. Robinson, Roger E. Beyler, John M. Vandergrift und **Glen E. Arth**, *Vorversuche für die Totalsynthese von Steroiden der Nebenniere.* 1. Mitt. *3-Äthoxypentadien-(1.3).* Um ster. eindeutige Naphthalinderivv. als Ausgangsmaterial für die Sterinsynth. zu erhalten, wird die DIELS-ALDER-Rk. von *3-Äthoxypentadien-(1.3)* (I) mit *Benzo-* (II) bzw. *Toluchinon* (III) durchgeführt. I reagiert exotherm mit II zu *5-Methyl-6-äthoxy-1.4.4aα.5.8.8aα-hexahydronaphthalindion-(1.4)* (IV). Ebenso reagiert I mit III zu *2.8-Dimethyl-7-äthoxy-* (V) u. *2.5-Dimethyl-6-äthoxy-1.4.4aα.5.8.8aα-hexahydronaphthalindion-(1.4)* (VI) im Verhältnis 3 : 1. Zum Konstitutionsbeweis werden V u. VI mit Chinon zu den entsprechenden Naphthochinonen dehydriert. Red. u. Hydrolyse mit Zn-Essigsäure führt zu den *Perhydronaphthalintrionen* (VIII bzw. VIIIa). Zum Beweis der Methylstellungen wird VIII über das Triol in *1.7-Dimethylnaphthalin* übergeführt u. als *2.8-Dimethylnaphthochinon-(1.4)* identifiziert. Da die Zn-Essigsäuremeth. die Enolätherbindung angreift, wird IV über RANEY-Ni zu *5-Methyl-6-äthoxy-1.2.3.4.4aα.5.8.8aα-oktahydronaphthalindion-(1.4)* (VII) hydriert. Milde Hydrolyse von VII gibt *5-Methylperhydro-(4aα.8aα)-naphthalintrion-(1.4.6).* Alkal. Al_2O_3 lagert leicht VII um zu den beiden *trans*-Isomeren. Red. von VII mit $LiAlH_4$ gibt in stereospezif. Rk. das *1β.4β-Diol.*

Versuche: *1.3.3-Triäthoxypentan*, $C_{11}H_{24}O_3$, $Kp._{1,5}$ 67°, a) aus Pentenon-(3) u. Äthylorthoformiat in absol. A. mit HCl; n_D^{25} 1,4170, $n_D^{27,5}$ 1,4161; 85,6% (Ausbeute); b) über *1-Äthoxypentanol-(3)* ($Kp._{0,1}$ 53—55°, aus β-Äthoxypropionaldehyd u. C_2H_5MgBr; n_D^{25} 1,4202; 86,3%) u. *1-Äthoxypentanon-(3)* ($Kp._{0,3}$ 45°, aus vorst. Verb. mit $K_2Cr_2O_7$; n_D^{25} 1,4119; 79,5%) u. weiter wie a); 62%. — *3-Äthoxypentadien-(1.3)* (I), $C_7H_{12}O$, $Kp._{89}$ 57° aus vorst. Verb. mit $KHSO_4$ bei 155°; n_D^{21} 1,4480, n_D^{24} 1,4430, $n_D^{17,5}$ 1,4517, λ_{max} 230 mμ, E_{mol} 13150; 42%; Geh. an für die DIEN-Synth. wirksamen trans-Isomeren 50—80%, nach Rk. mit überschüssigem II ergibt die Dest. I vom n_D^{24} 1,4460 u. 1,4488 in 2 Verss., das in 24 Std. bei Zimmertemp. nicht mehr merklich mit **II** reagiert. — *5-Methyl-6-äthoxy-naphthochinon-(1.4)*, $C_{13}H_{12}O_3$, F. 155°, aus **I** u. **II** in Toluol auf dem Dampfbad (20 Std.); gelbe Nadeln aus Methanol. — *5-Methyl-6-äthoxy-1.4.4aα.5.8.8aα-hexahydronaphthalin-dion-(1.4)* (**IV**), $C_{13}H_{16}O_3$, F. 69—70°, aus **I** u. **II** durch 15 Min. Schütteln (Temp. steigt auf 50—60°) u. Stehen über Nacht; blaßgelbe Kristalle aus Methanol; stabil bei 0°, Zers. bei Zimmertemp., empfindlich gegen Säure, Alkali, Al_3O_3. Daneben *Bis-Addukt*, $C_{20}H_{48}O_4$, F. 175—178°; Prismen aus Methanol. — *2.8-Dimethyl-7-äthoxy-1.4.4aα.5.8.8aα-hexa-hydronaphthalindion-(1.4)* (**V**), $C_{14}H_{18}O_3$, F. 103,5—105,5° (Ae.–PAe. u. A.), u. *2.5-Di-methyl-6-äthoxy-1.4.4aα.5.8.8aα-hexahydronaphthalindion-(1.4)* (**VI**), F. 78—79° (Ae.–PAe. u. A.), aus **I** u. **III** in exothermer Rk. mehrere Std.; 90%. — Ein *trans-Isomeres* von **V**, F. 83—84°, entstand bei vorst. Rk. während 1 Monat bei Zimmertemp., identifiziert als nachst. Verbindung. — *2.8-Dimethyl-7-äthoxynaphthochinon-(1.4)*, $C_{14}H_{14}O_3$, F. 122—123°, a) aus vorst. Verb. mit **II**, 15 Min. bei 155°; b) aus **V** u. **II**, 100°, 7 Std.; gelbe Nadeln aus Methanol. — *2.5-Dimethyl-6-äthoxynaphthochinon-(1.4)*, $C_{14}H_{14}O_3$, F. 156°, aus **VI** u. **II**, 150°, 20 Min.; gelbe Nadeln aus Methanol. — *2.8-Dimethylperhydronaphthalin-trion-(1.4.7)* (**VIII**), $C_{12}H_{16}O_3$, F. 132—135° (Bzl.), aus **V** in Essigsäure u. Zn; 94%; Behandlung mit 5n H_2SO_4 bei 100° während 10 Min. gibt *isomere Verb.*, F. 108—110°. — *2.5-Dimethylperhydronaphthalintrion-(1.4.6)* (**VIIIa**), F. 164—166,5° (Bzl.-PAe.), aus **VI** wie vorst.; Behandlung mit 5n H_2SO_4 gibt *isomere Verb.*, F. 122—126°. — *1.7-Dimethyl-naphthalin*, durch Red. von **VIII** in A. mit H_2 u. PtO zum Triol (gummiartiger Rückstand) u. dessen Behandlung mit Pd-Kohle bei 265° als öliges Rohprod.; $n_D^{24,5}$ 1,5923; 23%; identifiziert als *2.8-Dimethylnaphthochinon-(1.4)*, $C_{12}H_{10}O_2$, F. 133,5—135,5° (Methanol), durch CrO_3-Oxydation. — *5-Methyl-6-äthoxy-1.2.3.4.4aα.5.8.8aα-oktahydronaphthalin-dion-(1.4)* (**VII**), $C_{13}H_{18}O_3$, F. 120—122° (Ae.), aus 72 g **IV** in Bzl. mit H_2 u. RANEY-Ni; 67 g. — *5-Methylperhydro-(4aα.8aα)-naphthalintrion-(1.4.6)*, $C_{11}H_{14}O_3$, F. 146—148° (Essigester), aus **VII** u. 50%ig. wss. Essigsäure bei Zimmertemperatur. — *trans*-Isomere von **VII**, F. 138—139° u. F. 74,5—76° (Skellysolve C u. A.), durch Durchlaufen von **VII** in Bzl. durch eine Säule von alkal. Al_2O_3. — *5-Methyl-6-äthoxy-1.2.3.4.4aα.5.8.8aα-okta-hydronaphthalindiol-(1β.4β)*, $C_{13}H_{22}O_3$, F. 115—120° (Acetonitril), aus 4,8 g **VII** u. $LiAlH_4$ in Tetrahydrofuran bei Zimmertemp. über Nacht; 3,9 g; sehr empfindlich gegen Säuren u. Feuchtigkeit. (J. Amer. chem. Soc. **74**. 1393—97. 20/3. 1952. Rahway, N. J., Merck & Co., Inc., Res. Labors.) H.-J. KOCH. 3750

Roger E. Beyler und **Lewis H. Sarett**, *Vorversuche für die Totalsynthese von Steroiden der Nebenniere. 2. Mitt. 2.5- und 3.5-Dicarbomethoxy-5-methylcyclohexendion-(1.4) als Dienophile.* (1. vgl. vorst. Ref.) Die aus Dimethylfurfuryliden-(2)-malonat bzw. aus 2.5-Dicarbomethoxycyclohexandion-(1.4) (Dimethylsuccinosuccinat) dargestellten *3.5-* (**I**) u. *2.5-Dicarbomethoxy-5-methylcyclohexendione-(1.4)* (**II**) geben gefärbte Zersetzungsprodd. mit Al_2O_3 u. sind unbeständig gegen wss. Alkali. Sie sind relativ beständig gegen verd. Mineralsäuren u. haltbar bei 0°. Ihre Reaktivität als Dienophile ist von der gleichen Größenordnung wie die des Benzochinons. **I** gibt mit Cyclopentadien u. mit 3-Äthoxypentadien-(1.3) (**III**) krist. Addukte. Hydrolyse des Addukts **I**/**III** (**IV**) gibt ein *2.8a-Dicarbomethoxy-2.5-dimethylperhydronaphthalintrion-(1.4.6)*. **II** gibt mit 2.3-Dimethylbutadien ein krist. Addukt. **II** u. **III** reagieren schnell, das Prod., für das die Konst. **V** angenommen wird, konnte aber nicht krist. erhalten werden.

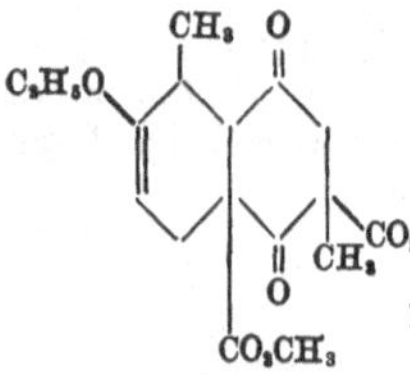

IV

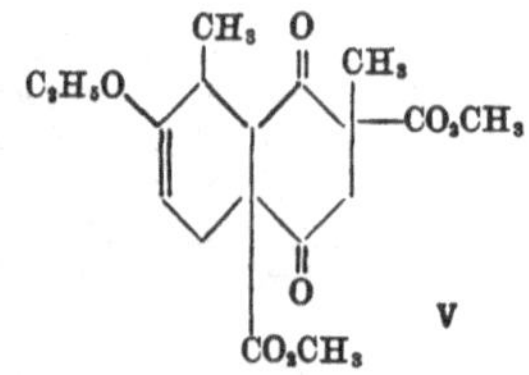

V

V e r s u c h e (FF. nach KOFLER): *Dimethylfurfuryliden-(2)-malonat*, $C_{10}H_{10}O_5$, Kp.$_{0,3}$ 103—115°, F. 43,5—44° (Methanol), aus Dimethylmalonat, Furfurol, Piperidin, Essigsäure u. Bzl. durch 16std. Kochen unter Wasserabscheidung; 90% (Ausbeute). Mit überschüssigem Malonat entsteht ein *Bis-Prod.*, $C_{15}H_{18}O_9$, F. 69°. — *Dimethyl-α-carbomethoxy-γ-ketopimelat*, $C_{11}H_{16}O_7$, Kp.$_{0,25}$ 124—136°, F. 34,5—35° (Ae.-PAe.), aus vorst. Verb. in CH_3OH mit HCl bei Zimmertemp., 11 Tage; 53%. — *Dimethyl-α-carbo-methoxy-γ-äthylendioxypimelat*, $C_{13}H_{20}O_8$, aus vorst. Verb., Äthylenglykol u. p-Toluol-sulfonsäure in Bzl. durch 40std. Kochen unter Wasserabscheidung; n_D^{25} 1,4513 (nach Mol.-Dest.); Öl, Zers. bei Dest.; 93%. — *Dimethyl-α-carbomethoxy-α-methyl-γ-äthylen-dioxypimelat*, $C_{14}H_{22}O_8$, Kp.$_{0,1}$ 126—129°, aus vorst. Verb., $NaOCH_3$ u. CH_3J in Methanol, 40 Min. Rühren; n_D^{24} 1,4543; 75%. — *2.6-Dicarbomethoxy-2-methyl-4-äthylendioxycyclo-hexanon*, $C_{13}H_{18}O_7$, F. 104—106° (Methanol), aus vorst. Verb. u. NaH in Ae. unter N_2 bei Zimmertemp., 18 Std.; 48%; mit $FeCl_3$ violette Färbung. Gibt beim Erhitzen mit 5n H_2SO_4 *Methylcyclohexandion-(1.4)*, F. 46—47°. — *2.6-Dicarbomethoxy-2-methylcyclo-*

hexandion-(1.4), $C_{11}H_{14}O_6$, F. 81—83°, aus vorst. Verb. in Methanol u. n H_2SO_4, 65 Min. am Rückfluß; bipyramidale Kristalle aus Bzl.–PAe.; 81%. — *3.5-Dicarbomethoxy-5-methylcyclohexendion-(1.4)* (I), $C_{11}H_{12}O_6$, F. 75,0—75,5°, aus 6,09 g vorst. Verb. mit Br_2 in Pyridin u. Chlf.; blaßgelbe Prismen aus Methanol; λ_{max} 225 mμ, E_{mol} 10800; 4,09 g; Lsg. in wss.-alkoh. KOH dunkelt sehr schnell. — *Addukt* $C_{16}H_{18}O_6$, F. 110—111°, aus 130 mg I u. 130 mg Cyclopentadien, 22 Std. bei 5°; Prismen aus Methanol nach Chromatographie; 18 mg. — *Addukt* **IV**, $C_{18}H_{24}O_7$, F. 111—112° aus 240 mg I u. 340 mg **III** bei 5° über Nacht; Prismenrosetten aus Methanol; 82 mg. Die Prodd. dieser u. vorst. Rk. krist. nicht beim Impfen vor der Chromatographie bzw. in geringer Ausbeute nach kurzer Behandlung mit $NaOCH_3$. Wahrscheinlich wird das prim. Addukt mit cis-Ringbindung durch Berührung mit Al_2O_3 teilweise in das trans-Syst. umgelagert. — *2.8a-Dicarbomethoxy-2.5-dimethylperhydronaphthalintrion-(1.4.6)*, $C_{16}H_{20}O_7$, F. 122—123°, aus 25 mg **IV** in Methanol u. n HCl; Nadeln aus Methanol; 23 mg. — *2.5-Dimethylperhydronaphthalintrion-(1.4.6)*, F. 122—126°, durch 20 std. Kochen von **IV** mit 5n H_2SO_4; Nadeln aus Ae. u. Methylcyclohexan. — *2.5-Dicarbomethoxy-2-methylcyclohexandion-(1.4)*, $C_{11}H_{14}O_6$, F. 66—67°, aus 188,5 g 2.5-Dicarbomethoxycyclohexandion-(1.4) u. $KOCH_3$ in Bzl. u. Tetrahydrofuran, 8 Std. am Rückfluß u. nachfolgende Methylierung mit CH_3J; Prismen aus Methanol; 28 g. Gibt beim Kochen mit 0,03n H_2SO_4 *Methylcyclohexandion*, $C_7H_{10}O_2$, F. 47,5—48,5°; 40%. — *2.5-Dicarbomethoxy-5-methylcyclohexendion-(1.4)* (**II**), $C_{11}H_{12}O_6$, F. 42,5—43,0°, aus vorst. Verb. u. Br_2 in Chlf. u. nachfolgende Behandlung mit Pyridin in Bzl.; blaßgelbe Platten aus Methanol; λ_{max} 227 mμ, E_{mol} 7900; unlösl. in W., lösl. in wss. NaOH unter Rotfärbung, unverändert nach 5 Min. Kochen in Dioxan–n H_2SO_4 1 : 1. — *Addukt* $C_{17}H_{22}O_6$, F. 90° (Ae.–PAe.), aus 400 mg **II** u. 1,2 g 2.3-Dimethylbutadien; 50 mg. — Aus dem *Addukt* **II/III** (**V?**) konnte auch nach Chromatographie u. nach Hydrolyse mit 0,01n CH_3COOH u. erneutem Chromatographieren kein krist. Material erhalten werden. (J. Amer. chem. Soc. **74**. 1397—1401. 20/3. 1952.) H.-J. KOCH. 3750

Robert M. Lukes, George I. Poos und Lewis H. Sarett, *Vorversuche für die Totalsynthese von Steroiden der Nebenniere*. 3. Mitt. *5-Carbomethoxy-5-methylcyclohexendion-(1.4) als Dienophil.* (2. vgl. vorst. Ref.) Die Darst. von *5-Carbomethoxy-5-methylcyclohexendion-(1.4)* (I) erfolgt über das *2-Carbomethoxy-2-methyl-4-äthylendioxycyclohexanon* (**II**) (vgl. 2. Mitt.). **II** wird bromiert, dehydrobromiert u. hydrolysiert zu **I**, wobei die Hydrolyse auch vor der Bromierung oder vor der HBr-Abspaltung erfolgen kann, doch gibt die erste Meth. die beste Ausbeute. Die Reaktivität von **I** als Dienophil ist bedeutend geringer als die von 2.5- u. 3.5-Dicarbomethoxy-5-methylcyclohexendion-(1.4), so daß sich das cis-Addukt wegen der längeren Einw. zur trans-Form umlagert. Das Addukt **V** aus **I** u. 3-Äthoxypentadien-(1.3) (**IV**) krist. nicht u. wird in 3 krist. Isomere des entsprechenden Triketons übergeführt, von denen 2 zum Perhydrotriketon hydrolysiert werden können. Opt.-akt. **I** wird dargestellt durch Red. u. Verseifung von **II** zu rac. *1-Methyl-2-oxy-5-ketocyclohexancarbonsäure* (rac. **VII**), Spaltung über das Brucinsalz u. Überführung in (+)-**I**. **II** gibt nach Behandlung mit Dimethyloxalat u. CO-Abspaltung *2.6-Dicarbomethoxy-2-methyl-4-äthylendioxycyclohexanon* (vgl. 2. Mitt.).

V e r s u c h e (FF. nach KOFLER): *Dimethyl-γ-ketopimelat*, $Kp._{0,10}$ 90—93°, F. 49 bis 50°, aus Furylacrylsäure in Methanol u. HCl, 4 Std., u. nachfolgendes 16 std. Kochen mit methanol. H_2SO_4; 80% (Ausbeute). Gibt mit HCl u. Äthylorthoformiat in A. u. nachfolgende Behandlung mit NaH ein weißes Prod. vom $Kp._{0,25}$ 70—75°, F. 37—38°, mit positivem Enoltest, jedoch keinen Ringschluß zu 2-Carbomethoxycyclohexandion-(1.4). — *Dimethyl-γ-äthylendioxypimelat*, $C_{11}H_{18}O_6$, $Kp._{0,08}$ 96—98°, aus vorst. Verb., Äthylenglykol u. p-Toluolsulfonsäure in Bzl., 9 Std. Kochen unter Wasserabscheidung; n_D^{25} 1,4501; 61,5%. — *2-Carbomethoxy-4-äthylendioxycyclohexanon*, $C_{10}H_{14}O_5$, $Kp._{0,25}$ 90—95°, F. 60 bis 61° (Methanol), aus vorst. Verb. u. NaH in Ae. unter N_2; 65%. — *2-Carbomethoxy-2-methyl-4-äthylendioxycyclohexanon* (**II**), $C_{11}H_{16}O_5$, F. 50—51°, aus vorst. Verb. in CH_3OH bei —40° mit CH_3ONa, 1 Std. bei —15°, Zugabe von CH_3J u. 3 Tage Stehen bei Raumtemp.; 76%. — *5-Carbomethoxy-5-methylcyclohexendion-(1.4)* (**I**), $C_9H_{10}O_4$, $Kp._{0,5}$ 69,5°, a) aus **II** durch Bromierung in Chlf., HBr-Abspaltung mit Pyridin u. Hydrolyse mit n HCl; blaßgelbe Fl.; $n_D^{25,0}$ 1,4951; λ_{max} 222,5 mμ, E_{mol} 10800; λ_{max} 340 mμ, E_{mol} 180; 37,2%; b) **II** gibt durch Hydrolyse mit n HCl *2-Carbomethoxy-2-methylcyclohexandion-(1.4)* (**III**), $C_9H_{12}O_4$, $Kp._{0,20}$ 93—94°, n_D^{25} 1,4755; 93,5%; daraus **I** wie unter a); 77%; c) Bromierung von **II** wie unter a), Hydrolyse mit n H_2SO_4 u. Behandlung mit Pyridin; weniger rein als bei a) u. b). — *Addukt* $C_{15}H_{20}O_4$, $Kp._{0,10}$ 125°, aus **I** u. 2.3-Dimethylbutadien, 10 Tage bei 40—45°; $n_D^{28,0}$ 1,5045; 45%. Krist. beim Stehen in Ae.–PAe., F. 67—69° u. F. 61—66° u. Nadeln, F. 84—88°. — *Addukt* $C_{16}H_{22}O_5$ (**V**), $Kp._{0,07}$ 124°, aus **I** u. **IV**, 7 Tage bei 40—45°; n_D^{25} 1,5003; 79,8%; 20 Min. bei 120°; 65%; 2 Wochen bei 0°; 48%. — *Isomere Carbomethoxydimethylperhydronaphthalintrione*, $C_{14}H_{18}O_5$, F. 148—151° (Plättchen aus Methanol) (a), F. 134—134,5° (Prismen aus Methanol) (b), F. 150—153° (Prismen aus Methanol) (c), aus **V** mit methanol. HCl; a u. b geben beim 2std. Kochen mit 5nH_2SO_4 *2.5-Dimethylperhydronaphthalintrion-(1.4.6)*, F. 120—123°, Nadeln aus Methylcyclohexan; c nicht untersucht. — *1-Methyl-2-oxy-5-äthylendioxycyclohexancarbonsäuremethylester* (**VI**), $C_{11}H_{18}O_5$, F. 56—58° (Ae.-PAe.), aus **II** u. H_2 mit RANEY-Ni; 93%. — *1-Methyl-2-oxy-5-äthylendioxycyclohexancarbonsäure*, $C_{10}H_{16}O_5$, F. 114° (Aceton–PAe. u. Essigester–PAe.), aus **VI** mit 2nKOH; 33%. — *rac. 1-Methyl-2-oxy-5-ketocyclohexancarbonsäure* (rac. **VII**), $C_8H_{12}O_4$, F. 155—157° (Aceton–PAe.), aus **VI** mit 3nKOH; 78%. *Methylester* (rac. **VIII**), $C_9H_{14}O_4$, F. 57—58°, mit Diazomethan; 90%. — *Brucinsalze* von **VII** aus Aceton: *Salz von* (+)-**VII**, F. 188—190°, $[\alpha]_D^{25}$ $-16 \pm 1°$ (W., c = 1,8). *Salz von* (—)-**VII**, F. 146 bis 148°, $[\alpha]_D^{23}$ $-29 \pm 1°$ (W., c = 1,7). (+)-**VII**, F. 138—140° (Aceton–PAe.), $[\alpha]_D^{25}$ $+48 \pm 1°$ (W., c = 1,3). (—)-**VII**, F. 137—139°, $[\alpha]_D^{25}$ $-48 \pm 1°$ (W., c = 1,3). (+)-**VIII**, F. 48—49°, $[\alpha]_D^{24}$ $+47 \pm 1°$ (Dioxan, c = 2,0); 91%. — (+)-**III**, $Kp._{0,15}$ 102°, durch CrO_3-Oxydation von (+)-**VIII**; $[\alpha]_D^{24}$ $+56 \pm 1°$ (Dioxan, c = 2,8); 76%. — (+)-**I**, $Kp._{0,02}$ 67°, $n_D^{24,8}$ 1,4955, $[\alpha]_D^{22}$ $+45 \pm 1°$ (Dioxan, c = 2,1). — *Addukt aus* (+)-**I** u. **IV**, $Kp._{0,07}$ 129—133°, n_D^{25} 1,4990, $[\alpha]_D^{23}$ $-26 \pm 1°$ (Dioxan, c = 0,91). — *2.6-Dicarbomethoxy-2-methyl-4-äthylendioxycyclohexanon*, $C_{13}H_{18}O_7$, F. 93,5—95,0° u. F. 106—108° (Chromatographie), aus 3 g **II** u. Dimethyloxalat in Methanol u. nachfolgendes Erhitzen auf 160°; 880 mg. (J. Amer. chem. Soc. **74**. 1401—05. 20/3. 1952.) H.-J. KOCH. 3750

Roger E. Beyler und **Lewis H. Sarett**, *Vorversuche für die Totalsynthese von Steroiden der Nebenniere. 4. Mitt. Die Stereochemie von 5-Methyl-1.2.3.4.4aα.5.6.7.8.8aα-dekahydronaphthalindiol-(1β.4β)-on-(6)*. (3. vgl. vorst. Ref.) Das cis-Dekalinskelett des 5-Methyl-6-äthoxy-1.2.3.4.4aα.5.8.8aα-oktahydronaphthalindions-(1.4) bleibt bei der Red. mit $LiAlH_4$ zum *Diol* (**I**) (vgl. 1. Mitt.) erhalten. Aus **I** lassen sich γ- u. δ-Lactole darstellen. Hydrolyse von **I** gibt *5-Methylperhydro-(4aα.8aα)-naphthalindiol-(1β.4β)-on-(6)* (**II**). Milde Acetylierung gibt das *1-Monoacetat* (**III**); stärkere Acetylierung von **II** oder **III** gibt das *1.4-Diacetat* (**IV**), das zum *4-Monoacetat* (**V**) verseift werden kann; **V** gibt wieder **IV**. Diese Rkk. beweisen, daß $C_{(4)}$-OH u. $C_{(5)}$-CH_3 in *cis*-Stellung zueinander stehen. Die ster. Stellung des $C_{(4a)}$-H zum $C_{(4)}$-OH wird bewiesen durch die leichte Bldg. eines γ-Äthyllactoläthers (**VI**) aus **I** durch Kochen mit Chlf., der ein *1-Monoacetat* (**VII**), daraus **III**, u. weiter ein isomeres *Diacetat* (**VIII**) gibt. Daß $C_{(1)}$-OH u. $C_{(4a)}$-H bzw. $C_{(8a)}$-H *trans* zueinander stehen, zeigt sich durch die Bldg. von δ-Lactolderivaten. Da dem beim längeren Stehen von **IV** gebildeten Isomeren eine keton. CO-Gruppe fehlt, wird dafür die Struktur eines *4.6-Diacetats* mit δ-Lactolring (**IX**) angenommen. **II** gibt beim Stehen in methanol. HCl einen *Methyl-δ-lactoläther* (**X**), der bei der Hydrolyse ein mit **II** isomeres δ-Lactol (**XI**) gibt. Acetylierung u. Hydrolyse von **X** unter milden Bedingungen gibt ein mit **III** bzw. **V** isomeres *Monoacetat* (**XII**), das weiter zum mit **IV** isomeren *Diacetat* (**XIII**) acetyliert wird, wodurch eine Isomerisierung an $C_{(5)}$ angezeigt wird. Diese Formulierungen werden bestätigt durch den Abbau von **X** über mehrere Stufen zum bekannten *1.8-Dimethylnaphthalin* (**XVII**).

Versuche (FF. nach KOFLER): *5-Methylperhydro-(4aα.8aα)-naphthalindiol-(1β.4β)-on-(6)* (**II**), $C_{11}H_{18}O_3$, F. 193—194° (Aceton), aus 5-Methyl-6-äthoxy-1.2.3.4.4aα.5.8.8aα-*oktahydronaphthalindiol-(1β.4β)* (**I**) u. wss. Essigsäure; 89% (Ausbeute). *1-Acetat* (**III**), $C_{13}H_{20}O_4$, F. 187—188° (A.), Umwandlungspunkt bei 164°, aus **II** u. Acetanhydrid in Pyridin; gibt beim Verseifen mit methanol. K_2CO_3 **II**. *Hemimethylmercaptal* aus **II**, $C_{12}H_{20}O_2S$, F. 101—102°. — *Thioenolmethyläther* von **III**, $C_{14}H_{22}O_3S$, F. 85—86°, aus **III** in Bzl. u. Methylmercaptan in Ae., nach Sättigen mit HCl 2,5 Tage Stehen; Prismen aus Ae.–PAe. nach Chromatographie. — *5-Methyl-4β.6β-epoxyperhydro-(4aα.8aα)-naphthalindiol-(1β.6)-diacetat* (**VIII**), $C_{15}H_{22}O_5$, F. 108—109° (Methanol nach Chromatographie), aus 500 mg **III** u. Acetylchlorid in Pyridin; 150 mg; gibt bei Verseifung **II**. Daneben 208 mg *5-Methylperhydro-(4aα.8aα)-naphthalindiol-(1β.4β)-on-(6)-diacetat* (**IV**), F. 104 bis 105° (wss. Methanol); gibt beim Verseifen *5-Methylperhydro-(4aα.8aα)-naphthalindiol-(1β.4β)-on-(6)-4-acetat* (**V**), F. 112° (Ae.). — *5-Methyl-1β.6β-epoxyperhydro-(4aα.8aα)-naphthalindiol-(4β.6)-diacetat* (**IX**), F. 95—96° (wss. Methanol), aus **III** mit $HClO_4$, Eisessig u. Acetanhydrid, 1,5 Std. bei Zimmertemp.; unter gleichen Bedingungen nach 15 Min. aus **II** oder **III IV**. **IX** gibt bei Verseifung **V**, dieses wieder **IV**. — *5-Methyl-4β.6β-epoxy-6-äthoxyperhydro-(4aα.8aα)-naphthalinol-(1β)* (**VI**), $C_{13}H_{22}O_3$, $Kp._{0,2}$ 103 bis 104°, aus 1,10 g **I** durch 3wöchiges Stehen bei Zimmertemp. (930 mg) oder in Chlf. 10 Min. am Rückfluß (70%) oder mit 0,02% BF_3 in PAe. bis zur Homogenität; empfindlich gegen Feuchtigkeit, hydrolysiert an der Luft zu **II**, bei Dest. größerer Mengen Polymerisation unter Bldg. von A. u. eines glasigen Rückstandes, der bei Hydrolyse mit 0,05nHCl **II** gab. **VI** gibt mit Acetanhydrid in Pyridin *5-Methyl-4β.6β-epoxy-6-äthoxyperhydro-(4aα.8aα)-naphthalinol-(1β)-1-acetat* (**VII**) als bewegliches Öl, daraus durch Hydrolyse **III**. — *5-Methyl-1α.6α-epoxy-6-methoxyperhydro-(4aβ.8aβ)-naphthalinol-(4α)* (**X**),

$C_{12}H_{20}O_3$, F. 122—123° (Acetonitril), aus 10 g **II** u. absol. methanol. HCl; 9 g. Gibt mit Acetanhydrid in Pyridin das *4-Acetat* (**XIV**), $C_{14}H_{22}O_4$, als Öl. — *5-Methyl-1α.6α-epoxy-perhydro-(4aβ.8aβ)-naphthalindiol-(4α.6)* (**XI**), $C_{11}H_{18}O_3$, F. 123—125° (Aceton), aus 50 mg **X** u. wss. Essigsäure, 5 Min. auf dem Dampfbad; 36 mg. Misch-F. mit **X** 100 bis 120°. — *5-Methylperhydro-(4aβ.8aβ)-naphthalindiol-(1α.4α)-on-(6)-4-acetat* (**XII**), F. 115° (Ae.–PAe.), aus 150 mg **XIV** u. 68%ig. wss. Essigsäure auf dem Dampfbad, 20 Min.; 830 mg. — *5-Methylperhydro-(4aβ.8aβ)-naphthalindiol-(1α.4α)-on-(6)-diacetat* (**XIII**), $C_{15}\cdot H_{22}O_5$, F. 120°, aus 32 mg **XII** u. Acetanhydrid in Pyridin; Nadeln aus Ae.–PAe.; 20 mg; gibt beim Verseifen mit K_2CO_3 **XII**. — *5-Methyl-1α.6α-epoxy-6-methoxyperhydro-(4aβ.8aβ)-naphthalinon-(4)* (**XV**), $C_{12}H_{18}O_3$, F. 74,0—74,5° (PAe.), aus **X** u. N-Bromacetamid in Pyridin u. tert.-Butanol bei Zimmertemp., 3 Std.; 75%. — *5-Methylperhydro-(4aβ.8aβ)-naphthalinol-(1β)-dion-(4.6)* (**XVI**), $C_{11}H_{16}O_3$, F. 155—156° (Essigester), aus **XV** mit wss. methanol. Essigsäure; 85%. *Acetat*, $C_{13}H_{18}O_4$, F. 113—114°. — *4.5-Dimethyl-1α.6α-epoxy-6-methoxyperhydro-(4aβ.8aβ)-naphthalinol-(4)*, aus 4,31 g **XV** durch Umsatz mit CH_3MgBr; 3,27 g, krist. nicht. — *4.5-Dimethylperhydro-(4aβ.8aβ)-naphthalindiol-(1α.4)-on-(6)*, $C_{12}H_{20}O_3$, F. 145—155° (Aceton), aus vorst. Verb. durch 41 std. Stehen mit n HCl; 77%; wahrscheinlich Gemisch von Stereoisomeren. — *4.5-Dimethylperhydro-(4aβ.8aβ)-naphthalintriol-(1α.4.6)*, $C_{12}H_{22}O_3$, F. 175—181°, aus vorst. Verb. u. H_2 mit PtO_2; feine Nadeln aus Aceton; 94%. — *Dimethyltetralin*, $Kp._{0,03}$ 38—45°, durch Pyrolyse des Benzoylderiv. vorst. Verb. bei 300—320°; bewegliches Öl von durchdringendem Geruch; 44%. — *1.8-Dimethylnaphthalin* (**XVII**), F. 61—63°, aus 470 mg vorst. Verb. durch mehrstd. Erhitzen auf 220—260° mit 10%ig. Pd-Kohle unter N_2. — Zum Vgl. **XVII** aus *1.8-Naphthalindimethanol* ($C_{12}H_{12}O_2$, F. 158°, aus Naphthalsäureanhydrid u. $LiAlH_4$ in Tetrahydrofuran; Nadeln aus Aceton; 61%), durch Hydrierung in Methanol mit PdO u. HCl, F. 62,0—63,5° (75%ig. A.). (J. Amer. chem. Soc. **74**. 1406—11. 20/3. 1952.) H.-J. KOCH. 3750

G. T. Newbold, William Sharp und **F. S. Spring**, *Aspergillsäure*. 3. Mitt. *Die Synthese racemischer Desoxyaspergillsäure*. (2. vgl. J. chem. Soc. [London] **1949**. 131.) Durch Kondensation von α-Oximinoaldehyden mit α-Aminonitrilen können 3.6-disubstituierte 2-Aminopyrazin-1-oxyde erhalten werden. Sie liefern bei der Red. mit Hydrosulfit 2.5-disubstituierte 3-Aminopyrazine, die mit HNO_2 in die entsprechenden Oxypyrazine übergehen. Das auf diesem Wege erhaltene *2-Isobutyl-5-sek.-butyl-3-oxypyrazin* war mit *rac.-Desoxyaspergillsäure* ident., so daß der *Aspergillsäure* die Struktur des *3-Isobutyl-6-sek.-butyl-2-oxypyrazin-1-oxyds* zugeschrieben werden kann.

V e r s u c h e: *Diäthoxyessigsäureäthylester*, $Kp._{13}$ 85—95°, durch Eintropfen von Dichloressigsäureäthylester in sd. alkoh. Na-Äthylat; 22—25% (Ausbeute). — *α-Oximinopropionaldehyddiäthylacetal*, $C_7H_{15}O_3N$, $Kp._8$ 105°, aus Methylglyoxaldiäthylacetal mit NH_2OH in sd. A. (2 Std.) oder mit $NH_2OH\cdot HCl$ in Methanol bei 15° in Ggw. von Soda; n_D^{14} 1,4388. — *α-Oximinopropionaldehyd* (**I**), $C_3H_5O_2N$, $Kp._{20}$ 70—75°, F. 67°, durch Verseifen vorst. Verb. mit Essigsäure + Na-Acetat (p_H 3,5); aus Bzn. Prismen. — *β-Methyl-α-oximino-n-valeraldehyddiäthylacetal*, $C_{10}H_{21}O_3N$, $Kp._2$ 103°, aus sek.-Butylglyoxaldiäthylacetal mit NH_2OH bei p_H ca. 8 bei Zimmertemp. (26 Std.); n_D^{12} 1,4459. — *β-Methyl-α-oximino-n-valeraldehyd* (**II**), $C_6H_{11}O_2N$, $Kp._{1,5}$ 70—74°, wie **I**; n_D^{15} 1,4737; 64%. — *2-Amino-3.6-dimethylpyrazin-1-oxyd* (**III**), $C_6H_9ON_3$, F. 165°, aus α-Aminopropionitril (aus dem Hydrochlorid mit 4-Methylmorpholin) u. **I** in sd. Chlf., Reinigen über das Pikrat u. Sublimieren bei 110—120°/10^{-2} mm; λ_{max} 2320 Å ($\varepsilon = 23600$) u. 3290 Å ($\varepsilon = 7800$). *Pikrat*, $C_6H_3ON_3\cdot C_6H_3O_7N_3$, F. 220° (Zers.), aus A. gelbe Nadeln. — *3-Amino-2.5-dimethylpyrazin*, aus **III** mit sd. wss. $Na_2S_2O_4$; *Pikrat*, F. 205—206°, aus A. gelbe prismat. Nadeln. — *dl-Leucinnitrilhydrochlorid*, $C_6H_{13}N_2Cl$, F. 175—180°, aus Isovaleraldehyd mit NH_4Cl u. wss. KCN in Ae. bei 0°; aus Aceton Tafeln. — *2-Amino-3-isobutyl-6-sek.-butylpyrazin-1-oxyd*, $C_{12}H_{21}ON_3$, $Kp._{0,5}$ 150—155°, aus vorst. Verb. mit 4-Methylmorpholin u. **II** in sd. Chlf.; gelbes Öl, n_D^{15} 1,5410. *Flavianat*, $C_{12}H_{21}ON_3\cdot C_{10}H_6O_8N_2S$, F. 235° (Zers.), aus 50%ig. A. hellgelbe Prismen. — *3-Amino-2-isobutyl-5-sek.-butylpyrazin* (**IV**), aus vorst. Verb. mit $Na_2S_2O_4$ in sd. wss. A.; *Pikrat*, $C_{12}H_{21}N_3\cdot C_6H_3O_7N_3$, F. 120—121°, aus A. gelbe Nadeln. — *2-Isobutyl-5-sek.-butyl-3-oxypyrazin*, $C_{12}H_{20}ON_2$, F. 100,5—101,5°, aus einer wss. Lsg. von **IV**, erhalten durch Zers. des Pikrats u. Extrahieren der Pikrinsäure mit Essigester, mit $NaNO_2$ u. HCl bei 0° u. Erwärmen auf 50—60°; aus wss. A. prismat. Nadeln; Misch-F. mit *rac.-Desoxyaspergillsäure* (F. 103 bis 104°) 101,5—102°, λ_{max} 2270 Å ($\varepsilon = 8000$), 3240 Å ($\varepsilon = 8000$). *6-Benzolazoderiv.*, $C_{18}H_{24}ON_4$, F. 188—189°, rote Nadeln. (J. chem. Soc. [London] **1951**. 2679—82. Okt.) GOLD. 3900

V. M. Clark, A. R. Todd und **J. Zussman**, *Nucleotide*. 8. Mitt. *Cyclonucleosidsalze. Eine neue Umlagerung einiger p-Toluolsulfonylnucleoside*. (7. vgl. C. **1952**. 3334.) Durch Einw. von p-Toluolsulfochlorid auf *2'.3'-Isopropylidenadenosin* (**I**) entstehen 2 isomere Verbb., der *normale p-Toluolsulfonsäureester* (**II**) von **I** u. eine *Ionenverb.* **III**, die das

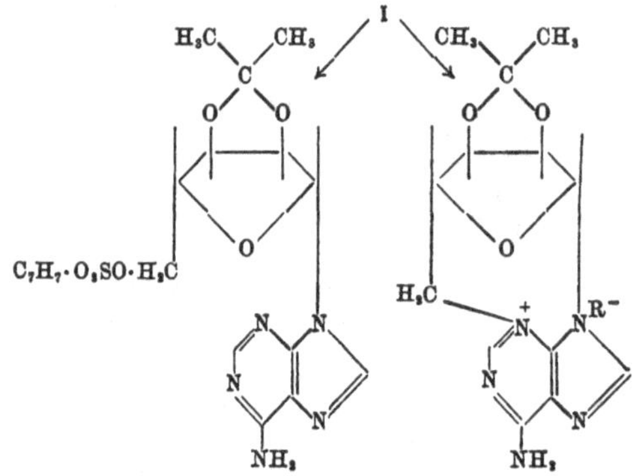

II III R = $C_7H_7SO_2O^-$ IV R = J^-

p-Toluolsulfonation enthält. **II** geht beim Erhitzen in Acetonlsg. in die isomere Ionenverb. **III** über, die mit KJ das Jodid **IV** bildet. **II** gibt bei der Papierchromatographie einen einzigen Fleck, **III** einen dem Purin u. einen der p-Toluolsulfosäure entsprechenen Fleck. Die UV-Absorptionsmaxima von **III** u. **IV** unterscheiden sich von denen von *Adenosin* u. **II**. Die UV-Daten sprechen bereits dafür, daß **III** u. **IV** im Purinkern substituiert, d. h. durch einen Alkylierungsprozeß gebildet, sind. Die röntgenkristallograph. Analyse von **IV** beweist, daß **III** u. **IV** durch intramol. Umlagerung entstehen u. Salze von *2'.3'-Isopropyliden-3.5'-cycloadenosin* darstellen. Auch die kryoskop. Mol.-Gew.-Best. von **III** (gefunden Mol.-Gew. 240) zeigt, daß die Alkylierung intramol. sein muß. — Die 2'.3'-Isopropyliden-5'-p-toluolsulfonate von Inosin oder Uridin geben keine Umlagerungen zu derartigen Cycloderivv., *2'.3'-Isopropyliden-5'-p-toluolsulfonylcytidin* lagert sich jedoch analog **II** in *2'.3'-Isopropyliden-O^2-5'-cyclocytidin-p-toluolsulfonat* (**V**) um. Die Unters. von Molekülmodellen zeigt, daß die Bldg. von *Cyclo*-Nucleosiden nur möglich ist, wenn die Ausgangsnucleoside β-Konfiguration am glykosid. C-Atom besitzen.

V e r s u c h e: *2'.3'-Isopropylidenadenosin-5'-p-toluolsulfonsäureester* (**II**), $C_{20}H_{23}O_6N_5S$, aus 2,322 g **I** in 25 cm³ Pyridin u. Zugabe von 1,6 g p-Toluolsulfochlorid unter Eiskühlung u. Stehenlassen über Nacht bei Raumtemp., dann Chloroformextraktion nach Zugabe von W. u. wss. $NaHCO_3$-Lsg., gelbes Harz als Verdampfungsrückstand (2,645 g = 76%), das in Chlf. gelöst u. mit PAe. nochmals gefällt wird, Zers. bei 252° (nach Erweichen bei 210—230°); R_F-Wert: 0,86 (A.–NH_3–W. = 80:4:16) bzw. 0,86 (tert. Butanol–Essigsäure–W. = 5:4:1). Aus Mutterlauge 0,299 g gelbes Harz, Zers. bei 242°. Umlagerung von **II** durch 1¼ Std. Erhitzen der Acetonlsg. im Carius-Rohr auf 100° ergibt *2'.3'-Isopropyliden-3.5'-cycloadenosin-p-toluolsulfonat* (**III**), $C_{20}H_{23}O_6N_5S$, monokline Prismen aus wss. A., F. 296° (Zers.); **III** auch durch 1std. Erhitzen am Rückfluß von **II** in Dioxan oder durch 1 Woche Aufbewahrung der Acetonlsg. bei Raumtemp.; R_F-Werte 0,68 (Purinfleck) u. 0,82 (p-Toluolsulfosäure) mit A.–NH_3:W. bzw. 0,75 u. 0,50 mit tert.-Butanol–Essigsäure–Wasser. — *2'.3'-Isopropyliden-3.5'-cycloadenosinjodid* (**IV**), $C_{13}H_{16}O_3N_5J$, aus 1,2 g **II**, 1 g NaJ in 20 cm³ Aceton (2 Std. bei 100°), Nadeln aus Chloroformextrakt, aus wss. A., F. 277° (Zers.); Raumgruppe $P\,2_1\,2_1\,2_1$; a = 5,4, b = 15,4, c = 18,1 Å; D. 1,81. — Einw. von p-Toluolsulfochlorid auf 2'.3'-Isopropylidencytidin ergibt *Prod.* der Formel $C_{19}H_{23}O_7N_3S$ (papierchromatograph. ein Gemisch mit R_F 0,85 u. 0,61), das 45 Min. auf 100° in Aceton erhitzt wird: *2'.3'-Isopropyliden-O^2.5'-cyclocytidin-p-toluolsulfonat* (**V**), $C_{19}H_{23}O_7N_3S$, lange Prismen aus A.–Aceton, F. 242° (Zers.); R_F-Werte 0,71 (Pyrimidinfleck) u. 0,77 (Säurefleck) mit A.–NH_3–W. bzw. 0,74 u. 0,42 mit tert.-Butanol–NH_3–Wasser. H_2SO_4-Hydrolyse von **V** gibt *Cytidinsulfat*, Prismen aus A. + Aceton, F. u. Misch.-F. 218—219°; R_F-Werte 0,25 (Cytidin) mit tert.-Butanol–NH_3–Wasser. (J. chem. Soc. [London] **1951**. 2952—58. Nov. Cambridge, Univ., Chem. Labor and Cavendish Labor.)

K. F. Müller. 3950

D. M. Brown und **A. R. Todd**, *Nucleotide.* 9. Mitt. *Die Synthese der Adenylsäuren a und b aus 5'-Trityladenosin.* (8. vgl. vorst. Ref.). *5'-Trityladenosin* (**I**) wurde mit Dibenzylchlorphosphonat in *5'-Trityladenosindibenzylphosphat* (**II**) übergeführt, dessen Behandlung mit 80%ig. Essigsäure u. Hydrierung zu einem Gemisch von Adenylsäuren führte. Dieses Gemisch ließ sich in 2 krist. Adenylsäuren zerlegen, die durch Vgl. mit Präpp. aus den natürlich vorkommenden Säuren, durch ihr Verh. gegenüber Ionenaustauschern u. bei der Papierchromatographie, durch ihre Röntgenpulverdiagramme u. ihre Ultrarotspektren mit *Adenylsäure a* (**IIIa**) u. *Adenylsäure b* (**IIIb**) ident. erkannt wurden. Auf Grund ihrer chem. Eigg. werden **IIIa** u. **IIIb** als *Adenosin-2'-phosphat* u. *Adenosin-3'-phosphat* formuliert, wenn auch noch nicht feststeht, welches die 2'- u. welches die 3'-Verb. ist. Ihre gegenseitige Umwandelbarkeit unter sauren Bedingungen wird durch die leicht stattfindende Wanderung des Phosphorsäurerestes erklärt, eine Annahme, welche auch andere Eigg. von **IIIa** u. **IIIb** u. ihrer Derivv. erklärt.

V e r s u c h e: *5'-Trityladenosindibenzylphosphat* (**II**), $C_{43}H_{40}O_7N_5P \cdot H_2O$, aus 3,1 g **I** in 60 cm³ Pyridin u. Dibenzylchlorphosphonat (aus 4,5 g Dibenzylhydrogenphosphit) unter Feuchtigkeitsausschluß (4 Std. bei erhöhter Temp.), 4,7 g körniges, hygroskop. Produkt. — *Adenylsäure a* u. *b* (**IIIa** u. **IIIb**) (Gemisch der *Ba-Salze*, $C_{10}H_{12}O_7N_5PBa$), durch 20 Min. Kochen von **II** mit 80%ig. Essigsäure u. Hydrierung in W. mit Pd-Kohle-Katalysator, Überführung in das Ba-Salz u. Reinigung durch mehrmaliges Ausfällen aus wss. Lsg. mit Alkohol. Trennung: Die wss. Lsg. der Ba-Salze läßt man durch eine Säule aus Dowex-2-Anionaustauschharz (in der Formiatform) laufen, wäscht mit W., bis im Eluat keine Ba^{++} nachweisbar sind, dann mit 0,096n HCOOH, wodurch **IIIa** eluiert wird, u. schließlich mit n-HCOOH zur Elution von **IIIb**. *Adenylsäure a* (**IIIa**), $C_{10}H_{14}O_7N_5P$, aus W., F. u. Misch.-F. 187° (Zers.). *Adenylsäure b* (**IIIb**), lange Nadeln, F. 197° (Zers.), Misch.-F. 195° (Zers.); *Hydrat*, $C_{10}H_{14}O_7N_5P \cdot 1{,}5H_2O$, prismat. Nadeln (W.). — *Ba-Salze der Adenosinbenzylhydrogenphosphate a* u. *b* (**IVa** u. **IVb**, Gemisch), $C_{17}H_{19}O_7N_5P \cdot Ba/2$, durch Einw. von Phenyldiazomethan auf **IIIa** + **IIIb** in Dimethylformamid u. Neutralisation mit $Ba(OH)_2$, hygroskop. Pulver. Hydrolyse durch Erhitzen auf 100° mit 80%ig. Essigsäure oder 0,5n NaOH (20 Std. bei 30°) gibt ein Gemisch von **IIIa** + **IIIb**. — *Adenosin-5'-benzylhydrogenphosphat* (**V**) wird unter gleichen Hydrolysebedingungen nicht angegriffen. — R_F-Werte mit 5%ig. Na_2HPO_4–Isoamylalkohol bzw. Butanol–Essigsäure–W. (4:1:5) als Lösungsmittel: *Adenin* 0,36; 0,57. *Adenosin* 0,50; 0,48. **IIIa** 0,69; 0,15; **IIIb** 0,62. — *Adenosin-5'-phosphat* —; 0,15. **IVa** 0,67; 0,44. **IVb** 0,56; 0,50. **V** 0,65; 0,41.) (J. chem. Soc. [London] **1952**. 44—51. Jan. Cambridge, Univ., Chem. Labor.)

K. F. MÜLLER. 3950

D. M. Brown und **A. R. Todd**, *Nucleotide*. 10. Mitt. *Einige Beobachtungen über die Struktur und das chemische Verhalten von Nucleinsäuren*. (9. vgl. vorst. Ref.) An Hand der Literatur u. eigener Arbeiten wird ein Überblick über die Chemie der bei der Hydrolyse von Ribonucleinsäuren erhaltenen isomeren Mononucleotide gegeben u. deren Verh. in Parallele zu dem der Glycerinphosphate gesetzt. Dies führt auch zu einem Verständnis für das hydrolyt. Verh. der Nucleinsäuren, deren allg. Struktur diskutiert wird. (J. chem. Soc. [London] **1952**. 52—58. Jan. Cambridge, Univ., Chem. Labor.)

K. F. MÜLLER. 3950

D₃. Makromolekulare Chemie.

H. C. Brinkman, *Untersuchung makromolekularer Systeme mit Hilfe physikalischer Verfahren*. Übersicht über die zur Unters. makromol. Systeme verwendeten physikal. Verff. (osmot. Druck, Viscosität, Lichtbeugung). (Madjalah Ilmu Alam Untuk Indonesia [Indones. J. natur. Sci.] **108**. 25—32. Jan./April 1952. Bandung, Univ., Bosscha Labor.)

WESLY. 4000

W. Je. Gul, *Der Einfluß einer molekularen Reaktion auf die Festigkeit von Hochpolymeren mit entwickelter räumlicher Struktur*. (Vgl. Коллоидный Журнал [Kolloid-J.] **13**. [1951.] 422.) Unter Berücksichtigung der Festigkeit der Bindungen der chem. Hauptvalenzen P_x, des Elastizitätsmoduls E, der Schwingungsperiode τ_0 der kinet. Einheit um ihre mittlere Lage, der Geschwindigkeit v der Längsverschiebung eines Querschnitts der Probe gegenüber einem anderen Querschnitt im Abstand L u. der Energie U, die einem ruhenden Teilchen für den Übergang durch die Potentialschwelle zwischen Ausgangsgleichgewichtslage u. benachbarter Lage zugeführt werden muß, ergibt sich für die Abhängigkeit der Festigkeit von Hochpolymeren von Temp. u. Verformungsgeschwindigkeit die Beziehung $P = P_x + E\tau_0(v/L)e^{U/RT}$. Die experimentelle Prüfung zeigt, daß die Korrektur für P_x innerhalb der Versuchsfehler liegt. Die experimentellen Werte entsprechen der vereinfachten Gleichung $\ln P = \ln P_0 v + (U/RT)$, ident. mit der empir. Gleichung von DOGADKIN u. SSANDOMIRSKI (Коллоидный Журнал [Colloid J.] **13**. [1951.] 267). Kristallisation, Orientierung u. strukturelle Ungleichmäßigkeit kommen als Korrekturfaktoren hinzu. (Доклады Академии Наук СССР [Ber. Akad. Wiss. UdSSR] [N. S.] **85**. 145—48. 1/7. 1952. Moskau, Lomonossow-Inst. für feinchem. Technologie.) R. K. MÜLLER. 4000

F. Patat, **E. Cremer** und **O. Bobleter**, *Zur Kinetik der „Polykondensation" von Äthylenoxyd an Phenole*. Vff. untersuchten in abgeschmolzenen Glasröhrchen die Anlagerung von *Äthylenoxyd* (**I**) an *Phenol* (**II**) bzw. an *Monoäthylenglykolmonophenyläther* (**III**) unter der Einw. von Natriumphenolat (**IV**) bzw. des Na-Salzes von **III** als Katalysatoren. Für die 1. Stufe der Rk. zwischen **I** u. **II** (Bldg. von **III**) wurde die Abhängigkeit der Menge des umgesetzten **II** von der Konz. von **I** (c_I = 20—200%), von der Konz. von **III** (c_{III} = 0,6 bis 1,3%), von der Reaktionszeit t (bis 300 Min.) u. von der Temp. T (1/T = 0,00291 bis 0,00311) gemessen. Der Umsatz von **II** ist für c_I >80% unabhängig von c_I (Rk. nullter Ordnung) u. steigt proportional mit t an; die Umsatzgeschwindigkeit ist proportional c_{IV}. Die Aktivierungsenergie ergibt sich zu $E_1 = 15{,}8 \pm 0{,}2$ kcal u. der temperaturunabhängige Faktor der ARRHENIUS-Gleichung zu $A_1 = 6{,}8 \cdot 10^7\ sec^{-1}$. Für die Anlagerung von **I** an **III** [Bldg. von *Diäthylenglykolmonophenyläther* (**V**) u. von höheren Polymeren] wurden ähnliche Ergebnisse erhalten; $E_2 = 16{,}4 \pm 0{,}2$, $A_2 = 2{,}2 \cdot 10^8$. Vff. nehmen an, daß die Rk. durch das Ion $C_6H_5O^-$ von **IV** eingeleitet wird u. dann weiterläuft gemäß $C_6H_5O^- + C_2H_4O = C_6H_5OCH_2CH_2O^-$; $C_6H_5OCH_2CH_2O^- + C_6H_5OH = C_6H_5O^- + C_6H_5OCH_2CH_2 \cdot OH$. Infolge des stark sauren Charakters von **II** wird also die Weiter-Rk. des Ions von **IV** weitgehend unterbunden. Die weitere kinet. Auswertung der Verss. ergibt: $-d[C_6H_5OH]/dt = d[C_8H_{10}O_2]/dt = k_1[C_6H_5ONa]$ mit $k_1 = 0{,}37$ Min.$^{-1}$ für die Bldg. von **III** u. $-d[C_8 \cdot H_{10}O_2]/dt = k_3[C_8H_9O_2Na]/(1 + k_3/k_4[C_8H_{10}O_2])$ mit $k_3 = 0{,}44$ (Anlagerung von **I** an **III**) u. $k_3/k_4 = 0{,}0062$ (k_4 bezieht sich auf den Übergang des Anions von **V** in **V** selbst unter Bldg. des Anions von **III** aus **III**). Zum Schluß wird darauf hingewiesen, daß die Anlagerung von **I** an **II** über Ätheralkoholate im Prinzip in gleicher Weise erfolgt wie die Polymerisation von **I** allein über polare Ätheralkoholradikale; nur findet im ersteren Falle die Abbruch-Rk. meist schon nach dem ersten Reaktionsschritt statt. — Die Dampfdrucke von **III** wurden über einen größeren Temperaturbereich gemessen (vgl. die graph. Darst. im Original); die mol. Verdampfungswärme von **III** ergibt sich daraus zu 15,3 kcal/Mol. (Mh. Chem. **83**. 322—33. 15/4. 1952. Innsbruck, Univ., Physikal. Chem. Inst.) Fuchs. 4010

J. W. Breitenbach und **A. Schindler**, *Die Kinetik der durch α-Azoisobuttersäurenitril angeregten Indenpolymerisation.* Vff. untersuchten die Polymerisation von *Inden* (**I**) bei 100° unter Zusatz von *α-Azoisobuttersäurenitril* (**II**) bzw. von *p-Chlorbenzoylperoxyd* (**III**) (je 0,001 Mol/Mol **I**). Der Umsatz nach 1 Std. betrug 2,1% **II** bzw. 1,0% **III**; η_{spez}/c des Polymerisates 0,0046 **II** bzw. 0,0039 **III** (entsprechend einem Polymerisationsgrad von ca. 5). In beiden Fällen liegt Radikalpolymerisation vor. Ferner wurden bei 50° die Zersetzungsgeschwindigkeit von **II** (Messung der entwickelten N_2-Menge) u. die Polymerisationsgeschwindigkeit v_2 von **I** (dilatometr. Messungen) in Abhängigkeit von der Konz. von **II** ($= c_A$) bestimmt. Die Zerfallskonstante k_0 von **II** ergibt sich zu 0,011 h^{-1} (Rk. 1. Ordnung). Der Quotient $v_K/\sqrt{c_A}$ (v_K = Kontraktionsgeschwindigkeit von **I** bei der Polymerisation, sie ist proportional zu v_2) steigt mit c_A an; daraus folgt, daß neben der Polymerisation auch eine Abbruch-Rk. eine Rolle spielt. Unter der Annahme, daß es sich dabei um eine Rk. der wachsenden Kette mit den Monomeren handelt, wird die Beziehung $c_A/c_K = 14 + 1{,}6 \cdot 10^5\, v_K$ abgeleitet; sie gibt die Meßwerte recht gut wieder. Die Grundviscosität der bei 50° erhaltenen Polymerisate ist unabhängig von c_A. Der Chemismus der Abbruch-Rk. wird kurz diskutiert (Bldg. von reaktionsträgen Indenradikalen; **II**-Radikale wirken nur als Polymerisationsanreger, ein Abbruch durch Rk. mit **II** findet prakt. nicht statt). (Mh. Chem. **83**. 271—78. 15/4. 1952. Wien, Univ., I. Chem. Labor.) Fuchs. 4010

T. Kubo, *Silicone.* Übersicht über die polymeren organ. Si-Verbb., ihre Bildungsweisen, bes. den Chemismus der direkten Synth. u. die besonderen Anwendungsgebiete der einzelnen *Silicone.* — 16 Literaturangaben. (Kagaku [Science] **21**. 443—48. Sept. 1951. Tokyo [Orig.: japan.].) Schuler. 4010

M. Ulmann, *Über Zustandsänderungen in verdünnten Stärkelösungen.* 1. Mitt. *Chromatographische Untersuchungen.* Vermittels einer zweiteiligen (sauer–bas.) Al_2O_3-Säule läßt sich chromatograph. zeigen, daß auch in 0,05—0,1%ig. Lsgg. von verkleisterter *Kartoffelstärke* noch keine einfachen Lösungsverhältnisse vorliegen. Vor allem findet man in verd. Lsgg. von Stärkemehl, in weniger ausgeprägtem Maße aber auch noch in Lsgg. von Puddingmehl, höhere Aggregate von *Amylopektin.* Mechan. Bearbeitung solcher Lsgg. führt zur Zerstörung dieser Aggregate, ohne daß damit ein endgültiger Lösungszustand erreicht wird. Auch die Zonen der *Amylose* ändern sich bis herab zu Konzz. von 0,025% nicht gesetzmäßig entsprechend dem Verdünnungsgrad. (Kolloid-Z. **123**. 105—13. Aug./Sept. 1951. Potsdam-Rehbrücke, Inst. für Ernährungsforsch.) Ulmann. 4050

H. Altermatt und **H. Deuel**, *Über den enzymatischen Abbau von Pektinsäure und die Isolierung von Oligogalakturonsäuren.* Der Abbau einer partiell neutralisierten Pektinsäure mit einer Pektinase aus Schimmelpilzen der Gattung Aspergillus wird durch Messung der Viscosität, der Endaldehydgruppen, der Ausflockbarkeit u. papierchromatograph. verfolgt (Tabellen vgl. Original). Nach einer Std. Reaktionsdauer waren auf dem Papierchromatogramm nur Poly- u. Pentagalakturonsäure zu erkennen, nach 4 Std. Penta- bis Digalakturonsäure u. nach 120 Std. hauptsächlich Monogalakturonsäure, daneben Spuren von L-Arabinose, D-Galaktose u. Digalakturonsäure. *Di-* u. *Trigalakturonsäure* konnten rein isoliert werden.

V e r s u c h e: *Pektinsäure* aus Handelspektin durch Verseifen mit alkal. Isopropanol u. Waschen mit 3%ig. HCl, Na-Chloritbleiche bei p_H 4, lösen der Pektinsäure in W. u. fällen mit HCl. Enzymat. Abbau von 1%ig. Lsg. bei p_H 4 (NaOH) mit 20% trockenem Enzympräparat. *Digalakturonsäure,* aus während 120 Std. bei 30° enzymat. abgebauter Lsg. durch Entfärben mit Aktivkohle u. Kieselgur, Perkolieren über 100 cm³ Dowex-50 (H-

Form), bei 40° einengen, A. zufügen u. zur Trockne eindampfen, aus dem Rückstand das Na-Sr-Salz der Monogalakturonsäure durch Versetzen mit NaOH u. $SrCO_3$-Lsg. entfernen, Mutterlaugen mit A. fällen, Nd. mehrfach durch Lösen u. Fällen reinigen, bis papierchromatograph. nur noch eine Komponente nachweisbar ist, u. nochmal Lsg. perkolieren, 1,3 g *Digalakturonsäure*, die durch Carboxylgruppentitration mit 0,1n NaOH u. Aldehydgruppenbest. nach WILLSTÄTTER-SCHUDEL charakterisiert wird. — Die Trisäure wird aus einer 25 Std. bei 37° enzymat. abgebauten Lsg. gewonnen; Entfernung der Monosäure wie oben; die Mutterlauge wird bis zu einer Konz. von 40% mit A. versetzt, Nd. mehrfach durch Lösen in W. u. Fällen mit A. (40%) gereinigt, perkoliert, 3 g *Trigalakturonsäure*; charakterisiert wie oben. (Helv. chim. Acta **35**. 1422—26. 16/6. 1952. Zürich, ETH, Agrikulturchem. Inst.) ROSSOW. 4050

H. H. Weber und **B. von Kerékjártó,** *Technisches über Kolloidmessungen. 2. Mitt. Der Gültigkeitsbereich der Arrhenius-Formel und ihre Bedeutung für die Vorausberechnung der Viscosität von Mischungen zweier Kolloide.* An den Beispielen von *Kollidon* als Fadenmol., *Gelatine* u. *L-Myosin* als Eiweißstäbchen, *Aktin* u. *Aktomyosin* als Fäden aus Eiweißmicellen u. *Ovalbumin* als globulären Proteinteilchen wird gezeigt, daß die Konzentrationsabhängigkeit der Viscosität durch die Formeln von ARRHENIUS sowie SCHULZ u. BLASCHKE bis zu einer relativen Viscosität von 2,5—3 mit hoher Genauigkeit ausgedrückt wird. Setzt man für die Wechselwirkungskonstante von SCHULZ u. BLASCHKE 0,39 (statt 0,29), so stimmen die Werte nach ARRHENIUS mit dem nach SCHULZ & BLASCHKE auf 1—4% überein. Die relative Viscosität von koll. Mischungen hängt in der gleichen Weise von der Konz. der Mischung ab, von dem Mischungsverhältnis dagegen derart, daß sie unter Berücksichtigung des Anteils der Komponenten aus deren Viscositätszahlen additiv errechnet werden kann, sofern diese nicht chem. miteinander reagieren. Die Gültigkeit dieser Mischungsregel wird dadurch zu einem Kriterium für das Vorliegen von Rkk. zwischen Kolloiden. Als Anwendung desselben wird das Ergebnis von KAUMANN bestätigt, daß F-Aktin–L-Myosin-Mischungen ohne Adenosintriphosphat (ATP) sich zu Aktomyosin vereinigen u. nach Zugabe von ATP wieder in die unveränderten Komponenten zerfallen. Infolge der Gültigkeit der ARRHENIUS-Beziehungen kann der log der relativen Viscosität der Komponenten unter Berücksichtigung ihres Anteils an der Mischung berechnet oder graph. ermittelt werden. Die relative Viscosität der Mischung selbst ergibt sich somit nicht durch Addition, sondern Multiplikation der relativen Viscositäten der Komponenten. Die Formel von BURY zur Best. der HAGENBACH-Korrektur ist wegen unrichtiger Wiedergabe des Zusammenhanges zwischen Zusatzdruck u. B-Konstante wenig brauchbar. (Z. Naturforsch. **7b**. 94—101. Febr. 1952.) HENTSCHEL. 4070

Frank Tietze und **Hans Neurath,** *Lichtstreuungsuntersuchungen an Insulin. Das kleinstmögliche Molekulargewicht des Insulins.* Durch Lichtstreuungsverss. an 0,1—1%ig. Lsgg. von *Zinkinsulin* (I) in Phosphatpuffer (p_H 2,6) sollte das Mol.-Gew. des *Insulins* ermittelt werden. In Übereinstimmung mit FREDERICQ u. NEURATH (C. **1951**. **I**. **1452**) wurde gefunden, daß bei p_H 2,6 eine stärkere mol. Desaggregation stattfindet, wenn KH_2PO_4 an Stelle von Chlorid als Elektrolyt verwendet wird, u. daß innerhalb gewisser Grenzen die Desaggregation mit abnehmender Ionenkonz. der Lsg. zunimmt. Die Extrapolation auf die Proteinkonz. Null ergab ein Mol.-Gew. von ca. 12000, anstatt des von FREDERICQ u. NEURATH durch Sedimentations- u. Diffusionsverss. gefundenen Wertes von ca. 6000. Obwohl verschied. I-Proben etwa denselben extrapolierten Wert für das Mol.-Gew. ergaben, war die Form der Lichtstreuungskurven von Fall zu Fall verschieden. — Zur Erprobung der Genauigkeit der Lichtstreuungsmeth. wurden die Mol.-Geww. von *Rinderserumalbumin* (II) u. *Chymotrypsinogen* (III) bestimmt. Für **II** ergab sich ein Mol.-Gew. von 69000, für **III** von 25000, beide Werte in Übereinstimmung mit nach anderen Methoden ermittelten Werten. (J. biol. Chemistry **194**. 1—13. Jan. 1952. Seattle, Univ. of Washington, Dep. of Biochem.) K. F. MÜLLER. 4070

Barbara W. Low, *Orientierung der Polypeptidketten in Kristallen von saurem Insulinsulfat.* Luftgetrocknete Einkristalle von rhomb. *saurem Insulinsulfat* gaben scharfe, etwas desorientierte Röntgenbeugungsbilder. Die Elementarzelle hat die Dimensionen a = 44 Å; b = 51,4 Å; c = 30,4 Å u. enthält 4 Moll. mit dem angenäherten Mol.-Gew. 12000; Raumgruppe ist $P\,2_1\,2_1\,2_1$. Die Intensitätsverteilung der Interferenzen zeigte ausgesprochene Pseudokörperzentrierung, entsprechend der Raumgruppe $I\,2_1\,2_1\,2_1$. Die PATTERSON-Projektion auf die α-Ebene zeigte ausgesprochene Maxima in dichtest gepackter Anordnung, die durch Mulden von angenähert gleicher Tiefe getrennt sind. Die Abstände zwischen den Maxima betragen 13 Å entlang der b-Richtung u. 10 Å entlang (0 2 1). Diese Verteilung läßt auf eine End-an-Ende-Projektion von Stäben hoher Vektordichte entlang der a-Achse schließen. Weder die b- noch die c-Ebenenprojektion zeigt eine Maximaverteilung, die der seitlichen Projektion der Stäbe entspricht. Aus einer vollständigen dreidimensionalen Patterson-Synth. folgt, daß die Vektorstruktur aus gut definierten zylindr. Stäben hoher D. parallel a besteht. Aus der Vektorstruktur kann man schließen, daß die wirkliche Elementarzelle Stäbe oder Ketten hoher Elektronendichte parallel zu der a-Achse enthält. Es ist sehr wahrscheinlich, daß dies Polypeptidketten sind, die in irgendeiner regulären Art gefaltet oder aufgewickelt sind, so daß sie stäbchenähnliche Strukturen mit einem Kern hoher Elektronendichte nahe ihrem Zentrum bilden. Da nach Sanger (Nature [London] **162.** [1949.] 491) das Insulinmol. vom Mol.-Gew. 12000 aus 4 Polypeptidketten besteht, die durch Disulfidbrücken verbunden sind, kann man jeden Stab in der Vektorstruktur mit einer dieser Ketten in Verbindung bringen, so daß das vollständige Mol. aus 4 dichtest gepackten Ketten besteht, die an den Ecken eines Parallelogramms angeordnet sind. Die Vektorstruktur führt nicht zu einer klaren Identifizierung der 4 Polypeptidketten, die ein einzelnes Mol. beschreiben, es können wenigstens 2 verschied. Modelle von 4 dichtest gepackten Stäben mit einem ellipt. Querschnitt u. 44 Å Höhe angenommen werden. Die Patterson-Synth. gibt keinen Anhalt über die Natur der Kettenfaltung. (Nature [London] **169.** 955—56. 7/6. 1952. Harvard Univ., Univ. Labor. of Phys. Chem. Related to Med. and Public Health.) Gottfried. 4070

Ian Leslie, Aids to organic chemistry. 4th edn. London: Balliere, T & C. 1952. (V + 144 S.) s. 5.

E. Biologische Chemie. Physiologie. Medizin.

E_1. Allgemeine Biologie und Biochemie.

G. Giacomello, *Chemische, physikochemische und biologische Probleme, die sich aus der Anwendung radioaktiver Isotope ergeben, und chemische Wirkung der Beschießung von stickstoffhaltigen organischen Substanzen mit Neutronen.* Der Vf. gibt an Hand eigener u. fremder Arbeiten eine ausführliche Übersicht über die Erforschung der Permeabilitätsverhältnisse der Erythrocytenmembran für verschied. Ionen (Sulfat, Phosphat u. Acetat) mit Hilfe radioakt. Isotopen. Im zweiten Teil der Übersicht werden Unterss. über die Wrkg. von Neutronen auf Pflanzen geschildert, bei denen es sich zeigte, daß ein nicht unerheblicher Teil der heterocycl. Verbb. (Chinolin, Pyridin u. ähnliche) durch Umwandlung des Ring-N in radioakt. ^{14}C in radioakt. aromat. Verbb. (Naphthalin, Bzl. u. ähnliche) übergeht. (Farmaco [Pavia] **6.** 735—51. Nov./Dez. 1951. Roma, Univ., Ist. di Chim. farm.) Ippen. 4102

David M. Bonner, Charles Yanofsky und **C. W. H. Partridge,** *Unvollständige Genblockierung bei biochemischen Mutanten von Neurospora.* Vff. berichten über Unterss. an einem *Neurospora*-Stamm (39401; Nsp.), der sich vom Mutterstamm in einem einzigen Gen unterscheidet u. der zum Wachstum entweder *Tryptophan* oder *Niacin* benötigt. Nsp. kann *Indol* (I), aber nicht *Anthranilsäure* (II) verwerten, ist also in der Überführung von **II** in **I** blockiert; Nsp. wächst jedoch mit Niacin allein, es muß also durch Genwechsel Tryptophan bilden können, wenn es mit Niacin gewachsen ist. Unterss., die dies bestätigen, wurden durchgeführt mit ^{15}N-markierter **II,** aus der unter Wachstumsbedingungen Tryptophan gebildet wurde. Die Ergebnisse zeigen, daß ein Mutantenstamm, trotzdem er nicht imstande ist in Abwesenheit bestimmter Substanzen zu wachsen, dennoch fähig ist, diese Verbb. unter Wachstumsbedingungen zu bilden. Dieses Phänomen wird als „leakage" bezeichnet. (Proc. nat. Acad. Sci. USA **38.** 25—34. Jan. 1952. New Haven, Conn., Yale Univ., Botan. Labor.) Goebel. 4130

Donald Fluke, Ruth Drew und **Ernest Pollard,** *Anwendung von ionisierenden Partikeln zur Bestimmung des Molekulargewichtes des Pneumococcus transformierenden Prinzips.* Mit einer von Pollard u. Forro (Arch. Biochem. Biophysics **32.** [1951.] 256) angegebenen Meth., bei der das Mol.-Gew. einer Substanz aus der nach Bombardierung mit Elektronen bzw. Deuteronen zurückbleibenden Aktivität errechnet wird, bestimmten Vff. das Mol.-Gew. der *Desoxyribonucleinsäure,* die bei Pneumokokken R-Zellen in S-Zellen umwandelt, zu ca. 6000000. (Proc. nat. Acad. Sci. USA **38.** 180—87. März 1952. New Haven, Conn., Yale Univ., Biophys. Div.; Upton, Long Island, Brookhaven Nat. Labor., Med. and Biol. Dep.) Krusen. 4150

Jay H. Silverberg und **William Dameshek,** *Anwendung von Triäthylenmelamin (TEM) in der Behandlung von Leukämien und Leukosarkomen.* Bericht über 46 Patienten, die an Leukämien, Leukosarkomen u. verwandten Erkrankungen litten u. mit *TEM* behandelt wurden. Dabei ergab sich bei der generalisierten Hodgkinschen Erkrankung in 30% der Fälle eine Remission, die bis zu 164 Tagen anhielt. Einzeldosen wurden in Höhe von 2,5—5 mg bei einer Gesamtmenge von 20—30 mg verabreicht. TEM war genau so wirkungsvoll wie Stickstofflost. Ebenso fand sich eine zeitlich begrenzte Einw. beim Lymphosarkom u. Retothelsarkom. Die stärkste Einw. konnte bei der chron. myeloischen u. chron.

lymphat. Leukämie beobachtet werden, wobei sich mehrmonatliche vollständige Remissionen einstellten, die durch zwischenzeitliche kleine weitere TEM-Gaben noch verlängert werden konnten. Die bekannten, zum größten Teil geringen tox. Nebenwirkungen werden geschildert. (J. Amer. med. Assoc. **148.** 1015—21. 22/3. 1952. Boston, New England, Center Hosp.) GUMMEL. 4160

Bertel Jørgsholm, *Vorläufige Erfahrungen mit Podophyllin in der Behandlung des Hautcarcinoms.* 1880 gelang es PODWYSSOTZKI, einzelne Komponenten des Podophyllins (I) zu isolieren. Zellzerstörende Eigg. des I waren schon früher in der Urologie z. B. bei der Behandlung von Condylomen bekannt. Jetzt wird über die Wrkg. einer 20%ig. alkoh. I-Lsg. bei 53 Fällen von Hautkrebs berichtet. In 49 Fällen verschwand der Tumor prim. u. in weiteren 3 Fällen nach wiederholter Behandlung. In einem Fall keinerlei Wirkung. In 4 Fällen traten nach 3—8 Monaten Recidive auf, die aber nach erneuter Behandlung ausheilten. Im Wirkungsmechanismus wird der cytostat. Effekt in der Metaphase der Mitose angenommen. (Acta radiologica [Stockholm] **37.** 150—61. Febr. 1952. Kopenhagen, Radium Centre.) GUMMEL. 4160

R. G. Bunge, *Podophyllin bei der Behandlung humaner Blasenadenocarcinome.* Bei einem Patienten mit Blasencarcinom blieb die tägliche Einfüllung von 10 ml einer 10%ig. öligen Suspension von *Podophyllin* über drei Wochen ohne Wirkung. (J. Urology **68. 475.** Aug. 1952. Iowa, State Univ. of Iowa, Iowa City, Univ., Hosp.) DRUCKREY. 4160

S C. Kasdon, W. H. Fishman, R. M. Dart, C. D. Bonner und **F. Homburger,** *Methylandrostendiol in der palliativen Behandlung des Mammacarcinoms.* 44 Patientinnen mit einem inoperablen Mammacarcinom wurden mit *Methylandrostendiol* (I) behandelt. Hierbei ergaben sich bei 30 Patientinnen eindrucksvolle Veränderungen, von denen 9 durch objektive Untersuchungsbefunde belegt werden konnten. Vgll. mit einer *Testoviron*-Behandlung ließen bei dieser einen gleichen Effekt aber die beträchtlichen Nebenerscheinungen, wie Masculinisierung usw., in Erscheinung treten. Beim I wurden nur wenige Nebenerscheinungen beobachtet, mit Ausnahme einer Hypercalcämie bei Patientinnen mit ausgedehnten osteoklast. Prozessen. (J. Amer. med. Assoc. **148.** 1212—16. 5/4. 1952. Boston, Tufts Coll. Med. School, Dep. of Surg. and Dep. of Med.; Roxbury, Jewish Memorial Hosp.; Cambridge, Holy Ghost Hosp.) GUMMEL. 4160

Harold Brown, Harold P. Hargreaves und **Frank H. Tyler,** *Inselzelladenom des Pankreas. Stoffwechseluntersuchungen an einem mit Corticotropin und Cortison behandelten Patienten.* Vff. beschreiben den Fall eines 58jährigen Mannes mit einer durch ein Inselzellsarkom des Pankreas hervorgerufenen Hypoglykämie. Applikation von *ACTH* (30 mg alle 6 Std. intramuskulär, später 15 mg) oder *Cortison* (200 mg/Tag per os, später 100 mg) bewirkt ein Ansteigen der Blutzuckerwerte bis zu n. Höhe. Heilung durch Operation. (A. M. A. Arch. intern. Med. **89.** 951—60. Juni 1952. Utah, Univ., Coll. of Med., Dep. of Med., Dep. of Surg., u. Veterans Administrat. Hosp.) REISS. 4160

R. H. Flocks, H. D. Kerr, H. B. Elkins und **D. Culp,** *Behandlung des Prostatacarcinoms durch interstitielle Bestrahlung mit radioaktivem Gold* (*^{198}Au*). (Vorl. Bericht.) Koll. radioakt. Gold wird für eine lokale Injektionstherapie von Geschwülsten empfohlen, weil es nach der Injektion im Gewebe zu 90% liegen bleibt u. mit 2,7 Tagen eine geeignete Halbwertszeit hat. Resorptive Wirkungen auf andere Organe fallen damit prakt. fort. Bei einigen Patienten mit Prostatakrebs wurde die Therapie angewandt. Innerhalb von 3 Wochen kam es zu einem Verschwinden der Tumoren. (J. Urology **68.** 510. Aug. 1952. Iowa City, Iowa, State Univ. of Iowa, Dep. of Urol., u. Dep. of Radiol.) DRUCKREY. 4160

George W. Waterman und **Sumner I. Raphael,** *Die Bedeutung der interstitiellen Radiumtherapie für die Behandlung von Carcinomen des Cervix uteri.* Vff. bringen einen zusammenfassenden Bericht über die von ihnen erprobte Meth. der radiolog. Behandlung von Cervixcarcinomen mit der γ-Strahlung von Ra. Die Applikation erfolgt mittels hohler Nadeln aus 0,5 mm starkem Pt, in denen 2—3 mg Ra enthalten sind. Die Länge der Nadeln beträgt 30—45 mm, sie werden für 7 Tage eingeführt. Die Isodosenkurven im Beckenraum werden mitgeteilt, u. eine Tabelle zeigt die mit der Meth. erzielten Heilerfolge. — Literatur. (Amer. J. Roentgenol. Radium Therapy **68.** 58—62. Juli 1952. Providence, Rhode Island, Rhode Island Hosp., Gynecological Tumor Clinic.) REUSSE. 4160

D. M. Wallace, J. E. Stapleton und **R. C. Turner,** *Die Implantation von radioaktiven Tantalnadeln als Methode zur Behandlung junger Blasencarcinome.* Vff. beschreiben eine Meth. der postoperativen Bestrahlung von Blasencarcinomen. Die Blase wird dazu geöffnet, der Tumor durch Hochfrequenzschnitt extrahiert u. nun werden Nadeln von ^{182}Ta, wie sie von SINCLAIR (vgl. C. **1953.** 1045) angegeben wurden, eingeführt. Ihre Flexibilität erlaubt die Lokalisierung an der zu bestrahlenden Stelle. Nach erfolgter Bestrahlung werden die Nadeln mittels eines Katheters durch die Urethra entfernt. (Brit. J. Radiol. **25.** 421—24. Aug. 1952. London, Roy Cancer Hosp.) REUSSE. 4160

E_2. Enzymologie. Gärung.

J. Monche, *Einige Beziehungen zwischen chemischer Konstitution und Geschwindigkeit der Hydrolyse von chromogenen Substraten durch Phosphatasen.* Vf. untersucht das Verh. neuer Phosphorsäureester von Mono- u. Dihydrofuchsonen als Substrate unter der Einw. von alkal. u. sauren Phosphomonoesterasen. Die Geschwindigkeit der enzymat. Hydrolyse der Substrate wird verglichen mit der Spaltung von *Na-Phenolphthaleinphosphat* u. *Ba-Methoxyphenolphthaleinphosphat.*

V e r s u c h e: Als *alkal. Phosphomonoesterase* (I) dienten konz. Autolysate von Därmen weißer Mäuse oder auch Hunden; für *saure Phosphomonoesterase* (II) solche aus Weizenkleie. — Ein über Bisulfitverb. gereinigtes *Aurin* liefert *Na-Rosolylphosphat,* $C_{19}H_{12}O_9P_2Na_4$, blaßgelbes kristallin. Pulver. — Aus *Benzaurin* das *Di-Na-Salz des Phosphorsäureesters,* $C_{19}H_{13}O_5PNa_2$, zers. über 128°. — Aus phenylphosphorsaurem Na (III) u. Diazobenzolchloridlsg. (bei p_H 7,5) das *Na-Salz des Benzolazophenylphosphats,* nur in Lsg. beständig, gibt bei Spaltung mit I *Benzolazophenol,* F. 142—145°. Ebenso aus m-Toluidin das *Na-Salz des 4-[m-Toluolazo]-phenylphosphats;* bei Spaltung mit I entsteht *4-[m-Toluolazo]-phenol,* F. 138—140°. — Durch Kupplung der Diazoverbb. von o-, m- u. p-Aminobenzoesäure mit III die entsprechenden Azoverbb., die ohne Phosphatase in schwach alkal. oder saurem Medium hydrolysiert werden u. bei enzymat. Spaltung als Prodd. die entsprechenden *Oxyazobenzolcarbonsäuren* liefern: aus *o-Verb.*: F. 192—195°, aus *m-Verb.*: F. 211—215°, aus *p-Verb.*: F. 258—261°. — *4-[4'-(Aminosulfonyl)-benzolazo]-phenylphosphat,* $C_{12}H_{12}O_6N_3SP$, lösl. in A., Aceton, unlösl. in Äther. Wird mit I zu einem Prod., F. 238—243°, gespalten. — Aus *4-[4'-Sulfonylbenzolazo]-phenylphosphat* ($HO_3S \cdot C_6H_4 \cdot N = N \cdot C_6H_4 \cdot OPO_3H_2$, hergestellt aus III u. diazotierter *Sulfanilsäure,* F. 124—125°) durch I *4'-Oxyazobenzolsulfonsäure-(4),* bei 260° Zers., $C_{12}H_{11}O_7N_2PS$. — Die Lsgg. der Azoverbb. wurden vor der Spaltung auf p_H 9—9,5 eingestellt u. unter Eiskühlung aufbewahrt. — Aus *Phenolphthalein* wird nach LUND (J. chem. Soc. [London] **1928.** 1569) mit Dimethylsulfat die *Monomethoxyverb.* hergestellt, die nach völligem Trocknen in Pyridin mit $POCl_3$-Chlf. in den *Phosphorsäureester* übergeht. *Ba-Salz,* $C_{21}H_{15}O_7PBa$, weißes Pulver, zers. beim Erhitzen. — Bei der Spaltung ist nach Verss. des Vf. die Temp. ausschlaggebend. (An. Real Soc. españ. Física. Quím., Ser. B **48.** 499 bis 522. Juni 1952. Barcelona, Inst. Esp. de Fis. y Bioquím.) ALTPETER. 4210

Irwin B. Wilson, Sumner Levine und **I. Freiberger,** *Die Wirkungen der elektrischen Ladung auf die Aktivität der Leberesterase. Prostigmin,* im Bereich von p_H 6—10 p_H-unabhängig wirkend, hemmt die *Leberesterase* (I) nur wenig. *Eserin* hemmt wesentlich stärker u. ist ausgesprochen p_H-abhängig. Nur die ungeladenen *Eserin*-Moll. besitzen diese Eig. im Gegensatz zu ihrer Wrkg. auf *Acetylcholinesterase,* bei welcher die Kationenkomponenten weit wirksamer sind. Das läßt auf eine starke positive Ladung am akt. Zentrum von I schließen, was überhaupt auf die Bedeutung der Ladungsverteilung bei Enzymen hinweist. — *Tetraäthylpyrophosphat* inhibiert I stark u. irreversibel. (J. biol. Chemistry **194.** 613—17. Febr. 1952. New York, Columbia Univ., Coll. of Phys.) KEIL. 4210

Christian B. Anfinsen, *Die peptische Verdauung der Ribonuclease.* Nach Dialyse einer 1—2%ig. Lsg. von krist. *Ribonuclease* (I) über Nacht gegen 500faches Vol. 0,01n HCl bei 5° wurde die I-Lsg. mit einer salzsauren *Pepsin*-Lsg. versetzt u. die Mischung bei 38° incubiert; p_H 1,8—1,9. Durch Neutralisieren oder Zugabe von Ag_2O bis p_H 6 oder mit Trichloressigsäure bzw. Pikrinsäure wurde nach 5—120 Min. die Rk. abgestoppt u. der Spaltungsgrad durch Best. des Amino-N u. Ninhydrin-N bestimmt. Dialyseverss. zeigten, daß die Verdauungsansätze sowohl sehr große, als auch relativ kleine I-Fragmente enthielten. Die Durchschnittsgröße der Peptide entsprach 7—8 Aminosäureresten. Eine völlige Aufspaltung der Peptide trat nicht ein. Die Analyse in der Ultrazentrifuge ergab nach beendeter Verdauung einen Wert für S_{20} von 1,6—1,65 gegenüber 2,1 bei Beginn der Reaktion. Es wurden ungefähr 10 Peptidbindungen pro Mol gespalten. (J. biol. Chemistry **196.** 201—08. Mai 1952. Bethesda, Md., Nat. Inst. of Health.) v. PECHMANN. 4210

Padmasini Ayengar und **Eugene Roberts,** *Verwertung von D-Glutaminsäure durch Lactobacillus arabinosus: Glutaminsäureracemase.* Acetontrockenpulver von *Lactobacillus arabinosus* enthält ein Enzymsyst., das die gegenseitige Überführung von *D-* u. *L-Glutaminsäure* ineinander bewirkt (p_H-Optimum ca. 8,0). Glutamin u. Pyridoxalphosphat stimulieren die Fermentaktivität nicht, Hydroxylamin u. Asparaginsäure bewirken keine Hemmung. *α-Ketoglutarsäure* (I) verhindert die Bldg. von L-Glutaminsäure aus dem D-Isomeren. Bei Bebrütung von I in Ggw. von NH_4Cl mit einem Enzympräp. in Abwesenheit von Glutaminsäure unter Bedingungen, welche maximale Ausbeute an D-Isomeren liefern, entstand nur sehr wenig L-Isomeres. Es wurde gefunden, daß Glutamin die Verwertung von D-Glutaminsäure für das Wachstum von L. arabinosus anregt unter Bedingungen, bei denen die L-Form nicht wachstumsstimulierend wirkt. Glutamin scheint keinen Einfl.

auf die Racemisierungs-Rk. zu besitzen, sondern nur beim Einbau von D-Glutaminsäure in Peptide oder Proteine eine Rolle zu spielen. (J. biol. Chemistry **197.** 453—60. Juli 1952. St. Louis, Mo., Washington Univ., School of Med., Wernse Labor. of Cancer Res.) Goebel. 4210

P. Nordqvist, *Das Vorkommen von Procainesterase in peripheren Nerven und sein Einfluß auf die Procainblockade.* In peripheren Nerven von Fröschen u. Kaninchen wurde das Vorhandensein einer *Procainesterase* durch colorimetr. Best. der bei Einw. eines Nervenextraktes auf eine *Procain* (I)-Lsg. entstehenden *p-Aminobenzoesäure* nachgewiesen. Mit *Hyaluronidase* konnte die wirksame Schwellenkonz. des I herabgesetzt werden. Nach Entfernung der I-Lsg. von mit I blockierten, von ihrer Bindegewebsscheide befreiten Froschnerven wurde spontaner Rückgang der Blockierung beobachtet. Vf. schließt daraus, daß im Innern des Nerven ständig I durch Esterase gespalten wird. (Acta pharmacol. toxicol. [Köbenhavn] **8.** 217—25. 1952. Upsala, Univ., Dep. of Pharmacol.) Dautzenberg. 4230

M. R. Jeffrey, *Plasma und Erythrocytenkatalase bei rheumatoider Arthritis.* An 50 Fällen rheumatoider Arthritis wurde die *Katalase* des Plasmas u. der roten Blutzellen bestimmt, wobei die Werte bei anäm. u. nichtanäm. Personen im wesentlichen gleich u. n. waren. (J. Lab. clin. Med. **39.** 390—92. März 1952. Bath, England.) Itzerott. 4230

Wolfgang Hirsch und Dietrich Mücke, *Verhalten der Serumphosphatasefraktionen, des Serumcalciums und des Serumphosphors bei Ostitis deformans Paget.* Nach kurzem Überblick über Eigg. u. Aufgaben der Phosphatasen wird das Verh. der *sauren* (I) u. *alkal. Phosphatasen* (II) bei Ostitis deformans Paget (O. def.) beschrieben. Für II sind im Gegensatz zu I die Mittelwerte sowohl beim monostot. (M.) als auch beim polyostot. Untersuchungsgut (P.) durch eine signifikante Differenz voneinander abzugrenzen. Vff. erachten es daher für notwendig, neben Trennung von I u. II eine Klassifizierung des Krankengutes nach Anzahl der erkrankten u. morpholog. umgebauten Knochen zu treffen. An 55 untersuchten O. def.-Fällen zeigt sich nach Aufgliederung in vorwiegend M. u. P. keine Verschiebung des anorgan. Phosphorgeh. gegenüber dem Gesunden, wohl aber im Serumcalciumspiegel gegenüber den für die entsprechende Altersklasse bekannten Richtwerten, wobei Polyostitis niedrigere Werte aufweist. (Dtsch. Gesundheitswes. **7.** 873—78. 10/7. 1952. Leipzig, Univ., Med. Klinik, u. Physiol.-Chem. Inst.) Königsdorf. 4230

E_3. Mikrobiologie. Bakteriologie. Immunologie.

F. Petuely und **F. Eichler,** *Über die Züchtung des Lactobacillus bifidus auf vollsynthetischem Nährboden.* (Kurze vorl. Mitt.) Angabe eines vollsynthet. Nährbodens, der n. Wachstum von Lactobacillus bifidus, entsprechend einem Verbrauch von 3,35 ml n/10 NaOH je 5 ml, ermöglicht. (Biochem. Z. **322.** 463—66. 1952. Graz/Österreich, Univ., Med.-Chem. Inst., u. Pregl-Labor.) Krusen. 4310

Arthur L. Koch, Frank W. Putnam und **E. A. Evans jr.,** *Der Purinstoffwechsel von Escherichia coli.* Vff. berichten über Wachstumsverss. mit *Escherichia coli* (E. c.) in mit ^{14}C markierten Substraten (CO_2 oder Purine). Unters. der Bakterien während der Ruhezeit der logarithm. Phase u. Best. der Radioaktivität der verschied. Zellfunktionen. Von rasch wachsenden E. c. wird CO_2 rasch verbraucht u. ausschließlich in $C_{(6)}$ der Purine eingebaut. *Adenin* u. *Guanin* werden aus dem Medium aufgenommen u. zur Synth. von Nucleinsäuren oder Nucleotiden benutzt; je nach Bakterientyp u. Konz. werden beide Purine gegenseitig ineinander übergeführt. Vff. nehmen an, daß CO_2 in Lactat–NH_4^+-Medium zum Aufbau eines „Purinvorläufers" verwertet wird, aus dem dann Nucleotide, Ribose- u. Desoxyribosenucleinsäuren entstehen. Im Medium mit $^{15}NH_4Cl$ wurden die N-Atome im Ring von zugesetzten Purinen nicht ausgetauscht, bei Guanin wurden 60%, bei Adenin 6% der Aminogruppen aus ^{15}N gebildet; 85—90% der anderen N-haltigen Zellbestandteile enthielten ^{15}N aus dem Medium. (J. biol. Chemistry **197.** 105—12. Juli 1952. Chicago, Ill., Univ., Dep. of Biochem.) Goebel. 4320

Carl Neuberg und **Amelie Grauer,** *Biosynthese von Mercaptanen.* Nach kurzer Besprechung der bisherigen Kenntnisse über die Biosynth. von *Mercaptanen* werden 2 Verss. mit Thermobacterium mobile mitgeteilt. Zu einer Lsg. von 500 g Glucose in 5 Liter W. wurden 300 ml Bakteriensuspension gegeben u. nach Ingangkommen der Gärung innerhalb von 16 Std. eine Lsg. von 6,5 g frischem NH_4HS u. 5,5 g *Acetaldehyd* in 150 ml W. (die als fertiger *Thioacetaldehyd* reagiert) zugetropft. Nach 6 Min. trat Mercaptangeruch auf. Das sich entwickelnde *Äthylmercaptan* (I) wurde in einer Vorlage mit $Hg(CN)_2$ absorbiert. Nach Beendigung der Gärung konnte I als Pb-Äthylmercaptid in einer Ausbeute von 1,3 g isoliert werden. Bei Weglassung des Acetaldehydes konnte keine I-Bldg. erzielt werden. In einem analogen Vers. konnte die Synth. von *n-Butylmercaptan* durchgeführt werden. (Hoppe-Seyler's Z. physiol. Chem. **289.** 253—56. Juni 1952. New York, N. Y., Med. Coll., Dep. of Biochem.; Madison Found. of Biochem. Res.) Krusen. 4320

Lucy Mishulow (unter Mitarbeit von **Leslie S. Sharpe** und **Lillian L. Cohen**), *Mucinlösung zur Erhöhung der Virulenz von S. typhi.* Die Herst. einer Mucinlsg. für Verdünnung von S. typhi-Kulturen wird angegeben. Die mit 5%ig. bzw. 4%ig. Lsgg. mit den Stämmen 42–A–58 oder Nr. 779 S. typhosa hergestellten Aufschwemmungen zeigten selten mehr als 20 Bacillen für die LD_{50}. (J. Lab. clin. Med. **39**. 503—04. März 1952. New York, N. Y.) ITZEROTT. 4325

A. Haeussler und **S. Weidmann**, *Das Verhalten der Döderleinschen Stäbchen gegenüber Sulfonamiden und Antibioticis.* Untersucht wurde die Empfindlichkeit der DÖDERLEINschen Bakterien im Vgl. zu einem Staphylokokkenstamm SG 511 gegen *Sulfonamide* (I), *Harnstoff* (II) u. *Antibiotica* (III). I-Unters. nach dem Röhrchentest erstreckte sich auf *Sulfanilamid, Sulfapyridin, Albucid, Eleudron, Protocid, Cibazol, Eubasin*; III-Unters. nach Blättchentest: *Penicillin, Streptomycin, Terramycin, Aureomycin, Chloromycetin.* Die DÖDERLEINschen Bakterien sind gegen **I, II u. III** empfindlicher als die Staphylokokken, sie werden bereits durch eine therapeut. noch nicht vollwirksame Dosis geschädigt, wodurch die n. Scheidenflora geändert wird. Zu ihrer Normalisierung ist eine entsprechende Nachbehandlung erforderlich. (Klin. Wschr. **30**. 281—82. 15/3. 1952. Frankfurt/M., Univ., Frauenklinik, u. Hyg. Inst.) DOSSMANN. 4330

Warren Litsky, W. L. Mallmann und **C. W. Fifield**, *Äthylviolett, ein selektiver Farbstoff zur Isolierung von gramnegativen Bakterien. Äthylviolett* (*Tetraäthyltriaminotriphenylmethan*) hemmt noch in einer Konz. von 1 : 10000000 das Wachstum grampositiver Bakterien, ist dagegen in einer Konz. von 1 : 800000 ohne Wrkg. auf gramnegative Organismen. (Stain Technol. **27**. 229—32. Sept. 1952. East Lansing, Mich., Michigan State Coll., Dep. of Bacteriol. and Public Health.) KRUSEN. 4330

Ferina Federico und **Cumbo Salvatore**, *Schutzwirkung der Leber bezüglich des gegen Staphylokokken gerichteten Effekts des Penicillins.* Staphylococcus haem. aureus, der auf Agar gezüchtet wurde, welchem Leber beigemengt war, erwies sich in vitro gegenüber Penicillin resistenter. Der gleiche Stamm rief, in der gleichen Weise gezüchtet, bei Meerschweincheninfektion eine heftigere u. länger dauernde Septicopyämie hervor als n. gezüchteter Staph. haem. aureus. Während dieser Infektion fiel eine besondere Bevorzugung von Milz u. Leber auf, in denen sich häufiger pyäm. Abscesse fanden. Penicillin war hier weniger wirksam. Auch bei gewöhnlichen Staphylokokken wurde ein Tropismus zur Leber hin festgestellt. (Giorn. Batteriol. Immunol. **44**. 81—89. Jan./Febr. 1952. Palermo, Univ., Ist. di Pat. Generale e di Parasitol.) P. G. SCHEURLEN. 4340

P. van Dyck und **P. de Somer**, *Herstellungs- und Extraktionsmethoden von Aureomycin.* Ausführliche Arbeit über die Herst. u. Isolierung von *Aureomycin* (I). Eingehende Unters. der *N*-Quellen führte zur Wahl eines Nährbodens auf der Basis von Erdnußmehl mit niedrigem Fettgeh.; unter den günstigsten Bedingungen erhält man damit 1,300 γ/ml **I**. Durch natürliche Auswahl u. Mutation durch UV-Bestrahlung ist es möglich, einen Stamm Streptomyces aureofaciens mit 3 mal so großer Ausbeute wie beim Ausgangsstamm zu isolieren. Durch Extraktion mit organ. Lösungsmitteln, wie *Amylalkohol, Methylisopentylketon* u. *n-Amylacetat,* wird **I** aus der Nährbrühe isoliert u. durch einen oberflächenakt. Zusatz gereinigt. Das Salz krist. nach einer Extraktion in einer wss. Lsg. aus. Bei p_H 3,7 tritt Austauschadsorption von **I** an *Carboxyl*-Ionen, synthet. Harze, ein. Diese Eig. ließ sich bisher für eine Reinigungsmeth. nicht ausbauen. (Antibiotics and Chemotherapy **2**. 184—98. April 1952. Louvain, Belgien, Univ., Dep. of Bacteriol.) DOSSMANN. 4340

Bronisława Jurecka, *Fiebererzeugende Organismen.* Überblick über die pyrogenen Mikroorganismen (Tabelle mit 27 Namen), ihr Verh. bei Filtration, Sterilisation, Einw. von $KMnO_4$ u. H_2O_2, Prüfung auf Toxizität u. Unterschiede in der fiebererzeugenden Wirkung. (Farmacja Polska **8**. 22—24. Jan. 1952.) R. K. MÜLLER. 4350

M. Digeon, M. Raynaud und **A. Turpin**, *Über das Toxin R_2 des Bacterium typhi* (*Eberthella typhosa*). Aus einem in Rauhform wachsenden Typhusstamm wurde durch Extraktion mit 1 mol. NaCl + $^1/_{10}$ mol. Natriumcitrat ein tox. Extrakt gewonnen, der vom O-, Vi- u. H-Antigen verschieden ist. Als Rohextrakt u. auch nach Reinigung mit Trichloressigsäure oder Essigsäure bei p_H 4,1 oder mit A. ist er elektrophoret. nicht homogen. Erst durch Einw. von *Trypsin* oder *Phosphatase* u. nachfolgende Enteiweißung nach SEVAG wurde ein elektrophoret. homogenes Präp. hergestellt, das tox. war, antigen wirkte u. mit einem homologen Serum spezif. reagierte. (Ann. Inst. Pasteur **82**. 206—20. Febr. 1952. Garches, Inst. Pasteur.) FISCHOEDER. 4370

H. W. Scott-Wilson, Aids to bacteriology. 8th edn. London: Balliere, T. & C. 1952. (VIII + 390 S.) s. 7 d. 6.

Hans Schmidt, *Fortschritte der Serologie.* 2. Aufl. Lieferung 11. Darmstadt: Dr. Dietrich Steinkopff. 1952. 64 S. (641—704). Subskriptionspreis DM 6,—. (10. Lfg. vgl. C. **1952**. 5112.)
Fortsetzung des Kap. VI A, Die Hämagglutination, mit ca. 600 weiteren Literaturangaben. SCHLOTTMANN. 4370

E_4. Pflanzenchemie. Pflanzenphysiologie. Pflanzenpathologie.

H. von Bronsart, *Wachstum und Eisengehalt in Blattgemüse.* Der relative Fe-Geh. nimmt beim Wachsen des Spinats ab. Düngung mit 0,1%ig. $FeSO_4$-Lsg. ist unwirksam. (Hippokrates **23.** 130—31. 15/3. 1952. Stuttgart.) HERRMANN. 4410

Carl-Erik Danielsson und **Halina Lis**, *Unterschiede in der chemischen Zusammensetzung einiger Erbsenproteine.* Vff. untersuchen quantitativ den Geh. an *Tyrosin, Tryptophan, Arginin, Histidin, Lysin, Asparaginsäure* u. *Glutaminsäure* in *Vicilin* (I), *Legumin* (II) u. *Albumin* aus Erbsensamen (Pisum sativum, Feldvarietät Torsdagsart II) u. kommen zu dem Schluß, daß I u. II eine unterschiedliche Aminosäurezus. haben u. 2 wohldefinierte unterschiedliche Globuline sind. Die Aminosäurezus. der Albuminfraktion ist von der der Globulinfraktion gänzlich verschieden. Es konnte keine Beziehung zwischen Albuminen u. Globulinen beobachtet werden. (Acta chem. scand. **6.** 139—48. 1952. Upsala, Univ., Inst. of Biochem.) NEHRING. 4420

Carl-Erik Danielsson, *Ein Beitrag zur Untersuchung der Synthese von Reserveproteinen in reifenden Erbsensamen.* An Hand der N-Verteilung untersucht Vf. die Entw. von Erbsensamenproteinen. Während der *Globulin-N* im 1. Teil des Reifungsprozesses rasch zunimmt, steigt der *Albumin-N* gleichmäßig an. Globuline u. Albumine werden unabhängig voneinander synthetisiert. Die Synth. von *Vicilin* u. *Legumin* erfolgt in verschied. Umfang; das Verhältnis Vicilin : Legumin nimmt im Verlauf der Reifung ab. Die Proteinsynth. erfolgt auch in unreif geerntetem Samen; diese Synth. kommt bei -20^0 zum Stillstand. Vf. diskutiert die Möglichkeit hochmol. Zwischenstufen bei der Synth. der Reserveproteine. (Acta chem. scand. **6.** 149—59. 1952.) NEHRING. 4420

S. Kawata, *Das Pflanzenhormon 2.4-D als Welkstoff für breitblättrige Unkräuter.* Überblick an Hand von 5 Bildern, 13 Diagrammen u. 31 Literaturzitaten über die Aufnahme von 2.4-D durch die Pflanze, die darauffolgenden sichtbaren Veränderungen, den Einfl. von äußeren Faktoren auf das Welken, die Veränderungen im Inneren des Pflanzenorganismus u. zusammenfassende Erklärung des Absterbevorgangs. (Kagaku [Science] **21.** 332—37. Juli 1951. Tokyo [Orig.: japan.].) SCHULER. 4486

Yozo Iwanami, *Einfluß von 2.4-D auf den Blütenstaub.* Blütenstaub von Lilium aurat. Lindl wurde in einer Nährlsg. (0,29 mol. Saccharose, 1% Agar, p_H 7 u. 27^0) nach Zusätzen von $^1/_{50000}$ Mol bis $^1/_{500}$ Mol *2.4-D* zum Keimen ausgelegt: Bei $^1/_{50000}$ kein Einfl., bei $^1/_{5000}$ keimten 59,6%, bei $^1/_{1000}$ 1,6%, bei $^1/_{500}$ kein Einfluß. Mit zunehmender Konz. zeigten sich morpholog. Verkümmerungen. Die O_2-Aufnahme sank vorübergehend ab, nahm aber wieder n. Werte an (bei $^1/_{500}$ erst nach 20 Min.). (Kagaku [Science] **22.** 149—50. März 1952. Tokyo [Orig.: japan.].) SCHULER. 4486

Seward E. Allen und **Folke Skoog**, *Stimulierung des Wachstums von Keimlingen durch Behandlung der Samen mit N-Phenylsuccinimidderivaten.* In Keimverss. mit Weizenkörnern u. Rettichsamen wurden aromat. Derivv. von *Succinimid* (I) auf ihre das Wachstum der Keimlinge, bes. auf die das Längenwachstum der Wurzeln beeinflussende Wrkg. untersucht. *N-2.4-Dichlorphenyl*-I hatte die stärkste Wrkg. u. erhöhte in Konzz. von 10 bis 50 p.p.m. das Längenwachstum der Wurzeln gegenüber den Wasserkontrollen um 30 bis 75%. *N-Phenyl*-I sowie *N-o-*, *N-m-* u. *N-p-Chlorphenyl*-I waren etwas weniger wirksam. Annähernd gleiche Aktivität wie die Monochlorphenylderivv. wiesen *N-o-*, *N-m-* u. *N-p-Nitrophenyl*-I in niedrigen Konzz. auf, während sie in höheren Konzz. (über 50 mg/Liter) tox. wirkten. I selbst sowohl wie *N-Methyl-*, *N-Butyl-*, *N-Furfuryl-* u. *N-Tetrahydrofurfuryl*-I waren ebenso wie die gleichfalls angewendeten *N-o-*, *N-m-*, *N-p-Chlorphenyläpfelsäureimid* u. *N-o-*, *N-m-*, *N-p-Chlorphenylphthalimid* völlig oder nahezu inaktiv. Ebenso hatten die den Imiden entsprechenden Säuren, auch *Bernsteinsäure*, keinen Einfluß. — Das Wachstum von älteren Pflanzen konnte weder durch Behandlung der Samen noch durch spätere Applikation der Verbb. an die Schosse oder Wurzeln beeinflußt werden. Es wird daher angenommen, daß die Wrkg. auf die frühesten Stadien der Keimlingsentw. beschränkt ist. (Plant Physiol. **27.** 179—83. Jan. 1952. Madison, Wis., Univ. of Wisconsin, Dep. of Bot.) KLESSE. 4486

F. Bustinza und **Maria Luisa Calvo Santamaria**, *Bemerkung über die phytotoxische Wirkung des Isonicotinsäurehydrazids.* In bestimmter Konz. hemmt das Isonicotinsäurehydrazid die Keimung von Samen u. übt z. B. in Verdünnung 1 : 5000 u. 1 : 10000 eine wachstumsvermindernde Wrkg. auf Wurzeln u. Coleoptilen von Weizen sowie Pflänzchen von weißer Lupine oder Rettich aus. (Farmac. nueva **17.** 286. Juni 1952.) ALTPETER. 4495

A. J. Haagen-Smit, Ellis F. Darley, Milton Zaitlin, Herbert Hull und **Wilfred Noble**, *Untersuchung von durch Luftverunreinigungen verursachten Pflanzenschädigungen in der Umgebung von Los Angeles.* Seit ca. 10 Jahren wird in der Umgebung von Los Angeles an verschied. Pflanzen das Auftreten eines silbrig schimmernden, metall. Überzuges auf den Blättern beobachtet; zum Teil ist die ganze Blattfläche bedeckt (Endivien, Spinat, Zuckerrübe u. Hafer), zum Teil treten einzelne Flecke auf (Alfalfa, Gerste, Tomaten u. Kopfsalat). Kohlarten, z. B. Blumenkohl, sowie Gurke u. a. erweisen sich als resistenter. Die Blätter wirken später wie gegerbt u. gebleicht. Die Luftanalyse ergab die Anwesenheit von peroxyd. organ. Verbindungen. In sehr zahlreichen Modellverss. an Testpflanzen mit verschied. Alkoholen, Aldehyden, Ketonen, Schwefel, organ. Cl- u. N-Verbb. ohne u. im Gemisch mit Ozon wurden die *Reaktionsprodd. von ungesätt. KW-stoffen mit Ozon* als Ursache dieser Erscheinung erkannt, während die gleichen Olefine ohne Ozon keine oder keine typ. Schädigungen an den Pflanzen hervorriefen. Die stärkste Wrkg. hatten die Reaktionsprodd. von Ozon mit Olefinen mit 5 u. 6 C-Atomen u. einer endständigen Doppelbindung. Jedoch scheint die Stellung der Doppelbindung nicht wesentlich zu sein, da durch n-Hepten-(3), n-Nonen-(4) u. Cyclohexen ebenfalls die typ. Schädigungen auftraten. Die Konz. an Ozon, bei der im Gemisch mit Olefinen die Schadbilder beobachtet wurden, entspricht derjenigen, die in der Atmosphäre gefunden wurde. (Plant Physiol. **27.** 18–34. Jan. 1952. Pasadena, Calif., California Inst. of Technol., Kerckhoff Labors. of Biol.; Riverside, Calif., Univ. of California, Div. of Plant Pathol., u. Los Angeles, Calif., Los Angeles County Air Pollution Control District.) KLESSE. 4495

E_5. Tierchemie. Tierphysiologie. Tierpathologie.

P. F. Scholander, C. Lloyd Claff, J. R. Andrews und **D. F. Wallach** (unter Mitarbeit von **Octavia Cooper** und **Barbara Orski**), *Mikrovolumetrische Respirometrie. Methoden zur Messung des O_2-Verbrauchs und der CO_2-Bildung durch Zellen und enzymatische Reaktionen.* Beschreibung einfach herzustellender Geräte für Respirationsmessungen (Makromanometer u. Hilfsmittel, Kalibrierung); Versuchstechnik, Best. des O_2-Verbrauchs, CO_2-Best., Best. von R. Q., Mikromanometer. (J. gen. Physiol. **35.** 375–95. 20/1. 1952. Boston, Harvard Med. School, Dep. of Biol. Chem., u. Labor. for Surgical Res., u. Woods Hole, Marine Biol. Labor.) K. MAIER. 4500

G. Lundin, *Das Nitrogenmeter in der Respirationsuntersuchung.* Beschreibung des App. u. Erfahrungsbericht. (Scand. J. clin. Lab. Invest. **4.** 71–76. 1952. Lund, Schweden, Univ., Dep. of Physiol., Aero Med. Labor.) KRUSEN. 4500

Robert I. Gregerman und **George Wald,** *Das angebliche Vorkommen von Adrenalin im Mehlwurm.* Die von WENSE (Arch. ges. Physiol. **241.** [1938.] 287) berichtete Isolierung von krist. *Adrenalin* (I) aus Larven („Mehlwürmer") von *Tenebrio molitor* konnte nicht wiederholt werden. Die papierchromatograph. u. colorimetr. Analyse von Larvenextrakten (II) ergaben keinerlei Anzeichen von I, obgleich $<$ 1 mg I 100 g Larvenmaterial zugesetzt auf diese Weise nachweisbar war. **II** lassen im Papierchromatogramm 2 andere *o-Diphenole* erkennen, von denen keines *Dopa, 3.4-Dioxyphenylalanin,* ist, sondern in denen wahrscheinlich *3.4-Dioxyphenylmilchsäure* u. *3.4-Dioxyphenylessigsäure* vorliegen, die bereits von anderen Autoren aus *T. molitor* isoliert worden sind. (J. gen. Physiol. **35.** 489–93. 20/1. 1952. Cambridge, Harvard Univ., Biol. Labor.) K. MAIER. 4520

Robert I. Gregerman, *Adrenalin und Oxytyramin im Gift der Parotisdrüse der Kröte Bufo marinus.* Aus dem ausgepreßten Gift der Parotisdrüse von *B. marinus* wurde durch Extraktion mit salzsaurem A., Extraktion des A.-Auszugs mit W. u. Fällung mit $Al_2(SO_4)_3$ bei p_H 7,5, Lösen des Nd. in 6n H_2SO_4 u. Fällung bei p_H 4,0 mit A. ein von Eiweiß, Steroiden u. Indolderivv. freies Präp. erhalten, das papierchromatograph. auf *Adrenalin* (I)-Vorstufen untersucht wurde. Neben I wurde *Oxytyramin* u. eine weitere Verb., wahrscheinlich ein I-Ester (*Lactyladrenalin?*) nachgewiesen. 2 andere Verbb. des Chromatogrammes waren nicht zu identifizieren, *Noradrenalin* u. *Epinin* anscheinend nicht vorhanden. (J. gen. Physiol. **35.** 483–87. 20/1. 1952. Cambridge, Harvard Univ., Biol. Labors.) K. MAIER. 4520

Alain Choisy, Yves Derrien und **Gaëtan Jayle,** *Vergleichende Untersuchungen an kristallisierten Proteinen vom Menschen und vom Rind mittels Papierelektrophorese.* Mit Hilfe der Papierelektrophorese konnte gezeigt werden, daß die kristallinen lösl. Proteine des Menschen sich von denen des Rindes, des Pferdes u. des Schweines vor allem darin unterscheiden, daß sie sich elektrophoret. als einheitlich erweisen. (C. R. hebd. Séances Acad. Sci. **234.** 1918–20. 5/5. 1952.) H. SCHEURLEN. 4520

S. Čmelik, *Zur Kenntnis der Lipoide von Hautatheromen.* Ausführungen an Hand des Schrifttums über die Zus. der Lipoide der menschlichen Hautoberfläche (Sebum). Unters. der Lipoide von Atheromen, die, auf Talgdrüsenerkrankung zurückgehend, eine Störung der lipoiden Ausscheidung hervorzurufen vermögen. Aus 70 g der operativ entfernten Atherome (aus Kopfhaut; je 10–25 g schwer) werden die Lipoide durch mehrmalige

Extraktion mit A./Ae. (3 : 1) abgetrennt; Extrakt im Vakuum eingedampft, mit PAe. aufgenommen, Lösungsm. abgedampft u. im Vakuum getrocknet (1,65 g Gesamtlipoide). Ermittelt werden P, acetonunlösl. Fraktion, N (KJELDAHL), Neutrallipoide, Unverseifbares, Cholesterin, KW-stoffe, Fettsäuren nach den üblichen Verfahren. Die Lipoide der Atherome bestehen aus 5,5% Phospho- u. 94,5% Neutrallipoiden; diese enthalten 54,7% Unverseifbares, das 91,5% Cholesterin enthält; daneben 2% KW-stoffe, aber kein Squalen; höhere Alkohole nur in kleiner Menge vorhanden; mittleres Mol.-Gew. der konstituierenden Fettsäuren 294; sie bestehen zu 37,1% aus gesätt. u. zu 59,3% aus ungesätt. Vertretern. Es sind freie Fettsäuren vorhanden. Die Lipoide der Atherome unterscheiden sich weitgehend von denen des Sebums, der Vernix Caseosa u. der Dermoidcysten. (Biochem. Z. **322.** 497—501. 1952. Zagreb, Kroatien, Hygien. Inst.) TÄUFEL. 4520

H. S. Mason und **E. F. Davis**, *Luciferin aus Cypridina. Verteilungschromatographie*, Aus Cypridina hilgendorfi wurde ein luminescierendes Enzymsubstrat, das *Luciferin*. rein dargestellt u. papierchromatograph. untersucht. Es wurden ein α- u. β-Luciferin gefunden, die durch verschied. R_F-Werte gek. sind. Die bisher vorgeschlagenen Strukturen konnten nicht bestätigt werden. (J. biol. Chemistry **197.** 41—44. Juli 1952. Princeton, N. J., Princeton Univ., Dep. of Biol.) KAISER. 4520

Engelbert Broda, *Die Photochemie des Sehpurpurs.* Ausführliche Übersicht über die chem. Vorgänge der Sehpurpurbleichung sowie deren elektr. Wrkg. auf das nervöse System. Besprechung der Vorgänge bei der Regeneration des Sehpurpurs. — Es handelt sich um ein Chromoprotein vom Mol.-Gew. 270000. Es lassen sich 3 Absorptionsmaxima bei ca. 500, 350 u. 270 mμ feststellen, die aber der großen Zerfallsgeschwindigkeit des Materials wegen inkonstant sind. Verunreinigungen geben sich durch stärkere Absorption im Bereich unter 400—350 mμ kund, während die Banden über 400 mμ zur Messung der Sehpurpurkonz. verwandt werden können. (Österr. Chemiker-Ztg. **53.** 78—82. April 1952. Wien, Univ., I. Chem. Labor., u. II. Physikal. Inst.) P. G. SCHEURLEN. 4520

Horst Wiesner, *Über Veränderungen der Säurewerte des Magensaftes als Nebenbefund bei geschlossenen Frakturen.* Bei 61 Patienten mit geschlossenen Frakturen durchgeführte fraktionierte *Magensaft*-Unterss. ergaben in 16 Fällen Anacidität u. in 15 Fällen Subacidität, jeweils 2—5 Tage nach dem Unfall. Die Ursache wird in einer Toxinwrkg. infolge Gewebszerfalls gesehen. (Z. ges. inn. Med. Grenzgebiete **7.** 694—96. 1/8. 1952. Magdeburg, Krankenhaus Altstadt.) KRUSEN. 4555

A. Obal, *Weiteres zum Hormonantagonismus Östradiol–Progesteron.* Vf. berichtet über Beobachtungen am Auge bei 400 Patienten, die bei ♂ u. ♀ für den Hormonantagonismus *Östradiol* (I)–*Progesteron* (II) sprechen. Verwendete Präpp.: *Cyren 4* (BAYER), *Progynon* (SCHERING), *Depot-Östromon* (MERCK), *Progynon C* u. *Farmacyrol.* I-Anwendung bei Glaukomdisponierten bewirkt erhebliche Steigerung des intraokularen Druckes, diese kann durch **II** aufgehoben werden. Bei der Therapie des Kopfschmerzes wird darauf hingewiesen, daß **I** sympathicotrop, **II** parasympathicotrop wirkt. **I** ruft Steigerung des heterosexuellen Interesses, **II** Senkung desselben hervor. Der *„spreading effect“* (Ausbreitungseffekt von intracutan injizierten Substanzen) wird durch **I** gehemmt, durch **II** gefördert. Bei der hormonalen Infektionsabwehr fördert **I** die Anreicherung u. Polymerisierung der mucoiden Grundsubstanz *Hyaluronsäure* (**III**), während **II** das Gleichgewicht zwischen **III** u. *Hyaluronidase* (**IV**) zugunsten von **IV** verschiebt. **I** hindert die Dissemierung der Tuberkelbacillen u. die Generalisierung der Infektion, **II** erhöht die Ausbreitungsgeschwindigkeit des Prozesses. Bei entzündlichen Augenerkrankungen läßt sich gleichfalls ein gegensätzlicher Effekt zwischen **I** u. **II** beobachten, im allg. sprechen Hornhautprozesse auf **I**, intraokulare Entzündungen auf **II** an. Auf den Wirkungsmechanismus der Hormone wird eingegangen. (Die Medizinische **1952.** 276—79. 1/3. 885—88. 28/6. Berlin-Wilmersdorf, Städt. Krankenhaus, Augenpoliklinik.) DOSSMANN. 4559

Edward L. Margetts, *Klinischer Bericht über die Anwendung von Testosteron bei psychiatrischen Syndromen. Testosteron* (I) kann in der Behandlung psychiatr. Erkrankungen die üblichen Methoden, bes. Elektroschockbehandlung, nicht ersetzen. Zusätzliche Medikation von I ist bes. angezeigt bei Depressionen des männlichen Klimakteriums u. bei psychoneurot. Impotenz. Auf mögliche Nebenwirkungen wird hingewiesen. (Canad. med. Assoc. J. **67.** 251—54. Sept. 1952. Montreal, McGill Univ., Dep. of Psychiatry.) KRUSEN. 4559

L. Desclin, *Zur Frage der Lokalisation der gonadotropen Hormone im Hypophysenvorderlappen der Ratte.* Ovarimplantate im Ohr kastrierter ♂ Ratten gehen zugrunde, während solche Implantate in der Milz erhalten bleiben, wobei man GRAAFsche Follikel u. Gelbkörper beobachtet. Die Hypophyse zeigt eine Zunahme der basophilen Zellen, woraus folgt, daß diese luteinisierend wirken. Um lokale Einflüsse auf die Implantate auszuschließen, wurden bei 60 ♂ kastrierten Ratten je 2 Implantate in die Ohren, bzw. die

Milz oder je eines in Ohr u. Milz gesetzt. Bei der Ohrimplantation sah man keine Gelbkörper, die Hypophyse war nicht typ. verändert. Nach Milzimplantation fanden sich zahlreiche Gelbkörper, u. die Hypophyse zeigte das typ. Bild der reinen Zunahme der Basophilen. Bei Milz- u. Ohrimplantation konnte zwischen den beiden Implantaten kein histolog. Unterschied festgestellt werden. Beide waren frei von Gelbkörpern. Die Struktur der beiden Implantate ist deshalb ausschließlich von der durch das Ohrimplantat stimulierten Hypophysenwrkg. abhängig. Weiterhin ist der Schluß berechtigt, daß die basophile Zelle follikulinisierend u. luteinisierend wirkt. (C. R. Séances Soc. Biol. Filiales **146.** 159—61. Jan. 1952. Brüssel, Fondation méd. Reine Elisabeth.) P. G. SCHEURLEN. 4560

Bernard C. Holland und **Eugene A. Stead jr.**, *Wirkung der durch Vasopressin (Pitressin) induzierten Wasserretention auf die Natriumausscheidung.* Die Wrkg. intravenöser Injektionen von *Vasopressin* (**I**; *Pitressin* der PARKE, DAVIS & Co., Detroit) auf die Ausscheidung von W., Na, Cl u. K wurde an n. Personen untersucht. Der Geh. an Na u. K im Serum u. Urin wurde flammenphotometr., der an Cl nach der $AgJO_3$-Meth. nach VAN SLYKE [1923.] bestimmt. Die Personen erhielten intravenös eine hyperton. (5%), eine isoton. (0,9%) u. oral eine hypoton. (0,2%) NaCl-Lsg. Bei der Anwendung der 5 oder 0,9%ig. NaCl-Lsg. wird ein antidiuret. Hormon sezerniert u. ein konz. Urin produziert. **I**-Injektionen haben keine sichtbare Wrkg. auf die Na-, Cl- u. K-Ausscheidung bei den Personen, die hyperton. u. isoton. NaCl-Lsgg. erhielten. Bei den Personen, die die hypoton. NaCl-Lsg. erhielten, verursachte **I** keine sichtbare Veränderung der Na-Ausscheidung trotz merklicher Wasserretention u. bei 2 Personen trotz eines beträchtlichen Absinkens der Serum-Na-Konzentration. **I**-Injektionen verursachten nur eine leichte Retention von Cl u. K. Weder **I** noch endogen produziertes antidiuret. Hormon ruft das Bild einer Na-Retention hervor, wie es bei kongestiven Herzkrankheiten beobachtet wird. — Diskussion. (A. M. A. Arch. intern. Med. **88.** 571—80. Nov. 1951. Durham, N. C., Duke Univ. School of Med., Dep. of Med.) PATZSCH. **4560**

P. Ducommun, *Die Wirkung von ACTH, Cortison und Desoxycorticosteron bei der Entzündung.* Verss. an 154 Albinoratten. Ein experimenteller Abszeß wurde durch subcutane Injektion von 0,5 cm^3 *Terebenthine* erzielt. Behandlung mit *ACTH* **I**; (ORGANON), täglich 5 mg, *Cortison* (als *Cortone*; **II**; MERCK), 5 mg, u. *Desoxycorticosteron* (**III**; SCHERING), 2,5 mg. **I** u. **II** scheinen in verschied. Grade die Abwehrkräfte des Körpers u. die natürlichen Gewebs-Rkk. auf die Entzündung zu verringern; ob sie auf *Hyaluronidase*, Blutgefäße oder Bindegewebe wirken, bleibt offen. **III** wirkt antagonist. gegenüber **I** u. **II**, es beschleunigt den Abheilungsvorgang durch Einw. auf alle Entzündungserscheinungen. — 57 Literaturangaben. (Schweiz. med. Wschr. **82.** 808—13. 9/8. 1952. Montreal, Can., Univ., Inst. de Méd. et de Chirurgie Exp.) DOSSMANN. 4560

Stanley Marcus und **David M. Donaldson**, *Unterdrückung des Schwartzmann-Phänomens durch ACTH und Cortison: Quantitative Gesichtspunkte.* Vorbehandlung bei Kaninchen mit *ACTH* (**I**) oder *Cortison* (**II**) veränderte das SCHWARTZMANN-Phänomen (S.P.), welches durch Salmonella aertrycke-Filtrate ausgelöst wurde. Die Größe u. der Grad des Ödems bei der entzündlichen Rk. waren bei den mit Hormonen behandelten Tieren geringer, in den ersten 24 Std. nach der intradermalen Injektion der Kulturfiltrate traten kleine Petechien auf. **I** u. **II** hemmen S.P. Der Grad der Hemmung war proportional den verabreichten Hormonmengen. Die Hemmungswrkg. beider Hormone war wirkungsvoller bei einer vor der intradermalen Injektion der Kulturfiltrate einsetzenden Hormonbehandlung der Tiere als bei einer später durchgeführten Behandlung. (J. Immunology **69.** 101—08. Juli 1952. Utah, Univ. of Utah, Salt Lake City, Coll. of Med., Dep. of Bact.) ZELLER. 4560

Ljubomir Božović, *Das allgemeine Adaptationssyndrom (Selye).* Nach einem Überblick über n. u. patholog. allg. Adaptation wird die Hypophysenreizung, die Rolle des *Vitamins C* in der Aktivität der Nebennierenrinde u. die Anwendung von Nebennierenrindenpräpp. besprochen. Die Theorie von SELYE wird unter Gesichtspunkten der Arbeitsphysiologie u. der Industriemedizin erörtert. (Arhiv Higijenu Rada **3.** 72—89. 1952. Zagreb, Med. Fak., Zavod za Fiziol.) R. K. MÜLLER. 4561

B. N. Halpern und **L. Cournot**, *Die Hemmwirkung von Cortison auf die kompensatorische Nierenhypertrophie bei Ratten.* Tägliche Injektionen von 5 mg *Cortison* (**I**) bewirken bei Ratten, denen eine Niere entfernt wurde, eine deutliche Hemmung der kompensator. Größenzunahme der verbliebenen Niere, die normalerweise zu erwarten wäre. **I** zeigt damit eine entgegengesetzte Wrkg. wie *Testosteronpropionat*, das das kompensator. Wachstum der verbliebenen Niere fördert. (C. R. Séances Soc. Biol. Filiales **146.** 64—66. Jan. 1952. Labor. de Pathol. exp.) BERGER. 4561

Edwon A Crost und **Herzl Friedlander**, *Orthostatische Hypotension: Bericht über einen Fall mit Resistenz gegen vasoconstriktorische Stoffe mit Beobachtungen über die Verwen-*

dung von Desoxycorticosteron, L-Noradrenalin, ACTH und Verbindungen mit blutdrucksensibilisierender Wirkung. Krankengeschichte eines 52jähr. Mannes mit schwerer orthostat. Hypotension (ohne Tachycardie) mit ausführlicher Schilderung der klin. u. Laboratoriumsbefunde u. der Behandlungsverss., wobei *Desoxycorticosteron* 3 Jahre lang den Blutdruck wirksam erhöhte. Ohne Wrkg. waren *Paredrine, Adrenalin, Neosynephrine, Procain* u. *Benadryl.* (Ann. inter. Med. **36.** 1343—50. Mai 1952. Sherman Oats u. Sacramento Calf.) HOHENSEE. 4561

Clarence M. Marshall, *Verabreichung von Cortison nach der Aerosolmethode bei der Behandlung von Bronchialasthma.* Durch Verabfolgung von täglich 10mal 5 mg *Cortone* als Aerosol konnte in 3 Fällen, über die berichtet wird, nach 4tägiger Behandlung Beschwerdefreiheit bei Asthma erzielt werden. (Med. J. Australia **39.** I. 884—85. 28/6. 1952. Melbourne.) DOSSMANN. 4561

Felix Demartini, Albert W. Grokoest und **Charles Ragan,** *Pathologische Frakturen bei Patienten mit rheumatischer Arthritis unter Cortisontherapie.* Bei 5 ♀ Patienten mit rheumat. Arthritis traten nach 2—20 Monate dauernder Verabreichung von wöchentlich 500 bis 825 mg *Cortison* (**I**) patholog. Frakturen bes. der Wirbel auf. Die verursachende Osteoporose ist auf die bei **I**-Therapie auftretenden Symptome des CUSHING-Syndroms, bei dem die Osteoblastenzahl vermindert wird, zurückzuführen. (J. Amer. med. Assoc. **149.** 750—52. 21/6. 1952. New York, N. Y., Columbia Univ., Coll. of Phys. and Surg., Dep. of Med.; Presbyterian Hosp.; Goldwater Memorial Hosp.) KRUSEN. 4561

Karl Emil Grönkvist und **Hans Hellberg,** *Zur Bestimmung des Thyroxins in der Schilddrüse.* Mittels Verteilungschromatographie konnten Vff. nachweisen, daß bei der Hydrolyse der Schilddrüse u. Isolierung des Thyroxins (**I**) nach BLAU (J. biol. Chemistry **102.** [1933.] 269) in der Butanolfraktion durch Jodtitration u. Nitrierung zum größeren Teil Substanzen bestimmt werden, die nur im gleichen Sinne wie **I** reagieren. (Farmac. Revy **50.** 189—201. 31/3. 1951. Stockholm, State Pharmaceut. Labor., Chem. Dep.) HEINZE. 4562

M. Pasargiklian und **L. Ghiringhelli,** *Der Einfluß der Arbeit auf den Stoffwechsel der Ketonkörper bei Zuckerkranken.* Verss. an 9 Diabetikern, die 3 Tage vor Versuchsbeginn geregelte Diät u. Insulin (bis 24 Std. vorher) u. ab 12 Std. vor dem Vers. nichts mehr zu essen bekamen. Beginn unter Grundumsatzbedingungen. Nach 1½ Std. Ruhe Urinunters. auf Gesamt-N, *Ketonkörper,* Atemluftunterss. zur Best. des Grundumsatzes u. des respirator. Quotienten u. Capillarblutentnahme zur Blutzuckerbestimmung. Anschließend 3½ std. Arbeit. Dabei alle ½ Std. Entnahme für obige Untersuchungen. Nach 2 Std. Arbeit wurden 15 I.E. Insulin gespritzt. Es zeigte sich, sowohl ohne als auch mit Insulin, eine vorübergehende Erhöhung der Ketonurie bei gleichzeitiger Zunahme der Verbrennung von Kohlenhydraten bei den arbeitenden Diabetikern. Gleichzeitig wurde eine leichte Zunahme des N-Stoffwechsels bemerkt. (Arbeitsphysiologie **14.** 460—68. 1952. Mailand, Univ., Klinik für Berufskrankh.) DUCHO. 4564

H. van Marken Lichtenbelt und **E. Florijn,** *Pyruvatgehalt des Blutes und Phosphorylierung von Thiamin bei diabetischem Koma.* Der nach MARKEES u. MEYER (vgl. C. **1950.** I. 888) gefundene Pyruvatspiegel (Best. nach FRIEDEMANN) bei diabet. Koma u. sein Absinken nach intravenöser *Thiaminpyrophosphat* (**I**)-Gabe (nach Thiamin [**II**] nicht) werden durch die Mitbest. der Acetessigsäure (**III**) bedingt. Im sd. Wasserbad ist nach 5 Min. die gesamte **III** zersetzt. Der Pyruvatspiegel ist bei diabet. Koma nicht verändert. Injektion von **II** hebt den beim diabet. Koma n. **I**-Spiegel langsam, **I**-Gabe nach schnellem An- u. Abstieg ebenfalls. Der langsame Abfall entspricht der Phosphatasewrkg. des Serums, der langsame Anstieg der Phosphorylierung durch die Erythrocyten. (Biochim. biophysica Acta [Amsterdam] **8.** 349—50. März 1952. Utrecht, Univ., Dep. Med.) SCHWEIGER. 4564

A. F. Essellier, R. L. Jeanneret und **B. J. Koszewski,** *Das NPH-Insulin, ein neues Intermediärinsulin. Vergleichende klinische Untersuchungen.* Das *Intermediärinsulin NPH* (Neutral-Protamin-HAGEDORN) ist eine Suspension (p_H 7,2) von krist. *Protamin–Zink-Insulin* mit ca. 0,4 mg *Protamin* pro 100 E. Insulin. Es eignet sich auf Grund zahlreicher klin. Unterss. gut zur Behandlung aller insulinbedürftigen Fälle von Diabetes mellitus, da es eine deutliche Sofort- u. eine gute Dauerwrkg. (28 Std.) besitzt. Die Einstellung mit NPH-Insulin ist in vielen Fällen wesentlich besser als mit Gemischen oder getrennten Injektionen von Altinsulin u. Protamin–Zink-Insulin. Es scheint außerdem besser verträglich zu sein als die anderen Präparate. (Schweiz. med. Wschr. **82.** 549—53. 17/5. 1952. Zürich, Univ., Med. Klinik.) H. SCHEURLEN. 4564

H. Bruno, *Sympathicomimetische Substanzen und Diabetes mellitus.* Bericht über 1 Fall, offenbar mit Diabetes latens, bei dem durch Einnahme einer adrenalinähnlichen Substanz = *Novydrin* (**I**; ASSIA, Tel-Aviv) mit 0,01 g *Amphetaminsulfat* ein schwerer Diabetes patens entstand. Nach Vf. ist **I** die auslösende Ursache der hohen Hyperglykämie u. Glykosurie. (Schweiz. med. Wschr. **82.** 815—16. 9/8. 1952. Haifa.) DOSSMANN. 4564

Paul Engel und **Werner Bergmann**, *Die physiologische Funktion der Zirbeldrüse und ihre therapeutische Anwendung.* Vff. geben einen Überblick über Entw., Lage u. Aufbau der Zirbeldrüse, Methoden zur Unters., Physiologie u. Pathologie, Tests zum Nachw. des Zirbeldrüsenwirkstoffes u. therapeut. Anwendung. — 146 Literaturangaben. (Z. Vitamin-, Hormon- u. Fermentforsch. [Wien] **4.** 564—94. 2/5. 1952. Quito, Ecuador, Labors. L. I. F. E., Wiss. Forschungsinst., u. Oakland, Calif., USA.) ITZEROTT. 4565

Heinz Eberhard und **Helmut Kewitz**, *Untersuchungen über die Erythrocytenresistenz bei der perniciösen Anämie.* Die Zeichen erhöhten Blutabbaues lassen sich bei der perniciösen Anämie (p. A.) weder durch eine veränderte Saponinresistenz noch Serumschutzkraft der Erythrocyten (Er.) erklären. Die mechan. Resistenz (gemessen am Hämolysegrad einer 50% ig. Er.-Aufschwemmung in isoton. Salzlsg.) ist dagegen nach statist. gesicherten Verss. bei p. A. herabgesetzt (Hämolysegrad nach 2 Std. 0,32% Hb. gegen 0,22% Hb. bei Gesunden), bei Eisenmangelanämien aber erhöht (0,12% Hb. $\pm$ 0,04). Auf Grund mathemat. Auswertung der Resultate wird auf eine funktionelle Korrelation zwischen der Zerstörbarkeit u. der Größe der Perniciosaerythrocyten geschlossen. (Aerztl. Wschr. **7.** 87—88. 25/1. 1952. Berlin, Städt. Krankenhaus Moabit.) LIPPOLD. 4573

J.-L. Beaumont, P. Maurice, H. Chevalier, B. Coblentz und **J. Lenègre**, *Die Behandlung des Myocardinfarkts mit Antikoagulantien (Prüfung der Heparinverträglichkeit in vitro).* An 41 unbehandelten Patienten mit Myocardinfarkt wurde eine in 3 Phasen auftretende erhöhte Gerinnungsneigung festgestellt. Bei 96 unbehandelten Patienten betrug die Mortalität 37%; von 75 Kranken, welche mit *Tromexan* behandelt wurden, starben 9% (150—1200 mg täglich intravenös). Ausführliche Darst. der Komplikationen durch Thromb-Embolien u. statist. Auswertung der klin. Befunde. (Semaine Hôpitaux Paris **28.** 1917—25. 22/6. 1952.) HOHENSEE. 4574

J.-L. Beaumont, P. Maurice, M. Rogowsky und **J. Lenègre**, *Zwischenfälle bei der Behandlung mit Antikoagulantien (unter Berücksichtigung von 450 behandelten Patienten).* Bei der Behandlung mit *Heparin* bzw. mit dem *Äthylester* des *Dicumarins* wurden folgende Zwischenfälle gesehen: 3 Heparinschocks an 2 Patienten mit 1 Toten, 36 Hämorrhagien (4 mit tödlichem Ausgang), 2 profuse Blutungen, 3 Blutungen in den Verdauungstrakt, 12 Hämaturien, 4 intramuskuläre Hämatome, 5 Hämatothorax, 4 cerebrale Blutungen, 3 wahrscheinliche Blutungen in das Pericard. Die Hämorrhagien traten in 8% der behandelten Patienten auf. Ausführliche Darst. der klin. Befunde. (Semaine Hôpitaux Paris **28.** 1932—39. 22/6. 1952.) HOHENSEE. 4574

Isaac Ginsburg, Andre de Vries und **Ephraim Katchalski**, *Die Wirkung einiger wasserlöslicher Poly-α-aminosäuren auf die Fibrinolyse.* (Vgl. C. **1952.** 2535.) Ähnlich wie auf die Blutgerinnung wirken bas. *Polyaminosäuren* (I) auch auf die *Fibrinolyse* stark hemmend, sei es, daß die Plasminogenaktivierung durch Streptokokkenkulturen, durch Streptokinase oder auf natürlichem Wege (Menstrualblut) hervorgerufen sei. Die Wirksamkeit von I hängt dabei weniger von der Art der Säure (Lysin, Ornithin oder Arginin) als von der Kettenlänge ab. Bei Erhöhung des Polymerisationsgrades von z. B. 7 auf 35 steigt die Hemmwrkg. auf das über 12-fache. Neutrale u. saure I sind völlig unwirksam; letztere vermögen allerdings die Wrkg. der bas. I ähnlich wie *Heparin* völlig aufzuheben, falls etwa äquivalente Mengen benutzt werden. (Science [Washington] **116.** 15—16. 4/7. 1952. Jerusalem, Hadessah Rothschild Univ. Hosp., u. Rehovoth, Israel, Weizmann Inst. of Sci.) GIBIAN. 4574

Eric Ponder, *Trennung und Bestimmung von Lysinen und Lysin-Inhibitorkomplexen in Blut und Geweben.* Beschreibung eines Verf. zur Extraktion hämolyt. wirkender Substanzen (*Lysine*; I) aus Blut, Plasma, Serum u. Geweben unter Kombination verschied. beschriebener Methoden zu einem einzigen Prozeß. I liegen in Gewebsextrakten als Lysin (**Ia**)-Inhibitorkomplexe relativ niedriger hämolyt. Aktivität vor, aus denen lyt. wirksamere Komponenten extrahiert werden können. Aus präinkubiertem Blut (37°), Plasma oder Serum sind mindestens 2 alkohollösl. I, eine ätherlösl. („seifenähnliche", II), die andere in kaltem Ae. unlösl. („lysolecithinähnliche", III) isolierbar. Die hämolyt. Aktivität (oder Konz.) von II aus Blut ist größer als die von III, während für Plasma u. Serum das Umgekehrte der Fall ist, d. h. demnach sind die Erythrocyten an der II-Bldg. beteiligt. Die Präinkubation (24 Std., 37°) von Blut oder Plasma steigert die **Ia**-Ausbeute um das 2- bis 3-fache. Aus nicht vorbehandeltem Blut oder Plasma werden nur kleine Mengen II- u. III-I erhalten. Die II-I aus präinkubierter Mäuseleber sind 5—15-fach wirksamer (bzw. konzentrierter) als die aus Blut oder Plasma, während die entsprechenden III ca. 2-fach akt. sind. Die Trennung von II- u. III-I aus kleinen Mengen präinkubierten Mäuseleberhomogenaten (IV) oder Mäuseblut kann papierchromatograph. (A., Ae., Markierung durch Auslösung der Hämolyse einer Erythrocytensuspension oder Besprühen mit Benzidin–H_2O_2) erfolgen. Ferner ist auf diese Weise nachweisbar, daß die A.-lösl. I mit Proteinen so weit assoziiert sind, daß gemeinsame Wanderung stattfindet. Mittels Papierstreifenelektrophorese sind in der überstehenden Fl. von präinkubierten **IV** mindestens 2 Eiweißkomponenten u. mindestens 2 **I** (isoelektr. Punkt $< 5{,}6$ u. $>8{,}3$) nachweisbar. Die Ae.-lösl., aus Mäuseleber u. Serum extrahierbaren **I** bilden ein weißes, flockiges Material, das mkr. mit Sudanfarbstoffen anfärbbare Tropfen darstellt. $CaCl_2$ (0,1 mol.) hemmt **II** bei kurzem Erwärmen auf 45°, da hierbei möglicherweise Bldg. einer lyt. relativ unwirksamen Ca-Seife erfolgt. Die Aktivität von **II** u. **III** wird durch *Cholesterin, Lecithin* u. verschied. Serumfraktionen, bes. die Lipoproteine enthaltenden, gehemmt. Durch Fällung mit $(NH_4)_2SO_4$ u. anschließend Extraktion mit A. u. Ae. (Nd. u. Fl.) ergibt sich eine Assoziation von **II** mit der *Globulin*-Fraktion. (J. gen. Physiol. **35.** 361—74. 20/1. 1952. Mineola, Long Island, Nassau Hosp.) K. MAIER. 4574

Hans Minden, *Die Ausscheidung von Porphyrinen in der Galle bei Mensch und Tier.* Mit der Eisessig–Ae.-Meth. nach BRUGSCH durchgeführte Gesamtporphyrinbestimmungen in der Gallen-Fl. ergaben durchschnittlich beim Menschen 10,07 γ%, Hund 146,7 γ%, Schwein 77,4γ%, Katze 211 γ%, Rind 45—152 γ% u. Hammel 95,8 γ%. Trennung nach der fraktionierten HCl-Extraktion ergab als Hauptbestandteile in allen Fällen *Kopro-* u. *Protoporphyrin. Phylloerythrin* wurde nur bei Rind u. Schaf gefunden. Die Höhe der Gesamtporphyrinausscheidung ist ernährungsbedingt. (Z. ges. inn. Med. Grenzgebiete **7.** 686—87. 1/8. 1952. Berlin, Charité, I. Med. Univ.-Klin.) KRUSEN. 4578

J. O. Anderson und **G. F. Combs,** *Wirkung des Überschusses einzelner Aminosäuren auf den Glucosestoffwechsel und das Kükenwachstum unter Berücksichtigung des Aminosäurengleichgewichts.* Die Verss. sollten klären, ob die Wachstumsdepression, die durch Verfütterung hoher Gaben von *DL-Lysin* (**I**), *L-Tyrosin* (**II**) oder *DL-Methionin* (**III**) bei Küken auftritt, durch Zufuhr anderer Aminosäuren oder Proteine ausgeglichen werden kann. Die durch **I** verursachte Wachstumsdepression kann durch Zufütterung von Zein, von Mais oder Gelatine verhindert werden, die durch **II** verursachte Depression durch Zufütterung von Gelatine. Diese verschied. Proteine erhöhen die Menge an anderen Aminosäuren u. bewirken damit eine ausgeglichenere Aminosäurenbilanz. Die durch **III** verursachte Wachstumsdepression wird nicht durch Arginin oder Gelatine beeinflußt; sie ist in erster Linie auf eine verminderte Futteraufnahme zurückzuführen. Bei Verabreichung von **I, II** oder **III** im Überschuß geht der Anstieg im Glucosegeh., wie er nach Verabreichung nach Glucose auftritt, nicht so schnell zur Norm zurück wie bei Normalrationen oder bei Rationen reich an Arginin, Leucin oder Glycin. (J. Nutrit. **46.** 161—70. 11/2. 1952. College Park, Univ. of Maryland, Dep. of Poultry Husbandry.) NEHRING. 4584

M. Jane Oesterling und **William C. Rose,** *Tryptophanbedarf für Wachstum und Verwertung seiner optischen Isomeren.* Die mit jungen ♂ Ratten während 28 Tagen durchgeführten Verss. zeigten, daß ein Geh. von 0,2% *l-Tryptophan* (**I**) in der ad libitum genommenen Diät das Minimum für maximales Wachstum ist. d-**I** ist deutlich weniger wirksam als *l*-**I**. Bei einer Konz. von 0,2 bzw. 0,115% d-**I** war die Gewichtszunahme einer *l*-**I**-Konz. von 0,146 bzw. 0,144% äquivalent. Daraus kann auf eine ca. 75%ig. Inversion von d-**I** zu *l*-**I** geschlossen werden. Ggw. von *Nicotinsäure* stimulierte das Wachstum bei suboptimalen **I**-Mengen in der Diät. (J. biol. Chemistry **196.** 33—43. Mai 1952. Urbana, Univ. of Illinois, Noyes Labor. of Chem., Div. of Biochem.) V. PECHMANN. 4584

Richard T. Street, *Vitamine in der Zahnheilkunde.* Im Rahmen einer allg. Übersicht werden kurz die bei Mangel an den *Vitaminen A, B_1, B_2, C* u. *D* auftretenden Erscheinungen in der Mundhöhle u. an den Zähnen beschrieben. (Dental Items Interest **74.** 631—40. Juli 1952. Riverside, Calif., Letterman Gen. Hosp.) KRUSEN. 4587

E. Schneider, *Über die prophylaktische und therapeutische Bedeutung der Weizenkeime.* Hinweis auf die Zus., bes. den Geh. an Vitaminen von Weizenkeimen u. deren dadurch bedingte ernährungsphysiol. u. therapeut. Bedeutung. (Hippokrates **23.** 489—92. 15/9. 1952. Neuss/Rh.) KRUSEN. 4587

S. Bisaz, *Eine Methode zur Bestimmung des Vitamins A im Blut.* Zu 3 ml Serum (4—15 I.E. *Vitamin A* [I]) gibt man tropfenweise 3 ml A. u. schnell 6 ml PAe. (40—60°). Es wird 10 Min. geschüttelt u. nach Phasentrennung die Petrolätherschicht 3 Min. bei 3000 U/Min. zentrifugiert. 4,5 ml der Petrolätherlsg. werden abgedampft, der gelbe Rückstand in 2 ml PAe. gelöst u. im PULFRICH-Photometer mit Filter S 47 die Extinktion der *Carotine* gemessen. Danach wird wieder der PAe. abgedampft, Rückstand in 0,5 ml Chlf. gelöst u. 2 ml *Glycerin-1.3-dichlorhydrin* (**II**) zugegeben, das durch Dest. mit 4% $SbCl_3$ aktiviert wurde. Es wird auf 25° gebracht u. genau 3 Min. nach **II**-Zugabe die Extinktion mit Filter S 55 in einer 50 mm-Küvette gemessen. Auswertung erfolgt mit 3 Eichkurven: a) für Carotine in PAe. (0—10 γ β-Carotin); b) für **I** nach Rk. mit **II** (0—12 I.E. **I**); c) für die Rk. zwischen Carotinen u. **II** (0—10 γ β-Carotin). Mit dieser Meth. durchgeführte Unterss. ergaben in n. Seren **I**-Gehh. zwischen 175 u. 275 I.E. u. Carotingehh. zwischen

70 u. 230 γ in 100 ml Serum. Bei 17 an verschied. Krankheiten Leidenden wurden anomale I- u. Carotinkonzz. gefunden. Bei I-Belastungsverss. konnten die höchsten Serum-I-Konzz. mit *Arovit* (HOFFMANN-LA ROCHE & Co. A. G., Basel) erzielt werden. (Schweiz. med. Wschr. **82.** 692—94. 28/6. 1952. Lausanne, École de Pharm., Labor. univ. de rech. dans le domaine des vitamines.) KRUSEN. 4587

Frank A. Bassen, A. David Etess und **Robert L. Rosenthal,** *Leukopenie nach Anwendung von Nicotinsäure.* Unmittelbar nach intravenöser Injektion von *Nicotinsäure* trat eine bemerkenswerte Verminderung der Granulocyten auf, die nach spätestens 15 Min. verschwand. Auch die Lymphocytenzahl zeigte häufig leichte Verringerung. Das rote Blutbild wies keine deutlichen Veränderungen auf. Dies wurde nicht nur bei gesunden, sondern auch bei splenektomierten Personen beobachtet. Ganz auffällig war diese Erscheinung bei leukäm. Patienten. In der Besprechung wird dieser Mechanismus der Leukopenie nach Nicotinsäureinjektion in Beziehung zu seiner vasodilatator. Wrkg. u. der damit verbundenen Verteilung der Blutmenge im Gefäßsyst. gesetzt. (Blood **7.** 623—30. Juni 1952. New York, Beth-Israel-Hosp.) DUCHO. 4587

Johs. Brüggemann, G. Drepper und **U. Hadeler,** *Studien über den Nicotinsäurestoffwechsel.* 1. Mitt. *Bestimmung von Nicotinsäure neben Nicotinsäureamid.* 2 ml der *Nicotinsäure* (I) u. *Nicotinsäureamid* (II) enthaltenden Lsg. (pro ml 10—50 γ Gesamt-I) werden in Reagensgläsern mit 10 ml-Markierung mit 0,5 ml 8%ig. NaOH gemischt u. 45 Min. im sd. Wasserbad hydrolysiert. Danach wird mit HCl u. NaOH in steigenden Verdünnungen gegen Phenolphthalein auf gerade farblos neutralisiert u. mit 2 Tropfen 1n Essigsäure u. 1 ml MC ILVAIN-Puffer (103 ml einer Lsg. von 71,24 g $Na_2HPO_4 \cdot 2\,H_2O$ auf 1000 ml W. mit 97 ml einer Lsg. von 42,02 g Citronensäure auf 1000 ml W. mischen) auf p_H 5 eingestellt. Nach Zugabe von 1 ml einer frisch hergestellten kalt gesätt. (∼ 4%ig.) wss. BrCN-Lsg. wird 4 Min. im sd. Wasserbad erhitzt, abgekühlt u. 1 ml p-Aminoacetophenonlsg. (1,5 g p-Aminoacetophenon in 15 ml 25%ig. HCl lösen u. mit W. auf 30 ml verdünnen) zugesetzt. Nach Auffüllen mit W. auf 10 ml wird innerhalb von 15 Min. die Extinktion gegen einen Blindwert in 0,5 cm-Küvetten mit Filter S 45 im Stufenphotometer gemessen. Bei Konzz. von 1—9 γ Gesamt-I in ml wird nach gleichem Verf. gearbeitet unter Anwendung von 2,0 cm-Küvetten. Zur getrennten Best. von I wird I an Al_2O_3 adsorbiert. Dazu werden 2 mal 2 ml I u. II enthaltende Lsg. durch eine 6 cm hohe u. 7 mm dicke Al_2O_3-Säule mit einer Geschwindigkeit von 1 Tropfen/6—7 Sek. gesaugt u. die durchgelaufene Fl. durch Nachwaschen mit 0,01 mol. Citronensäurelsg. auf 6 cm^3 aufgefüllt. Nach Zugabe von 1 ml 8%ig. NaOH läßt man einige Min. stehen, filtriert u. verfährt mit 3,5 ml Filtrat wie oben beschrieben. Die Differenz zwischen der hier erhaltenen I aus II u. der Gesamt-I ergibt den Geh. an freier I. Die Fehlerbreite beträgt ±2,5%. (Biochem. Z. **322.** 418—25. 1952. München, Univ., Inst. für Physiol. u. Ernähr. der Tiere.) KRUSEN. 4587

Johs. Brüggemann, G. Drepper und **U. Hadeler,** *Studien über den Nicotinsäurestoffwechsel.* 2. Mitt. *Stoffwechselbeziehungen zwischen Nicotinsäure, Nicotinsäureamid und deren N-Methylderivaten bei in vitro-Versuchen mit Kaninchen- und Rattenleber und mit Proteus vulgaris.* (1. vgl. vorst. Ref.) Schnitte von Kaninchen- u. Rattenlebern u. Suspensionen von Proteus vulgaris in KREBS-HENSELEITscher Bicarbonatlsg. wurden mit Lsgg. von je 41,7 γ/ml *Nicotinsäure* (I), *Nicotinsäureamid* (II), *Trigonellin* (III) u. *N-Methylnicotinsäureamid* (IV) 5 Std. bei 39,5 bzw. 37° bebrütet. Durch Rattenleber wird III u. IV nicht angegriffen, II zu 36,2 u. I zu 41% abgebaut. Kaninchenleber greift III nicht an u. baut IV vollständig, II zu 24,9 u. I zu 29,5% ab. Beim Zusatz von I ließen sich nach der Bebrütung geringe Mengen II nachweisen. Proteus vulgaris greift I–III nur geringfügig unter Bldg. kleiner Mengen IV u. IV selbst nicht an. Die Methylierung von I u. ihrer Derivv. ist also nur bei den Bakterien nachweisbar. — 41 Literaturangaben. (Biochem. Z. **322.** 426—38. 1952.) KRUSEN. 4587

Jakob A. Stekol, Sidney Weiss und **Kathryn W. Weiss,** *Vitamin B_{12} und Folsäure bei der Synthese von Cholin bei der Ratte.* Nachdem in früheren Unterss. (vgl. C. **1951.** I. 1625) Hinweise für das Bestehen einer Wrkg. von *Vitamin B_{12}* (I) u. anderer Faktoren bei der Synth. von *Cholin* (II) aus dessen Bestandteilen erhalten worden waren, wurden nun Unterss. unter Verwendung von $^{14}C_{(2)}$-Glycin u. $^{14}C_{(3)}$-Serin in verschied. Kombinationen durchgeführt. Es wurde gefunden, daß durch I-Mangel die Ausnutzung des α-Kohlenstoffs von Glycin, aber nicht diejenige des β-Kohlenstoffs von Serin zur Synth. beider Bestandteile von II vermindert wird. Durch Mangel an *Folsäure* (III) wird die Ausnutzung des β-Kohlenstoffs von Serin u. in geringerem Maß diejenige des α-Kohlenstoffs von Glycin zur II-Bldg. vermindert. Es wird daraus geschlossen, daß I oder seine physiol. Derivv. bei der Synth. von Serin aus Glycin beteiligt sind, III oder seine physiol. Derivv. (Citrovorumfaktor) bei der Synth. beider Bestandteile von II aus Serin bzw. aus Glycin über Serin. (Arch. Biochem. Biophysics **36.** 5—10. März 1952. Philadelphia, Lankenau Hosp., Res. Inst.) SCHWAIBOLD. 4587

Alex Black und **John W. Bratzler,** *Die Wirkungen einer Zufütterung von Vitamin B_{12} und von Vitamin B_{12} und Streptomycin auf den Stoffwechsel der Ratte.* Die Zulage eines *Vitamin B_{12}* (I) u. *Streptomycin* (II) enthaltenden Präp. (III) (*Bi-Con APF-3+*, CHAS. PFIZER AND CO., INC., Brooklyn, N. Y.) zum Futter wachsender Albinoratten bewirkte eine gegenüber Kontrolltieren um 29% höhere Gewichtszunahme. Getrennte Beigaben von I u. II bewirkten nur bei II gesteigertes Wachstum u. erhöhte Futterausnutzung. Kombinierte Zulage von reinem I u. II in Mengen, wie sie in III enthalten sind, hatte eine größere Wrkg. als II allein, erreichte jedoch nicht diejenige von III. Die N-Ausnutzung des Futters wurde durch die Zulagen nicht beeinflußt. Der erhöhte Protein- u. Fettgeh. der Versuchstiere ist auf die durch die Zulagen hervorgerufene gesteigerte Nahrungsaufnahme u. herabgesetzte Wärmeproduktion zurückzuführen. (J. Nutrit. **47.** 159—73. 10/6. 1952. Pennsylvania State Coll., Dep. of Animal Nutr.) KRUSEN. 4587

W. P. Lehrer jr., A. C. Wiese und **P. R. Moore,** *Biotin-Mangel bei Ferkeln. Biotin* (I)-frei ernährte Ferkel zeigten Hautulcerationen, Blutungen an den Füßen, Schleimhautentzündungen im Maul, Dermatitis u. Alopecie. Versuchstiere schieden weiterhin I mit dem Harn aus, wenn auch in geringerer Menge als mit I-Zulage ernährte Kontrolltiere. Die I-Exkretion wurde durch täglich 6 g *Sulfathalidin* nicht beeinflußt. (J. Nutrit. **47.** 203—12. 10/6. 1952. Moscow, Id., Univ. of Idaho.) KRUSEN. 4587

Kurt Offhaus, *Der Vitaminbedarf des Reismehlkäfers Tribolium confusum Duval.* 1. Mitt. *Über den für Tribolium confusum lebensnotwendigen wasserunlöslichen Hefeanteil.* Der Reismehlkäfer *Tribolium confusum Duval* (Tr. c.) wächst in vitaminfreier Caseinmangeldiät nicht, wenn nur die Vitamine *Thiamin, Riboflavin, Nicotinsäureamid, β-Biotin, Pyridoxin, pantothensaures Ca, Cholinchlorid* u. *Folsäure* zur Diät gegeben werden, zeigt aber gute Entw. u. Verpuppung, wenn außer den Vitaminen noch Heferückstand (H_2O-unlösl. Hefeanteil) verfüttert wurde. Das gleiche Resultat wurde mit synthet. Vitamingemisch u. *Histidin* + *Ergosterin* als Ersatz des Heferückstandes erreicht, so daß also Tr. c. auf synthet. Kost zur Verpuppung zu bringen ist. Da sich der Käfer als ausgezeichnetes Testobjekt für genannte Vitamine erwiesen hat, so werden quantitative wie qualitative Vitaminteste ausgearbeitet. (Z. Vitamin-, Hormon- u. Fermentforsch. [Wien] **4.** 555—63. 2/5. 1952. München, Zool. Inst., Abt. Paul Buchner-Inst. für exp. Symbioseforsch.) ITZEROTT. 4587

Karl Bernhard, Heribert Wagner und **Günther Ritzel,** *Versuche zur quantitativen Erfassung der bei der Resorption von Neutralfett eintretenden Spaltung.* Die Resorption (R.) von Neutralfett (I) durch die Darmwand u. seine Hydrolyse während dieses Vorgangs wurden untersucht durch Verfütterung von, den Rattenlipiden angepaßten, mit D markierten Fetten mittels Magensonde an ♂, weiße, normalernährte Ratten (Gewicht 300 bis 350 g), 18—24 Std. nach entsprechender operativer Vorbehandlung, u. Best. des D-Geh. in dem aus der Lymphe isolierten I. Während der Versuchsdauer wurde neben fettfreiem Futter zusätzlich verfüttert: a) Triolein (je 1,5 ml) mit D-haltiger Glycerinkomponente (II), b) ein sowohl im Glycerinanteil wie in den Fettsäuren markiertes Fett (1,0; III), c) ein Gemisch von Olivenöl (1,0) mit D-Glycerin (0,5; IV) u. d) deuteriertes Triacetin (1,5; V). Unter der Voraussetzung, daß während der R. keine Selektion stattfindet, ergaben die Verss. mit II u. III eine Aufspaltung des verfütterten I während der R. zu 24—53%. Nach Anwendung von IV u. V wiesen Lymphe u. Lymphfett nur eine sehr geringe D-Konz. auf. Bei Verfütterung von IV u. V an Gallenfistelhunde fanden sich nur Spuren von D in den Lipiden der völlig achol. Faeces. Das verfütterte Glycerin beteiligt sich offenbar nicht an der Wiederveresterung der Fette in den Eingeweiden. Genaue Beschreibung der angewandten Versuchsbedingungen, der Gewinnung u. Aufarbeitung der Lymphe, sowie die Auswertung der in 6 Tabellen zusammengefaßten Ergebnisse u. ausführliche Berechnung des Spaltungsgrades aus dem D-Geh. des Lymphfettes. (Helv. chim. Acta **35.** 1404—11. 16/6. 1952.) SCHILDKNECHT. 4594

W. C. George, *Die Verdauung und Resorption von Fett bei Lamellibranchiern.* Vf. konnte zeigen, daß bei verschied. Austern- u. Muschelarten die Fettverdauung neben der phagocytären Verdauung durch Leukocyten auch durch fermentative Spaltung im Magen vonstatten geht. Die erhaltenen Ergebnisse werden mit denen von anderen Autoren verglichend diskutiert. — 31 Literaturangaben. (Biol. Bull. **102.** 118—27. April 1952. Chapel Hill, N. C., Univ. of North Carolina, Dep. of Anat.) KRUSEN. 4594

I. Lyon, M. S. Masri und **I. L. Chaikoff,** *Hunger und Leberlipogenese aus ${}^{14}C$-Acetat.* Wurden 500 mg überlebende Leberschnitten von ad libitum ernährten Ratten 3 Std. lang in KREBS-HENSELEIT-Bicarbonatlsg. in Ggw. von 5 μmol. *${}^{14}C$-Acetat* incubiert, so wurden 25% des ${}^{14}C$ in den *Fettsäuren* (I) u. 20—25% als CO_2 gefunden. Hatten die Ratten 6, 12 oder 18 Std. gefastet, betrug der ${}^{14}C$-Anteil in den I 25, 12 oder 3% bzw. 20—30% im CO_2. Waren den Tieren 6 Std. vorher 5 g *Glucose* oral verabreicht worden, so war die Lipogenese der Leberschnitte deutlich gesteigert, u. der ${}^{14}C$-Einbau in I betrug bei den maximal ernährten Tieren 50 bzw. 40% bei den Ratten, die 18 Std. gehungert hatten; 5 g *Caseinhydrolysat* hatte geringe Wrkg., während eine orale *Maisöl*-Gabe keinen Einfl. auf die **I**-Synth. erkennen ließ. (J. biol. Chemistry **196.** 25—32. Mai 1952. Berkeley, Univ. of California, School of Med., Div. of Physiol.) v. PECHMANN. 4596

G. M. Tomkins und **I. L. Chaikoff,** *Cholesterin-Synthese in der Leber.* 1. Mitt. *Der Einfluß des Fastens und der Diät.* Die Wrkg. der Ernährung auf die Synthesefähigkeit der Leber, *Cholesterin* (**I**) aus isotopem Acetat zu bilden, wurde in vitro (3 std. Bebrütung von Leberschnitten in KREBS-Bicarbonatpufferlsg. [bei 37,5°], die $^{14}C_{(1)}$-Acetat enthält) untersucht. Durch Fasten (24, 48, 72 Std.) sowie durch Kalorieneinschränkung innerhalb 12 Tagen wird die hepat. **I**-Synth. stark reduziert. Verabreichung innerhalb 24 Std. von Glucose (16 g), Proteinhydrolysaten (16 g) oder Fett mittels Magensonde nach einer Fastenperiode (44 Std.) stellt die n. **I**-Bldg. in der Leber wieder her. Krit. Betrachtungen über red. **I**-Synth. u. Acetessigsäurebldg. in der fastenden Leber. (J. biol. Chemistry **196.** 569—73. Juni 1952. Berkeley, Univ. of California, School of Med., Div. of Physiol.) C. VOGEL. 4596

Zelmen Zelter, *Untersuchungen über den individuellen Anteil von Essig- und Buttersäure bei der Lipogenese der Milchkühe.* Die vom Vf. an 2 Gruppen von je 5 lactierenden Kühen angestellten Verss. erbringen eine Bestätigung für die Annahme, daß nur die *Essigsäure* (**I**) in die Fettbldg. der Milchdrüsen eingreift. Die Tatsache einer erhöhten Fettsynth. nach Aufnahme von **I** manifestiert sich jedoch eher in einer Vergrößerung des gebildeten Milchvol. als in einer Erhöhung des Fettgeh. derselben. (C. R. hebd. Séances Acad. Sci. **234.** 567—69. 28/1. 1952.) NEHRING. 4596

Grace Medes, Alice Thomas und **Sidney Weinhouse,** *Ernährungsfaktoren bei der Fettsäuresynthese durch Gewebeschnitte in vitro.* Überblick über das Schrifttum hinsichtlich der Abhängigkeit der Fettsäuresynth. in vivo von Ernährungsart u. -zustand bei Ratten. Verss. mit $^{14}C_{(2)}$-Acetat in vitro mit überlebenden Schnitten von der Leber u. außerhepat. Geweben bei Ratten, die in unterschiedlichen Ernährungszustand verbracht werden (Fasten, Darreichung von viel Kohlenhydrat, Vitaminmangel); hinsichtlich Vorbereitung der Tiere, Inkubation der Gewebeschnitte, Gewinnung der Lipoidextrakte u. der Gesamtfettsäuren sowie Ermittlung der Radioaktivität der letzteren vgl. Original. Die Diskussion der Versuchsergebnisse läßt unter krit. Auswertung der Literatur erkennen, daß die Lipogenese aus Acetat durch Leberschnitte durch Fasten bzw. Mangelernährung erheblich verschlechtert wird. Die stärkste Erhöhung dieser Synth. tritt ein, wenn auf Perioden des Fastens bzw. der Futterbeschränkung kurze Perioden der vermehrten Fütterung eingeschaltet werden. Auch außerhepat. Gewebe vollziehen die Lipogenese, allerdings in wesentlich geringerem Ausmaß als die Leber. Bei dieser Synth. besteht keine gesetzmäßige Verknüpfung zwischen der Acetatverwertung u. dem Ausmaß der Oxydation des Acetates zu CO_2. Darreichung von Insulin ist bei Leberschnitten von fastenden Tieren ohne Einfl. auf die Lipogenese. Da das exogene Acetat nur einen geringen Anteil an der Gesamtlipogenese hat, ist Vorsicht hinsichtlich eines Schlusses von den Verss. mit Leberschnitten in vitro auf die Synth. der Leber in vivo angezeigt. (J. biol. Chemistry **197.** 181—91. Juli 1952. Philadelphia, Pa., Lankenau Hosp., Res. Inst., u. Inst. for Cancer Res.) TÄUFEL. 4596

Arthur L. Black, Max Kleiber und **Arthur H. Smith,** *Carbonat und Fettsäuren als Vorläufer von Aminosäuren im Casein.* Kühe erhielten intravenös ^{14}C-markiertes *Na-Bicarbonat* (**I**), methyl- oder carboxylmarkiertes *Acetat* (**II**) bzw. carboxylmarkiertes *Propionat* (**III**) oder *Butyrat* (**IV**); 10 Std. nach der Injektion wurden die Tiere gemolken. Das Milchcasein wurde dann mit HCl hydrolysiert u. die *Aminosäuren* (**V**) durch Ionenaustauscher-Chromatographie getrennt. Die Best. der Radioaktivität der **V** ergab, daß die nicht-essentiellen **V** einen hohen Geh. an ^{14}C aufwiesen, was die Annahme bestätigt, daß diese **V** in relativ großen Mengen im Säugetierorganismus synthetisiert werden. Die Injektionen von **II** u. **IV** ergaben hierbei höhere Werte als die **I**- oder **III**-Injektionen. Die essentiellen **V** zeigten dagegen nur einen sehr geringen ^{14}C-Gehalt. (J. biol. Chemistry **197.** 365—70. Juli 1952. Davis, Univ. of California, Coll. of Agriculture.) v. PECHMANN. 4596

Paul D. Bartlett und **Oliver H. Gaebler** (unter techn. Mitarbeit von **Beverly Cady**), *Untersuchungen über den Mechanismus der Stickstoffspeicherung.* 6. Mitt. *Geschwindigkeit der Proteinsynthese und Größe der Stickstoffreserve.* (5. vgl. C. **1951.** I. 3067.) Die mit ^{15}N-*Glycin* bei Hunden durchgeführten Unterss. zeigten, daß bei ausgeglichener N-Bilanz die Proteinsynth. ca. 0,62 g N pro kg Körpergewicht betrug. Dieser Wert liegt zwischen den beim Mensch u. bei der Ratte ermittelten Werten von 0,2 g N bzw. 1,0 g N pro kg. Durch 5 malige tägliche Injektion von 5 mg *Hypophysenvorderlappen-Wuchshormon,* bei sonst gleichen Bedingungen, wurde die N-Speicherung um 44% gesteigert. Dies beruht auf der durch das Hormon hervorgerufenen Verminderung des Aminosäureabbaues u.

Zunahme der Proteinsynthesegeschwindigkeit. (J. biol. Chemistry **196.** 1—9. Mai 1952. Detroit, Mich., Henry Ford Hosp., Edsel B. Ford Inst. for Med. Res.)
V. PECHMANN. 4596

Paul D. Bartlett und **Oliver H. Gaebler** (unter techn. Mitarbeit von **Beverly Cady**), *Untersuchungen über den Mechanismus der Stickstoffspeicherung. 7. Mitt. Die Plasmaproteine.* (6. vgl. vorst. Ref.) Stimulierung der Proteinsynth. bei Hunden durch *Hypophysenvorderlappen-Wuchshormon* hat auf die Gesamtproteinkonz. des *Plasmas* (**I**) nur geringe Wirkung. Die Best. der Konz. der einzelnen Plasmafraktionen u. die nach Gaben von ^{15}N-*Glycin* ermittelten Synthesegeschwindigkeiten zeigten jedoch bes. für die globulinreiche F—I+II+III-Fraktion eine Steigerung der Synth. u. der prozentualen Konz. in **I**. Bei der F—IV-Fraktion war die Synth. unter dem Einfl. des Hormons ebenfalls deutlich erhöht. Gleichzeitig wurde jedoch die weitere Verwertung dieser Fraktion sogar noch stärker stimuliert, so daß insgesamt die Konz. in **I** abnahm. Es scheint, daß diese Fraktionen Proteinaggregate enthalten, die in den Geweben entweder direkt oder nach Aufspaltung zu Aminosäuren bes. stark zur spezif. Proteinsynth. herangezogen werden. (J. biol. Chemistry **196.** 11—17. Mai 1952.) V. PECHMANN. 4596

Erich Strack, *Die Dauerinfusion als Verfahren zur Erforschung des Kohlenhydratstoffwechsels des Tierkörpers.* Es wird über Verss. berichtet, die Dauerinfusion enteral u. intravenös zu einem Untersuchungsverf. zu entwickeln, welches Stoffwechselvorgänge vergleichsfähig macht. Wenngleich es sich hierbei auch nicht um ein ausgesprochen physiol. Verf. handelt, so ist es doch möglich, im Gegensatz zu einer stoßartigen Zufuhr, eine Steigerung der Stoffwechselbelastung zu erzielen. Verss. über den Abbau, Umbau u. Anbau von Zuckern am Hund werden mitgeteilt u. die Wrkg. des *Insulins* auf den Kohlenhydrathaushalt diskutiert. Abschließend wird auf das Phänomen der „Bahnung“ eingegangen u. dieses, ebenfalls im Hundevers., als allg. Kriterium für den Kohlenhydrathaushalt benutzt. (Ber. Verh. sächs. Akad. Wiss. Leipzig, math.-naturwiss. Kl. **98.** Nr. 5. 1—20. 1952.)
LIPPOLD. 4596

Rolf Zetterström, *Die Erneuerung von Phosphat in Knochenmineralien.* 1. Mitt. *Erneuerungsquote des Phosphats im Verhältnis zur Löslichkeit der Knochenmineralien.* Knochen von Ratten u. Kaninchen wurden nach Gaben von anorgan. ^{32}-Phosphat mit gesätt. $(NH_4)_2SO_4$-Lsg. u. Acetatpuffern extrahiert. Dabei wurden verschied. Fraktionen erhalten; die leicht lösl. besaßen die größte Erneuerungsquote. Kurz nach der ^{32}P-Gabe zeigte die löslichste Fraktion fast die gleiche Aktivität wie das Phosphat des Blutes. Es ist möglich, daß die mit dem Alter des Knochens zunehmende schlechte Löslichkeit u. abnehmende P-Erneuerungsquote der Knochenmineralien mit dem Überschreiten einer krit. Kristallgröße zusammenhängen u. daß die Regulation der Präzipitation u. Erneuerungsquote an den Zellstoffwechsel gebunden ist; hierbei spielen organ. Bestandteile (Kollagen) eine Rolle. (Biochim. biophysica Acta [Amsterdam] **8.** 283—93. März 1952. Stockholm, Wenner-Gren Inst., Dep. of Metab. Res.) SCHWEIGER. 4596

Bengt Engfeldt, Arne Engström und **Rolf Zetterström,** *Die Erneuerung von Phosphat in Knochenmineralien.* 2. Mitt. *Radioautographische Untersuchungen über die Erneuerung des Phosphats in verschiedenen Knochenstrukturen.* (1. vgl. vorst. Ref.) An Hand von Mikroradiogrammen wurde ungleichmäßige Verteilung von Ca im Knochen festgestellt. Der Vgl. mit Radioautogrammen ließ erkennen, daß ^{32}P-Aufnahme u. Mineralgeh. (bzw. Alter) der Knochen einander umgekehrt proportional sind. Die anfänglich schnelle ^{32}P-Aufnahme läßt sich durch Oberflächen-Rkk. im ganzen Knochen nicht erklären. (Biochim. biophysica Acta [Amsterdam] **8.** 375—80. April 1952. Stockholm, Karolinska Inst., Patho-Anat. Dep.)
SCHWEIGER. 4596

Henry Ungar, Gabriel Izak und **Joseph D. Feldman,** *Leberveränderungen als Folge intrasplenischer Injektion von Fettsubstanzen.* Mit der Zielsetzung, die Ursache zu Leberveränderungen (Fibrose, Cirrhose) durch Injektion von Fettsubstanzen aufzuklären, werden über Monate dauernde Verss. an ♂ Ratten ausgeführt, denen in die Milz Leberöl, ungesätt. Fettsäuren, Glycerin, Paraffin liqu. sowie Rattengewebe-Emulsionen (aus Körperfett, Lebergewebe, verfettetem Lebergewebe) in geeigneter Zubereitung injiziert werden. Histolog. Prüfungen des Lebergewebes. Es zeigt sich, daß Injektion von Leberöl innerhalb 24 Std. Parenchymschäden an der Leber verursacht, die nach 4 Tagen wieder verschwinden. Nach 2 Tagen entwickeln sich in zunehmender Zahl u. Größe intravaskuläre Granulome, die nach 4 Wochen verschwinden. Nach 10 Tagen manifestiert sich interlobulare Fibrose. Nach 3 Wochen wird Ceroidbldg. nachweisbar, die bis zu 3 Monaten anhält. Ungesätt. Fettsäuren, Glycerin, Paraffin, Rattengewebe-Emulsionen rufen eine vorübergehende unterschiedliche Parenchymschädigung hervor, ohne daß mesenchymale Veränderungen auftreten; Ceroidbldg. wird nicht beobachtet. Krit. Auswertung der Befunde. (A. M. A. Arch. Pathol. **53.** 470—82. Mai 1952. Jerusalem, Israel, Hebrew Univ., Hadassah Med. School, Dep. of Path., u. Hassadah Univ. Hosp.) TÄUFEL. 4597

Isamu Kaito, Sigemiti Tuda, Tatuo Nakazima und **Tamotu Yamaguti,** *Eine neue Methode des Leberfunktionstestes durch Doppelbelastung mit Azorubin S.* (Tohoku J. exp. Med. **55.** 191—94. 25/2. 1952. Sendai, Tohoku Univ., Med. Clinic. [Orig.: engl.]) KRUSEN. 4597

René Schubert, Berthold Ostertag und **Martin Friz,** *Entfernung im Tubulusepithel gespeicherter Stoffe durch intraperitoneale Infusionen von niedermolekularem Kollidon.* (Verss. an Meerschweinchen mit einseitiger Nephrektomie.) In Fortsetzung der Arbeiten von SCHUBERT u. WERNER (vgl. C. **1952.** 2701) wurden an Meerschweinchen Verss. unternommen, um zu prüfen, in wieweit der saure Disazofarbstoff *Diaminreinblau FF* (**I**), der die Eigg. granulärer Speicherung in gewissen Zyllsystemen besitzt, durch *Kollidon* aus der Zelle zum Verschwinden gebracht werden kann. Es kamen nach einseitiger Nephrektomie oder Tötung der Tiere die Nierengewebe zur histolog. Untersuchung. Kontrollvers., wobei einmal nur nach Verabreichung von **I** u. das andere Mal statt der Kollidonverabreichung nur physiol. NaCl-Lsg. gegeben wurde (alles intraperitoneal), ließen keinen Zweifel an dem farbstoffeliminierenden Effekt des Kollidons, von welchem auch die Wirkungsdosis ermittelt wurde. (Z. klin. Med. **149.** 1—18. 1952. Tübingen, Univ., Med. Klin., u. Nervenklin.) DUCHO. 4597

T. W. **Goodwin,** The comparative biochemistry of the carotenoids. London: Chapman & H. 1952. (V + 356 S.) 50 s.

—, ACTH en cortison. Physiologische eigenschappen en therapeutische toepassingen. Een symposium van de Nederlandse vereniging voor endocrinologie. Red.: **J. W. R. Everse, J. Groen** en **A. Querido.** Medewerkers: **P. A. Bastenie, J. Bastiaans, E. Dingemanse** e. a. Amsterdam: Scheltema & Holkema. (VII + 151 S.) fl. 7,90.

E6. Pharmakologie. Therapie. Toxikologie. Hygiene.

K. Sommermeyer, *Ergebnisse und Probleme der Treffertheorie in der Strahlenbiologie.* Zusammenfassende Darst. über das Wesen der biol. Treffertheorie, bes. ihrer Anwendung auf die biol. Elementarkörper (*Viren, Phagen, Gene, Chromosomen*) u. höhere Organismen (Drosophilaeier). — Ein- u. Mehrtreffertheorie. (Naturwissenschaften **38.** 289—98. Juli 1951. Freiburg/Br., Radiol. Inst.) REUSSE. 4601

M. Guillot, *Radioisotopie in der klinischen Biologie.* Die in der klin. Biologie am meisten verwendeten Isotope sind ^{131}J, ^{32}P u. ^{24}Na. Es wird über die Anwendungsmöglichkeiten (u. Verff.) dieser drei Elemente berichtet. (Pharmac. J. **168.** [4] **114.** 429—30. 14/6. 1952.) BOYE. 4601

Isadore Meschan, Anderson Nettleship und **Ernest Kerekes,** *Vergleichende Untersuchung über die Wirkungen von Kobalt 60 und Radium bei interstitieller Implantation in die Haut von Kaninchen.* In die Haut von Kaninchen wurden Nadeln eingeführt, die Ra- oder ^{60}Co-Präpp. vergleichbarer γ-Intensität enthielten. Verglichen wurden dann die makro- u. mikroskop. Alterationen der Haut als Folge der γ-Bestrahlung. Im Fall des ^{60}Co wurden wenig intensivere Rkk. erzielt, in etwa einem Drittel der Fälle waren Differenzen in der Wrkg. nicht nachweisbar. Die ermittelten Unterschiede sind nur zum Teil auf individuelle Abweichungen im Reaktionsvermögen der Versuchstiere zurückzuführen. Verss. mit aufgelegten Präpp. am Unterarm des Menschen ergaben ebenfalls eine wenig intensivere Wrkg. der ^{60}Co-Präparate. Die beobachteten Befunde werden eingehend unter physikal. u. medizin. Gesichtspunkten diskutiert. (Amer. J. Roentgenol. Radium Therapy **68.** 89—103. Juli 1952. Little Rock, Ark.) REUSSE. 4601

Eliott B. Hague, *Wirkungsvolle und sichere Bestrahlung der vorderen Augenpartie.* Vf. diskutiert die Frage einer strahlentherapeut. Behandlung der vorderen Augenpartien. Die Tiefenwrkg. muß dabei sorgfältig beachtet werden, damit es nicht zu Schäden an den tiefer liegenden Bereichen kommt. Zur Behandlung vasculärer u. lymphoider Schäden am Auge kommen daher weiche Röntgenstrahlen (Grenzstrahlen), ferner die β-Strahlung des Ra, des Rn oder Sr in Frage. Für die verschied. Strahlenquellen werden Tiefendosiskurven wiedergegeben. Es wird dann über eigene Erfahrungen des Vf. mit Ra-β-Strahlung berichtet. Dabei wurde ein mit 20 mg Ra beschickter Behälter aus Monel in unmittelbaren Kontakt mit der Augenoberfläche gebracht u. dort für 12 Min. belassen. Die Berührungsfläche betrug 60 sq. in. Mehrere Bestrahlungen in mehrtägig enAbständen pflegen gute therapeut. Wirkungen auszulösen. Vf. empfiehlt diese Behandlungstechnik auch bei Tumoren der Retina u. der Chorioidea. (Amer. J. Ophthalmol. [3] **35.** Nr. 5. Part 1. 629—36. Mai 1952. Buffalo, N. Y.) REUSSE. 4601

Manousos A. Petrohelos, *Resultate bei der β-Bestrahlung in der Ophthalmologie.* Vf. berichtet nach einer allg. Diskussion der Frage einer Strahlentherapie des Auges über klin. Erfahrungen mit der Ra-β-Strahlung. Die Strahlenquelle bestand aus einem Monel-Behälter mit 10 mg Ra. Die Berührungsfläche mit dem Auge bestand aus 0,2 mm starkem

Monel. Im Mittel betrug die Dosis 125 rep. Die Applikation erfolgte auf das mit *Pantocain* anästhesierte Auge. Insgesamt werden 123 Fälle in eingehender tabellar. Übersicht beschrieben. Von 95 Fällen von Keratitis wurden 4 geheilt, 69 gebessert, 22 blieben unbeeinflußt. Das Sehvermögen wurde in 56 Fällen gebessert, in 36 blieb es unbeeinflußt, in 3 Fällen wurde es geringer. Auch bei Pterygium u. Episcleritis wurden Besserungen erzielt. Unempfindlich gegen Bestrahlungen blieben 5 Fälle von vernaler Conjunctivitis, ebenso corneale Dystrophien u. Lupus erythematosus. (Amer. J. Ophthalmol. [3] **35.** Nr. 5. Part 1. 637—44. Mai 1952. Ann Arbor, Mich., Univ. Hosp.) REUSSE. 4601

Fred M. Wilson, *Applikatoren für die β-Bestrahlung der Augen.* Vf. berichtet zusammenfassend u. vergleichend über die in der Literatur beschriebenen Strahlenquellen für die β-Bestrahlung des Auges. Im einzelnen werden verschied. Substanzen als Strahlenerzeuger (Ra, Rn, Ra D u. ^{90}Sr) besprochen u. die einzelnen Applikatoren mit ihrem Aufbau u. ihren physikal. Eigg., Vorteilen u. Nachteilen diskutiert. Tabellar. Übersicht für den Therapeuten. (Amer. J. Ophthalmol. [3] **35.** Nr. 5. Part 1. 645—56. Mai 1952. Indianapolis, Ind.) REUSSE. 4601

W. K. Sinclair, *Künstlich radioaktive Strahlenquellen für die interstitielle Therapie.* Als Ersatz für Ra in der interstitiellen Therapie hat Vf. eine Strahlenquelle untersucht, die aus einem aktivierten Tantaldraht (^{182}Ta) von 0,2 mm Durchmesser besteht, der in ein Pt-Röhrchen von 0,1 mm Wandstärke eingehüllt ist. Das Pt absorbiert die β-Strahlung u. bewährt sich wegen seiner Flexibilität besonders. Die Aktivität des ^{182}Ta beträgt nach einer Aktivierungszeit von 1 Woche 50 μC/cm Länge. Diese Strahlenquelle hat sich bei der Oberflächentherapie von Retinoblastomen u. Zungencarcinomen bewährt. Als Ersatz für Rn-Quellen empfiehlt Vf. Au-Körner (^{198}Au) von 25 mg Gewicht mit Pt-Hülle. Die physikal. Eigg. beider Strahler werden diskutiert u. ihre besondere Eignung für therapeut. Arbeiten herausgestellt. (Vgl. auch WALLACE u. Mitarbeiter C. **1953.** 1029.) (Brit. J. Radiol. **25.** 417—19. Aug. 1952. London, Roy. Cancer Hosp.) REUSSE. 4601

F. Scheminzky, *Die „spezifischen Wirkungen" der natürlichen Heilvorkommen.* Grundlagen der Balneotherapie. — 17 Literaturangaben. (Wiener med. Wschr. **102.** 763—66. 20/9. 1952.) LOCH. 4603

Robert Elman, Burton A. Shatz, Robert F. Keating und **Theodore E. Weichselbaum,** *Intracelluläres und extracelluläres Kalium-Defizit bei chirurgischen Patienten.* An Hand eines eingehenden Literaturrückblickes u. an eigenen Unterss. von 4 chirurg. Fällen behandeln Vff. die klin. Bedeutung des K-Mangels. Nach Schilderung der Beziehung zur Alkalose, Hypochlorämie zum N-Stoffwechsel, der Bedeutung der K-Ausscheidung im Urin u. im Gastrointestinaltrakt berichten sie über die entsprechende Therapie mit K. — 60 Literaturangaben. (Ann. Surgery **136.** 111—31. Juli 1952. Washington, Univ., School of Med.) DUCHO. 4606

Salme Salomaa, *Untersuchungen mit Heparin.* Eine 30%ig. *Heparin*-Lsg. erzeugt am Rattenauge bei örtlicher, subconjunktivaler Anwendung oder nach Einbringen in die vordere Kammer eine Erniedrigung des intraokularen Druckes. Eine klin. Anwendung dieser 30%ig. Lsg. ohne Zusatz von Adstringentien erscheint gefährlich. (Acta ophthalmol. [Copenhagen] **30.** 33—34. 1952. Helsinki.) REICHLE. 4608

Ernest Muir, *Behandlung der Lepra mit Diaminodiphenylsulfon (DDS).* Mit *DDS* (**I**) läßt sich die Lepra beherrschen. Es wird nachgewiesen, daß **I** nicht toxischer ist als seine Derivv., dabei einfacher u. ökonomischer im Gebrauch. Orale **I**-Verabreichung gilt als das Mittel der Wahl, Dosierung 100 mg mit langsamer Steigerung auf 400 mg 2mal wöchentlich. **I**-Intoleranzerscheinungen lassen sich mit *ACTH* oder *Vitamin* B_{12} beheben. Besprochen werden eine Meth. zur Beurteilung der Besserung, die bei Frühfällen sehr schnell festzustellen ist, die beschleunigte Ausscheidung der Bacillen durch **I** sowie Anwendung u. Kontrolle der **I**-Verabreichung in lepragefährdeten Gegenden. (Trans. Roy. Soc. trop. Med. Hyg. **46.** 113—22. März 1952.) DOSSMANN. 4610

R. G. Cochrane, *Die Wirkung von Sulfonen bei Lepra mit besonderer Berücksichtigung der Histopathologie.* Allg. Ausführungen über die Einw. der *Sulfone* (**I**) bei lepromatöser Lepra u. beim Tuberkulid auf die Morphologie von Mycobacterium leprae. Es wird dargelegt, daß es sich dabei um eine komplizierte Wrkg. auf Leben u. Stoffwechsel des Erregers handelt. Zur Erreichung zufriedenstellender Ergebnisse mit **I**-Therapie müssen alle besprochenen Faktoren berücksichtigt werden, um schwere Gewebsschädigungen zu vermeiden. (Trans. Roy. Soc. trop. Med. Hyg. **46.** 122—34. März 1952.) DOSSMANN. 4610

E. Ohler, *Klinische Versuche mit einer neuen Sulfonamidkombination.* Bericht über ein neues *Sulfonamid*-Präp. *HH-113* (**I**; Fa. HOMMEL, Zürich), das sich aus *Sulfathiazol, Sulfadiazin* u. *Sulfamerazin* zusammensetzt. Erprobung an 25 Patienten mit entzündlichen urolog. Erkrankungen. **I** ist voll wirksam gegenüber Staphylococcus albus, Bacterium coli, vergrünenden u. anhäm. Streptokokken, Bacterium lactis aerogenes, Staphylococcus pyogenes aureus, Streptococcus lactis; beschränkte Wrkg. auf Pyocyaneus u. Proteus, unbeeinflußt blieben Saprokokken u. Enterokokken. Gute Verträglichkeit von I. Anwendung als Stoß- u. Dauertherapie, die bei chron. Infektionen bessere Ergebnisse brachte. (Schweiz. med. Wschr. **82.** 813—14. 9/8. 1952. Bern, Inselspital.) DOSSMANN. 4610

Dieter Otto Schmid, *Kritische Bemerkungen zur Mandelsäuretherapie bei Coli-Mono- oder Mischinfektionen der Harn- und Gallenwege.* Vf. weist darauf hin, daß *Mandelsäure* nur gegen reine Coli-Infektionen wirksam ist. Da aber meist Mischinfektionen vorliegen, empfiehlt er als Präp. mit breitem Wirkungsspektr. bei Harnweginfektionen *Bilamid* (*Pyridin-3-carbonsäureoxymethylamid*), gegebenenfalls in Kombination mit *Pyridacil* (*3-Phenylazo-2.6-diaminopyridin*). Kurze Mitt. der von anderen Autoren mit diesen Präpp. erzielten Ergebnisse. — 34 Literaturangaben. (Z. ges. inn. Med. Grenzgebiete **7.** 719—20. 1/8. 1952.) KRUSEN. 4610

W. Leslie Bush, *Die Behandlung unspezifischer Harninfektionen.* Es wird die zweckmäßigste Bakterienbest. bei Harnunterss. besprochen u. die wichtigsten Mittel werden in ihrer Wrkg. auf die verschied. Darmbakterien hervorgehoben. Dazu gehören *Gantrisin, Sulfacetamid, Mandelmine,* ferner *Penicillin, Aureomycin, Terramycin, Polymyxin, Chloramphenicol.* Zur erfolgreichen Therapie über 7—14 Tage gehört Regulierung der Flüssigkeitsausscheidung. (Southern med. J. **45.** 870—74. Sept. 1952. Dallas, Tex.) DOSSMANN. 4610

Philipp Klee, *Die Behandlung der Tuberkulose mit Neoteben* (*Isonicotinsäurehydrazid*), *Dosierung, Anwendungsform und erste klinische Ergebnisse.* Vf. berichtet über die Erfahrungen der *Neoteben* (I)-Behandlung von 61 Tbc-Kranken, die für eine exakte Bewertung in Frage kamen. I ist leicht wasserlösl., leicht resorbierbar u. gut verträglich. Störungen u. Schädigungen, die häufig auf Conteben (II) u. PAS (III) auftraten, wurden bisher nicht beobachtet. Vielmehr waren eine erhebliche Appetitsteigerung u. subjektives Wohlbefinden zu sehen. Als optimale Tagesdosis wurden 10—15 mg/kg Körpergewicht gefunden. Für parenterale Lsgg. wird eine 2%ig. Lsg. empfohlen, die isoton. ist u. intramuskulär reizlos vertragen wird. Aus Verss., bei denen das Serum I-behandelter Patienten in verschied. Konzz. an Tuberkulosestämmen auf HOHNschen Eiernährböden mit p-Aminobenzoesäurezusatz ausgetestet wurde, zeigte sich, daß ein 20%ig. Zusatz dieses Serums zum Nährboden genügte, um streptomycinresistente Stämme im Wachstum zu hemmen. Nebenwirkungen treten auch bei I auf, leicht migräneähnliche u. vasomotor. Störungen wurden bei einem kleineren Teil des Krankengutes beobachtet, wenn I nüchtern verabreicht wurde. Störungen der Nieren- u. Leberfunktion wurden nicht gesehen. Die therapeut. Ergebnisse bei Lungen-, Schleimhaut- u. Meningial-Tuberkulose sind günstig. (Dtsch. med. Wschr. **77.** 578—81. 2/5. 1952. Wuppertal-Elberfeld, Städt. Krankenanstalten.) ENDRASS. 4610

G. A. Nigoghossian, *Auftreten Rimifon-resistenter Koch-Bakterien bei einem mit diesem Heilmittel behandelten Kranken.* Bei einem mit *Rimifon* (250 mg täglich) behandelten Kranken zeigten die aus dem Sputum in kurzen Abständen wiederholt gezüchteten Tuberkelbakterien eine zunehmende Rimifonresistenz. Vor der Behandlung waren sie rimifonempfindlich, nach 30 Tagen waren sie auf YOUMANS-Nährboden mit einer Rimifonkonz. von 20 γ/cm³ züchtbar. (Schweiz. med. Wschr. **82.** 707. 5/7. 1952. Davos, Waldsanatorium.) FISCHOEDER. 4610

G. A. Nigoghossian, *Die Schaffung Rimifon-resistenter Koch-Bakterien in vitro.* Der Tuberkelbakterienstamm H 37 RV erwarb bei der Züchtung auf einem *Rimifon* enthaltenden LÖWENSTEIN- oder YOUMANS-Nährboden eine Rimifonresistenz. Die Anfangskonz. betrug 0,5 γ/cm³ u. konnte allmählich auf 500 γ/cm³ gesteigert werden. (Schweiz. med. Wschr. **82.** 706—07. 5/7. 1952.) FISCHOEDER. 4610

V. Monaldi, *Therapeutischer Wert des Isonicotinsäurehydrazids bei der Lungentuberkulose.* Neben bakteriolog., tierexperimentellen Verss. wird über die Anwendung des Isonicotinsäurehydrazids bei 350 Kranken mit Lungentuberkulose berichtet. Nach anfänglichen guten Erfolgen konnte wegen Auftretens von Resistenz meist keine völlige Besserung erzielt werden. (Med. Cirug. Guerra **14.** 387—88. Juni 1952.) GERBER. 4610

H. Dams, *Über die Behandlung der spezifischen Exsudate und des geschlossenen Pleuraempyems mit Solvoteben.* Der Autor berichtet über seine therapeut. Erfahrung mit *Tb-VI* (*Solvoteben*; I) bei der Behandlung von Tbc-Patienten mit Empyem, mäßig getrübten u. klaren serösen Ergüssen. Er fand, daß bei den mäßig getrübten u. serösen tbc-positiven Exsudaten die Behandlung mit I wertvoll ist. Bei der Behandlung der Exsudate u. bes. der Empyeme, die mit *Conteben* vorbehandelt waren, sprach I schlecht an. Dieser Befund entspricht auch dem in-vitro-Versuch. Es wird daher in den Fällen, wo I allein nicht anspricht, eine Kombinationstherapie von Streptomycin u. PAS mit I in bestimmter Anwendungsform angegeben. (Med. Klin. **47.** 845—48. 20/6. 1952.) GOHR. 4610

H. H. Vollhaber, *Pathologisch-anatomischer Beitrag zum Ablauf der infektiösen Hepatitis bei Tuberkulosekranken unter Contebenbehandlung.* Vergleichende Unterss. bei 55 Sektionen mit *Conteben* (I) behandelter Tuberkulosekranker u. 47 Sektionen unbehandelter Fälle ergaben eine deutlich leberschädigende Wrkg. von I. 79% der I-behandelten gegenüber 20% der unbehandelten zeigten schwere Leberverfettung. Es wird bes. auf die Aktivierung latenter Leberschäden durch I u. die erhöhte Anfälligkeit gegenüber der infektiösen Hepatitis hingewiesen. Bericht über 5 Fälle. (Beitr. Klin. Tuberkul. **107.** 194—208. 10/7. 1952. Wiesbaden, Städt. Krankenanstalt.) KRUSEN. 4610

Harald Malluche, *Todesfälle einer Heilstätte, überprüft auf Konstitution und Contebenwirkung.* Die größte Zahl der an progressiver Tuberkulose (TB.) Gestorbenen stammt aus der Gruppe der Hypomesenchymatiker, während Blutungen u. Meningitiden überwiegend bei Normo- u. Hypermesenchymatikern auftraten. Die *Conteben* (I)-Therapie ist am wirksamsten bei langfristiger Durchführung u. bewährte sich bes. bei Darm- u. Kehlkopf-TB., bei Exsudaten u. Streuherden. Empyeme, Nieren- u. Knochen-TB. wurden nicht durch I beeinflußt. Die in 51 Fällen durchgeführten Sektionen ergaben in 42 Leber-, in 10 Nieren- u. in 20 Fällen Herzverfettung, 9 Lebercirrhosen u. 35 Fälle von Amyloid von Leber, Niere, Herz u. Milz. Unter I-Therapie trat 5mal mehr als bei anderen Patienten Ikterus auf. Die I-Dosierung betrug durchschnittlich täglich 2mal 50 mg, insgesamt ca. 30—40 g I. (Beitr. Klin. Tuberkul. **107.** 183—93. 10/7. 1952. Falkenstein/Taunus, Landesheilst.) KRUSEN. 4610

Kurt Repke, *TB I bei Meningitis tuberculosa.* An Hand von 11 Fällen von Meningitis tuberculosa, die mit *TB I* (*Conteben*; *p-Acetaminobenzaldehydthiosemicarbazon*) behandelt wurden, wird nachgewiesen, daß TB I nur eine geringe therapeut. Breite besitzt u. durch Hervorrufung von Hirnschwellungen tox. wirkt. Es wird daher Kombinationstherapie mit Streptomycin empfohlen. (Z. klin. Med. **149.** 19—30. 1952. Greifswald, Med. Klin. u. Poliklinik.) DUCHO. 4610

James A. Davis, Arthur J. Viehman und **Walter B. Frommeyer jr.,** *Akute Agranulocytose während Tibione-Therapie.* Bericht über 1 Tuberkulosefall, bei dem sich während der Therapie mit *Tibione* (I = *p-Acetylaminobenzaldehydthiosemicarbazon*; SCHENLEY LABORATORIES, INC., Lawrenceburg, Ind.) eine Agranulocytose entwickelte. Insgesamt wurden 104 Tabletten = 5,2 mg I innerhalb von 36 Tagen verabreicht. Keine andere chemotherapeut. Behandlung außer I bis zur Feststellung der Agranulocytose. Diese konnte mit *Penicillin* beherrscht werden, unabhängig vom Verlauf der Tuberkulose. Diese Nebenerscheinung tritt in 1% der Fälle auf, der Benzolring in der Strukturformel von I wird dafür verantwortlich gemacht. (Southern med. J. **45.** 861—63. Sept. 1952. Birmingham, Ala., Jefferson Tuberculosis Sanatorium, u. Med. Coll. of Alabama, Dep. of Med.) DOSSMANN. 4610

V. Donadio, *Die Streptomycinbehandlung der Tuberkulose Jugendlicher.* (*Klinisch-statistische Ergebnisse.*) Vf. diskutiert ausführlich an Hand eigenen Krankenmaterials Indicationen, Erfolge u. Grenzen der Tuberkulosebehandlung Jugendlicher mit *Streptomycin.* (Minerva med. [Torino] **43.** I. 1061—66. 21/5. 1952. Torino, Osped. Sanatoriale per Adolescenti, Ist. di Cura S. Camillo.) IPPEN. 4611

A. Duroux, P. Jarniou und **R. Celerier,** *Die Vorteile der einzelnen Antibiotica bei der Behandlung bronchopulmonaler Eiterungen.* Therapie der Vff. richtet sich nach der Meth. von CHABERT, die eine schnelle Empfindlichkeitsbest. der Bakterienflora des Auswurfs gestattet. Untersucht wurden *Penicillin, Streptomycin, Chloromycetin, Aureomycin, Terramycin.* Als Kontrolle diente die bekannte Empfindlichkeit von Staphylokokken, Stamm London. Mit dem nach der beschriebenen Meth. ermittelten Antibioticum hatten Vff. in ca. 50 Fällen die besten Erfolge, ohne Versager. Einige charakterist. Fälle werden besprochen. (Presse méd. **60.** 1159—60. 30/8. 1952. Paris, Hôp. Militaire d'Instruction Percy.) DOSSMANN. 4611

D. L. McNeil, *Chloromycetin und chronische ulcerative Colitis.* Bericht über 5 Fälle, bei denen durch eine 30 Tage dauernde Medikation von täglich 4mal 750 mg *Streptomycin* eine wirkungsvolle Unterstützung der üblichen Behandlungsmethoden erzielt wurde. (Canad. med. Assoc. J. **67.** 250—51. Sept. 1952. Calgary, Alta., Associate Clinic.) KRUSEN. 4611

G. Miescher und **H. Brenn,** *Erfahrungen über die Penicillinbehandlung der Neurolues.* Vff. behandelten 70 Fälle von Neurolues (progressive Paralyse, Taboparalyse, Tabes dorsalis u. a.) mit *Penicillin* (I), zum Teil mit zusätzlicher *As-* u. *Bi-*Medikation. Als günstigste Dosierung wird 3mal wöchentlich 600000 E. I während 8 Wochen angegeben. 18 Fälle wurden saniert, 38 gebessert, während 11 stationär blieben, was die Normalisierung der Liquorwerte anbetrifft. Im akt. Stadium, das am deutlichsten günstig beeinflußt wird, ist mit dem Auftreten von HERXHEIMER-Rkk. zu rechnen, bei denen aber die I-Therapie fortgesetzt werden soll. Die zusätzliche As- u. Bi-Medikation zeigte keine Verbesserung der I-Wrkg. u. ist demnach überflüssig. — 38 Literaturangaben. (Schweiz. med. Wschr. **82.** 917—23. 13/9. 1952. Zürich, Univ., Dermatolog. Klinik.) KRUSEN. 4611

A. Schuller, *Behandlung von Shigelladysenterie mit einer Kombination von Antibioticum und Chemotherapeuticum (Synactin). Synactin,* eine Kombination von *Chloramphenicol, Sulfamidothiazol* u. Anilin-Benzil-Diäthylaminopropanol (2:2:1), hat sich bei Shigelladysenterie in folgender Dosierung bewährt: Schock mit 4mal 0,5 g in der 1. Std., dann alle 3 Std. 0,5 g (6mal), alle 4 Std. 0,5 g (6mal) u. alle 6 Std. 0,5 g (18mal). (Medicina [Madrid] **20.** I. 187—92. März 1952.) R. K. MÜLLER. 4611

Montis, *Ein mit Aureomycin behandelter Fall von Aphthen.* Bei Stomatitis aphthosa hat Vf. mit Erfolg *Aureomycin* in Kombination mit *Vitamin-B*-Komplex angewendet. (Medicina [Madrid] **20.** I. 224—27. März 1952.) R. K. MÜLLER. 4611

F. Silván, *Der heutige Stand der Trachomprophylaxe.* Für die Prophylaxe des Trachoms empfiehlt Vf. neben sanitären Maßnahmen in erster Linie Sulfamide oral, bes. *Na-Sulfacetamid,* u. *Aureomycin* als 0,5—1%ig. Salbe oder *Penicillin* als Salbe mit 1000—25000 E. je g. (Medicina [Madrid] **20.** I. 210—23. März 1952.) R. K. MÜLLER. 4611

Max Scherf, *Vulvovaginitis als Nebenwirkung von Aureomycin.* Vf. berichtet über 1 Fall, bei dem sich nach Verabreichung von insgesamt 12 g *Aureomycin* (I) gleichzeitig eine Stomatitis u. Vulvovaginitis einstellten, die 8—10 Tage nach Absetzen von I verschwanden. Zur Erklärung der Pathogenese dieser Nebenwirkungen wird u. a. auf die Rolle von *Candida albicans* bei Schleimhautmanifestationen hingewiesen. (Münchener med. Wschr. **94.** 1869—70. 12/9. 1952. Saarbrücken, Heiliggeist-Krankenhaus.) DOSSMANN. 4611

B. Sánchez-Cuenca, *Fortschritte in der Bronchitistherapie.* Unter den neuen Behandlungsverff. werden die verschied. Anwendungsformen der *Antibiotica* krit. besprochen. (Medicina [Madrid] **20.** I. 161—65. März 1952. Madrid, Inst. antiastmát.) R. K. MÜLLER. 4611

F. Hales Wilson, *Die Gefahren der Antibiotica.* Nach Vf. besteht die Gefahr bei Anwendung der *Antibiotica* in Nebenwirkungen tox. u. allerg. Art, in unsachgemäßer Anwendung u. im Auftreten resistenter Organismen. Die einzelnen Punkte werden kurz diskutiert. (Med. J. Australia **39.** I. 869—70. 28/6. 1952. Sydney.) DOSSMANN. 4611

William H. Timberlake und **Robert S. Schwab,** *Die Behandlung von Parkinsonscher Krankheit mit dem Versuchspräparat W-483.* Bericht über *W-483 = N-(Diäthylaminopropyl)-dibenzo-p-thiazinhydrochlorid = Parsidol = Lysivane* (I). I wurde an 117 Patienten oral in Tabletten zu 10 u. 50 mg unter verschied. Bedingungen verabreicht. Kurschema wird angegeben. Bei ambulanten Patienten war I schwierig zu dosieren, 19% Besserungen, günstigere Ergebnisse bei Patienten mit klin. Überwachung: 53% Besserungen. Kombination von I mit *Artane* oder *Dexedrine* erwies sich als günstig. (New England J. Med. **247.** 98—100. 17/7. 1952. Boston, Harvard Med. School, Dep. of Neurology, u. Massachusetts Gen. Hosp.) DOSSMANN. 4620

P. Nordqvist, *Einfluß von Acetylcholin, Dekamethonium und Histamin auf Froschnerven.* Am Nerv-Muskelpräp. (Ischiadicus-Gastrocnemius) von Rana temporaria wurde ein kathod. Block durch *Acetylcholin* (I) u. *Dekamethonium* (II) verstärkt u. die nachfolgende Depression verlängert, während *Histamin* (III) in gleicher Konz. keine ähnliche Wrkg. hatte. I, II u. III wurden in Konzz. von 0,1—0,5% angewandt. Während tetan. Reizung (150/Sek. oder mehr) wurde in Anwesenheit von I oder II die Leitung eher unterbrochen als in reiner RINGER-Lsg.; III hatte keinen erkennbaren Einfluß. Die Verss. erklären die antagonist. Wrkg. von I u. II auf die *Procain*-Blockade des Nerven u. bestätigen die Anschauung von NACHMANSOHN über die Bedeutung des *Acetylcholins* für die Nervenleitung. Die Wrkg. von III auf den mit *Procain* blockierten Nerven unterliegt offenbar einem anderen Mechanismus. (Acta pharmacol. toxicol. [Köbenhavn] **8.** 233—53. 1952. Upsala, Univ., Dep. of Pharmacol.) DAUTZENBERG. 4620

P. Nordqvist, *Die Wirkung von Acetylcholin auf die Procainblockade des Froschnerven.* Nach Blockade des N. ischiadicus von Rana temporaria mit *Procain* (0,05—0,3%) konnte die Blockade durch *Acetylcholin* in Konzz. von 0,05—1% vorübergehend aufgehoben werden. Dieser Vorgang wurde bei motor. u. sensiblen Fasern beobachtet. Die Dauer der Erholung hängt von der verwendeten *Procain*-Konz. ab: bei höheren Konzz. dauerte die Erholung nur wenige Min., bei den niedrigeren Konzz. erheblich länger, einmal über 20 Minuten. (Acta pharmacol. toxicol. [Köbenhavn] **8.** 226—32. 1952. Upsala, Univ., Dep. of Pharmacol.) DAUTZENBERG. 4620

P. Nordqvist, *Die Wirkung von Dekamethoniumjodid auf die Procainblockade des Froschnerven.* Der N. ischiadicus von Rana temporaria wurde mit 0,1—0,5% ig. *Procain* (I)-

Lsg. blockiert. Nach Auswaschen des **I** wurde der Vers. mit der gleichen I-Konz. unter Zusatz von 0,03—0,05% *Dekamethoniumjodid* (**II**) wiederholt. Bei 15 Verss. ergab sich im Mittel eine Verlängerung der Zeit bis zum Eintritt der Blockade um 54%. Am frischen, mit **I** blockierten Nerven konnte durch **II** (0,02—0,25%) sowie durch *Penta-* u. *Hexamethoniumjodid* (0,5%) die Blockade vorübergehend aufgehoben werden. (Acta pharmacol. toxicol. [Köbenhavn] **8.** 207—16. 1952. Upsala, Univ., Dep. of Pharmacol.)
DAUTZENBERG. 4620

K. Simon und **R. Hoppe,** *Untersuchungen über eine pharmakologische Beeinflussung der Lungengröße beim Menschen.* Unterss. an 50 Versuchspersonen ergaben, daß nach Verabreichung von Sympathicus- u. Parasympathicus-wirksamen Substanzen (*Acetylcholin, Cholin, Adrenalin, Atropin, Hydergin* [im Orig. *Hydrergin*] u. *Pendiomid*) keine röntgenolog. erfaßbaren Lungengrößenveränderungen auftreten. Die therapeut. Wrkg. dieser Stoffe beruht wahrscheinlich in einer Beeinflussung von Permeabilität, Stoffwechsel u. Blutversorgung. (Beitr. Klin. Tuberkul. **107.** 227—34. 10/7. 1952. Holsterhausen, Lungenheilst.)
KRUSEN. 4620

D. A. Holaday, D. Ma und **E. M. Papper,** *Dynamische Veränderungen des Säure-Basen-Gleichgewichtes während der Narkose.* Bei einer größeren Anzahl von Patienten angestellte Unterss. über die Veränderungen des Säure-Basen-Gleichgewichtes während der Narkose zeigten bei Beobachtung von Blut-p_H u. -p_{CO_2}, daß die geringste Veränderung bei Verwendung eines mechan. Atmungsapp. auftritt. Zwei verschied. Formen der Stoffwechselacidose ließen sich erkennen. Die erste entwickelte sich vornehmlich während längerer Ae.-Narkose. Die andere Form trat mit der respirator. Acidose auf u. verlief zu dieser parallel. (Bull. New York Acad. Med. **28.** 543. Aug. 1952. New York, N.Y., Columbia Univ., Dep. of Anesthesiol.)
REICHLE. 4621

G. Morin, V. Donnet, J. Corriol und **P. Zwirn,** *Wirkt die motorische Rindenregion „pressorisch" oder „depressorisch"?* In tiefer *Dial-* oder *Chloralose*-Narkose bei Hunden senkt elektr. Reizung der motor. Region den Blutdruck mit u. ohne *Curare*; ohne Narkose tritt Blutdrucksteigerung auf. (J. de Physiol. **44.** 300—303. 1952. Marseille, Fac. de Méd., Labor. de Physiol.)
DAUTZENBERG. 4621

Erik Skog, *Anästhetische und hämolytische Wirkungen niederer aliphatischer Aldehyde und ihr Einfluß auf Atmung und Blutdruck.* Bei Mäusen nimmt die narkot. Wrkg. von *Acetaldehyd* (**I**), *Propionaldehyd* (**II**) u. *n-Butyraldehyd* (**III**) mit steigendem Mol.-Gew. ab. Blut von Kaninchen, Pferden u. Ratten wird *in vitro* hämolysiert von **I, II, III** u. *Crotonaldehyd* (**IV**), nicht durch *Acrolein* (**V**). Dabei sind **I** u. **II** stärker wirksam als **III** u. **IV**. *Formaldehyd* (**VI**) hämolysiert nur Pferde-, nicht Ratten- u. Kaninchenblut. *In vivo* (an Ratten) wird Hämolyse nur durch **III** ausgelöst. — **I, II** u. **III** steigern den Blutdruck u. setzen die Atmung herab. **IV** u. **V** steigern den Blutdruck u. die Atmung oder verursachen unregelmäßige Atmung mit abwechselnd tiefen u. oberflächlichen Atemzügen. **VI** senkt den Blutdruck u. steigert Atemtiefe u. -frequenz. Nach größeren Dosen **VI** wird die Atmung verlangsamt u. oberflächlich (Verss. an Katzen u. Kaninchen). (Acta pharmacol. toxicol. [Köbenhavn] **8.** 275—89. 1952. Tomteboda, Schweden, State Inst. of Publ. Health, Dep. of Industr. Hyg.)
DAUTZENBERG. 4621

J. Eschler und **A. Sauter,** *Vergleichend-klinische Untersuchungen der Anästhetica: Melaesthin, Novocain–Suprarenin und Novocain–Corbasil.* Lokalanästhesien mit *Melaesthin* (*Novocain–Suprarenin* in Bienenhoniglsg.) an 65 Patienten erwiesen die Brauchbarkeit dieses Anästheticums im Vgl. zu *Novocain–Suprarenin* (14 Patienten) u. *Novocain–Corbasil* (27 Patienten). (Zahnärztl. Welt **7.** 347—49. 25/8. 1952. Freiburg/Br., Univ., Zahn- u. Kieferklinik.)
DAUTZENBERG. 4621

W. Pschyrembel und **J. Rothe,** *Die Inhalationsanalgesie mit Trichloräthylen (Trichloran) in der Geburtshilfe.* Erfahrungsbericht über die Anwendung von *Trichloräthylen* bei 110 Geburten. Die Ergebnisse waren zufriedenstellend. (Dtsch. med. Wschr. **77.** 1121—23. 12/9. 1952. Berlin, Städt. Krankenhaus im Friedrichshain.)
DAUTZENBERG. 4621

Ottar Dybing und **Helge Stormorken,** *Der Übertritt des Äthers von der Mutter auf den Fötus.* Bestimmungen des Ae.-Geh. in mütterlichen u. fötalen Organen von Ratten, Mäusen u. Meerschweinchen nach 10—20 Min. langer Einatmung von 10 Vol.-% (300 mg/Liter) Ae. ergaben in Gehirn u. Leber des Föten u. in der Placenta annähernd gleiche Konzz., die wesentlich unter denen im arteriellen Blut u. Gehirn der Mutter lagen. Vff. nehmen an, daß die Versorgung aller fötalen Organe mit gemischtem Blut für diesen Befund verantwortlich ist, trotz der schnellen Diffusion des Ae. durch die Placenta. (Acta pharmacol. toxicol. [Köbenhavn] **8.** 271—74. 1952. Oslo, Veterin. Coll. of Norway, Dep. of Pharmacol.)
DAUTZENBERG. 4621

C. F. Scurr, *Regionäre Analgesie für die Thorakoplastik unter besonderer Berücksichtigung der Anwendung von Xylocain.* Mit *Xylocain* wird eine Leitungsanästhesie des

Plexus brachialis u. Paravertebralanästhesie D 1—D 5 (mit 0,4% ig. Lsg.) sowie Infiltration der Schnittlinie (mit 0,2% ig. Lsg.) ausgeführt. Der Lsg. wird *Adrenalin* im Verhältnis 1 : 400000 zugesetzt. Anästhesiedauer über 4 Stunden. Gute Ergebnisse in mehr als 100 Fällen. Die Technik wird genau beschrieben. (Current Res. Anesthesia Analgesia **31.** 225—29. Juli/Aug. 1952. London, Westminster Hosp., Dep. of Anaesthet.) DAUTZENBERG. 4621

H. C. Voorhoeve, *Postoperative Analgesie.* Mit 10—20 mg *Pantopon* während u. 20—40 mg *Morphingluconat* (am längsten wirksames Morphinsalz) nach der Operation erzielte Vf. Analgesie für 24 Std. u. länger. (Current Res. Anesthesia Analgesia **31.** 271—77. Juli/Aug. 1952. Delft, St. Hippolytus Hosp.) DAUTZENBERG. 4621

A. Abaza und **M. Grégoire,** *Die Potenzierung der Analgesie durch Opiate mittels Kombination mit Prostigmin.* Nach Besprechung der Literatur über die Steigerung der analget. Wrkg. von Opiaten durch Zugabe von *Prostigmin* berichten Vff. über eigene klin. Erfahrungen. Mit Mischspritzen von *Morphin* u. *Prostigmin* wurde ausgezeichnete Analgesie erzielt, wobei die erforderliche Morphindosis erheblich verringert u. damit die Suchtgefahr u. die Nebenwirkungen vermindert wurden. (Presse méd. **60.** 331—33. 8/3. 1952. Paris, l'Hôpital de Villeneuve-Saint-Georges.) DAUTZENBERG. 4621

P. Schostok, *Causat als Adjuvans in der Anästhesie.* Bericht über Erfahrungen mit *Causat* (**I**; DR. REISS, Berlin) = 1% ig. *Novocain* (**II**)-Lsg. mit 0,1 g **II**, 0,025 g *Phenyläthylbarbitursäure* u. 0,0003 g *Atropinsulfat* in 10 cm³ wss. Lösung. Bei **I**-Anwendung als Adjuvans genügten im allg. 20 cm³ **I** = 0,2 g **II**. Günstiger Einfl. von **I** auf Reizleitungsstörungen, Bewährung bei Unterstützung der Lachgasnarkose, unter Umständen zusammen mit *Curare,* u. bei Beendigung des Eingriffs. Die lang anhaltende Wrkg. von **I** wird hervorgehoben. Bei größeren Operationen wird Vertiefung der **I**-Narkose mit *Ae.* oder *Barbituraten* notwendig. Hinweis auf den geringen Verbrauch der einzelnen Mittel bei kombinierter Anwendung u. den Wert von **I** zur Erreichung postoperativer Analgesie. (Münchener med. Wschr. **94.** 1672—75. 15/8. 1952. Gießen, Justus-Liebig-Hochsch., Chirurg. Klinik.) DOSSMANN. 4621

K. Dietmann, *Über ein neues Oberflächenanästheticum mit nur geringer Toxizität. Rhenocain* (*Dimethylaminoäthylester der n-Butylaminosalicylsäure*), das bei gleicher Wirksamkeit u. etwa doppelter Wirkungsdauer nur ca. $^1/_3$ so tox. ist wie *Pantocain,* wurde bei 162 Rachen- u. Kehlkopfanästhesien angewandt. Die Anästhesie war gut, ohne störende Nebenwirkung. Ausfällungen im alkal. Milieu konnten mit einigen Tropfen verd. HCl sofort wieder gelöst werden. (Dtsch. med. Wschr. **77.** 1123—24. 12/9. 1952. Bonn, Univ., Chirurg. Klinik.) DAUTZENBERG. 4621

F. H. Shaw und **G. Bentley,** *Morphin-Antagonismus.* Mit *Morphin* (**I**) oder einem Gemisch von **I** (10 mg/kg) u. *Hyoscin* (**II**; 0,6 mg/kg) narkotisierte Hunde können innerhalb 2 Min. völlig geweckt werden durch intravenöse Gabe folgender Verbb.: *Aminacrin B. P. Salacrin* (*1-Methyl-5-aminoacridin*) 5—10 mg/kg; *Rivanol* (*2.5-Diamino-6-äthoxyacridinlactat*) 40 mg/kg; *5-Äthylaminoacridin* 2,8 mg/kg; *1.2.3.4-Tetrahydro-5-aminoacridin* 5 mg/kg; *4-Aminochinolin* 5 mg/kg; *2-Aminopyridin* 5—12 mg/kg; *4-Aminopyridin* 3 mg/kg; *2.3-Diamino-5-phenylthiazol* 20 mg/kg; *Eserin* 0,25—1 mg/kg; *Nicotin* 1—2 mg/kg. Dem Erwachen geht eine deutliche Atmungsanregung voraus. Die Wrkg. scheint gegen **I** u. **II** spezif. zu sein, denn Ratten, Katzen u. Meerschweinchen in *Pentobarbiton*-Narkose sprechen nicht an. Die analget. Wrkg. von **I** wird (bei Ratten) von diesen Analepticis nicht beeinflußt. (Nature [London] **169.** 712—13. 26/4. 1952. Melbourne, Univ., Physiol. Dep.) DAUTZENBERG. 4622

Sheila M. Anderson, *Die Anwendung lähmender Arzneimittel bei Kindern und Jugendlichen.* (*Eine Reihe von 500 Fällen.*) Entgegen der Lehrbuchmeinung hat Vf. mit der Anwendung von *Barbituraten, Opiaten* u. *Muskelrelaxantien* in der Kinderchirurgie gute Erfahrungen gemacht. Dosierung u. Indikation werden genau besprochen. (Current Res. Anesthesia Analgesia **31.** 262—66. Juli/Aug. 1952. London, Hosp. for Sick Children.) DAUTZENBERG. 4628

O. von Dardel und **S. Thesleff,** *Klinische Erfahrungen mit Succinylcholinjodid, einem neuen Muskelrelaxans.* In 132 Fällen wurde *Succinylcholinjodid* als Muskelrelaxans mit gutem Erfolg verwandt. Seine Toxizität ist sehr gering, die Wirkungsdauer beträgt je nach Dosis 1—10 Min., die Verträglichkeit ist gut. Kreislauf u. Blutdruck werden nicht beeinflußt. Durch intravenöse Dauertropfinfusion konnte am Tier die Muskellähmung über längere Zeit aufrechterhalten werden. Bes. günstig ist die gute Steuerbarkeit, da nach Absetzen des Mittels sofort spontane Rückbldg. der Lähmungen (Hydrolyse durch Cholinesterasen zu *Bernsteinsäure* u. *Cholin.*) erfolgt. (Current Res. Anesthesia Analgesia **31.** 250—57. Juli/Aug. 1952. Stockholm, Karolinska Sjukhuset; Karolinska Inst., Dep. of Pharmacol.) DAUTZENBERG. 4628

G. Nolte und **E. Haslreiter**, *Klinische Erfahrungen mit dem neuartigen Spasmolyticum Buscopan.* Bericht über gute Erfahrungen mit *Buscopan* (*Hyoscin-n-butylbromid*) bei 109 Patienten mit spast. bedingten Schmerzzuständen. Störende Nebenwirkungen u. Gewöhnung wurden nicht beobachtet. Die broncholyt. Wrkg. war relativ gering. (Dtsch. med. Wschr. **77.** 208—09. 15/2. 1952. Bad Reichenhall, Rot-Kreuz-Krankenhaus.) DAUTZENBERG. 4628

John W. Dundee, *Thiopenton bei der dystrophischen Myotonie.* Bei 3 Personen mit dystroph. Myotonie wurde beobachtet, daß sie auf kleine Dosen *Thiopenton* (I) abnorm starke Atmungsdepression u. Muskellähmungen zeigten, während die Rk. auf *Tubocurarin* u. *Mephenesin* unverändert war. Vf. vermutet eine abnorme Empfindlichkeit der Muskeln gegenüber I. (Current Res. Anesthesia Analgesia **31.** 257—62. Juli/Aug. 1952. Liverpool, Univ.) DAUTZENBERG. 4628

Mayer, *Pflanzentherapie der Herz- und Kreislauferkrankungen.* Vortrag. Neben Zubereitungen des Fingerhutes werden bes. solche von Weißdorn, Besenginster, Maiglöckchen, Meerzwiebel u. Adonisröschen empfohlen. — Rezepturbeispiele. (Hippokrates **23.** 123—28. 15/3. 1952. Köln-Merheim.) HERRMANN. 4630

P. R. Bromage, *Vergleich gefäßwirksamer Stoffe am Menschen.* Vf. schlägt zur Beurteilung vasopressor. Substanzen vor, diese nicht unter normotonen, sondern unter hypotonen Kreislaufbedingungen zu erproben. Es wurden entsprechende Unterss. mit den opt. Isomeren des *Methylamphetamins* (I) an 15 Patienten durchgeführt, deren zentrale Kreislaufregulation durch Narkose u. Sympathicusblockade (hohe extradurale Spinalanästhesie) ausgeschaltet war. Die Kreislauf-Rk. war unter diesen Umständen 3—15mal so groß wie im n. Zustand. Der gute Effekt kleiner Dosen verhindert außerdem Gewöhnung an das Mittel. d-I (*Pervitin, Methedrin*) war etwa doppelt so wirksam wie *l*-I. Das Verhältnis der halben Wirkungsdauer betrug *l* : d wie 1 : 1,5, wobei die absol. Dauer der Wrkg. von d-I (intravenös) bei ca. 20—25 Min. lag. (Brit. med. J. **1952.** II. 72—74. 12/7. Chichester and Portsmouth Hosp. Groups.) DAUTZENBERG. 4630

J. Richard, *Bemerkungen zu der vorgeschlagenen Behandlung der Herzinsuffizienz mit Thevetin.* Bei der Behandlung von 134 Patienten mit *Thevetin* (I) wurden täglich 0,75—1,5 mg oral gegeben. I besitzt eine ausgesprochen chronotrope Wrkg. u. fast keine dromotropen Wirkungen, die Zahl der Extrasystolen wurde verringert. $^1/_3$ der mit I behandelten Patienten bekamen Diarrhöen. Als wichtigste Indikationen der I-Behandlung werden u. a. genannt: ventriculäre Linksinsuffizienz bei Hypertonus bzw. Arteriosklerose mit Tachycardie; cardiale Insuffizienz mit Mitral- bzw. aortalen Mitral-Fehlern. Die I-Therapie wird als große vagoton. Medikation bezeichnet, u. kann mit Erfolg dort eingesetzt werden, wo Digitalis bzw. Strophanthin nicht ganz indiziert sind. (J. Méd. Bordeaux Sud-Ouest **129.** 615—17. Juli 1952. Tarbes, France.) HOHENSEE. 4630

J. Dieckhoff, *Zur Behandlung der toxischen Dysenterie mit Periston N.* Nachdem Vf. im Tiervers. zeigen konnte, daß von 16 mit 5 mg Dysenterietoxin vergifteten Kaninchen nach *Periston-N* (I)-Infusion (mittleres Mol.-Gew. 20000) 14 überlebten, wurde I in 15 Fällen tox. Dysenterie bei Säuglingen bei einer Dosierung von 2mal täglich 15 ml/kg 2—3 Tage lang mit gutem Erfolg angewendet. In meist 24 Std. war der schwere Krankheitszustand überwunden. In 7 Fällen tox. Ruhr wurde nach I-Infusion Normalisierung der Blut- bzw. Plasmawerte erreicht. Die I-Infusion wirkt als starker Reiz auf die Eiweißausschwemmung in das Blut u. verhindert dadurch zu starkes Absinken der Serumeiweißwerte. I wirkt außerdem stark entgiftend, da es bei seiner Ausscheidung durch die Nieren in hohem Maße Toxine mitführt. (Z. ges. inn. Med. Grenzgebiete **7.** 682—86. 1/8. 1952. Halle/Saale, Martin-Luther-Univ., Kinderklinik.) KRUSEN. 4645

I. B. Bender und **Samuel Seltzer**, *Kombination von Antibioticis und Fungiciden zur Behandlung von infizierten pulpenlosen Zähnen.* In vitro mit aus infizierten Wurzelkanälen isolierten Bacillenstämmen u. in vivo als Einlage wurden verschied. Antibiotica allein u. zusammen mit Fungiciden auf ihre Wrkg. gegenüber den Krankheitserregern geprüft. Die geringste Wrkg. hatte *Penicillin* (I) allein (68—70% sterile Wurzeln) sowohl in wss. Lsg. (25000—50000 I.E.) als auch in Erdnußöl (600000 I. E.). Mit *Streptomycin* (II) in *Propylenglykol* (III) wurden 73% der behandelten Wurzeln steril. Eine etwas bessere Wrkg. (76% geheilte Fälle) hatte die Kombination I + II in Erdnußöl. Verwendung von I + II in III ergab sterile Wurzelkanäle in nur 65% der Fälle, was auf die Instabilität von I in III zurückgeführt wird. Verss. mit II + *Chloramphenicol* (IV) ergaben 81% geheilte Fälle. Die Kombination II + IV + *Na-Undecylat* in III führte zu sterilen Wurzeln in 96% der Fälle. Eine noch bessere Wrkg. jedoch (98% geheilt) ergab die Kombination 300000 I.E. *Procain-Penicillin G* + 200 mg II + 200 mg IV + *Na-Caprylat.* Na-Caprylat erzeugte in vitro eine größere Hemmzone als Na-Undecylat u. ist bes. wirksam gegen verschied. grampositive Bacillen. In klin. Unterss. zeigte sich, daß nach II + IV die

Periodontitis 48—72 Std. lang anhielt, während sie nach Zugabe von I bereits in 8 Std. abklang. Das Gemisch ist 1 Jahr lang stabil. (J. Amer. Dental Assoc. **45.** 293—300. Sept. 1952. Philadelphia, Pa.) KLESSE. 4655

William C. Kuzell, Ralph W. Schaffarzick, Beverly Brown und **Eldon A. Mankle**, *Phenylbutazon (Butazolidin) bei rheumatischer Arthritis und Gicht.* Vff. behandelten 140 Patienten mit Gicht u. verschied. rheumat. Erkrankungen mit täglich 0,125—1,2 g *Phenylbutazon* (I; *4-Butyl-1.2-diphenyl-3.5-pyrazolidindion-Na*) peroral oder intramuskulär. Bei 48 Patienten mit acuter oder chron. Gicht wurden zum Teil in kürzester Zeit Linderung bzw. Verschwinden der Symptome u. Senkung der Serumharnsäure erzielt. Bei rheumat. Arthritis wurden ebenfalls schnelle Besserung der Symptome u. Schmerzlinderung erzielt, die aber 4—7 Tage nach Absetzen von I wieder auftraten. Auch bei Psoriasis mit Arthritis, Ankylose-Spondylitis, Osteoporose, Osteoarthritis u. Peritendonitis der Schulter zeigte I gute klin. Wirkungen. In 47 von 140 Fällen traten tox. Nebenerscheinungen, wie Hautausschläge, Ödeme, Erbrechen u. Vertigo, auf, die bei 17 Patienten zum Absetzen der I-Therapie zwangen. Es wird bes. auf einige Fälle hingewiesen, bei denen durch I Aktivierung von Ulci peptici erfolgte. Durch Verss. mit Ratten konnte gezeigt werden, daß I keine Wrkg. auf das Hormonsyst. der Nebennieren u. auf das Blutbild ausübt. Dagegen wird die O_2-Aufnahme u. Glucoseoxydation der Hirnrinde deutlich gehemmt. — 27 Literaturangaben. (J. Amer. med. Assoc. **149.** 729—34. 21/6. 1952. San Francisco, Stanford Univ., School of Med., Dep. of Pharmacol. and Therap.) KRUSEN. 4670

W. Blumencron, *Die Salicyltherapie in der täglichen Praxis.* Der Erfolg der *Salicyl* (I)-Therapie bei rheumat. Erkrankungen hängt von einem schnell erzielten u. dann lang anhaltenden I-Spiegel im Serum ab. Mit Na-I ist diese Forderung bei oraler u. rectaler Verabreichung wegen Intoleranzerscheinungen nicht befriedigend zu erfüllen. Gute Erfolge mit dem *Äthanolaminsalz* der I-Säure = *Solusal* (II). Mit II wurde im Vgl. zu *Na*-I mit der gleichen Menge ein höherer u. länger anhaltender I-Spiegel erzielt; dieser betrug 5 Std. nach der Injektion von 10 cm^3 II (20%ig) 26 mg-%, nach 20 cm^3 *Na*-I (10%ig) 10,5 mg-%. II wird bei intravenöser Injektion in Verdünnung mit Eigenblut gut vertragen. (Schweiz. med. Wschr. **82.** 814—15. 9/8. 1952. Wien.) DOSSMANN. 4670

Lothar Ehrhardt, *Tödliche Natriumchloratvergiftung zweier Säuglinge.* Ausführlicher Bericht über 2 Fälle von $NaClO_3$-Vergiftung infolge Verwechselung mit NaCl bei der Zubereitung von RINGER-Lösung. Es wurden insgesamt 13,5 bzw. 10,8 g $NaClO_3$ zugeführt. Die Autopsie u. histolog. Unters. ergab Hämolyse bzw. Methämoglobinämie mit allg. Permeabilitätssteigerung sämtlicher Capillaren. Leber, Nieren u. Milz zeigten schwerste patholog. Veränderungen. Es wird gefordert, Chlorate nur unter der Bezeichnung „Gift" in den Handel zu bringen. (Dtsch. Z. ges. gerichtl. Med. **41.** 96—104. 1952. Dessau, Städt. Krankenanst.) KRUSEN. 4675

D. O. Shiels, *Die Behandlung von Bleivergiftungen durch intravenöse Verabreichung von Natriumthiosulfat.* Rückblick über Erfahrungen mit *Na-Thiosulfat* (I) bei *Pb*-Vergiftungen der Jahre 1934—36 in den Pb-Bergwerksgebieten Australiens. Zur Erzielung eines befriedigenden Gesundheitszustandes wurden je nach Fall 2—12 I-Injektionen von 30 grain (1,94 g) in einigen ml W. jeden 2. Tag benötigt. Gute Erfolge, keine Rückfälle. Die Besserung nach I wird nach der Zunahme des Verhältnisses: Monocyten + große Lymphocyten zu kleinen Lymphocyten beurteilt; dieses betrug vor I-Therapie 1,23, nachher 3,22; diese Zahl nähert sich dem Wert 3,72, der im Mittel bei 109 Personen festgestellt wurde, die auch der *Pb*-Einw. ausgesetzt waren, aber keine krankhaften Symptome zeigten. (Med. J. Australia **39.** I. 879—82. 28/6. 1952. Victoria, Ind. Hyg. Div., Dep. of Health.) DOSSMANN. 4675

Howard F. Martin und **Newton H. Reid**, *Hypoproteinämie als Schutz bei Quecksilberchloridvergiftungen.* Intravenöse Vergiftungsverss. mit $HgCl_2$ an n. Hunden u. solchen mit experimenteller Hypoproteinämie zeigten, daß diese eine Schutzwrkg. ausübt, die auf das vergrößerte extracellulare Vol. u. auf die geringere Bindung des Hg an Eiweiß zurückgeführt wird, wodurch eine schnellere Ausscheidung des Giftes erfolgt. (Proc. Soc. exp. Biol. Med. **78.** 863—65. Dez. 1951. St. Louis, Miss., Washington Univ., School of Med., Dep. of Physiol.) KRAFT. 4675

Einar Sjövall, *Alkohol und Lebercirrhose.* (Dtsch. Z. ges. gerichtl. Med. **41.** 10—14. 1952. Tomestorp, Schweden.) KRUSEN. 4675

J. Loeper und **J. Loeper**, *Mercaptobrenztraubensäure und Leberabwehrreaktion bei der Tetrachlorkohlenstoffvergiftung.* 27 Ratten wurden alle 2 Tage, insgesamt 20 mal, der Einw. von Tetrachlorkohlenstoffdämpfen ausgesetzt. 16 davon erhielten *Mercaptobrenztraubensäure* (I). 1 Std. vor der CCl_4-Inhalation in Dosen von 0,02 g subperitoneal. Die resultierenden Leberschädigungen wurden histolog. verglichen: Die mit I vorbehandelten Tiere zeigten in 10 Fällen keine, in 6 Fällen sehr geringe Schädigung. Die Kontrolltiere

hatten ausgedehnte Nekrosen, Kernveränderungen u. fettige Degeneration. Die Zellregenerationserscheinungen waren bei den vorbehandelten Ratten lebhafter. Vff. schließen daraus, daß I einen Leberparenchymschutz bei der CCl_4-Vergiftung darstellt. (C. R. Séances Soc. Biol. Filiales **146**. 61—62. Jan. 1952. Labor. de Pathologie expérimentale.)
BERGER. 4675

J. Loeper und **J. Loeper**, *Die Wirkung der Mercaptobrenztraubensäure auf das Leberglykogen bei Tetrachlorkohlenstoffvergiftung.* Der Glykogengeh. der Leber bei Ratten wurde gemessen: 1. nach CCl_4-Vergiftung, 2. wie bei 1., jedoch nach Vorbehandlung mit *Mercaptobrenztraubensäure* (I), 3. nach Verabreichung von I ohne nachfolgende Vergiftung als Kontrolle. Tiere der Gruppen 1 u. 3 zeigten einen annähernd gleich hohen Glykogengehalt, diejenigen der Gruppe 2 aber wiesen einen auf über das Doppelte gestiegenen Glykogenwert auf. Das beweist, daß I den Glykogenaufbau der geschädigten Leber unterstützt. Auch das Ergebnis der histolog. Unterss. entspricht den erwähnten Messungen. (C. R. Séances Soc. Biol. Filiales **146**. 62—64. Jan. 1952.) BERGER. 4675

J. Loeper und **J. Loeper**, *Vergleich der Wirkungen von Methionin, Natriumhyposulfit und Mercaptobrenztraubensäure auf die Vergiftung mit Tetrachlorkohlenstoff.* Vff. stellen beim Vgl. der Wirkungen des *Methionins* (I), *Hyposulfit* (II) u. der *Mercaptobrenztraubensäure* (III) auf mit CCl_4 vergiftete Ratten fest, daß I bes. auf die degenerative Verfettung günstig einwirkt, während II, u. in noch stärkerem Maße III den Glykogengeh. der Leber steigert, wodurch eine Widerstandsfähigkeit der Leber gegen die Vergiftung erzielt wird. (C. R. Séances Soc. Biol. Filiales **146**. 560—61. April 1952.)
FAHRNLÄNDER. 4675

Bernard Goldstone, *Todesfall im Zusammenhang mit Methoniumbehandlung.* Bericht über einen Fall von Hypertonie, der über Wochen mit 100 mg *Pentamethoniumbromid* (I), 3mal täglich, behandelt worden war. Es entstand eine intestinale Parese, die durch Laparoenterotomie nicht zu beheben war u. zum Tode führte. Die Gefahr des Auftretens von Parasympathicus-Blockade bei I-Verabreichung wird besprochen; offenbar wird I im Stoffwechsel nicht zerlegt u. unverändert von den Nieren ausgeschieden, wodurch Anhäufungsgefahr besteht, die ein Fallen des Blutdrucks u. Harnverhaltung zur Folge haben kann. Behebung der Erscheinungen durch *Adrenalin* oder *Noradrenalin*. Therapie mit I wird wegen Gefährlichkeit abgelehnt. (South African med. J. **26**. 552—54. 5/7. 1952. London.) DOSSMANN. 4675

Edward Balthrop, *Vergiftungen durch Tung-Nüsse.* Die ölhaltigen Nüsse von *Aleuritis fordii* sind giftig; es gelang bisher nicht, die giftige Komponente zu isolieren; vermutlich ist es ein *Protein*, das durch Hitze neutralisiert werden kann. Bericht über 10 Fälle mit Übelkeit, Erbrechen, Diarrhöe, Krämpfen, Durst, zum Teil auch mit Cyanose, Paraesthesie, Mydriasis u. vorübergehender Nierendysfunktion. Auf die Verwandtschaft mit *Ricinus* wird hingewiesen; unter Umständen bewirkt bei den Tung-Nüssen dasselbe *Glykosid* die Diarrhöe. Die Möglichkeit, *Pilocarpin* als Gegenmittel zu benutzen, wird diskutiert. Die besprochenen Fälle wurden erfolgreich mit $MgSO_4$ behandelt. (Southern med. J. **45**. 864—65. Sept. 1952. Mobile, Ala.) DOSSMANN. 4675

Aug. Chevalier, *Über einige giftige Arten von Dioscorea in Äquatorialafrika, von denen mehrere Varietäten eßbar sind.* Vork. u. Beschreibung der Pflanzen. (Rev. int. Bot. appl. Agric. trop. **32**. 14—19. Jan./Febr. 1952.) KLESSE. 4675

Roger Sillans, *Über einige für Fische toxische Pflanzen Zentralafrikas.* Beschreibung u. Systematisierung von in Zentralafrika vorkommenden Pflanzen, die zum Teil gänzlich, zum Teil teilweise (Blätter oder Rinde) von den Eingeborenen zum Fischfang benutzt werden (Einbringen in Seen oder Flüsse, wodurch die Tiere betäubt werden). Die wirksamen Bestandteile sind zumeist Saponine, Rotenon u. dessen Derivv. u. HCN. (Rev. int. Bot. appl. Agric. trop. **32**. 54—65. Jan./Febr. 1952. Boukoko, Oubangui-Chari, Labors. de Bot.) KLESSE. 4675

W. Klosterkötter, *Tierexperimenteller Beitrag zur Frage der toxischen Wirkung molekular gelöster Kieselsäure.* An 34 weißen Ratten (150—200 g schwer) konnte eine erhebliche tox. Wrkg. mol. gelöster *Kieselsäure* (gewonnen aus Aerosil/DEGUSSA) beobachtet werden. Bei intratrachealer Gabe betrug die Dos. let. min. 1,8 mg/ml. Die Tiere machten schon kurz nach dem Eingriff einen schwerkranken Eindruck u. zeigten nach Sektion Gewebsveränderungen, die in schweren Rkk. der Endstrombahn in Plasma-Erythro- u. Leukodiapedese bestanden. In den subakut verlaufenen Fällen (nach Gaben von 1,5 mg/ml) standen neben vorwiegend cellulären Rkk. des Lungengewebes schwere Parenchymschäden an Leber u. Nieren im Vordergrund. Die Ausbldg. SiO_2-haltiger Pleuraexsudate sowie die einer hämorrhag. Pericarditis zeigt, daß auch die serösen Häute in Mitleidenschaft gezogen werden. — Während im kolloiddispersen Bereich die Rkk. mit akt. Oberflächen bedeutsam sind, ist im molekulardispersen Bereich mit einer akuten chem. Giftwrkg. zu rechnen. Bei der Entw. einer kieselsäurebedingten nodulären oder diffusen Fibrose treten im Laufe der Zeit diese verschied. Reaktionsbedingungen auf, wobei der Quarzstaub hinsichtlich der Lösungsart u. der langen Lösungsdauer ein geradezu ideales Depotgift darstellt. (Arch. Hyg. Bakteriol. **136.** 188—94. 1952. Münster, Univ., Staatsinst. für Staublungenforschung u. Gewerbehygiene.) LIPPOLD. 4681

E. de Gregorio García-Serrano, Vacunoterapia, quimioterapia y medicación antibiótica en dermovenereología. Barcelona: Salvat. 1952. (203 S.)

William H. O. McGehee and **Melvin W. Green**, Pharmacology and pharmacotherapeutics for dentists. 4th ed. Philadelphia: Blakiston. 1952. (550 S. m. Abb.) $ 7.50.

P. N. Swift, Physician's guide to chemotherapy. London: H. K. Lewis. 1952. (XII + 176 S.) s. 15.

F. Pharmazie. Desinfektion.

Florian Mioduszewski, *Ultraschall in der pharmazeutischen Praxis und in der Therapie.* Überblick über die Anwendung zur Herst. von Emulsionen u. koll. Lsgg., Mechanismus der Zerteilungswrkg., Einfl. auf Mikroorganismen. (Farmacja polska **8.** 21—22. Jan. 1952.) R. K. MÜLLER. 4750

Gunnar Hansen, *Kommentar zur Herstellungsvorschrift von Adetaminpillen.* Vf. beschreibt die Herst. von Adetaminpillen. *Nordihydroguajaretsäure* („N. D. G. A. antioxidant") wird mit Citronensäure in schm. gehärtetes Sojaöl eingetragen, die erhaltene Lsg. filtriert (bei 50°) u. das Filtrat auf Pillen bzw. Dragees weiterverarbeitet (Pillenapp. Piluterm). (Arch. Pharmac. og Chem. **59.** (**109.**) 648—52. 9/8. 1952. Kopenhagen, Danmarks Apotekerforenings Kontrollabor.) GEITZ. 4766

J. V. Mitchell, *Wertverlust von Spiritus aetheris nitrosi* (*B. P.*) An 5 unter verschied. Bedingungen behandelten Proben wurde festgestellt, daß *Spiritus aetheris nitrosi* (**I**) unter n. Zubereitungsbedingungen rasch an Wert (Äthylnitrit, **II**) verliert. Die Geschwindigkeit der Wertabnahme wird bemerkenswert beeinflußt, wenn die Gefäße mit **I** an warmer Stelle aufbewahrt werden. Bei gutgefüllten u. gutverschlossenen Gefäßen ergibt sich trotz period. Öffnung ein geringer Verlust an **II**. Genügende Stabilität von **I** wird bei Lagerung in ungeöffneten Bernsteingefäßen gewährleistet. (Pharmac. J. **168.** [4] **114.** 428. 14/6. 1952.) BOYE. 4790

Gunnar Hansen, *Kommentar zur Herstellungsvorschrift für Aminojod.* Mit Methyl-p-oxybenzoat an Stelle von Benzoesäure erhält man ein haltbares Präp. ohne Schimmelbildung. Der Geschmack läßt sich durch Zusatz von Weinsäure (1%) oder Essigsäure u. Pfefferminzöl verbessern, auch durch den Saft der schwarzen Johannisbeere. (Arch. Pharmac. og Chem. **59.** (**109**) 645—48. 9/8. 1952. Danmarks Apotekerforenings Kontrollabor.) GEITZ. 4806

P. Axerio, *Über die industrielle Herstellung von Atebrin.* Geschichtlicher Überblick, auch über synonyme Prodd. in verschied. Ländern. Synth. von *1-Diäthylamino-4-oxypentan* aus Diäthylamin u. Äthylenoxyd in CH_3OH, Umsetzung zum Chlorid mit $SOCl_2$, das mit Na-Acetessigester den *α-[β-Diäthylaminoäthyl]-acetessigester* liefert. Hieraus durch Ketonspaltung mit 10%ig. H_2SO_4 *1-Diäthylamino-4-pentanon*, dessen Oxim nach Hydrierung mit RANEY-Ni *1-Diäthylamino-4-aminopentan* (**I**) liefert. — Synth. von *2-Methoxy-6.9-dichloracridin* (**II**) aus *2.4-Dichlorbenzoesäure* u. *1-Methoxy-4-aminobenzol* über *2-Methoxy-6-chloracridon* u. Kondensation von **I** u. **II** zu *Atebrin.* Kurze Hinweise auf Neben-Rkk., Schemata von Betriebsanlagen. (Farmac. nueva **17.** 110—16. März. 169—74. April 1952.) ALTPETER. 4806

G. Mylius, *Über die Entwicklung der Mund- und Zahnpflegemittel.* Vf. bespricht die verschied. Arten der Mund- u. Zahnpflegemittel (feste, pastenförmige u. fl.) u. die Eigg. der für Zahnpflegemittel bes. empfohlenen Zusätze. (Chem. Techn. **3.** 337—39. Nov. 1951. Dresden.) FIEDLER. 4822

—, *Die Anwendung von Triäthylenglykoldämpfen zur Bekämpfung akuter Erkrankungen des Respirationstrakts bei Marinesoldaten.* 1. Mitt. *Physikalische Faktoren und die Wirkung der Bakterien der Luft.* In den Schlafsälen amerikan. Truppenunterkünfte wurde während des Winterhalbjahrs Triäthylenglykol (**I**) in einer Konz. von 2,5 γ/Liter Luft zerstäubt. Kontrollen mit Wasserdampfverneblern. Gleichzeitig Kontrolle der Luftfeuchtigkeit. **I** war am höchsten konz. bei erhöhter Luftfeuchtigkeit (Optimum der Konz. von **I** 60% des Ausgangswerts). Bei den gleichzeitig in vitro getesteten Bakterien erwies sich Streptoc. haemolyt. als am empfindlichsten. Bes. während der Nacht sank die Bakterienzahl ab (bis zu 65%). (Amer. J. Hyg. **55.** 203—13. März 1952. Great Lakes, Ill., U. S. Naval Training Center.) P. G. SCHEURLEN. 4834

—, *Die Anwendung von Triäthylenglykoldämpfen zur Bekämpfung akuter Erkrankungen des Respirationstrakts bei Marinesoldaten.* 2. Mitt. *Die Wirkung auf akute Erkrankungen des Atmungssystems.* (1. vgl. vorst. Ref.) Die Wrkg. von Triäthylenglykol (**I**)-Dämpfen wurde während der Wintermonate an über 1300 Männern untersucht. Es ließen sich keine Unterschiede hinsichtlich der Erkrankungsziffern u. der Erkrankungsdauer der akuten Erkrankungen des Respirationstrakts, der Influenza u. der banalen Streptokokkeninfekte, verglichen mit unbehandelten Versuchspersonen, feststellen. Nur 3% aller in den **I** enthaltenden Räumen lebenden Mannschaften blieben völlig frei von Infektionen. **I** erweist sich also als unwirksam zur Prophylaxe der genannten Krankheiten. (Amer. J. Hyg. **55.** 215—29. März 1952.) P. G. SCHEURLEN. 4834

Krystyna Ustjan, *Die Entkeimung von destilliertem Wasser und Apothekengeräten.* Für die Entkeimung von dest. W. wird eine Einrichtung beschrieben, bei der das W. aus einem Vorratsbehälter durch einen mit Quarzlampe bestrahlten Zwischenbehälter in einen zweiten Vorratsbehälter läuft, der mit mehreren Entnahmestellen verbunden ist. Für Geräte wird Erhitzen auf 130° empfohlen. (Farmacja polska **8.** 24—26. Jan. 1952.) R. K. MÜLLER. 4836

Kenichi Takashita, *Anwendungsbeispiele für die Qualitätskontrolle in der pharmazeutischen Industrie.* Grundsatz des Herausarbeitens eines Standard-Herstellungsverf. in 3 Entwicklungsstufen. Erläuterung der laufenden Qualitätskontrolle am Beispiel eines Betriebs (Herst. von Prodd. nach Gärverff.) u. von Betrieben der Dosierung u. Abfüllung (Gewichtskontrolle, Herabsetzung von Ausschuß u. Prüfung der Injektionsampullen). (Chem. and chem. Ind. [Kagaku to Kogyo] **5.** 127—31. März 1952. [Orig.: japan.]) SCHULER. 4880

Anders Baerheim Svendsen, *Neue Wege in der Pharmakognosie und neue Methoden in der pharmakognostischen Forschung.* Inhaltlich ident. mit der C. **1952.** 7700 referierten Arbeit. — 12 Literaturhinweise. (Arch. Pharmac. og Chem. **59.** (**109.**) 442—55. 17/5. 1952.) GEITZ. 4880

Sixten Ljungberg, *Bestimmung kleiner Mengen von Barbituraten in gewissen Tablettenkompositionen.* Kleine Mengen von Barbituraten in Tablettenkompositionen, die u. a. Baldrianextrakt enthalten, werden nach Adsorption an Al_2O_3 u. Auswaschen mit 0,1mol. NaBr-Lsg. photometr. nach einer Modifikation der KOPPANYIschen Rk. bestimmt. (Farmac. Revy **51.** 569—71. 5/9. 1952. Statens Farmacevtiska Labor., Kemiska avdelningen.) GEITZ. 4880

Alf Wickstrøm und **Bjarne Salvesen,** *Eine einfache Methode zur indirekten colorimetrischen Bestimmung von Ephedrin.* Vff. behandeln das in W. gelöste Ephedrinhydrochlorid mit KJO_4 unter Zusatz von $NaHCO_3$ (Oxydation), hierauf mit $SnCl_2$ in konz. HCl (Red.) u. schließlich zur Entw. des Farbstoffes mit p-Oxydiphenyl in Eisessig u. folgender Zugabe von konz. H_2SO_4. Nach ca. 4 Std. hat die violettrote Färbung ihr Maximum erreicht. Benzaldehyd u. Methylamin, die bei der Oxydation entstehen, haben keinen Einfl. auf die Farbentwicklung. Die Lichtabsorption (Acetaldehyd) wird dann im Elektrophotometer („Lumetron" mit Filter M 575) bestimmt. (Medd. norsk. farmac. Selsk. **14.** 97—104. Aug. 1952. Oslo, Univ., Labor. de Pharmacie chimique.) GEITZ. 4880

Victor Kwasniewski, *Über einen neuen Mikronachweis der Alkaloidchelidonate des Schöllkrautes.* Die Mikro-Rk. des Opiums mit Gerbsäurelsg. (nach WERDERMANN), die ihrer Charakteristik wegen ins DAB. 6 aufgenommen wurde, wird für *Chelidonium majus* angewendet. Die entstehenden Gebilde unterscheiden sich von denen der Opium-Rk., so daß mit Hilfe dieser Rk. ein schneller Nachw. von *Radix* u. *Herba Chelidonii* möglich ist. (Pharmaz.-Ztg.-Nachr. **88.** 49—50. 15/1. 1952. Königslutter.) ULEX. 4880

Deutsche Hydrierwerke Akt.-Ges., Düsseldorf (Erfinder: **Winfried Hentrich,** Riehen, Basel, Schweiz), *Herstellung einer Diadipinsäure* der Formel I durch Oxydation von 4.4'-Dioxydicyclohexyl mit HNO_3, bes. in Ggw. von Oxydationskatalysatoren, z. B. Ammonvanadat. Man erhält 2 isomere Formen mit F. 195—196° u. 203—205°, die durch fraktionierte Kristallisation getrennt werden können. — Für CO_2 entwickelnde Pulver u. Tabletten. (**D. B. P. 849 242** Kl. 12o vom 22/4. 1944, ausg. 11/9. 1952.) SCHINDLER. 4805

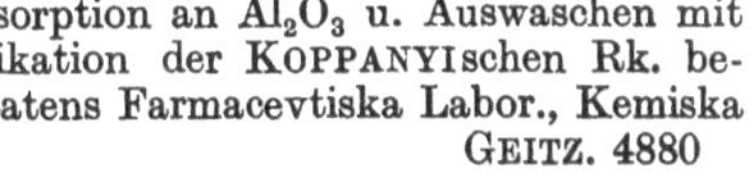

Johnson & Johnson (Great Britain) Ltd., Slough, England, *Selbsthaftender elastischer Verbandstoff* aus lockerer Gaze. Das Gewebe trägt eine selbstklebende Schicht, die z. B. aus Naturkautschuk, Glycerinester hydrierter Harzsäuren, Wollfett u. ZnO besteht. Die andere Seite des Gewebes wird mit einer Schicht von ölunlösl. Kunststoffen versehen, z. B. mit hochpolymerisiertem Butadien, Acrylnitril, Methylacrylat u. dergleichen. (**E. P. 653 921** vom 7/6. 1948, ausg. 30/5. 1951. A. Prior. 2/8. 1947.) HEINZE. 4795

Carlo Erba S. p. A., übert. von: **Heinrich Koster**, Mailand, und **Giampiero Gennari**, Sta. Maria Maggiore, Italien, *Lösliche und injizierbare Sulfonamidsalze* werden erhalten durch Rk. mit 1-Amino-2.3-propandiol im mol. Verhältnis. Die stabilen, bei über 100° sterilisierbaren Lsgg. haben ein p_H 8,5—8,7. Als Beispiele sind die Pyrimidin-, Methylpyrimidin- u. Dimethylpyrimidinsulfonamidsalze genannt. (**A. P. 2 579 933** vom 5/9. 1950, ausg. 25/12. 1951.) SCHINDLER. 4807

Norden Laboratories, übert. von: **Kermit L. Maurer** und **Lewis E. Harris**, Lincoln, Neb., V. St. A., *Stabilisierte wässerige Sulfonamidlösungen* für parenterale Injektionen durch Kombination mit Aldosen (Xylose, Rhamnose, Maltose, Dextrose usw.), zweckmäßig mit geringen Mengen Hydroxyden oder Carbonaten des Na, K oder NH_4. Bes. leicht lassen sich 2 u. mehr Sulfonamide mit verschied. Wirkungsspektr. kombinieren, z. B. Sulfapyridin, Sulfaguanidin, Sulfathiazol usw. mit Sulfanilamid, Sulfadiazin, Sulfamerazin usw. (**A. P. 2 582 147** vom 10/4. 1948, ausg. 8/1. 1952.) SCHINDLER. 4807

Soc. des Usines Chimiques Rhône-Poulenc (Erfinder: **Pierre Viaud**), Paris, Frankreich, *Herstellung von löslichen Salzen des p-Aminobenzolsulfonylthioharnstoffs*, dad. gek., daß man diesen mit einem Äthanolamin, bes. Triäthanolamin, umsetzt u. die Lsgg. gegebenenfalls durch Zusatz von Na_2SO_3 stabilisiert. Für intramuskuläre oder intravenöse Applikation. (**D. R. P. 752 749** Kl. 12o vom 19/2. 1943, ausg. 6/10. 1952. F. Prior. 16/11. 1942.) SCHINDLER. 4807

A. Wander Akt.-Ges., Bern, Schweiz, *p-(Äthylureido)-benzalthiosemicarbazon*, $CH_3 \cdot CH_2 \cdot NH \cdot CO \cdot NH \cdot C_6H_4 \cdot CH{=}N \cdot NH \cdot CS \cdot NH_2$, gelb, F. 220° (Zers.), mit wachstumshemmenden Eigg. gegen Tuberkelbacillen, erhält man durch Erwärmen von p-(Aminobenzal)-thiosemicarbazon in Pyridin (oder Aceton, Dioxan) mit Isocyansäureäthylester. (**E. P. 672 370** vom 23/2. 1950, ausg. 21/5. 1952. Schwz. Prior. 24/5. 1949.) KRAUSS. 4807

Badische Anilin- & Soda-Fabrik, Ludwigshafen/Rh., *Reines 1-Phenyl-2-aminopropan* (**I**). Hydrozimtalkohol wird mit Fettsäuren verestert. Die Ester werden dann auf solche Tempp. erhitzt, z. B. 340°, daß sie in ein Gemisch der isomeren 1-Phenylpropene u. Fettsäuren zerfallen. Aus jenen erhält man durch Behandeln mit HCl (40 at) ein Gemisch von 1-Phenylchlorpropanen, $Kp._{15}$ 100—115°; dieses wird mit konz. wss. NH_3 auf 150° bei ca. 40 at erhitzt. Aus dem Amingemisch wird **I** als schwerlösl. *Sulfat* abgetrennt, aus dem man mit NaOH die freie Base erhält. — „*Weckamin*". (**Schwz. P. 281 278** vom 1/10. 1949, ausg. 16/6. 1952. D. Prior. 1/10. 1948.) KRAUSS. 4807

Farbwerke Hoechst, vormals Meister Lucius & Brüning, Frankfurt/M. (Erfinder: **Gustav Ehrhardt**, Frankfurt, und **Heinrich Ott**, Eppstein, Taunus), *Herstellung von substituierten α-Aminoacetessigestern.* α-Acylaminoacetessigester werden in Ggw. säurebindender Mittel, bes. Alkalien u. Erdalkalien, zweckmäßig in wss. Medium, mit Aroylhalogeniden umgesetzt. — Beispiel: 26,3 (g) α-Phenacetylamino-acetessigsäureäthylester werden mit 100 cm³ W. u. einer Lsg. von 18,5 p-Nitrobenzoylchlorid in 50 cm³ Bzl. vermischt u. sofort mit 7,5 $Ca(OH)_2$ in W. versetzt. Nachdem die Temp. auf 40—45° angestiegen ist, scheiden sich 27 *α-(p-Nitrobenzoyl)-α-phenacetylamino-acetessigsäureäthylester* aus, F. 147°. Analog wurden hergestellt: *α-(p-Chlorbenzoyl)-α-phenacetylamino-acetessigsäureäthylester*, F. 126—127°; *α-Benzoyl-α-phenacetylamino-acetessigsäureäthylester*, F. 96—97°; *α-(p-Nitrobenzoyl)-α-dichloracetamino-acetessigsäureäthylester*, F. 136—137°. *Heilmittel* u. Zwischenprodukte. (**D. B. P. 843 406** Kl. 12o vom 6/6. 1950, ausg. 7/7. 1952.) SCHMAUSER. 4807

Badische Anilin- & Soda-Fabrik, Ludwigshafen/Rh. (Erfinder: **Richard Kuhn** und **Karl Dury**, Heidelberg), *Herstellung von Furan-2.5-dicarbonsäureestern* durch Einw. wasserabspaltender Mittel (H_2SO_4) auf α.α'-Diketoadipinsäureester bzw. deren Enolformen oder deren O-Acylderivate. *Diäthylester*, F. 47°; *Dimethylester*, F. 107°; *Di-n-propylester*, $Kp._{12}$ 164°; *Di-n-butylester*, F. 40°. — *Anästhetica.* (**D. B. P. 850 751** Kl. 12q vom 28/10. 1950, ausg. 29/9. 1952.) FABEL. 4807

Chemische Werke Albert (Erfinder: **Emil Eidebenz**), Wiesbaden, *Herstellung von Bis-(diacetyl)-tartryldiphenolisatin.* Man läßt auf alkal. gelöstes Diphenolisatin zweckmäßig in einem indifferenten Lösungsm. gelöstes Diacetylweinsäureanhydrid einwirken. Der Ester wird in einer Ausbeute von über 80% erhalten; er schm. bei 142—145°. — *Abführmittel.* (**D. B. P. 852 245** Kl. 12p vom 23/12. 1948, ausg. 13/10. 1952.) BRÖSAMLE. 4807

Ciba Pharmaceutical Products, Inc., Summit, N. J., V. St. A., übert. von: **Karl Miescher**, Riehen, und **Adrian Marxer**, Basel, Schweiz, *2-Cyclohexyl-1-(3'-piperidinopropyl)-cyclohexanol* (**I**) erhält man durch Rk. von N-[1-Chlorpropyl-(3)]-piperidin zunächst mit einem Metall, z. B. Mg, Cd oder Zn, u. dann mit 2-Cyclohexylidencyclohexanon u. anschließende Hydrierung des erhaltenen *2-Cyclohexyliden-1-(3'-piperidinopropyl)-cyclohexanol*, $Kp._{0,07}$ 146—148°. **I** sd. bei 152—153°/0,07 mm; *Hydrochlorid*, F. 232°. — *Spasmolyticum.* (**A. P. 2 590 638** vom 27/12. 1950, ausg. 25/3. 1952. Schwz. Prior. 1/2. 1950.) BRÖSAMLE. 4807

C. F. Boehringer & Söhne G. m. b. H. (Erfinder: **Hans Dietrich** und **Erich Rabald**), Mannheim, *Darstellung von therapeutisch wertvollen Aminoalkoholen des 6-Methoxychinolins*, dad. gek., daß man auf Ketoamine der Formel I, in der R_1 u. R_2 Alkyl u. R_3 Alkyl oder H bedeuten bzw. R_2 u. R_3 gemeinsam eine Alkylenbrücke bilden können, Al-Alkoholate einwirken läßt. Nach den Beispielen wird 6-Methoxychinolyl-4-(α-piperidinoäthyl)-keton mit Al-Isopropylat zu *6-Methoxychinolyl-4-(α-piperidinoäthyl)-carbinol, Bromhydrat*, F. 208—209°, entsprechend das α-Piperidinopropyl-keton u. das 6-Methoxychinolyl-4-(α-dihexylaminoäthyl)-keton zum Carbinol umgesetzt. (**D. B. P. 849 556** Kl. 12p vom 22/6. 1943, ausg. 15/9. 1952.) Schindler. 4807

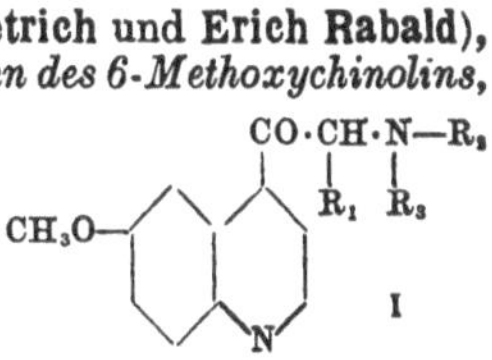

I

Burroughs Wellcome & Co., Inc., übert. von: **George H. Hitchings**, Tuckahoe, **Peter Byrom Russell**, Crestwood, und **Elvira A. Falco**, New Rochelle, N. Y., V. St. A., *2.4-Diamino-5-phenyl-6-alkylpyrimidine*, die als *Malariaheilmittel* verwendet werden, erhält man durch Rk. von Guanidin (I) mit einem α-Phenyl-β-alkoxy-β-alkylacrylnitril; z. B. *2.4-Diamino-5-(p-chlorphenyl)-6-methylpyrimidin*, F. 265°, aus α-(p-Chlorphenyl)-β-methyl-β-methoxyacrylnitril u. I. Ferner werden dargestellt [II = „2.4-Diamino-5-(p-chlorphenyl)"-]: II-*6-äthylpyrimidin*, $C_{12}H_{13}N_4Cl$, F. 218—220°; II-*6-propylpyrimidin*, F. 171 bis 174°; II-*6-isobutylpyrimidin*, F. 148°; II-*6-butylpyrimidin*, F. 209°; II-*6-amylpyrimidin*, F. 189°; *2.4-Diamino-5-(p-nitrophenyl)-6-methylpyrimidin*, $C_{11}H_{11}O_2N_5$, Zers. $>350°$; *2.4-Diamino-5-(p-bromphenyl)-6-äthylpyrimidin*. (**A. P. 2 576 939** vom 20/7. 1950, ausg. 4/12. 1951.) Brösamle. 4807

American Cyanamid Co., New York (Erfinder: **Samuel Kushner**, Manuet, und **Louis Maria Brancone**, Pearl River), N. Y., V. St. A., *Herstellung von Piperazin-N-monocarbonsäureamiden* der allg. Formel I, in der R Wasserstoff oder Alkyl u. R′ bzw. R″ Wasserstoff, Alkyl oder zusammen den Rest eines heterocycl. Ringes (Piperazin, Piperidin-, Morpholinringes oder dgl.) vorstellen, dad. gek., daß man Piperazin oder ein N-Alkylpiperazin mit einem Mono- oder Dicarbamylchlorid bei 0—40° zweckmäßig in Ggw. von W. oder einem organ. Lösungsm., wie Chlf., umsetzt. Zwecks Herst. der monosubstituierten Piperazin-N-carbonsäureamide kann man auch mit Isocyanat, z. B. Phenylisocyanat, umsetzen. — Beispiel: Eine Lsg. von 9 (g) 1-Methylpiperazin in 75 cm³ Chlf. wird unter Rühren in 1½ Std. mit 6,12 Diäthylcarbamylchlorid in 25 Chlf. versetzt, dann HCl zugefügt. Aus dem eingeengten Filtrat wird festes weißes *1-Methylpiperazin-4-carbonsäure* (I)-*diäthylamid* erhalten. F. des Hydrochlorids 150—155°. Weitere Beispiele erläutern die Herst. von I-*Dimethylamid*, F. (Hydrochlorid) 180—181°; I-*Diisopropylamid*, F. (Hydrochlorid) 200—205°; *1-Isopropylpiperazin-4-carbonsäurediäthylamid*, F. (Hydrochlorid) 198—208°; *Piperazin-1-carbonsäurediäthylamid*, $Kp._2$ 175—180°; *Piperazin-1-carbonsäuredimethylamid*, $Kp._{15}$ 144 bis 146°; *1-Methylpiperazin-4-carbonsäure-(1′-methylpiperazid)* (Zers. bei ca. 293°). Farblose bis blaßgelbe Öle, in den meisten organ. Lösungsmitteln lösl.; die sauren Salze sind fest, weiß, in W. löslich. Verwendung bei der Behandlung der *Filariasis*, sowie von *Ascariden* bei Hunden. (**D. B. P. 844 744** Kl. 12p vom 14/12. 1948, ausg. 24/7. 1952. A. Prior. 12/4. 1946.) Schmauser. 4807

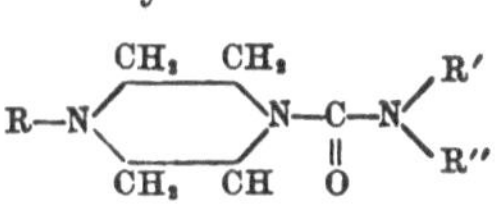

Coffarom Akt.-Ges., Glarus, Schweiz, *Herstellung von Lävulose enthaltenden Injektionslösungen*, dad. gek., daß bis zur pharmazeut. Reinheit gereinigtes Inulin in wss. Lsg. ohne Isolierung der Lävulose sterilisiert wird. Dies kann unmittelbar in Ampullen erfolgen. Zusatz von Alkaloiden, z. B. K-Strophanthin, Coffeinsalzen ist vorgesehen. (**D. B. P. 845 835** Kl. 30h vom 15/2. 1949, ausg. 18/9. 1952.) Schindler. 4807

P. Casparis, Muri bei Bern, Schweiz, *Morphin-6-glucoside* erhält man durch Kondensation von in 3-Stellung acyliertem Morphin mit Acetohalogenosen (Mannose, Glucose, Galactose, Pentosen) in Ggw. eines Halogenwasserstoff bindenden Mittels u. Verseifung des erhaltenen Acylmorphintetraacetylglucosids. — Morphinhydrochlorid wird in verd. NaOH mit Benzoylchlorid in 3-Benzoylmorphin übergeführt, das mit Acetobromglucose in Ggw. von Ag_2CO_3 in Bzl. Benzoylmorphintetraacetylglucosid, F. 184—185°, liefert. Aus diesem erhält man durch Verseifen mit 0,4n $Ba(OH)_2$ in Methanol *Morphin-6-β-d-glucosidhydrochlorid*, Nadeln, F. 236°. Durch die Einführung des Glucosidrestes wird die therapeut. Breite erweitert u. der Einfl. auf das Atemzentrum verringert. (**Schwz. P. 280 675** vom 12/8. 1949, ausg. 3/6. 1952.) Krauss. 4807

Knoll Akt.-Ges. Chemische Fabriken, Ludwigshafen/Rh. (Erfinder: **Gerhard Schenck**, Berlin, und **Fred Rattinger**, Aschaffenburg), *Gewinnung der kristallisierten herzwirksamen Glykoside aus Boviea volubilis*, dad. gek., daß man die getrocknete, pulverisierte Droge mit Methanol (I) mehrmals kurz extrahiert, die vereinigten Extrakte einengt, die Schleimstoffe mit Aceton (II) ausfällt u. aus der I–II-Lsg. die Glykoside durch Adsorption an Al_2O_3 u. Elution mit II getrennt isoliert. *Glykosid 1* ist in I u. Essigester lösl., Prismen, F. 140°; *Glykosid 2* wird mit I eluiert, Kristallwürfel, F. >300°. — Strophanthin gleichkommende Herzwirkung. (**D. B. P. 851 111** Kl. 30h vom 21/3. 1950, ausg. 2/10. 1952.) SCHINDLER. 4807

Glaxo Laboratories Ltd., Greenford, übert. von: **Alexander Bertus Arnold Jansen**, London, und **Ronald Major Evans**, Ickenham, England, *3.7-Dimethyl-1-(1'-oxy-2'.6'.6'-trimethylcyclohexen-1'-yl)-nona-3.5.7-trien-1-in-9-ol* der Formel I erhält man durch Behandeln von 3.7-Dimethyl-1-(1'-oxy-2'.6'.6'-trimethylcyclohexen-1'-yl)-nona-4.6.8-trien-1-in-3-ol mit einer wss. Lsg. einer oder mehrerer nicht oxydierend wirkender anorgan. u./oder organ. Säuren, zweckmäßig ca. 0,02 n. (HCl, H_2SO_4, H_3PO_4, Oxal-, Essig-, Chloressigsäure oder deren Mischungen), vorteilhaft in Ggw. eines mit W. mischbaren oder nichtmischbaren Lösungsm. (Aceton, Dioxan, Tetrahydrofuran, tert.-Butanol, Acetonitril, Ae.) bei ca. 0—40°. I tritt in 2 isomeren Formen **a** u. **b** auf: **a** kristallin, F. 81°, Lichtabsorption maximal 2260, 3020, 3170 Å; **b** kristallin, F. 155—158°. Lichtabsorption maximal 2260, 3020 u. 3170 Å. — Beispiele. Die Isomeren **a** bzw. **b** erhält man durch Verwendung der entsprechenden isomeren Ausgangsstoffe mit F. 20 bzw. —4°. Zwischenprodd. zur Synth. von Vitamin A. (**D. B. P. 833 960** Kl. 12o vom 19/12. 1950, ausg. 13/3. 1952. E. Priorr. 19/12. 1949 u. 28/11. 1950.) KRAUSS. 4809

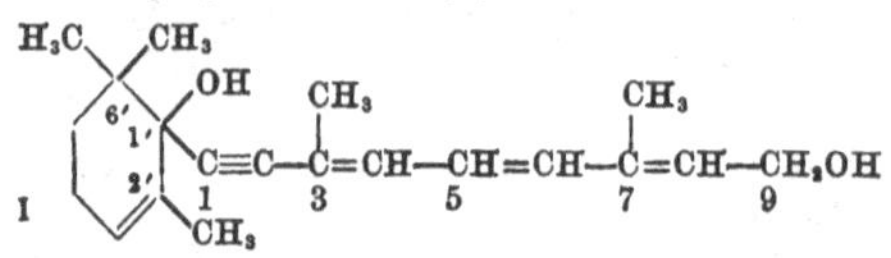

American Cyanamid Co., New York, N. Y., V. St. A. (Erfinder: **Doris Ruth Seeger**), *Substituierte Pteridine* erhält man durch Rk. von 2.4.5.6-Tetraaminopyrimidin (I) mit einem α.β-Dihalogenpropionaldehyd oder einem 1.1.3-Trihalogenaceton u. einem prim. aromat. Amin (III); aus I, 2.3-Dibrompropionaldehyd u. p-Aminobenzoylglutaminsäure (II) bei p_H 3 u. in Ggw. von J_2 + KJ (als Oxydationsmittel) z. B. *6-Aminofolsäure*. Verwendet man statt II p-Aminobenzoesäure, so erhält man analog *6-Aminopteroinsäure*. In weiteren Beispielen werden als III verwendet: N-(p-Aminobenzoyl)-alanin; N-(p-Aminobenzoyl)-valin bzw. -serin; p-Aminobenzoyl-γ-glutamyl-γ-glutamylglutaminsäure. — *Antagonist. Wrkg.* gegenüber *Folsäure*. (**E. P. 657 903** vom 24/9. 1948, ausg. 26/9. 1951. A. Prior. 22/10. 1947.) BRÖSAMLE. 4809

American Cyanamid Co., New York, N. Y., übert. von: **Doris Ruth Seeger**, Bound Brook, und **Donna Bernice Cosulich**, North Plainfield, N. J., V. St. A., *Halogenierung substituierter Pteridine*. Durch Einw. von 2 (Mol) Chlor auf eine salzsaure Lsg. von 1 Folsäure erhält man *3'.5'-Dichlorfolsäure* (I); analog erhält man *3'.5'-Dichlor-6-aminofolsäure, 3'.5'-Dichlor-11.12-dimethylfolsäure, 3'.5'-Dichlor-6-amino-12-methylfolsäure, 3'.5'-Dichlor-6-amino-11.12-dimethylfolsäure, 3'.5'-Dijodfolsäure, 3'.5'-Dibrom-6-aminofolsäure*. — *Antagonist. Wrkg.* gegenüber *Folsäure*. (**A. P. 2 570 392** vom 23/3. 1950, ausg. 9/10. 1951.) BRÖSAMLE. 4809

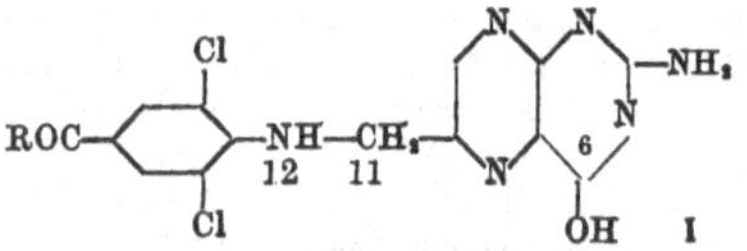

I

R = Glutaminsäurerest

Ayerst, McKenna & Harrison Ltd., St. Laurent, übert. von: **Desmond Beall**, Westmount, und **Gordon A. Grant**, Montreal, Quebec, Can., *Herstellung des 2-Aminopyridinsalzes des Östron-3-monosulfats*. Man läßt das Na-Östron-3-monosulfat in wss. Lsg. mit 2-Aminopyridin bei p_H 7 reagieren. Das erhaltene Salz ist sehr beständig u. *östrogen* bes. wirksam. (**A. P. 2 581 350** vom 31/10. 1950, ausg. 8/1. 1952.) BRÖSAMLE. 4809

Imperial Chemical Industries Ltd., England, *Penicillinsalze*. Die rohe Penicillinlsg. wird in einem organ. Lösungsm., z. B. $CHCl_3$, mit N-Äthylpiperidin versetzt, das Lösungsm. im Vakuum verdampft, der Rückstand mit einem organ. Lösungsm., z. B. Äthylacetat, in dem das N-Äthylpiperidinsalz (I) nicht lösl. ist, zum Entfernen der Verunreinigungen behandelt, filtriert u. das I in bekannter Weise in die entsprechenden Alkalimetallsalze übergeführt. (**F. P. 971 122** vom 7/9. 1948, ausg. 12/1. 1951. E. Prior. 13/10. 1947.) WITTHOLZ. 4811

Distillers Co. Ltd., England, *Kristallisiertes Na-Salz des Penicillins* (I). Getrocknetes rohes I wird in einen einwertigen, 3—6 C-Atome im Mol. enthaltenden Alkohol, z. B. Butanol, Propanol, Amylalkohol, n-Hexanol oder Isopropanol, Aceton, eingetragen u. auf 20—60°, am besten 40—60°, erwärmt u. ohne Abkühlen stehengelassen, worauf die Kristallisation des I beginnt. Das Lösungsm. muß wasserfrei sein. Das Gewichtsverhältnis zwischen I u. dem Lösungsm. beträgt 2 : 10—7 : 10. Auch Gemische von Lösungsmitteln, wie Butanol u. Äthylacetat, Aceton u. Äthylacetat, Butanol u. Amylacetat, können verwendet werden. (**F. P. 989 878** vom 29/6. 1949, ausg. 14/9. 1951. E. Prior. 14/7. 1948.) WITTHOLZ. 4811

Bristol Laboratories, Inc., Syracuse, N. Y., V. St. A., *Injizierbares Penicillinpräparat*, bestehend aus z. B. Erdnußöl mit einem Zusatz von nicht mehr als 10% Al-Mono- oder -Distearat, dem Penicillin als Na-, Ca- oder Procainsalz einverleibt wurde. (**E. P. 665 367** vom 18/1. 1949, ausg. 23/1. 1952. A. Prior. 27/2. 1948.) SCHINDLER. 4811

Distillers Co. Ltd., Edinburgh, **John Talbot McCombie** und **Anthony Musgrave Wild**, Great Burgh, Epsom, Surrey, England, *Gewinnung von Procain-Penicillin* aus den Mutterlaugen durch Aussalzen mit NaCl oder Procainhydrochlorid. Erhöhung der Gesamtausbeute von ca. 75 auf 98%. (**E. P. 670 280** vom 25/3. 1949, ausg. 16/4. 1952.) SCHINDLER. 4811

United States of America, übert. von: **Frank H. Stodola**, Peoria, Ill., **Jacques L. Wachtel**, Lawrenceburg, Ind., und **Robert D. Coghill**, Lake Bluff, Ill., V. St. A., *Derivate des 4-Oxypenicillins G* (I). Durch Bromieren (bei 0—15° u. p_H 6—8) bzw. Jodieren (bei 0—30° u. p_H 6—8) von I-Alkalisalzen in wss. oder methanol. Lsg. mittels Br_2 + NaBr bzw. J_2 + NaJ erhält man *3-Brom-*, *3.5-Dibrom-*, *3-Jod-* u. *3.5-Dijod-4-oxypenicillin G*. — *Therapeutica*. (**A. P. 2 573 741** vom 13/6. 1945, ausg. 6/11. 1951.) BRÖSAMLE. 4811

Merck & Co., Inc., Rahway, N. J., V. St. A., *Penicillamin* (I). Beim Erhitzen von α-Amino-β-benzylmercaptoisovaleriansäure (II) in wss. Lsg. eines Halogenwasserstoffs unter Rückfluß erhält man halogenwasserstoffsaure Salze von I, die leicht in I übergeführt werden können. Ausgehend von dl-II werden das *HBr-* u. *HJ*-Salz des *dl*-I hergestellt, aus d-II das HBr-Salz des *d*-I. — Zwischenprodd. zur Herst. von *Penicillin*. (**E. P. 670 495** vom 13/1. 1948, ausg. 23/4. 1952. A. Prior. 29/1. 1947.) BRÖSAMLE. 4811

Abbott Laboratories, übert. von: **Marvin A. Spielman**, Waukegan, und **James E. Rundell**, North Chicago, Ill., V. St. A., *Reinigung von rohem Streptomycin* (I). Das in der wss. Lsg., p_H zwischen ca. 2 bis ca. 10, enthaltene I wird an einen oberflächenakt. Ton adsorbiert u. mit dem Salz eines Amins mit einer schwachen Säure (p_H ca. 2,0—5,0) (Anilinsulfit, erhalten aus wss. Anilin + SO_2, Pyridinacetat, $(NH_4)_2CO_3$, Chinolinacetat, Toluidinsulfit, Anilinacetat), das leicht dissoziiert u. mit Dampf unter 50° flüchtig ist, eluiert. das Eluat im Vakuum eingedampft. — Eine wss. Lsg. von I-Hydrochlorid wird z. B. mit Filtrol 15 Min. verrührt u. dann filtriert. Nun eluiert man mit mehreren Portionen eines 10%ig. wss. Anilinsulfats, konz. die vereinigten Eluate im Vakuum bei höchstens 50° u. behandelt den Rückstand mehrmals mit Aceton, bis er fest wird. — Weitere Beispiele. (**A. P. 2 553 685** vom 14/2. 1946, ausg. 22/5. 1951.) KRAUSS. 4811

Merck & Co., Inc., übert. von: **Frank J. Wolf**, Rahway, N. J., V. St. A., *Herstellung von kristallinem Streptomycinchlorhydrat* (I). Eine wasserfreie methylalkoh. Lsg. von I, welche 200—500 mg I im cm^3 enthält, wird mit Saatkristallen versetzt u. mehrere Tage stehengelassen, wobei von Zeit zu Zeit gerührt wird. (**Can. P. 478 165** vom 23/5. 1949, ausg. 30/10. 1951. A. Prior. 4/6. 1948.) M. F. MÜLLER. 4811

R. Verdinne, Cours de pharmacie pratique. T. I. Charleroi: Impr. provinciale. 1952. (285 S.) 4°. fr. 157,50.

G. Analyse. Laboratorium.

Gordon D. Patterson jr. und **M. G. Mellon**, *Automatische Verfahren in der analytischen Chemie*. (Vgl. C. **1951**. II. 2224.) Literaturübersicht 1951. Allg. Entwicklungsrichtung, App., Probenahmen, Trennungsmethoden u. Messungen verschiedenster Art. — 287 Zitate. (Analytic. Chem. **24**. 131—43. Jan. 1952. Lafayette, Ind., Purdue Univ.) GERHARD GÜNTHER. 5000

Thomas B. Gage, Simon H. Wender und **Leon S. Ciereszko**, *Laboratoriumsfeuchtmühle und Extraktionsgefäß*. Vff. beschreiben eine mit einem Extraktionsapp. kombinierte Mühle mit einer Kapazität von 1—20 lbs., die faserhaltiges u. nichtfaserhaltiges, feuchtes u. trockenes Pflanzengut sowie kleine Tiere zerkleinern kann. (Analytic. Chem. **24**. 767. April 1952. Norman, Okla., Univ. of Oklahoma.) MOSLÉ. 5012

B. W. Stark und **Ju. M. Schaschkow**, *Der Einfluß der Rauhigkeit der Oberfläche und der Filme fester und flüssiger Metalle auf die Genauigkeit der Temperaturmessung nach optischen Verfahren*. Bei der Eichung von Pyrometern müssen die Oberflächenbeschaffenheit der Metalle oder der sie bedeckenden Oxydschichten berücksichtigt werden. Vff. führen theoret. Unterss. über den Einfl. der Dicke der Oxydschichten durch, wobei ein 20stel der Wellenlänge der Ausstrahlung als charakterist. Grenzwert für die Schichtdicke angesehen wird. Es ergibt sich, daß weder am monochromat. Pyrometer noch am Pyrometer für Farbtemp. in der Praxis die Temp. von Metallen mit genügender Genauigkeit abgelesen werden kann, wenn die Schichtdicke bei glatter Oberfläche einen bestimmten Wert nicht erreicht. Das gleiche gilt für rauhe Oberflächen von Metallen oder Oxydschichten. In jedem Falle ergibt das monochromat. Pyrometer eine bessere Genauigkeit.

Die theoret. Berechnungen werden durch Verss. an Stahl- u. Nickeloberflächen ergänzt. (Известия Академии Наук СССР, Отделение Технических Наук [Nachr. Akad. Wiss. UdSSR, Abt. techn. Wiss.] **1952.** 395—404. März.) Adolphi. 5016

Martha Sobotka, *Mikromethoden zur Bestimmung physikalischer Konstanten.* Histor. Rückblick u. Überblick über den derzeitigen Stand. An Hand einiger Beispiele eigener Arbeiten werden die Probleme physiko-chem. Mikromethodik erläutert. — 21 Literaturzitate. (Mikrochem. verein. Mikrochim. Acta **36/37.** 407—12. 1951. Graz, Univ., Inst. für organ. u. pharmazeut. Chem., Abt. für Mikrochem.) Gedschold. 5050

L. Berti, *Ergänzungen zur Theorie des Phasenkontrastmikroskops.* Das Phasenkontrastmikroskop wird aus einem schemat. Interferenzmikroskop abgeleitet u. eine Theorie der opt. Bilder entwickelt. An einem Sonderfall wird die Best. der zweckmäßigsten Phasenverschiebung u. Absorption der Phasenplatte für die Erzielung eines guten Kontrastes erläutert. (Nuovo Cimento [9] **8.** 26—41. 1/1. 1951. Florenz, Servizio Ricerche Officine Galileo.) R. K. Müller. 5063

Erik Ingelstam, *Ein hochempfindliches Phasenkontrastrefraktometer für Flüssigkeiten und Gase.* Beschreibung des neu konstruierten Instrumentes. (Nature [London] **168.** 960. 1/12. 1951. Stockholm, Royal Inst. of Technol., Optics Labor.) Gottfried. 5063

R. W. G. Hunt, *Ein Mechanismus zur Verwendung bei polarisierenden Lichtmodulatoren.* Es wird der Mechanismus der drei Polarisatoren (Nicolsche Prismen oder Polaroidplatten) als Lichtmodulatoren besprochen, von denen zwei festliegen, der dritte relativ zu ihnen beweglich ist. (J. sci. Instruments **28.** 323—24. Okt. 1951. Harrow, Middlesex, Kodak Ltd., Res. Labor.) Gottfried. 5063

C. D. West und **R. Clark Jones,** *Über die Eigenschaften von Polarisationselementen, wie sie in optischen Instrumenten benutzt werden.* 1. Mitt. *Grundsätzliche Betrachtungen.* Aufzählung u. Klassifikation von Instrumenten u. Anordnungen, in denen Polarisatoren verwendet werden können, mit besonderer Berücksichtigung dichroit. partieller Polarisation. Es werden Polarisatoren, phasenverschiebende Elemente, polarisierende Elemente, die das Licht aufspalten, u. Depolarisatoren unterschieden. Ableitung einiger grundlegender mathemat. Beziehungen zur Beschreibung der Eigg. dichroit. partieller Polarisatoren. (J. opt. Soc. America **41.** 976—82. Dez. 1951. Cambridge, Mass., Polaroid Corp., Res. Labor.) Lindberg. 5063

R. Clark Jones und **C. D. West,** *Über die Eigenschaften von Polarisationselementen, wie sie in optischen Instrumenten benutzt werden.* 2. Mitt. *Sinusförmige Modulatoren.* (1. vgl. vorst. Ref.) Diskussion der optimalen Polarisation für die Klasse der sinusförmigen Modulatoren, d. h. für Anordnungen, bei denen der eine Polarisator gegenüber dem anderen mit konstanter Winkelgeschwindigkeit rotiert, so daß die zeitliche Änderung der Durchlässigkeit sinusförmig ist. (J. opt. Soc. America **41.** 982—86. Dez. 1951.) Lindberg. 5063

Peter D. Johnson, *Ultraviolett-Vakuummonochromator.* Beschreibung einiger techn. Neuerungen eines vereinfachten Vakuummonochromators für den Wellenlängenbereich von 950—3200 Å. Die gesamte App. befindet sich in 2 mm H_2, die für die Wasserstofflampe erforderlich sind, wodurch Fenster im Lichtweg vermieden werden. Die Geometrie der Optik ist die von Parkinson u. Williams (1949). Die Kathode der Lampe kann mehrere Male reaktiviert werden, nachdem sie trockner Luft u. N_2 von Atmosphärendruck ausgesetzt war. (J. opt. Soc. America **42.** 278—79. April 1952. Schenectady, N. Y., Gen. Electric Res. Labor.) Lindberg. 5063

J. D. S. Goulden und **S. S. Randall,** *Eine einfache Doppelstrahl-Einrichtung für Spektrometer mit rotierender Zelle.* Beschreibung des Prinzips einer Einrichtung, welche ein Einstrahlspektrometer in ein Doppelstrahlspektrometer verwandelt u. Wiedergabe eines mit einer solchen Anordnung erhaltenen *Polystyrol*-Spektrums. Vor dem Eintrittsspalt des Monochromators rotiert ein Halter, in welchem sich je eine Zelle mit der Probe u. die Vergleichszelle befinden. Bei entsprechender Wahl der Rotationsgeschwindigkeit fallen auf den Empfänger Wechselimpulse, welche eine Funktion der Absorptionsdifferenz von Probe u. Vgl. sind u. mit einem abgestimmten Wechselstromverstärker verstärkt werden können. (Nature [London] **169.** 748—49. 3/5. 1952. Nottingham, Boots Pure Drug Co., Res. Dep., Biochem. Div.) Eichhoff. 5063

R. T. Weidner und **C. A. Whitmer,** *Registrierung von paramagnetischen Mikrowellenresonanzspektren.* Es wird eine Meth. zur Registrierung von paramagnet. Resonanzspektren auf der Karte eines registrierenden Potentiometers beschrieben. Mit einer Frequenz von 9375 MHz/Sek. können Spuren über einen Bereich von 6000 Oersted registriert werden. (Rev. sci. Instruments **23.** 75—77. Febr. 1952. New Brunswick, N. J., Rutgers Univ., Dep. of Phys.) Gottfried. 5063

W. Chester und **J. Grayson,** *Physikalische Grundlagen der „inneren Calorimetrie“.* Zur Unters. der von der Durchblutung abhängigen Wärmeleitfähigkeit lebender Gewebe wird ein elektr. geheizter Konstantan-Draht eingeführt u. seine Temp. mit einem Thermoelement gemessen. Vff. stellen fest, daß die Heizenergie, welche benötigt wird, um die Temp. des Thermoelementes um 1° über die des Mediums zu erhöhen, proportional der Wärmeleitfähigkeit ist, wenn das Heizelement tief genug eingeführt wird. Bei konstanter Wärmeleitfähigkeit ist die Temperaturerhöhung der elektr. Energie proportional. (Nature [London] **168.** 521. 22/9. 1951. Bristol, Univ., Dep. of appl. Math., u. Dep. of Physiol.) WITTIG. 5084

Ben K. Seely, *Nachweis von Mikron- und Submikron-Chloridteilchen.* Beschreibung einer Meth. zum Nachw. u. zur Unters. von einzelnen Chloridteilchen in der Atmosphäre, um deren Ursprung u. Verh. in bestimmten Luftmassen den meteorolog. Daten hinzufügen zu können. Man bringt die Chloridteilchen mit Hg-Fluosilicat zur Rk., mit dem ein Gelatine–Glycerin-Film imprägniert ist. Die auf diesen so sensibilisierten Film treffenden Chloridteilchen bilden Flecke von HgCl, deren Ausmaße u. Menge unter dem Mikroskop bestimmt u. nach einem geeigneten Testverf. zur Größe der Chloridteilchen in Beziehung gesetzt werden können. Bromide können bei diesem Verf. leicht mit Chloriden verwechselt werden, während Jodide deutlich gelbe Flecke geben. (Analytic. Chem. **24.** 576—79. März 1952. Socorro, N. M., New Mexico Inst. of Mining and Technol.) FRETZDORFF. 5088

a) Elemente und anorganische Verbindungen.

Clément Duval, *Über die Thermogravimetrie analytischer Niederschläge.* 53. Mitt. *Bestimmung der Cyanderivate.* (52. vgl. C. **1953.** 905.) Die Pyrolysekurven der für die gravimetr. Best. von *HCN, HSCN, HCNO,* $H_4[Fe(CN)_6]$ u. $H_3[Fe(CN)_6]$ gebräuchlichen Ndd. werden krit. auf definierte Verbb. u. Temperaturbereiche konstanten Gewichts untersucht. So ergibt sich bei der Fällung mit: $AgNO_3$* (Auswaage AgCN: Temp. $<237^0$); $AgNO_3$* (AgSCN: $<224^0$); $CuSO_4$ (CuSCN: $<300^0$); $BaCl_2$ ($BaSO_4$: 780—1200°); $NiSO_4$ + *Pyridin** [$(SCN)_2Ni(C_5H_5N)_4$: $<63^0$; $(SCN)_2Ni(C_5H_5N)_3$: 110—130°]; $AgNO_3$* (AgCNO: $<138^0$); *Semicarbazid* ($NH_2\cdot CO\cdot NH\cdot NH\cdot CO\cdot NH_2$: $<90^0$); $AgNO_3$* {$Ag_4\cdot[Fe(CN)_6]$: 60—229°}, *Luteocobaltichlorid* ($8Co_3O_4\cdot 9Fe_2O_3$: 356—1013°); *Benzidin** {$H_4[Fe(CN)_6]\cdot 3$Bzd.: $<52^0$; Fe_2O_3: $>944^0$}; *Luteocobaltichlorid* {$[Fe(CN)_6][Co(NH_3)_6]$: $<151^0$}; *Benzidin* (Fe_2O_3: $>750^0$). Verschied. Verff. (*) werden für die automat. Analyse vorgeschlagen. Die Fällung von $[Fe(CN)_6]^{3-}$ mit $AgNO_3$ ist unbrauchbar, da der Ag-Komplex instabil u. auch die Mischung der Oxyde nicht gewichtskonstant ist. (Analytica chim. Acta [Amsterdam] **5.** 506—10. Okt. 1951.) WEITBRECHT. G 243

F. de A. Bosch Ariño und **J. de la Rubia Pacheco,** *Photometrische Mikrobestimmung von Halogeniden.* Die Halogene werden durch Eindampfen mit etwas Na_2CO_3, Fällung der Hauptmenge Cl mit 90%ig. A., Eindampfen mit NaOH, Neutralisieren mit H_2SO_4, Zentrifugieren mit 1 Tropfen Nitrose u. 2 cm³ CS_2 (bis zur völligen Extraktion des J^- als J_2 wiederholt), nochmaliges Eindampfen mit NaOH u. Herauslösen des Br^- mit Aceton getrennt. — J wird in den CS_2-Extrakten zuerst annähernd direkt photometr. bestimmt, dann mit $Na_2S_2O_5$ herausgelöst, die Lsg. mit NaOH alkal. gemacht, eingedampft, mit 5 cm³ W. aufgenommen, wieder eingedampft u. unter Neutralisieren mit H_2SO_4 (1:5) wieder aufgenommen u. verd.; dann bestimmt man J^- mit H_2SO_4 u. Br_2 unter Zusatz von Harnstoff zur Farbstabilisierung u. Stärkelsg. (bis zu 200 γ J^-/cm^3) oder mit Nitrose unter Zusatz von Harnstoff, Stärke u. einer bekannten Menge KJ (bis 1200 γ J^-/cm^3) photometrisch. Br^- wird in den eingedampften Acetonextrakten nach Aufnahme mit W. (10—700 Br^-/cm^3) nach Zusatz von Harnstoff, H_2O_2, SCHIFFschem Reagens (Fuchsin, $Na_2S_2O_5$ u. H_2SO_4), Na-Acetat, A. u. Gummi arabicum u. 10 Min. Farbentw. durch Photometrieren der violettblauen Farbe bestimmt. Bei Cl^- erfolgt die photometr. Best. nach Umsetzung mit $AgJO_3$ (als J_2 mit Stärkelsg.) oder mit Ag_2CrO_4 (Red. zu Cr^{3+}). Als wesentlichen Faktor des Verf. sehen Vff. die Verwendung von Rkk. mit über längere Zeit beständigen Farbtönungen an. (Inform. Quím. analít. **5.** 45—53. März/April 1951. Valencia, Univ., Madrid.) R. K. MÜLLER. G 245

C. Mahr und **W. Brömer,** *Der Nachweis von Chlorid neben den anderen Halogeniden.* Vff. geben eine Arbeitsvorschrift, die gestattet, in kürzester Zeit sicher Cl^- neben Br^-, J^-, CN^-, CNS^-, BrO_3^-, JO_3^-, S^{2-}, $[Fe(CN)_6]^{4-}$ u. $[Fe(CN)_6]^{3-}$ nachzuweisen. In der sauren Analysenlsg. werden die Cyanoferrate u. S^{--} durch Fällung mit $Pb(NO_3)_2$-Lsg. abgetrennt. Das Filtrat wird zum Vertreiben von HCN aufgekocht u. in der Hitze tropfenweise mit gesätt. $NaNO_2$-Lsg. versetzt, bis alles J_2 entfernt ist. Dann wird auf je 2 ml der schwachsauren Lsg. 1 ml HNO_3 (1:2) u. insgesamt 100—200 mg festes $Ce(SO_4)_2$ — bei Ggw. von CNS^- entsprechend mehr — hinzugegeben. Anschließend wird die Lsg. 5 Min. gekocht, abgekühlt, mit 0,5—1,0 ml konz. HNO_3 versetzt, mit etwas H_2O_2 überschüssiges $Ce(SO_4)_2$ red. u. durch Zusatz von 0,5 ml 2%ig. $AgNO_3$-Lsg. auf Cl^- geprüft. Ag u. Mn stören. Bei Ggw. von ClO_3^- müssen die Halogenide mit $AgNO_3$ ausgefällt u. der Cl^--Nachw. im Aufschluß durchgeführt werden. 1 Teil Cl^- ist neben 1000 Teilen Br^-, CN^- u. J^-, neben 400 Teilen CNS^- u. 100 Teilen Cyanoferraten nachzuweisen. Die prakt. Verdünnungsgrenze liegt bei $1:10^5$. (Z. analyt. Chem. **135.** 107—10. 1952. Marburg/Lahn, Univ., Chem. Inst.) MOSLÉ. G 247

Gy. Almássy, *Die katalytische Wirkung des Ammoniummolybdats in Oxydationsreaktionen des Bromats.* Vf. untersuchte die Teil-Rkk. der Bromat–Jodid-Rk. in Ggw. von Ammoniummolybdat u. stellte fest, daß das Jodid vom Mo^{VI} u. J_2 oxydiert wird u. Bromat das gebildete Mo^V sofort zu Mo^{VI} oxydiert. Das frei gewordene Br_2 oxydiert J^- zu J_2 bzw. JO_3^-, wobei Br^- gebildet wird, welches durch Mo^{VI} sogleich zu Br_2 oxydiert wird. Das gebildete JO_3^- u. Br_2 scheiden aus Jodid J_2 aus, hierbei wird Br_2 zu Br^- red., dieses wird aber vom Mo^{VI} oxydiert. Dieser Vorgang dauert fort, solange in der Lsg. BrO_3^-, JO_3^- u. Br_2 zugegen sind. Wenn BrO_3^- verbraucht ist, hört die beschleunigende Wrkg. des Molybdats auf. Es wurde auch die Wrkg. von BrO_3^-, JO_3^- u. ClO_3^- auf Cl^-, Br^- u. J^- mit u. ohne Katalysator untersucht u. festgestellt, daß ClO_3^- u. JO_3^- mit Br^- u. Cl^- auch in Ggw. von Molybdat nur sehr langsam reagieren, die katalyt. Wrkg. ist aber bei der Rk. BrO_3^-–Cl^- wahrnehmbar. (Magyar Kémiai Folyóirat [Ung. Z. Chem.] **57.** 345—48. Nov. 1951. Debrecen, Ungarn, Tudományegyetem Szervetlen és Analitikai Kémiai Intézete.) PLANK. G 248

Gy. Almássy und **P. Zoltan**, *Mikrochemischer Nachweis von Bromat neben Chlorat und Jodat.* Anilin wird von Bromat, Jodat u. Chlorat zu Anilinschwarz oxydiert, p-Bromanilin reagiert jedoch nur mit Bromat. 1—10 γ Bromat ruft eine violette Farbe hervor, Mengen über 10 γ erzeugen einen ebenso gefärbten Niederschlag. Die Rk. wird von geringen Mengen Chlorat u. Molybdat beschleunigt. In 0,1 ml Lsg. ist 1 γ Bromat nachweisbar. Zur Ausführung des Nachw. wird 1 ml p-Bromanilin-Lsg. (0,5 g p-Bromanilin in 10 ml nHCl, auf 100 ml verd.) mit 1 ml n-HCl u. 0,5 ml einer 2% $(NH_4)_2MoO_4$ enthaltenden 0,1n $KClO_3$-Lsg. vermischt. Die Lsg. wird in einem Probierglas aufgekocht, u. zur heißen Lsg. werden einige Tropfen der Versuchslsg. zugesetzt. Farbige Ionen u. solche Kationen, welche mit HCl ausfallen, sowie Bromat reduzierende Ionen stören. Peroxydisulfat reagiert mit p-Bromanilin so wie Bromat. (Magyar Kémiai Folyóirat [Ung. Z. Chem.] **58.** 95—96. März 1952. Debrecen, Ungarn, Tudományegyetem Szervetlen és Analitikai Kémiai Intézete.) PLANK. G 248

A. Hegedüs, *Anwendung von Curcumin zur mikrocolorimetrischen Bestimmung des Bors.* Vf. verbesserte die NAFTELsche Meth., indem er die bis 8 γ B enthaltende Lsg. mit 0,1%ig. Curcuminlsg. (in mit Oxalsäure gesätt. Eisessig) auf dem Wasserbad eintrocknet, den Rest mit 20 ml A. aufnimmt u. im lichtelektr. Colorimeter mit grünem Filter die Durchlässigkeit mißt. Es stören größere Mengen F, Ti, Zr, Mo, Be, Wasser. Oxydierende Stoffe zerstören das Curcumin. (Magyar Kémiai Folyóirat [Ung. Z. Chem.] **57.** 112—16. 1951. Debrecen, Ungarn, Univ., Inst. für med. Chem.) PLANK. G. 258

C. Ferrari, *Über die photometrische Mikrobestimmung der Kieselsäure.* Bei der Best· kleiner Mengen SiO_2 mit *Molybdänsäure* (I) u. teilweiser Red. zu einer Verb. noch unbekannter Konst., kurz *Silicomolybdänblau* (II) genannt, kann es zu Störungen kommen, wenn die Acidität zu niedrig gehalten wird. Es bildet sich in diesem Falle aus Mo_2O_5 u. I ein ebenfalls blauer Komplex, den Vf. als reines *Molybdänblau* (III) bezeichnet. Die Bildungsbedingungen von II u. III werden untersucht. Die Grenzacidität, bei der II noch beständig ist, ist auch von der I-Konz. abhängig. Oberhalb dieser Grenzacidität ist II beständig. — Als Reduktionsmittel wird eine saure 1%ig. Hydrazinsulfatlsg. verwendet (p_H 1,5—2,0). Hierdurch wird jedoch nur der lösl. Anteil der SiO_2 erfaßt. Will man für eine Gesamt-SiO_2-Best. auch den koll. Anteil mit erfassen, so führt man diesen mit $NaHCO_3$ in die lösl. Form über u. stellt anschließend die Acidität wieder auf p_H 1,5—2,0 ein. Die sehr beständigen blauen Komplexe werden mit einem PULFRICH-Photometer unter Vorschaltung des Filters S 61 quantitativ bestimmt. Mit dieser Meth. können 0,5—5 γ SiO_2/ml erfaßt werden. (Mikrochem. verein. Mikrochim. Acta **36/37.** 585—93. 1951. Bologna, Univ., Ist. di chim. agr.) SCHLEGEL. G 261

F. Burriel-Martí und **J. F. Sáiz del Río**, *Polarographische Analyse der Verunreinigungen von Kupfer, Cadmium, Nickel und Zink in spanischen Bleiproben.* Aus der Lsg. der Pb-Probe in HNO_3 (D. 1,40) wird bei 50° Pb an Pt-Anode als PbO_2 abgeschieden. Dann dampft man zur Trockne ein, nimmt mit 2 cm³ einer NH_3–$(NH_4)_2SO_4$–$(NH_4)_2CO_3$-Lsg. (0,5-, 1,5-, 0,1-n.) mit 0,0005% Gelatinezusatz auf, entfernt O_2 u. führt die polarograph. Analyse in üblicher Weise durch. Ag, Fe, Bi, Sb u. Sn stören nicht. Bei Ggw. von Co wird die polarographierte Lsg. nochmals eingedampft, mit NH_4-Oxalatlsg. aufgenommen u. wieder polarographiert, wodurch die mit Zn übereinstimmende Co-Welle beseitigt ist. (An. Real Soc. españ. Física Quím., Ser. B **47.** 803—10. Dez. 1951. Madrid, Fac. de Ciencias, Labor. de Quím. analít.) R. K. MÜLLER. G 328

Imre Veres, *Schnellbestimmung des Vanadins besonders im Vanadinschlamm und anderen Produkten und Nebenprodukten von Tonerdefabriken.* Der getrocknete u. gepulverte Schlamm wird mit der fünffachen Menge NaOH geschmolzen, die Schmelze in W. gelöst u. die Lsg. mit H_2SO_4 auf 3n eingestellt. Zur Red. des Vanadats wird die Lsg. mit überschüssiger 0,1n$(NH_4)_2Fe(SO_4)_2$-Lsg. versetzt, 2—3 Tropfen schwefelsaure Diphenylaminlsg. zugegeben u. mit 0,1n$K_2Cr_2O_7$-Lsg. bis zur Farbänderung von grauviolett in dunkelviolett titriert. Die Genauigkeit beträgt ±0,02%. (Magyar Kémiai Folyóirat [Ung. Z. Chem.] **57.** 299—303. Okt. 1951. Budapest, Eötvös Loránd Tudományegyetem Általános Kémiai Intézete.) PLANK. G 330

K. Wittmoser, *Die Sortierung von Kupferlegierungen nach dem Tüpfelverfahren.* Wiedergabe von im Metallurg. Institut in Polen aufgestellten Tabellen zur Sortierung von Kupferlegierungen (Abfällen) nach Tüpfelverfahren. (Giesserei **39.** 57—58. 7/2. 1952.) BLUTH. G 358

b) Organische Verbindungen.

H. Armin Pagel und **Itsumi Jack Oita,** *Luftadsorptions-Fehler in der Mikro-Dumas-Methode für Stickstoff.* Vff. weisen nach, daß die Fehler in der N-Best. nicht durch in CuO eingeschlossene bzw. adsorbierte Luft, sondern durch unvollständige Verbrennung der Substanzen zustande kommen. (Analytic. Chem. **24.** 756—58. April 1952. Lincoln, Nebr., Univ. of Nebraska, Avery Labor.) MOSLÉ. 5352

P. N. Fedossejew und **N. P. Iwaschowa,** *Neue Methode der quantitativen Stickstoffbestimmung in organischen Substanzen.* Das Prinzip der quantitativen N-Best. in beliebigen organ. Substanzen besteht in der Erhitzung der N-haltigen Stoffe in H_2 mit pulverförmigem Mg. Hierbei bildet der N der organ. Substanz mit dem Mg Magnesiumnitrid, das, durch H_2O zers., NH_3 gibt. Das letztere wird in einer titrierten Säurelsg. aufgefangen u. quantitativ bestimmt. Die Rk. wird in Reagensgläsern oder in Glasröhren durchgeführt. Beim Erhitzen reagiert das Mg teilweise mit dem Glase unter Bldg. von geringen Mengen Magnesiumsilicid. Beim Bearbeiten der Reaktionsmasse mit Säuren bilden sich gasförmige, an der Luft leicht entzündliche Siliciumwasserstoffe. Die zuweilen anfänglich auftretenden Entflammungen beeinträchtigen die Genauigkeit des Analysenresultates nicht. Das pulverförmige Mg reagiert nicht nur mit dem N organ. Verbb., sondern auch mit Halogenen u. Schwefel. Das ermöglicht eine gleichzeitige Best. von N, S u. Halogenen. Analysendauer 1,5 Stunden. Genauigkeit der Analyse: 0,2—0,3%. (Журнал Аналитической Химии [J. analyt. Chem.] **7.** 112—15. März/April 1952. Nikolajew, Schiffsbau-Inst. u. Pädagog. Inst.) STEINBERG. 5352

P. N. Fedossejew und **N. P. Iwaschowa,** *Neue Methode der quantitativen Bestimmung von Schwefel und der gleichzeitigen Bestimmung von Schwefel und Stickstoff in organischen Substanzen.* Die Einwaage des organ. Stoffes wird, wie in der vorst. Mitt. beschrieben wurde, verbrannt. Das Reagensglas mit Inhalt wird zerkleinert u. in einen langhalsigen, 0,5 Liter Rundkolben gebracht, in dem sich 50—80 cm³ dest. W. befinden. Durch die App. wird zur Entfernung der Luft CO_2 durchgeleitet. Sonst kann sich hierbei beim Zufügen von Säure Knallgas bilden, das durch den selbstentzündlichen Siliciumwasserstoff zur Explosion gebracht werden kann. Die Ggw. von Luft begünstigt auch die Oxydation des S. Nach dem Verdrängen der Luft wird allmählich ein kleiner Überschuß von 80 bis 100 cm³ 12%ig. HCl zur Auflösung des überschüssigen Mg u. zur Zers. des MgS zugegeben. Der größte Teil des H_2S wird zusammen mit dem sich bildenden H_2 abdest. u. größtenteils im ersten Absorptionsgefäß mit 65 cm³ einer Mischung aus 10%ig. $ZnSO_4$- u. 10%ig. CH_3·COONa-Lsg. mit 3—5 cm³ konz. CH_3COOH aufgefangen. Im zweiten u. dritten Absorptionsgefäß befinden sich entsprechend 50 u. 25 cm³ der Absorptionsflüssigkeit. Nach dem Auflösen des Mg wird während 20—25 Min. der Kolbeninhalt erhitzt u. dadurch der restliche H_2S mit den Wasserdämpfen, im ganzen 70—80 cm³ Fl., abdestilliert. Hierauf gibt man zu den 2 ersten Absorptions-Fll. je 25 cm³ 0,1n J-Lsg. zu, säuert mit einigen Tropfen 12%ig. HCl an u. titriert nach 3 Min. den J-Überschuß mit $Na_2S_2O_3$. Der Fehler für die S-Best. in organ. Substanzen liegt bei ca. 0,2—0,3%. Bei gleichzeitiger Best. von S u. N werden dieselben Verbrennungsmethoden wie bei der Einzelbest. angewendet. (Журнал Аналитической Химии [J. analyt. Chem.] **7.** 116—19. März/April 1952.) STEINBERG. 5352

Bernhard Wurzschmitt, *Die Analyse von Monoäthylenglykol, Diäthylenglykol und Diäthylenglykolmonoäthyläther nebeneinander.* Es wurden 2 Methoden ausgearbeitet, um in Gemischen von *Monoäthylenglykol* (**I**), *Diäthylenglykol* (**II**) u. II-*Monoäthyläther* (**III**) einerseits **I**, andererseits **III** direkt zu bestimmen, während **II** indirekt ermittelt wird. Die

1. Meth. beruht auf der Fähigkeit des I, mit $Cu(OH)_2$ in alkal. Lsg. lösl. Cu-Alkalikomplexe zu bilden (allerdings erfaßt diese Meth. auch alle Poly-ol-Verbb. mit OH-Gruppen an unmittelbar benachbarten C-Atomen). — Ausführung: Die Probe (E g) wird in einem 50 cm^3-Meßkolben eingewogen (ca. 35 ml, gegebenenfalls Ergänzung mit W.) u. mit 7 ml konz. NaOH (540 g NaOH zu 1000 ml) versetzt u. ½ Std. stehengelassen. Nach Zusatz von 5 ml $CuSO_4$-Lsg. (200 g $CuSO_4 \cdot 5H_2O$ zu 1000 ml) wird mit W. aufgefüllt, 1 Std. maschinell geschüttelt u. filtriert. 30 ml des Filtrats werden mit 10 ml 50%ig. H_2SO_4 angesäuert u. nach dem Abkühlen mit 2 g KJ versetzt. Nach 10 Min. gibt man 3,5 ml 1%ig. Stärkelsg. hinzu u. titriert mit 0,1n$Na_2S_2O_3$-Lsg. (Verbrauch = a ml). Daraus ergeben sich $a \cdot 6{,}357 \cdot {}^5/_3$ mg durch die Einwaage E lösl. gemachtes $Cu(OH)_2$ als Cu. Aus einer empir. ermittelten Eichkurve (Abb.) ergibt sich daraus der zugehörige Wert für I in g (= A). % I = A·100/E = B. Es empfehlen sich Einwaagen, die 85—125 mg Cu ergeben. Unter der Voraussetzung, daß das Gemisch nur I, II u. III enthält, läßt sich nach der Ermittlung des I-Geh. der Geh. an II u. III indirekt aus der D. bestimmen. Die D. $D.^{20}_4$ des Restgemisches (II + III) errechnet sich zu D. = (100 — B)/(100/s — B/1,1132), wenn s die $D.^{20}_4$ der Probe darstellt. Auf einer Kurve läßt sich dann aus der errechneten D. der Geh. an II in Vol.-% ablesen. Im Gemisch vorhandenes W. ist durch die Meth. von K. Fischer zu bestimmen u. zu berücksichtigen. — Eine Kontrolle ist durch die 2. Meth. möglich, die darauf beruht, daß I u. II in konz. K_2CO_3-Lsg. (725 g zu 1000 ml) vollständig gelöst werden, während III ungelöst bleibt u. dabei eine Volumenzunahme von 12% erfährt. (Z. analyt. Chem. **133.** 12—17. 1951. Ludwigshafen/Rh., Bad. Anilin- u. Soda-Fabrik, Untersuchungslabor.) K. F. Müller. G 570

David E. Terry, Kendrick R. Eilar und **Owen A. Moe,** *Aliphatische Amine und Derivate von hohem Molekulargewicht. Quantitative Titration in Eisessig.* Langkettige Amine, ihre Acetate, entsprechende sek. u. tert. Amine u. Aminonitrile werden in Eisessig gelöst u. mit $HClO_4$ in Eisessig mit Kristallviolett als Indicator titriert. Als Beispiele werden Titrationen von *Octadecyl-*, *Hexadecyl,- Oleyl-*, *Dioctadecyl-* u. *N-Methyldioctadecylamin, Octadecylaminacetat, N-Dodecyl-β-aminopropionitril, N-Octadecyl-γ-aminopropylamin, N-Dodecylaminoacetonitril* u. *N-Dodecyl-β-aminoäthylamin* angegeben. (Analytic. Chem. **24.** 313—14. Febr. 1952. Minneapolis, Minn., General Mills, Inc., Chem. Labors.) Fretzdorff. G 900

K. V. Giri und **N. A. N. Rao,** *Identifizierungstechnik für durch Ringchromatographie getrennte Aminosäuren.* Rundfilter von 18,5 oder 24 cm Durchmesser werden auf einem konzentr. Kreise mit 4 cm Durchmesser abwechselnd mit Flecken einer Mischung bekannter u. zu untersuchender Aminosäuren versehen. Ein Filtrierpapierstreifen, in der Mitte des Ringchromatogramms in einem Schlitz steckend, zieht aus einem darunter befindlichen Becherglase die Entwicklungslsg. nach oben. Nach der Entw. werden die Aminosäuren mit Ninhydrin lokalisiert. Es bilden sich Kreisbögen. Vgl. der R_F-Werte der gebildeten Kreisbögen bekannter Aminosäuren mit denen der unbekannten Mischung ermöglicht leichte Identifizierung. Eine Fehlermöglichkeit ist durch Verschwimmen der Ringe, wenn Flecke zu dicht nebeneinander aufgebracht sind, gegeben. Als Beispiel wird die Trennung u. Identifizierung der Aminosäuren von Papaya-Latex wiedergegeben. Es wurden folgende freie Aminosäuren nachgewiesen: *Leucin, Valin, Glycin, Alanin, Asparagin, Asparaginsäure, Glutaminsäure* u. *Cystin.* Als Entwickler diente n-Butanol–Essigsäure–W. (40:10:50). (Nature [London] **169.** 923—24. 31/5. 1952. Bangalore, Indian Inst. of Sci., Dep. of Biochem.) Brinkmann. G 900

A A Rosen, K. V. Y. Sundstrom und **W. F. Vogel,** *Trennung der 2.4-Dinitrophenylhydrazone substituierter Benzaldehyde durch chromatographische Adsorption.* Sämtliche Kombinationen von je 2 der unten angeführten 2.4-Dinitrophenylhydrazone von je 3 Substanzen in Reihenfolge der Tabelle wurden auf Trennbarkeit durch die Mischung Kieselsäure/Celit 1:1 mit Bzn. als Lösungs- u. Eluierungsmittel untersucht. Im bin. Syst. untrennbare Bestandteile zeigten in Ggw. einer 3. Substanz gleiches Verhalten. Untersucht wurden die 2.4-Dinitrophenylhydrazone folgender Aldehyde, nach fallender Adsorbierbarkeit geordnet: *Protocatechualdehyd* (**I**), *Syringaaldehyd* (**II**), *p-Oxybenzaldehyd* (**III**), *Veratrumaldehyd* (**IV**), *m-Oxybenzaldehyd* (**V**), [*2.4-Dinitrophenylhydrazin* (**VI**)], *Vanillin* (**VII**), *2-Oxy-3-methoxybenzaldehyd* (**VIII**), *Äthylvanillin* (**IX**), *Anisaldehyd* (**X**), *m-Methoxybenzaldehyd* (**XI**), *Salicylaldehyd* (**XII**), *o-Methoxybenzaldehyd* (**XIII**), *Benzaldehyd* (**XIV**). Im bin. Syst. nicht getrennte Paare: **VII/VIII**; **VIII/IX**. Unvollständige Trennung bei den Paaren: **III/IV**; **III/V**; **IV/V**; **IV/VI**; **V/VI**; **VI/VII**; **VI/VIII**; **VII/IX**; **X/XI**; **X/XII**; **XI/XII**; **XII/XIII**; alle anderen Paare trennten sich gut. Identifizierung der Zonen durch Farb-Rk. mit alkoh. Alkali. (Analytic. Chem. **24.** 412—13. Febr. 1952. Louisville, Ky., J. E. Seagram and Sons, Inc.) Brinkmann. G 1110

Sune Bergström und **Jan Sjövall,** *Chromatographische Trennung von Gallensäuren mit phasenbedingter, sich umkehrender Verteilung.* Um *Cholsäure* (**I**), *Desoxycholsäure* (**II**)

u. *Lithocholsäure* (III) chromatograph. zu trennen, benutzen Vff. eine Säule mit 4,5 g siliconiertem Kieselgur. Als stationäre Phase dient Chlf. mit 10% Heptan, als bewegliche 55—58% ig. Methanol. Durch geringe Änderung der Zus. der Phasen kann die Folge der zu trennenden I, II u. III nach Wunsch geändert werden. Variierung der Menge der aufgetragenen Stoffe von 2—20 mg zeigte hinsichtlich der Lage der Zonen kaum eine Veränderung. (Acta chem. scand. **5.** 1267—70. 1951. Lund, Univ., Dep. of Physiol. Chem.) ENDRASS. G 3700

c) Bestandteile von Pflanzen und Tieren.

Walter Sandritter, *Eine quantitative färberische histochemische Bestimmungsmethode der Nucleinsäuren im Gewebe.* (Vgl. C. **1952.** 5268.) Photoelektr. Messungen der Lichtschwächung durch mkr. Schnitte, die mit *Gallocyanin–Chromalaun* vor u. nach Einw. von *Ribonuclease* (Erfassung beider bzw. nur der *Thymonucleinsäure*) angefärbt wurden (stöchiometr. Rk.). — Arbeitsweise; Ergebnisse an Carcinom- u. Bindegewebe; Fehlermöglichkeiten; statist. Berechnung. (Z. wiss. Mikroskop. mikroskop. Techn. **61.** 30—37. Juni 1952. Frankfurt/M., Univ., Senckenbergisches Patholog. Inst.) BLUMRICH. 5661

Annemarie Toth, *Neutralrotfärbung im Fluorescenzlicht.* Fluorescenzopt. Unterss. an „vollen" u. „leeren" Zellsäften (vgl. STRUGGER, Praktikum der Zell- u. Gewebephysiologie der Pflanze. 2. Aufl., Berlin) verschied. Pflanzen zeigen an leeren Zellsäften erdbeerrote, auf Ionenspeicherung beruhende Färbung im Hellfeld, bei vollen Zellsäften violettrote Anfärbung im Hellfeld, die auf Bindung der eindringenden Farbbasenmoll. an zelleigene Stoffe beruht. Diese leuchtet im UV-Licht rot auf. (Protoplasma **41.** 103—10. 1952. Wien, Univ., Pflanzenphysiol. Inst.) ITZEROTT. 5661

Dietrich Jerchel und **Ruth Müller,** *Papierchromatographie der β-Indolylessigsäure. β-Indolylessigsäure* (I) kann in Pflanzen neben der Adsorption an Al_2O_3 u. fraktionierten Verteilung zwischen W. u. Ae. auch durch die Papierchromatographie bestimmt werden. — 0,5 cm³ wss. Lsg., welche mindestens 5 γ I enthält, wird auf eine 6 cm lange Startlinie auf WHATMAN IV-Papier aufgetragen u. 6 Std. absteigend in n-Propanol–konz. NH_3–W. (60:30:10) entwickelt. Die Verb. kann durch Besprühen mit einer alkoh. Zimtaldehydlsg. oder einer Lsg. von Korksäure in Aceton u. anschließende Einw. von konz. HCl als roter bzw. rotbrauner Fleck sichtbar gemacht werden. Der R_F-Wert beträgt 0,82—0,84. — Die Best. von I erfolgt durch Eluierung mit W. u. Messung des Absorptionsspektr. oder durch den Erbsen- oder Kressetest. Die quantitative Auswertung des Kressetestes zeigt eine 95% ig. Wiedergewinnung von I. — Um die Inaktivierung auf dem Papier zu vermeiden, wird schnell u. bei gedämpftem oder rotem Licht gearbeitet. — *Tryptophan* ergibt den gleichen R_F-Wert. Letztere Verb. u. I können mit einem Gemisch von Methyläthylketon–Pyridin–W. (70:15:15) getrennt werden. Die R_F-Werte betragen 0,18 bzw. 0,78. — Vff. finden bei der Prüfung vorst. Meth. in 1 g Maissamen ungefähr 5 γ I u. in 1000 cm³ Menschenharn 100 γ I. (Naturwissenschaften **38.** 561—62. Dez. 1951. Heidelberg, Max-Planck-Inst. für Med. Forschung, Inst. für Chem.) DIETRICH. 5666

T. A. Bennet-Clark, M. S. Tambiah und **N. P. Kefford,** *Bestimmung von Pflanzenwuchsstoffen durch Verteilungschromatographie. β-Indolylessigsäure* (I), *β-Indolylpropionsäure* (II) u. *β-Indolylbuttersäure* (III) werden papierchromatograph. mit Isopropylalkohol–W.–NH_3 (D. 0,880) 10:1:1 als Entwicklungs-Fl. aufgetrennt u. durch Besprühen mit einer Lsg. aus 50 Teilen 5% ig. $HClO_4$ u. 1 Teil 0,05 mol. $FeCl_3$-Lsg. sichtbar gemacht. Bei 25° zeigt I einen carmesinroten Fleck R_F = 0,52, II einen blaßrotbraunen vom R_F-Wert 0,59 u. III einen orangefarbenen mit dem R_F-Wert 0,66. Die Konz. der anfänglich aufgetragenen Stoffe ist dem log. des Flächeninhalts der Flecken in den Bereichen 0,25—8 γ für I u. 2—20 γ für II u. III proportional. Die biol. Prüfung von I wurde mit dem Hafertest durchgeführt. Das Chromatogramm wurde in Quadrate, 2,5 × 2,5 cm², zerschnitten, diese auf kleine Glasschalen gelegt, 2 ml einer 3% ig. Fructose- oder Rohrzuckerlsg. daraufgegeben u. mit subapikalen Schnitten von Avena-Koleoptilen belegt. Nach 24 std. Stehen bei 25° im Dunkeln wurde deren Vergrößerung gemessen. Die Ergebnisse zeigen eine annähernd logarithm. Proportionalität des Wachstums zur Konz. des anfänglich aufgetragenen I. Durch Parallelverss. mit unbekanntem Material u. I konnte auf diese Weise I in dem unbekannten Material nachgewiesen werden. Ebenso gelang es, mit dem Eluat des dem R_F-Wert 0,52 entsprechenden Ausschnittes des Chromatogramms, das mit dem Ae.-Extrakt aus Harn gewonnen wurde, merkliche Wachstumsbeschleunigung zu beobachten. Chromatogramme, die zum Vgl. in N_2 liefen, zeigten gegen solche in Luft keine Unterschiede in ihrer Wirksamkeit. Es wird deshalb angenommen, daß Auxin als instabile Substanz auf den Chromatogrammen nicht anwesend war. Mit Hilfe dieser chromatograph.-biol. Analyse konnte in verkümmerten Sonnenblumensetzlingen neben I noch ein wachstumshemmender Faktor mit etwas höherem R_f-Wert festgestellt werden. (Nature [London] **169.** 452—53. 15/3. 1952. London, King's Coll., Dep. of Botany.) ENDRASS. 5666

d) Medizinische und toxikologische Analyse.

Steven M. Horvath und **Doris W. Knapp**, *Ein Vergleich von Saponin und Aerosol als hämolytische Agentien bei der Bestimmung von Blutgasen.* 0,25% *Aerosol* (*Na-Dioctylsuccinat*) ist ein geeigneter Ersatz für Saponin als hämolyt. Agens. Seine nachteiligen Eigg. sind zuweilen vorkommende erhöhte Werte für Sauerstoff u. die Notwendigkeit einer zusätzlich vorhandenen Lsg. zur Herst. des täglich frisch benötigten Reagenses. (J. Lab. clin. Med. **39.** 495—96. März 1952. Iowa City, Iowa.) ITZEROTT. 5727

A. H. Holtz und **L. Seekles**, *Direkttitration von Calcium in Blutserum.* Inhaltlich ident. mit der C. **1952.** 6107 referierten Arbeit. (Nature [London] **169.** 870—71. 24/5. 1952. Utrecht, Rijksuniv., Labor. voor Veterinaire Biochem.) WESLY. 5727

G. Rubino und **M. Bracco**, *Bestimmungsmethode für das Isonicotinsäurehydrazid im Urin.* Die Bestimmungsmeth. beruht auf der beim Versetzen des *Isonicotinsäurehydrazid* (**I**)-haltigen Urins in Ggw. eines Phosphatpuffers bei p_H 7 mit 1.2-Naphthochinon-4-sulfonsäure auftretenden Orangefärbung, die auf Zusatz von Na_2SO_3-Lsg. nicht verschwindet. Die Extinktionsmessung wird bei 455 mμ durchgeführt. Da Werte unter 20 γ **I**/ml am genauesten zu bestimmen sind, muß der Urin gegebenenfalls entsprechend verd. werden. Die Eigenfarbe des Urins hat auf die Best. keinen nennenswerten Einfluß. Bei genauem Einhalten eines p_H 7 stören NH_3, Aminosäuren, Nicotinsäureamid u. Vitamin B_6 auch in hohen Konzz. nicht. Hydrazin liefert unter gleichen Bedingungen eine Gelbfärbung, Phenylhydrazin eine intensive Rotfärbung. (Minerva med. [Torino] **43 I.** 1136—37. 24/5. 1952. Torino, Univ., Clin. Med.; Sondalo, A. C. I. S. P., Villagio Sanatoriale.) IPPEN. 5732

W. Spiegelhoff und **G. Gnann**, *Zur Bilirubinbestimmung in Körperflüssigkeiten.* Vff. entwickelten eine neue Gesamtbilirubinbestimmungsmeth. für *Galle, Stuhl, Urin* u. *Blut.* Die Meth. beruht auf einer Farb-Rk. des Bilirubins mit Schwefelsäure in alkoh. Lsg., die dabei entstehende Grünfärbung wird auf eine Biliverdin-Bldg. zurückgeführt. Es zeigt sich eine gute Übereinstimmung mit den Diazowerten; über den Wert der neuen Meth. gegenüber anderen colorimetr. Bestimmungen wird diskutiert. (Z. ges. inn. Med. Grenzgebiete **7.** 605—10. 1/7. 1952. Köln, Univ., Med. Klinik.) REICHLE. 5732

Dérobert und **Le Breton**, *Die Bedeutung der Anwesenheit von Arsen in den Haaren für die Zeitschätzung des Beginns der Arsenvergiftung.* Ausgehend von den Befunden an den Haaren der nach 16 Monaten exhumierten Leiche eines an As-Vergiftung Verstorbenen wurden Imprägnierungsverss. von Haaren in As-haltigem W. ausgeführt u. festgestellt, daß mit der Dauer erhebliche Mengen von As vom Haar aufgenommen werden, die durch intensives Waschen nicht mehr herausgehen. Es muß daher bei Exhumierungen vergiftungsverdächtiger Leichen die im Sarge vorgefundene Fl. untersucht werden, u. es müssen die toxikol. Ergebnisse den klin., anatom. u. anamnet. gegenübergestellt werden. (Ann. Méd. légale Criminol., Police sci., Med. soc., Toxicol. **31.** 172—76. April 1951. Paris, Fac. de Méd., Labor. de Méd. Légale.) KRAFT. 5764

G. E. F. Lundell y James Irvin Hofman, Sinopsis de química analítica. Trad. por F. de A. Bosch Ariño y M. C. Alvarez Querol. Madrid: Dossat. 1952. (XV + 289 S. m. Abb.) ptas. 140,—.

Fernando Burriel Martí, Química analítica cualitativa (Teoría y semimicrométodos). Madrid: Paraninfo. 1952. (XV + 415 S.)

—, Chemical analysis of aluminium; methods developed and standardized by the analytical chemists of the Aluminum Comp. of America. 3rd ed. New Kensington, Pa.; The Company. 1950. (150 S.) $ 1,—.

H. Angewandte Chemie.

I. Allgemeine chemische Technologie.

Ulrich Engels, *Werkstoffe des chemischen Apparatebaues.* Besprochen werden die Vor- u. Nachteile von: Eisen, Kupfer, Edelstählen mit 18% Cr u. 8% Ni, Stählen mit 18% Cr, 8% Ni, 2% Mo u. solchen mit 30% Cr u. gegebenenfalls bis 4% Ni. Dem Siliciumgußeisen sind durch seine Härte u. Sprödigkeit enge Grenzen gesetzt. Weitverbreitet ist das Blei. Neben diesen metall. Werkstoffen haben sich Steinzeug, Emaillierung u. Gummierung allg. durchgesetzt. Vf. geht dann auf das Aluminium u. seine Legierungen ein. Zu den neuesten Werkstoffen kommen hinzu die sogenannten Austauschstoffe, die Kunstharze, Nickel u. Silber u. deren Legierungen, Ferrosilicium u. Kohle. (Prakt. Chem. [Wien] **3.** 7—8. Jan. 1952. Salzburg.) PISTOR. 5806

A. W. Bamforth, *Kristallisation.* Besprechung neuerer Literatur auf dem Gebiet der Kristallisation, bes. hinsichtlich großtechn. apparativer Einrichtungen. — 32 Zitate. (Internat. chem. Engng. Process Ind. **32.** 166—68. April 1951.) GERHARD GÜNTHER. 5868

Arthur H. Korn, *Die Inangriffnahme von Problemen der Grenz-Endgeschwindigkeit.* Ableitung der Grenzgeschwindigkeit, die ein Körper (Kugel) beim Fall in einem viscosen Medium erreicht, u. Hinweis auf die techn. Bedeutung dieses Wertes. (Chem. Engng. **58.** 178—79. Nov. 1951.) HENTSCHEL. 5886

—, *Starke Oxydationsmittel.* Der Bericht befaßt sich mit ersten Erfahrungen in der amerikan. Großindustrie, die mit großtechn. Oxydation mit reinem O_2 in der Stahlfertigung, Schwefelsäuredarst. u. Nickelerzaufbereitung gewonnen wurden. Darüber hinaus wird die Möglichkeit der großtechn. Verwendung von Hydrazin u. Stickstofftetroxyd als Oxydationsmittel erörtert, sowie eine in Zukunft mögliche Oxydation mit O_3 in der Industrie erwähnt. (Chem. Engng. **59.** Nr. 4. 162. April 1952.) LEHWALD. 5898

G. M. Pantschenkow und **N. W. Golowanow**, *Kinetik der Regeneration von Aluminiumsilicatkatalysatoren. Oxydation von „Koks" im Katalysator bei wechselnder Sauerstoffkonzentration längs der Katalysatorschicht.* Es werden Formeln entwickelt, wonach berechnet werden kann, in welcher Zeit in einem Querschnitt des Reaktionsgefäßes in einem bestimmten Abstand von der Reaktionszone in dem den Katalysator regenerierenden Gas eine gegebene O_2-Konz. erreicht wird, wie hoch die O_2-Konz. in diesem Gas nach einer bestimmten Zeit nach Beginn der Regenerierung bei unbeweglichem Katalysator u. bei isothermen Bedingungen ist. Außerdem wird ein Verf. zur Berechnung der O_2-Verteilung längs der Reaktionszone bei Gegenstrombewegung von Gas u. Katalysator unter isothermen Bedingungen ausgearbeitet. (Известия Академии Наук СССР, Отделение Технических Наук [Nachr. Akad. Wiss. UdSSR, Abt. techn. Wiss.] **1952.** 1031—36. Juli.) LEBTAG. 5904

Colasit Akt.-Ges. (Erfinder: **Karl Bollinger**), Wimmis, Schweiz, *Beseitigung saurer und nitroser Luftverunreinigungen.* Die Luft wird durch eine bas. Fl., darauf durch eine Schicht (I) großoberflächiger Stoffe u. anschließend durch eine gleiche, wasserberieselte **I** gesaugt. Vorr. zur Reinigung der Abluft von Metallbeizanlagen. (**D. B. P. 846 542** Kl. 12e vom 5/11. 1950, ausg. 14/8. 1952. Schwz. Priorr. 8/12. 1949, 25/1. u. 1/2. 1950.) HEINSEN. 5849

Gesellschaft für Linde's Eismaschinen Akt.-Ges. (Erfinder: **Heinrich Kahle**, Pullach), Höllriegelskreuth b. München, *Auswaschung von Gasbestandteilen.* Man wendet nur wenig mehr als die theoret. erforderliche Menge Wasch-Fl. (I) an u. verteilt diese auf so große Oberfläche, z. B. auf Füllkörper mit 6—10 mm Kantenlänge oder weniger, daß bei 1maligem Durchlauf prakt. vollständige Sättigung bzw. Umsetzung von **I** erreicht wird. (**D. R. P. 757 867** Kl. 12e vom 13/8. 1940, ausg. 12/5. 1952.) HEINSEN. 5849

Aktivkohle-Union Verw. G. m. b. H. (Erfinder: **Paul Garbe**), Frankfurt/M., *Ausdämpfen von Adsorptionsmitteln* (I), bes. Aktivkohle. Die Inertgase, die zur Verdrängung der im Adsorber (II) enthaltenen Luft dienen, werden vor Einlaß des Spüldampfes in Ausdämpfrichtung in **II** eingeführt. Vermeidung der Explosionsgefahr bei **I**, die zur Adsorption von leicht entzündlichen bzw. explosiven Stoffen, z. B. H_2S, gedient haben. (**D. R. P. 742 575** Kl. 12e vom 26/11. 1942, ausg. 8/5. 1952.) HEINSEN. 5849

Gesellschaft für Linde's Eismaschinen Akt.-Ges., Höllriegelskreuth (Erfinder: **Rudolf Becker**, München), *Zerlegung von Gasgemischen durch Tiefkühlung.* Das Verf. besteht darin, in 2 von einer Gruppe von 3 oder mehr Regeneratoren kurzzeitig u. regelmäßig von Rohgas- auf Restgasströmung umzuschalten, aber einen dritten Regenerator während mehrerer Schaltperioden der ersten beiden Regeneratoren durch eine kleine zusätzliche Gasmenge zu spülen, die zeitlich, temperatur- u. volumenmäßig so bemessen ist, daß sie eine vollständige Verdampfung oder Sublimierung der Verunreinigungen gewährleistet, die durch Restgas nicht vollständig verdunstet werden können. — Beispiel für Zerlegung von Koksgas. Arbeitsschema. (**D. B. P. 845 958** Kl. 17g vom 1/12. 1950, ausg. 7/8. 1952.) SCHINDLER. 5857

Shell Development Co., San Francisco, Calif., übert. von: **Malcolm L. Sagenkahn**, Dobbs Ferry, N. Y., V. St. A., *Extraktion.* Zwecks Trennung der Komponenten einer fl. Mischung (I) bringt man diese mit im Gegenstrom fließenden, nicht mischbaren Lösungsmitteln in Berührung, wobei jedes Lösungsm. an einem Ende der Extraktionszone (II) eingeführt wird u. die **I** in den Mittelteil der **II** eingebracht wird. Dabei zieht man eine fl. Phase aus der mittleren **II** ab, trennt das Lösungsm. ab u. läßt den Rest der Phase zur **II** zurückkehren, u. zwar in der Nähe des Punktes, von wo sie abgezogen war, bes. stromabwärts davon, mit Rücksicht auf die n. Strömungsrichtung des entfernten Lösungsmittels. (**A. P. 2 579 867** vom 19/12. 1949, ausg. 25/12. 1951.) NEBELSIEK. 5863

J. Jacobs, Impianti di distillazione e rettificazione. Milano: Hoepli. 1953. (XII + 140 S. m. 42 Abb., 50 Diagr. u. 11 Tab.) L. 1200,—.

II. Feuerschutz. Rettungswesen.

Bartolomeo Orsoni, *Unfallverhütungsmaßnahmen bei chemischen Arbeiten.* Vf. unterscheidet Gefahren chem. Natur (unmittelbar u. verzögert wirkende) u. solche therm., mechan. u. elektr. Ursprungs. Es werden die bei der Vorbeugung von Unfällen zu beobachtenden Gesichtspunkte u. die erforderlichen Verhütungsmaßnahmen besprochen. (Chim. e Ind. [Milano] **34.** 15—17. Jan. 1952. Mailand, Soc. Montecatini.) R. K. MÜLLER. 5936

F. Brauer, *Arbeitsschutz in der Textilindustrie.* Es werden Wege aufgezeigt, wie der Arbeiterschutz in der Textilindustrie intensiviert werden u. die Sicherheit im Betriebe erhöht werden kann. (Melliand Textilber. **33.** 663—65. Juli 1952.) P. ECKERT. 5936

III. Elektrotechnik.

Licentia Patent-Verwaltungs-G. m. b. H., Hamburg (Erfinder: **Werner Koch,** Belecke/Möhne), *Elektrische Halbleiter* (I), bes. für Trockengleichrichter. Ein möglichst störstellenfreier I (z. B. Ge) wird in einem Gasraum, der die als Störstellen einzubringenden Stoffe als Ionen (II) einer Gasentladung enthält, auf ein Potential solcher Höhe u. Polarität gebracht, daß die II auf der I-Oberfläche aufgefangen werden. Durch zusätzliche Erhitzung des I kann die Hineindiffusion beschleunigt werden. Zugleich können noch neutrale Gasmoll. aus dem Gasraum mit hineindiffundieren. (**D. B. P. 840 418** Kl. 21g vom 31/5. 1949, ausg. 5/6. 1952.) KESSEL. 5953

Purdue Research Foundation, Lafayette, Ind., V. St. A. (Erfinder: **K. Lark-Horovitz** und **R. M. Whaley**), *Herstellung von Halbleitern für Gleichrichter.* Möglichst reines *Ge* wird mit einem oder mehreren der Elemente Cu, Ag, Mg, Ca, Sr, Ba, Zn, Cd, Ti, Sn, Pb, N, V, Ta, Nb, Bi, Cr, U, Co, Ni, Pd in solchen Mengen umgesetzt, daß eine maximale Sperrspannung zwischen 10 u. 200 V erzielt wird. Bes. behandelt man Ge bei 1000—1050° u. 2—760 mm Hg mit N_2. — Zeichnung, Diagramm. (**Schwed. P. 132 454** vom 8/7. 1946, ausg. 31/7. 1951. A. Prior. 13/7. 1945.) J. SCHMIDT. 5953

Union Carbide & Carbon Corp., New York, N. Y. (Erfinder: **Clarence Edwin Greider,** Lakewood, O.), V. St. A., *Lichtbogenkohle.* Mantel u. Kern enthalten 0,1—1 Gew.-% WO_3. Der Kern kann auch noch seltene Erdmetalloxyde oder -fluoride enthalten. (**D. B. P. 838 795** Kl. 21f vom 23/9. 1950, ausg. 12/5. 1952. A. Prior. 6/7. 1949.) KESSEL. 5953

Siemens & Halske Akt.-Ges., Berlin und München (Erfinder: **Herbert Sachse,** Heidenheim-Mergelstetten), *Elektrische Widerstandsmasse* aus einem gesinterten Gemisch aus feinverteiltem C u. keram. Stoffen. Um bei der Hartsinterung die Oxydation des C möglichst zu verringern, werden als keram. Bindemittel bes. Oxyde mit hoher Bildungswärme verwandt, z. B. Al_2O_3 (I) oder an I reiche Silicate. Durch vorsichtiges Entwässern von I-Hydraten können bes. akt. I-Formen gewonnen werden. (**D. B. P. 838 011** Kl. 21c vom 2/10. 1948, ausg. 5/5. 1952.) KESSEL. 5955

A. E. Nielsen, Askim, Norwegen (Erfinder: **T. H. Westby**), *Akkumulatorenplatte aus Pb mit kleinen Mengen Sb, Ag und Te.* Die Elektrodenplatten enthalten ca. 3,5—5 (%) Sb, 0,05—0,5 Ag u. 0,05—0,5 Te; außerdem können sie noch 0,5—0,75 Sn enthalten. Sie zeichnen sich durch gute Widerstandsfähigkeit gegen den Elektrolyten aus. (**Schwed. P. 132 784** vom 7/6. 1949, ausg. 4/9. 1951.) J. SCHMIDT. 5971

United States Radium Corp., New York, N. Y., übert. von: **Clayton C. Carroll,** Madison, N. J., V. St. A., *Neutronenquelle.* Die Teilchen eines feinen Be-Pulvers (I) werden oberflächlich mit einer festhaftenden, $< 1\ \mu$ starken Schicht aus $RaCO_3$ (II) versehen, mit unbedecktem weiterem feinverteiltem I vermischt u. zusammen mit einem umhüllenden Mantel aus I in einer metall. Kapsel gepreßt u. dicht verschlossen. Die Umkleidung von I mit II kann durch Eintragen von I während der Fällung von II bewirkt werden oder durch Erhitzen eines Gemisches aus I u. II auf ca. 800° in inerter Atmosphäre. (**A. P. 2 592 115** vom 3/7. 1948, ausg. 8/4. 1952.) KESSEL. 5975

Kurd von Haken, Murnau, *Gasentladungsröhren,* bes. Leuchtstofflampen, mit Edelgasfüllung u. N_2-, H_2- oder Hg-Zusätzen (I). Zur Vermeidung der Aufzehrung der I erhalten die Elektroden versilberte Cu-, Pb- oder Cd-Überzüge. (**D. B. P. 840 278** Kl. 21f vom 18/6. 1950, ausg. 29/5. 1952.) KESSEL. 5975

N. V. Philips' Gloeilampenfabrieken (Erfinder: **Jan Theodor Gerard van Overbeek**), Eindhoven, Holland, *Leuchtstoffe für Gasentladungsröhren,* bes. Quecksilberdampfentladungsröhren, bestehen aus den Oxyden (I) von La, Si u. dreiwertigem Ce. Der Ce-Geh. liegt zwischen 0,1 u. 30, prakt. zwischen 1 u. 6 Mol.-%, bezogen auf die La-Oxydmenge. Zur Herst. der M. wird ein Gemisch der I oder von Stoffen, aus denen die I durch Erhitzung entstehen, in nichtoxydierender, bes. in reduzierender Atmosphäre erhitzt. (**D. B. P. 839 833** Kl. 21f vom 5/11. 1948, ausg. 26/5. 1952. Belg. Prior. 1/5. 1945.) KESSEL. 5975

Loewe Opta Akt.-Ges. (Erfinder: **Gabriele Landsberg, Siegfried Meywald** und **Otto Faust**), Berlin, *Leuchtstoffe für Fernseh- oder Gasentladungsröhren* werden mit einem Bindemittel aufgetragen, das aus einer metallorgan. Verb., z. B. Al-Methylat–Oxalat oder Al-Äthylat–Oxalat besteht u. zur Erzielung dünner Schichten mit einer bei Tempp. unter 250° vollständig flüchtigen unschädlichen organ. Säure, z. B. Oxalsäure, gemischt wird. (**D. B. P. 842 227** Kl. 21f vom 6/8. 1950, ausg. 23/6. 1952.) KESSEL. 5975

N. V. Philips' Gloeilampenfabrieken, Eindhoven, Holland, *Luminescenzstoff für elektrische Entladungsröhren*, dad. gek., daß er mindestens ein Element aus einer jeden der nachfolgenden Gruppen enthält: 1. Zn u. Cd, 2. S u. Se, 3. Al. — Auf je 100 Atome Zn + Cd werden 10^{-5} bis 30 Atome Al verwendet. Außer den bereits erwähnten Elementen sind auch noch ein oder mehrere Halogene zugegen. Als Kristallisationsmittel werden Fluoride, mindestens eines der Elemente Al, Be, Mg, Ca, Sr, Ba, Zn oder Cd genannt. — Es wird z. B. ZnS mit Al, das eine blaue Fluorescenz mit einem Maximum bei ca. 4600 Å ergibt, verwendet; — ebenso Zn–Cd-Sulfid mit Al, welches in Abhängigkeit vom Cd-Geh. eine blaue bis tiefrote Fluorescenz aufweist. (**Oe. P. 171 364** vom 14/7. 1950, ausg. 26/5. 1952. Holl. Prior. 16/7. 1949.) M. F. MÜLLER. 5975

Westinghouse Brake & Signal Co. Ltd., London, England, *Selengleichrichter*. Der SeO_2 u. ein Halogensalz enthaltenden Se-Mischung wird zur Erhöhung des Sperrwiderstandes vor dem Aufbringen auf die Trägerplatte ca. 0,3% W. oder eine äquivalente Menge H_2SeO_3 zugesetzt. (**D. B. P. 841 175** Kl. 21g vom 7/9. 1950, ausg. 13/6. 1952. E. Priorr. 31/1. 1942 u. 10/11. 1942.) KESSEL. 5977

Westinghouse Brake & Signal Co. Ltd., London, England, *Selengleichrichter*. Die mit einer Se-Schicht oder einer Se enthaltenden Schicht überzogene Trägerplatte wird in ein alkal. Bad getaucht, das aus einer LiOH-Lsg. besteht oder eine solche enthält, wobei dafür gesorgt wird, daß die Konz. des LiOH an der Se-Oberfläche $>$100 g/Liter ist. Diese Konzentrationsverschiebung in dem Bad kann elektrolyt. herbeigeführt werden. (**D. B. P. 842 229** Kl. 21g vom 16/9. 1950, ausg. 26/6. 1952. E. Priorr. 24/7. 1944 u. 14/3. 1945.) KESSEL. 5977

IV. Wasser. Abwasser.

D. Colebaugh, J. Flicky und **A. Hyndshaw**, *Einflüsse auf die Wirksamkeit der Aktivkohle*. (Vgl. C. **1952.** 7393.) (Water Sewage Works **99.** R 101—02. April 1952.) MANZ. 6016

Howard H. Potter, *Hygienische Überwachung der Wasserversorgungsanlagen im Staate Maine*. Es wird das Syst. der zentralen Kontrolle der zumeist kleinen Wasserwerke u. die Bewertung der bakteriolog. Befunde besprochen. (J. New England Water Works Assoc. **66.** 190—98. Juni 1952. Augusta, Me., Public Utilities Commission.) MANZ. 6016

Wilhelm Müller, *Die Frischhaltung des Abwassers in Leitungen*. Zur Frischhaltung des Abwassers in Entwässerungsleitungen sollen die Wasserstände bei Trockenwetter bei mittlerem Abwasser nicht höher als ca. 14 cm u. die Kanalluft O_2-reich gehalten werden; für Verteilungsleitungen für Landbewässerung sind offene Leitungen mit geringer Wassertiefe u. breitem Spiegel bei vorheriger Entschlammung des Abwassers geeignet. Gefährdete Leitungen sollen häufig durchspült u. alle 2—3 Monate gereinigt werden. (Gesundheits-Ing. **73.** 164—66. Mai 1952. Sydney.) MANZ. 6036

Raymond B. Seymour, Walter R. Pascoe und **Robert H. Steiner**, *Neuer plastischer Grundstoff für Abwasser-Dichtungsgemische*. An Stelle der gegen Eindringen von Wurzeln in wärmeren Gegenden nicht hinreichend widerstandsfähigen Kohlenteergrundlage wird ein synthet. polycycl. KW-stoff verwendet, dem Füllstoffe, Suspensionsmittel u. 5% Schmieröl zur Erweichung zugesetzt werden. Das neue Mittel wird mit älteren Stoffen hinsichtlich Wärmeeinw., Widerstandsfähigkeit gegen Wurzeln usw. verglichen. (Water Sewage Works **99.** 210—16. Mai 1952. Mertztown, Pa., Atlas Mineral Products Comp.) MANZ. 6036

Reinhold Spiess, *Die Bekämpfung der Tropfkörperfliege durch Behandlung mit Chemikalien*. Behandlung der Körper mit allen zur Verfügung stehenden chem. Mitteln führte in jedem Falle nur zu einem anfänglichen Erfolg, bis der Psychoda-Bewuchs ausreichende Resistenz entwickelte. Die wegen des starken Rasenbewuchses versuchte wiederholte Aufbringung eines Bodengiftes (Trichlorbenzol) brachte in Verb. mit häufiger Überstauung der Körper nach 1—2 Wochen trotz der auf lebende u. Larvenstadien beschränkten Wrkg. einen anhaltenden Erfolg. (Water Sewage Works **99.** 250—53. Juni 1952. Litchfield, Ill., Sewage Treatment Plant.) MANZ. 6040

E. Hurwitz, Keith H. Edmondson und **Samuel M. Clarke**, *Reinigung pharmazeutischer Abwässer*. Die auf Grund von Kleinverss. gebaute Anlage PORTAGE ROAD der UPJOHN CO. zur Reinigung von Penicillin–Streptomycin-Ablaugen mit Penicillinablauge

Vorhaltebecken mit Belüftungseinrichtungen, Vor- u. Nachklärbecken für 2 Std. Absetzzeit, 2 Tropfkörpern für 0,55 kg BSB je m^3 Belastung, Nachchlorungsbecken für 20 Min. Kontaktzeit befriedigte infolge ungenügender Beseitigung der organ. Lösungsmittel, Fabrikationsänderungen u. Erweiterungen u. wegen Schwierigkeiten in den Faulkammern nicht. Hintereinanderschaltung der Tropfkörper führte bei kleinem Rücknahmeverhältnis zur Verstopfung der Körper; im Parallelbetrieb bei Rücknahme 1 : 1 konnte bis 97,8% BSB Minderung erzielt werden. Der Schlamm kann nur bei kleinen Eingaben u. guter Kontrolle ausgefault werden. (Water Sewage Works **99.** 202—05. Mai 1952. Chicago, Ill., San. District; Kalamazoo, Mich., Upjohn Co.; Chicago, Ill., Greeley and Hansen.)
MANZ. 6040

Soc. Belge de Condensation et de Mécanique, Soc. An., Belgien, *Entfernung von Kieselsäure aus Wasser.* Um Kieselsäure bzw. kieselsaure Salze aus z. B. für Hochdruckdampfkessel bestimmtem Speisewasser zu entfernen, wird das W. mit Kalk in solchem Überschuß versetzt, daß eine gesätt. Lsg. entsteht oder die in der Lsg. befindliche Menge $Ca(OH)_2$ 50° französ. Härte entspricht. Hierdurch wird fast die gesamte Kieselsäure ausgefällt. Der Rest wird durch Einleiten von CO_2 mit dem entstehenden Nd. von $CaCO_3$ mitgerissen. Die CO_2 wird am billigsten aus Rauchgasen oder aus Kalkofengasen gewonnen. — Ein W., das im Liter 9 mg Si enthielt, hatte nach der Behandlung mit Kalk noch 1 mg u. nach der Behandlung mit CO_2 colorimetr. nicht mehr meßbare Mengen Silicium. (**F. P. 974 330** vom 26/10. 1948, ausg. 21/2. 1951. Belg. Prior. 30/10. 1947.)
HEYNE. 6031

N. V. Koninklijke Metaalwarenfabrieken v/h I. N. Daalderop & Zonen, Tiel, Holland, *Bekämpfung der Bildung von Kesselstein.* Es werden im W. Schwingungen mit einer niedrigen Frequenz erzeugt. Zu diesem Zweck wird eine an der Innenwand des Kessels wasserdicht angebrachte Membran durch einen Elektromagnet in Schwingung versetzt, der durch Wechselstrom mit der n. Netzfrequenz von 50—60 Hz erregt wird. (**Schwz. P. 277 325** vom 11/10. 1948, ausg. 16/11. 1951. Holl. Prior. 29/10. 1948.) REICHELT. 6031

National Aluminate Corp., Chicago, übert. von: **Paul G. Bird,** Western Springs, Ill., V. St. A., *Mittel zur Verhütung von Ablagerungen in Dampferzeugern,* bestehend aus einem alkal. Hydrolyseprod. von Na-Lignosulfonat mit kaust. Soda bei 200—225° während 20—120 Min. unter Druck. (**A. P. 2 576 386** vom 6/12. 1948, ausg. 27/11. 1951.)
SCHINDLER. 6031

Wallace & Tiernan Products, übert. von: **Henry C. Marks,** Glen Ridge, und **Frede B. Strandskov,** Belleville, N. J., V. St. A., *Desinfektion von wässerigen Flüssigkeiten mit Brom,* z. B. von Industrieabwässern, Schwimmbassinwasser. Es wird ein wirksamer Br_2-Überschuß von wenigstens 1 mg/Liter aufrechterhalten u. gleichzeitig eine dem Br_2-Geh. entsprechende 50fache stöchiometr. Menge NH_3 zugesetzt. Es wird die wss. Lsg. einer stabilen N-Br-Verb., z. B. p-Toluolsulfobromamid, Dibrommelamin oder Bromsuccinimid, verwendet. (**A. P. 2 580 808** vom 29/1. 1948, ausg. 1/1. 1952.) REICHELT. 6043

Ferdinand Schmidt und **Walter Eggersglüss,** Verden, Aller, *Ausfaulung organischer Abfallstoffe zwecks Gewinnung von Dünger und Faulgas.* Die Abfallstoffe werden mit W. in einem den Faulbehältern (**I**) vorgeschalteten Mischbehälter (**II**) zu einem pumpfähigen Brei (**III**) vermischt u. in die **I** gepumpt. Die aus diesen abfließende Faulraum-Fl. wird im Kreislauf in **II** geleitet, mit frischen Abfällen zu **III** vermischt u. in **I** zurückgepumpt. — Vorrichtung. (**Schwz. P. 279 642** vom 21/6. 1949, ausg. 17/3. 1952.) REICHELT. 6049

V. Anorganische Industrie.

M. A. Rabkin, A. P. Romanenko und **M. Je. Kowalskaja,** *Der Einfluß des Säuregrades des Mediums und der Beimengungen auf die Kristallisation von Ammoniumsulfat.* Größere $(NH_4)_2SO_4$ (**I**)-Kristalle aus Lsgg. mit freier H_2SO_4 erhält man bei einer Säurekonz. von 9—15 g/Liter. Bei der Herst. von **I**-Lsgg. aus NH_3-haltigen Kokereigasen u. H_2SO_4 setzen die Verunreinigungen des Kokereigases die Größe der **I**-Kristalle herab. In diesem Falle nimmt die Kristallgröße bei Erhöhung der H_2SO_4-Konz. bis auf 9 bis 15 g/Liter zu, bei weiterer Konzentrationssteigerung ab. Zusätze von NH_4Cl oder NH_4NO_3 erschweren den Kristallisationsprozeß. Nach längerem Stehen bei Zimmertemp. bilden sich kleine scheiben- oder nadelförmige Kristalle des **I**. (Журнал Прикладной Химии [J. angew. Chem.] **24.** 1257—62. Dez. 1951.) HELMS. H 243

Hydrocarbon Research, Inc., übert. von: **Paul W. Garbo,** New York, N. Y., V. St. A., *Herstellung von Sauerstoff* durch Verflüssigung u. Rektifikation von Luft. Man kühlt zunächst die Luft in Wärmeaustauschern, in denen period. die Strömungswege der Luft u. des Rektifikationsprod. gewechselt werden, dabei scheidet sich das gesamte CO_2 ab.

Unter period. Rückführung der fraktionierten Luft u. Entspannung derselben u. durch weitere Kühlung mit N_2-Fraktionen im Wärmeaustausch u. Gegenstrom wird endlich O_2 gewonnen. (**Can. PP. 476 871** u. **476 872** beide vom 28/10. 1948, ausg. 11/9. 1951. A. Prior. 1/11. 1947.) WITTHOLZ. H 239

Phillips Petroleum Co., V. St. A. (Erfinder: **Merton L. Studebaker**), *Verbesserung von Ruß*, dad. gek., daß flockiger Ruß in einer trommelartigen App. bei 79,5° in 2 Arbeitsgängen zu kugelförmigem Ruß verdichtet wird. Im 1. Arbeitsgang wird der flockige Ruß zu kleinen Kügelchen geformt, die in einem 2. Arbeitsgang gehärtet werden, was durch eine hohe Umdrehungsgeschwindigkeit der Trommel erzielt wird. — Vorrichtung. (**F. P. 984 232** vom 5/4. 1949, ausg. 3/7. 1951.) HEYNE. H 260

Phillips Petroleum Co., V. St. A., *Verbesserung von Ruß*. In einer bes. konstruierten drehbaren Trommel gibt man zu körnigem Ruß flockigen Ruß in jeweils mehreren Anteilen. Man setzt die mechan. Bearbeitung in der Trommel so lange fort, bis durch Agglomeration die Rußkörner einen Durchmesser von ca. 3 mm erreicht haben. Durch die Behandlung wird die D. des Rußes von 0,050 auf 0,320 kg pro dm^3 gesteigert. — Vorrichtung. (**F. P. 985 097** vom 21/4. 1949, ausg. 13/7. 1951.) HEYNE. H 260

Chemische Fabrik Joh. A. Benckiser G. m. b. H., Ludwigshafen/Rh. (Erfinder: **Hermann Rudy** und **Rudolf Watzel**, Mannheim), *Herstellung von in Wasser viscose Lösungen ergebenden Kalium- und Ammoniumsalzen hochpolymerer Metaphosphorsäuren.* In Metaphosphorsäure oder Schmelzen von metaphosphorsaurem K leitet man gasförmiges trockenes NH_3 bis zur dickfl. Konsistenz. Die Viscosität ist bes. in Fällen erwünscht, wo Plastizität u. Haftvermögen eine besondere Rolle spielen, wie bei kosmet. u. pharmazeut. Zwecken. (**D. R. P. 764 588** Kl. 12i vom 19/11. 1941, ausg. 4/9. 1952.) ZÜRN. H 264

Houdry Process Corp., Wilmington, Del., übert. von: **George R. Bond**, Paulsboro, N. J., V. St. A., *Aktivieren von Ton.* Natürliche Alumosilicate, wie z. B. Ton oder Kaolinit, werden mit einem wss. Sulfat des NH_4, Zr, Al, Be, Mg oder Zn zu einer Paste angerührt u. zu Kügelchen oder Granalien verformt. Dann erhitzt man auf ca. 420—600°, kühlt, wäscht aus u. trocknet. (**A. P. 2 582 956** vom 5/2. 1948, ausg. 22/1. 1952.) NEBELSIEK. H 294

M. Dériberé y **A. Esme**, La Bentonita. Las arcillas coloidales y sus usos. Trad. por Carlos Velasco y Emilio Sempere. Madrid: Aguilar. 1952. (XIX + 291 S. m. Abb.) ptas. 70,—.

VI. Silicatchemie. Baustoffe.

J. M. Stevels, *Die Struktur des Glases.* Nach ZACHARIASEN ist die Glasstruktur als unregelmäßig aus Sauerstofftetraedern mit hochgeladenen Zentralionen (Netzwerkbildner) aufgebaut anzusehen. Große Kationen kleiner Feldstärke wirken netzwerkändernd. Verfeinerung dieser Auffassung: Koordinationszahlen sind nicht konstant. Netzwerkbildner u. Netzwerkänderer können unter Umständen ihre Rolle vertauschen. Dies wird durch ein Konkurrenzprinzip erklärt. Auftreten von verschied. Bindungskräften gemeinsam führt zum Glaszustand. (Philips' techn. Rdsch. **13.** 350—59. Mai 1952.) FROST. 6200

Alphons Schoblik, *Hellfeld-, Dunkelfeld- und Phasen-Kontrastbetrachtung einer Blaufärbung in Glasur.* Eine Glasur erschien in der Aufsicht über dunklem Grund blau, in der Durchsicht ohne Untergrund gelblich. In Analogie zu ähnlichen Erscheinungen bei Gläsern ist Eisenoxyd als Ursache anzunehmen. Bei mkr. Unters. läßt das sogenannte Phasenkontrastverf. Einzelheiten erkennen, die bei den anderen Verff. nicht festzustellen sind, die aber mit der Färbung nicht im Zusammenhang stehen. (Sprechsaal Keram., Glas, Email **85.** 95—97. 5/3. 1952.) KÜHNERT. 6212

Fritz Viehweger, *Das Bläuen von Massen und Glasuren.* Um Massen oder Glasuren den bläulich-weißen Farbton des Porzellans zu geben, ist zu beachten: Reinweiß brennende Ausgangsmaterialien sind zu verwenden u. durch Verunreinigungen angefärbte Glasuren zu vermeiden. Die Bläuung wird erreicht durch $CoSO_4$ u. $Co(CO_3)_2$ für Massen, durch CoO u. $Co(CO_3)_2$ für Glasuren. Richtlinien für die jeweils benötigten Mengen werden in einer Tabelle angegeben. Beim Zusatz der färbenden Bestandteile ist zu beachten, daß die gelösten Farbstoffe ($CoSO_4$) beim Filtrieren mit dem W. ablaufen, sie müssen also durch Sodazusatz in der M. gefällt werden. Die anderen Materialien können durch die üblichen Schlämm- oder Mischverff. zugesetzt werden, die beschrieben werden. Gute Mahlung ist dabei bes. wichtig, weil die fertige Ware sonst sogenannte „blaue Pünktchen" aufweist. (Sprechsaal Keram., Glas, Email **85.** 93—95. 5/3. 1952.) KÜHNERT. 6212

Yves Letort, *Beitrag zur Untersuchung der wasserfreien Tonerdesilicate, besonders des Sillimanits und Mullits.* Da *Sillimanit* u. *Mullit* sich in ihren Eigg. weitestgehend ähneln u. der Mullit zudem infolge seiner veränderlichen, vielleicht polymorphen Eigg. noch ungelöste Probleme bietet, werden die Eigg. (chem. Analysenwerte, mineralog. u. röntgenolog. Daten) dieser Stoffe an Hand von 15 Literaturstellen eingehend beschrieben. Die vom Vf. präzisierten u. bes. hinsichtlich des Sillimanits in einigen Punkten berichtigten Werte werden krit. miteinander verglichen u. die Unterschiede in den Eigg. der beiden Silicate gezeigt, die deren Erkennung u. eindeutige Identifizierung ermöglichen. Einer Betrachtung über die Bedingungen der Umwandlung von Sillimanit in Mullit folgt eine ausführliche Beschreibung der verschied. Formen des Mullits (nadelförmig bzw. körnig) u. deren Verh. zueinander. (Bull. Soc. franç. Céram. **1951.** 52—63. Okt./Dez.) MAUNE. 6216

R. Ja. Popilski, *Über einige Besonderheiten der Sinterung tonerdereicher feuerfester Materialien mit Mullit–Korund-Füllmitteln (Schamotte).* Infolge Rk. zwischen dem tonerdehaltigen Bindemittel u. dem Korund tritt beim Brennen Al_2O_3-reicher Massen mit synthet. Füllmittel zwischen 1400 u. 1500° ein Wachsen des Scherbens ein, das eine Auflockerung bewirkt, wenn nicht genügend Feingut (unter 0,09 mm) vorhanden ist; dadurch wird auch bei weiterem Erhitzen auf 1600—1700° ein Zusammenbacken verhindert. Die scherbenverdichtende Wrkg. des Feinguts beruht auf der Bldg. von Mullitmasse, sie kann daher ebenso durch direkten Zusatz von Mullit (Ton + hochdisperse ungebrannte Al_2O_3) erreicht werden. (Огнеупоры [Feuerfeste Mater.] **17.** 158—69. April 1952. Moskau, Chem.-Technol. Mendelejew-Inst.) R. K. MÜLLER. 6218

F. Kaminsky, *Über Lagerungen und Längsführungen von Drehöfen.* Eingehende Erörterung der Ursachen von Drehofenverformungen als Folge unzweckmäßiger Lagerung u. Vorschläge für ein neues Verf. zur Tragrollenberechnung. (Zement-Kalk-Gips **4.** 322—27. Dez. 1951. Leverkusen/Rh.) MAUNE. 6222

F. Matouschek, *Die Vermeidung des Ansatzes im Zement-Schachtofen.* Im Schachtofen bildet sich der Ansatz hauptsächlich durch Anbacken des Rohmaterials an überhitzten Stellen der Ausmauerung. Verss. mit verschied. Kalksättigungsgrad des Rohmaterials werden durchgeführt. Ein höherer Al_2O_3-Geh. des feuerfesten Schamottefutters verlängert nicht unbedingt seine Lebensdauer. In den oberen Teilen der Ofenwand findet eine starke Anreicherung von Alkalien statt. Hinweise auf die Brennstofffrage werden gegeben. Aus graph. Darstellungen der Ergebnisse werden die Vorteile der Magnesitauskleidung gezeigt. (Radex-Rdsch. **1952.** 161—65. Aug.) P. ECKERT. 6222

• **Walz,** *Betonzusatzmittel.* Dichtungs- u. Frostschutzmittel, Erhärtungsbeschleuniger u. luftporenbildende Zusatzstoffe werden in ihrer Eigenart beschrieben u. die techn. Voraussetzungen u. Erfordernisse für ihre Anwendung umrissen. (Straßen- u. Tiefbau, Straßenbau u. Straßenbaustoffe **6.** 197—98. Juli 1952.) STEINER. 6224

K. Guthmann, *Entwicklung und Stand der Kalkbrennöfen, insbesondere für Stahlwerkskalk.* Ring-, Schacht- u. Drehöfen, bes. zum Brennen von Stahlwerkskalk. Beheizung mit festen, gasförmigen u. fl. Brennstoffen. Kalkbrennen mit Hochofengas. Versuchs- u. Betriebsergebnisse. — 27 Literaturangaben. (Radex-Rdsch. **1952.** 141—60. Aug.) P. ECKERT. 6226

A. Dietzel und **W. Stegmaier,** *Vorschläge für emailtechnische Prüfverfahren.* Beschrieben werden die metallograph. Gefügeprüfung, die Funkenprobe, das BAUMANN-Abdruckverf., die Schwefelabdruckprüfung, die Korrosionsprüfung auf Cu, das VAN ROYEN-AMMERMAN-Verf., die Tiefätzungsprüfung, die Alterungsprüfung nach ERICHSEN u. im Abkantvers., die Verwindeprüfung, die Tiefungsprüfung nach ERICHSEN, die Oberflächenprüfung. (Ber. dtsch. keram. Ges. e. V. Ver. dtsch. Emailfachleute e. V. **29.** 88—92. März 1952.) MARKHOFF. 6246

Robert Herman Bogue, La química del Cemento Portland. Versión por Manuel Benítez Ramírez. Madrid: Dossat. 1952. (XVI + 642 S. m. Abb.) ptas. 250,—.

F. E. Jones, Reactions between aggregates and cement. Pt. I: Alkali-aggregate interaction: General. London: H. m. S. O. 1952. (28 S.) 1 s. 3 d.

VII. Agrikulturchemie. Schädlingsbekämpfung.

H. Baumann und **U. Schendel,** *Die Dynamik des Wasser- und Nitrathaushaltes unter verschiedenen Fruchtbarkeitsbedingungen.* Unter verschied. Fruchtbarkeitsverhältnissen wurde 1951—52 auf lehmigem Sandboden laufend der Wasser- u. NO_3'-Geh. u. teilweise auch der Geh. an K_2O u. P_2O_5 beobachtet u. die Struktur untersucht. Es wurde der Nachw. erbracht, daß der fruchtbarere Boden (nach Grasbau bei Erbsen u. Getreide bzw. Gründüngung bei Kartoffeln) eine größere nutzbare Wasserkapazität hat u. daß gerade der Anteil schwer aufnehmbaren W. vermehrt wird. Bes. deutlich variierten Parzellen unterschiedlichen Fruchtbarkeitszustandes in der NO_3'-Entw., die auf fruchtbareren Parzellen wesentlich stärker ist. Mit gesteigerter Bodenfruchtbarkeit ist auch das Porenvol. vergrößert. Die Gehh. an K_2O u. P_2O_5 variieren erheblich u. sind um so stärker, je tätiger der Boden ist. — Nach den Befunden hängt die Höhe der Gründüngungswrkg. wesentlich davon ab, ob NO_3' aus der Gründüngung frühzeitig genug mobilisiert wird. Zu spät (verzögerte Bodenerwärmung, hohe Bodenfeuchtigkeit im Mai/Juni) entwickelte NO_3'-Mengen wirken nicht mehr ertragssteigernd. (Z. Acker- u. Pflanzenbau **95.** 47—68. Juni 1952. Berlin, Humboldt-Univ., Inst. für Kulturtechnik.) RANG. 6304

O. Coppier und **J. Pochon,** *Über die Beziehungen zwischen der Mikroflora und der Fruchtbarkeit eines Bodens.* Für das Pflanzenwachstum sind eine ganze Reihe von Bodenmikroben nötig, so z. B. als N_2-Fixierer, als NH_4-Fixierer, zur Regelung der Nitrifikation u. der Denitrifikation, sowie als Celluloselöser. Am wichtigsten ist die Anwesenheit von Azotobacter in der Bodenmikroflora. (Ann. Inst. nat. Rech. agronom., Ser. A **2.** 425—28. Juli/Aug. 1951. Paris.) GRIMME. 6304

A. Anstett, *Der Stickstoff-Faktor bei der Humifizierung von Rebenschößlingen.* Nach Verss. des Vf. ist für die Humifizierungsvorgänge weniger das Verhältnis organ. C/Gesamt-N als das Verhältnis organ. C/organ. N ausschlaggebend. Mit steigender Zufuhr von mineral. N-Düngern zum Boden zeigt sich eine merkbare Verlangsamung der Humifizierung. Vf. verwirft die starke N-Düngung auf Rebenböden. (Ann. Inst. nat. Rech. agronom., Ser. A **2.** 434—41. Juli/Aug. 1951.) GRIMME. 6304

E. Klapp, *Zum zeitlichen Verlauf des Graszuwachses auf Weiden und seiner Beeinflussung durch Stickstoffgaben.* (Vorl. Mitt.) Der zeitliche Verlauf des Graszuwachses auf Weiden wurde durch Mähverss. (regelmäßiger Wechsel zwischen Abmähen u. Beweiden) an 3 verschied. Standorten ermittelt. Weiter wurde untersucht, in welcher Phase N-Gaben am erfolgreichsten sind. Es wurden 240 kg N/ha/Jahr gegeben, u. zwar a) die gesamte Gabe zu Vegetationsbeginn, b) Teilgaben je 60 kg alle 5—6 Wochen, c) 40 kg 5—6 Wochen nach Vegetationsbeginn u. 80 bzw. 120 kg nach den gleichen Zeiträumen. a) brachte Überhöhung des Frühsommerzuwachses; b) bewirkte eine sehr merkliche Hebung des Hoch- u. Nachsommerzuwachses; c) verursachte zwar keine wesentliche Steigerung gegenüber b), jedoch eine wirksame Vermehrung des Herbstzuwachses gegenüber a). (Z. Acker- u. Pflanzenbau **95.** 69—72. Juni 1952. Bonn.) RANG. 6304

Arthur Hawkins, B. A. Brown und **E. J. Rubins,** *Ein extremer Fall von Bodenvergiftung im Kartoffelbau eines ehemals fruchtbaren Bodens.* Als Ursache für die Unfruchtbarkeit konnten in Gefäßverss. die Löslichkeit u. die hohen Gehh. des Bodens an Al, Mn u. Cu festgestellt werden. Eine starke Kalkung des Bodens (5000—10000 amerikan. Pfund hydratisierter Kalkmagnesia/acre) in Verbindung mit einer Superphosphatgabe (4000 bis 8000 amerikan. Pfund eines 46%ig. Düngemittels/acre) erhöhte den p_H-Wert, erniedrigte die Al-, Mn- u. Cu-Löslichkeit u. gab dem Boden die alte Fruchtbarkeit. Die gleiche Wrkg. wurde in geringerem Maße durch Gründüngung erzielt. (Amer. Potato J. **28.** 563—77. April 1951. Storrs, Conn., Agronomy Sect. of Plant Sci. Dep., Agric. Exp. Stat.) GRÜTZ. 6304

T. P. Finn, *Chemische Unkrautvertilger.* Natrium-2.4-dichlorphenoxyäthylsulfat (= *Crag Herbicide 1*) ist ein Gift für Unkrautsamen während der Keimung; es wirkt allein infolge Kontakts mit dem Erdboden durch die Wurzeln u. ist ungefährlich für Laubwerk bei der Verwendung der vorgeschriebenen Konzz. (2—6 lbs./acre). (Agric. Chemicals **6.** Nr. 9. 53. 55. 93. 95. 97. Sept. 1951. New York, Carbide & Carbon Chem. Co., Div. of Union Carbide & Carbon Corp.) LIEBNER. 6312

Pierre Chouard, *Wie sind die „Hormone" als selektive Unkrautvertilgungsmittel im Getreide zu verwenden?* Vf. bespricht ausführlich die Frage des Gebrauchs von 2.4-D, weist auf die großen Gefahren hin, die bei unsachgemäßer Anwendung entstehen können, u. gibt prakt. Hinweise für eine erfolgreiche Verwendung. (Agric. prat. **115.** 233—37. Mai 1951.) W. LORENZ. 6312

Gian-Tommaso Scarascia, *Über die phytotoxischen Schäden des Hexachlorcyclohexans. Wirkung des γ-Isomeren auf Nicotiana tabacum und N. rustica.* Die Vegetationspunkte von je 50 Pflanzen der Arten Nicotiana tabacum (var. Bright, Erzegovina, Hanthi Yakà) u. N. rustica (var. Erbasanta) wurden wiederholt mit Gammexan (**I**)-Lsgg. (5 g u. 10 g **I** in 1 kg Lanolin) behandelt. Die sich entwickelnden Blätter wiesen Schädigungen auf, die in einer abweichenden Blattmorphologie u. auffallender Depression bestehen. Auf eine Analogie der **I**-Schäden zu Symptomen von Viruskrankheiten wird hingewiesen. (Tabacco **56.** 142—51. Mai 1952.) K. MAYER. 6312

W. E. de Mol van oud Loosdrecht, *Die Vernichtung der Maden der Narzissenfliege (Lampetia equiestris F.) in den Zwiebeln, durch Kohlensäure und Sauerstoff unter Druck.* Ausführlicher Bericht über Verss. mit der vom Vf. entwickelten Kohlensäure–Sauerstoff-Druckmeth., die durchweg zu einem günstigen Ergebnis führten. (Anz. Schädlingskunde **25.** 10—13. Jan. 1952. Amsterdam.) WINIKER. 6312

K. V. Stolze und **H. Hillemann**, *Welche Pflanzenschutzmittel können bei der Kohlfliegenbekämpfung durch Vermischen mit der Topferde Verwendung finden?* Es wurde festgestellt, daß außer den früher geprüften Mitteln E 605-Staub u. γ-Streunex *DDT-Hexa-Stäubemittel* sowie reine *Hexa-* u. *CBHo-Mittel* (auf Basis chlorierter KW-stoffe) gute Erfolge zeitigten. (Anz. Schädlingskunde **25.** 119—22. Aug. 1952. Oldenburg, Pflanzenschutzamt.) WINIKER. 6312

Gudo Dosse, *Die Wirkung von E 605 forte auf Läuse bei verschiedenen Temperaturen.* E 605 forte (**I**) wirkte in Freilandbekämpfungsverss. gegen die Blattlaus Doralis fabae Scop. in Konzz. von 0,015—0,045% bei Tempp. von 24—26° nach 1 Tage zu 100% u. bei 9—10° nach 3 Tagen zu 95% tödlich. In Laborverss. mit den Kellerläusen Rhopalosiphoninus (Myzodes) latysiphon Davids u. Macrosiphon solanifolii Ashm. wurde festgestellt, daß I auch bei niedrigen Tempp. voll wirksam ist, wenn alle Tiere unmittelbar getroffen werden (fast 100%ig. Tötung innerhalb 24 Std. bei 4° u. Konzz. an **I** von 0,01 bis 0,005%). Grenzkonz. bei den genannten Läusen 0,0015% **I.** (Anz. Schädlingskunde **25.** 7—10. Jan. 1952. Stuttgart-Hohenheim, Landw. Hochsch., Inst. für Pflanzenschutz.) WINIKER. 6312

C. R. Neiswander, *Wirksamkeitsdauer von Bleiarsenat auf Rasen zur Bekämpfung der Larven von Phyllophaga und Cyclocephala borealis.* Bleiarsenat zeigte sich, bes. nach höheren Gaben, noch nach Jahren wirksam. (J. econ. Entomol. **44.** 221—24. April 1951. Wooster, Ohio Agric. Exp. Stat.) LIEBNER. 6312

C. J. Krister, *Methoxychlor.* Methoxychlor [= 2.2-Bis-(p-methoxyphenyl)-1.1.1-trichloräthan = Methoxy-DDT = DMDT = Dianisyltrichloräthan] ist im techn. Präp. zu ca. 88% als p.p'-Isomeres enthalten. Reines Methoxychlor hat F. 89° u. $D.^{25}$ 1,41. In W., Säuren u. Alkalien ist es unlösl., lösl. jedoch bes. in vegetabil. Ölen u. in paraffin. u. aromat., chlorierten u. keton. Lösungsmitteln. Angaben über die verschied. Verwendungsformen, über die biol. Eigg., auch im Vgl. zu anderen organ. Insekticiden, über die biol. Aussichten u. über Rückstandswirkung. (Agric. Chemicals **6.** Nr. 7. 39—41. 93. Juli 1951. Wilmington, Del., E. I. du Pont de Nemours & Co., Inc., Grasselli Chem. Dep.) LIEBNER. 6312

W. H. Ewart und **H. S. Elmer**, *Parathion zur Bekämpfung von Coccus pseudomagnoliarum (Kuw.).* (Calif. Citrograph. **36.** 420—22. Aug. 1951.) LIEBNER. 6312

Brigitte Althaus, *Eigenschaften und Wirkweise des neuen Rattengiftes Dicumarol·* Überblick. — 9 Literaturhinweise. (Anz. Schädlingskunde **25.** 123—24. Aug. 1952. Halle, Martin-Luther-Univ., Zool. Inst.) WINIKER. 6312

Edgar Weber, *Bemerkung zur Bestimmung von DDT (Dichlordiphenyltrichloräthan) und HCCH (γ-Hexachlorcyclohexan) nebeneinander durch indirekte Analyse.* Vf. gibt 2 Gleichungen mit 2 Unbekannten als Berechnungsformeln zur Best. von *DDT* (**I**) u. *HCCH* (**II**) nebeneinander durch indirekte Analyse nach PERKOW (C. **1952.** 7879) an, die auch bei Ggw. von Begleitstoffen angewendet werden können: 1. $x \cdot Cl/M_D + y \cdot 3\,Cl/M_H$ = % abspaltbares Chlor; 2. $x \cdot 5\,Cl/M_D + y \cdot 6\,Cl/M_H$ = % Gesamtchlor [Cl = 35,457, M_D = 354,56 (Mol.-Gew. von **I**) u. M_H = 210,85 (Mol.-Gew. von **II**)]. (Z. analyt. Chem. **135.** 113—15. 1952. Witten/Ruhr, Imhausenforschung, Analyt. Labor.) MOSLÉ. 6328

Deutsche Solvay-Werke Akt.-Ges., Solingen–Ohligs (Erfinder: **Ernst Walling**, Rheinberg, Rhld.), *Aufbereitung von Rohphosphaten durch Sintern,* unter Verwendung des Destillateurschlammes aus der Sodaherst. nach dem SOLVAY-Verf. als Mittel zum Sinteraufschluß in Ggw. von Wasserdampf. Aufschlußtempp. 1250—1450°, Aufschlußdauer 1—4 Stunden. Die Phosphorite brauchen nur auf Kiesgröße zerkleinert zu werden u. ergeben *Phosphatdüngemittel* mit 100%ig. Citronensäure- u. 85—90%ig. Ammoncitratlöslichkeit. (**D. B. P. 846 547** Kl. 16 vom 5/1. 1943, ausg. 14/8. 1952.) KARST. 6283

Lonza Elektrizitätswerke und Chemische Fabriken Akt.-Ges., Basel (Erfinder: **Samuel Ruosch**, Visp), Schweiz, *Herstellung wasserarmer Nitrophosphat-Düngemittel.* Rohphosphate werden mit verd. 50—60%ig. HNO_3 aufgeschlossen. Während sich die Phosphataufschlußmasse im blasig-teigigen Zustand, d. h. oberhalb des Erweichungspunktes, z. B. bei 40—60°, befindet, wird ein starker u. warmer Luftstrom so lange durch die M. hindurchgeblasen, bis ihr Wassergeh. nur noch 2—3 (Mol) W. je 1 $Ca(NO_3)_2$ beträgt, worauf das getrocknete Prod. nach Durchmischung u. Verdichtung gekörnt wird. Die Trocknung erfolgt bei 50—120° in rotierenden Trocknern oder auf gelochten Transportbändern. Die Temp. der M. soll nicht über 48—60° steigen. (**D. B. P. 849 846** Kl. 16 vom 1/1. 1949, ausg. 18/9. 1952. Schwz. Priorr. 19/11. 1946 u. 24/6. 1947.) KARST. 6291

Georges Labourasse, Frankreich, *Gewinnung eines Düngemittels aus Schlempe.* Als Ausgangsmaterial dienen die Destillationsrückstände der A.-Gewinnung aus Wein, Zuckerrüben u. Kartoffeln. Die Schlempe wird durch Zusatz von Na_2CO_3 oder K_2CO_3 auf einen

p_H-Wert von 7 gebracht u. konz., am besten in einem Mehrkörperverdampfer. Das Konzentrat wird mit einem organ. Lösungsm., wie A., Aceton, behandelt, der entstandene Nd. abfiltriert, gewaschen u. getrocknet. Er ist eine nichthygroskop. Substanz von folgender Zus.: Organ. N-Verbb. 8%, organ. Substanz 67%, Mineralsubstanz 25%. Das Prod. stellt ein gut lagerfähiges Düngemittel dar, das sich leicht ausstreuen u. in W. gelöst versprengen läßt. Das Filtrat vom Nd. enthält beträchtliche Mengen Glycerin, das durch Rektifikation als Rohglycerin gewonnen werden kann. Durch Reinigung erhält man hieraus ein Reinglycerin von 30° Bé, wodurch die Kosten des Verf. erheblich verringert werden. (**F. P. 982 541** vom 13/7. 1943, ausg. 12/6. 1951.) HEYNE. 6291

Soc. Commerciale des Potasses, Frankreich, *Komplexe Humo-Proteinverbindungen als Düngemittel.* Man behandelt eine mehr oder weniger konz. Lsg. von Alkalien mit Eiweißstoffen u. Lignin oder dieses enthaltenden Stoffen. Die Komplexverb. wird durch Säuren oder saure Salze gefällt u. bewirkt eine günstige Entw. von Azotobakterien. — Man erhitzt 15 Min. auf dem Wasserbad 3 (Teile) 6%ig. K_2CO_3-Lsg. 1 Casein in Ggw. von 2 eines Hydrolysenrückstandes einjähriger Pflanzen, wie Maiskolben, Stroh u. dergleichen. Ohne zu filtrieren, gibt man $^1/_4$ 85%ig. H_3PO_4 zu. Man trocknet u. erhält ein schwach saures Prod., das mit $CaCO_3$ neutralisiert werden kann. Das Prod. hat einen Geh.: **4,4**% N, 7,1% P_2O_5, 4,5% K_2O. (**F. P. 990 697** vom 29/3. 1944, ausg. 25/9. 1951.) WITTHOLZ. 6297

Dow Chemical Co., übert. von: **Edgar C. Britton** und **Harold R. Slagh**, Midland, Mich., V. St. A., *Arylester von 4-Chlorbenzolsulfonsäure* (I) erhält man durch Kondensation von 4-Chlorbenzolsulfonylchlorid z. B. mit einem 4-Methoxyalkaliphenolat bei ca. 20 bis 100°. — Es werden hergestellt: *4-Methoxyphenyl-* (F. 88°), *3-Chlor-2-biphenyl-* (F. 119 bis 120°), *3-Chlor-4-biphenylester*, F. 73—76°, der **I**. Verwendung als *Insekticide*, z. B. gegen den *mexikan. Bohnenkäfer.* (**A. PP. 2 567 008** u. **2 567 839** vom 31/10. 1949, ausg. 4/9. u. 11/9. 1951.) KRAUSS. 6313

Em. M. **Tilemans**, Quelques nouveautés au sujet des insecticides. Bruxelles: Ministère des Colonies. 1952. (28 S.) fr. 15,—.

VIII. Metallurgie. Metallographie. Metallverarbeitung.

E. Piwowarsky und **H. Schmidt**, *Der Angriff saurer und basischer Schlacken auf verschiedene Kupolofen-Stampfmassen.* Untersucht wird die Verschlackung saurer u. bes. mit verschied. Bindemitteln abgebundener Stampfmassen durch den Angriff bas. SIEMENS-MARTIN- bzw. saurer Kupolofenschlacke. Die Versuchstempp. lagen zwischen 1500 u. 1600°, die Versuchszeiten bei 1, 2,5 u. 5 Stunden. Es zeigte sich, daß die saure Stampfmasse am stärksten von den Metalloxydulen der Schlacke angegriffen wird. Die Widerstandsfähigkeit der bas. Stampfmassen gegen die Verschlackung hängt stark vom SiO_2-Geh. der angreifenden Schlacke ab, während die übrigen Komponenten von geringerer Bedeutung sind. Der Einfl. der Korngröße, Temp., Schlacke, Versuchszeit u. Bindemittel auf die Verschlackung wurde ermittelt. Für eine bas. Ausstampfung eines Kupolofens eignet sich am besten ein Magnesit der Körnung 40% unter 0,6 mm u. 60% zwischen 0,6 u. 3 mm, der mit 2% Bentonit abgebunden ist. (Giesserei, techn.-wiss. Beih. **1952**. 253—59. März. Aachen, TH, Gießerei-Inst.) HOCHSTEIN. 6370

J. Minssieux, *Die neuen Entwicklungen der Induktionsheizung für die Wärmebehandlung.* Fortschrittsbericht über die Induktionsheizung beim Härten, Anlassen u. Oberflächenhärten, Schmieden, Löten u. Schweißen von Stahl, Ausglühen von Messing- u. *18/8*-Stahlrohren, Einbrennen von Emaille. Frequenzbereich 200—500000 Hz. (Études Doc. métallurg. **1951**. 33—54. April/Juni.) WEITBRECHT. 6372

G. A. Oding, *Zur Frage der Umwandlung von Austenit in Martensit.* Verschied. Stahlsorten wurden auf 950° erhitzt u. in Öl von 230—240° abgekühlt. Bei dieser Temp. wurden die Proben in ein auf die gleiche Temp. erhitztes Dilatometer übergeführt u. allmählich die Temp. auf unter 0° gesenkt, wobei die Austenitumwandlung in Martensit dilatometr. ermittelt wurde. Die Geschwindigkeit der Martensitumwandlung wurde für jede Stahlsorte graph. aufgetragen. Hierbei zeigte sich, daß jeder Stahl bei einer bestimmten Temp. ein Maximum der Umwandlungsgeschwindigkeit aufweist, wobei dieses Maximum schon dann auftritt, wenn noch nicht 50% des Austenits umgewandelt sind. Die Temp. der maximalen Umwandlungsgeschwindigkeit hängt von der Abkühlungsgeschwindigkeit der Stahlproben ab. (Вестник Машиностроения [Nachr. Maschinenbau] **32**. Nr. 3. 69—71. März 1952.) HOCHSTEIN. 6408

L. Ss. Liwschitz, *Eigenschaften des kohlenstoffarmen zementierten und des oberflächengehärteten Stahls mit mittlerem Kohlenstoffgehalt.* Härtebestimmungen, Kerbschlag- u. Biegeverss. an Stählen mit verschied. C-Gehh., die im Einsatz u. nach dem Induktionsverf. gehärtet wurden, haben ergeben, daß Werkstücke mit Induktionshärtung der dynam. u. stat. Beanspruchung besser widerstehen als solche, die im Einsatz gehärtet wurden, wenn auch der zementierte Stahl höhere Kernfestigkeit u. -zähigkeit aufweist als der induktiv gehärtete. Die Induktionshärtung ist zu bevorzugen, wenn man statt kohlenstoffarmen Einsatzstahl solchen mit mittlerem C-Geh. wählt. (Вестник Машиностроения [Nachr. Maschinenbau] **31.** Nr. 5. 49—51. Mai 1951.) VOLLENBRUCK. 6408

P. E. Cavanagh, *Stähle mit verschiedener Dichte.* Feinerze oder gemahlener Walzensinter werden magnet. aufbereitet u. in Glühkästen mit Koks u. Kalk reduziert. Die D. läßt sich durch Schmieden oder Kaltziehen erhöhen u. schwankt zwischen 1 u. 7,2. Mit der D. steigt die Festigkeit. Der erhaltene Leichtstahl ist ein Ersatz für Al. Bei Ggw. von unred. Fe-Oxyd kann der C-Geh. des red. Fe niedrig gehalten werden, so daß die Warm- u. Kaltverarbeitung keine Schwierigkeiten bereitet. Abhängigkeit der D. von Reduktionsmittel, Temp., Zeit u. Körnung. Gefügebilder u. Festigkeitswerte. Beschreibung einer Anlage zur kontinuierlichen Erzeugung von Stäben. (Iron Age **169.** Nr. 4. 63—68. 24/1. 1952. Nr. 5. 108—11. 114. 31/1. 1952. Toronto, Ontario Res. Found.) K. STEIN. 6408

A. Lange und **L. Müller**, *Entzinkung von Parkes-Blei im Vakuum.* An Hand des experimentell u. rechner. mit Hilfe der Thermodynamik festgestellten Verlaufs der Dampfdruckkurven von 0,63 bzw. 0,07 Zn enthaltendem Pb werden ebenfalls auf thermodynm. Wege die Aktivitäten von Pb u. Zn sowie der Anteil dieser Komponenten in der fl. u. gasförmigen Phase unter Berücksichtigung ihrer Partialdrucke bei „geschlossener" u. „offener" Verdampfung ermittelt. Die sich hieraus ergebenden Folgerungen für die Pb–Zn-Trennung bestätigen die Richtigkeit der prakt. betriebenen Arbeitsweise, wonach die Hauptmenge des Zn durch Vakuumdest., dagegen die Restmenge des Zn unter Anwendung anderer Raffinationsverff. entfernt wird. — 11 Schaubilder. (Bergakademie [Freiberg] **4.** 177—87. Mai 1952.) MEYER-WILDHAGEN. 6430

E. R. Thews, *Zur Desoxydation, Entschwefelung und Entgasung von Umschmelzlegierungen durch Lithium.* Überblick, bes. im Hinblick auf Cu-Legierungen. Schrifttumsangaben. (Metall **6.** 431—33. Aug. 1952. Berlin.) HOCHSTEIN. 6432

John T. Richards, *Entwerfen von Teilen aus Beryllium-Kupferlegierung für den Preßguß.* Beschreibung der physikal. u. mechan. Eigg. der wärmebehandelten Be–Cu-Legierung *Berylco 20 C* (2 [%] Be, 0,5 Co, 97,5 Cu) u. Vgl. mit Al-, Mn-, Sn-, Si-Bronzen, Messing, Monel, mittlerem C-Stahl u. rostfreiem Stahl. Angabe der Gußtechnik, Wärmebehandlung, Nachbearbeitbarkeit, Oberflächenreinigung u. Färbung. (Machinist **95.** 1046—49. 14/7. 1951.) WEITBRECHT. 6432

Werner Lange und **Heinz Schlegel**, *Die Schmelz- und Kristallisationsgleichgewichte im System Fe–Sb–S als Grundlagen für die Gewinnung von Antimon nach dem Niederschlagsverfahren.* Ausgehend von eigenen Unterss. über das Diagramm des Grenzschnittes FeS-Mischkristalle–Sb_2S_3, werden an Hand des Syst. Fe–Sb–S die grundlegenden experimentell u. rechner. ermittelten Schmelz- u. Erstarrungsgleichgewichte dargestellt. Die sich hieraus ergebenden Schlußfolgerungen für den nach der Gleichung $Sb_2S_3 + 3\,Fe \rightleftharpoons 2\,Sb + 3\,FeS$ verlaufenden Prozeß werden diskutiert. — 4 Diagramme, 6 Gefügebilder. (Metallurgie u. Gießereitechn. **2.** 20—23. Jan. 1952.) MEYER-WILDHAGEN. 6448

I. N. Plakssin und **O. K. Budnikowa**, *Oxydo-Reduktionsprozesse bei der Zementation von Metallen aus Cyanidlösungen.* Die *Au*-Fällung mit Zn wird durch Erhöhung der Konz. der Cyanidlsg. an NaCN bei unverändertem O_2-Geh. begünstigt, während der Geh. an gelöstem Zn ansteigt. O_2-Gehh. bis zu 1 mg/Liter begünstigen in der Cyanidlsg. die Fällung. Der Prozeß verläuft bei gleichzeitiger mol. Gas- u. Sauerstoffdepolarisation. Die gesamte gelöste O_2-Menge bis zu 1 mg/Liter wird vollständig red., ohne daß Zn wesentlich oxydiert wird. O_2-Gehh. von über 1 mg/Liter in der Lsg. wirken auf die Au-Fällung schädlich ein, indem die Menge des gelösten, auch oxydierten, Zn erhöht wird. (Известия Академии Наук СССР, Отделение Технических Наук [Nachr. Akad. Wiss. UdSSR, Abt. techn. Wiss.] **1951.** 267—72. Febr.) VOLLENBRUCK. 6462

M. I. Chudych, *Über die Auswahl von Ersatzstoffen für Bronze für Spindelbüchsen und Fußlager.* Ersatzlegierungen für Bronze sind: Die Zn-Legierung *ZAM 10–5*, die Al-Legierung „*Alkussin*", Ti–Cu-haltiges Gußeisen u. Antifriktions-Gußeisen. In der Flachsspinnerei ist Ti–Cu-haltiges Gußeisen der optimale Ersatzstoff. (Текстильная Промышленность [Textil-Ind.] **12.** Nr. 4. 36—38. April 1952.) STSCHERBINA. 6470

H. W. Greenwood, *Pulvermetallurgie als Forschungsmittel.* Einfl. geringer Beimengungen durch Ausscheidungshärtung. Bei einer Mischung von 92,5 (%) Fe u. 7,5 Cu wird durch geringe Zusätze von Cr- u. W-Oxyd die Festigkeit von 25 auf 34 kg/mm² erhöht bei gleichzeitiger Verringerung der Schwindung beim Sintern von 1,93 auf 0,25%. Feines Metallpulver der Ni–Fe–Mo-Legierung des *Permalloy*-Typs erhält man, indem man der

Legierung S zusetzt; die gewalzte Legierung ist spröde u. läßt sich leicht zerkleinern. Pulver aus 18/8-Stählen erhält man, indem man den Stahl mit 0,2 C bei 500—750° glüht, wobei sich der C an den Korngrenzen ausscheidet; beim Kochen in $CuSO_4$ u. H_2SO_4 werden dann die Korngrenzen angegriffen, der Stahl versprödet u. läßt sich leicht pulverförmig zerkleinern. (Metallurgia [Manchester] **46.** 8—10. Juli 1952. London, Powder Metallurgy, Ltd.) K. STEIN. 6474

W. W. Ssaklinski, *Bimetallische metallkeramische Gegenstände.* Bimetall-Lagerbuchsen aus einer äußeren gesinterten Fe-Buchse u. einem inneren Bronzefutter werden wie folgt hergestellt: Das Ausgangspulver wird auf verschied. Kornfeinheit gemahlen. Für die Herst. der Bronzeschicht wird ein Pulvergemisch verwendet, das aus 87% Cu, 10% Sn u. 3% Graphitpulver besteht. Die Sinterung (1,5 Std.) der gepreßten Fe-Buchse im Ofen bei 1050—1100° erfolgt in einem Schutzgas, z. B. N_2–H_2-Gasgemisch, H_2 oder Generatorgas. Darauf erfolgt das Einpressen der inneren Bronzeschicht u. deren Sinterung bei 720—740° im Verlauf von 1—1,5 Stunden. Hierbei wird ein Schutzgas oder ein Behälter mit akt. Kohle verwendet. Die gesinterte Buchse wird in einem 110—120° warmen Öl mit diesem durchtränkt u. darauf die Kalibrierung der gesamten Buchse auf Endabmessungen u. zur Erzielung einer sauberen Oberfläche durchgeführt. (Вестник Машиностроения [Nachr. Maschinenbau] **32.** Nr. 3. 76—79. März 1952.) HOCHSTEIN. 6474

N. I. Mosskwin, *Korrosionsbeständige metallkeramische Materialien auf Eisengrundlage.* Durch Red. von Eisenoxyd durch H_2 gewonnenes Eisenpulver mit verschied. Körnigkeit wurde verpreßt, gesintert u. dabei gleichzeitig chromiert. Die Chromierung wurde in drei Arten durchgeführt: Hartverchromung, Hartverchromung in Ggw. von Chromchloriden, gasförmige Verchromung. Die mittlere Dicke der bei den verschied. Verff. gewonnenen Diffusionsschicht betrug 1, 1,9 u. 3,5 mm. Den weiteren Unterss. wurden Proben zugrunde gelegt, die in Ggw. von Chromchloriden hartverchromt waren. Die Körnigkeit des Fe-Pulvers zeigt auf die Schichtdicke keinen Einfluß. Untersucht wurde die Cr-Verteilung auf die Tiefe der Diffusionsschicht. Mkr. Unterss. ergaben, daß die Diffusionsschicht eine feste α-Lsg. von Cr im Fe ist, die an der Oberfläche 30—40% Cr enthält. Hinter dieser Schicht folgt eine Übergangsschicht mit 12—14% Cr, die der γ-Phase des Fe–Cr-Zustandsdiagrammes entspricht. Darauf erst folgt die ferrit. Grundmasse. Die Proben wurden in einer 10%ig. HNO_3-Lsg. bei 20° u. beim Kochen auf Korrosionsbeständigkeit untersucht u. die Gewichtsverluste angegeben. (Вестник Машиностроения [Nachr. Maschinenbau] **32.** Nr. 3. 73—76. März 1952.) HOCHSTEIN. 6474

R. Palme, *Sinterung von Silber-Verbundkörpern unter Verwendung von Silberverbindungen.* Verbundkörper aus Ag mit anderen Stoffen können durch Sintern pulverförmiger Komponenten mit nur geringer Porosität hergestellt werden, wenn man Ag in Form leicht zersetzlicher pulverförmiger Ag-Verbb. einsetzt. Bei der Herst. von Verbundkörpern aus Ag mit 15% Ni u. Ag mit 2% Graphit ist es zweckmäßig, von Ag_2CO_3 auszugehen, während bei der Sinterung von Verbundkörpern mit 60% Ag u. 40% Ni dann höhere Dichten erzielt werden können, wenn Ag als Ag_2O zum Einsatz kommt. Die Wrkg. dieser Ag-Verbb. beruht darauf, daß sie während der Sinterung bei verhältnismäßig niedriger Temp. zerfallen u. einen porösen Skelettkörper zurücklassen, aus dem bei der weiteren Sinterung im Innern vorhandene Gase weitgehend entweichen können. (Metall **6.** 369—71. Juli 1952. Reutte/Tirol.) HOCHSTEIN. 6478

E. Linacre, *Messungen der Dämpfungskapazität als Hilfsmittel für den Metallurgen.* Zusammenfassender Bericht, in dem die Grundgedanken, die Faktoren, die die Eig., Schwingungen zum Abklingen zu bringen, beeinflussen, u. nützliche Ergebnisse vorläufiger Messungen erörtert. (Research **4.** 540—41. Dez. 1951. London, Brit. Iron and Steel, Res. Assoc.) SCHAAL. 6480

Antony Doschek, *Instrumente zur Identifizierung verwechselter Metalle.* Beschreibung von elektr., magnet. u. triboelektr. Testinstrumenten. Auch auf austenit. rostfreie Stähle u. Nichteisenlegierungen anwendbar. (Iron Age **167.** Nr. 25. 92—96. 21/6. 1951. Pittsburgh, Pa., Doschek Assoc.) RUMPF. 6480

G. W. P. Rengstorff, M. B. Bever und **C. F. Floe**, *Konstitution carbonitrierter Einsatzschichten.* Die bei der Behandlung von niedrig gekohltem Stahl mit N- u. C-haltigen Gasen entstehenden Einsatzschichten werden chem. u. röntgenograph. untersucht. Es kann eine äußere u. eine innere Schicht beobachtet werden. Mit zunehmender Carbonitriertemp. nimmt die Dicke der äußeren Schicht ab, während die der inneren Schicht zunimmt. Die bei 700° gebildete äußere Schicht besteht aus einer Mischung von Zementit u. ε-Karbonitrit. Bei höheren Tempp. wird nur Zementit gefunden, der N-Atome als C-Substituenten enthält. Der N-Geh. nahe der Oberfläche nimmt von ca. 1,5% bei 700° ab auf ca. 0,4%

bei 845°. Die entsprechenden C-Gehh. sind 2,5% bei 700°, mehr als 3% bei 760° u. 1,5% oder etwas mehr bei 815—845°. Außer der Verb. in der Schicht bildet sich bei der Karbonitriertemp. noch einN-C-Austenit. Dieser zers. sich bei Öl-Abschreckung zu einer Mischung von Martensit u. Restaustenit. Die Menge des vorhandenen Restaustenits ist eine Funktion des vorhandenen N-Geh. u. nimmt daher mit zunehmender Temp. ab. Die Unters. bestätigt, daß N die untere Umwandlungstemp. des Stahls herabsetzt. Bemerkenswert ist noch, daß bei Karbonitrierung bei 700° die Eindringtiefe des N sich wesentlich weiter erstreckt, als die mkr. sichtbare Zone erkennen läßt. Die Eindringtiefe nimmt mit zunehmender Temp. ab, wahrscheinlich weil die Diffusionsgeschwindigkeit des N u. seine Löslichkeit im Ferrit größer ist als im Austenit. (Trans. Amer. Soc. Metals **43.** 378—403. 1951. Columbus, O., Battelle Memorial Inst., u. Massachusetts Inst. of Technol., Cambridge, Mass., Dep. of Metallurgy.) WERNER. 6492

W. J. Schwerdtfeger und **O. N. McDorman**, *Potential- und Strom-Bedingungen für den kathodischen Schutz von Stahl in Böden.* In Laboratoriumsverss. wurden die Potentiale von Stahlelektroden, die in luftfreien Bodenproben von p_H-Werten von 2,9—9,6 gepackt waren, bestimmt. Es wurde untersucht, unter welchen Bedingungen der Gewichtsverlust der Elektroden durch Korrosion ein Minimum ist u. der wirksamste kathod. Korrosionsschutz erzielt wird. Das Optimum ist das Potential von —0,77 V (bezogen auf die gesätt. Kalomelelektrode). Dieser Wert stellt den Schnittpunkt der Potential-p_H-Kurve für Stahl in luftfreien Böden mit der Potential-p_H-Kurve für die H_2-Elektrode bei Atmosphärendruck dar. Der Grenzwert für den Strom, um dieses Potential zu halten, ist für die einzelnen Bodenarten verschieden. In der kathod. Polarisationskurve wird der auftretende Knick als der anfängliche kleinste Strom für die kathod. Schutzwrkg. gedeutet. Kathod. Polarisationskurven für geschützte Elektroden gleichen denen für unlösl. Elektroden. (J. Res. nat. Bur. Standards **47.** 104—12. Aug. 1951. Washington.) ENDRASS. 6538

Mars G. Fontana, *Korrosion. Ein neuer Mechanismus für die Messung der Oxydation des Eisens bei hohen Temperaturen auf Grund einer metallographischen Untersuchung.* Die auf dem Fe entstandene Oxydschicht besteht aus FeO, Fe_3O_4 u. Fe_2O_3, wobei FeO dem Fe am nächsten liegt. FeO ist meist mit Fe_3O_4 durchsetzt. Diese Vermischung ist abhängig von der Oxydationstemperatur. Änderung der Temp. u. der Zeit verwischen die übliche Reihenfolge der Oxyde. Es entstehen Höhlungen, die durch Diffusion von Metall durch das Oxyd zustandekommen. Dadurch trennt sich die Oxydschicht von der Unterlage. Mit Hilfe einer Cr_2O_3-Schicht wird festgestellt, daß bei der Oxydation des Fe prakt. keine Diffusion von O_2 in das Metall stattfindet. Es wird weiter beobachtet, daß sich Blasen bilden, die in Form u. Größe konstant bleiben. Aus den Beobachtungen über die Oxydation des Fe bei hohen Tempp. kann geschlossen werden, daß bei langer Oxydationsdauer keine einheitlichen, anhaftenden Oxydschichten entstehen werden. Die Struktur ist asymm., u. es entstehen Leerstellen. Bei größeren Stücken hat die Oxydation genügend Zeit, so daß die Struktur symm. ist; aber festhaftend sind die Schichten auch nicht. (Vgl. auch C. **1952.** 7082.) (Ind. Engng. Chem. **43.** 71A—74A. April 1951.) J. FISCHER. 6538

Lloyd E. Swearingen und **Alfred F. Schram**, *Substituierte Amine als Inhibitoren in der Säurekorrosion von Stahl.* Die Inhibitorwrkg. von *Äthylamin* u. Derivv. (*Äthanolamin, n-Propylamin, β-Brommethylamin, Äthylendiamin*) in n. H_2SO_4 wird an Hand einer kathod. Stromspannungskurve untersucht. Die Derivv., die ster. nicht unterschiedlich sind, zeigen bessere Inhibitorwrkg., die nicht auf Kettenlänge oder Querschnitt, sondern auf verstärkte Adsorptionseigg. der Substitutionsgruppen zurückgeführt wird. Der stärker elektronegative Charakter des Br im β-Brommethylamin vergrößert den elektropositiven Charakter des N-Kerns am anderen Kettenende u. zeigt die wirksamste Inhibition. (J. physic. Colloid Chem. **55.** 180—87. Febr. 1951. Norman, Okla., Univ., Dep. of Chem.; Weatherford, Okla., Southwestern Inst. of Technol., Dep. of Chem.) KATZ. 6538

J. C. Hudson und **W. A. Johnson**, *Schutz von Baustahl gegen atmosphärische Korrosion.* Theoret. u. prakt. Erörterung. — Schrifttumsangaben. (J. Iron Steel Inst. **168.** 165—80. Juni 1951. Birmingham, British Iron and Steel Res. Assoc.) HOCHSTEIN. 6538

Shell Development Co., übert. von: **Norman E. Peery**, San Francisco, **Donald L. Cleveland**, und **John A. Hatton**, Long Beach, Calif., V. St. A., *Trennverfahren.* Erze, Mineralien oder dgl., welche verschied., jedoch ähnlich sich verhaltende Bestandteile enthalten, die nach den üblichen Verff. nicht oder nur schwer zu trennen sind, u. die chem. gebundenes W. aufweisen, werden nach dem Zerkleinern auf 300—900° unter Vermeidung des Sinterns oder Schmelzens erhitzt, um eine teilweise Entwässerung herbeizuführen u. damit eine mikroporöse Oberfläche zu schaffen. Das Prod. wird der Einw. von Dämpfen, wie solchen von Borsäure, SO_2 oder NH_3, ausgesetzt, welche die dielektr. Eigg. desselben durch Absorption verändern. Die Trennung erfolgt dann in einem elektr. Hochspannungsfeld. (**A. P. 2 556 483** vom 19/6. 1945, ausg. 12/6. 1951). HANS HOFFMANN. 6361

Hanna Coal and Ore Corp., übert. von: **Dmitri N. Vedensky**, Oakland, Calif., und **Leslie J. Bechau jr.**, Hibbing, Minn., V. St. A., *Behandeln magnetischer Eisenerze.* Aus feinzerkleinerten magnet. Eisenerzen werden die nicht magnetisierbaren Anteile abgeschieden, worauf der entmagnetisierte Rückstand einer Naßklassierung nach mindestens drei verschied. Korngrößen unterworfen wird. Jede dieser Fraktionen wird magnetisiert u. in zwei Fraktionen aufgeteilt, von denen die eine die Abgänge u. die andere die Fe-reichen Anteile enthält. — Abbildungen. (**A. P. 2 558 635** vom 15/12. 1947, ausg. 26/6. 1951.) HANS HOFFMANN. 6363

Buderus'sche Eisenwerke, Wetzlar (Erfinder: **Franz Grosser**, Wetzlar), *Behandlung einer Gußeisenschmelze für Schleudergußhohlkörper.* Der Schmelze wurden vor dem Vergießen Graphitkeime in Form von Temperkohle zugesetzt. Durch das Verf. wird die Bldg. von Graphitsphärolithen begünstigt. (**D. B. P. 843 421** Kl. 18b vom 16/11. 1949, ausg. 7/7. 1952.) HOCHSTEIN. 6383

A. M. Byers Co., Pittsburgh, Pa., V. St. A. (Erfinder: **James Aston**, Bellevue, **Edward B. Story**, Bethel Township, **Charles Earnest Gross**, Pittsburgh, und **Herman Alexander B·assert**, London), *Herstellung von Schweißeisen.* Bei der Erzeugung von Schweißeisenbällen durch Zusammengießen von geschmolzenem Eisen u. fl. Schlacke unter Ergänzung der verbrauchten Schlacke durch Zugabe frischer Schlacke wird die zusätzliche Schlacke in fl. Zustande bei solcher Menge u. Temp. zugesetzt, daß die ganze Schlackenmenge eine für das Verf. günstige Temp. erreicht. Durch das Verf. wird die Homogenität des Bades gesichert. (**D. R. P. 763 563** Kl. 18b vom 13/10. 1937, ausg. 3/7. 1952.) HOCHSTEIN. 6391

Standard Oil Development Co., Elizabeth B, N. J., V. St. A., *Herstellung von Metallen, besonders Eisen.* Die feinverteilten, reduzierbaren Verbb., z. B. oxyd. Eisenerz, werden in einer auf Reduktionstemp. unterhalb des Erweichungspunktes des Metalls gehaltenen Zone in einem mit solcher Geschwindigkeit aufwärts geführten Strom eines reduzierenden Gases, z. B. H_2, suspendiert, daß die Feststoffe sich am Boden der Zone nicht absetzen, sondern im wesentlichen über den ganzen Querschnitt der Zone mit dem Strom, aber mit geringerer Geschwindigkeit in Form einer Dispersion langsam aufwärts bewegt werden u. nach ihrer Red. wenigstens zu einem Teil aus einem oberen Abschnitt der Zone herausgeführt werden. (**D. B. P. 849 710** Kl. 19a vom 14/7. 1950, ausg. 18/9. 1952. A. Prior. 1/8. 1941.) HOCHSTEIN. 6391

Ineo de Vecchis, Frankreich, *Behandlung von Hochofenstaub.* In einem neutralen oder oxydierenden Mittel wird Hochofenstaub auf eine Temp. von ca. 900—1000° erhitzt u. dabei das in ihm enthaltene Fe vollständig oder fast vollständig zu Magnetit (Fe_3O_4) umgewandelt. Darauf wird der Staub unter Ausnutzung seiner magnet. Eigg. geschieden, agglomeriert u. wieder in den Hochofen zurückgeführt. Auch kann der abgeschiedene Magnetit mit C bei 1000—1100° in einem Reduktionsofen red. u. darauf wieder in den Hochofen zurückgeführt werden. (**F. P. 981 990** vom 26/5. 1943, ausg. 1/6. 1951.) HOCHSTEIN. 6391

Hütten-Gesellschaft Lohse-Lindhorst-Paxmann G. m. b. H., Berlin, *Unmittelbare Gewinnung von Roheisen und Stahl aus Erzen.* In einer aus mehreren unmittelbar miteinander verbundenen, in einer Achse angeordneten Trommeln bestehenden Drehofenanlage wird das Erz in den einzelnen Trommelabteilungen nacheinander red., geschmolzen, entschlackt u. im Falle der Erzeugung von Stahl gefrischt, unter Überhitzung zurückgekohlt u. gegebenenfalls legiert. — Abbildungen. (**D. R. P. 750 403** vom 5/4. 1936, ausg. 29/9. 1952.) HOCHSTEIN. 6401

Eisenwerke Gelsenkirchen Akt.-Ges., Gelsenkirchen (Erfinder: **Karl Kintzinger**, Wittlar-Bockum), *Erzeugen von Roheisen im Schachtofen.* Durch eine an sich bekannte Verhüttung eines CaO-haltigen Sinter enthaltenden Möllers unter gleichzeitiger Führung einer sauren Schlacke mit einer Basizität zwischen 1,3 u. ca. 0,8 wird ein Roheisen mit n. S-Geh. erblasen, welches nach dem Anstich nicht entschwefelt zu werden braucht. (**D. B. P. 852 556** Kl. 18a vom 28/10. 1941, ausg. 16/10. 1952.) HOCHSTEIN. 6401

Soc. An. des Établissements Delattre & Tronard Réunis, Frankreich, *Herstellung von Sondergußeisen.* Eisen- u. Stahlabfälle werden in einem Drehrohrofen in einer neutralen oder reduzierenden Atmosphäre erhitzt, wobei, vorzugsweise in dem Augenblick, wo der Einsatz in den teigigen Zustand übergeht, C zugeführt wird. Im teigigen Zustand wird die Temperaturführung des Ofens so gehalten, daß eine möglichst schnelle Rückkohlung des Eisens eintritt. Nach der Aufkohlung wird der Einsatz vollständig eingeschmolzen u. bis auf 1400—1450° überhitzt. Durch das Verf. wird Gußeisen mit 2—4% C erzeugt, das man durch geeignete Zusätze noch mit weiteren Elementen (Cr, Ni, Si, Mn) legieren kann. (**F. P. 978 538** vom 19/12. 1942, ausg. 16/4. 1951.) HOCHSTEIN. 6403

Bergische Stahl-Industrie (Erfinder: **Herbert Meierling**), Remscheid, *Herstellen von sphärolithischem Gußeisen durch Legieren des Eisens mit Magnesium.* Das Gußeisen wird innerhalb des Schmelzofens kurze Zeit, d. h. ca. 10—20 Min., mit einer Schlacke behandelt, die zum wesentlichen Teil aus $MgCO_3$ u. zum Rest aus Mitteln besteht. die mit dem $MgCO_3$ eine dünne fl. Schlacke bilden, z. B. mit einer Schlacke die aus mindestens 50% $MgCO_3$, Rest Na_2CO_3, NaF u. CaF_2 besteht, wobei diese Stoffe einzeln oder in Mischungen miteinander vorhanden sein können. (**D. B. P. 853 296** Kl. 18b vom 7/2. 1950, ausg. 23/10. 1952.) HOCHSTEIN. 6403

Colin G. Fink und **Chuk Ching Ma**, New York, N. Y., V. St. A., *Gewinnung von reinem Wolfram aus wolframhaltigen Erzen.* W-haltige Erze (Wolframit) werden in einer Schmelze aus $Na_2P_2O_7$ oder einer Mischung aus $Na_2P_2O_7$ u. $NaPO_3$ gelöst, so daß die M. 28—67% WO_3 enthält. Die gangarthaltige Schmelze wird bei Tempp. zwischen 1025 u. 1300° bei einer kathod. Stromdichte zwischen 2 u. 4 A/in.^{2} elektrolysiert, wobei sich an der Kathode reine W-Kristalle ausscheiden. (**A. P. 2 554 527** vom 19/2. 1944, ausg. 29/5. 1951.) HANS HOFFMANN. 6441

Fried. Krupp Grusonwerk Akt.-Ges., Magdeburg (Erfinder: **Karl Blume**, Magdeburg, und **Rudolf Hase**, Hettstedt, Südharz), *Aufschluß von vanadinhaltigen Schlacken.* Die Schlacken werden durch Rösten eines Schlacke–Alkalisalz-Gemisches bei 700—800° aufgeschlossen. Dem Gemisch werden vor dem Rösten solche Stoffe, die mit den Bestandteilen des Gemisches bei Rösttempp. chem. nicht reagieren u. die einen höheren F. als die Bestandteile des Röstgemisches besitzen (z. B. Quarzsand oder Roteisenstein), in solcher Menge zugesetzt, daß hierdurch so viel von der sich beim Röstvorgang bildenden exothermen Reaktionswärme aufgenommen wird, um ein Erweichen u. Zusammenbacken des Röstgutes zu verhindern. Das Röstgut wird hierauf zur Gewinnung der lösl. gewordenen V-Verbb. ausgelaugt. (**D. R. P. 764 787** Kl. 40a vom 28/3. 1940, ausg. 28/7. 1952.) HANS HOFFMANN. 6441

Oscar-Théophile Lemmens, Frankreich, *Leichtmetall-Legierungen* bestehen aus 90 (%) *Al*, 3 *Ni*, 2 *Sn*, 2 *Zn*, 1 *Cr*, 1 *Ti*, 0,5 *Cd* u. 0,5 *Borkupfer*. Sie lassen sich in Sand oder Kokillen vergießen u. können gewalzt u. gezogen werden. (**F. P. 989 520** vom 24/6. 1949, ausg. 10/9. 1951.) GÖTZE. 6443

Vereinigte Aluminium-Werke, Berlin und Bonn (Erfinder: **Paul Weiß**, Grevenbroich/Ndrh.), *Gewinnung von Aluminium aus aluminiumhaltigen Legierungen.* Die Legierungen werden mit einer Aluminiumhalogenid enthaltenden Salzschmelze behandelt. Das von der Schmelze aufgenommene Al wird durch Temperaturerniedrigung wieder ausgeschieden. Die Schmelze kann auch noch andere gegenüber den zu behandelnden Legierungen neutral wirkende Salze, z. B. Alkalihalogenide, enthalten. Z. B. kann ein Ausgangsmetall mit 0,41 (%) *Si*, 0,72 *Fe*, 0,41 *Mn*, 0,45 *Mg*, 0,02 *Ca*, 2,52 *Cu*, 0,15 *Zn*, Rest *Al* mit einer aus $AlCl_3$ u. KCl bestehenden Schmelze bei ca. 600° behandelt werden; man erhält ein Reinaluminium mit 99,98% Al. (**D. B. P. 846 016** Kl. 40a vom 10/3. 1942, ausg. 7/8. 1952.) HANS HOFFMANN. 6443

Aluminiumwerke Nürnberg G. m. b. H. (Erfinder: **Eugen Nitzsche**), Nürnberg, *Aluminiumlegierungen für gleitende Maschinenteile* bestehen aus 3—10 (%) *Mg*, 0,5—3 *Si*, 0,1 bis weniger als 1 *Cu*, Rest handelsübliches *Al*. Das Cu kann durch *Ni*, *Co* oder *Mn* ersetzt werden, außerdem kann zur Kornverfeinerung 0,3 *Ti* vorhanden sein. Die Wärmebehandlung besteht in einem Glühen bei ca. 550°, Abschrecken u. Anlassen bei ca. 240°. (**D. B. P. 840 920** Kl. 40b vom 9/4. 1942, ausg. 9/6. 1952.) GÖTZE. 6443

Daniel Gardner, New York, N. Y., V. St. A., *Gewinnung von reinem Tantal und Niob.* Ta- u. Nb-Verbb., wie Ta_2O_5, Nb_2O_5, $TaCl_5$, $NbCl_5$, TaF_5, NbF_5 oder deren Mischungen werden in der Weise in Sulfide übergeführt, daß die pulverförmigen Ausgangsstoffe in Ggw. eines sulfurierenden Mittels, wie CS_2, u. eines Erdalkalihydrids, wie CaH_2, in nicht oxydierender Atmosphäre auf 600—750° erhitzt werden. Die entstandenen Sulfide werden von dem anhaftenden CaO durch Behandeln mit HCl befreit u. hierauf durch thermochem. Rk., z. B. mit Al, in die betreffenden Metalle übergeführt. (**A. P. 2 556 912** vom 14/9. 1946, ausg. 12/6. 1951.) HANS HOFFMANN. 6449

Chemische Fabrik Griesheim (Erfinder: **Waldemar Kaufmann** und **Ernst Kolbe**), Frankfurt/M.-Griesheim, *Herstellung von metallischem Kalium.* Zur therm. Darst. von K wird KF in Ggw. von CaO mit Si reduziert. Z. B. werden 35 (g) KF, 51 CaO u. 8,5 Si fein gepulvert u. gemischt. Die Mischung wird im Laufe von 1½ Std. auf 1150° erhitzt u. ca. 45 Min. auf dieser Temp. gehalten. Das überdestillierende K wird kondensiert. (**D. B. P. 846 015** Kl. 40a vom 10/10. 1944, ausg. 7/8. 1952.) HANS HOFFMANN. 6449

Badische Anilin- & Soda-Fabrik (Erfinder: **Leo Schlecht**), Ludwigshafen/Rh., *Herstellen von Eisenpulver.* Für die Herst. von Massekernen wird ein C-haltiges Fe-Pulver in innigem Gemisch mit untergeordneten Mengen schwer reduzierbarer Verbb., bes. Metalloxyde, einer Behandlung bei Tempp. oberhalb 300°, aber unterhalb des F. der Mischungsbestandteile, in reduzierender Atmosphäre unterworfen u. das Gemisch erforderlichenfalls anschließend in einen feinteiligen Zustand übergeführt. Zweckmäßig wird ein durch therm. Zers. von Eisencarbonyl gewonnenes Fe-Pulver verwendet. (**D. B. P. 851 960** Kl. 18b vom 30/12. 1949, ausg. 9/10. 1952.) HOCHSTEIN. 6475

Erik Harry Eugen Johansson, Viggbyholm, Schweden, *Pulverisieren von Metallen und Metallegierungen, wie von Eisen, Nickel, Chrom oder von deren Legierungen.* Mit Anoden aus dem pulverförmig zu gewinnenden Metall, wie Fe, wird die Schmelze eines Metalles elektrolysiert, das im Verhältnis zu dem Anodenmetall unedler als Na ist. Zur Konstanthaltung der Konz. des Metalles im Bad wird die Elektrolyse in einem Gefäß ausgeführt, dessen Wände für oxydierende Substanzen oder andere Substanzen, die eine Erhöhung der Metallionenkonz. herbeiführen, undurchlässig sind. Der Elektrolyt muß frei sein von Oxyden oder anderen Verbb. des Anodenmetalls mit Ausnahme der anod. entstehenden Salze. Man erhält reine Metallpulver von definierter Korngröße. (**Oe. P. 171 146** vom 7/10. 1944, ausg. 25/4. 1952. Schwed. Prior. 3/11. 1941.) MARKHOFF. 6475

Akt.-Ges. für Unternehmungen der Eisen- und Stahlindustrie (Erfinder: **Hermann Fahlenbrach**), Essen, *Gesinterte Glaseinschmelz-Eisenlegierung,* bes. mit Fe als Hauptbestandteil. Das dem Sinterprozeß unterworfene Pulver bzw. Pulvergemisch enthält ca. 0,1—0,7% C, u. das hieraus gewonnene Sinterprod. wird nach einer durch mechan. Verformung bewirkten Verdichtung durch Glühen entkohlt. Die Entkohlung kann im Laufe der Verarbeitung bei einer vorzugsweise geringen Zwischenstärke vorgenommen werden. (**D. B. P. 853 908** Kl. 18d vom 2/7. 1950, ausg. 30/10. 1952.) HABBEL. 6475

General Motors Corp., Detroit (Erfinder: **William M. Phillips,** Birmingham, und **Frank L. Clifton,** Detroit), Mich., V. St. A., *Erzeugen galvanischer Kupferüberzüge.* Schwefelsauren Cu-Bädern wird eine organ. Verb. zugesetzt, die eine Atomgruppe besitzt, die aus einem C-Atom mit einem S- u. einem N-Atom besteht. Von diesen ist wenigstens ein Atom doppelt an das C-Atom gebunden, während das andere durch eine einfache Bindung an das C-Atom gebunden sein kann. Z. B. wird Thioharnstoff, Isothiocyanat, Thioacetamid oder ein Mercaptan zugesetzt. — Beispiel: 1 Liter Badlsg. enthält 250 (g) $CuSO_4$, 10 H_2SO_4 u. 0,01 Thioharnstoff. Temp. 21—27°. Stromdichte bei ruhendem Bade 18—50 A/dm². Man erhält glänzende Niederschläge. (**D. B. P. 837 029** Kl. 48a vom 28/9. 1950, ausg. 17/4. 1952. A. Prior. 19/12. 1946. **Zusatz zu D. B. P. 832 982.**) MARKHOFF. 6517

T. H. Westby, Chicago, Ill., V. St. A., *Aluminisieren von Drähten oder Platten aus Metallen,* bes. *Eisen.* Man taucht die Gegenstände in eine Al-Schmelze nach einer Vorbehandlung in einer Salzschmelze aus ca. 80 (%) $ZnCl_2$, 20 NaCl u. etwas, bes. 0,25—1, $PbCl_2$ bei ca. 40—500°. Die Al-Schmelze wird zweckmäßig mit einer reduzierenden Schicht, z. B. aus Graphit, gedeckt. (**N. P. 78 669** vom 17/9. 1949, ausg. 11/6. 1951.) J. SCHMIDT. 6517

Richard Blasberg (Erfinder: **Artur Kutzelnigg**), Solingen-Ohligs, *Leitendmachen nichtmetallischer Oberflächen für galvanische Überzüge.* Man schlägt auf der Oberfläche der Gegenstände, z. B. aus Kunststoffen, eine spiegelnde PbS-Schicht nieder, die mit einer verd. Ag-Salzlsg. nachbehandelt wird. Die Leitfähigkeit der PbS-Schicht wird durch die Nachbehandlung bedeutend verbessert. (**D. B. P. 837 633** Kl. 48a vom 7/10. 1950, ausg. 28/4. 1952.) MARKHOFF. 6517

IX. Organische Industrie.

G. Carrière, *Die Entwicklung der Fluorchemie.* Übersicht über die techn. wichtigen anorgan. u. organ. F-Verbb. u. ihre Anwendung. (Chem. pharmac. Techniek **7.** 265—68. 15/6. 1952.) WESLY. H 450

A. Ahlström, Osakeyhtiö und Warkauden Tehtaat, Varkaus, Finnland, *Anlagerung von Chlor an Olefinkohlenwasserstoffe.* Bei der Rk. von Olefinen mit Cl_2 bei ca. 1 at unter Abführung der Reaktionswärme durch Kühlung wird in einem fl. Lösungsm., bes. dem Chlorierungsprod., gearbeitet, wobei die Gase mit der Lsg. unter intensivem mechan. Rühren in Berührung gebracht werden u. die Temp. ständig unter +18° gehalten wird. (**Finn. P. 25 718** vom 22/6. 1944, Auszug veröff. 31/5. 1952. Schwed. Prior. 22/6. 1943.) J. SCHMIDT. H 520

Badische Anilin- & Soda-Fabrik (Erfinder: **Hans Sachsse,** Kehlheim/Donau, und **Ernst Bartholomé**), Ludwigshafen/Rh., *Umwandlung, insbesondere Dehydrierung und bzw. oder Spaltung gasförmiger Kohlenwasserstoffe* durch Erhitzung über 650°, bes. 700°, in Abwesenheit fest angeordneter Katalysatoren, dad. gek., daß man den gas- bzw. dampfförmigen KW-stoffen vor Eintritt in die Reaktionszone Verbb. der Elemente der

1. oder 2. Gruppe des Period. Syst. oder des Mn oder der Metalle der Eisengruppe in geringer Menge (bes. weniger als 100 mg pro m^3 Ausgangsgas) derart zusetzt, daß diese in der Reaktionszone nebel- oder dampfförmig vorliegen. Auf diese Weise kann man Verkrustungen im Reaktionsraum weitgehend bzw. vollständig unterdrücken. (**D. B. P. 854 511** Kl. 12o vom 22/9. 1944, ausg. 4/11. 1952.) GANZLIN. H 530

Phillips Petroleum Co., Del., übert. von: **Sam P. Robinson**, Bartlesville, Okla, V. St. A., *Herstellen von Acetylen.* Äthan oder Äthylen wird mit O_2 in 3 Zonen partiell verbrannt. Dabei wird der KW-stoff zunächst für sich auf ca. 1200° F aufgeheizt, danach mit O_2 von 800° F. gemischt u. einer Reaktionszone von 1500—2000° F zugeleitet, nach Zusatz von weiterem O_2 von ca. 1200° F einer Reaktionszone von 2000—2500° F u. nach nochmaligem Zusatz von O_2 von ca. 2000° F schließlich bei ca. 2600° F einer letzten Teilverbrennung ausgesetzt. Ausbeute: 20% Acetylen. Die Reaktionszonen enthalten stückiges Al_2O_3. Die Verweilzeit des Gasgemisches beträgt in den Reaktionszonen 0,5, 0,1 u. 0,02 Sekunden. Der Querschnitt des Syst. nimmt von Zone zu Zone im ganzen ab, jedoch ist der Querschnitt der Mischzone jeweils größer als der der vorhergehenden Reaktionszone. — Vorr., Zeichnung. (**A. P. 2 561 996** vom 21/8. 1947, ausg. 24/7. 1951.) GANZLIN. H 530

Chemische Werke Hüls G. m. b. H. (Erfinder: **Karl Haberl, Heinrich Schilling†** und **Erich Geister**), Marl, Westf., *Bekämpfung des Zerfalls von unter Druck strömendem Acetylen* (I) durch Einführen einer feinverteilten Fl. in den Gasstrom, um die bei eintretendem Zerfall auftretende Wärme aufzunehmen. Die Art der Fl. richtet sich nach dem Verwendungszweck für I. Genannt ist W. u. Gasöl (Kp. 250—350°). Ist die eingespritzte Fl. bei der Verarbeitung des verdichteten I nicht erwünscht, wird gegen Ende der Zuleitung ein Abscheider zwischengeschaltet u. ihr letztes Stück mit Kühlmantel ausgerüstet. (**D. B. P. 849 555** Kl. 12o vom 17/7. 1941, ausg. 15/9. 1952.) GANZLIN. H 530

Standard Oil Development Co., Del., übert. von: **Sidney B. Beddow**, Linden, N. J., V. St. A., *Reinigen aliphatischer Alkohole* mit 1—5 C-Atomen im Mol. erfolgt durch Verdünnen der rohen Destillate mit W. auf eine Alkoholkonz. von 15 u. weniger % mit anschließender Trennung der wss. alkoholhaltigen von der öligen, die Verunreinigungen enthaltenden Schicht, durch Dekantieren u. nachfolgendes Konzentrieren der wss. Alkoholschicht. (**A. P. 2 586 602** vom 7/8. 1947, ausg. 19/2. 1952.) G. KÖNIG. H 550

Deutsche Gold- und Silber-Scheideanstalt vormals Roessler, Frankfurt/M., *Herstellung von Methanol* aus CO- u. H_2-haltigen Gasgemischen unter Bldg. von Methylformiat in fl. Phase in Ggw. von Alkalialkoholat u. unter anschließender Hydrierung des Methylformiats zu Methanol in Ggw. von Cu- u. Cr-haltigen Kontakten, dad. gek., daß beide Stufen in 2 getrennten Reaktionszonen innerhalb eines einzigen kontinuierlichen Kreislaufes des zugeführten umlaufenden CO- u. H_2-haltigen Gasgemisches u. bei Drucken unter 100 at u. Tempp. unterhalb 200° durchgeführt werden. In beiden Stufen können Drucke von 30—60 at u. bei der Methylformiatbldg. Tempp. zwischen 75—100° u. bei der Hydrierung zwischen 130—170° aufrechterhalten werden. Die in dem gebildeten Methanol enthaltenen Mengen Methylformiat werden nach deren Isolierung in die Hydrierstufe wieder zurückgeführt. — Zeichnung. (**Oe. P. 170 853** vom 21/9. 1949, ausg. 10/4. 1952. D. Prior. 1/10. 1948.) M. F. MÜLLER. H 560

N. V. Polak & Schwarz's Essencefabrieken, Hilversum, Holland, *Herstellung von Pentadecanol.* Man wandelt Undecen-(10)-ol-(1) in Undecen-(10)-yl-(1)-halogenid um, das weiter zu Dodecen-(11)-carbonsäure-(1) umgesetzt wird. Diese Verb. wird durch Red. oder über eine GRIGNARD-Verb. in Tridecen-(12)-ol-(1) umgewandelt. Das Halogenid dieser Verb. wird in Tetradecen-13-carbonsäure übergeführt, die mit Halogenwasserstoff bei niedriger Temp. in Ggw. von Peroxyd behandelt wird. Hierauf wird die halogenierte Säure mit „Cyclon“ zum Pentadecanol umgewandelt. (**Finn. P. 25 671** vom 26/11. 1949, Auszug veröff. 30/4. 1952. Holl. Priorr. 1/12. 1948 u. 22/8. 1949.) J. SCHMIDT. H 560

Sharples Chemicals, Inc., übert. von: **John F. Olin**, Grosse Ile, Mich., V. St. A., *Thioäther.* Ein tert. Olefin mit 8—25 C-Atomen wird mit H_2S nur unvollständig zu einem tert. Alkylmercaptan kondensiert, so daß 8—45% des Olefins nicht umgesetzt werden. Diese Mischung wird dann mit Alkylenoxyd kondensiert u. aus dem Kondensationsprod. das nicht umgesetzte Olefin abgetrennt. — Triisobutylen wird mit H_2S in Ggw. von 1 (%) BF_3 u. 0,2 HF unter 10° kondensiert, wobei man ein Prod. mit 91,7 tert. Dodecylmercaptan u. 8 Triisobutylen erhält. Diese Mischung wird dann mit 1 Na-Methylat auf 60° im Vakuum u. anschließend mit Äthylenoxyd 70 Min. auf 100° erhitzt, wodurch man $C_{12}H_{25}S(C_2H_4O)_{6,9}C_2H_4OH$ erhält. — $C_{12}H_{25}SCH_2CH_2OH$. — $C_9H_{19}S(C_2H_4O)_{5,1}C_2H_4OH$. — $C_{20}H_{41}S(C_2H_4O)_{14}C_2H_4OH$. Vgl. A. P. 2 565 986. (**A. P. 2 571 157** vom 11/10. 1946, ausg. 16/10. 1951.) KRAUSS. H 600

N. V. de Bataafsche Petroleum Mij., Den Haag, Holland (Erfinder: **George Willard Hearne, Harry Louis Yale** und **Melvin Glayton Hoff**, San Francisco, Calif., V. St. A.),

Herstellung von Acetalen aliphatischer α.β-acetylenischer Aldehyde, dad. gek., daß Acetale von aliphat. α-halogen-α.β-olefin. Aldehyden zwecks Abspaltung von Halogenwasserstoff mit wss. Lsgg. eines Alkalis unter erhöhtem Druck u. bei einer über dem n. Kp. der wss. Alkalilsgg. liegenden Temp. behandelt werden. Die gebildeten Aldehydacetale werden aus dem Reaktionsgemisch mit einer Geschwindigkeit entfernt, die im wesentlichen der Bildungsgeschwindigkeit entspricht. Die Reaktionstemp. liegt zwischen 110 u. 220° u. der Druck zwischen 3 u. 14 at. — Das α-Chloracroleindimethylacetal ($Kp._{20}$ 38—39°) ergab bei Behandlung mit 15 gew.-%ig. NaOH-Lsg. bei 146° u. 5,5 at *Propargylaldehyddimethylacetal.* (**D. B. P. 848 649** Kl. 12o vom 13/5. 1949, ausg. 4/9. 1952. A. Prior. 17/5. 1948.) G. KÖNIG. H 670

Badische Anilin- & Soda-Fabrik, Ludwigshafen/Rh. (Erfinder: **Walter Reppe**, Ludwigshafen, und **August Magin**, Mutterstadt), *Herstellung von Ketonen und Ketocarbonsäuren*, dad. gek., daß man auf Verbb. der Acetylenreihe in Ggw. von W. u. gegebenenfalls weiteren Lösungsmitteln CO bei erhöhten Tempp. u. Drucken in Ggw. von Cyan- oder Rhodanverbb. des Ni, Co oder Fe einwirken läßt. Die erhaltenen hochmol. Prodd. sind in Lösungsmitteln meist unlösl. Polyketocarbonsäuren, Polyketone u. deren Umwandlungsprodd., die niedriger mol. Prodd. sind leichter löslich. Sie können hydriert, oxydiert u. dehydratisiert werden u. sind Zwischenprodd. für viele Zwecke. (**D. B. P. 849 693** Kl. 12o vom 2/10. 1948, ausg. 18/9. 1952.) SCHINDLER. H 700

Farbwerke Hoechst, vormals Meister Lucius & Brüning (Erfinder: **Roderich Graf**), Frankfurt/M., *Herstellung von Nitrilen*, dad. gek., daß man auf gesätt. aliphat. oder cycloaliphat. KW-stoffe ClCN in Ggw. organ. Peroxyde bei mäßig erhöhter Temp. einwirken läßt. Z. B. wird aus Cyclohexan in Ggw. von Cyclohexylsulfonylacetylperoxyd (I) *Hexahydrobenzonitril*, $Kp._{10}$ 65°, erhalten; aus n-Heptan u. I *Cyan-n-heptan*, $Kp._{23}$ 84—95°, aus Isooctan u. I ein Gemisch isomerer *Cyanisooctane* als farbloses Öl mit $Kp._{25}$ 50—105°. — Zwischenprodukte. (**D. B. P. 848 947** Kl. 12o vom 23/8. 1944, ausg. 11/9. 1952.) SCHINDLER. H 810

Dr. Alexander Wacker Gesellschaft für elektrochemische Industrie G. m. b. H. (Erfinder: **Willy O. Herrmann** und **Wolfram Haehnel**), München, *Herstellung von Vinylestern* bzw. Gemischen solcher, dad. gek., daß man ein Gemisch von Vinylacetat (**I**) mit in **I** lösl. organ. Säuren mit mehr als einem C-Atom in Ggw. von Hg-Salzen, zweckmäßig unter Zusatz von Mineralsäuren, am Rückflußkühler bzw. an der Rückflußkolonne so lange erhitzt, bis nach Entfernung der niedrigsd. Bestandteile des sich einstellenden Reaktionsgemisches dessen Kp. über den der Essigsäure gestiegen ist, u. dann den oder die neu gebildeten Vinylester abdestilliert. — Aus **I** u. Benzoesäure in Ggw. von Hg(II)-Acetat u. konz. H_2SO_4 erhält man unter Rückfluß bei 140° Vinylbenzoat, $Kp._{12}$ 80° neben Äthylidendiacetat, Äthylendibenzoat u. Äthylidenacetatbenzoat. — **I** u. Crotonsäure ergibt Vinylcrotonat neben Äthylidendiacetat, Äthylidendicrotonat u. Äthylidenacetatcrotonat. (**D. R. P. 753 039** Kl. 12o vom 3/2. 1939, ausg. 14/7. 1952.) G. KÖNIG. H 810

B. F. Goodrich Co., New York, N. Y., übert. von: **James T. Gregory**, Cuyahoga Falls, O., V. St. A., *β-Oxymonocarbonsäureester* erhält man durch Rk. von β-Propiolacton (I) mit 1—10 (Mol) einen gesätt. 1-wertigen Alkohols in Ggw. von 0,01—0,1 eines alkal. Katalysators bei —70° bis +5°. — Beispiel: Man löst 6 (g) NaOH in 800 CH_3OH, kühlt auf —10° ab u. gibt unter Rühren 216 I zu, läßt die Temp. auf 5° steigen u. neutralisiert mit 12 cm^3 konz. HCl, entfernt NaCl durch Filtrieren u. dest. das Filtrat im Vakuum. Man erhält 266 (85,3%) *Hydracrylsäuremethylester* (β-Oxypropionsäuremethylester), $Kp._{19}$ 80—83°. — Weiter werden hergestellt: *Hydracrylsäureallylester*, $Kp._{17}$ 102°. — *Hydracrylsäure-2-äthylhexylester*, $Kp._1$ 103°. — *Hydracrylsäureäthylester*, $Kp._{8,9}$ 73—75°. (**A. P. 2 568 619** vom 4/1. 1947, ausg. 18/9. 1951.) MÜLLER-MEININGEN. H 850

Riedel-de Haën Akt.-Ges., Seelze bei Hannover (Erfinder: **Friedrich Boedecker** und **Hans Volk**, Berlin), *Gewinnung von Ketohexonsäuren und ihren Enollactonen* aus wss. Lsgg., dad. gek., daß man überschüssiges Na-Acetat oder -Formiat zusetzt u. aus der stark essig- bzw. ameisensauren Lsg. durch Zusatz von niederen Alkoholen, z. B. A., die Na-Salze ausfällt. Beispiele für l-sorburonsaures Na, 2-keto-l-gulonsaures Na u. Na-Ascorbinat. (**D. B. P. 844 294** Kl. 12o vom 22/7. 1942, ausg. 17/7. 1952.) SCHINDLER. H 870

Gesellschaft für Kohlentechnik m. b. H. (Erfinder: **Otto Großkinsky** und **Walter Klempt**), Dortmund, *Herstellung von Harnstoff* aus dem bei der trocknen Dest. bituminöser Brennstoffe gewonnenen NH_3-W., dad. gek., daß man dieses zunächst durch Abtreiben u. Kondensieren verdichtet, dann in Kolonnenmitte einführt u. CO_2 zum Vertreiben des H_2S durchleitet, worauf das aus 1 (Vol.) CO_2 u. 2 NH_3 bestehende Gasgemisch auf ca. 100—150 ata verdichtet, das W. entfernt u. unter Druck u. höherer Temp. auf Harnstoff verarbeitet wird. Das verd. NH_3-W. kann auch vor der Verdichtung mit

$Fe(OH)_3$-Massen entschwefelt werden. — Arbeitsschema. (**D. R. P. 758 587** Kl. 12o vom 27/2. 1941, ausg. 10/7. 1952.) Schindler. H 880

Bayrische Stickstoff-Werke Akt.-Ges., Berlin (Erfinder: **Ernst Döhlemann**, Wittenberg), *Herstellung von Guanidinsulfonsäure*, $NH_2 \cdot C(:NH) \cdot NH \cdot SO_3H$, bzw. deren Salzen, dad. gek., daß man Guanidin, Dicyandiamid oder Dicyandiamidin, bes. als Sulfate, mit rauchender bzw. konz. H_2SO_4 behandelt u. das saure Reaktionsgemisch schnell u. bei tiefen Tempp., z. B. 0°, neutralisiert. F. 137°. — Zwischenprod. zur Herst. von therapeut. Prodd. oder Textilhilfsmitteln. (**D. R. P. 763 865** Kl. 12o vom 22/3. 1942, ausg. 15/9. 1952.) Schindler. H 880

Farbenfabriken Bayer (Erfinder: **Friedrich Wilhelm Stauf, Ernst Podschus** und **Georg Janning**), Leverkusen, *Herstellung von Dicyandiamid* aus $CaCN_2$ (I) u. Säuren, die unlösl. Kalksalze bilden, bzw. deren Anhydriden in alkal. Medium, wobei I unter gleichzeitigem Eingeben der sauren Komponente in W. bzw. eine cyanamid- oder dicyandiamidhaltige Lsg. nach u. nach derart eingetragen wird, daß die Temp. bis nahe zum Kp. ansteigt u. das Reaktionsgemisch stets alkal. bleibt. (**D. R. P. 767 446** Kl. 12k vom 17/3. 1940, ausg. 14/8. 1952.) Nebelsiek. H 880

Dow Corning Corp., Midland, Mich., übert. von: **Leo H. Sommer**, Cambridge, Mass., V. St. A., *Ketodisiloxane* der Formel $[R''COCHR'CH_2Si(CH_3)_2]_2O$, wobei R'' Alkyl- u. monocycl. Arylreste, R' H u. Alkylreste bedeuten, erhält man durch Rk. von Silanen der Formel $R''COCHR'CH_2Si(CH_3)_2R$ ($R = CH_3$, C_6H_5) mit konz. H_2SO_4, Hydrolyse des gebildeten Esters zum Silanol u. Kondensation des letzteren zum Ketodisiloxan. Aus 4-Trimethylsilyl-2-butanon wird z. B. *5.5.7.7-Tetramethyl-5.7-disila-6-oxa-2.10-undecanon*, $[CH_3 \cdot COCH_2CH_2Si(CH_3)_2]_2O$, $Kp._6$ 142°, in 45%ig. Ausbeute erhalten. Ferner werden dargestellt: $[CH_3COCH(CH_3)CH_2Si(CH_3)_2]_2O$; $[CH_3COCH(C_2H_5)CH_2Si(CH_3)_2]_2O$ u. $[C_6H_5 \cdot COCH_2CH_2Si(CH_3)_2]_2O$. — Verwendung als Lösungsmittel u. Zwischenprodukte. (**A. P. 2 591 736** vom 3/1. 1951, ausg. 8/4. 1952.) Brösamle. H 980

Universal Oil Products Co., Chicago, übert. von: **William K. T. Gleim**, Orland Park, und **Alexander Gaydasch**, Brookfield, Ill., V. St. A., *Monoalkylchinone* erhält man durch Oxydation von Hydrochinonmonoalkyläthern in Ggw. von Alkalichlorat, V_2O_5 (**I**), HNO_3 oder $NaNO_2$ bei −10° bis +100°. — Beispiele: 90 (g) 2-tert.-Butyl-4-methoxyphenol werden in 150 cm³ W. von 47° suspendiert, 10 konz. H_2SO_4 (**II**) u. 0,5 **I** unter Rühren zugegeben u. eine Lsg. von 0,2 Mol $KClO_3$ in 125 cm³ W. so langsam zugesetzt, daß die Temp. auf 50° gehalten wird; dann wird noch 1 Std. bei 47° gerührt, nach Abkühlen die organ. Schicht abgetrennt u. unter Zusatz von 5 $CaCO_3$ mit Wasserdampf dest., wobei 45 (55%) rohes *2-tert.-Butylchinon* erhalten werden. F. 59° (aus A.). Katalyt. Red. bei 60 lbs. H_2-Druck in Ggw. von Ni → *2-tert.-Butylhydrochinon*, F. 126—127°. — Zu 12 2.5-Di-(tert.-butyl)-4-methoxyphenol, gelöst in 100 CH_3OH, gibt man unter Rühren 7 $NaNO_2$ u. tropfenweise 6 konz. **II** in 25 W., wobei die Temp. von 20 auf 24° steigt. Wenn NO_2 entweicht, wird Rk. mit 1 $CO(NH_2)_2$ gestoppt. Reaktionsdauer: ½ Std.; man erhält 10,9 (93%) *2.5-Di-(tert.-butyl)-chinon*, F. 150°. (**A. P. 2 573 136** vom 8/9. 1949, ausg. 30/10. 1951.) Müller-Meiningen. H 1190

Camille Dreyfus, übert. von: **Arthur J. Daly** und **William G. Lowe**, New York, N. Y., V. St. A., *Herstellung von Mischestern von Glykolen* mit *plastifizierenden Eigg.* durch Erhitzen eines Diesters aus einer Fettsäure mit 2—4 C-Atomen u. einem Alkylen- oder Polyalkylenglykol zusammen mit einer aromat. Benzolcarbonsäure, z. B. Benzoesäure. Nach diesem Verf. wird z. B. *Glykolacetatbenzoat* aus dem entsprechenden Diacetat hergestellt. (**Can. P. 479 156** vom 6/6. 1946, ausg. 4/12. 1951. E. Priorr. 25/6. 1945 u. 18/1. 1946.) M. F. Müller. H 1210

X. Färberei. Organische Farbstoffe.

K. H. Schmidt, *Spezial-Alginat für den Textildruck.* Die Verwendung des Na-Alginats „*Lamitex*" wird beschrieben, u. Arbeitsvorschriften sowie Rezepte werden gegeben. (Melliand Textilber. **33**. 750—53. Aug. 1952.) P. Eckert. 7006

—, *Farbstoffe und Textilhilfsmittel.* Cassella Farbwerke Mainkur, Frankfurt/M.-Fechenheim. *Naphthocoll C* ist ein Hilfsmittel für Naphthol AS-Grundierungsbäder mit sehr guten Dispergierungseigenschaften. — *Kunstseidenschwarz CG* ergibt gedeckte, volle Schwarztöne von guter Lichtechtheit. — *Immedial-spezial Farbstoffe.* Das Sortiment umfaßt die vielseitig kombinierbaren Farbtöne Gelb, Gelbbraun, Braun, Bordo, Violett, Marine, Blau, Grün, Grau u. Schwarz. — Duran & Huguenin AG., Basel. *Indigosolgoldgelb AR* wird nach dem bekannten Verf. gefärbt u. gibt reine gut ätzbare Goldgelbfärbungen mit guten Echtheiten. — Farbenfabriken Bayer, Leverkusen. *Siriuslichtgelb RDA* ist neutral u. alkal. ätzbar. Der Vorteil dieses Farbstoffes liegt dementsprechend in der Herst. von Ätzfonds. — *Supranolechtgelb 4 G* ist ein Siriusfarbstoff mit sehr guter

Wasser-, Schweiß- u. Seewasserechtheit. — FARBWERKE HOECHST, Frankfurt/M.-Höchst (Musterkarte Hö 2202). Farbstoffe für Wolle, bes. auch für Mischgewebe aus Wolle/Viscosezellwolle u. Wolle/Perlon. — *Leonil RW* hochkonz. (Hö 2208) Textilhilfsmittel zur Erzielung einwandfreier Ausfärbungen auf Reyon- u. Zellwollartikeln. — *Helindontürkisblau GF*-Pulver (Hö 2137) ist ein neuer Wollküpenfarbstoff mit sehr gutem Egalisiervermögen u. vorzüglicher Lichtechtheit. — *Autozolchromschwarz R* (Hö 2200) besitzt eine sehr gute Trag- u. Fabrikationsechtheit. Gute Ton-in-Ton-Färbungen auf Fasermischungen, Wolle u. Zellwolle. — SANDOZ AG., Basel. *Omegachrom-* u. *Alizarinchromfarbstoffe.* Neue Musterkarte Nr. 919/51. — *Druck auf Nylon mit Säurefarbstoffen* (Musterkarte Nr. 964/51). — *Sandozen-* u. *Tetrafarbstoffe* (Musterkarte Nr. 903). Neuaufstellung von Küpenfarbstoffen unter Angabe der Echtheitseigenschaften. — *Ultrafarbstoffe im Druck auf Baumwolle bzw. Viscose* (Musterkarte Nr. 915/918). — *Diazoaminlichtbraun RL, 3 GL* sind Diazotierungsfarbstoffe für Betanaphtholentw. u. zum Färben von Ätzböden auf Baumwolle, Viscose, Zellwolle u. deren Mischgeweben. Die Färbungen sind wasser-, wasch- u. schweißecht. (Zirkular Nr. 952/51) (Melliand Textilber. **33.** 795. Aug. 1952.) P. ECKERT. 7018

R. S. Prayag, *Khaki.* Nach einer einleitenden Beschreibung über die Herkunft des Wortes Khaki werden die Verwendung verschied. Farbstoffe u. Farbstoffklassen (Mineralfarbstoffe, Holzfarbstoffe, Catechu, Direkt-, Schwefel- u. Küpenfarbstoffe) für die Herst. von Khaki beschrieben u. besprochen. — 31 Literaturangaben. (Indian Textile J. **62.** 667—69. Aug. 1952.) H. G. FRÖHLICH. 7020

M. R. Fox, *Festigkeit von Baumwollfärbungen. Einfluß des Farbstoffbaus und des Finishprozesses: Wahl der geeigneten Farbstoffe.* Eine Reihe von Farbstoffen wird auf ihre Empfindlichkeit gegen W., Alkali, Bleiche usw. geprüft. Verss. über die Lichtechtheit in Abhängigkeit vom p_H-Wert der Faser werden unter verschied. Bedingungen u. an verschied. Orten durchgeführt. (Dyer, Textile Printer, Bleacher, Finisher **107.** 489—93. 4/4. 1952.) ROSSOW. 7020

W. Armfield, *Reduktion von Direktviscosereyon-Farbstoffen.* Es hat sich gezeigt, daß beim Färben von Viscosereyon mit Direktfarbstoffen zu deren Red. die Ggw. von Alkali erforderlich ist. Da einige dieser Farbstoffe Alkali in genügender Menge besitzen, reicht diese aus andere zu reduzieren. Die Red., die bei Kochtemp. eintritt, kann durch Herabsetzung der Temp. vermindert werden. Eine Beschränkung der Einw. der Luft auf die Flottenoberfläche begünstigt gleichfalls die Red., so daß bei geschlossenen Färbeapparaten mit Reduktionsschwierigkeiten zu rechnen ist, die sich jedoch durch Einblasen von Luft beheben lassen. Eine dauernde Überwachung des p_H-Wertes ist erforderlich. Ein Ausgleich kann mittels Ammonsulfat erfolgen. Weitere Einzelheiten werden besprochen. (Canad. Textile J. **68.** 24. 59—61. 63. 65. 23/11. 1951.) P. ECKERT. 7020

Albert Franken, *Hilfsmittel und Materialien für die Filmdruckerei.* Es werden die Hilfsmittel im Filmdruck besprochen, die mit der Schablonenherst. in direktem Zusammenhang stehen, die zur maschinellen oder handwerklichen Weiterverarbeitung oder des zu bedruckenden Gewebes benötigt werden, die mit der techn. Einrichtung des Raumes zu tun haben sowie die kolorist. Eigg., die durch die Druckpasten u. deren Übertragung erforderlich sind. Unter Berücksichtigung der prakt. Erfordernisse u. unter Angabe geeigneter Arbeitsvorschriften werden die Herst. des Rahmens, das zu verwendende Bespannungsmaterial, die Schutzschicht, techn. Vorrichtungen sowie das Dämpfen u. Waschen behandelt. (Melliand Textilber. **33.** 747—50. Aug. 1952.) P. ECKERT. 7022

Richard Künzl, *Neuerungen im Filmdruck.* 1. u. 2. Mitt. Besprochen wird die Verwendung u. die Arbeitsweise von Maschinen mit stationären Schablonen. — Abb. u. schemat. Darstellungen. (Textil-Praxis **7.** 453—55. Juni. 655—56. Aug. 1952.) P. ECKERT. 7022

A. Wolff, *Die Coprantinfarbstoffe im Direkt- und im Ätzdruck.* Genaue Arbeitsvorschriften u. prakt. Hinweise unter Anführung eines ausführlichen Farbstoffsortiments. (Textil-Praxis **7.** 626—29. Aug. 1952.) P. ECKERT. 7022

A. Luszczak und **H. Zukriegel,** *Über die spektrale Empfindlichkeit von Lichtechtheitstestfarbstoffen.* Verss. an den 8 Testfarben der Blauskala zur Best. der Lichtechtheit. Durch Anwendung selektiver Lichtfilter, der Lichtverstärkung mit Heliotestgerät sowie der in Analysenlampen gebräuchlichen Schwarzfilter wurde in Beziehung zur Lichtechtheitszahl die Wirksamkeitsgrenze k des Lichts ermittelt, die mit steigender Lichtechtheit in Richtung der kürzeren Wellenlängen λ wandert. k wurde bei dem λ angenommen, bei dem das Testmuster kaum verändert erscheint; k liegt beim doppelten λ des im UV gelegenen „krit. Extinktionsmaximums". Belichtung der 8 Muster mit Elektroschweißbogen, bei dem gegenüber Sonnenlicht die in ihrer Bleichwrkg. aber zu vernachlässigende Blaukomponente überwiegt, ergab bei Wegfilterung aller λ unter 3160 E prakt. gleiches Verschießen aller Muster, trotzdem die Belichtungsverhältnisse mit Sonnenlicht zwischen den Testfarbstoffen 1 u. 8 sich wie 1 : 128 verhalten. Auf die Wahrscheinlichkeit der Entstehung labiler Reaktionsprodd. bei Belichtung mit Tageslicht u. deren Rolle beim Ausbleichvorgang wird hingewiesen. Außerdem werden Ausbleichverss. mit künstlichem UV an mit Lochmasken abgedeckten Wollmustern angegeben, bei denen an den vom Licht abgeschirmten Stellen eine Farbstoffzerstörung festzustellen war. Inwieweit dabei Oxydations-Red.-Vorgänge mitspielen, bleibt noch zu klären. (Melliand Textilber. **33.** 535—37. Juni 1952. Wien.) Dossmann. 7028

Copeman Laboratories Co., Flint, Mich., V. St. A. (Erfinder: **H. Y. Jennings**), *Fixieren von Farbstoffen auf Textilien.* Man behandelt diese in einer wss. Dispersion kleiner Tröpfchen einer Lsg. eines wasserunlösl. Harzes mit einem wasserunlösl. Farbstoff in einem wasserunlösl. Lösungsmittel. Z. B. verwendet man eine Harzlsg. aus 220 (Teilen) Amberol F 7, je 55 Ricinusöl u. chines. Holzöl, 1,8 Stearinsäure, 308 Toluol u. 284 CCl_4 in W.; der Farbstoff kann in diesem Falle auch in den organ. Lösungsmitteln unlösl. sein. Das Verf. wird bes. beim Klotzen von Geweben mit Alizarinfarbstoffen angewendet. (**Schwed. P. 131984** vom 5/8. 1940, ausg. 19/6. 1951. A. Prior. 5/8. 1939.) J. Schmidt. 7021

J. Bancroft & Sons Co., übert. von: **William P. Hall,** Wilmington, Del., V. St. A., *Mustern von Gewebe.* Um glänzende farbige Effekte auf appretiertem Gewebe zu erhalten, wird dem Appreturmittel in wss. Lsg. eine organ. Base zugegeben, die mit Diazoverbb. kuppelt. Der Druckpaste wird neben polymerisierbarem Harz, Weichmachern, Trocknern noch eine Diazoverb. einverleibt, so daß beim Drucken ein Farbstoff entsteht. Nach Dampfbehandlung wird heiß kalandriert, um das Harz in W. unlösl. zu machen. (**Can. P. 475808** vom 28/1. 1946, ausg. 7/8. 1951. A. Prior. 6/9. 1945.) Wittholz. 7023

Farbwerke Hoechst, vormals Meister Lucius & Brüning (Erfinder: **Gustav Schäfer und Ferdinand Quint**), Frankfurt/M.-Höchst, *Benzol-2.4-disulfonsäure-1-carbonsäure* erhält man durch Behandeln der wss. Lsg. des Na-Salzes mit HCl, Abtrennen des gebildeten NaCl u. Eindampfen der Lsg. im Vakuum. Das neutrale K-Salz hingegen gibt bei der gleichen Behandlung nur das saure Di-K-Salz. Zwischenprod. für Farbstoffe. (**D. B. P. 845346** Kl. 12o vom 6/10. 1950, ausg. 31/7. 1952.) Krauss. 7049

Ciba Akt.-Ges., Basel (Erfinder: **Max Schmid,** Riehen), Schweiz, *Herstellung von Acylderivaten von Amiden der Acetessigsäure.* Auf 2 Mol einer Verb. der Formel $CH_3 \cdot CO \cdot CHMe \cdot CO \cdot NH-R$ (Me = Alkalimetall, NHR = Rest eines diazotierbaren Amins) wird 1 Mol Acylierungsmittel zur Einw. gebracht u. die entstandene Diacylverb. von zurückgebildetem Acetessigsäureamid auf Grund verschied. Löslichkeit getrennt. Das Verf. kann in wss. oder nichtwss. Lösungsmitteln durchgeführt werden; allg. anwendungsfähig bei Acetamiden, die aus Acetessigsäureester u. prim. diazotierbarem Mono- oder Diamin (meist cycl. Natur), z. B. 1-Amino-, 1-Amino-2-methyl-, 1-Amino-2- bzw. -3- bzw. -4-chlor-, 1-Amino-2-methoxy, 1-Amino-4-methoxy-(äthoxy)-, 1-Amino-2.5-dimethoxy- bzw. -diäthoxy-, 1-Amino-2.4-dimethoxy-5-chlorbenzol, 4.4'-Diaminodiphenyl, Dehydrothiotoluidin, 2-Aminothiazol, 2-Amino-6-methoxybenzothiazol. — Beispiel: 211,5 (Teile) Acetessigchloranilid werden in 800 W. u. 105 Volumenteilen NaOH (36 Bé) bei 40—50° gelöst, die Lsg. auf 0—5° gekühlt, mit 73,5 Benzoylchlorid versetzt. Nach 6 Std. hat sich Acetessigsäure-o-chloranilid zurückgebildet, das abfiltriert wird. Aus dem Filtrat wird mit 70 Vol. HCl (30%ig) *Benzoylacetessigsäure-o-chloranilid* ausgefällt. Weitere Beispiele für die Herst. von *Benzoylacetoacetyl-o-chloranilid, Terephtaloyl-bis-(acetessigsäure-o-chloranilid), p-Chlorbenzoylacetessigsäure-o-chloranilid, p-Nitrobenzoylacetessigsäure-o-chloranilid, p-Chlorbenzoylacetessigsäure-(2.5-dimethoxy)-anilid, Cinnamoylacetessigsäure-o-chloranilid, 3-Nitro-4-methoxybenzoylacetessigsäure-o-chloranilid, 3-Nitro-4-methoxy-benzoylacetessigsäure-o-chloranilid, Terephthaloyl-bis-(acetessigsäure-o-chloranilid), Terephthaloyl-bis-(acetessigsäure-2.4-dimethoxy-5-chloranilid).* Durch Verseifung erhält man die entsprechenden Acylacetylverbindungen. — *Zwischenprodd.* der *Farbstoff*-Industrie. (**D. B. P. 843405** Kl. 12o vom 27/2. 1949, ausg. 7/7. 1952. Schwz. Priorr. 30/7. 1946 u. 23/5. 1947.) Schmauser. 7049

General Aniline & Film Corp., New York, N. Y., V. St. A., *Disazofarbstoff.* 3.3'-Dimethoxy-4.4'-diaminodiphenyl wird tetrazotiert u. zuerst in schwach alkal. Milieu mit 1 (Mol) 1-Amino-8-oxynaphthalin-4.6-disulfonsäure (K-Säure) u. dann in etwas stärker alkal. Milieu mit 1-Amino-8-oxynaphthalin-2.4-disulfonsäure (SS- oder Chicagosäure) gekuppelt. Der so erhaltene Disazofarbstoff wird dann mit einer ammoniakal. Cu-Lsg. auf 50—120° erhitzt. Die so erhaltene Cu-Verb. (**II**) färbt Cellulosefasern leuchtend blaugrün. (**Schwz. P. 271932** vom 16/10. 1947, ausg. 16/3. 1951. A. Prior. 17/10. 1946.) Kalix. 7055

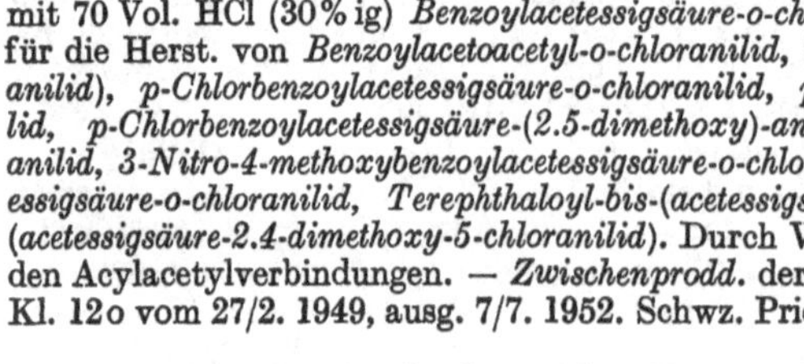

II

Ciba Ltd., übert. von: **Paul Grossmann**, Basel, Schweiz, *Herstellung von Aminooxyanthrachinonfarbstoffgemischen* durch Rk. von α.α-Dioxyanthrachinonen, welche an verschied. Benzolringen OH-Gruppen u. außerdem 2 negative Substituenten in solchen Stellungen enthalten, die gewöhnlich bei Substitutionen besetzt sind, mit solchen Mitteln, welche befähigt sind, die negativen Substituenten teilweise in substituierte u. teilweise in prim. Aminogruppen überzuführen. — Vgl. Schweiz. P. 259 347; C. **1950**. I. 1912. (**Can. P. 475 840** vom 12/5. 1945, ausg. 7/8. 1951. Schwz. Prior. 24/5. 1944.) M. F. MÜLLER. 7059

General Aniline & Film Corp., New York, übert. von: **Wilhelm Schmidt-Nickels**, Little York, N. J., V. St. A., *Heterocyclische Benzanthrone* der allg. Formel I entstehen durch Rk. von Anthrachinon-2.1-thioxanthonen (I) u. -2.1-acridonen mit Glycerin (II) in Ggw. von Fe u. H_2SO_4. — In 950 (Teilen) konz. H_2SO_4 (96%) wurden 114 I gelöst u. unter 30° 41,3 W. zugegeben, bei 115—120° in 2 Std. mit 92 II u. 93 Fe-Spänen versetzt, 4 Std. gerührt, in W. gegossen u. filtriert. Der Rückstand wird mit 2500 W. u. 790 HCl (konz.) behandelt u. filtriert, danach in 1500 W., 100 NaOH (20%) + 1000 NaOCl über Nacht am Rückfluß gekocht, filtriert, gewaschen u. getrocknet: *Benzanthron-5.6-benzthioxanthan*, F. 210° in alkoh. KOH. — *Farbstoffe*. (**A. P. 2 546 138** vom 31/12. 1948, ausg. 20/3. 1951.) LANK. 7059

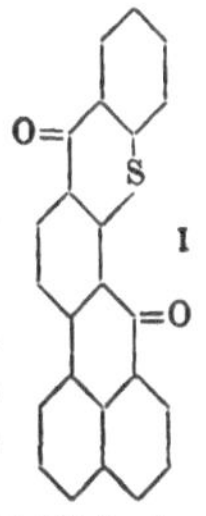
I

General Aniline & Film Corp., New York, übert. von: **Wilhelm Schmidt-Nickels**, Little York, N. J., V. St. A., *Küpenfarbstoff* (I) *und Zwischenprodukt* (II). Rk. von 1 (Mol) Fluoren (III) mit 2 Benzanthron-Bz.-1'-carbonsäurechlorid (IV) liefert II, aus dem durch Ringschluß in der Kalischmelze I erhalten wird. — 240 (Teile) Nitrobenzol (V), 16,4 IV, 55,2 $AlCl_3$ u. 4,4 III werden 3 Std. bei 75—80° gerührt, in konz. HCl gegossen, mit Wasserdampf von V befreit, filtriert u. mit verd. NH_3 ausgezogen. Das zurückbleibende II wird bei 230° in einer Schmelze aus 200 KOH + 20 Na-Acetat 5 Min. gerührt, in viel W. gegossen, mit Luft durchgeblasen, filtriert, gewaschen u. getrocknet. — Färbt Baumwolle olivgrün mit großer Beständigkeit. (**A. P. 2 546 139** vom 19/2. 1949, ausg. 20/3. 1951.) LANK. 7059

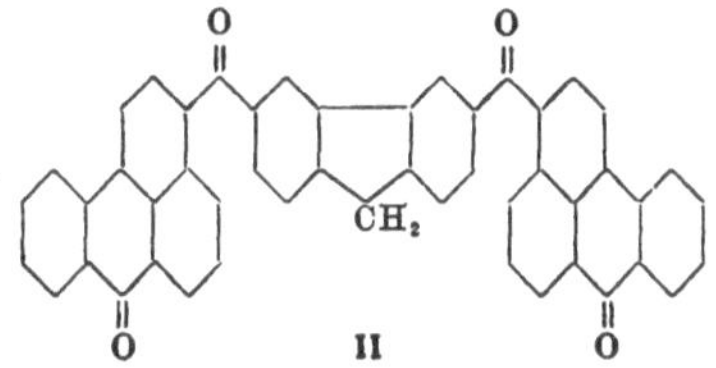
II

Ciba Akt.-Ges., Basel, Schweiz, *Küpenfarbstoff*. 4-Halogen-6.7-phthalochinazoline, die in 2-Stellung durch einen, mindestens einen Heterocyclus enthaltenden Rest (I) substituiert sind, werden mit verküpbaren Aminen der Anthrachinonreihe, bes. mit solchen, die angegliederte Ringe enthalten, wie Aminoanthrachinonacridone, in hochsd. Lösungsm., z. B. Phenol, bei 150—250° umgesetzt. — Beispiele für I: Reste, die sich vom Diphenylenoxyd, -dioxyd oder -sulfid, Carbazol, Thianthren, Xanthon, Thioxanthon, Acridon, Chinolin, Chinazolin, Benzotriazol, Benzopyridazin oder Chinoxalin, Furan, Thiophen, Thiazol, Oxazol, Pyridin, Pyrimidin oder Imidazol ableiten. Die Reaktionsprodd. lassen sich zum Färben u. Drucken bei nur 40—50°, auch als Leuko-H_2SO_4-Estersalze verwenden u. geben gelbstichig grüne Töne von guter Naß- u. Lichtechtheit. (**Schwz. P. 273 956** vom 16/3. 1948, ausg. 16/6. 1951.) KALIX. 7069

XIa. Farben. Anstriche. Lacke. Naturharze.

Leslie, *Die aromatischen Erdölextrakte in der Lackindustrie*. Herkunft u. allg. Eigg. der den Firnagralen ähnlichen *Edmor*-Petrolextrakte u. ihre Anwendung in Öl-, Emulsions- u. Bitumenfarben, Lacken, Druckfarben usw. (Pitture e Vernici **8**. 209—11. April 1952.) SCHEIFELE. 7096

Gino Antonucci, *Die Derivate des natürlichen und synthetischen Kautschuks in der Anstrichmittelindustrie*. Vf. gibt einen Überblick über Herst. u. Eigg. der für die Anstrichmittelindustrie wichtigen Derivv. des natürlichen u. synthet. Kautschuks (I) (Chlorkautschuk, I-Hydrochlorid, cyclisierter I, cyclisierter synthet. I u. cyclisierter chlorierter I). (Ind. Vernice **6**. 90—94. April 1952.) WINIKER. 7096

H. Beduneau, *Butyltitanat enthaltende Farben*. Nach einem Überblick über die Herst. von Alkyltitanaten bespricht Vf. ausführlich die Verwendung von Butyltitanat für Farben (z. B. korrosionsverhütende Anstriche für Stahl). (Rev. Produits chim. **55**. 281—85. 31/8. 1952.) WINIKER. 7106

W. G. Vannoy, *Nicht blasenwerfende Hausfarben*. Mit TiO_2 u. geeigneten Füllstoffen pigmentierte Alkydharzfarben, bei denen das p_H des Films auf einem Minimalwert gehalten wird, wurden im Vgl. zu regulären Ölfarben auf einem hölzernen Versuchshaus geprüft. Ferner wurde die Feuchtigkeitspermeabilität mittels PAYNE-Bechers sowie die

Haftfähigkeit untersucht. Resultate: Pb- u. Zn-freie Alkydharzfarben besitzen Resistenz gegen Blasenwerfen auf feuchtem Holz u. sind gegen Verfärbung durch Fe-haltiges W. beständig. ZnO u. Bleiweiß vermindern die Wasserdurchlässigkeit u. dadurch auch die Haftfähigkeit gewisser Außenfarben. Nicht verfärbende Alkydharzfarben zeigen gewöhnlich höhere Wasserdurchlässigkeit als reguläre Außenfarben. ZnO, bleihaltiges ZnO u. Bleiweiß in Grundierfarben vermindern die Permeabilität gewisser Alkydharz-Deckfarben. Permeabilität u. Resistanz gegen Blasenwerfen gehen im allg. parallel. (Amer. Paint J. **36.** Nr. 32. 82—87. 28/4. 1952. Newport, Del., E. I. du Pont de Nemours, Pigment Dep.) SCHEIFELE. 7106

—, *Schutzüberzüge aus Neopren.* Allg. Ausführungen. (Canad. Paint Varnish Mag. **26.** Nr. 6. 8—10. Juni 1952.) WINIKER. 7106

H. Beduneau, *Die Verwendung von Siliconharzen zur Herstellung von Lacken.* Allg. Ausführungen. (Rev. Produits chim. **55.** 265—68. 31/7. 1952.) WINIKER. 7106

Paolo de Cerma, *Metallflächen und ihre Phosphatierung. Fixierung der Lacke.* Witterungs- u. Korrosionsverh. von Lacken auf phosphatierten u. unbehandelten Metallen. 15 Abbildungen. Sonderverf. der SOCIETÀ MONTECATINI. (Pitture e Vernici **8.** 143—49. März 1952. Società Montecatini, Phosphatierungsabt.) SCHEIFELE. 7106

H. W. Chester, *Pigmentierte Toner zur Erzielung heller Lacküberzüge.* Die für Möbellackierung benutzten hellen Lackfarben werden durch Pigmentierung von niederviscosen Alkyd- oder Schellackharz-Lsgg. gewonnen, die an sich wasserhell u. lichtbeständig sind. Anwendung vor allem auf Mahagony, Eiche, Walnuß, Birke, Ahorn. (Ind. Finishing **28.** 64—66. Juni 1952.) SCHEIFELE. 7106

W. Koenig, *Schwundvorgänge bei Nitrolackfilmen.* Zur Unters. der Schwundvorgänge, die bei der Trocknung u. Alterung von Anstrichfilmen, namentlich solchen aus hochpolymeren Filmbildnern wie Nitrocellulose, durch Volumenkontraktionen auftreten, wurde eine besondere spannungsopt. Meth. (Prinzip der Doppelbrechung) benutzt. Es wurde festgestellt, daß durch entsprechende Weichmachung die Entstehung der Spannungen bei Nitrolacken beeinflußt bzw. völlig verhindert werden kann. Als bes. günstig erwiesen sich hierbei Adipinsäureharze, welche bereits bei Zusätzen unter 100% völlig spannungsfreie Filme lieferten, ohne dabei die Filmhärte so stark zu beeinträchtigen wie die üblichen niedermol. Weichmacher. (Ind. Vernice **6.** 123—29. Mai 1952. Wiesbaden-Biebrich, Chem. Werke Albert, Lacklabor.) WINIKER. 7106

Rodolfo Ponzio, *Lacktrocknung durch Infrarotbestrahlung.* Allg. Ausführungen. (Ind. Vernice **6.** 118—22. Mai 1952.) WINIKER. 7106

Mario Palumbo, *Identifizierung der aus Leinöl erhaltenen Standöle, Druckfirnisse, gekochten und geblasenen Öle.* Zu 20 cm^3 der Ölprobe werden 10 cm^3 einer 1%ig. alkoh. Phloroglucinlsg. u. nach u. nach 10 cm^3 konz. HCl gegeben. Nach energ. Rühren (ca. 5 Min. bei Zimmertemp.) wird die aufgetretene Färbung beobachtet: leicht rosa — rohes Leinöl; stärker rosa — mit Fullererde entfärbte gekochte Öle; tief rot — Druckfirnisse; rot (die Färbung findet sich im Gegensatz zu den anderen Fällen zum großen Teil in der öligen Schicht) — geblasene Öle; Standöle geben keine Färbung, wenn sie unter Luftausschluß in geschlossenen Kesseln hergestellt werden. (Ind. Vernice **6.** 113—15. Mai 1952.) WINIKER. 7154

J. S. Mills und **A. E. A. Werner**, *Papierchromatographie natürlicher Harze.* Dammar-, Mastix-, Sandarak-, Elemi- u. Kopalharz sowie Kolophonium lassen sich nach der absteigenden Meth. an Filtrierpapier (Whatman Nr. 1), welches mit 25%ig. äther. Kerosinlsg. getränkt ist, mit wss. Isopropylalkohol (7,5:2,5 Teile)- gesätt. farblosem Kerosin (1 Teil)-Gemisch in Mengen von 0,2 mg bei 21° chromatographieren. Die Entw. erfolgt durch Besprühen mit 50%ig. Phenol–CCl_4-Lsg. u. Bromdampf. Harzbestandteile, die positiven HALPHEN- u. HICKS-Test geben, liefern rosa bis violette Zonen, daneben erscheinen jedoch auch blaue oder gelbe Zonen. Alle Färbungen bleichen bei Berührung mit Luft aus.— Wiedergabe eines Chromatogrammes von Dammar-Harz. (Nature [London] **169.** 1064. 21/6. 1952. London, Nat. Gall.) LIPPOLD. 7160

General Electric Co. Ltd., London, England, *Herstellung von Leuchtstoffen.* Man erhitzt Stoffe, die Ca, Sr oder Ba enthalten, mit P u. O enthaltenden Verbb. in einer solchen Zus., daß beim Erhitzen in Wasserdampf eine Apatit-Struktur entsteht, wobei als Aktivator mindestens eines der Metalle Cu, Sb, Sn oder Tl zugegen sein muß; als 2. Aktivator kann eine Mn-Verb. verwendet werden. — Z. B. erhitzt man ein Gemisch aus 10 g $CaCO_3$, 9 g $(NH_4)_2HPO_4$ u. 0,04 g $CuSO_4 \cdot 5H_2O$ ½ Std. im offenen Tiegel u. ½ Std. bei 1150° in Wasserdampf. Die M. gibt eine hellblaue Fluorescenz. Bei Ersatz der Cu-Verb. durch Sb_2O_3 erhält man eine schwache grünblaue, durch SnO oder TlO_3 eine dunkelblaue Fluorescenz. Bei Zusatz von Mn-Phosphat fluoresciert die M. hellrot. (**N. P. 79 070** vom 17/3. 1949, ausg. 24/9. 1951.) J. SCHMIDT. 7093

Imperial Chemical Industries Ltd., England (Erfinder: **John Buttery Peel** und **Sydney Ernest Scrimshaw**), *Herstellung von Eisenoxydrot*, dad. gek., daß man eine wss. alkal. Suspension von $FeCO_3$, die $ZnCO_3$ u./oder $Al(OH)_3$ enthält, bei einer 60° nicht unterschreitenden Temp. mit Luft behandelt. — Man fällt eine Lsg. von 34,4 (Gewichtsteilen) $FeSO_4 \cdot 7 H_2O$, 1,4 $ZnSO_4 \cdot 7 H_2O$ in 72 kaltem W. mit einer Lsg. von 16 Na_2CO_3 in 50 W. u. regelt den p_H-Wert der Suspension auf 8,6. Bei 80° wird 18—20 Std. lang Luft eingeblasen, bis der FeO-Geh. nur noch ca. 1% beträgt. Das Prod. wird gewaschen u. bei 80—100° getrocknet. (**F. P. 988 783** vom 18/6. 1949, ausg. 31/8. 1951. E. Prior. 24/6. 1948.) HEYNE. 7093

Soc. Française de Produits Ignifuges, Seine, Frankreich, *Verbesserte Öl-, Cellulose- und Spirituslacke.* Die Verstreichbarkeit u. Haftfestigkeit der damit auf polierten Metallflächen erzeugten Überzüge wird verbessert u. die Löslichkeit von Vinylharzen in Trichloräthylen oder ähnlichen chlorhaltigen Lösungsmitteln ermöglicht, wenn den betreffenden Lacken bis zu 10% Nitrobenzol zugesetzt wird. (**F. P. 972 437** vom 13/3. 1941, ausg. 30/1. 1951.) ASMUS. 7097

Reynolds Metals Co., übert. von: **Gordon M. Babcock**, New York, N. Y., V. St. A., *Herstellung von Metallpigmenten für Schutzüberzüge.* Duktiles Metall wird trocken durch Hämmern zu Flittern verarbeitet u. diese mit Al-Flittern zu ca. 2—5—25% verschnitten, um ein Verschmelzen der Metallflitter untereinander zu vermeiden. (**Can. P. 476 564** vom 19/3. 1942, ausg. 28/8. 1951. A. Prior. 4/10. 1941.) WITTHOLZ. 7097

Viliam Kliment und **Alexander Winterberg**, Tschechoslowakei, *Rostentfernungs- und Schutzmittel.* 3 (Gewichtsteile) eines Ureid–Formaldehyd-Kondensats in 81,8 W. werden nach dem Neutralisieren mit 0,2 NH_4-Lactat, 5 Orthophosphorsäure u. gegebenenfalls mit Färbemitteln versetzt. Der damit erzielte Schutzüberzug ist dauerhaft gegen Säuren, Laugen u. Laken, gegen Wärme u. Kälte. (**F. P. 982 722** vom 8/3. 1949, ausg. 14/6. 1951.) HOLM. 7107

Henry-Raymond Bernard-Dautruy, Frankreich, *Rostschutz.* Mit Sand gereinigte Rinnen, Wehre, Schleusen u. a. erhalten einen Überzug mit einem nicht rostenden Metall (Zn, Pb, Cu) u. werden dann mit einer bituminösen oder Ölfarbe angestrichen. Die Farbe haftet fest an der Metalldecke. (**F. P. 981 608** vom 3/1. 1951, ausg. 29/5. 1951.) HOLM. 7107

Établissement J.-J. Carnaud et Forges de Basse-Indre, Frankreich, *Vernierungsmittel als Metallschutz.* Den üblichen *Lacken* u. *Farben* wird Sn als Staub oder koll., als Oxyd oder Salz zugesetzt. Der Überzug wird dadurch dauerhafter. (**F. P. 982 921** vom 29/7. 1943, ausg. 18/6. 1951.) HOLM. 7107

Reichhold Chemicals, Inc., Detroit, Mich. (Erfinder: **Clinton A. Braidwood**, Schenectady, N. Y., und **Almon G. Hovey**, Minneapolis, Minn.), V. St. A., *Polymerisieren von Harzen* unter Verwendung von FSO_3H als Katalysator in einem flüchtigen Lösungsm., wie Bzl., Bzn. u. dgl., zwischen −87,3 u. +90°. Das Reaktionsgemisch kann noch mit Säure oder Alkali einige Zeit, z. B. auf 80° erwärmt werden, bis der Säureschlamm weitgehend gespalten ist. Die behandelten Harze haben höheren F. u. ihre Farbe ist meist besser als die der Ausgangsharze. Beispiele für *Wurzel-* u. *Balsamharze.* (**D. B. P. 843 582** Kl. 22h vom 1/10. 1950, ausg. 10/7. 1952. A. Prior. 20/6. 1945.) SCHINDLER. 7141

Willi Machu, Nichtmetallische anorganische Überzüge. Wien: Springer-Verl. 1952. (XII + 404 S. m. 153 Textabb.) gr. 8°. DM 57,—.

XIb. Plaste (Kunstharze. Plastische Massen.)

A. H. Hartman, *Metallisieren im Hochvakuum.* Kurzer Überblick über das Metallisieren von Kunststoffen im Hochvakuum. (Mod. Plastics **30**. Nr. 2. 115—18. Okt. 1952.) WINIKER. 7170

Richard S. Zucker und **H. Mark**, *Dielektrisches Erhitzen von Kunststoffen.* Die unten genannten Kunststoffproben (Zylinder von 0,125 in. Dicke u. 2 in. Höhe) wurden in ein elektr. Wechselfeld von 29,0 kHz gebracht u. der zeitliche Temperaturanstieg Δt (als Maß für die dielektr. Verluste) gemessen; die Ergebnisse sind sehr gut reproduzierbar. Für Δt/Min. wurde so erhalten: *Cerex 25 OX CX-1173* (= Polystyrolmischpolymerisat) 1,84; *Lustrex LX-1173* (= Polystyrol) 2,02; *Cerex 25 OX CX-1301* (= Polystyrolmischpolymerisat) 2,06; *Lustrex L-2020* (= Polystyrol) 3,20; Mischpolymerisat aus 90% *Styrol* (I) + 10% *Acrylnitril* 3,80; Mischpolymerisat aus 90% **I** + 10% *Methylmethacrylat* 10,9; Mischpolymerisat aus 90% **I** + 10% *Vinylacetat* 19,8; *Bakelit* 60,0 u. *Plexiglas* 87,0. (Österr. Chemiker-Ztg. **52**. 54—55. März 1951. Brooklyn, N. Y., Polytechn. Inst.) FUCHS. 7170

—, *Die künstlichen Dispersionen von Elastomeren und Harzen.* Vf. gibt einen Überblick über Vor- u. Nachteile der Emulsionspolymerisation u. behandelt anschließend die Eigg.

u. Verwendungsmöglichkeiten der synthet. Latices auf Kunststoff- u. Kunstkautschukbasis. (Rev. Produits chim. **55.** 298—304. 31/8. 1952.) WINIKER. 7170

Francis J. Prescott und **G. O. Cragwell**, *Citronensäureester als Weichmacher.* Vff. geben an Hand der Literatur (27 Hinweise) einen Überblick über die Eigg. der Citronensäureester (Tributyl-, Triäthyl-, Acetyltriäthyl- u. Acetyltributylcitrat) u. deren Verwendung als Kunststoffweichmacher. Einige Hinweise auf die Anwendungsmöglichkeiten der Citronensäure selbst in der Kunststoff- u. Lackindustrie. (Mod. Plastics **30.** Nr. 2. 134—38. 200—01. Okt. 1952.) WINIKER. 7170

—, *Neues Schlauchpreßaggregat.* Beschreibung eines Aggregats zur Herst. von Schläuchen aus hartem PVC. — 4 Abbildungen. (Mod. Plastics **30.** Nr. 2. 124. 194. Okt. 1952.) WINIKER. 7172

—, *Kunststoffe für chemische Anlagen.* 1. Mitt. Eigg. u. Anwendungsformen von Polythen u. Polyvinylchlorid. (Ind. Chemist **27.** 445—48. Okt. 1951.) SCHEIFELE. 7172

E. A. Reineck, *Furfurylalkohol als Harzbildner.* Vf. gibt einen Überblick über die Eigg. der aus Furfurylalkohol in Ggw. saurer Katalysatoren, wie z. B. Phosphorsäure, entstehenden härtbaren Kunststoffe (**I**) sowie deren Verwendungsmöglichkeiten u. Verarbeitung. Die **I** sind weitgehend kompatibel mit Weichmachern, anderen härtbaren u. nicht härtbaren Kunststoffen, Naturharzen, synthet. Kautschuken u. Asphalt. Sie können chem. modifiziert werden z. B. durch Rk. mit Formaldehyd. Im allg. verläuft die Rk. Formaldehyd–Furfurylalkohol bei einem niedrigeren p_H als die Verharzung des Furfurylalkohols allein. Chem. Widerstandsfähigkeit u. allg. Eigg. sind aber in beiden Fällen (bei völliger Aushärtung) ähnlich. (Mod. Plastics **30.** Nr. 2. 127—32. 195—98. Okt. 1952.) WINIKER. 7176

J. Rinse, *Polyester.* (Paint, Oil Colour J. **121.** 641—42. 14/3. 1952. — C. **1952.** 2588.) SCHEIFELE. 7176

H. Stäger, *Über das Vorwärmen warmhärtender Formpreßstoffe.* Unterss. der chem. u. physikal. Eigg. härtbarer Kunststoffe, welche zur Herst. von Formpreß- u. Gußstücken dienen (Polykondensate auf Phenol-, Harnstoff -u. Melaminbasis), im Verein mit verfahrenstechn. Verss. (Wärmezufuhr von außen durch Heizplatten u. Erzeugung dielektr. Wärme im Innern der Preßmischungen) geben Aufschluß über das Fließverh. u. die Vorgänge bei der plast. Verformung sowie über die den Verarbeitungsvorgang bestimmenden Beziehungen zwischen Tempp., Erwärmungszeiten u. Preßdrucken. Ähnliche Verss. über die Herst. von Schichthölzern mit Kunststoffbindung erstreckten sich auf die Unters. des Verh. von Holz bei den verschied. Erwärmungsarten. Es wurde eine Überlegenheit der Erwärmung mit elektr. Hochfrequenzenergie, die sehr kurze Arbeitszeiten ermöglicht, festgestellt. Das Vorwärmen u. Härten der Kunststoffe mittels Hochfrequenzenergie führt zu einer Verbesserung der Erzeugnisse. (Z. Ver. dtsch. Ing. **93.** 965—72. 1/11. 1951. Zürich.) WINIKER. 7204

—, *Automatische Bearbeitung von Schichtstoffen.* An einigen Beispielen aus der amerikan. Industrie werden die Möglichkeiten einer maschinellen Bearbeitung roher Schichtstoffe gezeigt. (Mod. Plastics **30.** Nr. 2. 119—23. Okt. 1952.) WINIKER. 7204

—, *Ein verstärktes Alkydharz.* Kurzer Überblick über die Eigg. des mit Glasfasern verstärkten Alkydharzes *Alkyd 440* (**I**) der LIBBEY-OWENS-FORD GLASS CO. u. über die Verarbeitung. **I** zeichnet sich durch besondere Dimensionsbeständigkeit u. Wärmefestigkeit aus. (Ind. Plast. mod. **4.** Nr. 5. 18—19. Mai 1952.) WINIKER. 7204

—, *Alkyd 440.* Prakt. Hinweise zum Pressen von *Alkyd 440.* (Plastics Ind. **10.** 6—8. Aug. 1952.) WINIKER. 7204

Germana Liotta, *Analyse von Lackharzen.* Nachw. folgender Harzgruppen: (A) halogenhaltige Harze, unterschieden nach Ligroinlöslichkeit, (B) N-haltige Harze, unterschieden nach Nitrat- u. Formaldehydgeh.; (C) N- u. S-haltige Harze, unterschieden nach Löslichkeit in heißem W.; (D) S-haltige Harze, unterschieden nach Pyridinlöslichkeit; (E) Harze mit VZ. über 325, unterschieden nach Färbung bei LIEBERMANN-STORCH-Rk.; (F) Harze mit VZ. 120—325 (Aldehydharze), unterschieden nach Phthalsäuregeh.; (G) Acetylzahl über 40 (kolophoniummodifizierte Alkyde, Phenolharze, Celluloseäther); (H) Acetylzahl unter 40 (Polystyrol-Cumaronharz). (Pitture e Vernici **8.** 163—65. März 1952.) SCHEIFELE. 7210

Farbwerke Hoechst, vormals Meister Lucius & Brüning (Erfinder: **Rudolf Schäff**), Frankfurt/M.-Höchst, *Polymerisation von Äthylenverbindungen* oder ihren Mischungen durch Einleiten der gas- oder dampfförmigen Monomeren in ein fl. Reaktionsmedium. Man wendet ein Redoxsyst. als Katalysator an u. leitet eine der Komponenten des Syst. gas- oder dampfförmig zusammen mit der Äthylenverb. in das die andere Komponente enthaltende fl. Reaktionsmedium ein. Als Beimischung zum Monomeren können alle reduzierenden Gase, bes. die wasserlösl, wie SO_2, $(CH_3)_3N$, verwendet werden; als Katalysatoren für die wss. Phase eignen sich alle Perverbindungen. Durch Zugabe eines Metallsalzes, bes. eines Fe-Salzes, wird der Umsatz erhöht. — Beispiele für die Polymerisation von Vinylchlorid, Vinylidenchlorid. (**D. B. P. 852764** Kl. 39c vom 24/1. 1950, ausg. 20/10. 1952.) Donle. 7173

Universal Oil Products Co., Chicago, übert. von: **Ralph B. Thompson** und **Louis Schmerling**, Riverside, Ill., V. St. A., *Äthylenpolymerisationsprodukte* entstehen in Ggw. von Peroxyd-Katalysatoren u. einem Keton als Lösungsm. auch aus ungereinigtem Äthylen, wenn man *Di-(β-mercaptoäthyl)-keton* oder Verbb., die eine (β-Mercaptoäthyl)-carbonylgruppe enthalten, in geringerer als der Katalysatormenge zusetzt. (**A. P. 2 568 902** vom 30/3. 1948, ausg. 25/9. 1951.) Möllering. 7173

Dr. Alexander Wacker Gesellschaft für elektrochemische Industrie G. m. b. H., München (Erfinder: **Eduard Bergmeister, Wolfgang Gruber** und **Josef Heckmaier**, Burghausen, Obb.), *Verseifung von Polyvinylestern.* Die Verseifung erfolgt in wss. Lsg. in Ggw. einer Mineralsäure u. 0,1—5, bes. 0,5—2% einer starken Säure u./oder eines in W. lösl. Neutralsalzes hiervon. — 480 (Teile) einer wss. Emulsion mit einem Geh. von 240 Polyvinylacetat werden mit 60 HCl (D. 1,18) u. 10 $NaClO_4$ in 200 W. 3 Std. bei 70° verseift. Man erhält eine 20,5%ig. Lsg. eines Polyvinylalkohols, der noch 11% Acetatgruppen enthält. (**D. B. P. 848 415** Kl. 39c vom 18/5. 1951, ausg. 4/9. 1952.) Möllering. 7173

Soc. An. des Manufactures des Glaces et Produits Chimiques de Saint-Gobain, Chauny & Cirey (Erfinder: **Jean Delorme** und **René Bluma**), Seine, Frankreich, *Stabilisieren von Vinylharzen*, bes. Polyvinylchlorid (I), gegen das Verfärben bei der Berührung mit heißem Eisen oder Stahl bei der Verarbeitung. Man gibt zu I 0,3—0,5% eines anorgan. Salzes, das bei direkter Anwendung auf dem Metall dieses passiv macht u. die Stabilität des Vinylharzes nicht ändert. Solche Salze sind Alkali- oder Erdalkalichromate, -bichromate, -borate, -sulfide oder S. Die I-Salzmischung erhitzt man vor der Verarbeitung noch auf ca. 20° unter Verarbeitungstemperatur. Man mischt z. B. 100 (Teile) Vinylchloridacetat-mischpolymerisat (90:10), 0,3 $K_2Cr_2O_7$, 0,5 Schmiermittel, wie Fettsäure, bei 165°, pulvert die kalte M., heizt sie 10 Min. auf 150° u. verarbeitet dann. (**F. P. 988 888** vom 26/1. 1944, ausg. 3/9. 1951.) Pankow. 7173

Imperial Chemical Industries Ltd., England, übert. von: **Reginald Grime Heyes** und **Geoffrey Philip Lee**, *Verarbeiten von Vinylchloridpolymeren und -mischpolymeren.* Man mischt das Polymere mit 0—80, bes. 0—20 Gew.-% Plastiziermittel u. 0,1—10, bes. 1—2, Gew.-% eines Polyäthylens vom Mol.-Gew. 2000—18000 u. formt, bes. auf der Strangpresse, zu Rohren u. Platten. (**F. P. 985 327** vom 29/4. 1949, ausg. 17/7. 1951. E. Priorr. 30/4. 1948 u. 11/2. 1949.) Pankow. 7173

Farbwerke Hoechst, vormals Meister Lucius & Brüning, Frankfurt/M. (Erfinder: **Alex Jahn, Herbert Bastian**, Frankfurt/M., und **Werner Stark**, Hofheim), *Mischpolymerisate* erhält man aus polymerisierbaren olefin. Verbb. im Gemisch mit Äthyleniminverbb. durch Einw. von Peroxyden u. Reduktionsmitteln. — Unter Ausschluß von O_2 wird in 1700 (Teilen) W. (nach Zusatz geringer Mengen von paraffinsulfonsaurem Na, Na-Acetat, Eisessig u. formaldehydsulfoxylsaurem Na) ein Gemisch von 150 Vinylacetat, 850 Vinylchlorid u. 20 N-Phenyl-N.N'-äthylenharnstoff bei 50° in einer Rührbombe unter Zutropfen von 2%ig. H_2O_2-Lsg. polymerisiert. Der mit NaCl ausgefällte Nd. wird Cl-frei gewaschen u. getrocknet. — Lackrohstoffe u. Kunststoffe. (**D. B. P. 847 500** Kl. 39c vom 23/6. 1950, ausg. 25/8. 1952.) Möllering. 7173

Imperial Chemical Industries Ltd., England, übert. von: **Henryk Zenftman** und **Andrew McLean**, *Herstellung von Nitropolystyrol* mit 9,3—14,4% N-Geh. mittels einer Säuremischung aus 90—60% HNO_3, 10—40% H_2SO_4 u. 3—8% W., wobei man zerkleinertes Polystyrol kalt (0—15°) in solcher Mischung löst, dann einige Zeit bei 0—60° hält u. die viscose Fl. in W., konz. H_2SO_4 oder 40%ig. Restsäure fällt, mit kaltem W. wäscht u. 1 Std. bei 90—100° mit Dampf behandelt. Amorpher leichtgelber Stoff, der sich bei 300° unter Aufflammen zers., lösl. in HNO_3, Nitroglycerin u. Dinitroglykol, bei über 11,8% N-Geh. auch lösl. in Cyclohexanon, Cyclopentanon, Furfurol, Ketonen u. Aldehyden ist, mit fl. aromat. oder aliphat. Nitroverbb. plastifiziert werden kann, säurefest, stabil ist, als Ersatz für Nitrocellulose in explosiven Mischungen, als Bindemittel in brennbaren Mischungen u. zur Herst. harter, wasserfester Schutzschichten dient. (**F. P. 977 848** vom 4/8. 1947, ausg. 5/4. 1951. E. Prior. 4/9. 1946.) Pankow. 7173

Westinghouse Electric Corp. (Erfinder: **Fritz John Nagel**), Pittsburgh, Pa., V. St. A., *Beständige Phenolaldehydharze.* Mehrwertige Phenole, bes. Resorcin u. Phloroglucin, werden in Ggw. von CH_3OH u. $<1\%$ Katalysator mit Aldehyden, bes. Paraformaldehyd, unter im wesentlichen wasserfreien Bedingungen bei <90° umgesetzt. Als Katalysator ist z. B. 0,25—0,5% konz. HCl geeignet. (**D. B. P. 848 572** Kl. 39c vom 4/4. 1950, ausg. 4/9. 1952. A. Prior. 21/1. 1944.) MÖLLERING. 7177

Phillips Petroleum Co., Del., übert. von: **John W. McCaslin** und **John C. Hillyer**, Bartlesville, Okla., V. St. A., *Tetrahydrophthalsäureharz.* Tetrahydrophthalsäureanhydrid wird bis zum Kp. erhitzt u. bei 275° zu ca. 72% überdest.; es bleibt ein harzartiges klebriges Prod. zurück. Der Prozeß wird mit dem Destillat wiederholt u. das Harz bei 315° klar geschmolzen (BrZ. 36). Das in Dioxan gelöste Harz kann in Ggw. eines MoS_2-Katalysators hydriert werden. (**A. P. 2 560 119** vom 21/11. 1947, ausg. 10/7. 1951.) SALZMANN. 7177

Boris Fantcleymonoff, Seine, Frankreich, *Harnstoff-Aldehydharz.* Man kondensiert Harnstoff (I) oder Thio-I mit Formol in Ggw. von A., NaCl u. etwas akt. Kohle u. kondensiert bei einem p_H von ca. 7—8. Man stellt eine Mischung aus 2400 cm^3 Formol, 60—90 g NaCl, 250 cm^3 A. u. 30—50 g akt. Kohle auf p_H 7, gibt 700 g I zu u. kocht ca. 2 Std., stellt auf p_H 8, filtriert, verdampft, bei 40° u. gießt das Konzentrat nach Abkühlen u. Zusatz von 0,5% einbas. NH_4-Phosphat in Behälter, in denen es zu einer klaren, lichtfesten, neutralen M. erstarrt. Es dient als Einbettungs- oder Überzugsmittel für Blumen, Schmetterlinge, Photos, Münzen, Briefmarken, zur Herst. von Schmuckwaren, Ornamenten u. Verzierungen. (**F. P. 976 623** vom 8/5. 1942, ausg. 20/3. 1951.) PANKOW. 7181

Imperial Chemical Industries Ltd., London, England, *Phenol-Formaldehyd-Preßmasse.* 40 (Gewichtsteile) Novolak, 49 Holzmehl, 5 Hexamethylentetramin, 1 $Ca(OH)_2$, 1,5 Stearinsäure, 1,5 Nigrosin u. 3 eines Erdalkalimetaborats, gegebenenfalls mit etwas H_3BO_3 oder $Mg(OH)_2$, geben eine bei Wärme längere Zeit plast. bleibende M., die sich aus Formen mühelos entfernen läßt. (**E. P. 654 698** vom 8/4. 1948, ausg. 27/6. 1951.) SALZMANN. 7205

Imperial Chemical Industries Ltd., London, England, *Herstellung von Phenol-CH_2O-Preßmassen* im 2-Stufen-Verf. unter Zusatz von Hexamethylentetramin als Härtungsmittel, dad. gek., daß man in einem beliebigen Zeitpunkt der Herst. ein Erdalkalimetaborat zusetzt. Man erhält so Prodd. mit gesteigerter Härtungsgeschwindigkeit, erhöhter Plastizität beim Pressen u. verbesserter Wärmefestigkeit. (**Schwz. P. 276 614** vom 28/4. 1949, ausg. 16/10. 1951. E. Prior. 30/4. 1948. **Zusatz zu Schwz. P. 268 539.**) MÜLLER-MEININGEN. 7205

XII. Kautschuk. Guttapercha. Balata.

G. M. Kraay und **M. Van den Tempel**, *Gelieren von Hevea-Latex mit Zinkverbindungen.* Durch die Zugabe von NH_4-Salzen zu ZnO enthaltendem Latex löst sich das ZnO unter Bldg. von Zn-Ammoniak-Komplexen, welche als solche kein Koagulationsvermögen besitzen. Erst durch Abspaltung von $Zn^{\cdot\cdot}$-Ionen (durch Erhitzen), welche chem. mit den adsorbierten Seifen der Kautschukkügelchen reagieren u. unlösl. Zn-Seifen bilden, erfolgt Gelierung. Die Richtigkeit dieser Auffassung wurde durch die Feststellung, daß in Fällen, in denen die adsorbierten natürlichen höheren Fettsäuren der Kautschukpartikel durch eine Seife, die keine unlösl. Zn-Seife bildet, ersetzt wurden (z. B. Igepon T), keine Koagulation eintrat, erhärtet. Weiter wurde untersucht, ob andere Metall-Ammoniak-Komplexe ebenfalls Latex bei erhöhten Tempp. zu gelieren vermögen. Geprüft wurden die Ammoniakkomplexe von Ni, Cu, Ag, Co u. Cd. Lediglich die Cd-Komplexe zeigten ungefähr die gleichen Stabilitätsverhältnisse wie der Zn-Komplex. (Schweiz. Arch. angew. Wiss. Techn. **18.** 362—68. Nov. 1952.) WINIKER. 7222

William W. Bowler, *Wasserdampfdurchlässigkeit und Sorption von Hevea-Latex-Filmen.* Vf. stellte fest, daß die Permeabilität vorvulkanisierter Filme (I) aus Hevea-Latex größer ist als die von I ohne Füllstoffe bzw. von direkt vulkanisierten I. Dafür ist aber ihre Sorption geringer. Bei vorvulkanisierten I ist also die Diffusionsgeschwindigkeit größer. Vf. versucht eine Deutung dieser Befunde unter Heranziehung der für Filme aus Polymeren aufgestellten Diffusionstypen von DOTY, AIKEN u. MARK. — 9 Literaturhinweise. (Ind. Engng. Chem. **44.** 787—91. April 1952. Akron, O., Firestone Tire & Rubber Co.) WINIKER. 7222

Willy Overbeck, *Schwer brennbare Kautschukmischungen.* Vf. gibt einen kurzen Überblick über die Patentlage auf diesem Gebiet vom Beginn der Entw. bis zur Gegenwart. (Gummi u. Asbest **5.** 479—80. 1952.) WINIKER. 7228

Ir. C. W. Kosten, *Der Schaumgummi als schallabsorbierendes Material.* Allg. Ausführungen. (Gummi u. Asbest **5.** 480—81. 1952.) WINIKER. 7230

A. E. Moulton, *Entwicklung und Prüfung einer Reihe von Gummiaufhängevorrichtungen.* Beschreibung der Entw. von Gummiaufhängevorrichtungen für den Spezialfall nicht angetriebener Räder von Kraftfahrzeugen. Es wurden 5 verschieden große Gummifedern Prüfstandunterss. u. einer Straßenprüfung unterworfen. Hierbei wurden geprüft: Belastung, Ablenkung, Torsion, Torsionsarmlänge, Spannungen in Gummi u. Achse, Neigung u. durch die Beanspruchung entstandene Spannung. (Trans. Instn. Rubber Ind. **27.** 313—24. Dez. 1951.) WINIKER. 7230

S. Eccher und **S. Oberto,** *Verbesserungen an Alterungsöfen.* Vff. zeigen, daß die $\pm 1^0$ Toleranz der amerikan., engl. u. französ. Alterungsprüfnormen (ASTM D 573-48; British Standard 903-1950, Part 13; T 46-004) in vielen Fällen zu groß ist. Sie entwickelten daher zwei Ofentypen, Dampfmantel- bzw. elektr. Heizung, deren Temperaturschwankungen nur $<0{,}1$ bzw. $0{,}5^0$ betragen. Zur Vermeidung der gegenseitigen Beeinflussung der Proben ist bei diesen Öfen eine Aufhebung des Innenraumes vorgesehen. — 2 Skizzen u. 2 Abbildungen. (Trans. Instn. Rubber Ind. **27.** 325—38. Dez. 1951.) WINIKER. 7248

Nederlandsch-Indisch Instituut voor Rubberonderzoek, Buitenzorg, Java, *Fraktionieren von Kautschukmilch.* Frische natürliche Kautschukmilch mit keinem oder $<0{,}1\%$ NH_3 wird bei p_H 6—8 durch Zentrifugieren in eine gelbe u. eine weiße Fraktion getrennt. Die weiße dient bes. zu Imprägnierungen. (**E. P. 648 861** vom 11/12. 1947, ausg. 17/1. 1951.) OVERBECK. 7223

Phillips Petroleum Co., Bartlesville, Okla., übert. von: **Charles F. Fryling,** Phillips, Tex., V. St. A., *Emulsionspolymerisation* ungesätt. organ. Verbb. in wss. Medium als Öl-in-Wasser-Typ mit 20—80% mehrwertigen Alkoholen (Äthylenglykol, Glycerin, Erythrit), einem Emulgiermittel mit p_H 9,3—11,8, 0,02—0,5% einer Verb. der Formel $R_xAr\cdot C\langle^{R'_2}_{O_2H}$ (Ar = Aryl, R = Alkyl, Aryl, Halogen, Alkoxy; x = ganze Zahl bis 4; die Summe der C-Atome in R_x soll nicht größer als 7 sein; $R' = CH_3$ oder C_2H_5), 0,05—5% Aldose oder Ketose, 0,001—0,2% wasserlösl. Fe-, Co-, Ni- oder Cu-Salz zusammen mit einem mit diesen Metallen ein komplexes Anion bildenden wasserlösl. Pyrophosphat. Man polymerisiert eine Butadien–Styrol-Mischung bei -30 bis 0^0 mit 0,1—0,35 (%) Cumolhydroperoxyd, 1—4 Sorbose, 0,05—0,15 $FeSO_4$ u. $Na_2P_2O_7$ zur Komplexbldg., 0,1—0,45 Alkylmercaptan mit 12—16 C-Atomen, 30—60% Glycerin u. Emulgator, wobei das Gewichtsverhältnis von Butadien + Styrol zu der wss. Phase wie 1:1,5—2,75 ist. (**Can. P. 479 128** vom 12/2. 1948, ausg. 4/12. 1951. A. Prior. 24/4. 1947.) PANKOW. 7225

Phillips Petroleum Co., Del., übert. von: **Carl A. Uraneck,** Borger, Tex., V. St. A., *Polymerisation von Vinylverbindungen,* bes. von monomerem Material, das ein konjugiertes Diolefin umfaßt, zu *synthet. Kautschuk,* in wss. Emulsion. Man verwendet neben Katalysatoren Aktivatoren, die außer Schwermetallen, die in 2 verschied. Wertigkeiten auftreten können (Fe, Co, Ni, Mn, Cr), in komplexer Bindung N-haltige heterocycl. Verbb. umfassen. Diese müssen die Gruppe $-N=\overset{|}{C}-\overset{|}{C}=N-$ aufweisen u. bestehen z. B. aus 2.2'-Dipyridyl (I), 2-(2'-Pyridyl)-chinolin, o-Phenanthrolin, 2.2'.2''-Terpyridin, ihren Alkyl-, Alkoxy- u. Halogenderivv. (die Alkylreste enthalten nicht mehr als 4 u. bes. 1—2 C-Atome). Das Mol.-Verhältnis von Schwermetallverbb. zur N-haltigen Komponente soll 1 : 1 bis 1 : 6 sein. — Z. B. gibt man 0,3 (Gewichtsteile) KCl zu 125 W., 36 CH_3OH u. 5 K-Laurat (p_H 9,5), fügt 0,25 Mercaptan C_{12}, C_{14}, C_{16} u. 30 Styrol zu, versetzt mit 0,72 Cumolhydroperoxyd u. 70 Butadien, stellt die Temp. auf -10^0 ein, spritzt 10 cm^3 einer Aktivatorlsg. von 0,8 $FeSO_4\cdot 7\,H_2O$ (**II**) u. **I** (Mol.-Verhältnis von **II** : **I** = 1 : 3) ein u. rührt. In 15 Std. wird 50,8%ig. Umwandlung erreicht. (**A. P. 2 578 910** vom 1/6. 1948, ausg. 18/12. 1951.) DONLE. 7225

Phillips Petroleum Co., Del., übert. von: **William B. Reynolds,** Bartlesville, Okla., V. St. A., *Emulsionspolymerisation* mit einem einen Diazothioäther umfassenden Redoxkatalysator. Die Diazothioäther, die an Stelle der üblichen Perverbb. benützt werden, sind öllösl. Verbb. der allg. Formel $R-N=N-S-R'$, worin R ein aromat. oder aromat. substituierter Rest u. R' ein, gegebenenfalls substituierter, Rest der aromat., cycloaliphat. oder aliphat. Reihe sind. Genannt sind: 2-(p-Methoxybenzoldiazomercapto)-, 2-(2'.4'-Dimethylbenzoldiazomercapto)-naphthalin, 4-(2'.4'-Dimethylbenzoldiazomercapto)-anisol. — Es können Verbb. mit der Gruppe $CH_2 = C<$, wie Styrole, Vinyl-, Acrylverbb., bes. konjugierte Butadiene, für sich oder miteinander polymerisiert werden. Als reduzierender Bestandteil des Redoxsyst. dient ein Zucker, zusammen mit einem Fe(II)-Salz. — Z. B. rührt man ein Gemisch von 72 (Teilen) Butadien, 28 Styrol, 3,5 Harzseife, 1,2 Seifenflocken, 180 W.,0,4 Gemenge von tert. Mercaptanen (C_{12}, C_{14}, H_{16}), 0,1 $FeSO_4\cdot 7H_2O$, 1,0 $Na_4P_2O_7\cdot 10H_2O$, 1,0 Invertzucker, 0,3 2-(p-Methoxybenzoldiazomercapto)-naphthalin bei 15^0. *Kautschukartiges Elastomeres.* (**A. P. 2 583 277** vom 24/4. 1947, ausg. 22/1. 1952.) DONLE. 7225

Standard Oil Development Co., Linden, N. J., übert. von: **Joseph F. Nelson,** Elizabeth, N. J., V. St. A., *Kontinuierliche Tieftemperaturpolymerisation* von Isoolefin, wie Isobutylen, allein oder zusammen mit geringeren Diolefin-, bes. Butadien-(1.3)-Mengen. Man leitet das Monomere zusammen mit einem Verdünnungsmittel, wie Methylchlorid, in einen Behälter, in dem es als quirlender Strom unter -10^0 gekühlt wird, gibt kontinuierlich einen FRIEDEL-CRAFTS-Katalysator, etwa in Methylchlorid, zu u. entfernt fortlaufend den Polymerenbrei. Eine Vorr. zur Durchführung des Verf. ist beschrieben. (**Can. P. 478 986** vom 23/11. 1944, ausg. 27/11. 1951. A. Prior. 15/7. 1944.) PANKOW. 7225

Monsanto Chemical Co., St. Louis, Mo., übert. von: **William S. Emerson** und **Tracy M. Patrick jr.**, Dayton, O., V. St. A., *4-(2'-Thienyl)-2-mercaptothiazole* der allg. Zus. I [R = 2-Thienylverb.; M = H, eine salzbildende Gruppe oder $-CH_2-CO-R$] erhält man durch Rk. eines dithiocarbaminsauren Salzes mit einer Verb. der allg. Zus. $T-CO-CH_2Cl$ [T = 2-Thienylgruppe]. Man mischt z. B. 120,3 (g) ω-Chloracetothienon, 82,5 NH_4-Dithiocarbamat u.

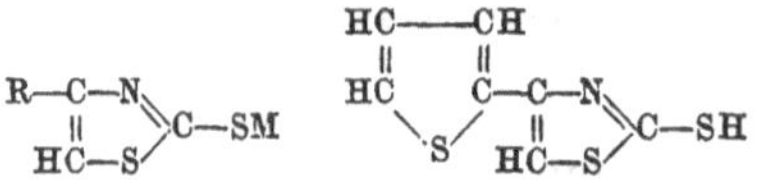

I II

600 cm³ absol. Ae, kühlt 1½ Std. in Eis, läßt 15 Tage bei Raumtemp. stehen, filtriert gelbe Kristalle ab, behandelt sie mit 1 Liter 5%ig. NaOH, wobei größtenteils Lsg. erfolgt; nach nochmaliger Filtration wird durch Fällung mit 10%ig. HCl u. Waschen mit W. 74,1 *4-(2'-Thienyl)-2-mercaptothiazol* (**II**), $C_7H_5NS_3$, F. 176—177° (korr.) erhalten. — Weiter wird beschrieben die Herst. von: **II**-*Thienacylthioäther*, $C_{13}H_9ONS_4$, F. 89—90° (A.). — *4-(5'-Chlor-2'-thienyl)-2-mercaptothiazol*, $C_7H_4NClS_3$, F. 205° (korr.). — *4-(5'-Chlor-2'-thienyl)-2-thiazyl-5''-chlor-2''-thienacylthioäther*, $C_{13}H_7ONCl_2S_4$, F. 133—134° (Bzl.). — *Vulkanisationsbeschleuniger*. (**A. P. 2 563 401** vom 27/8. 1947, ausg. 7/8. 1951.) MÜLLER-MEININGEN. 7229

Soc. An. des Pneumatiques Dunlop, Seine, Frankreich, *Vulkanisiermittel für Kautschuk*, Kunstkautschuk, Kautschukisomere, Guttapercha u. Balata. (Nachtrag zu Can. P. 465 334; C. **1950.** II. 1291.) Die Verwendung von SeO_2 oder H_2SeO_3 erfolgt zweckmäßig in Lsg., z. B. alkoh. Lsg.; auch eine 5% SeO_2 enthaltende Kautschukplatte vulkanisiert bei 24std. Eintauchen in Alkohol. (**F. P. 983 990** vom 23/9. 1946, ausg. 29/6. 1951.) PANKOW. 7229

United States Rubber Co., New York, N. Y., übert. von: **Lawrence E. Daly**, Osceola, Ind., V. St. A., *Harte thermoplastische Stoffe* werden hergestellt als Hitzeumwandlungs- u. Vulkanisationsprodd. (bei 95—150°) einer Mischung aus vulkanisierbarem elast. Kautschuk (**I**), Vulkanisiermitteln für weichen bis halbharten **I** u. einem festen, thermoplast., harzartigen Polymerisationsprod. aus einer Mischung aus Butadien u. Styrol, letztere in Mengen von 100—900% des elast. **I.** (**A. P. 2 541 748** vom 9/12. 1942, ausg. 13/2. 1951.) OVERBECK. 7231

Continental Gummi-Werke Akt.-Ges. (Erfinder: **Adolf Loges**), Hannover, *Präparieren von Gewebeeinlagen für Kautschukwaren.* Die bekannte Präparation mit Hämoglobinlsg. u. Kautschukmilch wird zusammen oder nach Komponenten getrennt auf das Gewebe aufgesprüht. (**D. B. P. 843 900** Kl. 39b vom 24/3. 1944, ausg. 14/7. 1952.) OVERBECK. 7231

XIII. Ätherische Öle. Parfümerie. Kosmetik.

—, *Prüfung einiger natürlicher Aromen und ihrer Nachahmungen: Der Ingwer.* Ingwer oder Ingweröl sind Bestandteile zahlreicher pharmazeut. oder kosmet. Zubereitungen. Auf Grund charakterist. Eigg., die näher beschrieben werden, sind Nachahmungen, die recht häufig sind, leicht nachweisbar. (Riv. ital. Essenze, Profumi, Piante officin., Olii veget., Saponi **33.** 401—02. 15/8. 1951.) FIEDLER. 7260

Karl Bergwein, *Aus dem Taschenbuch des Parfümeurs: Narzisse, Jonquille.* Kurzer Hinweis auf die Möglichkeiten der Herst. synthet. Narzissen- u. Jonquille-Öle. (Parfümerie u. Kosmet. **33.** 398—99. Nov. 1952.) WINIKER. 7262

Yves-René Naves und **Pierre Ardizio**, *Hinweise zur Zusammensetzung des Absolue der Schmetterlingslilie* (*Hedychium flav. Roxb.*) Von der auf Madagaskar u. den Komoren wachsenden Zingiberacee wurden Petrolätherextrakt konkret u. absolut hergestellt u. beide mit Wasserdampf unter vermindertem Druck mit 19,0 bzw. 18,8% Ausbeute, bezogen auf konkret, destilliert. Die von SABETAY u. TRABAUD (Perfum. essent. Oil Rec. **29.**[1938.] 142) abweichenden Eigg. sind D^{20} 0,9525, 0,9542; n_D^{20} 1,4936, 1,4952; $[\alpha]_D$ $-9{,}60^0$, $-9{,}64^0$; Vol.-% Phenole 23,3, 22,8; AZ. (Zeisel) 5,12, 4,96%. Der kräftige blumig-gewürzige Geruch erinnert an Acacia cavenia. Nachgewiesen wurden Eugenol, Linalool, Linalylacetat, Benzyl- u. Methylbenzoat. (Perfum. essent. Oil Rec. **43.** 231. 266. Juli 1952. Vernier-Genêve, Schweiz, L. Givaudan S. A.) MÜHLMEISTER. 7262

Otto Eberhard Sass, *Über die Duftintensität von Riechstoffen.* Vf. leitet aus Tatsachen, die für die Intensität von Riechstoffen maßgebenden Faktoren ab u. zeigt, daß zwischen

Lipoidlöslichkeit u. Geruchsstärke Parallelität besteht. Der Riechvorgang kann so gedeutet werden. (Chemiker-Ztg. **75.** 387—89. 5/8. 1951.) FREYTAG. 7276

G. R. Clemo und **F. J. McQuillin,** *Bicyclische Sesquiterpene und ihre Beziehung zum Naphthalin und Azulen.* Mittels strukturchem. Unterss., namentlich von RUZICKA u. PLATTNER, konnten im Laufe der letzten Jahre interessante Zusammenhänge zwischen den Sesquiterpenen u. dem Naphthalin bzw. Azulen festgestellt werden, Erkenntnisse, die vor allem für die Riechstoffindustrie wichtig waren bzw. noch sein werden. (Perfum. essent. Oil Rec. **42.** 329—32. 356. Okt. 1951.) FIEDLER. 7276

H. Führer, *Reseda, Resedariechstoffe und deren Verwendung in der Parfümerie.* Kurzer Überblick mit 4 Rahmenrezepten für Reseda, Grundbase Monsse de France u. Fougère Royal. (Parfümerie u. Kosmet. **33.** 397—98. Nov. 1952.) WINIKER. 7276

E. Landais, *Die radioaktiven Isotopen, ihr Einsatz in der Kosmetik.* (Parfumerie mod. **43.** 71—76. Nov./Dez. 1951. — C. **1952.** 3418.) FREYTAG. 7284

—, *ANM (Amylum non mucilaginosum) — eine fortschrittliche Salbengrundlage.* Die eingehende Prüfung der *ANM-Pudergrundlage* der NECKAR-CHEMIE G. M. B. H., Oberndorf am Neckar, (nichtquellbares Stärkeprod., hergestellt durch Verätherung der Stärke mittels einer polyfunktionellen Methylolverb., bes. Tetramethylolverb. des Acetylendiharnstoffs) ergab ihre hervorragende Eignung als Puderrohstoff. (Parfümerie u. Kosmet. **33.** 418—19. Nov. 1952.) WINIKER. 7284

Karl Rothemann, *Über den Einsatz biologischer Wirkstoffe in der Kosmetik.* Stellungnahme gegen eine Ablehnung der Anwendung von Vitaminen (vor allem *Vitamin F*) u. Hormonen in kosmet. Zubereitungen. (Dtsch. Drogisten-Ztg. **6.** 406—07. 18/8. 1951. Vill bei Innsbruck, Österreich.) FREYTAG. 7284

William Mitchell, *Chlorophyll.* Vf. gibt einen Überblick über die Chemie des Chlorophylls, einschließlich öl- u. wasserlösl. Arten, u. gibt Hinweise zur Verwendung desselben, z. B. in der Kosmetik. (Soap, Perfum. Cosmet. **24.** 1235—42. Dez. 1951.) BOYE. 7284

H. Hadert, *Chemische Lichtschutzmittel.* Überblick über Sonnenschutzmittel: Öle, Cremes, Lotionen, Emulsionen, Puder-, Sonnenbrand-Heilmittel u. künstliche Sonnenbräune. — Rezepturen. (Fette Seifen einschl. Anstrichmittel **53.** 694—99. Nov. 1951. Wandlitz b. Berlin.) SCHEIFELE. 7284

C. R. Ricketts, *Schutz gegen Sonnenbrand.* Nach einem kurzen Hinweis auf die Erythem erzeugenden Strahlungen u. die verschied. bisher empfohlenen Sonnenschutzmittel weist Vf. auf die bes. Bedeutung der gleichzeitig verwendeten Salbengrundlage hin u. faßt die Anforderungen, die an ein Sonnenschutzmittel gestellt werden müssen, wie folgt, zusammen: Absorptionsmaximum für Strahlungen des Bereiches 2900—3000 Å; nichttox. u. nichthautsensibilisierend; mangelnde Durchlässigkeit; nichtflüchtig u. wasserunlösl.; die Substanz selbst muß in eine Grundlage eingearbeitet werden, die den klimat. Ansprüchen gerecht wird. Zum Schluß wird auf die Prüfungsmöglichkeiten des fertigen Präp. hingewiesen. (Chemist and Druggist **158.** 117—18. 26/7. 1952. Birmingham, Med. Res. Council Industrial Injuries, u. Burn Res. Unit.) FIEDLER. 7284

Hilde Nowak, Wien, Österreich, *Handpflegemittel.* Es besteht aus 72% Glycerin, 20% Citronensaft, 7,28% Campher u. 0,72% äther. Ölen. Es dringt leicht u. vollständig in die Haut ein u. verhindert das Schwitzen der Hände sowie das Aufspringen der Haut. (**Oe. P. 171 720** vom 18/7. 1947, ausg. 25/6. 1952.) RAETZ. 7285

J. B. Williams Co., übert. von: **Herbert H. Guest,** West Hartford, Conn., V. St. A., *Sonnenschutzmittel.* Man verwendet das Reaktionsprod. aus p-Aminobenzoesäure u. Äthylen- oder Propylenoxyd der allg. Formel $RO \cdot CO \cdot C_6H_4 \cdot NR_1R_2$ (R u. R_1 = 2-Oxyäthyl (I) oder -3-oxy-propyl (II), R_2 = **I, II** oder H). (**A. P. 2 561 468** vom 16/6. 1949, ausg. 24/7. 1951.) E. PETERSEN. 7285

Albrecht Maier, Wien, Österreich, *Thioglykolsäure oder ähnliche organische Sulfhydrylverbindungen enthaltendes Kaltdauerwellmittel.* Es besteht aus einer Thioglykolsäure (I) mit dem üblichen NH_3- oder Alkaliüberschuß u. Gelatine (**II**) enthaltenden Lsgg., wobei die **II**-Konz. mindestens 1% beträgt u. die Lsg. noch Netzmittel, Puffersubstanzen oder Antioxydantien enthalten kann. An Stelle von **I** können auch Thioglycerin, Thioäpfelsäure, Thiosalicylsäure oder Cysteinchlorhydrat verwendet werden. Durch die Behandlung mit diesem Mittel wird das Haar sehr leicht verformbar u. die Behandlungsdauer merklich abgekürzt; eine mit dem haarschonenden Mittel hergestellte Wellung oder Krause ist lange haltbar; das so behandelte Haar besitzt eine weiche, lockere Struktur u. damit ein natürliches Aussehen. — Beispiel. (**Oe. P. 171 725** vom 22/12. 1949, ausg. 25/6. 1952.) RAETZ. 7285

XIV. Zucker. Kohlenhydrate. Stärke.

F. Schneider, A. Emmerich und **R. Hoffmann,** *Über die spezifische Wärme von Zuckerrübenschnitzeln.* Es wird die mittlere spezif. Wärme zwischen 20 u. 50—107° C gemessen von: 1. frischen Schnitzeln aus n. u. stark veränderten Rüben, 2. dem Zellsaft von n. Rüben, 3. der Marksubstanz, 4. teilweise u. vollständig ausgelaugten Schnitzeln. Auf Grund dieser Messungen wird eine Meth. zur Berechnung der spezif. Wärme von Schnitzeln beliebiger Zus. angegeben, zu deren Durchführung folgende experimentelle Daten erforderlich sind: a) Zuckergeh., b) Trockensubstanz der Schnitzel, c) spezif. Wärme der Marksubstanz. Sämtliche untersuchten Schnitzelarten weisen bei 80° ein mehr oder weniger ausgeprägtes Maximum auf, dessen Ursache in der Temperaturabhängigkeit der spezif. Wärme der Marksubstanz festgestellt wird. Auf Grund von Messungen an Cellulose u. Pektin wird diese Temperaturabhängigkeit diskutiert. Es wird vermutet, daß sie auf dem Pektininhalt der Marksubstanz beruht. (Zucker-Beih. **1952.** 90—100. Mai. Beilage zu: Zucker **5.** Nr. 10. 15/5. 1952. Braunschweig, TH, Inst. für landwirtschaftl. Technologie u. Zuckerindustrie.) RUTKOWSKI. 7406

J. Dubourg und **P. Devillers,** *Untersuchung der Flockung von Diffusionssäften durch Erdalkalibasen.* Vff. ermittelten die besten Bedingungen der Behandlung von Zuckersäften durch Messung der Flockungswirkung. Bestimmt wurden: Gewicht der ausgeflockten Substanzen, der durch die Flockung mitgerissene Ascheanteil, die organ. Substanzen in der Flockung u. die Farbe des abgetrennten Saftes. Die Flockung der Diffusionssäfte hängt vom p_H u. der Wrkg. gewisser Metallionen ab, wie Ca^{++}, Ba^{++} oder Pb^{++}. Die Flockung mit Kalk beginnt am besten in der Kälte u. kann durch nachfolgendes Erhitzen etwas verbessert werden, wobei allerdings die Kalkfällung nicht mehr vollständig ist. Am besten gelingt die Kalkfällung in vorerhitzten Säften. Schließt man eine 2. Kalkfällung bei konstanter Alkalität u. gleichzeitiger Carbonisierung an, so ist die Reinigung wesentlich besser, da eine Degradierung u. Wiederauflösung der Flockung vermieden wird. (Ind. agric. aliment. **69.** 555—63. Juli/Aug. 1952. Labor. du Syndicat National des Fabricants de Sucre de France.) HAEVECKER. 7412

F. Schneider, E. Reinefeld, H. Grove, H. Müller und **B. Zenker,** *Über die stickstoffhaltigen Nichtzuckerstoffe.* 1. Mitt. *Untersuchungen auf dem Gebiete der Aminosäuren, insbesondere in Rübenmelasse.* Bei Unterss. der Nichtzuckerstoffe der Rübe gelang Vff. die fast quantitative Abtrennung der organ. Salze von den Aminosäuren aus Melasselsgg. mit Hilfe von Ionenaustauschern (*Amberlite IR-120* u. *IR-105*) sowie durch Elektrodialyse. Auch durch Extraktion mit Butylalkohol unter Säurezusatz (bes. Überchlorsäure oder HCl) ließen sich die Aminosäuren weitgehend anreichern. Durch Papierchromatographie konnten nachgewiesen werden: *Glutaminsäure, Asparaginsäure, Alanin, Cystin, Glykokoll, Leucin, Isoleucin, Valin, Tyrosin, Phenylalanin, Serin, Lysin, Arginin* u. *Histidin.* Weiter wurde ein papierchromatograph. Verf. zum Nachw. von *Betain* entwickelt. Auch die Elektrophorese auf Filtrierpapier konnten Vff. zur quantitativen Trennung der Aminosäuren benutzen. — 40 Literaturzitate. (Zucker-Beih. **1952.** 79—89. Mai. Beilage zu: Zucker **5.** Nr. 10. 15/5. 1952. Braunschweig, TH, Inst. für landwirtschaftl. Technol. u. Zuckerindustrie.) RUTKOWSKI. 7418

E. G. Heisler, R. H. Treadway, Madelyn F. Osborne und **Marian L. McClennan,** *Enzymatische Hydrolyse von Kartoffeln.* Vff. erzielten mit einer Anzahl käuflicher *Amylasen* (I) eine Konversion der in Kartoffeln enthaltenen *Stärke* (II) in *Zucker* in ca. ½ Std. bei 55°. Als Hauptprodd. entstanden bei der Hydrolyse *Maltose* u. nebenbei unbekannte Oligosaccharide, die weiterred. werden konnten, entweder durch Verlängern der Konversionszeit auf 3—4 Std. oder durch Einsetzen einer höheren Konz. von I. I konvertierte gereinigte II in besserer Ausbeute als in Kartoffelbrei enthaltene II. Die Ausbeute konnte nicht verbessert werden durch Verändern des durch die enzymat. Hydrolyse eingestellten p_H. Die Zus. der Kartoffelhydrolysate (III) hing weitgehend von der Enzymkonz. ab. Aus gereinigten III konnten farblose Sirupe von hohem Süßungsgrad u. angenehmem Geschmack hergestellt werden. (Amer. Potato J. **29.** 37—48. Febr. 1952. Philadelphia, Pa., Eastern Regional Res. Labor.) RUTKOWSKI. 7442

H. C. S. De Whalley, *Raffinose in Melasse und geringwertigen Rübenprodukten.* Es wurde bei der Papierchromatographie zur Best. von Raffinose in Melasse gefunden, daß sich im Chromatogramm ein verwischter Fleck an der Stelle der Raffinose fand. Er rührt von Nebenprodd. der Melasse her. Zur Trennung wurde die Melasseprobe mit Invertase behandelt, wobei sich Fruktose, Glucose u. Melibiose bildet. Die Melibiose geht dann weiter in Raffinose über u. wird weit unter dem Farbfleck für Fruktoseanhydrid gefunden. Zur Überwindung dieser Schwierigkeiten ist als neues Reagens Diäthyl-p-phenylendiaminsulfit (*Genochrom*, Hersteller MAY & BAKER) entwickelt worden. Man fand mit diesem Reagens in Melasseproben bis zu 1,1% Raffinosehydrat. (Int. Sugar J. **54.** 158. Juni 1952.) SCHAMBACH. 7476

Soc. Italiana per l'Industria degli Zuccheri, Italien, *Herstellung von Zucker aus Zuckerrüben.* Um die Gewinnung des Rübenzuckers wirtschaftlicher zu gestalten, wird vorgeschlagen, an die Verdampfapp. eine Destillationskolonne für Spiritus anzuschließen, die mit der von den Verdampfern gelieferten überschüssigen Wärme betrieben werden kann. Der A. wird durch Vergären von Zuckerrüben, Melasse oder anderer vergärbarer Stoffe gewonnen. Die hierbei entwickelte CO_2 dient zur Saturierung bei der Reinigung der Zuckersäfte. (**F. P. 974756** vom 8/11. 1948, ausg. 26/2. 1951. Ital. Prior. 15/9. 1948.) HEYNE. 7439

A. P. V. Co. Ltd., Sydney Absell Gregory, Ronald Stancliff Bickle und **George Stanley Tinsey**, London, England, *Zuckergewinnung aus Datteln* (I). Die I werden in einer schwach ansteigenden Transportschnecke im Gegenstrom mit W. von 90—97° geweicht u. ausgewaschen. Die I werden dann entsteint, die Pulpe gepreßt u. das Preßwasser zum Waschwasser zurückgeführt. (**E. P. 660590** vom 1/9. 1948, ausg. 7/11. 1951.) KRANZ. 7441

Corn Products Refining Co., V. St. A. (Erfinder: **Kenneth C. Hobbs**), *Herstellung von Allylstärke.* Zu einem Brei aus 800 (Gewichtsteilen) Stärke u. ca. 2200 Allylchlorid fügt man bei einer 25° nicht übersteigenden Temp. 710 50%ig. wss. NaOH-Lsg. hinzu u. erwärmt die Mischung in einem Autoklaven 1 Std. lang auf 95—100°. Das Reaktionsprod. wird mit ca. 4400 n-Butanol verd. u. der p_H-Wert durch Zugabe von HCl auf 1,0 eingestellt. Der Überschuß an Allylchlorid (1475—1500) wird durch Dest. entfernt u. die Mischung ca. 30 Min. bei einer Temp. von 90—100° gehalten, wodurch die Allylstärke durch teilweisen Abbau in den lösl. Zustand übergeführt wird. Nach dem Abkühlen wird die Mischung mit W. ausgewaschen, bis sie neutral reagiert u. frei von Salzen u. in W. lösl. Verunreinigungen ist. Schließlich wird sie bis zum gewünschten Geh. an Allylstärke konzentriert. Die lösl. Allylstärke enthält 1,5—1,7 Allyl-Gruppen auf den Glucoserest u. ist leichtlösl. in Dioxan, Toluol, usw. (**F. P. 975284** vom 19/11. 1948, ausg. 2/3. 1951. A. Prior. 19/1. 1948.) HEYNE. 7449

XV. Gärungsindustrie.

G. Schwarz und **R. Weber**, *Die Vergärung und das Brennen von Kirschmaischen und der Einfluß ihrer Essigsäuregehalte auf die Eigenschaften der Branntweine.* Zur Vergärung gelangten 3 Kirschmaischen aus nicht mehr ganz einwandfreien Früchten. Sowohl in den Maischen als auch in den aus ihnen gewonnenen Branntweinen wurde die Essigsäure bestimmt. Dabei ergab sich, daß die Essigsäuregehh. der Branntweine nicht im gleichen Verhältnis zunehmen, wie die der entsprechenden Maischen. Zwischen Branntweinen aus 3 Kirschmaischen mit Essigsäuregehh. von 1,35, 2,5 u. 4,8 g/Liter konnten keine wesentlichen geschmacklichen oder analyt. Unterschiede festgestellt werden. (Branntweinwirtschaft **74.** 281—83. 25/8. 1952. Hohenheim, Landw. Hochschule, Inst. für landwirtschaftliche Technologie.) HAEVECKER. 7536

James Ricketts und **Morton W. Coutts**, *Schwefelwasserstoff im Gärgas.* Die Bldg. von H_2S während der Gärung von Würze ist nach Verss. der Vff. von der Art der Würze u. etwaigen Zusätzen, wie Gips u. Sulfit, unabhängig. Verwendet wurden gehopfte u. ungehopfte Würzen für Lagerbier, Ale, dunkles Ale u. Stout. Untergärige Hefen aller untersuchten Rassen bilden bei der Gärung H_2S, wobei bei höherer Temp. (12°, 21°) neben kräftigem Sinken der D. eine stärkere H_2S-Bldg. stattfindet als bei niederer Temp. ($8^3/_4$°), bei der der Dichteabfall mäßig ist. Bei 4° wird bis zu 6 Wochen Dauer kein H_2S entwickelt. Vergärt man mit obergäriger Hefe, so unterbleibt Bldg. von H_2S bei 12 u. 21°. Beim Vergären von Rohrzuckerlsgg. treten bei Anwendung größerer Mengen obergäriger Hefe Spuren von H_2S auf, ein Zeichen dafür, daß die Sulfoproteine der Hefe u. ihre Abbauprodd. angegriffen werden. Zur Feststellung der Ursache der H_2S-Bldg., die Vff. nach Verss. von VON EULER in Enzymsystemen der Hefe vermuten, wird eine Reihe von Enzymgiften auf ihre Wrkg. untersucht. Jodessigsäure, Na-Metaarsenit, NaF, KCN, Na-Azid, o-Phenanthrolin, $\alpha.\alpha'$-Dipyridyl, Nitrit, K-Biselenit, 2.5- u. 2.4-Dinitrophenol hemmen je nach ihrer Menge mehr oder weniger vollständig die H_2S-Bildung. Vff. schließen daraus, daß sulfhydrylhaltige Enzyme, wie Triosephosphatdehydrogenase u. Alkoholdehydrogenase durch die Fermentgifte blockiert werden, wie auch Sulfhydrylgruppen der Würze mit den erwähnten Fermentgiften reagieren. Erhitzen der mit Hefe angesetzten Würzen auf 100° verhindert erwartungsgemäß die H_2S-Bldg. völlig. Höhere Enddichte u. p_H-Werte gegenüber der Kontrolle werden mit der durch Fermentgifte geschwächten Gärkraft u. Gärgeschwindigkeit erklärt. — Cu, Hg, Ag, Pb, Cd, Sb, Bi, Co, Ni, Zn zeigen in Salzform einen je nach der Konz. hemmenden Effekt auf die H_2S-Bldg., während Al, Mn, Cr, Fe, V, Mo, W, Sr, U wenig oder keinen Einfl. haben. Ein Teil der hemmenden Metallionen wirkt auf das Hefewachstum, ein anderer auf das n. Enzymsyst. der Hefe ein. Es scheint, als ob auch das Redoxpotential Anteil an der H_2S-Bldg. hat; je niedriger das Redoxpotential u. je höher die reduzierenden Eigg., desto mehr SH-Gruppen sind anwesend u. desto größer die Neigung zur H_2S-Bildung. Vff. untersuchten weiterhin die Wrkg. stark oxydierender Reagentien, von denen $KBrO_3$, K- u. NH_4-Persulfat nicht, $K_2Cr_2O_7$, $KMnO_4$, $K_3[Fe(CN)_6]$, KJO_3 u. KJO_4 hemmend wirken. Herabsetzung des ITT-Wertes auf 0 durch Zusatz von Ascorbinsäure hat auf ober- u. untergärige Hefen verschied. Wirkung. Obergärige Hefe bewirkt keine H_2S-Entw., alte, gärschwache obergärige Hefe entwickelt H_2S, untergärige Hefe ist ohne Einfl., ebenso ein Zusatz von Cystein bzw. Glutathion. Vff. nehmen an, daß obergärige Hefe dank ihrem Atmungsfermentsyst. SH-Gruppen zu S–S-Gruppen oxydieren kann, während die untergärige Hefe mit geringer wirksamem Atmungsfermentsyst. SH-Gruppen nicht restlos oxydieren kann u. so H_2S zu bilden imstande ist. (Amer. Brewer **84.** 27—30. 71. Aug. 27—30. 74—75. Sept. 33—36. 100—01. Okt. 1951. Auckland, New Zealand, Waitemata Brewery.) Grau. 7544

Fernando Alvarez García, *Carbonisieren von Bier.* App. u. Verf. für das Carbonisieren von Bier, wie sie in Spanien üblich sind, um das Schäumen u. die Haltbarkeit lokaler Biere zu verbessern, werden beschrieben. Vgl. der Analysen von amerikan., dän. u. span. Bieren. (Ion [Madrid] **12.** 310—11. 316. Juni 1952.) Schmeling. 7550

R. E. Essery und **R. Gane**, *Wirkung der Lagerung auf durch Frieren konzentrierte Biere und auf in gefrorenem Zustand gelagerte Biere; Löslichkeit von Kohlendioxyd in Eis.* Vf. behandelt die Geschmackseinw. von Frieren u. Tauen auf Bier. Im allg. ergibt Lagerung von Konzentraten bei —10 bis —20° die besten Resultate bis etwa zu 18 Monaten. Die Löslichkeit von CO_2 in Eis von —5 bis zu —20° liegt bei $^1/_{20}$ bis $^1/_{100}$ der Löslichkeit in W. von 0°. Infolgedessen können in den Behältern mit gefrorenem Bier erhebliche Drucke auftreten. Auch stellt sich beim Auftauen das Gleichgewicht rückwärts nur langsam u. nicht vollständig ein. (J. Inst. Brewing **58.** ([N. S.] **49.**) 129—33. März/April 1952. Birmingham, Univ. Edgbaston, Inst. of Brewing Res. Labors.) Haevecker. 7550

H. F. P. Webber und **L. Taylor**, *Überblick über den Fluorgehalt von Bier und Brauereimaterialien.* Der Fluorgeh. einer Anzahl abgezogener Flaschenbiere verschied. Herkunft lag bei 0,15—0,86 p.p.m. u. war als unbedenklich anzusehen. Von den untersuchten Braumaterialien waren die Malze gewöhnlich reich an Fluor (< 0,2—11,8 p.p.m.) obgleich die Gerstemuster < 0,2 p.p.m. enthielten. Es wird angenommen, daß die erhöhten Gehh. im Malz aus Fluor von der Kohle stammten. Jedoch wird die Hauptmenge des Fluors im Malz von den Körnern zurückgehalten. (J. Inst. Brewing **58.** ([N. S.] **49.**) 134—36. März bis April 1952. London, Horselydown, Anchor Brewhouse.) Haevecker. 7550

S. Tourlière, *p_H und Säuregrad in der Brennerei.* Beschreibung bekannter p_H-Messer u. die Anforderungen, die sie für die Verwendung in der Brennerei erfüllen müssen. (Ind. agric. aliment. **69.** 565—75. Juli/Aug. 1952. Labor. du Syndicat de la Distillerie Agricole.) Haevecker. 7596

Soc. en Nom Collectif Bénard et Honnorat, Frankreich, *Herstellung alkoholhaltiger und aromatischer Getränke*, dad. gek., daß in W. oder A. unlösl. oder schwer lösl. äther. Öle oder aromat. Essenzen mit einem organ. Koll. (Gummiarabicum, Casein, Stärke) emulgiert u. in einer besonderen App. abwechselnden Kompressionen von über 200 kg/cm^2 u. plötzlichen Entspannungen auf Atmosphärendruck unterworfen werden bis zur Erreichung einer stabilen Zerteilung, welche Brownsche Molekularbewegung zeigt. Die koll. Lsg. der Aromastoffe wird mit W. oder A. von gewünschter Stärke gemischt u. die Mischung mit Zucker oder anderen Kohlenhydraten, wie Saccharose, Glucose oder Lävulose oder mit Saccharin, gesüßt. Das Endprod. stellt eine opalescierende homogene Fl. dar, die bei Tempp. von +1 bis +40° stabil ist. (**F. P. 972 738** vom 7/4. 1941, ausg. 2/2. 1951.) Heyne. 7537

Jean-Baptiste Pernot, Monaco, Frankreich, *Herstellung von Anislikör.* Es werden folgende Lsgg. bzw. Zubereitungen hergestellt: Eine Lsg. von Sternanisanethol, Sternanisöl, Anisölen französ., span., russ. Herkunft in reinem A. (I), ein alkoh. Auszug aus Süßholzpulver (II), Zuckersirup (III). Durch Mischen von **I**, **II** u. **III** mit Weingeist u. W. in geeigneten Mengenverhältnissen gewinnt man den Anislikör. (**F. P. 991 770** vom 17/5. 1949, ausg. 10/10. 1951.) Heyne. 7537

XVI. Nahrungs-, Genuß- und Futtermittel.

G. H. Bendix, **D. G. Heberlein**, **L. R. Ptak** und **L. E. Clifcorn**, *Faktoren, die die Stabilität von Thiamin während der Hitzesterilisation beeinflussen.* Unterss. an hitzesterilisierten Erbsen, Mais, Tomatensaft u. Limabohnen zeigten, daß mit steigender Temp. u.

zunehmender Sterilisationszeit der Verlust an *Thiamin* I ansteigt. Außerdem wird durch Erhöhung des p_H-Wertes die I-Zerstörung beschleunigt. Vff. empfehlen zur I-Erhaltung Kurzzeit-Hocherhitzung der Konserven. (Food Res. **16.** 494—503. Nov./Dez. 1951. Chicago, Continental Can Co., Inc.) KRUSEN. 7634

Balbino del Nunzio, *Die Anwendung der Kälte auf Produkte der Garten- und Obstkultur. Die Vorkühlung.* Überblick über die biochem. Grundlagen der Tiefkühlkonservierung. (Ricerca sci. **21.** 2102—10. Dez. 1951. Padua.) R. K. MÜLLER. 7636

E. Mitchell Learmonth, *Der Einfluß von Sojamehl auf Brotteig.* 1. Mitt. *Ein Papain inhibierender Faktor in Sojabohnen.* Diese Arbeit bringt Modellverss., in denen 4- u. 8%ig. Gelatinelsgg. als Substrat verwendet wurden. Als Ferment diente 0,25%ig. Papainlsg., die Einstellung des p_H-Wertes (5,0) wurde durch Zusatz von Natriumcitratlsg. erreicht. Der Verlauf des Abbaus der Gelatine konnte viscosimetr. verfolgt werden, die Versuchsdauer betrug bis zu 2 Stunden. Der Extrakt der Sojabohnen wurde durch Auslaugen von 10 g *Sojabohnen* mit 100 cm^3 dest. W. gewonnen. Als Ergebnis konnte eine deutlich hemmende Wrkg. des Sojabohnenextrakts auf die durch das Papain verursachte Verdauung der Gelatine beobachtet werden. Der durch Zusatz von *Harnstoffperoxyd* erreichte hemmende Effekt war indessen viel ausgeprägter; 1 cm^3 des Sojabohnenextrakts besaß etwa die gleiche Wrkg. wie 0,1—0,2 mg Harnstoffperoxyd. (J. Sci. Food Agric. **2.** 447—49. Okt. 1951. London, British Soya Products Ltd.) ZOPFF. 7674

Ferne Bowman und **Flora Hanning,** *Untersuchung über Schwarzwerden und Fluorescenz bei Kartoffeln.* Vff. konnten zwischen dem Schwarzwerden von gekochten Kartoffeln u. dem Vork. eines fluorescierenden Nd. aus Kartoffelextrakt, der ein Absorptionsmaximum bei 280 mμ zeigte, keinen Zusammenhang feststellen. (Food Res. **16.** 462—68. Nov./Dez. 1951. Madison, Univ. of Wisconsin, Dep. of Home Economics.) KRUSEN. 7678

Eric M. van Patten und **George H. McIntosh,** *Fabrikation von Maisprodukten.* Bei der Herst. von Stärke, Zucker, Sirup u. Gärungsprodd. aus Mais wird ein Feuchtmahlverf. angewendet, welches zu einem erheblichen Anfall von Abfällen im Abwasser führt. Es werden Anlagen beschrieben, um den größten Teil der Feststoffe aus dem Abwasser zu gewinnen. (Ind. Engng. Chem. **44.** 483—87. März 1952. Roby, Ind., American Maize-Products Co.) HAEVECKER. 7686

Shih Dzung Chen und **Cecilia Schuck,** *Diketogulonsäure-, Dehydroascorbinsäure- und Ascorbinsäuregehalt von vier Früchten.* Melonen enthielten (alle Werte in mg-%) im Mittel 30,75 *Ascorbinsäure* (I), 8,20 *Dehydroascorbinsäure* (II) u. 2,28 *Diketogulonsäure* (III); Grapefruit 41,80 I, 0,96 II u. 1,08 III; Ananas 19,35 I, 2,05 II u. 0,93 III; Erdbeeren 71,74 I, 4,37 II u. 2,18 III. Zerschnittene u. 24 Std. im Kühlschrank gelagerte Melone zeigte III-Zunahme u. II-Abnahme, während bei Grapefruit unter diesen Umständen keine wesentlichen Änderungen eintraten. Vff. fordern im Hinblick auf das verbreitete Vork. von II u. III die Überprüfung früher erhaltener I-Werte. (Food Res. **16.** 507—09. Nov./Dez. 1951. Lafayette, Ind., Purdue Univ., Dep. of Foods and Nutrit.) KRUSEN. 7688

Robert P. Straka und **Frances M. Combes,** *Die Prädominanz von Mikrokokken in der Flora von experimentell gefrorenen Truthahnsteaks.* Von 53 Truthahnsteaks, die 8 Monate bei —17,8° gelagert waren, konnten Vff. 41 verschied. Stämme von aerob. Bakterien isolieren, die 16 Arten zugeschrieben wurden. 10 Arten (bzw. 31 Stämme) davon konnten als Mikrokokken identifiziert werden. (Food Res. **16.** 492—93. Nov./Dez. 1951. Albany, Calif., Western Regional Res. Labor.) KRUSEN. 7750

James D. Kemp, Sleeter Bull und **S. W. Terrill,** *Der Einfluß von drei Präparaten mit Benzolhexachlorid auf den Geschmack von Schweinefleisch.* Während Besprühen der Schweine mit einer 0,125%ig. Lsg. von *Lindane* [99% *Benzolhexachlorid* (I)] zur Läuse- u. Räudebekämpfung ohne Einfl. auf den Fleischgeschmack der 1 Tag später geschlachteten Tiere ist, wird dieser durch eine 0,125%ig. Lsg. von techn. I beeinträchtigt. Diese nachteilige Beeinflussung verschwindet nach 7 Tagen u. läßt sich durch Lösen von I in Methyläthylketon verhindern. (J. Animal. Sci. **11.** 491—95. Aug. 1952. Urbana, Univ. of Illinois.) KRUSEN. 7750

Cho-Teng Yu und **W. V. Cruess,** *Eine Untersuchung verschiedener Faktoren beim Einsalzen und Räuchern von Fisch.* Beim Einsalzen steigt der Salzgeh. in den äußeren Fleischschichten schneller als in den tiefer liegenden Schichten, wobei höhere Temp. die Salzabsorption beschleunigt, die in dünnen Schichten schneller als in dicken Stücken vor sich geht. Trockenes Einsalzen ergibt eine bessere Durchdringung mit Salz als Einlegen in Salzlake. Einlegen in Salzlake u. kurzes Trocknen vor dem Räuchern verschönt das Aussehen geräucherten Fisches. Der Rauch dringt während des Räucherns in die obersten Millimeter des Fleisches ein u. durchdringt es während der nachfolgenden Lagerung. Je größer der Phenolgeh. des geräucherten Fisches ist, desto besser ist die Qualität. Bei

90^0 F. geräucherter Fisch enthält mehr Phenol als gleich lange Zeit bei 120^0 F. geräucherter wegen der großen Rauchabsorption bei niedrigerer Temperatur. Verdorbenheit war bei einem Geh. von 0,05% Trimethylamin offensichtlich. (Canner **113.** Nr. 6. 12—14. 11/8. Nr. 7. 14—16. 18. 18/8. 1951. Univ. of California, Food Technol. Div.) LIEBNER. 7752

W. J. Dyer, *Proteinabbau in gefrorenen und gelagerten Fischen.* Auf Grund von Unterss. an verschied. Fischsorten fordern Vff. beim Einfrieren u. Lagern von Fischen die Beachtung folgender Punkte: Verwendung frischen Materials, schnelles Frieren, Lagerung bei mindestens -18^0, Anpassung der Lagerzeit an die spezif. Erfordernisse der jeweiligen Fischsorte. Geschmacksänderungen sind zurückzuführen auf eine Abnahme der Löslichkeit der Proteine, in erster Linie der *Actomyosin*-Fraktion. (Food Res. **16.** 522—27. Nov./Dez. 1951. Halifax, Novia Scotia, Can., Atlantic Fisheries Exp. Stat.) KRUSEN. 7752

M. E. Schulz, *Klassifizierung von Käse.* Vf. wägt verschied. Klassifizierungsvorschläge gegeneinander ab u. vertritt die Ansicht, daß die Käseklassifizierung nach folgenden Kennzahlen erfolgen sollte: Ca-Geh. (%) der fettfreien u. NaCl-freien Käsetrockenmasse, Wassergeh. in der fettfreien Käsemasse, NaCl-Geh., relativer Casein-Geh., Säuregrad des Fettes, Oberfläche in cm^2 je kg Käse mit Angabe der Oberflächenflora. Tabellen mit entsprechenden Werten einiger Käsesorten. (Milchwissenschaft **7.** 292—99. Sept. 1952. Kiel, Chem. Inst. d. Bundesversuchs- u. Forschungsanstalt für Milchwirtschaft.) WINIKER. 7760

B. L. Glendening, W. G. Schrenk, D. B. Parrish und **E. F. Smith**, *Mineralgehalt gewisser, in Nord-Zentral-Kansas verwendeter Rinderfuttermittel.* Im üblichen Futter für Rinder wurden bestimmt: *Na, K, Cl, Ca, Mg, P, Fe, Cu, Co, Mn, Mo* u. lösl. Sulfate. *Cu, Mn* u. *Co* waren in ausreichenden, *Mo* in nichttox. Mengen vorhanden. (J. Animal Sci. **11.** 516—23. Aug. 1952. Manhattan, Kansas Agric. Exp. Stat.) KRUSEN. 7780

H. Busse, *Grünfütterung und Weidegang bei Schweinen.* Vf. betont die Notwendigkeit des Weideganges u. der Verwendung von Grünfutter zur Erhaltung des Gesundheitszustandes von Schweinen u. gibt Ratschläge für die Anlage, Bepflanzung u. Düngung solcher Weideflächen u. Rezepte für das zusätzlich erforderliche Kraftfutter sowie für die Verwertung von Grünfutter unter besonderer Berücksichtigung von Alter u. Geschlecht. (Tierzucht **6.** 192—96. Juni 1952. Berlin.) GROH. 7782

D. H. Parish und **K. L. Robinson**, *Tieftemperatur-Vakuumtrocknen von Gras.* Es wird ein App. beschrieben, der erlaubt, in Trockeneis–Aceton gefrorene Grasproben von 250 g unter nachträglichem Erhitzen auf 50^0 bei 0,1 mm Hg im Verlauf von 2 Std. bis auf einen Endfeuchtigkeitsgeh. von 5% W. zu trocknen. — Konstruktionszeichnung. (J. Sci. Food Agric. **2.** 457—59. Okt. 1951. Belfast, Queen's Univ., Agricult. Chem. Dep.) ZOPFF. 7782

M. A. Cookson und **J. B. M. Coppock**, *Die analytische Bestimmung von Mineralöl in Brot und Brötchen: Der Effekt der verschiedenen Zusammensetzung dieser Brotarten auf die Absorption des Mineralöls.* Die Meth. beruht auf der Extraktion der Gesamtlipoide aus den bei 80^0 getrockneten Broten mit CCl_4. Durch Verseifung mit alkoh. KOH gelangt man zum Unverseifbaren, welches neben natürlichen Bestandteilen das Mineralöl enthält. Die Isolierung des Mineralölrestes gelingt durch Behandlung des Unverseifbaren mit konz. H_2SO_4 u. Multiplikation des Resultats mit 0,88. Bei einem n. Brot entsprechen 60% Mineralöl im Unverseifbaren einem Mineralölgeh. des Brotes von 0,2%. Bei dieser nach amerikan. Gesetz zulässigen Verunreinigung handelt es sich um Trennfett u. zufällig in den Teig geratenes Schmieröl. Schwierigkeiten entstehen durch hohen Kleber- u. Malzgeh. des Brotes, welcher die Extraktionsfähigkeit des Mineralöls vermindert. Bei Malzbrot muß die Dextrinzahl zwecks Anbringung von Korrekturen bestimmt werden; entsprechende Tabellen u. Kurven im Original. (J. Sci. Food Agric. **2.** 434—43. Okt. 1951. Chorleywood, Herts., Baking Ind. Res. Stat.) ZOPFF. 7800

V. Slawjanow und **G. Titow**, *Schnellverfahren der Eiweißbestimmung in der Kuhmilch in der SU.* Deutsche Wiedergabe der C. **1951.** II. 1220 referierten Arbeit. (Lebensmittel-Ind., Ausg. B **4.** 64. März 1952.) HÜCKSTÄDT. 7856

W. Ritter, *Die Verwendung der Phosphataseprobe im milchwirtschaftlichen Laboratorium.* An Hand der Literatur (30 Hinweise) u. auf Grund eigener Erfahrungen berichtet Vf. über die Anwendung der Phosphataseprobe (Meth. von SANDERS u. SAGER). Da die alkal. Phosphatase etwas weniger leicht zerstört wird als die pathogenen Milchorganismen, ist es möglich, durch Kontrolle der Phosphataseaktivität von Milch u. -prodd. nach verschied. Erhitzungsmethoden die erforderlichen Erhitzungstempp. u. -zeiten unter verschied. Bedingungen zu ermitteln. Vf. weist auf mögliche Störungen der Best. u. das Verh. bei kurzzeitiger Rahmpasteurisierung hin. Schließlich werden die Verhältnisse bei der Pasteurisierungsprüfung von Käse u. der Einfl. der bakteriellen Phosphatase sowie der Wrkg. von Konservierungsmitteln besprochen. Hinweis auf das Verh. der viel temperaturbeständigeren sauren Milchphosphatase. (Milchwissenschaft **7.** 301—08. Sept. 1952. Bern-Liebefeld, Schweiz. milchwirtschaftl. u. bakteriol. Anstalt.) WINIKER. 7856

M. E. Schulz, F. Roland und **E. Voss,** *Nachweis reduzierender Substanzen in bakteriell zersetzter und in hitzeveränderter Milch mit Hilfe der 90°-Reduktaseprobe.* 10 cm³ Milch (**I**) werden im Wasserbad 3 Min. auf 90° erwärmt. Dann wird 1 cm³ Resazurin(**II**)-Lsg. zugegeben u. umgeschüttelt. Die Zeit bis zur Rosafärbung ist vom Zeitpunkt der **II**-Zugabe ab zu stoppen. Der Endpunkt der erreichten Farbstufe „rosa“ muß dem einer mittels einiger mg Na-Hyposulfit auf weiß red. u. dann mit einigen Tropfen Perhydrol auf rosa oxydierten Probe aus 10 cm³ **I** u. 1 cm³ **II** entsprechen. (Die **I** ist nach Zugabe von **II** vor jeglichem Lichteinfl. zu schützen, da die Photoreduktase bei den oft kurzen Reduktionszeiten von 5—20 Sek. einen wesentlichen Einfl. auf das Ergebnis hat.) Mit dieser Meth. ist es möglich, den Geh. der **I** an reduzierenden Substanzen unabhängig von der Ferment- u. Bakterientätigkeit festzustellen, sowie die bekannte Entstehung von reduzierenden Substanzen beim Erhitzen der **I**, bes. über 100°, schnell u. einfach zu verfolgen (Betriebskontrolle für Steril- u. Kondensmilch). Vff. konnten mit dieser Meth. nachweisen, daß bei der Verarbeitung schlechter, schnell reduzierender **I** auch in der erhitzten **I** sofort nach dem Pasteurisieren mehr als die n. Menge reduzierender Substanzen vorhanden ist u. daß die durch Bakterien oder Erhitzen gebildeten reduzierenden Substanzen beim Lagern der **I** zum Teil zerstört werden (wahrscheinlich infolge Oxydation durch Luft-O_2). (Milchwissenschaft **7.** 214—19. Juli 1952. Kiel, Bundesversuchs- u. Forschungsanstalt für Milchwirtschaft, Chem. Inst.) WINIKER. 7856

—, *Zur praktischen Durchführung der Reduktionsproben (Methylenblau- und Resazurinprobe).* (Vgl. C. **1952.** 7275.) (Milchwissenschaft **7.** 219—21. Juli 1952. Gießen/Lahn, LNR-Untersuchungstechnik G. m. b. H.) WINIKER. 7856

Ernst Miklik, *Die Methylenblaureduktion als Nachweis von Bakteriophagen gegen echte Milchsäurebakterien (Milchsäurestreptophagen).* Vergleichende Unterss. in Methylenblau(**I**)-Milch, **I**-Milchzuckerbouillon u. Lackmusmilch ergaben, daß die **I**-Reduktionsmeth. ein sehr sensibles, zeitsparendes Verf. darstellt, welches nebst der Phagentiterbest. in relativ einfacher Weise gestattet, die Wrkg. von Phagen auf echte Milchsäurebakterien colorimetr. zu verfolgen. Die Meth. fußt auf der Reduktaseprobe (gleiches Temperaturoptimum von 37—38°; tiefere Tempp. führen zu Fehlergebnissen). Es wurde festgestellt, daß die Hitzeresistenz des Phagen in der Milch eine Funktion seines Titers ist. Die bei der Säureweckerbereitung übliche halbstündige Erhitzung auf 90° reicht nicht zur Vernichtung eines Bakteriophagen sehr hohen Titers aus. Die Abtötung gelingt mit Sicherheit erst bei einer (ebenfalls halbstündigen) Abkochung im Wasserbad. (Milchwissenschaft **6.** 362—66. Okt. 1951. Wien, Hochschule für Bodenkultur, Inst. für Milchwirtschaft u. landwirtschaftl. Mikrobiologie.) WINIKER. 7856

Jorma K. Miettinen und **Artturi I. Virtanen,** *Eine Schnellmethode zur Bestimmung der Fettsäuren und des Ammoniaks im Silofutter mittels Papierchromatographie.* Die exakte Qualitätsprüfung (Geh. an Buttersäure) von Silofutter mittels papierchromatograph. Methoden kann folgendermaßen durchgeführt werden: 10 ml des Ablaufes u. 10 ml 0,2n H_2SO_4 werden in einem 50 ml-Erlenmeyer nach Zusatz von 4 g NaCl 7 Min. lang dest., wobei 10 ml übergehen sollen. Hierbei erschienen 98—100% der vorhandenen Buttersäure u. der höheren flüchtigen Säuren im Destillat neben 70% Essigsäure u. Spuren von HCl. Die Genauigkeit der Meth. wird mit 20% angegeben u. für den prakt. Gebrauch als ausreichend bezeichnet. Zur halbquantitativen Best. des NH_3 dient der rohe Ab-, lauf der ebenfalls nach der aufsteigenden Meth. chromatographiert wird (Lösungsm.: n-Butanol/6n HCl im Verhältnis 2:1; Entw. mit NESSLERs Reagens). Die Ergebnisse sind nicht so exakt wie die nach Dest. der Abläufe in Ggw. von Alkali erhaltenen, jedoch arbeitet das Verf. wesentlich schneller. (Suomalaisen Tiedeakatemian Toimituksia [Ann. Acad. Sci. fennicae] Sarja A. II. **1952.** Nr. 41. 3—9. Helsinki, Biochem. Inst., Labor. of the Found. for Chem. Res.) LIPPOLD. 7866

XVIIIa. Holz. Cellulose. Zellstoff. Papier. Papierdruck. Celluloid. Linoleum.

A. John G. Barnett, *Der Milchsäuregehalt getrockneter Proben von Silogras.* Bei der Best. des „Lipoidgeh.“ in Trockenfutter mit Ae. u. PAe. zeigte sich, daß nach beiden Methoden unterschiedliche Werte erhalten wurden. Bei der Äthermeth. wird neben den Lipoiden der *Milchsäure*-Geh. mit erfaßt, während in PAe. nur Lactid u. Milchsäureester gelöst werden. Der p_H-Wert entspricht dem Milchsäuregeh. u. gibt Anhaltspunkte über die Vorbehandlung des Trockenfutters. Bei hohen Trockentempp. scheinen Verluste an Milchsäure einzutreten. Schließlich werden rechner. Beziehungen zwischen Milchsäuregeh., Trockenmasse u. p_H-Wert aufgestellt. (Vgl. auch C. **1952.** 148.) (J. Sci. Food Agric. **2.** 459—62. Okt. 1951. Aberdeen, Univ., Dep. of Biol. Chem., Div. of Agric. Biochem.) ZOPFF. 7866

Olav Müller und **Heinz Dobberstein,** *Untersuchung der Hydrolyse des Buchenholzes durch kontinuierliche Leitfähigkeitsmessung.* (*Beiträge zur Chemie des Buchenholzes.* 5. Mitt.) (4. vgl. C. **1949.** II. 889.) Beschrieben wird eine Leitfähigkeitsapp. (schemat. Darst.), mit der die Änderung der Säurekonz. verfolgt werden kann, die bei der Hydrolyse von Polysacchariden mit H_2SO_4 (70—75 Gew.-%) in einem geschlossenen Gefäß erfolgt. Die Konzentrationsänderung ist auf Rkk. zurückzuführen, die auf Wasserabspaltung oder Wasseranlagerung zurückzuführen sind. Vergleichend untersucht wurden nach Eichung des App. mit bekannten Substanzen unbehandeltes Buchenholz, solches nach alkal. u. saurer Vorbehandlung sowie die gegen ClO_2 resistenten Rückstände des Holzes. Es konnte gezeigt werden, daß bei der Totalhydrolyse das native Lignin (**I**) sowohl W. abspaltet als auch anlagert. Die abgespaltene u. angelagerte Wassermenge verhält sich wie 3:1. Die wasserabspaltende Rk. findet teilweise bereits unter Bedingungen statt, wie sie bei der Vorhydrolyse des Holzes gebräuchlich sind. Das insgesamt aus dem nativen **I** der untersuchten Buchenholzprobe abgespaltene Kondensationswasser beträgt 2,9—3,1% des Holzes. Um diesen Betrag wird der **I**-Geh. zu niedrig gefunden. Ferner wurden frühere Untersuchungsergebnisse bestätigt, nach denen ein Teil des nativen **I** gegen ClO_2 beständig ist. Dieses **I**-Fragment ist der Träger der wasserabspaltenden Gruppen, während die Wasseranlagerung an der aromat. Komponente des **I** erfolgt. (Makromolekulare Chem. **8.** 156—77. Juli 1952.) P. ECKERT. 7952

K. Egner, *Heißtrocknung von Hölzern.* Beschreibung der Arbeitsweise unter Anführung der entsprechenden Apparaturen (schemat. Darst.). Behandelt wird das Trocknen von Nadel- u. Laubhölzern. (Schweiz. Arch. angew. Wiss. Techn. **18.** 292—307. Sept. 1952.) P. ECKERT. 7952

Hiro'o Maeta, *Über Cellulosechemie.* Fortschritte nach dem Kriege (Verss. mit Tl-Äthylat u. mit schwerem W. usw.). — 25 Literaturzitate. (Chem. and chem. Ind. [Kagaku to Kogyo] **4.** 429—34. Nov. 1951. [Orig.: japan.].) SCHULER. 7954

Alfred Wegener und **Günter Zweiling,** *Zerknall eines Chlorkessels.* Beschreibung der Ursachen des Zerknalls eines Chlorkessels in einer Zellstoffabrik. (Papier **6.** 268—69. Juni 1952.) P. ECKERT. 7956

F. H. Wilson, *Schleimstoffe bei höheren Temperaturen.* Für die wirksame Schleimbekämpfung bei der Papierherst. ist der Hinweis wichtig, daß alle schleimerzeugenden Organismen imstande sind, höhere Temp. bis 80° für mindestens 20 Min. zu überstehen. Vf. gibt hierfür einige Tabellen in Verbindung mit Verss. von Spezialprodd. schleimtötender Wirkung. (Paper Mill News **75.** Nr. 11. 14—24. 15/3. 1952. Philadelphia, Pa., Usona Bio-Chem. Labors., Inc.) HEINRICHS. 7976

Hubert Wilfinger, *Das Färben von Papier mit Teerfarbstoffen.* (Vgl. C. **1952.** 3425.) Zusammenfassender Überblick über die Probleme des Färbens von Papier sowie die für das Färben erforderlichen Produkte. Der chem. Aufbau der Farbstoffe wird nur soweit behandelt, als dies zur Erkenntnis der Zusammenhänge u. zum Verständnis spezieller Eigg. erforderlich ist. Hinsichtlich der Darst. der anwendungstechn. Merkmale werden die Farbstoffe gruppenweise zusammengefaßt u. als Beispiele einzelne deutsche Farbstoffe gebracht. (Österr. Papier-Ztg. **57.** Nr. 9. 11. 13. Sept. Nr. 10. 11. 13. Okt. 1951.) P. ECKERT. 7980

Gunnar Gran, *Die Bestimmung von Alkoxylgruppen.* 2. Mitt. *Die Bestimmung von Alkoxylgruppen in Gegenwart schwefelhaltiger Substanzen.* Die Best. des Methoxyls (**I**) in schwefelhaltigen Substanzen (Sulfitablauge) ergibt nach der gewöhnlichen Meth. nach VIEBÖCK u. SCHWAPPACH zu niedrige Werte. Die Ursache hierfür wird in der H_2S-Bldg. bei der Einw. von warmer HJ auf die anorgan. S-Verbb. erblickt. Gegenstand der vorliegenden Arbeit sind Verss., die Alkoxybest. ($-OCH_3$, $-OC_2H_5$, n-OC_3H_7) in Ggw. von Na_2SO_4 als S-haltiger Substanz mit vier verschied. Wasch-Fll. ($CdSO_4$ zur Bindung des H_2S) durchzuführen: 10%ig. P-Suspension, 5%ig. $NaHCO_3$-Lsg., J–JK-Lsg. u. 5%ig. $CdSO_4$-Lösung. Die besten Ergebnisse wurden mit $CdSO_4$-Lsg. erzielt. Die Ggw. von Na_2SO_4 wirkt sich auf die $-OC_2H_5$-Best. weniger aus, als auf die $-OCH_3$- u. OC_3H_7-Bestimmung. Dieses Verh. wird in Zusammenhang mit den chem. u. physikal. Eigg. der bei der Best. gebildeten Alkyljodide gebracht. (Svensk Papperstidn. **55.** 287—90. 30/4. 1952. Stockholm, Analyt. Labor., Wood Chem. Dep., Swedish Forest Res. Labor. [Orig.: engl.].) P. ECKERT. 8006

Spolek pro Chemickou a Hutni Vyrobu, Národní Podnik, Tschechoslowakei, *Imprägnieren von Holz* mit lösl. Arsenverbindungen. Erdalkalimetallsulfoarsenite (**I**) werden in 1%ig. Lsg. zum Imprägnieren, das bei Unter- oder Überdruck oder durch einfaches Aufstreichen erfolgen kann, verwendet. Die I genügen der allg. Formel xMeS, yAs_2S_3. Hierin bedeuten x u. y kleine Zahlen, ca. 1—3, u. Me kann Ba, Sr, Ca, Mg sein. Auch kann der S ganz oder teilweise durch O ersetzt sein. Nach dem Imprägnieren läßt man das Holz an der Luft trocknen. — Tabellen. (**F. P. 984 296** vom 7/4. 1949, ausg. 4/7. 1951. Tschech. Prior. 14/4. 1948.) WITTHOLZ. 7953

Storviks Sulfit Aktiebolag, Ockelbo, Schweden, *Zellstoffkocher*. Er ist mit einer kochfesten Auskleidung, z. B. einem dünnen Blech aus rostfreiem Stahl, versehen, die in einem geringen Abstand von der Wand angeordnet ist. Der Zwischenraum wird während des Betriebes unter Vakuum gehalten. — Zeichnung. (**N. P. 79 174** vom 19/11. 1948, ausg. 15/10. 1951. Schwed. Prior. 30/1. 1948.) J. SCHMIDT. 7957

Newport Industries, Inc., übert. von: **Robert C. Palmer**, Pensacola, Flo., V. St. A., *Abtrennung der Harzsäuren aus raffiniertem Tallöl*, welches ein Gemisch von Harzsäuren u. höhermol. Fettsäuren enthält, durch partielle Veresterung eines mehrwertigen Alkohols, z. B. von Glycerin mit den Fettsäuren unter Bldg. von Monoglyceridestern ohne Veresterung der Harzsäuren. Das Estergemisch wird in Petroleumnaphtha gelöst u. danach durch Fullererde filtriert, wobei wenigstens 3 (Teile) Fullererde auf 1 des Estergemisches angewandt werden. Die Ester werden dabei selektiv adsorbiert, u. die Harzsäuren werden frei von Fettsäuren gewonnen. (**Can. P. 481 543** vom 6/6. 1945, ausg. 4/3. 1952. A. Prior. 26/8. 1944.) M. F. MÜLLER. 7967

Celanese Corp. of America, übert. von: **James Joseph Allen** und **John Arthur Hawkes**, Spondon, England, *Mischester von Cellulose* mit Essigsäure oder anderen niederen Fettsäuren u. höheren Fettsäuren (Stearinsäure). Man läßt Stearinsäureanhydrid auf ein partiell verestertes Celluloseacetat in Ggw. von $ZnCl_2$, HCl u. eines Lösungsm. für den Mischester ($C_2H_4Cl_2$) einwirken. Vor dem Ausfällen wird, zur Neutralisation des Katalysators, etwas Zn-Acetat zugesetzt. (**A. P. 2 588 457** vom 14/10. 1947, ausg. 11/3. 1952. E. Prior. 16/11. 1946.) FABEL. 7971

Hercules Powder Co., übert. von: **Reginald William Ivett** und **William Koch**, Wilmington, Del., V. St. A., *Stabilisieren von Celluloseäthermischungen* durch Zusatz von 0,5—5% Diisobutylphenol, zweckmäßig zusammen mit 0,005—2 Gew.-% einer SO_2 bei 200° abgebenden Verb., wie Butadiensulfon, deren Acidität nicht stärker ist als die von H_2SO_3 ist. Die Celluloseäthermischung kann ohne Veränderung von Farbe u. Viscosität bei hoher Temp. verarbeitet werden. (**Can. P. 478 937** vom 25/6. 1947, ausg. 27/11. 1951. A. Prior. 26/2. 1947.) PANKOW. 7971

Hercules Powder Co., übert. von: **William Koch** und **Alfred Lester Rummelsburg**, Wilmington, Del., V. St. A., *Stabile Celluloseäthermischung*. Statt des in Can. P. 478 937 (vorst. Ref.) genannten Diisobutylphenols nimmt man hier p-Cyclohexylphenol zusammen mit der SO_2-abgebenden Verb., wie Butadiensulfon oder Na-Sulfodioctylsuccinat. (**Can. P. 478 938** vom 25/6. 1947, ausg. 27/11. 1951. A. Prior. 26/3. 1947.) PANKOW. 7971

United States Rubber Co., New York, N. Y., übert. von: **William W. Cowgill**, Fairfield, Conn., V. St. A., *Fett- und wasserdichtes Papier*, dad. gek., daß 2 Filme (**I**) aus je einer wss. Dispersion (**II**), die wiederum aus je 2 Mischpolymerisaten (**III**) besteht, gebildet werden. Der untere **I** entsteht aus einer **II**, die aus 30—80 (Teilen) eines harzartigen **III** aus 80—90 Styrol (**IV**) u. 10—20 Butadien (**V**) u. 20—70 eines gummiartigen **III** aus 50—80 **V** u. 20—50 **IV** besteht. Die **II** des oberen **I** setzt sich aus 45—70 eines harzartigen **III** aus 65—80 **IV** u. 20—35 Acrylnitril (**VI**) u. 30—55 eines gummiartigen **III** aus 55—80 **V** u. 20—45 **VI** zusammen. (**A. P. 2 554 899** vom 20/12. 1949, ausg. 29/5. 1951.) VOGEL. 7987

American Viscose Corp., Wilmington, Del., übert. von: **Carleton S. Francis jr.**, West Harwich, Mass., V. St. A., *Übertragung eines Filmes aus thermoplastischem Kunstharz auf eine Unterlage*, bes. *Papier*, dad. gek., daß der Film auf einer wärmehärtbaren Harzschicht (**I**) eines anderen Trägers gebildet, nach Auflegen der zu überziehenden Unterlage mit dieser durch Druck u. Hitze fest verbunden u. beide von **I** abgezogen werden. — Zeichnungen. (**A. P. 2 556 078** vom 18/5. 1945, ausg. 5/6. 1951.) VOGEL. 7987

S. D. Warren Co., Boston, Mass., übert. von: **Frederick H. Frost**, Portland, Me., V. St. A., *Herstellung von Flachdruckformen mit einer Druckfläche aus einem hydrophilen Kolloid*. Man bringt in die Kolloidschicht, unmittelbar bevor sie mit dem Bild versehen wird, eine wasserlösl. Verb. (**I**), die mit dem wasserlösl. Salz eines Metalles mit einer Wertigkeit über 1 unter Bldg. einer in W. unlösl. Verb. reagiert. Als **I** werden Phosphate, Oxalate, Sulfate, Borate, Citrate oder Chromate verwendet. Auf der mit dem Bilde versehenen Druckform ist in den das Bild enthaltenden Partien der Kolloidschicht nur **I**, in den bildfreien Stellen derselben eine in W. unlösl. Metallverb. enthalten. (**Can. P. 475 219** vom 27/10. 1948, ausg. 10/7. 1951. A. Prior. 12/12. 1947.) ASMUS. 7989

Philadelphia Quartz Co., Philadelphia, Pa., übert. von: **Robert L. Kreyling**, Parkersburg, W. Va., V. St. A., *Leim zur Wellpappenherstellung auf schnellaufenden Maschinen*, bestehend aus einer Dispersion von koll. Tonerde (I) in einer Na-Silicatlsg. (II) von 33 bis 44° Bé u. einem Verhältnis von $SiO_2:Na_2O = 3{,}2-3{,}9:1$ mit einer Viscosität von 1—8 Poises bei 20°. Beispiel: 17(%) I u. 83 II. Das Prod. hat bei 20° eine Gesamtviscosität von 5—15 Poises u. bei der Auftragstemp. von 50—85° ein Minimum von 0,5—5 Poise. Leimung u. Trocknung der Pappe erfolgen bei 90—150° in $^1/_4$ Min. u. weniger. — Vorr., Zeichnung. (**A. P. 2 554 035** vom 3/9. 1946, ausg. 22/5. 1951.) VOGEL. 7993

Eastman Kodak Co., übert. von: **Gale F. Nadeau** und **Clemens B. Starck**, Rochester, N. Y., V. St. A., *Verkleben von Polyvinylalkoholschichten.* Eine oberflächlich oder innerlich mit polarisierenden Farbstoffen, Kristallpulver oder sonstigem Effektmaterial versehene Polyvinylalkoholschicht (I) wird senkrecht gemeinsam mit einem Celluloseesterphotofilm, der auf der Rückseite mit einer modifizierten I (enthaltend z. B. 27—37,9% Polyvinylacetat) versehen ist, so durch zwei Walzen geführt, daß sich vor dem Vereinigen der *Filme* ein V-förmiger Spalt bildet, in den eine 0,5—5%ig. wss. Zr-Nitrat-Lsg. als Härtungsmittel tropft. — Zeichnungen. (**A. P. 2 541 478** vom 29/6. 1945, ausg. 13/2. 1951.) SALZMANN. 7995

XVIIIb. Textilfasern.

Gerhard Klust, *Die Beurteilung der konservierenden Wirkung von Fischnetz-Konservierungsverfahren.* Als Maßstab für die Bewertung von Konservierungsmethoden kommen in Betracht: Die Tetralin-Konservierung, die Tetralin–Carbolineum-Konservierung, die Spezialgerbung u. das Dreibadverfahren. Es wird festgestellt, daß eine ausreichende Netzkonservierung gegen Fäulnisschutz nur durch eine kombinierte Verwendung von Gerb- u. Beizmitteln möglich ist. Eine tabellar. Zusammenfassung von Fischnetz-Konservierungsverff. wird angeführt. Die durch die Faulprüfung gewonnenen Testzahlen ermöglichen nur die Beurteilung des Konservierungseffektes der Verfahren. (Melliand Textilber. **33**. 762—64. Aug. **1952**. Hamburg, Inst. für Netzforschung der Bundesanstalt.) P. ECKERT. 8036

J. Nunninkhoven, *Wasserdicht und wasserabstoßend. Ein wichtiger Fall der Praxis. Etwas über Vorschriften für Massenlieferanten.* Die Begriffe wasserdicht u. wasserabstoßend werden erläutert. Zur Best. von Wasserdichtigkeit u. Wasserabstoßung von Geweben werden Vorschläge gemacht. Es wird empfohlen, Vorschriften für die Herst. u. Normen für die Lieferanten von wasserdichten u. wasserabstoßenden Geweben aufzustellen. (De Tex **10**. 1118—20. 15/11. 1951.) WESLY. 8036

Hildegard Dachtler, *Mikroorganismen der menschlichen Haut und ihre Wirkung auf verschiedene Textilfasern.* Die Unterss. beschäftigen sich mit der Gewinnung der Arten von Bakterien der gesunden, menschlichen Haut u. aus menschlichem Schweiß, mit der Betrachtung von Häufigkeit u. natürlicher Gemeinschaften der Bakterien u. deren Best. sowie mit Unterss. über die natürlichen, antagonist. Wirkungen. Behandelt wird ferner die Bedeutung der isolierten Bakterien für die Schädigung von Textilfasern. In tabellar. Zusammenfassung wird eine Beschreibung u. die Best. der isolierten Mikroorganismen gebracht. (Melliand Textilber. **33**. 705—10. Aug. 1952.) P. ECKERT. 8040

—, *Bemerkungen über das Vorkommen von Schimmel und Mikroorganismen auf Textilien.* Vf. gibt einen Überblick über die hauptsächlichsten Schimmelarten, wie *Aspergillus, Penicillium, Mucor, Fusarium* u. *Ptichderma*, die auf Textilien angetroffen werden. Als Ursache des Schimmelwachstums werden Alkali- u. Seifenrückstände sowie Schweiß angegeben. Der Schimmelbefall führt im allg. zu einer Reihe von Fehlern, wie ungleichmäßiger Farbausfall, Fleckenbldg., Festigkeitsverlust usw. Zur Verhinderung des Schimmelwachstums werden Behandlungen mit Catechu-Tannin u. Cu-Salzen empfohlen. (Textile Manufacturer **78**. 422—24. Aug. 1952.) H. G. FRÖHLICH. 8040

George S. Buck jr., *Eine Analyse der Gebrauchscharakteristiken von Baumwolle: Ansatzpunkte für die Forschung.* Diskussion von Baumwolleeigg., wie Knitterechtheit, Wärme, Scheuerfestigkeit, Fall, zugelast. Verhalten. Anregungen für die Modifizierung der Faser durch physikal. u. chem. Methoden. (Textile Res. J. **22**. 117—22. Febr. 1952. Washington, D. C., National Cotton Council of America.) ZAHN. 8044

A. W. Ssolowych, *Die Anwendung von Bakterienfermenten zur Verbesserung derKaltwasserröste von Flachs in den Kolchosen.* Um die langsam verlaufende erste Gärungsphase in den Flachsrösten zu beschleunigen, empfiehlt es sich, die pektinzersetzende Mikroflora, die mit den Flachsstengeln in das W. gebracht wird, durch zusätzliche Mikroben zu verstärken. Laboratoriumsunterss. ergaben, daß bei Anreicherung des W. mit Mikroben eine energ. Vergärung der Pektinstoffe der Flachsstengel einsetzt u. die Röste beschleunigt wird. Die Ausbeute an langer Faser steigt dabei an, die an kurzer Faser nimmt ab. (Советская Агрономия [Sowjet. Landwirtschaftskunde] **10**. Nr. **1**. **81**. Jan. **1952**.) LINTER. 8050

R. Hünlich, *Alkali- oder Säurewalke.* Nach einer kurzen Besprechung der alkal. Walke, weist Vf. auf die Vorteile der sauren Walke hin u. behandelt dann anschließend eine verbesserte Arbeitsmethode. (Melliand Textilber. **33.** 761. Aug. 1952.) P. ECKERT. 8060

B. A. Ryberg, *Wichtige Kennzahlen von Wollschmälzen.* Eine Diskussion der Eigg. u. wichtigsten Kennzahlen von Wollschmälzen sowie ihr Verh. bei der mechan. u. chem. Textilverarbeitung. (Amer. Dyestuff Reporter **41.** 189—92. 213. 31/3. 1952. Procter & Gamble Co., Textile Res. Dep.) ZAHN. 8060

C. Pinte, *Quellung und Quellungsanisotropie von Kunstseide.* Es wird die genaue Bedeutung der verschied. Parameter untersucht, u. die Beziehungen zwischen ihren Veränderungen u. den Veränderungen der Strukturmerkmale der Kunstseide werden festgestellt. Die Ausführungen beschäftigen sich mit: Meßmethoden des Gewichtsquellwertes der Kunstseide (I), Quellungsanisotropie u. Feuchtigkeitsausdehnung sowie mit dem Einfl. der Streckung beim Spinnen, der Hitzebehandlung, des Dämpfens oder chem. Veränderungen auf die Quellung u. die Quellungsanisotropie der **I.** Es wurde gefunden, daß **I,** die beim Spinnen verschieden gestreckt werden, eine Verminderung der Gewichtsquellung u. eine wesentliche Vergrößerung des Quellungsanisotropiekoeff. erfahren. Zurückgeführt wird dieses Verh. auf eine Vergrößerung der Ordnung u. der Längsorientierung der Celluloseketten. Bei gedämpften oder chem. durch oxydierende Reagentien geschädigten **I** wurde eine Verminderung der Gewichtsquellung u. eine geringe Verminderung der Quellungsanisotropie beobachtet. Es wird angenommen, daß bei den entsprechenden Behandlungen Brücken in den am besten geordneten Bereichen der Faser gebildet werden, wo die Celluloseketten nahe beieinander liegen. Wahrscheinlich begünstigt eine Hitzebehandlung der **I** im Kessel die Bldg. von Zwischenkettenbrücken in der gesamten Faser. Dies wirkt sich auf die Gesamtquellung aus. Da die homogene Verteilung der Brücken keine Verminderung der Quellung, welche in der Querrichtung ausgesprochener ist als in der Längsrichtung, verursachen kann, wird die Quellungsanisotropie prakt. nicht verändert. (Melliand Textilber. **33.** 699—704. Aug. 1952. Centre de Recherches de la Soierie et des Industries Textiles de Lyon.) P. ECKERT. 8070

C. R. Walther Thomas, *Kontinuierliche Chemiefaser-Herstellung nach dem Kuljian-Verfahren.* Beschreibung des Verf. (Viscose). — Abb. u. schemat. Darstellungen. (Melliand Textilber. **33.** 711—14. Aug. 1952.) P. ECKERT. 8074

Andreas Agster, *Titanmattierung von Chemiefasern.* Vortrag mit anschließender Diskussion. Besprochen wird die Beeinträchtigung der technolog. Eigg. von mit TiO_2 mattierten Viscose- u. Kupferreyon durch Einw. von Sonnenlicht, bes. bei Gardinen. (Melliand Textilber. **33.** 739—43. Aug. 1952. Reutlingen, Staatl. Technikum für Textilindustrie.) P. ECKERT. 8074

Elisabeth Luyken und **Walther Wegener,** *Der Witterungseinfluß auf die Belastbarkeit gedehnter Kunstseiden.* Zu den Unterss. wurden Viscose- u. Kupferreyon sowie Perlon verwendet. Die Durchführung der Verss. wird beschrieben. Es wurde gefunden, daß sowohl die Temp. als auch der Luftdruck gleichsinnig die Belastungshöhe der auf ein vorbestimmtes Maß gedehnten Kunstseiden beeinflussen. (Melliand Textilber. **33.** 767—70. Aug. 876—78. Sept. 1952.) P. ECKERT. 8074

P.-A. Koch, *Zeinfaser: Vicara. Zein,* eine in A. lösl. hellgelbe Eiweißverb. erhält man, indem man Maismehl mit einer wss. Lsg. von Isopropylalkohol extrahiert, die viscose Lsg. abkühlt, filtriert, mit C_6H_{14} extrahiert, die Lsg. in kaltem W. versprüht, den Nd. wäscht u. vorsichtig trocknet. Die Herst. der Zeinfaser, ihre chem. Zus., physikal. u. chem. Eigg. u. Verwendung werden in einer tabellar. Übersicht beschrieben. (De Tex **10.** 1122 bis 1126. 15/11. 1951.) WESLY. 8078

—, *Der Einfluß der Carbonisierung auf Nylongarn und Gewebe.* Nylon (**I**) widersteht einer üblichen Carbonisierung mit 5%ig. H_2SO_4 (**II**). Bei Ggw. anderer Fasern tritt eine geringe Abnahme der Festigkeit ein. Beim Carbonisieren mit 15%ig. **II** muß mit einer stärkeren Abnahme der Bruchfestigkeit gerechnet werden. Gasförmiges HCl führt zu einem Abbau von **I,** der sich durch Viscositätsbest. nachweisen läßt. Unter n. Carbonisierungsbedingungen mit **II** tritt eine Änderung hinsichtlich des färber. Verh. gegenüber Wollfarbstoffen nicht ein. (Textile Manufacturer **78.** Nr. 933. 471—72. Sept. 1952.) P. ECKERT. 8080

Lothar Köhler, *Eulan auf Polyamidfaser-Mischgeweben.* Polyamidfasern werden von Textilschädlingen nicht angegriffen, besitzen aber ein hohes Bindevermögen für Eulan, so daß bei Mischgeweben die Eulanmenge entsprechend dem Mischungsverhältnis erhöht werden muß. Vor dem Neufärben solcher Gewebe ist auf Eulan zu prüfen u. dieses gegebenenfalls herauszulösen, um die dadurch blockierten MH-Gruppen für den Farbstoff freizumachen. Die Reiß- u. Scheuerfestigkeit wird durch die übliche Eulanisierung nicht herabgesetzt. (Färber u. Chemischreiniger, Färber-Ztg. **5.** 6. März 1952.) SCHOENMANN. 8080

A. Cresswell, *Die Polyacrylfaser X-51. Physikalische und chemische Eigenschaften.* Vf. beschreibt folgende Eigg. der neuen Polyacrylfaser *X-51* der AMERICAN CYANAMID: Farbe, Glanz, Querschnitt, D., Erweichungstemp., mechan. Eigg., elektr. Eigg., Beständigkeiten (Bewetterung, Schrumpfung, Entflammung). (Amer. Dyestuff Reporter **41.** 161—62. 17/3. 1952.) ZAHN. 8080

A. L. Peiker, *Die Polyacrylfaser X-51, Waschen, Färben und Ausrüsten.* In Fortsetzung oben referierter Arbeit werden Waschen, Färben u. Ausrüsten der neuen Acrylfaser *X-51* in Stapelform wie in Fadenform beschrieben. (Amer. Dyestuff Reporter **41.** 162—63. 17/3. 1952.) ZAHN. 8080

E. G. Brown und **T. J. Hayes,** *Die Bestimmung kleiner Mengen von Alginaten in Reyonschlichten und auf Garn.* Es wird eine absorptiometr. Meth. zur Best. von Ammoniumdi- oder -triäthanolaminalginat in Reyonschlichten oder auf Reyongarn beschrieben. Die Herst. der entsprechenden Alginate wird angeführt. Die Meth. beruht auf der Hydrolyse der Alginsäure zu Furfurol u. anschließender Rk. mit BIALs Reagens, wobei eine grünlichblaue Färbung entsteht. Bestimmt wird der Geh. an Alginat mit dem SPEKKER-Absorptiometer. BIALs Reagens ist eine Lsg. von *Orcin.* Mit zufriedenstellender Genauigkeit lassen sich Mengen von über 0,8 g Alginsäure im Liter bestimmen. Eine Arbeitsweise zum Abziehen der Schlichte vom Garn wird besprochen. (Analyst **77.** 445—53. Sept. 1952.) P. ECKERT. 8098

Th. Schütte, *Versuche zur Normierung der Prüfmethoden von Textilhilfsmitteln — Verfahren zur qualitativen Vorprüfung von Schmälzmitteln auf Auswaschbarkeit.* Beschreibung der Schüttel- u. Abhebermethode. (Melliand Textilber. **33.** 774—77. Aug. 1952.) P. ECKERT. 8098

American Cyanamid Co., New York, N. Y. (Erfinder: **Mario Scalera** und **Warren Schumann Forster,** Sommerville, und **Dale Raymond Eberhard,** Bound Brook, N. J.), V. St. A., *Herstellung von Dialkoxybenzoylderivaten von 4.4'-Diaminostilben-2.2'-disulfonsäure* (**I**) *und deren Alkalisalzen* durch Rk. der Sulfonsäure mit einem 2.4-Dialkoxybenzoylhalogenid. Als Lösungsmittel dienen wss. Alkalien oder organ. Flüssigkeiten. Nach den Beispielen wurden erhalten: die Na-Salze der Reaktionsprodd. von 2.4-Dimethoxybenzoylchlorid (**II**) mit **I,** gelbes Pulver mit blauer Fluorescenz; von 2.4-Diäthoxybenzoylchlorid mit dem Triäthylaminsalz der **I** u. von **II** mit dem Di-(o-tolyl)-guanidinsalz der **I.** — *Optische Bleichmittel.* (**D. B. P. 849 552** Kl. 12o vom 5/11. 1950, ausg. 15/9. 1952. A. Prior. 5/11. 1949.) SCHINDLER. 8027

Ciba Akt.-Ges., Basel (Erfinder: **Richard Sallmann,** Gelterkinden, und **Charles Gränacker,** Riehen, Basel), Schweiz, *Herstellung von Amidabkömmlingen,* dad. gek., daß man Amide, die sich von Säuren mit mindestens 3 C-Atomen ableiten, u. die an mindestens 1 Amidstickstoff mindestens 1 H tragen, HCOH u. NH_4-Salze oder Salze von prim. Aminen, gegebenenfalls in Ggw. einer Säure, miteinander umsetzt. Als Ausgangsstoffe dienen nach den Beispielen: Stearinsäureamid, Cosocfettsäuremethylolamid, N-Methylolstearinsäureamid, 4-Nitro-N-methylolbenzamid einerseits u. NH_4-Acetat, Monomethylaminacetat, o-Phenylendiamin, Äthylendiamin, Monoäthanolamin, Cyclohexylamin, p-Aminodimethylanilin, Monomethylamin. Als Säuren sind genannt: Eisessig, Ameisensäure, HCl. Die nicht näher definierten Kondensationsprodd. sollen als *Textilhilfsmittel* verwendet werden. (**D. B. P. 849 554** Kl. 12o vom 18/3. 1944, ausg. 15/9. 1952. Schwz. Priorr. 26/3. 1943 u. 4/2. 1944.) SCHINDLER. 8029

Philipp Albrecht, Marktredwitz, *Herstellung eines Schaummittels.* Man konz. das bei der Verarbeitung von Knochen durch geläufige Aufarbeitung. d. h. Mazeration mit verd. HCl, Abscheidung von Fett u. Ossein nach der Abscheidung des Dicalciumphosphats aus der sauren Fl. durch Neutralisation u. Filtration erhaltene Filtrat, gegebenenfalls unter teilweiser oder vollständiger Entfernung der wasserlösl. Salze, wobei vorteilhaft Filtrate konz. werden, aus denen das Phosphat mit NH_4OH, NaOH oder KOH ausgefällt worden war. (**D. B. P. 848 940** Kl. 8o, vom 23/8. 1949, ausg. 8/9. 1952.) v. SCHILLER. 8029

Socony-Vacuum Oil Co., Inc., New York, übert. von: **Paul V. Keyser jr.,** Moorestown, **John W. Schick,** Camden, und **Howard D. Hartough,** Pitman, N. J., V. St. A., *Wasserabstoßendmachen von Textilien.* Auch durch eine Behandlung mit Cu-Salzen gegen Stockfleckenbldg. geschütztes Textilgut kann mit bekannten quaternären Ammonverbb. der Formel $R-CH_2-(NC_5H_5)\cdot HCl$ (R = langkettige Alkoxygruppe) wasserabweisend gemacht werden. (**A. P. 2 582 870** vom 25/7. 1947, ausg. 15/1. 1952.) MÖLLERING. 8037

Madeco, Basel, Schweiz, *Knitterfest- und Schrumpffestmachen von Textilstoffen.* Man imprägniert Textilstoffe, z. B. Gewebe aus Baumwolle, Leinen, Cellulosehydratfasern oder Zellwolle, mit wss. Lsgg. von Vorkondensaten von Kunstharzen, bes. aus Dicyandiamid (I) u. Aldehyden, wie CH_2O, in Ggw. oder Abwesenheit von Katalysatoren bei unterhalb der Raumtemp., bes. zwischen 1 u. 5° liegenden Tempp., u. läßt die Imprägnier-Fl. ca. 1—3 Std. lang auf das Textilgut einwirken, trocknet es alsdann u. kondensiert das Kunstharz aus. Anstatt der genannten Vorkondensate können auch Mischvorkondensate, z. B. aus I, Harnstoff u. bzw. oder Melamin u. Aldehyden, Verwendung finden. Man erzielt eine vollständige u. gleichmäßige Durchdringung der einzelnen Fasern mit der Imprägnier-Fl. u. erhält eine knitter- u. schrumpffeste u. zugleich elast. u. scheuerfeste Ware. — Beispiele. (**Oe. P. 170 619** vom 27/9. 1949, ausg. 10/3. 1952.) RAETZ. 8037

Karl Eschenbach, Stadtlauringen, *Herstellung von Textilfasern* zur Verwendung als Polstermaterial oder zur Herst. von Seilen u. Matten, dad gek., daß Stroh von Hülsengewächsen (Leguminosen), z. B. Ackerbohnen, in W., NaOH- oder Na_2CO_3-Lsg. gekocht, ausgepreßt u. gerissen wird. (**D. B. P. 848 684** Kl. 29b vom 2/10. 1948, ausg. 8/9. 1952.) SALZMANN. 8047

Merck & Co., Inc., Rahway, übert. von: **Edward F. Rogers**, Middletown, N. J., V. St. A., *Herstellung von Ryanodin.* Gemahlene Wurzeln, Stengel oder Blätter von Pflanzen der Ryaniaarten, bes. Ryania speciosa Vahl., werden ca. 3 Std. mit kochendem W. extrahiert; nach Entfernung des Pflanzenmaterials wird der wss. Extrakt auf $^1/_{30}$ seines Vol. konz. u. dann mit Ae. extrahiert. Der Extrakt wird im Vakuum zur Trockene verdampft, der amorphe Rückstand in Aceton oder Ae. gelöst u. das rohe Ryanodin auskrist., worauf es aus Ae. so lange umgelöst wird, bis das krist. Endprod. den konstanten F. 219—220° besitzt. Es hat *insekticide Eigg.* u. ist bes. zum Imprägnieren von wollenen Geweben zwecks Schutzes gegen die *Kleidermotte* geeignet. (**A. P. 2 564 609** vom 18/9. 1947, ausg. 14/8. 1951.) KARST. 8063

Deutsche Solvay-Werke GmbH. (Erfinder: **Otto Heuse**), Solingen-Ohligs, *Vermeidung des Ausflockens von Hemicellulose aus gebrauchten Laugen* der Alkalicelluloseherst. beim Vermischen mit techn. Alkalilaugen höherer Konzentration. Man setzt einer der Mischungskomponenten *Glycerin, Mannit, Gluconsäure, Weinsäure* oder deren Alkalisalze zu. (**D. B. P. 850 002** Kl. 12o vom 5/11. 1944, ausg. 22/9. 1952.) FABEL. 8075

Glanzstoff-Courtaulds GmbH. (Erfinder: **Kurt Hess**, Rubi, und **Werner Koblitz**), Köln, *Herstellung von Cellulosexanthogenat.* Cellulose wird mit mindestens 25%ig. NaOH bei $>50°$ alkalisiert. Die Alkalicellulose wird mit einem CS_2-Überschuß bei 40—80° sulfidiert, bes. mit CS_2-Dampf. Vor der Sulfidierung kann eine Zwischenbehandlung mit verd. NaOH eingeschaltet werden. (**D. B. P. 850 887** Kl. 12o vom 1/11. 1949, ausg. 29/9. 1952.) FABEL. 8075

Badische Anilin- & Soda-Fabrik, Ludwigshafen/Rh. (Erfinder: **Otto Eisenhut**, Heidelberg, **Erich Schwartz**, Mannheim, und **Friedrich Lieseberg**, Ludwigshafen/Rh.), *Entschäumen und Entgasen von Viscose.* Der Viscose werden bis zu 0,1% hochsd. Anteile oder Destillationsrückstände der durch katalyt. Hydrierung der Oxyde des C erhaltenen Alkohole oder bis zu 0,5% fl., polymere Isobutylene zugesetzt. (**D. B. P. 846 271** Kl. 29b vom 12/2. 1941, ausg. 11/8. 1952.) SALZMANN. 8075

Drahomir Horsak, Brünn, Tschechoslowakei, *Künstliche Fäden aus Stärkeprodukten.* 1 (Teil) Kartoffelstärke in 7 W. wird mit 0,3 Glycerin (I) bei 80° angerührt u. die M. in ein I enthaltendes Methanolbad versponnen. Aus den feuchten Fäden kann gegebenenfalls mit Naturfasern ein papier-, pappe- oder filzartiges Prod. hergestellt werden. Die pseudothermoplast. M. kann auch anderweitig geformt oder als Ausgangsmaterial für die Herst. von A. u. Zucker verwendet werden. Sie kann auch mit Cr- oder Ag-Salzen versetzt, photochem. Strahlen ausgesetzt u. in einem diastasehaltigen Bad verflüssigt werden. (**A. P. 2 570 449** vom 4/1. 1947, ausg. 9/10. 1951. Tschech. Prior. 19/1. 1946.) SALZMANN. 8079

I. G. Farbenindustrie Akt.-Ges., Frankfurt/M. (Erfinder: **Emil Hubert**, Dessau, **Paul Schlack** und **Hermann Ludewig**, Berlin), *Harte, hochschmelzende Linearpolymerisate.* Aliphat. Urethancarbonsäuren mit einer C-Kette von mindestens 5 C-Atomen zwischen COOH- u. Urethangruppe werden allein oder im Gemisch mit aliphat. Diurethanen mit einer C-Kette von mindestens 2 C-Atomen zwischen den Urethangruppen unter kondensierenden Bedingungen erhitzt. — Urethylan-N-ϑ-pelargonsäure, $HOOC\cdot(CH_2)_8\cdot NH\cdot COOCH_3$, wird in N_2-Atmosphäre mehrere Std. auf 240—250° erhitzt. Man erhält ein zwischen 190 u. 200° schm. Prod., dessen Schmelze zu *Fäden* mit $>400\%$ Dehnbarkeit verspinnbar ist. — Analog wird N.N'-Dicarbomethoxyoctamethylendiamin mit Sebacinsäure umgesetzt. (**D. R. P. 753 158** Kl. 39c vom 15/6. 1938, ausg. 28/8. 1952.) MÖLLERING. 8081

E. I. du Pont de Nemours & Co., Wilmington, Del., übert. von: **Ralph Gardner Beaman**, Buffalo, N. Y., V. St. A., *Zu Fäden oder Filmen verspinnbare Lösungen* erhält man aus (Misch-) Polymerisaten, die mindestens 85% Polyacrylnitril enthalten, durch Lösen in N-Acetylmorpholin, N-Acetylpyrrolidin, N.N'-Diacetyl-N.N'-dimethylhydrazin,

N.N'-Diacetyl-N.N'-dimethylmethylendiamin (oder den entsprechenden Äthylenverbb.) oder N.N'-Diacetylpiperazin. (**A. P. 2 580 393** vom 9/8. 1949, ausg. 1/1. 1952.) Möllering. 8081

Vereinigte Glanzstoff-Fabriken Akt.-Ges. (Erfinder: **Karl Macura**, Wuppertal, und **Theo Lieser**, Darmstadt), *Herstellung hochpolymerer Kunststoffe*, dad. gek., daß *Diiminoäther* von *Dicarbonsäuren* mit mindestens 6 C-Atomen mit *Hydrazin* oder *Hydrazinhydrat* (I) im Molverhältnis 1 : 2 unter O_2-Ausschluß bei höheren Tempp. kondensiert werden. Die Verfahrensprodd. sind fadenziehend. — Z. B. werden 200 (Teile) *Adipinsäureiminoäther* mit 100 I im N_2-Strom langsam erhitzt. Es spalten sich A. u. NH_3 ab, u. es verbleibt eine weiße glasige Masse. Bei 180° wird m-Kresol (**II**) als Lösungsm. eingerührt u. weiter unter Abdampfen von **II** auf 240° erhitzt. Man erhält eine glasige, viscose M., die zu *Fäden* von guter Festigkeit versponnen werden kann. (**D. B. P. 844 822** Kl. 39c vom 2/8. 1942, ausg. 24/7. 1952.) Herbst. 8081

La Soie, Soc. An., Seine, Frankreich, *Wasserundurchlässiges Gewebe*. Man imprägniert Polyamidgewebe („Nylon" oder „Perlon") mit festhaftenden, undurchlässigmachenden Verbb. — zweckmäßig durch Besprühen — derart, daß die Fäden der Gewebe mit dem Imprägniermittel vollständig überzogen werden, z. B. mit pflanzlichen Ölen, wie Ricinusöl (I), tier. Ölen oder pflanzlichen oder künstlichen Wachsen, wozu im Falle von I ca. 15—20 g je m^2 erforderlich sind. Die so erhaltenen Gewebe sind außerordentlich wasserundurchlässig, widerstandsfähig, elast. u. leicht u. eignen sich daher bes. für die Herst. von Kleidung, vorzugsweise Unter- oder Sportkleidung, von Zeltbahnen, Segeltuch oder Regenschirmen. (**F. P. 984 417** vom 20/9. 1943, ausg. 5/7. 1951.) Raetz. 8081

A. J. **Hall**, Handbook of textile finishers. London: National Trade Pr. 1952. (262 S. m. Abb. u. Diagr.) s. 25,—.

Herbert R. **Mauersberger** and others, American handbook of synthetic textiles. New York: Textile Bk. Publishers. 1952. (1218 S. m. Diagr.) $ 10,80.

J. P. **Sisley**, Encyclopedia of surface-active agents. Tr. from the French and rev. by P. J. Wood. New York: Chemical Pub. Co. 1952. (544 S.) $ 15,—.

XIX. Brennstoffe. Erdöl. Mineralöle.

W. L. Schifrin und **Ss. A. Ssidjakin**, *Das Volumgewicht von Torfhaufen*. Für Torfarten von 15—36% Zers. u. 40% Wassergeh. wurde berechnet, daß das Volumgewicht des in Haufen geschütteten Torfes um 30 kg pro Tonne für jeden m Höhe ansteigt. Bei Erhöhung des Zersetzungsgrades um je 1% beträgt die Änderung des Volumgewichtes 6,6 kg. (Торфяная Промышленность [Torf-Ind.] **29**. Nr. 5. 13—14. Mai 1952.) v. Schroeder. 8122

Alfred Egerton, *Methan und Kohle*. Die scheinbar koll. Zus. der Kohle aus hexagonal angeordneten C-Atomen mit dazwischenliegenden Komplexen von O-, S- u. N-Atomen läßt eine große Anzahl feiner Poren vermuten, in denen während des Inkohlungsvorganges aus Pflanzenüberresten unter Mitwrkg. von Mikroorganismen gebildete Gase (vor allem CH_4 u. CO_2) eingeschlossen wurden. Man rechnet mit einer CH_4-Menge von 1 Gew.-% der Kohle. Das beim Abbau der Kohle freiwerdende CH_4 wird zur Vermeidung von Grubengasexplosionen mit Bewetterungsluft verd. u. abgeführt. Um das so gewonnene CH_4 zu verwerten, kann es vor der Mischung mit Luft abgezogen u. nach Umwandlung als Stadtgas oder als Treibstoff für Kraftfahrzeuge fl. oder gasförmig verwendet, bzw. mit Bewetterungsluft verd. (Geh. an Methan ca. 0,5—1,0%) in Gasturbinen verbrannt werden. Die Verbrennung des geringen CH_4-Anteiles der Luft erfolgt nach Vorwärmung auf 900° restlos, während das gebildete CO erst nach völligem Verschwinden des CH_4 gänzlich oxydiert wird. (Nature [London] **170**. 93—97. 19/7. 1952.) Schöberl. 8126

W. F. Oreschko, *Oxydation der petrographischen Bestandteile von Steinkohlen*. Bei der Oxydation der Steinkohle mit $NaNO_2$ wird unterschiedliches Verh. von *Fusen* (I) u. *Vitren* (**II**) festgestellt. I gibt in der Regel mehr Peroxyde als **II**, auch ist die Bldg. von Hochtemperaturkomplexen bei I stärker als bei **II**. Die Änderung der Entflammungstemp. hängt bei I wesentlich vom Verkohlungsgrad ab, während diese Abhängigkeit bei **II** in geringem Maße zutrifft. Die Entflammungstemp. bei Flammkohle von I liegt wesentlich höher als diejenige von **II**, während bei Kokskohle die umgekehrte Beobachtung gemacht wurde. Die Explosion bei der Oxydation mit $NaNO_2$ liegt für Flammkohle bei I ebenfalls beträchtlich höher als bei **II**, ist jedoch bei Kokskohle prakt. gleich. Damit wird bewiesen, daß eine Unterscheidung von I u. **II** durch Oxydation mit $NaNO_2$ nicht möglich ist, wohl aber auf Grund der Entflammungstemp. dargestellt durch den Verlauf der Gewichtskurven in Abhängigkeit von der Oxydation. (Доклады Академии Наук СССР [Ber. Akad. Wiss. UdSSR] [N. S.] **81**. 663—66. 1/12. 1951. Inst. für fossile Brennstoffe der Akad. der Wiss. der UdSSR.) Huene. 8126

B. W. Naugle, J. D. Davis und **J. E. Wilson,** *Genauigkeit der Treibversuche bei Kohlen. Beziehung des Treibens zu anderen Eigenschaften.* In Verb. mit Verss. des BUREAU OF MINES zur Ermittlung des Treibverh. von Kohlen mit bisher unbekannten Eigg. wurden Methoden entwickelt, mit deren Hilfe man an Hand statist. Unterlagen u. Wahrscheinlichkeitsrechnungen die mögliche Genauigkeit der Untersuchungsergebnisse festlegen kann. Die Einflüsse weiterer Faktoren, wie fixer Kohlenstoffgeh., Art der Kohlenmischung, Korngröße, Erweichungsverh., Ofenwanddruck u. innerer Gasdruck auf das Treibverh. der Kohlen werden statist. ausgewertet u. die Fehlergrenzen bei den Treibverss. mit Hilfe errechneter Bezugskoeffizienten bestimmt. (Ind. Engng. Chem. **43.** 2916—22. 10/12. 1951. Pittsburgh, Pa., U. S. Bur. of Min., Central Exp. Stat.) SCHÖBERL. 8126

Fritz Schuster und **Jürgen Sommer,** *Über Verbrennungskennwerte von Brennstoffen, insbesondere von technischen Brenngasen.* Nach graph. Darst. der Formeln von ROSIN u. FEHLING für den Luftbedarf u. die feuchte Rauchgasmenge werden auf Grund von Brenngastypen für einige wichtige Verbrennungswerte Zahlenleitern in Abhängigkeit vom unteren Gasheizwert wiedergegeben. Die Flüssiggase *Propan* u. *Butan* werden außerhalb der Zahlenleitern gesondert behandelt. Alle Angaben sind ergänzt durch jene Werte, die für die Konstruktion von OSTWALDschen Verbrennungsdreiecken der ausgewählten Brenngastypen gebraucht werden. Dabei sind auch die Werte für die Linien der Luftüberschußzahlen n = 1,0, 1,1, 1,2, 1,5 berücksichtigt worden. — Diagramme u. Tabellen. (Gas- u. Wasserfach, Ausg. Gas **93.** 473—75. 1/9. 1952. Essen-Langenberg, Gaswärme-Inst. des Verein. Inst. für Wärmetechnik.) K. O. MÜLLER. 8128

A. R. Leye, *Beurteilung von Brennstoff, Verbrennungsluft und Verbrennungsprodukt, insbesondere bei Brennstoffgemischen.* Bei der hier erläuterten Verbrennungsrechnung werden Kennzahlen eingeführt, die zur Ermittlung der „Kennzahl der Verbrennung" dienen. Sie stellt den reziproken CO_{2max}-Wert dar u. vermag den Zusammenhang zwischen Brennstoff, Verbrennungsluft u. Verbrennungsgas wiederzugeben. An zwei Beispielen wird die Anwendung der Gleichungen gezeigt, die für feste (fl.) u. gasförmige Brennstoffe oder für Brennstoffgemische aufgestellt sind. (Brennstoff. Wärme. Kraft **4.** 294—99. Sept. 1952.) SCHÖBERL. 8128

L. Clegg und **S. V. Jackson,** *Das Trocknen von Pasten, Pulvern und Kristallen.* Vff. geben eine Klassifizierung der verschied. techn. verwendeten Trocknertypen, die im wesentlichen in Kontakt- u. Konvektionstrockner eingeteilt werden. Techn. Daten der einzelnen Typen werden besprochen u. in bezug zu den physikal. Eigg. der damit erzeugten Prodd. gebracht. Ergebnisse von Versuchstrocknungen werden mitgeteilt u. bes. hinsichtlich des spezif. Brennstoffverbrauches u. Wärmewirkungsgrades ausgewertet. (J. Inst. Fuel **25.** 3—13. Jan. 1952. Großbritannien, Ministerium für Brennstoffe u. Kraft.) GERHARD GÜNTHER. 8134

M. B. Rawitsch, W. A. Lanin und **W. I. Korschunow,** *Untersuchung des Einflusses von zugesetzten Natriumverbindungen auf den Prozeß der Steinkohlenhalbverkokung.* Es wird festgestellt, daß NaOH einen bes. starken katalyt. Einfl. auf den Crackprozeß ausübt, während Na_2CO_3 weniger wirksam ist. Die Anwendung von NaCl zeigt keine wesentliche Änderung in der qualitativen Zus. der Halbverkokungsprodukte. Eine geringe Erhöhung der Ausbeuten an leichten Teerdestillaten u. Erniedrigung des Anfalls an Gasen u. Gasbenzin in Ggw. von NaCl deutet auf dessen Bremswrkg. in bezug auf die Aufspaltung von KW-stoffmoll. beim Prozeß der Halbverkokung. (Журнал Прикладной Химии [J. angew. Chem.] **24.** 970—75. Sept. 1951.) HUENE. 8144

N. I. Schuikin und **Je. A. Timofejewa,** *Untersuchung der chemischen Natur der hellen Fraktionen des primären Teers der Budakow-Sapropeliten.* Die hellen Fraktionen des Primärteers der Budakow-Sapropeliten bestehen hauptsächlich aus KW-stoffen. Der Geh. an N-Basen in den einzelnen Fraktionen schwankt zwischen 0,1—2,2%, der Geh. an sauren Prodd. 0,1—2,3%, während S in Mengen von 0,49—0,53% vorkommt. — Neutrale O-haltige Stoffe sind ebenfalls, allerdings in sehr geringen Mengen, anwesend. Die untersuchten Fraktionen enthalten 54—59% ungesätt. Anteile, wobei es sich im wesentlichen um Teerbildner handelt. Alkane sind zu 21—31% enthalten, Aromaten zu 9—16% u. cycl. Verbb. zu 4—7%. Auf Grund ihrer chem. Natur sind die Sapropele des Budakow-Gebiets sehr wohl zur Verarbeitung auf fl. Brennstoffe geeignet. (Известия Академии Наук СССР, Отделение Химических Наук [Nachr. Akad. Wiss. UdSSR, Abt. chem. Wiss.] **1951.** 120—28. März/April. Inst. für organ. Chem. der Akad. der Wiss. der UdSSR.) HUENE. 8180

E. Schjånberg, *Die schwedische Schieferölindustrie.* Aus dem in Kvarntorp (Schweden) vorhandenen Ölschiefer (mittlerer Ölgeh. 4,5%) wird seit 1942 Schieferöl großtechn. gewonnen. Es werden ausführlich besprochen die Zus. des Ölschiefers, die Arbeitsweise,

Vor- u. Nachteile der verschied. Gewinnungsmethoden (BERGHS-, Industriemetoders-, Rockesholms- u. LJUNGSTRÖM-Meth.), die Ölaufarbeitungsverff. einschließlich Hydrierung u. Entschwefelung u. die Möglichkeiten der Rückstandsverwertung. (Abh. braunschweig. wiss. Ges. **3.** 216—38. 1951.) FIEDLER. 8180

B. C. White, *Acht Methoden der Produktion zusätzlichen Gases.* Techn. u. ökonom. Betrachtungen zur Verwertung von Naturgasen u. von Gasen, die als Nebenprodd. in der Petroleumindustrie anfallen. (Gas Age **109.** Nr. 4. 31—34. 90. 92. 14/2. 1952.) GERHARD GÜNTHER. 8186

R. Urlass, *Normblattentwürfe „Normalschmieröle", „Schmieröle D" sowie „Dunkle Schmieröle und Achsenöle".* (Erdöl u. Kohle **5.** 33—38. Jan. 1952.) K. O. MÜLLER. 8220

Braunkohlenwerke Salzdetfurth Akt.-Ges., Berlin (Erfinder: **Rudolf Hager,** Frankfurt/M.), *Entphenolung von Schwel- und Abwässern* (I) durch Extraktion mit niedrigsd. Lösungsmitteln. Ausgangsstoffe sind **I,** deren Ketongeh. dadurch verringert worden ist, daß die ketonreichen Dampfkondensate aus den letzten Stufen der Teerkondensation u. das ketonreiche Kondensat aus der Waschöldest. der Leichtölgewinnungsanlage in die ersten Kühler der Teerkondensation (Vorkühler) eingespritzt worden sind. (**D. B. P. 850 453** Kl. 12q vom 5/6. 1943, ausg. 25/9. 1952.) FABEL. 8175

Standard Oil Development Co., Del., übert. von: **Robert L. Weeks,** Union, N. J., V. St. A., *Trocknen fester Adsorptionsmittel.* Um Aromaten aus Gas- oder Schmierölen zu entfernen, werden die Öle in einer 1. Stufe mit Kieselgel behandelt. Dieses wird von dem Behandlungsgut abgetrennt u. in einer 2. Stufe mit einem fl. Paraffin-KW-stoff mit 4—8 C-Atomen, z. B. Heptan, behandelt, in dem sich die adsorbierten Aromaten lösen. Nach Abtrennen dieses paraffin. Lösungsm. wird das Kieselgel in einer 3. Stufe mit dem überhitzten Dampf desselben paraffin. Lösungsm. behandelt u. getrocknet. (**A. P. 2 589 981** vom 16/7. 1948, ausg. 18/3. 1952.) UNGER. 8195

Socony-Vacuum Oil Co., übert. von: **Elwood B. Backensto,** Woodbury, N. Y., V. St. A., *Entschwefelungsmittel für Kohlenwasserstoffmischungen.* S u. einer oder mehrere n. C_4-KW-stoffe werden getrennt erhitzt u. heiß vermischt, so daß die Mischung eine Temp. von 850° F hat. Es bilden sich außer H_2S u. Teer in der Hauptsache Thiophen oder Butadien. Man gewinnt das Entschwefelungsmittel (solutizer) aus dem Teer durch Extraktion mit einer 30%ig. wss. Alkalihydroxydlsg. oder durch Wasserdampfdest. dieses Thiophenteers. Das Wasserdampfdestillat wird anschließend im Vakuum destilliert. Mit diesem Lösungsvermittler ist es möglich, Sulfhydryle (Mercaptane, Thiophene) u. auch freien S aus KW-stoffgemischen durch Extraktion mit wss. Alkalilaugen zu entfernen. (**A. P. 2 589 187** vom 2/10. 1947, ausg. 11/3. 1952.) UNGER. 8195

Gulf Oil Corp., Pittsburgh, Pa., übert. von: **Leslie U. Pranklin,** Port Arthur, Tex., V. St. A., *Selektive Entschwefelung von Kohlenwasserstoffen durch katalytische Hydrierung.* Man zerlegt ein Gemisch von Erdöl-KW-stoffen (z. B. Rohöl) in eine Anzahl von Fraktionen, bringt eine hochsd. Fraktion in der Dampfphase (ca. 700° F) mit einem Katalysator der Fe-Gruppe (z. B. Ni oder NiO auf einem Träger) in Ggw. eines H_2-haltigen Gases in Berührung, setzt dem Dampfgemisch aus hochsd. Fraktion u. H_2-haltigem Gas eine niedrigersd. Fraktion (z. B. leichtes Gasöl) zu u. erhitzt diese Mischung auf eine wesentlich höhere Temp. (ca. 800° F) u. bringt sie mit einem Hydrierungskatalysator ähnlicher Beschaffenheit in Berührung. Diese Maßnahmen führt man in fortlaufendem Prozeß mit allen Fraktionen durch, bis sich wesentliche Mengen von H_2S im Abgas zeigen, u. bis das Ni des Katalysators in NiS übergeführt ist. — Zeichnung. (**A. P. 2 587 987** vom 10/5. 1949, ausg. 4/3. 1952.) UNGER. 8195

Socony-Vacuum Oil Co., Inc., übert. von: **John L. Biles** und **Harold C. Myers,** Woodbbury, und **Theodor Arthur Petry** und **Willard H. Cowell,** Wenonah, N. J., V. St. A., *Trennung von Paraffin und Öl.* Um aus paraffin- u. ölhaltigem Material, z. B. dem „slack wax", d. h. dem aus Erdöl durch Kühlen u. anschließendes Filtrieren erhaltenen, noch ölhaltigen Paraffin (**I**) das Öl (**II**) abzutrennen, bringt man das Material mit adsorbierenden porösen Stoffen (**III**) unter Kühlung bei solchen Tempp. in innigen Kontakt, bei denen **I** kristallisiert. Die adsorbierenden Teilchen werden dabei von **I** überzogen, während **II** von den Poren der **III** aufgesaugt wird. Die Trennung des **I** von **III** erfolgt auf mechan. Wege durch Abrieb, worauf anschließend das Öl aus den **III** durch Herauslösen mittels einer Erdölfraktion gewonnen wird. Als **III** eignen sich Bauxit, Fullererde, aktivierte Holzkohle, synthet. Gele aus SiO_2 u. Al_2O_3 von einer Körnchengröße von 0,022—0,5 inch. Auf 1 (Gewichtsteil) Ausgangsmaterial verwendet man 0,5—10 **III.** Das Verf. kann kontinuierlich oder diskontinuierlich durchgeführt werden. — Vorrichtungen. (**A. P. 2 581 573** vom 9/6. 1948, ausg. 8/1. 1952.) BEIERSDORFF. 8195

Standard Oil Development Co., übert. von: **Don R. McAdams**, Baton Rouge, und **Marnell A. Segura**, Denham Springs, La., V. St. A., *Herstellung eines Katalysators für die Umwandlung von Kohlenoxyden mit Wasserstoff.* Gesinterte Eisenpyritasche wird mit geringen Mengen von Kohlenstoff (2—8%), gegebenenfalls unter Zusatz von W. (3—10%) u. eines Alkalis als Beschleuniger, gemischt, die Mischung zur Verbrennung des C mit O_2 enthaltenden Gasen bei 2200—2500° ca. 0,5—2 Min. behandelt u. das gesinterte Eisenoxyd in einem H_2-reichen Gas reduziert. — Abbildung. (**A. P. 2 565 977** vom 12/5. 1948, ausg. 28/8. 1951.) STEIL 8201

Hydrocarbon Research, Inc., New York, übert. von: **Paul W. Garbo**, Freeport, und **Earl W. Riblett**, Tenafly, N. Y., V. St. A., *Kontinuierliche CO-Hydrierung* über Fe-, Co-, Ni- oder Ru-Katalysatoren zu KW-stoffen u. O-haltigen organ. Verbb. wird in 2 Stufen durchgeführt. Man leitet die Synthesegase (I) mit vorgewärmten, feinzerteilten Katalysatoren (II) durch den auf 700—1200° (F) indirekt vorgewärmten Reaktionsraum, wobei die Verweilzeit von I, je nach der Art der angewandten II, unterhalb 1 Sek. gehalten wird. Aus der 1. Stufe (CH_2-Bildungszone) gelangen die Gase u. II in die 2. Stufe (Polymerisationszone) u. werden hier einer längeren Verweilzeit (10 Sek.) unterworfen, wobei die Temp. um mindestens 300°, durch indirekte Kühlung, gesenkt wird. Die Bldg. einer fl. Phase muß vermieden werden. Temp. u. Druck richten sich nach den II. Z. B. betragen die Reaktionsbedingungen in der 2. Stufe bei Co: 300—400° u. 150 lbs./sq.in.; bei Fe: 500—600° u. 200—500 lbs./sq.in. Die Katalyse wird als Wirbelschichtkatalyse ausgeführt. Aus der obersten, in wallender Bewegung befindlichen Schicht zieht man Katalysatorteile laufend ab u. befreit sie in einem Abtreibgefäß von anhaftenden Reaktionsprodd. bei Tempp., die gleich, höher oder niedriger als die in der 2. Stufe sind. Mitgerissene II werden von einem porösen Alundumfilter zurückgehalten. — Zeichnung. (**A. P. 2567932** vom 30/4. 1948, ausg. 18/9. 1951.) G. KÖNIG. 8201

Standard Oil Development Co., Elizabeth, N. J., V. St. A., *Hydrierung von Kohlenoxyden* erfolgt in 2 Stufen, wobei in der 1. Stufe, bezogen auf das CO u. H_2-Gemisch 8—20% vom Vol. Wasserdampf zugesetzt u. in Ggw. eines Katalysators der Fe-Gruppe auf O enthaltende KW-stoffe gearbeitet wird. In der 2. Stufe wird mit einem ausgebrauchten Katalysator der 1. Stufe unter Bedingungen gearbeitet, die zu fl. KW-stoffen führen. Als Katalysator dient bes. Fe, das durch einen Zusatz von 1—8% K_2CO_3 oder KF angeregt wird. — Vorrichtung. (**E. P. 653 915** vom 19/5. 1948, ausg. 30/5. 1951. A. Prior. 29/9. 1947.) MÖLLERING. 8201

Koppers Co., Inc. (Erfinder: **Alfred Richard Powell**), Pittsburgh, Pa., V. St. A., *Regeln der Temperatur in der Reaktionszone bei der katalytischen Hydrierung von Kohlenmonooxyd*, gek. durch folgende Stufen: eine Mischung von H_2 u. CO in Gasform wird in Berührung mit einem feinverteilten FISCHER-TROPSCH-Katalysator aufwärts strömend durch eine hohe, senkrecht fließende Säule einer erhitzten wärmeübertragenden Fl., bes. durch eine Wassersäule, geleitet, wobei dieses W. die Hydrierungsreaktionszone bildet, in welcher exotherme Reaktionswärme entwickelt wird; der Katalysator wird mit dem W. u. ebenso wird das Gasgemisch am Fuß der Säule eingeführt; die Strömungsgeschwindigkeit u. die Verteilung des Gases in der Säule werden so geregelt, daß der Katalysator aufwärts durch die Säule als ein Flotationsbrei hochgetragen wird; in der Wassersäule wird ein solcher Druck aufrechterhalten, daß sich das W. im fl. Zustand bei einer Temp. von 190—245° in der Hydrierungsreaktionszone befindet; die exotherme Reaktionswärme wird als latente Verdampfungswärme des W. in der Säule aufgenommen; der Katalysator wird am Kopf der Säule abgezogen; Gas u. Dämpfe werden oben von der Reaktionszone, getrennt vom Katalysator, entfernt; W. wird aus der Säule ein kurzes Stück unterhalb ihres Kopfes abgezogen. **Der Katalysator** wird durch Zentrifugieren von Gasen, Dämpfen u. Fl. getrennt, mit niedrigsd. KW-stoffen die wachsartigen KW-stoffe entfernt u. mit H_2 bei 50—100° behandelt. Die Geschwindigkeit der Gase u. Dämpfe in der Säule ist höher als die der Wassersäule. Man setzt dem W. eine geringe Menge Flotationsmittel (Kresylsäure) zu. — Zeichnung. (**D. B. P. 835 138** Kl. 12o vom 12/2. 1949, ausg. 27/3. 1952. A. Prior. 6/4. 1948.) G. KÖNIG. 8201

Ruhrchemie Akt.-Ges. (Erfinder: **Friedrich Schnur**), Oberhausen, *Fraktionierte Kühlung von Kontaktöfen* für exotherme Rkk., z. B. bei der *CO-Hydrierung*, mit innerhalb der Kontaktfüllung liegenden Kühlrohren oder die Öfen umgebenden Kühlmänteln, die von fl. oder gasförmigen Kühlmitteln durchflossen werden. Der Kühlmittelweg wird in einzelne, hintereinandergeschaltete Abschnitte aufgeteilt, die durch Drosselwiderstände (Drosseldüsen, Drosselventile) voneinander getrennt sind u. einen in der Kühlmittelströmungsrichtung abschnittsweise abnehmenden Kühlmitteldruck aufrechterhalten. Wenn der Kontakt in Röhren untergebracht ist, erhält der Druckmantel für die Kühl-Fl. Zwischenböden mit Drosselventilen. — Abbildung. (**D. B. P. 840 390** Kl. 12g vom 30/4. 1949, ausg. 3/6. 1952.) STEIL. 8201

Standard Oil Development Co., Del., übert. von: **William H. Jones, Fred M. Long,** und **W. Robert Krebs,** Baton Rouge, La., V. St. A., *Regenerieren von Katalysatoren* der CO-Hydrierung erfolgt mittels eines inerten Gasstromes (N_2) bei 900—1400° F, wobei die C-haltigen Ablagerungen durch O-Entnahme aus den Katalysatoren zu gasförmigen Prodd. oxydiert werden. Man kann die zur Regenerierung gelangenden Katalysatoren einer Vorbehandlung mit Luft, O_2, Wasserdampf oder CO_2 unterwerfen. — Schemat. Zeichnung. (**A. P. 2 541 654** vom 3/6. 1947, ausg. 13/2. 1951.) G. KÖNIG. 8201

Phillips Petroleum Co., Del., übert. von: **Maryan P. Matuszak,** Bartlesville, Okla., V. St. A., *Geruchlosmachen von Lösungsbenzin* (I) erfolgt durch Behandeln von I mit dem aus der katalyt. Alkylierung von Paraffin-Olefin-KW-stoff-Mischungen erhaltenen, als Motortreibmittel geeigneten Alkylierungsprod. (II) in Ggw. eines Alkylierungskatalysators (III) (wasserfreier HF, konz. H_2SO_4 oder $AlCl_3$-Komplexverbb.) bei 50—150° F u. Drucken von 50—125 lbs./sq.in. während einer Kontaktdauer von vorzugsweise 5—60 Minuten. Die Menge von I kann 1—20 Gew.-% von II betragen. Das Volumenverhältnis der gesamten KW-stoffe zu III liegt zwischen 1 : 0,25 bis 1 : 1,5. Man erhält eine Säure- u. eine KW-stoffphase. Durch Schichten trennt man die Säurephase, die in den Kreislauf gelangt. Die KW-stoffphase wird fraktioniert u. die, nach Abdest. von II erhaltene, zwischen 300 u. 550° F sd. I-Mischung ist geruchlos. Aus dieser Fraktion dest. man, sofern sie noch unangenehm riecht, eine bei 300—350° F übergehende Fraktion ab, sie enthält fast sämtliche riechenden Begleitstoffe. — Zeichnung. (**A. P. 2 544 559** vom 14/10. 1947, ausg. 6/3. 1951.) G. KÖNIG. 8201

Badische Anilin- & Soda-Fabrik, Ludwigshafen/Rh. (Erfinder: **Hans Bähr,** Herne-Sodingen, **Hubert Corr,** Ludwigshafen/Rh., und **Byron Wehm,** Renchen), *Herstellung von flüssigen, besonders als Treibstoffe verwendbaren Kohlenwasserstoffen* durch Alkylierung von isoparaffin. oder aromat. KW-stoffen mit Olefinen in fl. Phase bei Ggw. von fl. Katalysatoren, bes. konz. H_2SO_4, unter Verwendung eines Überschusses an isoparaffin. oder aromat. KW-stoffen, wobei die Olefine in Verdünnung mit den zu alkylierenden KW-stoffen mit der Katalysator-Fl. oder einem Gemisch aus ihr u. zu alkylierenden KW-stoffen unter starker Bewegung zusammengebracht werden u. das Reaktionsgemisch im Kreislauf durch die Reaktionszone geführt wird, während ständig oder zeitweise ein kleiner Teil davon nach Verlassen der Reaktionszone zur Gewinnung der alkylierten KW-stoffe abgezogen wird, dad. gek., daß bei Durchführung der Alkylierung von isoparaffin. KW-stoffen zwischen ca. —10 u. +30° u. von aromat. KW-stoffen zwischen ca. 40 u. 70° die Reaktionsteilnehmer so weit vorgekühlt werden, daß sie sich beim Durchleiten mit großer Geschwindigkeit durch eine rohrförmige Reaktionszone um nicht mehr als 5° erwärmen. Als fl. Katalysatoren sind die Mineralsäuren ($ClSO_3H$), ferner fl. Additionsverbb. von Chloriden, bes. von $AlCl_3$, geeignet. Metalle, wie Co, Ni, Cd, Hg, oder Salze, wie Sulfate oder Chloride, z. B. $FeCl_3$, BF_3, können den fl. Katalysatoren zugesetzt werden. — Skizze. (**D. R. P. 767 386** Kl. 12o vom 10/7. 1941, ausg. 31/7. 1952.) G. KÖNIG. 8201

Universal Oil Products Co., Chicago, Ill., übert. von: **Louis S. Kassel,** Riverside Ill., V. St. A., *Dreistufiger katalytischer Prozeß zum Reformieren von Benzin.* Beim „Reformieren" (I) von Naphthene u. Paraffine enthaltendem Bzn. durch katalyt. Wärmebehandlung zwecks Erhöhung der Octanzahl laufen zwei voneinander unabhängige Rkk. nebeneinander her, nämlich Aromatisierung der Naphthene u. hydrierende Spaltung der Paraffine, die zwecks Begrenzung letzterer aufeinander abgestimmt werden müssen. Das Bzn. wird nach Zusatz von aus dem Prozeß stammendem H_2 auf ca. 850° F erhitzt u. durchstreicht dann ein unbeheiztes Reaktionsgefäß (II), das ca. 5% der Gesamtmenge des verwendeten Katalysators (III) enthält. Dieser besteht z. B. aus Al_2O_3 mit einem Geh. von 0,05—5,0% Pt u. geringen Mengen Halogen (Cl oder F). In dieser 1. Stufe werden hauptsächlich die C-bildenden Bestandteile entfernt, während ein I nur in geringem Ausmaße erfolgt. Die Prodd. der 1. Stufe strömen dann durch mit ca. 20% des III gefüllte Rohre, die in einem vertikalen II montiert sind u. durch Wärmestrahlung mittels Verbrennungsgasen erhitzt werden, wobei Aromatisierung erfolgt. Die Prodd. gehen dann in ein 3., unbeheiztes, wärmeisoliertes II, das mit ca. 75% des III gefüllt ist u. in dem die hydrierende Spaltung erfolgt. Die aus dieser letzten Stufe austretenden Prodd. werden nach Passieren eines Kühlers in leichte KW-stoffe u. in Gase getrennt, die zu ca. 90% aus H_2 bestehen u. dem Ausgangsstoff vor Eintritt in die 1. Stufe zugesetzt werden. III wird auf 750—1000° F, der Druck in dem Syst. auf 3,5—84 at gehalten. (**A. P. 2 573 149** vom 20/11. 1948, ausg. 30/10. 1951.) BEIERSDORF. 8201

Badische Anilin- & Soda-Fabrik, Ludwigshafen/Rh. (Erfinder: **Hans Engel,** Heidelberg), *Herstellung schmierölverbessernder Stoffe,* 1. dad. gek., daß man die Einwirkungsprodd. von Cl-S-Verbb. auf Cyclohexanole oder durch KW-stoffreste substituierte Cyclohexanole mit Sulfiden des P behandelt, 2. daß man die erhaltenen Prodd. in Salze mehrwertiger Metalle oder organ. Basen überführt. — Man erhitzt z. B. 2 (Mol) Cyclohexanol mit 1 S_2Cl_2 in Ggw. von Bzl. unter Rückfluß bis zum Aufhören der HCl-Entw., entfernt den abgeschiedenen S u. dest. das Bzl. ab. Das erhaltene helle dickfl. Öl wird in Mineralöl gelöst u. mit 50 Gew.-% P_2S_5 auf 180° erhitzt. Nach der Filtration erhält man ein Prod., das die Oxydationsbeständigkeit von Schmierölen verbessert u. Abscheidungen auf den Metallflächen des Motors verhindert. Durch Neutralisieren mit Polyäthylenimin oder $Ba(OH)_2$ erhält man die entsprechenden Salze. (**D. B. P. 836 536** Kl. 23c vom 9/8. 1950, ausg. 15/4. 1952.) DERSIN. 8221

Socony-Vacuum Oil Co., New York, übert. von: **John W. Brooks,** Wenonah, N. J., V. St. A., *Stabilisierungsmittel für Mineralöle,* bestehend aus Reaktionsprodd. von Thiophenthiol (I) mit P-Halogeniden, die bei 15—150° in Ggw. von Pyridin erhalten werden. Aus I u. PCl_3 erhält man Tri-3-thienyltrithiophosphit, mit $POCl_3$ das Tri-3-thienyltrithiophosphat u. mit $PSCl_3$ das Tri-3-thienyltetrathiophosphat. Zusatz von 0,05—20% zu Mineralölen verbessert die Oxydationsbeständigkeit. (**A. PP. 2 571 332** vom 30/12. 1947 u. **2 571 333** vom 6/1. 1949, beide ausg. 16/10. 1951.) DERSIN. 8221

Standard Oil Co., Cleveland, übert. von: **John D. Bartleson,** East Cleveland, O., V. St. A., *Stabilisierungsmittel für Mineralöle,* bestehend aus dem Reaktionsprod. von NH_3 u. Verbb. der allg. Formel P_4X_3, in der X ein Element der S-Gruppe bedeutet, bes. P_4S_3. Man suspendiert 3% P_4S_3 in auf 200° F erhitztem Mineralöl u. bläst NH_3 durch das Öl unter Rühren. Der Überschuß des NH_3 wird dann durch Luftdurchblasen entfernt u. das Öl filtriert. Das Öl soll als Zusatz zu anderen Mineralölen die Oxydationsbeständigkeit erhöhen u. die Schlammabscheidung vermindern. (**A. P. 2 572 000** vom 31/12. 1948, ausg. 23/10. 1951.) DERSIN. 8221

Rudolf Decker und Hellmuth Holz, München (Erfinder: **Siegfried Nitzsche,** Burghausen), *Siliciumorganische Verbindungen.* Siloxane bzw. Silicone werden mit Li, Na, Mg oder Ca bzw. deren Legierungen, mit organ., bes. aromat. Halogenverbb. bei erhöhter Temp., bes. 80—250°, u. in Ggw. eines Verdünnungsmittels, zweckmäßig unter erhöhtem Druck, umgesetzt. Das Reaktionsgemisch wird zers. u. die Prodd. werden gereinigt. — Beispiel: 1 (Mol.) Dimethylsilicon, 1 Chlorbenzol u. 1 Mg werden mit Dibutyläther im Druckrohr ca. 8 Std. auf 150—200° erhitzt. Durch Zusatz von HCl bilden sich 2 Schichten. Nach Abtrennung der wss. Schicht erhält man durch Dest. bei 280—300° *Tetramethyldiphenylsiloxan,* bis ca. 450° ein Gemisch von *ω.ω'-phenylierten Methylsiloxanen,* das sich für *Hochvakuumpumpen* eignet. Verwendung als *Öle,* bes. in der *Vakuumtechnik.* (**D. B. P. 832 753** Kl. 12o vom 30/9. 1949, ausg. 28/2. 1952.) KRAUSS. 8221

Carl Schaarwächter, Düsseldorf, *Zusatz für Bohremulsionen usw.* Verwendung eines Gemisches von pulverförmigem Nitrit, bes. $NaNO_2$, u. pulverförmigem wasserlösl. Silicat, bes. Na-Silicat, als Zusatz zu Bohrölemulsionen u. dgl., bes. solchen mit vermindertem Ölgehalt. — Dadurch soll die Korrosion von Metallen verhindert u. die Schmierfähigkeit der Emulsion gesteigert werden. (**D. B. P. 843 586** Kl. 23c vom 31/1. 1943, ausg. 10/7. 1952.) DERSIN. 8221

XX. Schieß- und Sprengstoffe. Zündmittel.

André Langevin, *Untersuchung der in geschlossenem Gefäß bei der Verbrennung kolloidaler Pulver entwickelten Drucke mit Hilfe des Piezoquarzes. Vergleich Quarz-Stauchzylinder.* Die Maximalwerte der in einem Druckgefäß durch Verbrennung koll. Pulver (Zündung: Schwarzpulver) erzeugten Drucke werden gleichzeitig gemessen a) mittels der Stauchung von Kupferzylindern unter Verwendung der Meth. des beweglichen Kolbens u. Berücksichtigung der Korrekturtabelle SEVRAN (1931) für die Druckdauer; b) aus dem mittels elektromagnet. Oscillographen aufgezeichneten, von einem Piezoquarz gegebenen Druckverlauf in absol. Eichung. Die Werte a sind im Bereich von 1200 kg/cm² u. bei Verbrennungsdauer zwischen 35 u. 100 ms im Mittel um 4% zu niedrig. (Mém. Artillerie franç. **1951.** 301—82. Sep.) AHRENS. 8298

Le Roux, *Die Sprengstoffindustrie.* Überblick über die Geschichte u. die verschied. Arten der Sprengstoffe, ihre Herst. u. die dazu notwendigen Ausgangsstoffe unter besonderer Berücksichtigung der französ. Wirtschaft u. der neuen Verff. der Benzol- u. Toluolgewinnung aus Kohle oder der Umwandlung des ersteren in das letztere. (Rev. Ind. minérale **33.** 276—84. April 1952.) AHRENS. 8304

W.-C.-F. Shepherd und **H.-C. Grimshaw**, *Schaffung von Sprengstoffen höherer Sicherheit.* Nach einem Überblick über die 6 Gruppen der bisher in England gebrauchten Wettersprengstoffe, die vorwiegend mit Sicherheitsmantel aus Inertsalz verwendet wurden, wird an einem Beispiel die neue Tendenz erläutert, das Inertsalz in Form von NaCl der Sprengstoffmasse unmittelbar einzuverleiben. Sprengtechn. Einzelheiten u. genaue Beschreibung der Prüfmeth. auf Schlagwettersicherheit, bes. der sogenannten Spaltenstrecken, bei denen sich die neuen „Eq. S."-Sprengstoffe als den ummantelten sicherheitlich gleichartig erwiesen. Als Sprengstoff für Schlagpatronen, die eine besondere sichernde Wrkg. aufweisen sollen, wird eine Mischung aus 15% angelatiniertem Nitroglycerin, Kochsalz u. etwas Ammonsalpeter (I) (Explosif NE 964) gegenüber einem solchen ohne I bevorzugt, da der letztere bei Schüssen aus langen Bohrlöchern mit schwachem Besatz bei Initiierung von vorn Schlagwettergemisch zündete. Beschreibung der Ergebnisse von Drehspiegelaufnahmen der Detonationswelle u. der Schwadenbewegung von Wettersprengstoffen u. von Tetryl unter den Einschlußverhältnissen des Bohrlochs zur Aufklärung der sichernden Wrkg. der vorgenannten Patronenart. (Rev. Ind. minérale **32**. 504—14. Dez. 1951.) AHRENS. 8304

S. S. Penner, *Chemische Treibmittel.* Thermodynam. Anforderungen an möglichst wirksame Düsenantriebe (Kraft proportional der Quadratwurzel aus Verbrennungstemp./mittleres Mol.-Gew. der Verbrennungsprodd.), Tabelle in Betracht kommender Oxydations- u. Reduktionsmittel für bin. Treibmittelsysteme, Einstofftreibmittel, gasentwickelnde Verbb., mit W. reagierende Stoffe usw. — Zusammenstellung erwünschter physikal.-chem. Eigg. fl. Treibmittel für Raketenmotoren. (J. chem. Educat. **29**. 37—39. Jan. 1952. Pasadena, Calif., California Inst. of Technol.) BLUMRICH. 8310

H. Baggesgaard Rasmussen und **P. Terp**, *Neue Kriegsgasarten.* Unter dieser Bezeichnung besprechen Vff. die Ester der Cyanaminophosphorsäure, der Methylfluorphosphorsäure, der Fluorphosphorsäure u. anderer Fluorverbb., ihre Konst., Herst. Nachw., Wrkg., Vergiftungssymptome u. Therapie. (Arch. Pharmac. og Chem. **58**. (**108**.) 268—81. 5/5. 1951.) KRAFT. 8316

R. Saint-Guilhem, *Neue Wettersprengstoffe hoher Sicherheit.* Beschreibung der französ. amtlichen Meth. der Prüfung von Wettersprengstoffen auf Schlagwettersicherheit, in einem Stahlmörser von 220 mm Bohrlochlänge mit Besatzplatten verschied. Stärke aus Stahl, u. auf Kohlenstaubsicherheit. Ergebnisse bei einigen neu entwickelten Wettersprengstoffen, die sich im wesentlichen aus Nitroglycerin bzw. Pentaerythrittetranitrat, ferner Ammonsalpeter u. einem hohen Anteil an NaCl zusammensetzen. — Wettersprengstoffe geringer D. aus den vorst. Bestandteilen u. einem Kunstharz („Schaumharnstoff") bzw. anderen verbrennlichen Anteilen geringer Dichte. — Beurteilung der sichernden Wrkg. von Salzmänteln. Unters. der feuchtigkeitsabweisenden Wrkg. eines Zusatzes von Calciumstearat u. über die Abnahme der Detonationsübertragungsfähigkeit mit der Lagerdauer. — Über Zeitzünder mit stufenweisen Verzögerungen im Millisekundenbereich. (Rev. Ind. minérale **32**. 497—503. Dez. 1951.) AHRENS. 8324

Ernst Eberius, *Die Wasserbestimmung nach Karl Fischer in der Sprengstoffchemie.* Es wird die Leistungsfähigkeit u. die vielfachen Möglichkeiten der Wasserbest. nach KARL FISCHER mit J_2, SO_2, Pyridin-Methanol-Gemisch an Beispielen aus der Sprengstoffchemie wie der Best. des Konstitutionswassers in Salzen, NH_4NO_3, Ammonoxalat, in der Mischsäure, der Best. der Feuchtigkeit in Zellstoff, Nitrocellulose, Nitroglycerin, rauchschwachem Pulver, Sprengstoffen, empfindlichen Initiatoren erläutert. Charakterist. sind der geringe Zeitbedarf, die hohe Empfindlichkeit u. Genauigkeit. (Angew. Chem. **64**. 195—202. 7/4. 1952. Duisburg-Hamborn.) MANZ. 8324

Rotax Ltd., London, England, *Patronen für eine Anlaßvorrichtung*, in der bes. mehrere Patronen nacheinander abgefeuert werden. An der Vorderfläche sind zum Schutz gegen eine nicht beabsichtigte Zündung durch abgefeuerte Patronen mindestens eine perforierte Platte u. abdichtende Mittel, die sich durch den Druck auf die Öffnungen legen, angebracht. (**Schwz. P. 278 594** vom 29/11. 1949, ausg. 16/1. 1952. E. Priorr. 9/12. 1948, 23/4. u. 18/11. 1949.) STEIL. 8301

Dynamit-Akt.-Ges. vormals Alfred Nobel & Co. (Erfinder: **Georg Hechler** und **Hermann Schmidt**), Troisdorf, *Kontinuierliches Verdrängen von Wasser aus Nitrocellulose mit Hilfe von Alkohol.* Das W. wird aus der Nitrocellulose (I) in einer kontinuierlichen Schleuder abgeschleudert, die noch wasserfeuchte I in Rührbehältern mit Alkohol angemaischt u. anschließend der Alkohol in einer kontinuierlichen Schleuder wieder abgeschleudert. Die Behandlung kann auch in einer einzigen Schleuder, die eine Entwässerungs-, Alkoholeinspritzungs- u. Entalkoholisierungszone enthält, kontinulierlich erfolgen. (**D. B. P. 820 107** Kl. 78c vom 3/7. 1949, ausg. 8/11. 1951.) STEIL. 8305

Wolff & Co., K.-G. a. A., Walsrode, Hann. (Erfinder: **Helmut Höhne** und **Karl Pagels**, Lomlitz über Walsrode), *Wiedergewinnung von Haftsäure aus Nitrocellulose* durch Aufbereiten mit Säure u. Abschleudern (1) der Säure. Die nach dem I noch in der Nitrocellulose befindliche Haftsäure wird mit Waschsäure, zweckmäßig in mehreren Stufen, ausgewaschen, deren Konz. in jeder folgenden Stufe geringer ist als in der vorhergehenden. (**D. B. P. 820 108** Kl. 78c vom 5/5. 1950, ausg. 9/11. 1951.) STEIL. 8305

E. I. du Pont de Nemours & Co., übert. von: **Clyde O. Davis** und **James L. Ver Bryck**, Wilmington, Del., V. St. A., *Sprengmittel*, bestehend aus mindestens 95 % einer nitrierten organ. Verb., welche einen F. oberhalb 100° u. eine D. von mehr als 1,4 g pro cm^3 besitzt, z. B. aus *Pentaerythrittetranitrat* oder *Äthylendinitramin*. Als Zusatzmittel gemäß dem angegebenen Beispiel werden 0,5—5,0 % eines Wachses genannt. — Abbildung. (**Can. P. 481 206** vom 26/5. 1948, ausg. 19/2. 1952.) M. F. MÜLLER. 8305

Imperial Chemical Industries Ltd., übert. von: **Vernon H. Williams** und **Harold R. Wright**, London, England, *Herstellung eines Sprengstoffes* durch Vermischen einer fl. aromat. Nitroverb., z. B. von Dinitro- oder Trinitrotoluol mit einem Gemisch eines krist. explosiven Polynitroesters mit Nitrocellulose. Dies letztere Gemisch ist erhalten worden durch Fällung aus einer Lsg. beider Stoffe in einem gemeinsamen Lösungsmittel. Die Nitrocellulose muß befähigt sein, durch den verwendeten aromat. Nitrokörper gelatiniert zu werden. Als Polynitroester sind Pentaerythrittetranitrat u. Hexanitromannit genannt. (**Can. P. 481 223** vom 27/4. 1942, ausg. 19/2. 1952.) M. F. MÜLLER. 8305

Imperial Chemical Industries Ltd., London (Erfinder: **James Taylor** und **Alec Harold Phillips**, Saltcoats), England, *Sicherheitshülle für Sprengpatronen* zur Verringerung der Entzündung von schlagenden Wettern. Die Hülle besteht aus einer Mischung von 1 (Mol) eines im wesentlichen in W. nicht lösl. Metallcarbonats ($NaHCO_3$, Kalkstein oder Magnesit) u. $^1/_3$—2 eines feinverteilten $Al(OH)_3$ [z. B. Bauxit oder durch Fällung gewonnenes $Al(OH)_3$], gegebenenfalls unter Zusatz geringer Mengen flammenlöschender oder kühlender Stoffe. Die Mischung kann Binde- oder Haftmittel enthalten u. als biegsames Blatt um die Sprengladung gewickelt, oder z. B. mittels Gips in starrer hohlzylindr. Form hergestellt werden. Sie kann auch ohne Bindemittel in einem ringförmigen Raum, der von der Sprengladung u. einer sie umgebenden Papierhülle gebildet wird, geschüttet werden. (**D. B. P. 840 222** Kl. 78e vom 3/7. 1949, ausg. 29/5. 1952. E. Prior. 15/11. 1944.) STEIL. 8305

C. Belgrano, Gli esplosivi, con particolare riguardo a quelli da mina e alle polveri da caccia. Milano: Hoepli. 1952. (XII + 316 S. m. 90 Abb.) L. 2200,–.

Frank Philip Bowden and **A. D. Yoffe**, Initiation and growth of explosion in liquids and solids. New York: Cambridge Univ. Press. 1952. (116 S. m. Abb. u. Diagr.) $ 4,50.

Louis Lebreton et **Charles Roesch**, La Fabrication des allumettes. Cannes: L'Imprimerie à l'école. 1952. (24 S. m. Abb.) 8°.

XXI. Leder. Gerbstoffe.

H. N. Moore, *Beizstudien.* 2. Mitt. *Die vergleichende Beizwirkung von Beizen aus verschiedenen biologischen Quellen.* Die mit Pankreas-, Bakterien- u. Pilzenzym durchgeführten Beizverss. haben gezeigt, daß die Wrkg. dieser verschied. Beizen bei Tempp. von 35—40° eine bessere ist als unterhalb 35°. Der p_H-Einfl. wurde im p_H-Bereich von 7,5—9,5 als gering ermittelt. Weiter wurde gefunden, daß die Ggw. von Pankreasenzym die entkälkende Wrkg. von Entkälkungsmittel beträchtlich erhöht. Daher ist die Pankreasenzymbeize den anderen Beizen (Bakterien- u. Pilzbeize) überlegen, obwohl die Unterschiede zwischen den einzelnen Beizen bzgl. Beizwrkg. nur gering ist. Die Best. der Beizwrkg. sowie die erhaltenen Ergebnisse werden ausführlich beschrieben. (J. Amer. Leather Chemists Assoc. **47.** 110—27. Febr. 1952. Cincinnati, O., Univ., Dep. of Bas. Sci. in Tanning Res. Found. Tanners' Counc. of America.) H. G. FRÖHLICH. 8336

H. Batzer und **G. Weißenberger**, *Gerbversuche mit Polyamiden. Beitrag zu einer Theorie der Gerbung.* 3. Mitt. *Über Leder und Gerbstoffe.* 355. Mitt. *Über makromolekulare Verbindungen.* (2. vgl. C. **1952.** **1435.**) Es wurde vergleichsweise die Adsorption von Quebracho an Hautpulver u. Igamid 6A untersucht. Wenn man die adsorbierte Menge Gerbstoff auf gleiche N-Gehh. bezieht, werden recht ähnliche Adsorptionskurven erhalten. Berücksichtigt man nur den mit W. nicht auswaschbaren Teil des aufgenommenen Gerbstoffs, so rücken die Kurven für Igamid u. Hautpulver noch mehr zusammen. Igamid kann durch kontinuierliches Auslaugen mit 15%ig. NaOH vollständig entgerbt werden. Das gegerbte Hautpulver kann durch Nitrieren des Gerbstoffs auf der Faser mit schwach angesäuerter $NaNO_2$-Lsg. u. anschließendes Auswaschen mit W. entgerbt werden. Aus den Verss. wird geschlossen, daß der Gerbstoff keine Hauptvalenzbindung mit Kollagen eingeht, sondern durch Nebenvalenzen oder Wasserstoffbrücken an die Peptidgruppen gebunden wird. Die Gerbung wird als „dehydratisierende Weichmachung" des Kollagens aufgefaßt. — 1 Abb., 5 Tabellen. (Makromolekulare Chem. **7.** 320—27. Jan. 1952. Freiburg/Br., Forschungsinst., makromol. Chem.) O. ENGEL. 8336

H. Batzer und **G. Petry,** *Über Gerbung und Entgerbung von elastischen und kollagenen Fasern.* 4. Mitt. *Über Leder und Gerbstoffe.* 356. Mitt. *Über makromolekulare Verbindungen.* (3. vgl. vorst. Ref.) Elastin- u. Kollagenfasern wurden in unverändertem, gegerbtem u. in wieder entgerbtem Zustand polarisationsopt. mittels der Kraft–Dehnungs-Diagramme u. hinsichtlich Gewichtsänderungen untersucht. Alle geprüften Eigg. der unbehandelten u. der entgerbten Fasern waren gleich. Elastin- u. Kollagenfasern verhalten sich polarisationsopt. u. elast. verschieden. Vff. sind der Auffassung, daß durch die Verss. ihre Annahme, wonach die Gerbung eine „dehydratisierende Weichmachung" ist, gestützt wird. — 9 Abbildungen, 2 Tabellen. (Makromolekulare Chem. **7.** 328—34. Jan. 1952.) O. ENGEL. 8336

Edwin R. Theis, Y. Nayudamma und **C. C. Kritzinger,** *Untersuchungen über Chromgerbung.* 17. Mitt. *Die Neutralisation von Chromleder vor dem Färben und Fetten.* Beim Studium der Neutralisations-Rkk. von Chromleder vor dem Färben u. Fetten mit NaOH, Na_3PO_4, Na_2CO_3, $Na_2B_4O_7$, $NaHCO_3$ u. NH_4HCO_3 in Abhängigkeit vom p_H-Wert auf die Schrumpfungstemp. u. den Cr_2O_3-Geh. des Leders wurde gefunden, daß bei Neutralisation bis zu p_H-Werten über 5 der kation. Chromkomplex in einen nichtionogenen oder gar anion. Komplex übergeht, ohne Bldg. von Hydroxyd-Ndd. im Leder. Der Einfl. der verschied. Alkalien zur Neutralisation ist verschieden. So zeigt sich, daß NaOH u. Na_2CO_3 nur die Fixierung von Cr_2O_3 u. somit die Schrumpfungstempp. beeinflussen. Beim Studium der schichtenweisen Neutralisation des Leders unter Verwendung von $NaHCO_3$, NH_4HCO_3 u. $Na_2B_4O_7$ wurde gefunden, daß NH_4HCO_3 deutlich rascher u. tiefer in den Lederkern einzudringen vermag als die übrigen Verbindungen. Die Ergebnisse sind ausführlich beschrieben u. werden diskutiert. — 15 Abbildungen, 2 Tabellen mit Diskussion. (J. Amer. Leather Chemists Assoc. **46.** 220—48. April 1951. Bethlehem, Pa., Lehigh Univ., Res. Ist. of Leather Technol.) H. G. FRÖHLICH. 8336

William T. Roddy, *Die Trockenfestigkeit von Kollagenfaserbündeln.* 2. Mitt. *Der Einfluß von Natriumsulfid.* Es werden Verss. an Kollagenfaserbündeln, die teils aus Sehnen, teils aus Haut u. vegetabil. gegerbter Haut präpariert wurden, beschrieben. Danach sind die erhaltenen Trockenreißfestigkeiten der einzelnen Faserbündel (Sehnen, Haut u. Leder) etwa gleich. Was nun den Einfl. der Äscherdauer u. der Äscherkonz. auf die Trockenreißfestigkeit anbelangt, so wurde gefunden, daß ein 7tägiger Kalkäscher mit 3% Kalk die Reißfestigkeit nicht beeinflußt. Erst Mengen von 0,25% an Na_2S u. mehr auf Haut berechnet, führen zu einer Abnahme der Trockenreißfestigkeit u. damit zu einer Schädigung der Kollagenfaserbündel. Die Versuchsergebnisse werden ausführlich beschrieben u. diskutiert. (J. Amer. Leather Chemists Assoc. **47.** 98—110. Febr. 1952. Cincinnati, Univ. of Cincinnati, Dep. of Bas. Sci. in Tanning Res. Tanners' Counc. Labor.) H. G. FRÖHLICH. 8340

Hans Batzer, Deutschland, *Pflanzliches Gerbmittel.* In mehreren hintereinandergeschalteten Extraktoren wird gerbstoffhaltiges Material, z. B. Kiefern-, Eichen-, Kastanien- oder Quebrachorinde, mit sulfit- oder bisulfithaltigem W. bei 110—120° unter Druck extrahiert u. die entstandene Lsg. eingedickt. Das Extraktionsmittel enthält 0,1—0,2% $NaHSO_3$. Der Extrakt eignet sich bes. zum Gerben von Sohlenleder. (**F. P. 986 537** vom 11/3. 1949, ausg. 1/8. 1951.) WITTHOLZ. 8337

Pierre L. N. Herbinet und **John A. Ch. A. Hoveman,** Frankreich, *Konservierungs- und Gerbemittel für Häute.* Man verwendet ein Kondensat aus der Holzdest., das möglichst säurefrei ist u. höchstens 1—2% Goudron enthält. Das Prod. ersetzt die im Gebrauch äußerst giftigen As- u. Hg-Verbindungen. (**F. P. 984 924** vom 12/10. 1943, ausg. 12/7. 1951.) WITTHOLZ. 8337

Arthur D. Little, Inc., Cambridge, übert. von: **Robert P. Follett,** Needham, und **Wallace I. Murray,** Dedham, Mass., V. St. A., *Herstellung von Chromgerbmitteln,* unter gleichzeitiger Bldg. wertvoller ungesätt. Mono- u. Dicarbonsäuren. Man behandelt eine Cr(VI)-Verb. (I), z. B. $Na_2Cr_2O_7$, mit H_2SO_4 im Molverhältnis 1 : 3 u. das entstandene Prod. mit einer Mischung ungesätt. organ. Säuren (II), die z. B. Ölsäure enthält u. geeignet ist, stabile Oxydationsprodd. zu bilden. **II** wird hierbei oxydiert u. gleichzeitig I red., wobei sich bas. $Cr_2(SO_4)_3$ (**III**) bildet. Die Reaktionsmasse wird getrocknet u. II durch Extraktion mit einem organ. Lösungsm., z. B. 2-Äthylhexanol, abgetrennt. Durch Zugabe einer Säure u. Erhitzen findet Veresterung statt, wobei Ester entstehen, die für die Herst. von plast. Kunstharzen geeignet sind. **III** wird direkt beim Chromgerbprozeß verwendet. (**A. P. 2 580 417** vom 10/8. 1950, ausg. 1/1. 1952.) v. SCHILLER. 8337

Soc. Internationale de Recherches Scientifiques et de Travaux Techniques L. B. M., Marokko, *Gerbverfahren.* Man behandelt Leder mit natürlichem oder künstlichem Kautschuk, dem gegebenenfalls Konservierungsmittel, wie NH_3, NH_2OH oder Pentachlorphenol-Na, zugesetzt sind, u. koaguliert den Latex im Innern des Leders durch ein saures Gerbbad. Man kann auch dem Latex einen Vulkanisationsbeschleuniger zusetzen u. der Behandlung im Gerbbad eine solche mit koll. S folgen lassen, worauf eine Vulkanisation vorgenommen werden kann. (**F. P. 982 345** vom 4/3. 1949, ausg. 8/6. 1951.) WITTHOLZ. 8337

Pierre Saint-Priest, Frankreich, *Herstellung der Gerbmittel unmittelbar im Leder.* Man läßt eine Dialkylsulfonsäure in das Fell eindringen. Durch Polymerisation erhält man dabei ein sulfoniertes Resol, das ein gutes Gerbmittel ist. In gleicher Weise kann auch Dialkylphenolsulfonsäure (**I**) in Ggw. von Dimethylolharnstoff (**II**) verwendet werden. **I** neutralisiert die im Fell vorhandenen Aminbasen u. **II** polymerisiert sich in Ggw. von H^+ zu einem Gerbmittel. (**F. P. 976 761** vom 15/10. 1948, ausg. 22/3. 1951.) WITTHOLZ. 8337

Carl Freudenberg Kommanditgesellschaft auf Aktien, Weinheim/Bergstraße, *Erzeugung von Lacküberzügen auf Flächengebilden*, bes. auf Leder, durch Aufbringen von Lacken, welche mit Isocyanaten reagierende Grundstoffe enthalten, unter Verwendung von Isocyanat als Vernetzungs- u. Härtemittel, dad. gek., daß die Gebilde erst nach erfolgtem Lackauftrag der Einw. von Dämpfen von Isocyanat oder Gemischen von Isocyanaten unterworfen werden. Zweckmäßig werden Isocyanate mit hohem Dampfdruck verwendet, z. B. Hexamethylendiisocyanat, 1-Methyl-2.4-phenylendiisocyanat oder 1-Methyl-2.6-phenylendiisocyanat. Das Verf. eignet sich auch zum Überziehen von Textilien, wobei z. B. Regenmantelstoffe gewonnen werden. (**Oe. P. 170 257** vom 2/5. 1950, ausg. 11/2. 1952.) M. F. MÜLLER. 8341

XXIV. Photographie.

N. N. Sweschnikow, I. I. Lewkojew, B. Ss. Portnaja und **E. B. Lifschitz**, *Einwirkung von Aminen auf einige Thiacarbocyanine mit Alkoxy- oder Alkylmercaptogruppe in meso-Stellung.* Beim Erhitzen von 3.3'-Dialkyl-9-methoxythiacarbocyaninjodid (Bis-[3-alkylbenzothiazol-(2)]-9-methoxytrimethincyaninjodid) (Alkyl = CH_3 oder C_2H_5) mit überschüssigem n-Butylamin, Benzylamin, Cyclohexylamin, Diäthylamin oder Piperidin (10—50 Mol/Mol Farbstoff) in alkoh. Lsg. entstehen krist. Thiacarbocyaninfarbstoffe mit substituierter NH_2-Gruppe in 9-Stellung, z. B. *3.3'-Diäthyl-9-butylaminothiacarbocyanin* (**I**) (*Perchlorat*, F. 177—178°; Ausbeute 92%) oder *3.3'-Diäthyl-9-diäthylaminothiacarbocyanin* (*Perchlorat*, F. 185—186°; 54%). Analog verlaufen die Rkk. bei den 9-Äthoxyderivaten. Die Reaktionsprodd. mit sek. Aminen sind gegen Alkalihydroxyd bei gewöhnlicher Temp. beständig; die mit prim. Aminen erhaltenen gehen dagegen bei Einw. von Alkalien in Basen über, die in unpolaren Lösungsmitteln mit gelblicher Farbe lösl. sind u. mit Säuren die Farbstoffe zurückbilden. Noch leichter reagiert 3.3'-Diäthyl-9-methylmercaptothiacarbocyaninjodid (**II**) mit Aminen. In sd. alkoh. Lsg. ist die Bldg. von **I** oder von *3.3'-Diäthyl-9-piperidinothiacarbocyanin* (**III**) in 15—20 Min. beendet. Die Rk. von **II** mit Anilin bei 95—100° verläuft langsamer (15—20 Std.) u. komplizierter. Isoliert wurden *3.3'-Diäthyl-9-phenylaminothiacarbocyaninjodid* (**IV**) (F. 237°; 49%), das *Anil* (**V**) von *1.3-Bis-[3'-äthylbenzothiazolinyliden-(2')]-propanon-(2)* (F. 175°; 13%) u. *1.3-Bis-[3'-äthylbenzothiazolinyliden-(2')]-propanthion-(2)* (**VI**) (F. 273—275°). **IV** geht mit KOH in **V** über; Säuren bewirken die Rückumwandlung. **V** reagiert mit $(CH_3)_2SO_4$ oder CH_3COCl in Bzl., wobei das *9-Phenylmethylamino-* bzw. *9-Acetylphenylaminothiacarbocyanin* entsteht. Die meisten 9-Monoalkylaminothiacarbocyanine werden durch Acetanhydrid in Pyridin oder in Ggw. von Triäthylamin in *9-Alkylacetylaminothiacarbocyanine* übergeführt. **VI** bildet beim Erwärmen mit $(CH_3)_2SO_4$ **II**. *1.3-Bis-[3'-äthylbenzothiazolinyliden-(2')]-propanon-(2)* ($C_{21}H_{20}ON_2S_2$, F. 259—260°; gelb) entsteht aus 3.3'-Diäthyl-9-methoxythiacarbocyaninjodid (neben **III**) mit Piperidin in A.; die Rückumwandlung wird durch $(CH_3)_2SO_4$ bewirkt. Allg. bilden sich beim Erwärmen der Jodide von 9-Alkoxycarbocyaninen mit tert. Aminen (Pyridin, Chinolin, 2-Methylbenzothiazol, Triäthylamin) die entsprechenden 1.3-disubstituierten Propanone unter Abspaltung von Alkyljodid. **II** ergibt analog beim Kochen mit Pyridin **VI**. Lage des Maximums der Lichtabsorption einiger in 9-Stellung substituierter 3.3'-Diäthylthiacarbocyanine in A. für den Substituenten *H* (Nichtsubstitution) 557; CH_3 543; CH_3O 495; C_6H_5NH 501; $C_6H_5CH_2NH$ 474; $n\text{-}C_4H_9NH$ 470; $C_6H_{11}NH$ 469; $(C_2H_5)_2N$ 468; CH_3S 581

u. 540; $C_6H_5NCH_3$ 497; $C_6H_5NCOCH_3$ 564; $C_6H_5CH_2NCOCH_3$ 566; n-$C_4H_9NCOCH_3$ 567; $C_5H_{10}N$ 478. Die Farberhöhung der Thiacarbocyanine bei Elektronen abgebenden Gruppen in der 9-Stellung wird durch die Ausbildung eines 3. positiven Ladungszentrums gedeutet. Niedrige Absorptionskoeffizienten werden auf ster. Hinderungen zurückgeführt, die die Lagerung der Substituenten in 9-Stellung in einer Ebene mit den Heteroringen unmöglich machen. (Доклады Академии Наук СССР [Ber. Akad. Wiss. UdSSR] [N. S.] **84.** 733—36. 1/6. 1952.) WÖRFFEL. 8604

Milton Green, *Der Einfluß der Entwicklungszeit auf die Sättigungsschwärzung und den Intensitätsexponenten der photographischen Gleichung.* (Vgl. GREEN u. RITTER, J. opt. Soc. America **70.** [1950.] 799.) (Vortragsbericht.) Eine Serie gleicher Expositionen des Fe-Bogenspektr. wurden verschieden lang (15 Sek.—4 Min.) entwickelt. Die Sättigungsschwärzung nimmt mit der Entwicklungszeit (T) zunächst rasch zu u. nähert sich dann asympton. einem Grenzwert. Der Intensitätsexponent nimmt in den ersten Stadien der Entw. mit T etwas ab. Die Effekte bei Unterentw. u. teilweiser Lichtabsorption durch die Gelatine sind ähnlich. (J. opt. Soc. America **41.** 291. April 1951. Signal Corps Engng. Labors.) EICHHOFF. 8660

Di-Noc. Co., übert. von: **Thomas S. Reese,** University Heights, O., V. St. A., *Abziehbare lichtempfindliche Schicht.* Auf einem Träger aus schwarzem Papier (I) befindet sich eine der üblichen Lackunterschichten für abziehbare Halogensilbergelatineemulsionen (II), darauf die II selbst u. über II eine Lackschicht (III), die II auf der Oberfläche befestigen soll, auf die sie später übertragen wird (Metall, Glas, Holz usw.). Zwischen II u. III kann noch eine Substratschicht eingeschaltet sein. II wird in unbelichtetem Zustande nach einem der üblichen Verff. zusammen mit I auf die neue Oberfläche übertragen, die ebenfalls eine II-Schicht besitzt. Dort verbleibt II bis zum Gebrauch, erst dann wird I abgezogen. (**A. P. 2 544 237** vom 1/7. 1944, ausg. 6/3. 1951.) KALIX. 8601

Kodak Ltd., London, England, *Photographisches Umkehrverfahren.* Man exponiert eine lichtempfindliche Schicht, die eine Silbersalzemulsion enthält, die beim Exponieren das latente Bild hauptsächlich innerhalb des Korns ergibt. Dann wird die Emulsion so behandelt, daß sie ein latentes Oberflächenbild geben kann, u. schließlich entwickelt man, so daß man ein schwarz–weißes oder farbiges Bild erhält. (**N. P. 78 973** vom 31/12. 1947, ausg. 20/8. 1951. E. Priorr. 2/9. 1942 u. 4/10. 1943.) J. SCHMIDT. 8619

Eastman Kodak Co., übert. von: **Scheuring S. Fierke,** Rochester, N. Y., V. St. A., *Lichtempfindliches Material für die Herstellung von Mehrfarbenbildern und Masken.* Das Material enthält 3 Halogensilberschichten, die in der üblichen Weise sensibilisiert u. mit Farbkupplern versehen sind, u. außerdem zwischen 2 dieser Schichten eine Schicht aus reinem AgJ ohne Farbkuppler. Nach der Belichtung u. Entw. der Teilfarbenbilder in den 3 erstgenannten Schichten u. der Entfernung von Ag u. Halogensilber wird auf die AgJ-Maskenschicht ein Teilfarbenbild kopiert, das kein Gelb enthält, u. zu einer Ag-Maske entwickelt. (**A. P. 2 571 698** vom 2/6. 1948, ausg. 16/10. 1951.) KALIX. 8631

General Aniline & Film Corp., New York, N. Y., übert. von: **Henry B. Kellog,** Weehawken, N. J., V. St. A., *Azofarbstoffe,* die in der *Farbenphotographie* Verwendung finden, erhält man durch Kupplung von in 1-Stellung substituierten 2.5-Diketo-7-methylpyrimidopyrazolen mit Diazoniumsalzen; z. B. aus diazotiertem o-Anisidin u. 1-Phenyl-2.5-diketo-7-methylpyrimidopyrazol *1-Phenyl-2.5-diketo-3-(o-methoxyphenylazo)-7-methylpyrimidopyrazol,* einen in A. gelb lösl. Farbstoff. — Ferner wurden dargestellt (I = „-7-methylpyrimidopyrazol"): *1-(p-Tolyl)-2.5-diketo-3-(p-methylphenylazo)*-I; *1-(α-Chinolyl)-2.5-diketo-3-(6′-äthoxybenzthiazolyl-2′-azo)*-I; *1-Methyl-2.5-diketo-3-(o-methoxyphenylazo)*-I; *p-p′-Bis-(3-azo-1.7-dimethyl-2.5-diketopyrimidopyrazol)-stilben.* (**A. P. 2 569 418** vom 9/7. 1948, ausg. 25/9. 1951.) BRÖSAMLE. 8631

General Aniline & Film Corp., New York, N. Y., übert. von: **Winfred C. Craig,** Westfield, N. J., V. St. A., *Farbbildner für Blau* stellen Benzimidazol-5-sulfonsäure (I) oder -carbonsäuren (II) der nebenst. Formel dar. Hierin bedeutet R_1 den Rest einer aromat. Oxyverb., in der OH an ein Kern-C-Atom gebunden ist, R_2 eine KW-stoffkette mit mindestens 10 C-Atomen u. R_3 eine SO_3H- oder COOH-Gruppe. Herst. erfolgt durch Kondensation von 1-Oxy-2-aroylchloriden mit o-Phenylendiaminen u. Ringschluß des Reaktionsprod. durch Erhitzen auf 100—135° in Ggw. eines wasserbindenden Mittels. — Beispiele: 1-Octadecyl-2-[2′-(1′-oxy)-naphthyl]-I, 1-Octadecyl-2-[2′-(1′-oxy-4′-chlor)-naphthyl]-I, 1-Oleyl-2-[2′-(1′-oxy)-naphthyl]-I, 1-Oleyl-2-[2′-(1′-oxy-4′-chlor)-naphthyl]-I, 1-Lauryl-2-[(2′-oxy)-naphthyl]-I, 1-Oleyl-2-[(2′-(1′oxy)-naphthyl]-II. Die I u. II bilden mit den üblichen Farbentwicklern sehr feinkörnige Farbstoffe

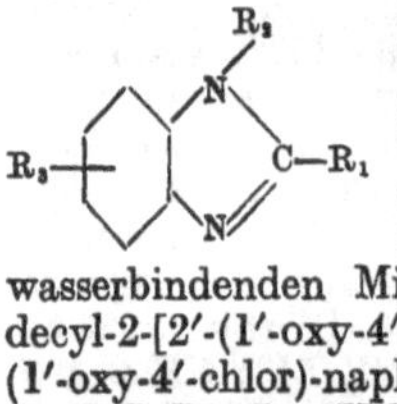

u. sind deshalb bes. zur Verwendung in Emulsionen für Schmalfilm geeignet. (**A. P. 2 545 687** vom 30/4. 1947, ausg. 20/3. 1951. Can. Prior. 12/1. 1948.) KALIX. 8631

General Aniline & Film Corp., New York, N. Y. (Erfinder: **Robert Curtis Gunther**, Easton, Pa.), V. St. A., *Farbbildner für Phenazoniumfarbstoffbilder.* Zur Entw. werden in alkal. wss. Lsg. Derivv. der 4.6-Diaminometanilsäure der Formel I verwendet. R bedeutet eine Alkyl-, Carboxyalkyl-, Oxyalkyl-, Aryl-, Carboxyalkylaryl-, Carboxyalkoxyalkyl-, Oxyalkylaryl- oder Oxyalkoxyarylgruppe u. wenigstens ein R eine aliphat. gebundene hydrophile Gruppe, z. B. OH oder COOH. Bes. geeignet ist 4-(β-Oxyäthylamino)-6-anilinmetanilsäure. Die Verbb. können der lichtempfindlichen Schicht oder dem Entwickler zugesetzt werden. (**D. B. P. 837 959** Kl. 57b vom 14/12. 1948, ausg. 5/5. 1952. A. Prior. 23/12. 1947.) KALIX. 8631

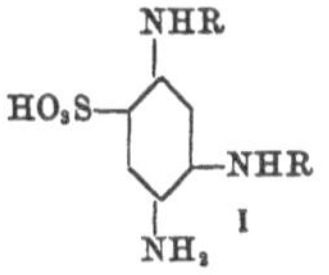

I

Hans von Fraunhofer und **Harry Edward Coote**, London, England, *Positivkopien von Dreifarben-Trennegativen.* Es wird ein Positivmaterial verwendet, das 3 Emulsionsschichten enthält, von denen mindestens 2 Farbstoffbildner enthalten, verschieden sensibilisiert u. von der dritten durch eine Filterschicht getrennt sind. Hierauf werden zunächst von der einen Seite zwei verschied. Teilfarbennegative kopiert, dann ein drittes von der anderen Seite auf die dritte Emulsionsschicht. (**D. B. P. 824 887** Kl. 57b vom 2/2. 1950, ausg. 13/12. 1951. E. Prior. 21/2. 1946.) KALIX. 8631

E. I. du Pont de Nemours & Co., Wilmington, Del., übert. von: **Otis Willard Murray**, Fords, N. J., V. St. A., *Lichtempfindliches Material für Zweifarbenbilder.* Auf Vorder- u. Rückseite eines durchsichtigen Schichtträgers befindet sich je eine Halogensilberschicht(I), die voneinander verschieden sensibilisiert sind. Auf jeder I ist eine Schicht aus einem wasserlösl., aber alkaliumlösl. Stoff (II) aufgetragen, die einen nicht diffusionsfesten Farbkuppler enthält, der bei der Entw. nur in solcher Menge in I hineindiffundiert, wie er dort verbraucht wird. Der unverbrauchte Rest kann bei diesem Material leichter ausgewaschen werden als aus Halogensilbergelatineschichten. Geeignete II sind z. B.: Polyvinylacetale von aromat. Monoaldehyden, die SO_3H- oder COOH-Gruppen enthalten. (**A. P. 2 546 400** vom 11/12. 1945, ausg. 27/3. 1951.) KALIX. 8631

N. V. Philips' Gloeilampenfabrieken, Eindhoven, Holland, *Erzeugung physikalisch entwickelter Metallkontraste und mit solchen Kontrasten versehenes photographisches Material.* Als Träger der lichtempfindlichen Verb. (I) wird ein Material verwendet, das zumindest in den I enthaltenden Teilen feuchtigkeitsempfindlich ist, wie z. B. bes. regenerierte Cellulose oder oberflächlich verseiftes Celluloseacetat. Als I wird eine Oxydiazoniumverb. zusammen mit einer in W. reduzierbaren Metallverb., bes. einem Mercurisalz, angewandt. Man reguliert die Gradierung, indem man den Feuchtigkeitsgeh. der Teile des lichtempfindlichen Materials, in dem die Umsetzung stattfindet, im Augenblick der Belichtung auf einen Wert einstellt, der den beim thermodynam. Gleichgewicht mit einer Atmosphäre von 65% relativer Feuchtigkeit bei 20° übersteigt. Auf demselben Material können nebeneinander Kontraste mit verschied. Gradierung angebracht werden, z. B. Bilder neben *Tonaufzeichnungen.* — Mit einer Lsg. von 0,4n *1-Oxy-2-diazonium-6-methylbenzolsulfosäure-(4)*, 0,1n Hg(I)-Nitrat u. 0,2n HNO_3 getränkte regenerierte Cellulose wird einige Zeit in einer Atmosphäre mit 40 (bzw. 90) % relativer Feuchtigkeit aufbewahrt. Das Material enthält danach 10 (bzw. 28) Gew.-% Wasser. Nach 15 Sek. langer Belichtung mit einer Superhochdruck-Hg-Dampflampe von 500 Watt in 15 cm Abstand hinter einem Sensitometerkeil wird so 6 Min. bei 20° in einer Lsg. von 2 (%) Metol, 4 Weinsäure u. 0,4 $AgNO_3$ physikal. entwickelt. Die aus den erhaltenen Kontrasten ermittelten γ-Werte waren 7 bzw. 4,2. — Weitere Beispiele mit abgeänderten Feuchtigkeitsgehh. u. Belichtungsbedingungen. (**Oe. P. 170 273** vom 31/12. 1947, ausg. 11/2. 1952. Holl. Prior. 18/1. 1946.) ASMUS. 8637

Kalle & Co., Akt.-Ges. (Erfinder: **Wilhelm Neugebauer**), Wiesbaden, *Lichtempfindliche Schichten für die Reproduktionstechnik.* Als Schichtbildner wird *Polyacrylsäureamid* (I) verwendet, oder Mischpolymerisate von I mit Vinylverbb., oder die am N-Atom alkylsubstituierten Derivv. von I. Sie sind durch die Lichtzersetzungsprodd. von Chromaten, Diazoverbb. u. Azidoverbb. härtbar u. im unbelichteten Zustande sehr lange haltbar. Nach der Belichtung wird daraus mit warmem W. in der üblichen Weise ein druckfähiges Relief entwickelt. (**D. B. P. 832 546** Kl. 57d vom 15/5. 1949, ausg. 25/2. 1952.) KALIX. 8645

Wilhelm Schupp, Graz, Österreich, *Farbwertrichtige Teilfarbendruckformen.* Jedes der 3 Teilfarbennegative besteht aus 3 genau registerhaltig übereinander angeordneten Teilnegativen (I). Das erste I, das sogenannte Grundnegativ, wird mit einem Farbfilter (II) bestimmter D. hergestellt, das zweite I, das Lichternegativ, wird hinter dem gleichen II, aber mit geringerer D. hergestellt, das dritte I, das sogenannte Kompensativ, wird mit

Hilfe einer Maske erzeugt u. in seiner D. so gehalten, daß es alle Farbwertfehler der beiden ersten I ausgleicht. (**D. B. P. 838 701** Kl. 57d vom 1/11. 1949, ausg. 12/5. 1952.) KALIX. 8645

Gevaert Photoproducten N. V. (Erfinder: **Jan Pieter Poels,** Mortsel bei Antwerpen), Belgien, *Flachdruckformen.* Die Druckschicht befindet sich auf einem Träger aus Metall, Papier, Cellulosederivv. oder Kunstharzen u. besteht aus einem in beliebiger Weise härtbaren Koll., das außer den in der Reproduktionstechnik üblichen Füllstoffen ein Reduktionsmittel (wie Brenzcatechin, Pyrogallol, Glycerin, Glucose, Na_2SO_3 oder $Na_2S_2O_3$) sowie ein Salz eines Metalls enthält, das in mehreren Valenzstufen auftreten kann (Cr, Mn, Fe, Cr, Co, Ni), u. zwar in der höheren Valenzstufe. Es ist außerdem vorteilhaft, dem Koll. vor oder nach dem Kopieren des Originals ein Härtemittel zuzusetzen oder einen Stoff, der bei Belichtung ein solches bildet, sowie eine Verb., die mit dem Metallsalz eine unlösl. Verb. zu bilden vermag. Das Original wird auf diese Schicht mittels lithograph. Tusche, lithograph. Schreibmaschinenfarbbänder oder mechan. aufgetragen u. mit einer Gummi arabicum-Lsg. behandelt, worauf es druckfähig ist. Die Kolloidschicht kann auch mit einer Halogensilberschicht verbunden werden, die nach der Belichtung härtend entwickelt u. dann in ein Auswaschrelief umgewandelt wird. (**D. B. P. 827 754** Kl. 57d vom 13/9. 1949, ausg. 14/1. 1952. Holl. Prior. 9/9. 1946.) KALIX. 8645

Kalle & Co., Akt.-Ges., Wiesbaden-Biebrich, *Diazokomponenten für die Diazotypie* stellen diazotierte *Aminophenyltriazine* der allg. Formel I dar. Hierin bedeuten: R = Alkyl- oder Aralkylgruppen u. R' ein H-Atom, eine Alkyl-, Aryl- oder Aralkylgruppe. — Beispiele: *5-[4'-Amino-2'.5'-dimethoxyphenyl]-2-amino-4-imino-6-methyltriazin·HCl,* F. 265°; *5-[2'.5'-Diäthoxyphenyl]-2-amino-4-iminotriazin·HCl,* Zers. bei 266°; *5-[4'-Amino-2'.5'-diäthoxyphenyl]-2-amino-4-imino-6-phenyltriazin,* F. 148°; *5-[4'-Amino-2'.5'-diäthoxyphenyl]-2-amino-4-imino-6-äthyltriazin,* F. 138°; *5-[4'-Amino-2'.5'-diäthoxyphenyl]-2-amino-4-imino-6-methyltriazin.* Darst. nach bekannten Verff. aus Dialkoxyphenylbiguaniden durch Ringschluß, Nitrierung des Reaktionsprod. in Eisessig u. Reduktion. Die Verbb. geben mit den üblichen Azokomponenten im Ein- oder Zweikomponentenverf. tiefblaue Kopien. (**D. B. P. 838 691** Kl. 57b vom 27/10. 1949, ausg. 12/5. 1952.) KALIX. 8647

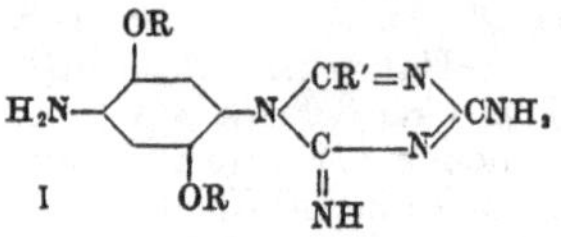

General Aniline & Film Corp., New York, N. Y., V. St. A. (Erfinder: **J. T. Trojnar**), *Diazotypiekopiermaterial.* Die M. enthält eine lichtempfindliche Diazotypiemischung u. eine Trägerschicht aus durchscheinendem, vorzugsweise wasserfestem Film, der mit einer glänzende Metallkörner enthaltenden Schicht überzogen ist. Die Lichtschicht kann auch lichtechte Farben enthalten. Z. B. bringt man auf ein Papier mit einem Kaolinüberzug einen Lack aus Al-Bronze u. Celluloseacetat auf. Nach dem Trocknen sensibilisiert man mit einer Lsg. aus p-Diazo-N.N-dimethylanilin u. Resorcin. Nach dem Abdunsten des Lösungsm. kann die Schicht durch Bestrahlung mit Hg-Dampflicht belichtet u. mit NH_3-Dampf entwickelt werden. (**Schwed. P. 131 861** vom 5/6. 1948, ausg. 29/5. 1951. A. Prior. 5/6. 1947.) J. SCHMIDT. 8647

General Aniline & Film Corp., New York, N. Y. (Erfinder: **Fred William Neumann,** Nazareth-Northampton, Pa., und **William Wilson Williams**), V. St. A., *Verbesserte Wasserfestigkeit von Diazotypien* wird erreicht, wenn man den Träger der lichtempfindlichen Schicht vor dem Sensibilisieren mit einer 1—20%ig. Lsg. eines Kondensationsprod. aus CH_2O (**I**), Dicyandiamid (**II**) u. einem Ammonsalz oder aromat. Aminsalz imprägniert. Vorzugsweise wird das Reaktionsprod. verwendet, das man durch Mischen von **II** mit 36 bis 40%ig. **I** u. mit NH_4Cl im Mol-Verhältnis 2 : 4 : 1 u. 4—5std. Erhitzen auf 90—100° erhält. An Stelle von **II** kann auch ein Gemisch von 50 (%) **II** mit 50 Thioharnstoff, Thiobiuret, Thiocarbamylguanidin oder Thiocarbamylharnstoff verwendet werden. Bes. geeignete Amine sind: Anilin, 2- u. 3-Toluidin, α- u. β-Naphthylamin, 2- u. 3-Anisidin, 2- u. 3-Aminobiphenyl, 2-Chlor- u. 2.5-Dichloranilin, 2- u. 3-Nitroanilin, Xylidin, Diphenylamin, 2-Nitro- u. 2-Chlordiphenylamin. (**D. B. P. 825 204** Kl. 57b vom 1/1. 1950, ausg. 27/12. 1951. A. Prior. 31/12. 1948.) KALIX. 8647

Herausgeber u. verantwortlich für den Inhalt: Prof. Dr. Maximilian Pflücke, Berlin W 8, Jägerstraße 22/23, Fernsprecher: 200481, 201464. Redaktion: Chefredakteure Dr. Eugen Klever und Prof. Dr. Maximilian Pflücke. Verlag: Akademie-Verlag GmbH, Berlin NW 7, Schiffbauerdamm 19 (Fernsprecher 425571, Postscheckkonto Berlin 35021) u. Verlag Chemie, GmbH, Weinheim/Bergstraße (Postscheckkonto Frankfurt/M. 145314 u. Berlin [West] 7430, Fernsprecher: Weinheim 2017). Bestell- u. Verlags-Nr. dieses Heftes: 1007/124/7. Das Chemische Zentralblatt erscheint wöchentlich. Satz u. Druck: VEB Leipziger Druckhaus, Leipzig, III/18/203. II. 53.
Veröffentlicht unter der Lizenznummer 1212 des Amtes für Literatur und Verlagswesen der Deutschen Demokratischen Republik.
Printed in Germany.

Kolibri 360 GmbH
Ferdinand-Jühlke-Straße 7
99095 Erfurt, Deutschland
produktsicherheit@kolibri360.de